U0180077

国家科技图书文献中心专项资助

面向政府部门科技管理决策咨询
研究服务系列丛书

主　编：刘细文
副主编：吴　鸣　靳　茜

国际科学前沿
重点领域和方向发展态势
报告 2020

NSTL香山科学会议主题情报服务组　编著
组　长：吴　鸣　靳　茜
成　员：于建荣　向世清　李春萌　沈东婧　赵瑞雪　赵晏强　陆　颖　鲁　瑛

电子工业出版社
Publishing House of Electronics Industry
北京·BEIJING

内 容 简 介

本书从国家科技图书文献中心（简称NSTL）面向香山科学会议前沿主题提供的情报服务中，遴选核糖核酸与生命调控及健康、光合膜蛋白、细胞可塑性调控与细胞工程、多倍体植物、植物学、生物多样性、营养与代谢、有机生物电子及传感器、生物能源、计算光学成像、深地科学、制造流程物理系统与智能化12个国际科学前沿重点领域和方向，深入、系统地开展了国际战略规划、项目基金资助、研究发展趋势、专利技术态势，以及社会影响评价等有针对性的情报分析和可视化展示，从国际科技发展和客观数据视角，为我国科学前沿重点领域和方向的科技创新发展和科技管理决策提供重要的参考依据。

本书中所阐述的国际科学前沿重点领域和方向，选题新颖，具有前瞻性。本书采用了学科情报服务人员与领域研究专家密切合作的模式进行编写，数据资料翔实、分析全面透彻，适合政府部门科技管理人员、决策咨询研究人员和相关科技领域研究人员使用。

图书在版编目（CIP）数据

国际科学前沿重点领域和方向发展态势报告. 2020/NSTL香山科学会议主题情报服务组编著. —北京：电子工业出版社，2022.1

（面向政府部门科技管理决策咨询研究服务系列丛书）

ISBN 978-7-121-42293-5

Ⅰ.①国… Ⅱ.①N… Ⅲ.①科技发展-研究报告-世界-2020 Ⅳ.①N11

中国版本图书馆CIP数据核字（2021）第238333号

责任编辑：徐蔷薇　　文字编辑：赵　娜
印　　刷：河北迅捷佳彩印刷有限公司
装　　订：河北迅捷佳彩印刷有限公司
出版发行：电子工业出版社
　　　　　北京市海淀区万寿路173信箱　邮编：100036
开　　本：787×1092　1/16　印张：38.25　字数：980千字
版　　次：2022年1月第1版
印　　次：2022年1月第1次印刷
定　　价：598.00元

凡所购买电子工业出版社图书有缺损问题，请向购买书店调换。若书店售缺，请与本社发行部联系，联系及邮购电话：（010）88254888，88258888。

质量投诉请发邮件至zlts@phei.com.cn，盗版侵权举报请发邮件至dbqq@phei.com.cn。

本书咨询联系方式：xuqw@phei.com.cn。

香山科学会议是由原国家科委发起，在中国科学院的支持下于 1993 年正式创办的，先后得到中国科学院学部、国家自然科学基金委员会、中国工程院、教育部、中央军委科技委、中国科协、国家卫健委、农业部、交通运输部等部委的资助与支持，是科技界具有极高影响的高水平、跨学科、小规模的常设性高端学术论坛。香山科学会议以重要科学前沿和重大技术发展方向为主题，注重基础性、前瞻性和战略性，组织科技界多学科、跨领域科学家们探讨国际最新突破性进展，交流新的学术思想和新方法，展望科学未来趋势和新生长点，形成的对于重要科学问题的认识，为把握国际科技进展和科学研究前沿，支撑我国科技决策与科技布局提供了重要参考。

科技文献是重要的科研条件和战略资源，是科技创新重要的基础保障。2000 年 6 月，经国务院领导批准，科技部联合财政部、原国家经贸委、农业部、卫生部、中国科学院等正式组建了国家科技图书文献中心（以下简称 NSTL），由中国科学院文献情报中心、中国科学技术信息研究所、中国农业科学院农业信息研究所、中国医学科学院医学信息研究所等 9 家文献信息机构组成，经过 20 年的发展，NSTL 已成为国家科技文献信息资源保障基地、国家科技文献信息服务集成枢纽。随着中国特色社会主义进入新时代，创新成为引领发展的第一动力，科技自强自立成为国家发展的战略支撑，对科技文献的服务和利用提出了更高的要求。

2017 年，NSTL 立足国家科技发展对科技信息服务的战略需求，组建了具有专业学科背景，同时具备情报学知识基础的专项服务团队，为香山科学会议办公室和领域科学家团队提供服务。NSTL 充分发挥丰富的科技文献资源、先进的知识挖掘技术优势，从把握国际科技发展态势，深入分析国际科技进展，理解学科领域科技创新脉络等视角，针对科技管理者、科学家、项目资助机构密切关心的问题，按需定制、提供一系列高质量、有参考价值的前沿主题情报报告，在香山科学会议领域科学家中形成了重要影响，充分体现了 NSTL 以支撑国家创新体系、强化国家战略科技力量为本，为国家科技创新发展提供科技文献信息战略保障和情报服务的支撑作用。

本书选择了近期部分香山科学会议主题，进行了系统化科学问题的研究脉络梳理，开展了全面的研究进展分析，具有十分重要的参考价值。作者们利用科学计量学方法、文献分析方法，开展量化分析、图谱分析、统计分析，整理了相关领域的国际战略规划、项目资助、领域发展脉络和技术发展方向等；利用专家网络，组织集成研讨，系统评述了多个学科主题的进展情况。本书内容得到了主持香山会议的多个领域专家的广泛认可。

感谢香山科学会议办公室给予的大力支持和协助。

国家科技图书文献中心主任

2021 年 11 月 8 日

认识和把握科学发展前沿与方向，已经成为科研规划、科研管理的前提。长期以来，国际科学前沿的重点领域和方向一直是科学家团体、科技规划部门、科技行业管理者、产业经济界等密切关注的问题。各类智库机构、咨询机构、科学团体都将分析科学发展前沿、重大科技进展前沿、学术问题前沿等作为分析对象，期望可以准确预见下一个科学技术前沿的发展轨迹。*MIT Technology Review* 一直将各类科学技术前沿的发展展望作为核心议题，不断更新、不断积累，引导科学技术向正确的研究轨迹前行。Gartner 公司更是发明了综合性的前沿技术发展轨迹的分析方法与模型（Gartner 曲线），对各类技术特别是现代信息技术的发展轨迹做出准确判断。美国科学院、工程院、医学院、科学理事会更是将科学前沿扫描作为核心任务，不断组织跨学科、跨领域的专家研讨会，认知跨学科领域和交叉领域的学术问题，提出科学规划，发展前沿科技。美国兰德公司等知名智库机构，也针对气候变化前沿、北极研究、5G/6G 通信技术、卫星通信技术等开展全面分析，关注研究前沿和政策影响等。

在过往的科技规划、科技预测和科研管理实践中，对于科技发展前沿方向和发展战略，或者采取专家集体研讨方式，通过将科学技术问题不断凝练，达成学术主题和研究问题的共识；或者通过专家评述/综述的方式，对学术研究进展进行综合分析，按照学科和产业的需求，提出下一阶段应该解决的学术问题和研究主题。科学计量学、科学学的发展奠定了科学前沿与方向识别、重点学科主题发现、学科交叉与科技前沿、学科领域发展规律、科学研究合作等量化与规范化研究的基础。科学计量学方法的应用与拓展，进一步深化了对学科领域发展规律、学科布局状态、学科领域协同的认识，从学术论文、专利文献、学术关系等方面，揭示学科发展趋势，揭示重点领域和方向，揭示科学发展态势。数字化技术、大数据、数据挖掘技术、人工智能技术等的广泛应用，建立了形式多样的专题领域数据库，不断丰富可供计算的信息（数据）内容，提供了多种形式的知识挖掘技术和算法，建立了丰富的信息与知识的展示模式，提供了丰富多样的知识计算工具和辅助决策工具。这些数据和工具，在情报分析层面，为科技情报服务提供了情报研究手段，提供了支撑科学规划与决策的量化方式。科技情报服务工作正在充分借鉴量化方法、丰富数据、挖掘算法、可视化呈现形式，为把握科技态势、寻找研究前沿方向等提供支撑。

国家科技图书文献中心（NSTL）紧抓科技情报服务的前沿方向，在"十三五"期间策划和组织了"面向国家重大科技计划的科技情报服务"和"面向政府部门科技管理决策咨询研究服务"两个专项，为科技管理、科研规划、科技决策等提供情报研究服务。"面向政府部门科技管理决策咨询研究服务"围绕香山科学会议等重要科技决策咨询工作的情报需求，开展了系列主题的学科趋势分析。本书遴选了部分学科态势分析报告，汇聚成册，可供相关学科领域的科研人员、科研管理者、科技决策制定者参考使用。本书凝聚了国内重要科技信息服务机构专家的心血，也得到了国家科技图书文献中心领导的大力支持，还得到了各个主题领域专家、香山科学会议办公室的大力支持。

　　各个学科主题分析报告除利用学术论文、技术专利文献外，还结合了领域战略布局、科技项目布局、重大科技进展等信息，综合分析了学科和主题的发展态势，情报分析结论具有一定的客观性和可信度。但是，由于信息分析能力和认知能力限制，分析人员也只能得出可以认知的和可见的情报结论，无法展示深度学科领域发展方向。准确的和高价值的量化专业性分析结论，还有赖于各个主题领域的科学家、专家去进一步挖掘和发现。

中国科学院文献情报中心主任

刘细文

2021 年 9 月 23 日

目 录 ▶ CONTENTS

第 1 章

核糖核酸与生命调控及健康领域发展态势

核糖核酸（Ribonucleic Acid，RNA）是存在于生物细胞及部分病毒、类病毒中的遗传信息载体。RNA 是由核糖核苷酸经磷酸二酯键缩合而成的长链状分子。一个核糖核苷酸分子由磷酸、核糖和碱基构成。构成 RNA 的碱基主要有 4 种，即 A（腺嘌呤）、G（鸟嘌呤）、C（胞嘧啶）、U（尿嘧啶）。

RNA 种类繁多，一般按是否编码蛋白质将其大致分为编码 RNA（coding RNA）和非编码 RNA（Non-coding RNA），前者指信使 RNA（mRNA），而非编码 RNA 有很多种类，包括转运 RNA（tRNA）、核糖体 RNA（rRNA）、微 RNA（miRNA）、长链非编码 RNA（lncRNA）等。人体中 mRNA 的占比很小，大部分为非编码 RNA。不同的 RNA 发挥着不同的功能，mRNA 在蛋白质合成过程中负责传递遗传信息、直接指导蛋白质合成，而非编码 RNA 在转录、剪接、翻译和 mRNA 稳定性等各个方面发挥重要调控作用。

1.1 核糖核酸与生命调控及健康领域国内外布局

本章重点调研了近年来美国、欧盟、日本和我国的相关计划与项目，分析主要国家目前在核糖核酸领域，尤其是核糖核酸与生命调控及健康领域的重点布局。

1.1.1 美国资助多个 RNA 医学研究项目

由美国国立卫生研究院（NIH）下属的国家人类基因组研究所（NHGRI）领导的"DNA 元件百科全书"（Encyclopedia of DNA Elements，ENCODE）计划 2003 年启动初级阶段项目，2007 年又启动了扩展阶段的项目。ENCODE 计划的重要内容之一是鉴定人类基因组中的非编码 RNA 的功能，其 2016 年研究申请和使用者会议的主题包括非编码 RNA、RNA 结合蛋白 [1]。截至 2021 年 2 月底，ENCODE 计划已经资助了各类课题 18905 项。ENCODE 计划第三阶段已经取得重要成果，相关论文发表在 2020 年 7 月 30 日的 *Nature* 等杂志上，以专刊的形式呈现，概述了在人和小鼠细胞系、组织中进行的各类鉴定，并描述了人和小鼠潜在的顺式调控元件（cis-Regulatory Elements, cCRE）图谱，提供了对 ENCODE 计划数据库及其应用的见解，揭示了调控人与小鼠基因组和细胞核中功能元件的活性 [2]。目前，该计划正处于第四阶段——ENCODE 4，资助了 4204 个课题，如"肾上腺的 microRNA-seq""尾状核头部的 DNase-seq"（DNase-seq of head of caudate nucleus）等 [3]。

NIH 内部研究计划（Intramural Research Program）目前的重要研究领域之一是 RNA 生物学，包括阐明 RNA 生物合成通路、确定 RNA 结构、识别各类 RNA 的功能、阐明 RNA 在疾病中的作用、探索基于 RNA 的新疗法或靶向 RNA 的疗法。具体领域包括：① Pre-mRNA 加工；②非编码 RNA 的生物合成及其功能；③亚细胞运输与定位；④ RNA 折叠；⑤ RNA 结构；⑥包括编辑在内的 RNA 修饰；⑦ RNA-蛋白质相互作用；⑧ RNA-RNA 相互作用，包括 miRNA；⑨ RNA 稳定性；⑩翻译；⑪ RNA 病毒；⑫转录调控 [4]。同时，NIH 内部研究计划建立了跨 NIH 的 RNAi 筛选设施（TNRF），TNRF 项目涉及广泛的疾病和基础生物学过程，包括癌症（如耐药性筛选方面的 DNA 损伤制剂和免疫毒素、乳腺癌与黑素瘤的分子靶标、NF-κB 和迁移两种癌症相关通路）、传染病（HIV、埃博拉病毒、丙型肝炎病毒的病毒感染与复制、免疫应答）及其他疾病（如帕金森病、糖尿病、脆性 X 综合征）[5]。

NIH 资助了多个 RNA 研究项目，尤其是 RNA 医学领域的项目。NIH 2013 年启动的"胞外 RNA（exRNA）通讯"重大研究计划包括 8 个主题，分别是：①单个细胞外囊泡（EV）的分类、分离和运载能力分析；② exRNA 载体亚类的改进分离与分析；③胞外 RNA 用作生物标志物开发的临床应用；④胞外 RNA 新疗法开发的临床效用 I 期、II 期；⑤分析人体血液中胞外 RNA 的综合参考图谱；⑥胞外 RNA 的数据管理与资源库（DMRR）；⑦胞外 RNA 的生物合成、生物分布、摄取和效应器功能；⑧支持 RNA 纳米技术等相关学术会议的召开。每个主题都资助了数个项目 [6]。NIH 共同基金（Common Fund）资助的"表观基因组学项目"（Epigenomics Program）也资助了 4 项

[1] Stanford University.ENCODE 2016: Research Applications and Users Meeting[EB/OL].[2018-09-20].https://www.genome.gov/27566810/encode-2016-research-applications-and-users-meeting/.
[2] ENCODE 3[EB/OL].[2020-08-03].https://www.nature.com/immersive/d42859-020-00027-2/index.html.
[3] ENCODE 4[EB/OL].[2020-10-09].https://www.encodeproject.org/search/?type=Experiment&status=released&award.rfa=ENCODE4.
[4] NIH RNA Biology[EB/OL].[2020-10-09].https://irp.nih.gov/our-research/scientific-focus-areas/rna-biology.
[5] TNRF Projects[EB/OL].[2020-07-09].https://ncats.nih.gov/rnai/projects.
[6] Extracellular RNA Communication[EB/OL].[2020-03-09]. https://commonfund.nih.gov/exrna/fundedresearch.

RNA 相关研究（见表 1.1）[1]。

表 1.1　NIH 表观基因组学项目资助的 RNA 相关研究课题

课题名称	承担机构
RNA 剪接中的表观基因组学控制	加利福尼亚大学洛杉矶分校
以位点特异性方式治疗 X 连锁疾病的 RNA 激活平台	麻省总医院
非编码 RNA 在人类着丝粒形成中的表观遗传学作用	纽约大学西奈山医学院
利用高通量 siRNA 筛选人类细胞表观遗传标记	NIH 癌症研究所

　　NIH 下属的国家药物滥用研究所（NIDA）资助了"探索 HIV/AIDS 与药物滥用中的表观基因组学或非编码 RNA 调控"项目，旨在揭示 HIV/AIDS 感染及其药物使用或滥用中的表观基因组学或非编码 RNA 调控机制，深入了解这些机制有望产生能监测 HIV 病毒的新方法，识别有效的分子靶标[2]。NIDA 2018 年还资助了"探索慢性疼痛发展、维持与治疗中的表观遗传学或非编码 RNA 调控"项目，研究慢性疼痛发展、维持与治疗中的表观遗传学或非编码 RNA 调控通路的作用机制，以便用于开发慢性疼痛新药或生物标志物[3]。

　　此外，NIH 还通过 NIH 院长开拓者奖（NIH Director's Pioneer Award）[4]、NIH 院长新创新者奖（NIH Director's New Innovator Award）[5]持续资助多个 RNA 及医学应用领域的研究学者（见表 1.2）。

表 1.2　NIH 院长开拓者奖及院长新创新者奖 2014—2020 年资助 RNA 领域研究人员及课题

受资助研究人员	机构	研究课题	资助年度
NIH 院长开拓者奖			
Kathleen Collins	加利福尼亚大学伯克利分校	没有供体 DNA 或 DNA 断裂的人类遗传补充（聚焦于 RNA 加工、RNP 生物形成、RNA 模板聚合酶的生物学、生化结构等）	2020
Shu-Bing Qian	康奈尔大学	核糖体形成的遗传回路（聚焦于细胞质和细胞核中的 RNA 修饰、降解和质量控制）	2020
SHIEKHATTAR, RAMIN	迈阿密大学医学院	增强子 RNA 疗法	2017

---

[1] Epigenomics Funded research[EB/OL].[2020-05-09].https://commonfund.nih.gov/epigenomics/fundedresearch.

[2] Exploring Epigenomic or Non-Coding RNA Regulation in HIV/AIDS and Substance Abuse (R01)[EB/OL].[2020-07-09].https://grants.nih.gov/grants/guide/rfa-files/RFA-DA-16-012.html.

[3] Exploring Epigenomic or Non-Coding RNA Regulation in the Development, Maintenance, or Treatment of Chronic Pain (R61/R33 Clinical Trial Optional)[EB/OL].[2020-06-09].https://grants.nih.gov/grants/guide/pa-files/PAR-18-742.html.

[4] NIH Director's Pioneer Award (DP1)[EB/OL].[2020-06-09].https://commonfund.nih.gov/pioneer/fundedresearch .

[5] NIH Director's New Innovator Award Recipients[EB/OL].[2020-09-09].https://commonfund.nih.gov/newinnovator/AwardRecipients.

（续表）

受资助研究人员	机构	研究课题	资助年度
NIH 院长开拓者奖			
MACKLIS, JEFFREY D	哈佛大学	亚型和神经回路特异性生长锥中亚细胞 RNA-蛋白质组图谱绘制：发育、细胞生物学、疾病和再生	2017
ZHONG, SHENG	加利福尼亚大学圣地亚哥分校	用测序绘制 RNA 相互作用组	2015
RANDO, OLIVER J	马萨诸塞州大学 WORCESTER 医学院	以 tRNA 片段作为跨代信息载体	2014
NIH 院长新创新者奖			
Samuel H. Sternberg	哥伦比亚大学	利用可编程整合酶进行人类基因组工程操作（用 RNA 介导的 CRISPR-Cas 系统进行基因组工程操作）	2020
Xuebing Wu	哥伦比亚大学欧文医学中心	人类 mRNA 的非编码功能与机制的全基因组研究	2020
Anindita (Oni) Basu	芝加哥大学	使用液滴微流控技术以单细胞分辨率和高通量分析微生物细胞中的转录异质性（使用 Drop-seq 和 DroNc-seq，利用高通量单细胞和单核 RNA-seq 绘制细胞类型及其在不同器官和生物体中的功能）	2020
Thomas Norman	纪念斯隆·凯特琳癌症中心	细胞转录状态的预测工程（用单细胞 RNA 测序技术等）	2020
Stephen N. Floor	加利福尼亚大学旧金山分校	人类 RNA 多样性对蛋白质生产和细胞命运的影响	2018
Charles Gawad	St.Jude 儿童研究医院	用单细胞基因组测序创建癌症克隆型药物敏感性目录（包括环形 RNA）	2018
Junjie Guo	耶鲁大学医学院	RNA 重复相关特性的分子和细胞决定因素	2018
Kathryn A. Whitehead	卡内基·梅隆大学	母乳细胞治疗婴儿的命运、功能和基因工程	2018
Heather H. Pua	Vanderbilt 大学医学中心	肺部炎症中的胞外 RNA 通讯	2019
Upasna Sharma	加利福尼亚大学圣克鲁斯分校	父辈对后代健康的贡献：通过精子小 RNA 的代际表观遗传	2019
Xiaochang Zhang	芝加哥大学	单细胞检测蛋白质-RNA 动态相互作用	2019
Jingyi Fei	芝加哥大学	RNA 修饰介导的转录组调控的定量成像	2017
Alexander A. Green	亚利桑那州立大学	用于实时、无标记、活细胞中 RNA 的多路复用成像的分子融合	2017

美国各大学还开展了许多 RNA 医学领域的研究。例如，得克萨斯大学 MD 安德森癌症中心实施了"测序与非编码 RNA 项目"（Sequencing and Non-coding RNA Program），该项目构建了安德森癌症中心靶向疗法中心的集中式共享资源，其任务是通过 DNA 基因组分型分析和 RNA 转录组表达谱分析，为安德森中心的研究人员及其合作网络的研究人员提供最全面、有效的 RNA 相关数据。该项目开展了自定义阵列系统研究和小非编码 RNA 与 miRNA 表达谱分析等[1]。

---

[1] Sequencing and Non-coding RNA Program[EB/OL].[2020-06-09].https://www.mdanderson.org/research/research-resources/core-facilities/ncrna-program.html.

1.1.2　欧盟框架计划持续资助 RNA 基础、应用研究与技术开发

欧盟框架计划持续资助 RNA 领域的研究，尤其是非编码 RNA 领域的研究。检索欧盟框架计划网站发现，欧盟框架计划共资助了 RNA 领域的项目 / 课题 3000 多项，其中第五框架计划（FP5）资助了 170 多项；第六框架计划（FP6）资助了 260 多项；第七框架计划资助了 2000 多项；"地平线 2020"计划资助了 280 多项，内容涉及 RNA 结构与功能鉴定等基础研究，各类 RNA 应用于医学、农业领域，以及相关新技术开发。在基础研究方面，主要有：① 长非编码 RNA 的结构解析与功能鉴定，如 Xist 的结构鉴定、衰老过程中 ncRNA 在蛋白质合成与稳态中的作用；② 环形 RNA 生物合成及其相关功能鉴定；③ miRNA 的调控功能分析，如转录后调控中的核素 miRNA 通路、miRNA 作用靶标（mRNA）分析、miR-129-5p 在神经网络稳态中的作用、miRNA 激活软骨再生；④ mRNA 甲基化及其功能，如表观转录组学研究、mRNA 甲基化在植物基因表达控制中的作用；⑤ tRNA 加工与修饰，如蛋白质量控制中 tRNA 加工与修饰的作用；⑥ mRNA 剪接组研究，如用 CryoEM 研究剪接体（spliceosome）；⑦ RNA 结合蛋白的功能，如探索组蛋白密码样开关控制 RNA 结合蛋白的多功能性。在应用研究方面，主要有：① miRNA 应用于各类疾病干预与治疗，包括 miRNA 在疾病中的作用，如囊性纤维化中 miRNA 表达的性别差异、miRNA 在心肌缺血再灌注损伤中的作用；作为疾病治疗靶标，如 miR-96 作为癌症治疗靶标、抗 miRNA 治疗制剂用于非酒精性脂肪肝、基于 miR-133 治疗心肌肥厚；作为治疗制剂，如 miRNA 应用于治疗乳腺癌、创伤性应激和肾脏疾病等；作为疾病诊断与检测生物标志物，如 miRNA 作为骨关节再生的生物标志物等。② 长非编码 RNA（lncRNA）应用于医学领域，如细胞外囊泡介导的长链非编码 RNA 对血管修复和再生的意义、lncRNA 在克罗恩病中的作用、环形 RNA 作为生物标志物。③ mRNA 修饰在疾病中的作用，如 RNA m6A 甲基化在甲型流感病毒复制和致病机制中的作用、mRNA 修饰在肺部疾病中的作用等。④ 利用 RNA 干扰技术开发新药，如用纳米颗粒输送 siRNA 治疗哮喘、新型 siRNA 纳米疗法治疗肠炎。⑤ miRNA 用于农业，利用 RNA 干扰技术开发新的作物、提高作物抗病能力、改进农作物产量及抗病性能，如拟南芥中的 miRNA 鉴定、植物 – 致病菌相互作用中的小 RNA 功能、RNA 喷雾剂改良与保护作物、作物中的 RNA 干扰保护。在新技术开发方面，改进 RNA 研究新技术和产业应用新技术，如单细胞基因组学方法、CRISPRi 技术、适配体技术、RNA 技术用于单细胞代谢物分析、输送 RNA 药物的新型纳米颗粒开发等。欧盟"地平线 2020"计划资助的目前正在实施的重要项目举例如表 1.3 所示。欧盟新的框架计划"地平线欧洲"（Horizon Europe）已经启动实施，并发布了第一批项目招标，具体资助项目还未公布[1]。

---

[1] Horizon Europe structure and the first calls[EB/OL].[2020-06-09].https://ec.europa.eu/info/horizon-europe_en.

表 1.3　欧盟"地平线 2020"计划资助的目前正在实施的重要项目举例

题名	主要研究内容	起止时间
内质网蛋白的生物形成与降解	阐明内质网蛋白的形成机制，内质网靶向蛋白特异性 mRNA 的降解发生的结构变化等	2017-04-01/2022-03-31
CXCL12/CXCR4 介导的细胞特异性血管保护	旨在识别 CXCL12/CXCR4 调控通路中抗动脉粥样硬化的保护性细胞稳态和再生的新机制。验证编码和非编码 RNA 在不同细胞类型和小鼠模型中对 CXCL12/CXCR4 通路的作用，识别靶向 CXCL12/CXCR4 的相关 miRNA，揭示细胞类型特异性 miRNA 对该通路的调节作用	2016-10-01/2021-09-30
解密表观转录组（epitranscriptome）	转录后的 RNA 分子存在 100 多种重要修饰。RNA 修饰，尤其是 mRNA 修饰与复杂的、相互关联的生命周期密切相关。该项目旨在：①阐明甲基化调控进入减数分裂阶段的生理靶标；②在分子水平阐明 m6A 的功能，理解其在 mRNA 生命周期各个阶段的影响；③阐释其影响的作用机制	2016-11-01/2021-10-31
用 CryoEM 研究剪接体	利用 CryoEM 确定在剪接反应的不同步骤中整个剪接体的结构，以便从结构角度理解 pre-mRNA 剪接的分子机制	2016-06-01/2021-05-31
用单细胞 RNA 测序技术确定多发性硬化病灶中少突胶质细胞谱系	使用单核 RNA 测序（scRNA-seq 和 snRNA-seq）技术确定健康人死后大脑少突胶质细胞分化的阶段。通过克服敏感性问题和揭示病变内的异质程度，将首次揭示人类多发性硬化病灶中少突胶质细胞分化模式	2018-05-01/2020-04-30
细胞外囊泡作为治疗脑卒中新型无细胞治疗产品的开发与鉴定	间充质干细胞（MSC）通过 miRNA 分泌细胞外囊泡（EV）发挥抗炎作用，这种潜力可以通过体外小分子预处理 MSC 而提高。该项目旨在确定中风特异性 MSC-EV 的抗炎作用机制，并利用该机制开发脑卒中新型治疗产品	2018-09-03/2020-09-02
鉴定核素 miRNA 通路以阐明转录后调控的进化	miRNA 和 siRNA 在转录后调控和基因组保护中发挥重要作用，在动物各种生理过程中都发挥重要作用。该项目将用多种先进的生化与遗传方法深入探索古生物 Cnidaria 中小 RNA 的生物形成与作用机制，以了解小 RNA 生物形成的进化机制	2015-05-01/2020-04-30
智能纳米粒子封装 siRNA，用于修复免疫细胞应答癌症	用智能纳米粒子封装 siRNA，通过结合两种协同策略来克服裸 siRNA 的缺点，这两种协同策略将保护 siRNA 直到识别其靶位点。将评估细胞内 siRNA 纳米器件的运输和沉默效应，研究可能同时靶向不同基因的 siRNA 鸡尾酒协同效应，评估该 siRNA 在体内的免疫修复作用	2019-02-18/2022-02-17
体内 RNA 降解中 RNA 结构的作用研究	该项目的研究目标是：①全面研究 RNA 的结构特征，并将其与体内 RNA 降解进行比较；②破译 RNA 衰变机制；③确定 miRNA 通路中 RNA 结构对 miRNA 前体加工和 miRNA 定向加工的作用	2016-01-01/2020-12-31
癌症和多能细胞中 pre-mRNA 选择性剪接调控的机制	mRNA 前体的选择性剪接是基因调控的一种普遍形式，极大地扩展了高等真核基因组的编码能力和调控机会，有助于细胞分化和多能性，其失调有促癌作用。该项目旨在开发和使用系统分析方法，揭示剪接体内和剪接体中具有调节因子的功能相互作用的复杂网络	2015-10-01/2020-09-30

（续表）

题名	主要研究内容	起止时间
多功能 miRNA 靶向纳米器件治疗肿瘤	聚焦于异常表达的 miRNA，将其作为潜在治疗产品的靶标，根据肿瘤特异性的遗传表达发挥作用。硅纳米载体携带和运输抗 miR 核酸，特异性敲除靶标 miRNA，包括下游的肿瘤生长抑制因子。通过理性设计先进开关结构，装载一个与抗 miR 核酸的互补单元，该成分能产生程序化的 miR-应答工具，从而加强原位抗 miR 作用，提高治疗效果	2017-01-15/2020-01-14
光化学激活 mRNA 翻译，控制细胞命运	该项目的目的是在光的控制下使真核 mRNA 在细胞和体内以时空分辨率触发有效的异位翻译	2018-06-01/2023-05-31
普遍的上游非编码转录加强环境适应性	在基因启动子上游的 lncRNA 转录可以抑制下游的基因表达，也称为串联转录干扰（tTI）。该项目将研究植物冷应答中 tTI 的作用，验证环境 lncRNA 转录变化会触发 tTI，进而促进植物对环境改变的应答与适应	2018-02-01/2023-01-31
推进 mRNA 变异体（Mutanome）免疫疗法展	研究人员提出癌症变异体疫苗（Cancer Mutanome Vaccines）这个概念，并且已经在开展一款新型的基于 mRNA 变异体疫苗的临床研究。该项目将通过扩展新生抗原发现研究，发现多种肿瘤中的变异位点；发展新抗原决定簇的算法，解码克隆异质性，以用于疫苗的理性设计及应对靶标逃逸问题	2018-08-01/2023-07-31
蛋白质量控制中 tRNA 加工与修饰的作用	通过整合遗传、生化、转录组、翻译组学和蛋白质组学方法，阐明 tRNA 加工和修饰如何调节蛋白质量控制	2018-09-01/2020-08-31
非编码 RNA 对葡萄糖代谢的跨代调控	使用 RNA-Seq 和新型 lncRNA 预测算法，研究 lncRNA 调节葡萄糖代谢并参与肥胖相关的肝脏胰岛素信号调节的作用；建立 siRNA 筛选系统，鉴定那些能控制葡萄糖代谢的 lncRNA；研究生殖系 lncRNA 控制父系肥胖的跨代影响，表明 lncRNA 参与葡萄糖代谢的跨代调控	2016-05-01/2021-04-30
了解动物生殖细胞中染色质水平小 RNA 介导的转座子控制	动物体内的中心通路是性腺特异性 PIWI 相互作用 RNA（piRNA）通路，它是最复杂但又最难理解的小 RNA 沉默系统之一。该项目旨在研究果蝇 piRNA 途径与染色质生物学之间的相互作用	2016-07-01/2021-06-30

1.1.3 日本开展 RNA 生理与医学功能研究

日本理化学研究所（RIKEN）领导的哺乳动物基因组功能注释（Functional ANnoTation of the Mammalian Genome，FANTOM）是由理化学研究所 Hayashizaki 博士及其同事于 2000 年成立的国际研究联盟，旨在为在 RIKEN 实施的"小鼠百科全书计划"收集的全长 cDNA 进行功能注释。此后，FANTOM 不断发展和扩展，以涵盖转录组分析领域。该联盟型计划的目标是从元件到系统各个层面解析生命，从对"元件"

（转录本）的理解发展为对"系统"（转录调控网络）的理解。

FANTOM 计划前后经历了 6 期，分别是：① FANTOM1，对约 20000 个小鼠 cDNA 集合进行初始功能注释；② FANTOM2，对约 60000 个小鼠全长 cDNA 集合进行功能注释；③ FANTOM3，哺乳动物基因组的转录图谱分析；④ FANTOM4，了解转录调控网络；⑤ FANTOM5，绘制哺乳动物启动子、增强子、lncRNA 和 miRNA 图谱；⑥ FANTOM6，非编码 RNA 的功能分析。

FANTOM5 旨在系统地研究人体中所有细胞类型的基因，确定基因从基因组区域何处被读取，并用这些信息建立人体各类原代细胞的转录调控模型。FANTOM 5 分为 2 期：第 1 期绘制大部分哺乳动物原代细胞类型、一系列癌细胞系和组织中的转录本、转录因子、启动子和增强子图谱；第 2 期利用各种 RNA 表达分析来理解生命奥秘。FANTOM 5 于 2017 年绘制出人与鼠的 miRNA 及其启动子表达图谱[1]，并鉴定指出人体中约有 20000 个功能性 lncRNA[2]。

目前正在实施的 FANTOM6，其目标是系统地阐明人类基因组中 lncRNA 的功能，具体包括：①生成全基因组概况的参考集，以了解每种细胞类型中转录组和表观基因组的基本状态。②在每种细胞类型中干扰一组 lncRNA，并通过 CAGE 分析和生物信息学分析来评估干扰的分子表型。选择用于扰动的 lncRNA 是基于已发布的转录本及 FANTOM5 尚未发布的转录本。③使用其他互补技术，对选定的 lncRNA 子集进行更详细的功能表征[3]。目前，其试验性分析结果已经发布。

1.1.4 中国资助 RNA 基础与医学研究

国家自然科学基金委员会（NSFC）生命科学部于 2014 年开始实施"基因信息传递过程中非编码 RNA 的调控作用机制重大研究计划"，该计划的科学目标是以重要模式生物为对象，进行多学科相互交叉，整合多种技术和方法，发现基因信息传递过程中新的非编码 RNA，研究非编码 RNA 的生成和代谢及其参与重要生命活动的生物学功能，为发现新的功能分子元件及由其引发的新的生命活动规律提供关键信息。该计划围绕基因组中非编码 RNA 及其基因的系统发现和功能鉴定，以及非编码 RNA 介导的基因表达调控等生命科学研究的国际前沿领域，深入、系统地开展非编码 RNA 功能及调控机制的研究。该计划 2017 年重点资助以下 4 个方向：①发现与遗传信息传递相关的新的非编码 RNA，特别是长非编码 RNA 及其功能；②与遗传信息传递相关的非编码 RNA 的生成、加工、修饰及代谢；③非编码 RNA 与其他重要生物分子的相互

[1] An atlas of miRNAs[EB/OL].[2020-07-09].http://fantom.gsc.riken.jp/5/suppl/De_Rie_et_al_2017/.

[2] The FANTOM5 project reports nearly 20,000 functional lncRNAs in human[EB/OL].[2020-11-09].http://fantom.gsc.riken.jp/5/.

[3] Introduction to FANTOM6[EB/OL].[2020-08-09].https://fantom.10gsc.riken.jp/6/.

作用、网络及其结构基础；④非编码 RNA 研究的新方法、新技术 [1]。其 2019 年重点资助研究方向包括：①非编码 RNA 代谢与功能；②非编码 RNA 及相关复合物的结构与功能；③非编码 RNA 在重大疾病发生、发展中的作用机制；④非编码 RNA 在农作物重要性状形成中的作用机制；⑤ RNA 修饰的发现与检测技术；⑥ RNA 动态结构、信息分析和成像技术。2014 年以来，该重大研究计划资助项目涉及的领域主要是基础研究，如 lncRNA 结构与功能鉴定、RNA 表观遗传学调控、植物中 miRNA 和 lncRNA 的鉴定与功能研究，以及一部分应用基础研究，如 lncRNA 在 HCV 等病毒免疫逃逸中的作用等。NSFC 还资助了 RNA 领域的重大、重点项目，例如，2017 年资助了首都医科大学杜杰"核酸小分子和花生四烯酸代谢活性小分子调节网络在病理性心肌重构中的作用"项目；2019 年资助了系列重点项目，如华东理工大学杨弋"基于新型拟荧光蛋白 RNA 的活细胞 RNA 原位实时多色成像技术"、中国科学院上海生命科学研究院童明汉"RNA 甲基化修饰调控减数分裂"、上海交通大学雷鸣"长非编码 RNA-蛋白质复合物的结构与功能研究"、中国科学院生物物理研究所范祖森"环形 RNA circZbtb20 调控 ILC3 细胞发育分化及抗感染应答的分子机制研究"。NSFC 通过国家杰出青年科学基金资助 RNA 领域的青年人才，如 2016 年资助了中国科学院北京基因组研究所杨运桂"基因表达调控与表观遗传学"、2017 年资助了中国科学院生物物理研究所王艳丽"蛋白质－核酸复合物的结构与功能研究"、中国科学院上海生命科学研究院陈玲玲"长非编码 RNA 的代谢与功能"、中国科学技术大学单革"非编码 RNA 在遗传信息表达中的调控功能"、浙江大学徐平龙"细胞质核酸识别和疾病机制"，2018 年资助了武汉大学陈明周"病毒感染和致病的分子机制"，2019 年资助了中国科学院上海生命科学研究院程红"RNA 转运与降解的机制和功能"、杨力"计算生物学"，2020 年资助了北京大学汪阳明"非编码 RNA 调控与功能"、复旦大学郑丙莲"小 RNA 与植物生殖发育"和中国科学院生物物理研究所薛愿超"RNA 结合蛋白与转录调控"。NSFC 还通过国际（地区）合作与交流项目资助了"嵌合 RNA 调控膀胱癌淋巴转移的作用和机制研究"等项目。NSFC 2019—2020 年批准的 RNA 项目如表 1.4 所示。

　　NSFC 医学部 2014 年启动了"长非编码 RNA 调控网络在恶性肿瘤转移中的功能和机制研究"重大项目，项目负责人为中山大学宋尔卫教授 [2]，该课题组基于肿瘤的十大特征，发现了一批调控肿瘤侵袭转移、增殖、凋亡、代谢、调节肿瘤免疫和炎症等方面的 lncRNA，包括肿瘤细胞及肿瘤间质细胞中的 lncRNA，以及巨噬细胞外泌体包裹的 lncRNA，并对新发现的多个 lncRNA 进行了功能研究和机制探索。

---

[1] 国家自然科学基金委员会 . 基因信息传递过程中非编码 RNA 的调控作用机制重大研究计划 2017 年度项目指南 [EB/OL].[2020-08-09].http://www.nsfc.gov.cn/publish/portal0/zdyjjh/info68565.htm.

[2] 国家自然科学基金重大项目"长非编码 RNA 调控网络在恶性肿瘤转移中的功能和机制研究"2016 年年度交流会在京召开 [EB/OL].[2020-09-09].http://www.nsfc.gov.cn/publish/portal0/tab434/info53635.htm.

表 1.4 NSFC 2019—2020 年批准的 RNA 项目

项目名称	项目负责人	依托单位	起止年月	批准年	资助类别
非编码 RNA 与肿瘤	范祖森	中国科学院生物物理研究所	2020-01 至 2024-12	2019	创新研究群体科学基金
RNA 转运与降解的机制和功能	程红	中国科学院上海生命科学研究院	2020-01 至 2024-12	2019	国家杰出青年科学基金
非编码 RNA 代谢与功能	陈玲玲	中国科学院上海生命科学研究院	2020-01 至 2022-12	2019	重大研究计划
RNA 动态结构及多维相互作用研究	薛愿超	中国科学院生物物理研究所	2020-01 至 2022-12	2019	重大研究计划
基于遗传密码子扩充技术的非编码 RNA 适配体生物传感器用于活细胞内 RNA 甲基化修饰的可视化研究	吴戈	湖南师范大学	2020-01 至 2022-12	2019	重大研究计划
新型 RNA 修饰的检测技术开发与功能研究	王秀杰	中国科学院遗传与发育生物学研究所	2020-01 至 2022-12	2019	重大研究计划
非编码 RNA 及相关复合物结构与功能研究	汪阳明	北京大学	2020-01 至 2022-12	2019	重大研究计划
非编码 RNA 基因调控水稻重要农艺性状的机理研究	张启发	华中农业大学	2020-01 至 2022-12	2019	重大研究计划
非编码 RNA 在重大疾病发生发展中的作用机制	刘默芳	中国科学院上海生命科学研究院	2020-01 至 2022-12	2019	重大研究计划
线粒体加工的端粒酶 RNA 产物 TERC-53 参与器官与个体衰老	王赓	厦门大学	2020-01 至 2022-12	2019	重大研究计划
基因信息传递过程中非编码 RNA 的调控作用机制学术交流机动经费	陈润生	中国科学院生物物理研究所	2020-01 至 2022-12	2019	重大研究计划
m6A RNA 甲基转移复合物组装的分子机制研究	王朝	华东理工大学	2020-01 至 2022-12	2019	重大研究计划
基于新型视拟荧光蛋白 RNA 的活细胞 RNA 原位实时多色成像技术	杨弋	华东理工大学	2020-01 至 2024-12	2019	重点项目
RNA 甲基化修饰调控减数分裂	童明汉	中国科学院上海生命科学研究院	2020-01 至 2024-12	2019	重点项目
长非编码 RNA-蛋白复合物的结构与功能研究	雷鸣	上海交通大学	2020-01 至 2024-12	2019	重点项目
环形 RNA circZbtb20 调控 ILC3 细胞发育分化及抗感染的分子机制研究	范祖森	中国科学院生物物理研究所	2020-01 至 2024-12	2019	重点项目
嵌合 RNA 调控膀胱淋巴转移的作用和机制研究	黄健	中山大学	2020-01 至 2024-12	2019	国际（地区）合作与交流项目
LARP7 在 RNA 修饰及精子发生中的功能研究	刘默芳	中国科学院上海生命科学研究院	2020-01 至 2022-12	2019	国际（地区）合作与交流项目

（续表）

项目名称	项目负责人	依托单位	起止年月	批准年	资助类别
长链非编码 RNA 诱导老年痴呆神经退变分子机理	鲁友明	华中科技大学	2020-01 至 2024-12	2019	国际（地区）合作与交流项目
非编码 RNA 调控与功能	汪阳明	北京大学	—	2020	国家杰出青年科学基金
小 RNA 与植物生殖发育	郑丙莲	复旦大学	—	2020	国家杰出青年科学基金
RNA 结合蛋白与转录调控	薛愿超	中国科学院生物物理研究所	—	2020	国家杰出青年科学基金
RNA 甲基化依赖性相分离调控精子发生机制研究	杨运桂	中国科学院北京基因组研究所	—	2020	—
CRISPR-Cas13-RNA 复合水凝胶液滴微流关键技术及在脓毒症细胞因子风暴预警中的应用	陈鸣	中国人民解放军第三军医大学	—	2020	—
肠癌肿瘤微环境中 T 细胞 RNA m1A 修饰的功能和机制研究	李华兵	上海交通大学	—	2020	—
人工建模块化 RNA 结合因子精准修改 RNA 碱基	王泽峰	中国科学院上海生命科学研究院	—	2020	—
活性氧通过 RNA 编辑介导胶质瘤免疫抑制微环境形成的机制研究	吴安华	中国医科大学	—	2020	—
正常与疾病相关的人神经细胞中 m6A 修饰 RNA 结合蛋白组研究	Miguel A Esteban	中国科学院广州生物医药与健康研究院	—	2020	—
RNA m6A 修饰在运动诱导生理性心肌肥厚中的作用及机制研究	肖俊杰	上海大学	—	2020	—
CRISPR-Cas13 RNA 编辑技术的精准调控及其在肿瘤组织修复中的应用	蒋建新	中国人民解放军第三军医大学	—	2020	—
基于可编程自组装 RNA 纳米笼的新型智能递送平台的癌症精准治疗研究	王雪梅	东南大学	—	2020	—
非编码 RNA 与肿瘤发生	胡汪来	郑州大学	—	2020	—
RNA 修饰的化学生物学研究	程靓	中国科学院化学研究所	—	2020	—
非编码 RNA 分子结构与功能研究	任艾明	浙江大学	—	2020	—

美国、欧盟在 RNA 领域的资助布局涉及 RNA 基础研究、医学与农业领域应用研究、相关技术开发与平台建设各个方面。而我国布局的重点为基础研究、医学领域的应用基础研究，并布局了少量技术开发和数据库建设项目（见表 1.5）。

表 1.5　国内外 RNA 领域布局重点比较

	编码 RNA	非编码 RNA			RNA 相互作用	技术开发	RNA 信息学
	mRNA	tRNA	miRNA	lncRNA	RNA 结合蛋白		
生成加工修饰与降解	√*	√*	√*	√*	√	√*	√*
结构解析	√*		√*	√*	√*		
功能鉴定			√*	√*	√*		
应用于医学	√		√	√*			
应用于农业			√	√			

注：√为国际；* 为我国。

1.2　核糖核酸与生命调控及健康领域的研究热点与前沿

基于 Web of Sciences 数据库论文，分别利用 VOSviewer 软件和 Citespace5.0 软件分析 RNA 代谢、调控与生理功能，RNA 与疾病，RNA 与现代农业，RNA 新技术与新方法 4 个主题的研究热点与前沿。各领域数据检索结果如表 1.6 所示。

表 1.6　各领域数据检索结果

分领域	分析年度（年）	论文量（篇）
RNA 代谢、调控与生理功能	2018—2020	32528
RNA 与疾病	2019—2020	44055
RNA 与现代农业	2018—2020	14675
RNA 新技术与新方法	2018—2020	7592

注：检索时间为 2021 年 2 月 16 日至 18 日，文献类型为 Article；RNA 与疾病领域论文量太多，软件无法分析，因此将其年份缩短为 2019—2020 年。

1.2.1　RNA 代谢、调控与生理功能

1.2.1.1　研究热点

RNA 代谢、调控与生理功能领域研究热点如图 1.1 所示。

1. 非编码 RNA 多样性鉴定及新型功能分析

microrna、identification、gene、gene-expression、long noncoding rnas、differentiation、 biogenesis、transcription、dna methylation、evolution、transcriptome、metabolism、epigenetics、translation 等词代表的红色聚类，表示新型 miRNA、lncRNA、RNA 结合蛋白等的鉴定及其在转录、翻译、表观遗传调控中的作用，如非编码 RNA 的编码活性[1]、小核 RNA 的功能多样性[2]、RNA 甲基化在人类癌症中的作用等。

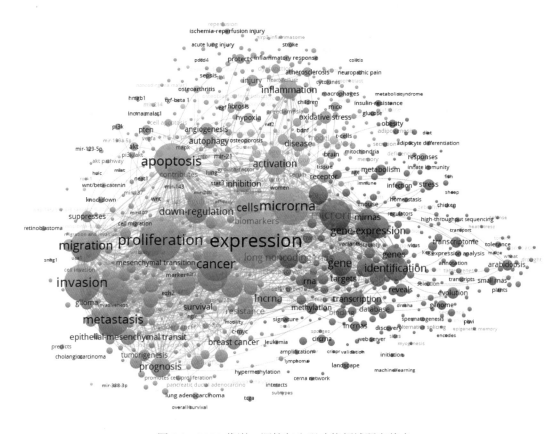

图 1.1　RNA 代谢、调控与生理功能领域研究热点

2. 非编码 RNA 在自噬、炎症方面的调控作用

expression、microrna、apoptosis、cells、activation、mechanisms、inflammation、biomarkers、inhibition、disease、autophagy、angiogenesis、risk、macrophages、stat3 等词代表的绿色聚类，表示 miRNA、lncRNA 等非编码 RNA 在自噬、炎症方面的调控作用，如 miRNA 在自噬调控中的作用及其在老年性黄斑变性治疗中的可能用途[3]，

[1] PANG Y N , MAO C B, LIU S R. Encoding activities of non-coding RNAs[J].Theranostics,2018, 8(9):2496-2507.
[2] BRATKOVIC T, BOZIC J, ROGELJ B.Functional diversity of small nucleolar RNAs[J].Nucleic Acids Research,2020,48(4): 1627-1651.
[3] HYTTINENA J M T, BLASIAKB J, FELSZEGHY S, et al.MicroRNAs in the regulation of autophagy and their possible use in age-related macular degeneration therapy[J].Ageing Research Reviews,2021, 67:101260.

靶向表观遗传学和非编码 RNA 治疗动脉粥样硬化 [1] 等。

3. lncRNA 在细胞增殖、转移、凋亡中的作用

proliferation、invasion、cancer、metastasis、migration、progression、cell-proliferation、down-regulation、long noncoding rna、prognosis、epithelial-mesenchymal transition、breast cancer、tumorigenesis 等词代表的蓝色聚类，表示长非编码 RNA、miRNA、环形 RNA 等非编码 RNA 在细胞增殖、迁移、凋亡中的作用及其在肝癌、乳腺癌、胃癌等癌症转移、预后中发挥的重要作用，如 lncRNA SNHG1 促进癌症发生发展 [2]，环形 RNA circPIP5K1A 通过 miR-600/HIF-1α 调控促进非小细胞肺癌增殖和转移 [3] 等。

1.2.1.2 研究前沿

1. 环形 RNA 的合成、鉴定及其调节功能研究

lncRNA 是一类异质性的 ncRNA，其功能为调节蛋白质编码基因的表达、剪接和转录及转录后修饰。lncRNA 的转录本可以是线性的，也可以是环形的，环形 RNA（circRNA）是 5' 和 3' 端共价连接的 RNA 基团，通过特定的反拼接机制形成。这种共价连接的 RNA 于 1976 年首次被发现存在于 RNA 植物病毒中。研究证明，其他病毒，如肝炎 δ 病毒，都含有环形结构的 RNA 基因组。越来越多的证据表明，circRNA 是一类新的 RNA。circRNA 不仅在肿瘤中含量丰富，而且在许多其他组织类型和细胞中也很常见。研究还表明，circRNA 不仅比研究人员原先设想的要丰富得多，实际上在某些情况下，它们的表达量要高于其对应的线性 RNA，而且它们在进化上高度保守。

circRNA 可作为基因表达的主要调节器，并有望作为癌症和其他疾病的新型生物标志物。circRNA 比线性 RNA 有更长的半衰期（>48 小时），具有组织、细胞类型或发育阶段特异性 [4]。

在生理功能方面，近年来研究得最多的是 circRNA 在大脑中的作用。在哺乳动物神经元分化和突触发生过程中，许多 circRNA 被上调。研究表明，大脑特异性 circRNA 在人类、小鼠和果蝇中高度保守。circRNA 还与先天免疫应答相关，在血液、心脏组织中也高度表达。

circRNA 的成熟受顺式和反式元素的调控。已有研究证明，circRNA 与特定的 miRNA

[1] XUA S W, KAMATOBC D,LITTLE P J,et al.Targeting epigenetics and non-coding RNAs in atherosclerosis: from mechanisms to therapeutics[J].Pharmacology & Therapeutics,2019,196:15-43.

[2] THIN K Z,TU J C, Raveendran S.Long non-coding SNHG1 in cancer[J].Clinica Chimica Acta,2019,494:38-47.

[3] CHI Y B, LUO Q C, SONG Y T, et al.Circular RNA circPIP5K1A promotes non-small cell lung cancer proliferation and metastasis through miR-600/HIF-1α regulation[J].Journal of Cellular Biochemistry,2019, 120(11): 19019-19030.

[4] NG W L, MOHD MOHIDIN T B, SHUKLA K. Functional role of circular RNAs in cancer development and progression[J]. RNA Biology, 2018,15(8):995-1005.

能相互作用并发挥仓库的作用。这一特性使 circRNA 成为活跃的调控转录因子[1]。

2. lncRNA 的大规模识别与调控网络研究

研究人员通过分析来自正常组织和肿瘤组织的 14166 个样本,以高质量的图谱呈现人类长非编码 RNA 全景图,并建立了 lncRNA 参考目录(RefLnc)。RefLnc 确定了 275 个与性别、年龄或种族相关的新型基因间 lncRNA,以及 369 个与患者生存、临床阶段、肿瘤转移或复发相关的新型 lncRNA[2]。在小鼠和人类中发现了 665 个保守的 lncRNA 启动子,这些位置保守的 lncRNA 基因主要与发育转录因子位点相关,其中一半以上与染色质组织结构有关,并位于染色质环锚点和拓扑关联域(TAD)的边界。研究人员将这些 RNA 定义为拓扑锚点 RNA(tapRNA)。利用位置守恒来识别在基因组、发育和疾病中具有潜在重要性的 lncRNA,对 tapRNA 及其相关编码基因的鉴定表明,它们在功能上是相通的:在体外以类似的方式相互调控对方的表达并影响癌细胞的转移表型。

lncRNA 在基因表达的调控中发挥着重要作用,能够转录调控、诱导表观遗传变化,甚至直接调控蛋白质的活性,并作为 miRNA 海绵与 miRNA 相互作用、调节内源性 mRNA 靶点,但其中的生物学和分子机制仍有待确定。特别是 lncRNA 与其他生物分子相关的调控网络成为转录组研究的新前沿。研究人员研究了 lncRNA 与其他生物分子之间的关联,展示了应用于 lncRNA 相互作用预测和分析的多种生物信息学方法[3]。研究表明,lncRNA 的表达模式具有细胞类型特异性,这可能是由 lncRNA-miRNA 的相互作用类似于受体 – 配体的相互作用导致的。miRNA 与 lncRNA 的特异性结合可能会驱动细胞类型特异性信号级联,并调节生化反馈回路,最终决定细胞的身份和对压力因子的反应[4]。

3. RNA 甲基化修饰的鉴定与功能研究

研究人员利用新技术大规模鉴定非编码 RNA 的 N6-甲基腺苷(m6A)修饰,并进一步研究其功能。在非编码 RNA 的 m6A 修饰和哺乳动物基因表达的控制方面,研究人员利用先进技术使 RNA 转录本的修饰实现精确映射,以便剖析转录后的基因调控。在没有翻译的情况下,非编码 RNA 的修饰可能在其调控、蛋白质相互作用和随后的下游效应器功能中发挥重要作用。目前,已有研究人员研究了 m6A 对 RNA 的修

[1] BELOUSOVA E A, FILIPENKO M L, KUSHLINSKII NE.Circular RNA: New Regulatory Molecules[J].Bulletin of Experimental Biology and Medicine,2018,164(6): 803-815.

[2] JIANG S, CHENG S J, REN L C,et al.An expanded landscape of human long noncoding RNA[J].Nucleic Acids Research,2019, 47(15): 7842-7856.

[3] ZHANG Y W, TAO Y, LIAO Q.Long noncoding RNA: a crosslink in biological regulatory network[J].Briefings in Bioinformatics,2018,19(5): 930-945.

[4] RAMÓN Y CAJAL S, SEGURA M F, Hümmer S.Interplay Between ncRNAs and Cellular Communication: A Proposal for Understanding Cell-Specific Signaling Pathways[J].Frontiers in genetics,2019,10:281.

饰，并进一步探讨了 m6A 修饰的 lncRNA MALAT1 和 Xist 的不同作用[1]。

在 m6A 修饰对胚胎发育的影响方面，研究人员使用 m6A 测序生成了 21 个跨越主要胚胎组织的全转录组 m6A 甲基组，揭示了动态的 m6A 甲基化，确定了大量的组织差异性 m6A 修饰，并表明 m6A 与基因表达稳态正相关。研究人员还研究了长基因间非编码 RNA（lincRNA）的 m6A 甲基组，发现增强子 lincRNA 富集 m6A。研究发现，m6A 受到人类遗传变异和启动子的广泛调控，表明 m6A 广泛参与人类发育和疾病[2]。此外，还有研究发现，m6A mRNA 标记能促进人类红细胞生成所需调节子的选择性翻译[3]。

1.2.2　RNA 与疾病

1.2.2.1　研究热点

RNA 与疾病领域研究热点如图 1.2 所示。

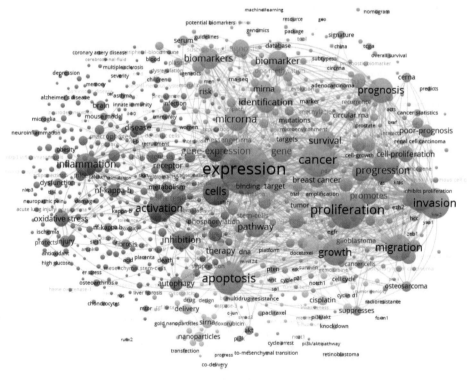

图 1.2　RNA 与疾病领域研究热点

[1] COKER H,WEI G F,BROCKDORFF N.m6A modification of non-coding RNA and the control of mammalian gene expression[J].Biochimica et Biophysica Acta (BBA) - Gene Regulatory Mechanisms,2019,1862(3):310-318.

[2] XIAO S, CAO S, HUANG Q,et al.The RNA N6-methyladenosine modification landscape of human fetal tissues[J]. Nature Cell Biology,2019,21(5):651-661.

[3] KUPPERS D A,ARORA S,LIM Y T,et al.N6-methyladenosine mRNA marking promotes selective translation of regulons required for human erythropoiesis[J].Nature Communications,2019,10(1):4596.

1. RNA 参与炎症、免疫调控、氧化应激，与多种疾病相关

cells、activation、inflammation、gene-expression、inhibition、mechanisms、differentiation、oxidative stress、disease、autophagy、nf-kappa-b、pathogenesis、phosphorylation、exosomes、brain、extracellular vesicles、obesity 等词代表的红色聚类，表示外泌体、胞外囊泡等处的非编码 RNA 参与机体中的炎症、免疫调控，进而参与神经退行性疾病、肿瘤、糖尿病、风湿性关节炎、哮喘、脑损伤、肝纤维化、冠状动脉疾病等多种疾病发生发展的遗传学调控，如参与骨钙化过程中的细胞凋亡，从而与神经退行性疾病等老年疾病相关[1]；miRNA 参与形成巨噬细胞的功能异质性，从而影响巨噬细胞和间充质干细胞之间的分子串联[2]；多个 miRNA 参与巨噬细胞极化，对巨噬细胞极化进行代谢重编程将有助于治疗多种炎症性疾病[3] 等。

2. 非编码 RNA 作为肿瘤的诊断与预后生物标志物

cancer、prognosis、microrna、biomarkers、survival、identification、protein、diagnosis、breast cancer、lncrna、target、dna methylation、circular rna、prostate cancer、serum、management、cerna 等词代表的绿色聚类，表示 miRNA、lncRNA、环形 RNA、ceRNA 等非编码 RNA 可作为乳腺癌、肝癌、前列腺癌等恶性肿瘤的诊断与预后生物标志物。例如，多个 miRNA 和 lncRNA 可作为三阴性乳腺癌的潜在生物标志物[4]，竞争性内源非编码 RNA 在肝细胞癌中发挥重要作用[5]，非编码 RNA 网络在白血病进展、转移和耐药中发挥重要作用[6] 等。

3. RNA 参与肿瘤增殖与转移

expression、proliferation、apoptosis、invasion、metastasis、migration、growth、progression、carcinoma、cell-proliferation、down-regulation、long noncoding rna、epithelial-mesenchymal transition、colorectal cancer、gastric cancer、tumorigenesis 等词代表

[1] BORALDI F, LOFARO F D, QUAGLINO D.Apoptosis in the Extraosseous Calcification Process[J]. Cells,2021,10(1):131.

[2] STEVENS H Y, BOWLES A C, YEAGO C, et al.Molecular Crosstalk Between Macrophages and Mesenchymal Stromal Cells[J].Frontiers in Cell and Developmental Biology,2020, 8:600160.

[3] DE SANTA F, VITIELLO L, TORCINARO A,et al.The Role of Metabolic Remodeling in Macrophage Polarization and Its Effect on Skeletal Muscle Regeneration[J].Antioxidants & Redox Signaling,2019, 30(12): 1553-1598.

[4] VOLOVAT S R, VOLOVAT C, Hordila I, et al.MiRNA and LncRNA as Potential Biomarkers in Triple-Negative Breast Cancer: A Review[J].Frontiers in Oncology,2020, 10:526850.

[5] XU G, XU W Y, XIAO Y,et al.The emerging roles of non-coding competing endogenous RNA in hepatocellular carcinoma[J].Cancer Cell International,2020, 20(1):496.

[6] BHAT A A, YOUNES S N, RAZA S S, et al.Role of non-coding RNA networks in leukemia progression, metastasis and drug resistance[J].Molecular Cancer,2020, 19(1):57.

的蓝色聚类，表示 lncRNA、miRNA 等参与细胞周期调控和细胞迁移、凋亡，进而参与肿瘤增殖、入侵、上皮间质转化（EMT）与转移，与结直肠癌、胃癌、胶质瘤等多种癌症的预后不良相关。例如，组织相容性白细胞抗原复合物 P5（HCP5）与许多自身免疫性疾病及恶性肿瘤相关，并参与抗肿瘤药物的耐药性，有望作为癌症生物标志物和治疗靶标 [1]；miRNA、lncRNA 等分子途径能够作为 STAT3 在癌症中的上游调节物，STAT3 通路可作为胃癌等的治疗靶标 [2]；与 EMT 相关的 lncRNA 在三阴性乳腺癌转移中发挥重要作用 [3] 等。

4. 用 RNA 干扰技术开发癌症新疗法

resistance、therapy、rna、chemotherapy、sirna、delivery、glioblastoma、binding、nanoparticles、tumor、cisplatin、non-small cell lung cancer、chemoresistance、inhibitor、sensitivity、drug-resistance、immunotherapy 等词代表的黄色聚类，表示用 RNA 干扰技术、RNA 适配体技术开发癌症治疗新疗法，如新的癌症免疫疗法以克服癌症的耐药性，以及用纳米粒子输送 siRNA，如用新型纳米粒子输送 miRNA 治疗制剂、输送 miRNA 与小干扰 RNA 及相关组合疗法，将适配体作为克服癌症耐药性的靶向配体和治疗分子 [4]，用 RNA 干扰技术开发靶向脂质体的癌症新疗法以克服癌症干细胞引起的治疗耐药性 [5] 等。

1.2.2.2 研究前沿

1. 环形 RNA 作为癌症等疾病的生物标志物的研究

环形 RNA（circRNA）在生物学尤其是癌症生物学中发挥着重要作用。circRNA 被探索最多的功能是作为基因表达的主调节因子，它可以封存或"海绵"其他基因表达调节因子，尤其是 miRNA。circRNA 作为癌症和其他疾病的新型生物标志物显示出巨大的前景。研究人员分析了 circRNA 的合成、功能模式及在生理和病理条件下的作用，并讨论了它们作为新型癌症生物标志物的潜力及尚待解决的挑战 [6]。

[1] ZOU Y Z, CHEN B H.Long non-coding RNA HCP5 in cancer[J].Clinica Chimica Acta,2021,512: 33-39.
[2] ASHRAFIZADEH M, ZARRABI A, OROUEI S,et al.STAT3 Pathway in Gastric Cancer: Signaling, Therapeutic Targeting and Future Prospects[J].Biology-Basel,2020, 9(6):126.
[3] ZHANG H M, WANG J,YIN Y L, et al. The role of EMT-related lncRNA in the process of triple-negative breast cancer metastasis[J].Bioscience reports,2021,41 (2): BSR20203121.
[4] ZHOU G, LATCHOUMANIN O, HEBBARD L, et al.Aptamers as targeting ligands and therapeutic molecules for overcoming drug resistance in cancers[J].Advanced Drug Delivery Reviews,2018,134:107-121.
[5] DIANAT-MOGHADAM H, HEYDARIFARD M, Jahanban-Esfahlan R,et al.Cancer stem cells-emanated therapy resistance: Implications for liposomal drug delivery systems[J].Journal of Controlled Release,2018, 288: 62-83.
[6] ARNAIZ E, SOLE C, MANTEROLA L,et al.CircRNAs and cancer: Biomarkers and master regulators[J].Seminars in Cancer Biology,2019,58: 90-99.

circRNA 在癌症中的功能意义已被充分证实，包括逃避生长抑制因子、诱导细胞凋亡、激活入侵和转移、血管生成和持续增殖信号转导。例如，Hsa_circ_0001361 通过 miR-491-5p/MMP9 轴促进膀胱癌的侵袭和转移[1]。circRNA 调节癌症中的信号通路，包括在 Wnt/β-catenin 信号、PIK3/AKT 和 MAPK/ERK 通路中发挥重要作用。研究表明，众多 circRNA 可作为肠癌、肺癌、胃癌、乳腺癌和肝癌的诊断与预后生物标志物，且已开展了大量的单中心、回顾性研究，但在被验证、转化到临床应用方面还面临挑战，如相关操作有待标准化。

在心血管方面，目前重点对 circRNA 生物发生、特性、表达谱、检测方法、功能及其在心脏病理中的相关性进行了研究，包括在缺血再灌注损伤、心肌梗死、心脏衰老、心脏纤维化、心肌病、心脏肥大和心力衰竭、动脉粥样硬化、冠状动脉疾病和动脉瘤等疾病中的作用[2]。

2. lncRNA 在癌症、心血管等疾病中的作用

lncRNA 在基因调控中发挥着重要作用，在医学中具有重要的应用价值。研究表明，任何转录本，无论其是否有编码潜力，都具有 RNA 固有的功能[3]。HNTRAIR、MALAT1、ANRIL、LNCRA1-P21、ZEB1-AS1、Xist 等 lncRNA 广泛参与肿瘤、心血管等疾病的发生。例如，LCAT1 作为 ceRNA 调节 RAC1 功能，作为海绵吸附 miR-4715-5p 在肺癌中发挥作用[4]，m6A 诱导的 lncRNA RP11 通过上调 Zeb1 引发结直肠癌细胞扩散[5]，MALAT1 的造血功能缺失会促进动脉粥样硬化和斑块炎症的发生[6]等。在心血管疾病方面，lncRNA 可能通过调节内皮细胞增殖（如 MALAT1、H19）或血管生成（如 MEG3、MANTIS）来调节内皮功能障碍。lncRNA 参与调控血管平滑肌细胞（VSMC）表型或血管重塑（如 ANRIL、SMILR、SENCR、MYOSLID），已有研究探索了 lncRNA 在白细胞活化（如 lincRNA-Cox2、linc00305、THRIL）、巨噬细胞极化（如 GAS5）和胆固醇代谢（如 LeXis）等方面发挥的作用[7]。

[1] LIU F, ZHANG H, XIE F,et al.Hsa_circ_0001361 promotes bladder cancer invasion and metastasis through miR-491-5p/MMP9 axis[J].Oncogene,2020,39(8): 1696-1709.

[2] ALTESHA M A, NI T, KHAN A,et al.Circular RNA in cardiovascular disease[J].Journal of Cellular Physiology,2019,234(5): 5588-5600.

[3] MERCER T R, DINGER M E, MATTICK J S. Long non-coding RNAs: insights into functions[J]. Nature Reviews Genetics,2009,10(3):155-159.

[4] YANG J Z, QIU Q Z, QIAN X Y, et al.Long noncoding RNA LCAT1 functions as a ceRNA to regulate RAC1 function by sponging miR-4715-5p in lung cancer[J].Molecular Cancer,2019,18(1): 171.

[5] WU Y M, YANG X L, CHEN Z J, et al.m6A-induced lncRNA RP11 triggers the dissemination of colorectal cancer cells via upregulation of Zeb1[J].Molecular Cancer,2019, 18: 87.

[6] CREMER S, MICHALIK K M, Fischer A,et al.Hematopoietic Deficiency of the Long Noncoding RNA MALAT1 Promotes Atherosclerosis and Plaque Inflammation[J].Circulation,2019,139(10):1320-1334.

[7] SIMION S,HAEMMIG S,FEINBERG M W. LncRNAs in vascular biology and disease[J].Vascular Pharmacology, 2019, 114:145-156.

lncRNA 领域成果层出不穷，迫切需要辨别其潜在功能作用，以进一步研究人类复杂疾病的病理，开发疾病预防、诊断、治疗、预后的生物标志物方法。目前，已有研究人员基于相关数据库开发计算模型与算法，来预测大部分潜在 lncRNA 功能和大规模计算 lncRNA 功能相似性的有效途径，提出未来 lncRNA 功能预测和功能相似度计算的方向。构建系统的功能标注体系对于加强计算模型的预测准确性至关重要，这将加速未来新型 lncRNA 功能的鉴定进程 [1]。

研究人员将受 lncRNA 影响的细胞过程与疾病特征联系起来，有利于新的研究方向和治疗方案开发，lncRNA 有望成为新的预后生物标志物和治疗靶标。

3．miRNA 在癌症等疾病中的作用

miRNA 基因表达改变会促进大多数人类恶性肿瘤发生。这些改变是由多种机制导致的，包括 miRNA 位点缺失、扩增或突变、表观遗传学沉默，或者靶向特定 miRNA 基因的转录因子失调等。由于恶性细胞依赖 miRNA 基因的失调表达，而 miRNA 失调表达反过来被多个蛋白编码的癌基因或肿瘤抑制基因失调所控制，这些 miRNA 在未来的基于 miRNA 疗法开发中发挥着重要作用：①人类癌症中涉及的 miRNA 失调，以及这些失调在癌症启动与进展中的作用。② miRNA 表达谱可用作评估那些人类癌症中失调的 miRNA。③ miRNA 作为肿瘤抑制剂靶向重要的癌基因，如 B 细胞白血病 /2 型淋巴瘤（BCL2）、MYC 和 RAS。④ miRNA 作为癌基因靶向重要的肿瘤抑制因子，如磷酸酶、p27、p57 和金属蛋白酶组织抑制剂 3（TIMP3）。⑤ miRNA 基因可被表观遗传学变化沉默，也可导致表观遗传学变化，进而导致肿瘤抑制基因沉默，如 miR-29 家族成员缺失导致 DNA 甲基转移酶过表达和肿瘤抑制子沉默。将 miR-29 重新引入肿瘤细胞中会导致被沉默的肿瘤抑制因子被重新激活，产生肿瘤抑制性。⑥相同的 miRNA 在多种肿瘤中失调，表明它们可能是人类癌症中常见失调通路的靶点。⑦失调 miRNA 可以作为抗癌疗法的靶标 [2]。

此外，近年来研究人员还通过深度学习和建模分析，大规模研究 miRNA 参与的疾病机制，以及 miRNA 与 lncRNA、mRNA 的相互作用。例如，通过构建一个融合集合学习和降维的计算框架开发了新型算法来全面分析 miRNA-疾病的关联性 [3]；选取了 5 种重要的 miRNA 相关人类疾病和 5 种关键的疾病相关 miRNA，开展了 miRNA-靶标相互作用研究，分析了 20 种 miRNA-疾病关联的计算模型，总结出构建强大的计算模型预测潜在 miRNA-疾病关联的框架，包括 5 个可行的重要研究模式：①可以利

[1] CHEN X, SUN Y Z, GUAN N N, et al.Computational models for lncRNA function prediction and functional similarity calculation[J].Briefings in Functional Genomics,2019,18(1): 58-82.

[2] CROCE C M. Causes and consequences of microRNA dysregulation in cancer[J]. Nature Reviews Genetics,2009, 10(10):704-714.

[3] CHEN X,ZHU C C, YIN J.Ensemble of decision tree reveals potential miRNA-disease associations[J].Plos Computational Biology, 2019, 15(7):e1007209.

用疾病模块原理（相似疾病往往与功能相似的 miRNA 相关），根据实验已验证的关联性，预测新的疾病-miRNA 关联。②可以通过计算候选 miRNA 的靶基因与已知疾病基因之间的功能相似度，来识别给定疾病的潜在相关 miRNA。③可将社会网络分析的计算模型扩展到 miRNA-疾病关联预测，考虑到同一个 miRNA 家族或簇中的成员往往与相同或相似的疾病相关，miRNA 家族和簇的信息可以用于模型的构建。④几乎所有的计算模型都只能预测所研究疾病与 miRNA 之间是否存在关联，只有 RBMMMDA（Restricted Boltzmann Machine for Multiple types of MiRNA-Disease Association）可以预测 miRNA 与疾病之间的关联类型。因此，对于这些重要的生物学模型，应加大力度解决。⑤未来的算法不仅要预测 miRNA 与疾病的关联，还应该预测疾病相关的 miRNA-靶标相互作用[1]。也有研究人员以乳腺癌为例，研究了 mRNA-lncRNA-miRNA 相互作用的综合网络[2]。

4. 胞外囊泡 / 外泌体中的 ncRNA 参与肿瘤等疾病发生发展

从各种肿瘤细胞类型中释放出来的肿瘤细胞外囊泡（TEV）包括内膜来源的外泌体和微泡（MV）。TEV 包含了无数的生物分子，如蛋白质、DNA、代谢物和 miRNA，它们可以在细胞间转移。此外，TEV 还能协调正常和恶性发育的基本过程，如参与乳腺癌的发展。因此，TEV 是肿瘤微环境（TME）的重要组成成分，通过将封装的分子载体从母细胞转导到受体细胞，并通过与靶细胞的直接相互作用，充当信使进行信息传递。研究表明，TEV 通过促进入侵、血管生成、转移前的微环境准备、逃避免疫监视和诱导耐药性治疗来促进乳腺癌等癌症的发展。TEV 有望成为有前景的诊断生物标志物、治疗载体和靶标[3]。此外，还有人员研究了胞外囊泡 / 外泌体在结直肠癌[4]、糖尿病[5] 等疾病的发生、诊断和治疗中的重要作用。

5. RNA 甲基化修饰与疾病的关系

N6-甲基腺苷（m6A）是真核生物信使 RNA（mRNA）中最丰富的内部化学修饰。近年来，研究人员对动态 m6A 和其他 RNA 修饰的调控生物学功能进行了广泛研究。外泌体标记 m6A 通过复杂的酶和其他蛋白网络的活动进行书写、读取和擦除，m6A

[1] CHEN X，XIE D, ZHAO Q,et al.MicroRNAs and complex diseases: from experimental results to computational models[J].Briefings in Bioinformatics,2019, 20(2): 515-539.

[2] ZHOU Y, ZHENG X, XU B,et al.The Identification and Analysis of mRNA-lncRNA-miRNA Cliques From the Integrative Network of Ovarian Cancer[J].Frontiers in Genetics,2019, 10: 751.

[3] WANG H X, GIRES O.Tumor-derived extracellular vesicles in breast cancer: From bench to bedside[J].Cancer Letters,2019, 460: 54-64.

[4] CHESHOMI H, MATIN M M.Exosomes and their importance in metastasis, diagnosis, and therapy of colorectal cancer[J].Journal of Cellular Biochemistry,2019, 120(2): 2671-2686.

[5] XIAO Y W, ZHENG L, ZOU X F, et al.Extracellular vesicles in type 2 diabetes mellitus: key roles in pathogenesis, complications, and therapy[J].Journal of Extracellular Vesicles,8(1):1625677.

结合蛋白读取 m6A 标记并通过改变 RNA 代谢过程信号转导其下游调控作用。研究人员目前对 m6A 修饰的认识，重点是其写入、擦除和读取蛋白在转录后基因调控中的功能，并研究了 m6A 修饰对人类健康的影响[1]。

m6A 修饰与多种癌症进展相关。研究显示，在上皮－间质转化（EMT）期间，癌细胞转移的重要步骤之一是癌细胞中 mRNA 的 m6A 修饰增加。删除甲基转移酶样 3（METTL3）可下调 m6A，损害癌细胞体外和体内的迁移、侵袭和 EMT，对 m6A 的测序和功能研究证实，EMT 的关键转录因子 Snail 参与了 m6A 调控的 EMT，Snail CDS 中的 m6A 触发了癌细胞中 Snail mRNA 的多体介导翻译。研究证实，YTHDF1 介导 m6A 可以增加 Snail mRNA 的翻译。此外，METTL3 和 YTHDF1 的上调可作为肝癌患者总生存率的不良预后因素。m6A 对癌细胞 EMT 的调控及在此过程中 Snail 的翻译起关键作用[2]。m6A 修饰通过调控 HINT2 mRNA 翻译抑制眼部黑色素瘤的发生[3]。

1.2.3 RNA 与现代农业

1.2.3.1 研究热点

RNA 与现代农业领域研究热点如图 1.3 所示。

1. 植物 miRNA、lncRNA 的形成、识别与功能鉴定

identification、gene、arabidopsis、microrna、evolution、stress、chloroplast genome、resistance、transcriptome、phylogenetic analysis、biogenesis、wheat、rices、abiotic stress 等词代表的红色聚类，表示以拟南芥、小麦、水稻为代表的植物中的 miRNA、lncRNA 等非编码 RNA 的形成、演化、识别与功能鉴定，包括在全基因组水平、叶绿体基因组水平识别植物 miRNA 并加以注释，植物 miRNA 的功能鉴定包括非生物胁迫耐受和生物胁迫耐受（耐旱、耐寒、抗盐、耐除草剂等）、转录调控、植物发育等方面的作用。例如，小麦 SRO 基因家族的全基因组鉴定和表征以揭示不同胁迫下的分子进化和表达谱[4]，使用全基因组高通量测序鉴定和全面分析水稻中对草甘膦胁迫响应的 miRNA、lncRNA 和 mRNA[5]，葡萄中与耐寒相关的 lncRNA 的鉴定和功能

[1] DUAN H C, WANG Y, JIA G F. Dynamic and reversible RNA N-6-methyladenosine methylation[J].Wiley Interdisciplinary Reviews-RNA,2019,10(1):e1507.

[2] LIN X Y, CHAI G S, WU Y M, et al.RNA m(6)A methylation regulates the epithelial mesenchymal transition of cancer cells and translation of Snail[J].Nature Communications,2019, 10:2065.

[3] JIA R B, CHAI P W, WANG S Z, et al.m6A modification suppresses ocular melanoma through modulating HINT2 mRNA translation[J].Molecular Cancer, 2019,18: 161.

[4] JIANG W Q, GENG Y P, LIU Y K, et al.Genome-wide identification and characterization of SRO gene family in wheat: Molecular evolution and expression profiles during different stresses[J].Plant Physiology and Biochemistry,2020,154: 590-611.

[5] ZHAI R R, YE S H, ZHU G F,et al.Identification and integrated analysis of glyphosate stress-responsive microRNAs, lncRNAs, and mRNAs in rice using genome-wide high-throughput sequencing[J].BMC Genomics,2020,21(1): 238.

预测 [1] 等。

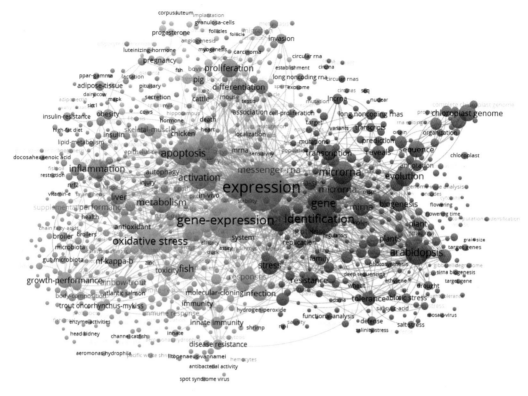

图 1.3　RNA 与现代农业领域研究热点

2. RNA 在鱼类养殖中的应用

gene-expression、oxidative stress、fish、growth-performance、nf-kappa-b、rainbow-trout、innate immunity、messenger-rna expression、disease resistance、lipopolysaccharide、trout oncorhynchus-mykiss、atlantic salmon 等 词 代 表 的 绿 色 聚 类， 表 示 mRNA、lncRNA 等 RNA 基因表达在虹鳟鱼、鲈鱼、大西洋鲑鱼等养殖品种中免疫应答、抗病、摄食、生长性能等方面的功能研究，如鉴定分析硬骨鱼类免疫调节性 RNA 种类，以从抑制剂的角度研究鱼的先天免疫力 [2]。

3. 天然植物中非编码 RNA 的药用性

expression、growth、apoptosis、activation、inflammation、proliferation、cancer、

[1] WANG P F, DAI L M, AI J, et al.Identification and functional prediction of cold-related long non-coding RNA (lncRNA) in grapevine[J].Scientific Reports,2019, 9:6638.

[2] REBL A, GOLDAMMER T. Under control: The innate immunity of fish from the inhibitors' perspective[J].Fish & Shellfish Immunology,2018, 77: 328-349.

disease、antioxidant、autophagy、invasion、migration、signaling pathway、survival 等词代表的蓝色聚类，表示天然植物中 lncRNA 等非编码 RNA 参与炎症、细胞凋亡中的作用鉴定，以便发挥天然植物抗癌、抗炎的药用性，如黄连中的有效成分的药理作用[1]，十字花科蔬菜中天然异硫氰酸盐预防多种慢性疾病的作用机制[2] 等。

4．RNA 在家畜生长发育与繁殖中的调控作用

pig、chicken、cattle、sheep、association、mrna、pregnancy、receptors、localization、reproduction、bovine、hormone、pituitary、maturation、spermatogenesis、follicles、fertility 等词代表的黄色聚类，表示 mRNA 和非编码 RNA 在牛、羊、鸡的生长、发育与生殖（如精子形成、卵泡发育、发情周期、妊娠）等过程中的调控作用。例如，牛卵泡发育过程中卵巢颗粒细胞中的 miRNA 富集与降解研究等。

5．RNA 与肉用动物肉质提升

Metabolism、differentiation、liver、skeletal-muscle、obesity、adipose-tissue、meat quality、insulin、lipid metabolism、insulin-resistance、quality、adipogenesis 等词代表的紫色聚类，表示研究 mRNA 和非编码 RNA 在肉用动物脂肪代谢中的调控作用，以提高肉质品质和适口性，如反刍动物肉中大理石花纹和脂肪酸谱的营养基因组学[3]。

1.2.3.2　研究前沿

1．高通量方法鉴定、注释植物 miRNA

利用下一代 DNA 测序等高通量测序方法已经获得了大量的植物小 RNA 数据集，从而获得了许多 miRNA 注释信息。目前，很多内源性 siRNA 被错误地注释成 miRNA。大数据时代，研究人员更新了植物 miRNA 注释的标准，新标准尽可能将复制和假阳性最小化。对于 miRNA 和所有其他类别的植物小 RNA，需要改进注释系统，并从进化和功能角度与复杂的 siRNA 注释相区别[4]。研究人员对芸香草[5]、番茄[6] 等植物进行了

[1] WANG J, WANG L, LOU G H,et al.Coptidis Rhizoma: a comprehensive review of its traditional uses, botany, phytochemistry, pharmacology and toxicology[J].Pharmaceutical Biology,2019,57(1): 193-225.

[2] FIMOGNARI C, TURRINI E, FERRUZZI L,et al.Natural isothiocyanates: Genotoxic potential versus chemoprevention[J].Mutation Research-Reviews in Mutation Research,2012, 750(2): 107-131.

[3] LADEIRA M M, SCHOONMAKER J P, SWANSON K C,et al.Nutrigenomics of marbling and fatty acid profile in ruminant meat[J].Animal,2018,12: S282-S294.

[4] AXTELL M J, MEYERS B C. Revisiting criteria for plant microrna annotation in the era of big data[J]. Plant Cell,2018,30(2):272-284.

[5] ZHANG J, WEI L, JIANG J, et al. Genome-wide identification, putative functionality and interactions between lncrnas and mirnas in brassica species[J]. Scientific Reports,2018, 8(1):4960.

[6] CARDOSO T C S, ALVES T C, CANESCHI C M, et al. New insights into tomato micrornas[J]. Scientific Reports,2018,8(1):16069.

全基因组 miRNA 鉴定。

2. 植物 lncRNA 分类、鉴定与注释

植物 lncRNA 的分类与鉴定。lncRNA 通过各种机制调节基因表达。已有研究人员探讨了目前主要的植物 lncRNA 分类方法：①根据功能可分成顺式作用 lncRNA、作为靶标模拟物的 lncRNA、脚手架和导引物的 lncRNA 等；②基于基因组位点的分类，可分成顺义和内含型 lncRNA（Sense and Intronic lncRNA）、反义 lncRNA、基因间 lncRNA 等。研究人员还鉴定出 lncRNA 介导的植物基因调控的新作用，形成作为植物基因表达的表观遗传调控器的 lncRNA 子集 [1]。

植物环形 RNA 的鉴定。研究人员鉴定了拟南芥 [2]、花生 [3]、玉米 [4]、水稻 [5]、葡萄 [6] 等植物的环形 RNA，并初步分析了环形 RNA 在植物应激应答 [7]、耐旱、耐冷等方面的功能。

3. 动物 lncRNA 的鉴定与功能分析

研究了哺乳动物各器官和各物种的 lncRNA 发展动态 [8]；鉴定了奶牛、鸡、罗非鱼等的 lncRNA。例如，开展了长非编码 RNA 的跨物种推断，极大地拓展了反刍动物转录组的范围 [9]；亚麻籽油和红花油膳食补充后牛乳腺中长非编码 RNA 的转录组分析 [10]；姑苏鸡和乔木园鸡胸肌中 lncRNA 的测序和特征分析 [11]；环形 RNA 参与鸡马雷

[1] RAI M I, ALAM M, LIGHTFOOT D A, et al.Classification and experimental identification of plant long non-coding RNAs[J]. Genomics,2019,111(5): 997-1005.

[2] FRYDRYCH CAPELARI É, DA FONSECA G C, GUZMAN F, et al. Circular and micro rnas from arabidopsis thaliana flowers are simultaneously isolated from ago-ip libraries[J]. Plants-Basel,2019,8(9):302.

[3] ZHANG X, MA X, NING L, et al. Genome-wide identification of circular rnas in peanut (arachis hypogaea l.)[J]. BMC Genomics,2019,20(1):653.

[4] HAN Y, LI X, YAN Y, et al. Identification, characterization, and functional prediction of circular rnas in maize[J]. Molecular Genetics and Genomics,2020,295(2):491-503.

[5] WANG Y, XIONG Z, LI Q, et al.Circular rna profiling of the rice photo-thermosensitive genic male sterile line wuxiang s reveals circrna involved in the fertility transition[J]. BMC Plant Biology, 2019,19(1):340.

[6] GAO Z, LI J, LUO M, et al.Characterization and cloning of grape circular rnas identified the cold resistance-related vv-circats1[J]. Plant Physiology, 2019,180(2):966-985.

[7] LITHOLDO C G, FONSECA G C. Circular rnas and plant stress responses[J]. Advances in Experimental Medicine and Biology,2018,1087:345-353.

[8] SARROPOULOS I, MARIN R, CARDOSO-MOREIRA M, et al H.Developmental dynamics of lncrnas across mammalian organs and species[J]. Nature,2019,571(7766):510-514.

[9] BUSH S J, MURIUKI C, MCCULLOCH M E B, et al.Cross-species inference of long non-coding rnas greatly expands the ruminant transcriptome[J]. Genetics Selection Evolution, 2018,50(1):20.

[10]IBEAGHA-AWEMU E M, LI R, DUDEMAINE P L, et al.Transcriptome analysis of long non-coding rna in the bovine mammary gland following dietary supplementation with linseed oil and safflower oil[J]. International Journal of Molecular Sciences, 2018,19(11):3610.

[11]REN T, LI Z, ZHOU Y, et al.Sequencing and characterization of lncrnas in the breast muscle of gushi and arbor acres chickens[J]. Genome,2018,61,(5):337-347.

克氏病肿瘤发生的全基因组分析[1]；环形 RNA 是构成哺乳动物眼和脑的内在基因调控轴的重要组成部分[2]；猪流行性腹泻病毒感染引起的猪肠上皮细胞环形 RNA 分析[3]；罗非鱼（Oreochromis Niloticus）环形 RNA 和环形 RNA-miRNA 网络在远缘动物脑膜炎发病机制中的全面分析[4]；环形 RNA 介导的猪胚胎肌肉发育中 ceRNA 调控的全基因组分析[5]等。

4．用 RNA 干扰技术提高植物抗病能力

基于 RNA 干扰（RNAi）的抗病毒防御是植物对抗病毒的一种小 RNA 依赖性抑制机制。虽然抗病毒 RNAi 的核心成分已为人们所熟知，但目前尚不清楚是否存在额外的调节 RNAi 的因素。近年来，研究人员通过正向遗传筛选发现了抗病毒 RNAi 的两个新元件，为抗病毒 RNAi 机制提供了重要启示。同时，发现 miRNA 对宿主抗病毒 RNAi 做出了重要贡献。另外，为了对抗宿主抗病毒 RNAi，大多数病毒都会编码 RNA 沉默的病毒抑制因子（VSR）。已有研究揭示了 VSR 的多种功能，以及植物宿主和病毒之间错综复杂的相互作用。这些发现使人们对植物中复杂的宿主抗病毒防御机制有了进一步的认识，从而为植物抗病毒策略的发展提供了关键信息[6]。

5．植物叶绿体全基因组全分析

研究人员对 14 种红树林的完整叶绿体基因组进行系统发育和比较基因组分析，结果表明，大多数叶绿体基因是高度保守的，简单序列重复（SSR）的数量是可变的[7]。枯草叶绿体基因组的特征及与其他单子叶植物物种的比较结果表明，其叶绿体基因组有 132 个基因，包括 86 个蛋白编码基因、37 个 tRNA 和 8 个 rRNA；对睡茄与其他 4 个茄科物种的叶绿体基因组进行比较，发现其基因组特征有相似之处，包括结构、核苷酸含量、密码子使用、RNA 编辑位点、SSR、寡核苷酸重复和串联重复[8]。

[1] WANG L, YOU Z, WANG M, et al.Genome-wide analysis of circular rnas involved in marek's disease tumourigenesis in chickens[J]. RNA Biology, 2020,17(4):517-527.

[2] GEORGE A K, MASTER K, MAJUMDER A, et al.Circular rnas constitute an inherent gene regulatory axis in the mammalian eye and brain[J]. Canadian Journal of Physiology and Pharmacology, 2019,97(6):463-472.

[3] CHEN J, WANG H, JIN L, et al.Profile analysis of circrnas induced by porcine endemic diarrhea virus infection in porcine intestinal epithelial cells[J]. Virology,2019,527:169-179.

[4] FAN B, CHEN F, LI Y, et al. A comprehensive profile of the tilapia (oreochromis niloticus) circular rna and circrna-mirna network in the pathogenesis of meningoencephalitis of teleosts[J]. Molecular Omics,2019,15(3):233-246.

[5] HONG L, GU T, HE Y, et al. Genome-wide analysis of circular rnas mediated cerna regulation in porcine embryonic muscle development[J]. Frontiers in Cell and Developmental Biology,2019,7:289.

[6] YANG Z, LI Y.Dissection of rnai-based antiviral immunity in plants[J]. Current Opinion in Virology,2018,32:88-99.

[7] SHI C, HAN K, LI L, et al.Complete chloroplast genomes of 14 mangroves: phylogenetic and comparative genomic analyses[J]. Biomed Research International,2020,2020:8731857.

[8] MEHMOOD F, ABDULLAH, SHAHZADI I, et al.Characterization of withania somnifera chloroplast genome and its comparison with other selected species of solanaceae[J]. Genomics,2020,112(2):1522-1530.

6. 植物选择性剪接及其功能分析

选择性剪接（Alternative Splicing，AS）在植物中普遍存在，并参与植物与环境胁迫之间的许多相互作用。然而，植物中 AS 进化的模式和基本机制仍不清楚。雌雄同体中选择性剪接的进化分析揭示了 AS 的分化主要是由于正交基因之间 AS 事件的得失。此外，研究发现，产生含有过早终止密码子（PTC）的转录本的 AS，很可能比产生不含 PTC 的转录本的 AS 更加保守，比较分析进一步表明，所确定的 AS 决定因子的变化显著地导致茄科和十字花科两个分类群中密切相关物种之间的 AS 差异[1]。研究发现，拟南芥 lncRNA asco 通过与剪接因子的相互作用调控转录组[2]，通过整合多个番茄转录数据源扩大选择性剪接的识别范围[3]。

植物选择性剪接与植物的环境适应能力、抗逆、抗应激等密切相关。在植物中，表观遗传修饰在胁迫下调控转录速率和 mRNA 丰度的作用开始显现。然而，表观遗传和表观修饰调控 AS 和翻译效率的机制还需要进一步研究。染色质全景（Chromatin Landscape）在应激下的动态变化可能提供了一个支架，基因表达、AS 和翻译是围绕这个支架进行调控的。研究人员探索了基于 CRISPR/Cas 的策略，用于工程染色质架构，以操纵 AS 模式（或拼接异构体水平），获得对 AS 的表观遗传调控的进一步认识[4]。例如，田间生长的甘蔗其昼夜节律钟（Circadian Clock）的基因的选择性剪接与温度适应性相关[5]等。

7. 与动物生产能力相关的 ncRNA 的鉴定

越来越多的研究表明，ncRNA 与动物产奶、产肉性能密切相关。在奶牛方面，牛奶外泌体的很大一部分积聚在大脑中，而不同种类的 miRNA 的组织分布也有所不同。逃逸吸收的牛奶外泌体部分会引起肠道内微生物群落的变化。饮食中外泌体及其载体的消耗会导致循环中 miRNA 的损失，并引起表型的变化，如认知能力的丧失、嘌呤代谢物的增加、繁殖力的丧失和免疫反应的变化[6]。例如，感染金黄色葡萄球菌的牛

[1] LING Z, BROCKMÖLLER T, BALDWIN I T, et al. Evolution of alternative splicing in eudicots[J]. Frontiers in Plant Science,2019,10:707.

[2] RIGO R, BAZIN J, ROMERO-BARRIOS N, et al.The arabidopsis lncrna asco modulates the transcriptome through interaction with splicing factors[J]. EMBO Reports,2020,21(5):e48977.

[3] CLARK S, YU F, GU L, MIN X J. Expanding alternative splicing identification by integrating multiple sources of transcription data in tomato[J]. Frontiers in Plant Science,2019,10:689.

[4] JABRE I, REDDY A S N, KALYNA M, et al.Does co-transcriptional regulation of alternative splicing mediate plant stress responses?[J]. Nucleic Acids Research,2019,47(6):2716-2726.

[5] DANTAS L L B, CALIXTO C P G, DOURADO M M, et al.Alternative splicing of circadian clock genes correlates with temperature in field-grown sugarcane[J]. Frontiers in Plant Science,2019, 10:1614.

[6] ZEMPLENI J, SUKREET S, ZHOU F,et al.Milk-derived exosomes and metabolic regulation[J]. Annual Review of Animal Biosciences, 2019,7:245-262.

乳中不同表达的外泌体微粒体的鉴定和表征[1]，口服牛乳、猪乳中的外泌体改变仔猪血清中的 miRNA 谱[2] 等。

1.2.4　RNA 新技术与新方法

1.2.4.1　研究热点

RNA 新技术与新方法领域研究热点如图 1.4 所示。

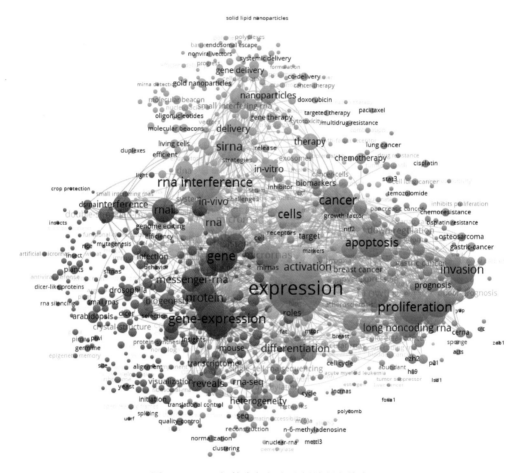

图 1.4　RNA 新技术与新方法领域研究热点

1. RNA 检测、功能鉴定、转录、翻译的调控机制的研究方法开发

Gene expression、identification、protein、rnai、messenger-rna、transcription、

---

[1] MA S, TONG C, IBEAGHA-AWEMU E M,et al.Identification and characterization of differentially expressed exosomal micrornas in bovine milk infected with staphylococcus aureus[J]. BMC Genomics, 2019,20(1):934.

[2] LIN D, CHEN T, XIE M, et al.Oral administration of bovine and porcine milk exosome alter mirnas profiles in piglet serum[J]. Scientific Reports,2020,10(1):6983.

resistance、interference、biogenesis 等词代表的红色聚类，表示 RNA 干扰、核糖体表达谱、ChIP-seq、RNA-seq 等技术的改进及其应用于 ncRNA 生物形成、功能鉴定及转录、翻译调控研究等。

2. 基于 RNA 干扰技术的基因治疗新疗法开发

rna interference、sirna、microrna、in-vivo、delivery、in-vitro、nanoparticles、therapy、gene silencing、gene therapy、stability、tumor 等词代表的绿色聚类，表示用 RNA 干扰技术开发成基因疗法，改进纳米颗粒载体来输送基因疗法中的 siRNA 或微 RNA（miRNA）[1]，如提高产品的稳定性和靶向性等。

3. 用 RNA 研究方法研究 ncRNA 在癌症中的作用

Expression、proliferation、cancer、apoptosis、invasion、growth、metastasis、migration、micrornas、progression、long noncoding rna、breast cancer、prognosis、autophagy 等词代表的蓝色聚类，表示用 RNA 新方法研究 miRNA、lncRNA、环形 RNA 等 ncRNA 在癌细胞增殖、入侵、凋亡及癌细胞耐药性中的作用机制及其作为乳腺癌、肝癌等癌症的诊断、预后的潜在标志物。例如，DLX6-AS1 能促进乳腺癌发展 [2]，环形 RNA 在肝癌发生发展中发挥作用 [3]，miRNA-338-3p 在癌症生长、入侵、耐药性等方面发挥重要作用 [4]。

4. 用 RNA 研究方法研究非编码 RNA 在炎症、氧化应激中的作用

Cells、activation、mechanisms、inhibition、disease、inflammation、metabolism、oxidative stress、angiogenesis、nf-kappa-b、biomarker、hypoxia 等词代表的黄色聚类，表示用相关方法研究非编码 RNA、外显组等在机体炎症发生与氧化应激中的作用。

5. RNA 标记与成像技术开发

Differentiation、rna-seq、heterogeneity、transcriptome、mouse、dynamics、scrna-seq、single-cell rna sequencing、macrophages、quantification、gene expression 等词代表的紫色聚类，表示单细胞 RNA 测序技术、新型 RNA-seq、scRNA-seq 等技术的开发，并进行非编码 RNA 的定量分析、转录组等方面的研究。

[1] LEE SWL, PAOLETTI C, CAMPISI M, et al.MicroRNA delivery through nanoparticles[J].JOURNAL OF CONTROLLED RELEASE,2019, 313: 80-95.

[2] ZHAO P, GUAN H T, DA Z J, et al.Long noncoding RNA DLX6-AS1 promotes breast cancer progression via miR-505-3p/RUNX2 axis[J].EUROPEAN JOURNAL OF PHARMACOLOGY,2019, 865, 文献号：172778

[3] SHANG W K, ADZIKA G K, LI Y J, et al.Molecular mechanisms of circular RNAs, transforming growth factor-β, and long noncoding RNAs in hepatocellular carcinoma[J].Cancer Medicine,2019,8(15):6684-6699.

[4] MIRZAEIS,ZARRABI A,ASNAF S E, et al.The role of microRNA-338-3p in cancer: growth, invasion, chemoresistance, and mediators[J].Life Sciences,2021,268:119005.

1.2.4.2　研究前沿

1．新型研究技术的开发

用核糖体表达谱测定翻译调控水平。核糖体表达谱（Ribosome Profiling）是一种强大的、全面监测 RNA 翻译的技术，其被应用于从密码子占有率表达谱（Codon Occupancy Profiling）、主动翻译的开放阅读框（ORF）的识别，到各种生理或实验条件下翻译效率的量化等。研究表明，翻译控制在蛋白质丰度测定中发挥重要作用。常用的测量 mRNA 种类丰度的全基因组分析方法有微阵列和 RNA-seq，但是这两种方法都没有提供关于蛋白质合成的信息，蛋白质合成才是基因表达的真正终点。而核糖体表达谱方法通过核酶印记（Nuclease Footprinting）准确绘制出核糖体在转录本上的确切位置，成为一种新兴的技术，它使用深度测序监测活体内翻译。研究人员提出了一个核糖体表达谱中用深度测序定量分析活体内全基因组翻译的协议 [1]，以改进核糖体表达谱。目前，使用核糖体表达谱的研究已经为识别细胞产生的蛋白质种类和数量提供了新的见解，使人们对蛋白质合成机制本身也有了更详细的了解 [2]。

单细胞 RNA 测序数据相关算法和工具开发。单细胞 RNA 测序（Single Cell RNA-seq）技术可以在单细胞分辨率下对基因表达进行剖析，研究人员已经开发出许多的生物信息学方法来分析和解释 scRNA-seq 数据，但需要新颖的算法来确保结果的准确性和可重复性。研究人员已经开发出被广泛使用的 19 种 scRNA-seq 技术，并开发出多样化的 scRNA-seq 数据分析方法，涉及读图和表达定量化、亚种群识别、差异化表达分析等。未来需要从质量控制、读图、基因表达量化、批效应校正、归一化、推算、维度降低、特征选择、细胞聚类、轨迹推理、差异表达调用、替代拼接、等位基因表达和基因调控网络重建等方面进行改进 [3]。另有研究人员利用 scRNA-seq 数据分析了细胞异质性 [4]，从 scRNA-seq 数据中鉴定细胞类型，绘制人类细胞图谱 [5] 或分析发育轨迹 [6] 等。此外，也有研究人员利用深度机器学习方法来对单细胞 RNA-seq 数据进行

[1] INGOLIA N T, BRAR G A, ROUSKIN S,et al. The ribosome profiling strategy for monitoring translation in vivo by deep sequencing of ribosome-protected mRNA fragments[J].Nature Protocols,2012, 7(8): 1534-1550.

[2] INGOLIA N T. Ribosome profiling: new views of translation, from single codons to genome scale[J]. Nature Reviews Genetics,2014,15(3):205-213.

[3] CHEN G, NING B T, SHI T L.Single-Cell RNA-Seq Technologies and Related Computational Data Analysis[J]. Frontiers in Genetics,2019,10:317.

[4] CHOI Y H, KIM J K.Dissecting Cellular Heterogeneity Using Single-Cell RNA Sequencing[J].Molecules and Cells,2019, 42(3): 189-199.

[5] HAN X P, ZHOU Z M, FEI LJ,et al.Construction of a human cell landscape at single-cell level[J].Nature,2020, 581(7808): 303-309.

[6] WU Y, ZHANG K.Tools for the analysis of high-dimensional single-cell RNA sequencing data[J].Nature Reviews Nephrology,2020,16(7): 408-421.

聚类和标注 [1]。

2．RNAi 等产业应用技术开发

利用 RNAi 沉默疾病相关基因，有望发展成一类新疗法。2017 年，首个 RNAi 技术药物已被 FDA 批准上市，还有许多 RNAi 药物处于临床试验中，如 RNAi 疗法用于治疗急性间歇性卟啉症 [2] 等。这类疗法中，将 siRNA 输送到靶点是 RNAi 发挥作用的关键，研究人员开发的脂质纳米粒（LNP），能有效地将 siRNA 输送到肝脏和肿瘤组织中。

此外，RNAi 技术也被应用于农业害虫控制。目前，基于 RNAi 的害虫管理策略的推广受到了阻碍，因为对不同的昆虫种类、品系、发育阶段、组织和基因的控制效率差异很大，这是由内体诱捕、核心机制功能缺陷、免疫刺激不足等因素导致的 [3]。研究人员正在从技术角度努力克服这些困难。

3．RNA 信息学：相关数据库构建和软件工具开发

相关 RNA 数据库在不断更新中，曼彻斯特大学 Griffiths-Jones S 等开发的 miRBase 数据库，用深度测序技术注释高可信度 miRNA，该数据库 2019 年发布了新的版本，除对 miRNA 进行编目、命名外，还增加了大量的与 miRNA 相关的功能数据 [4]。中山大学 RNA 信息中心屈良鹄、杨建华教授等开发的 starBase v2.0，用大规模 CLIP-seq 来解码 miRNA-ceRNA、miRNA-ncRNA、蛋白质-RNA 相互作用网络 [5]，目前该数据库已更新到 v3.0 版本。哈佛大学研究人员开发了核糖体表达谱数据综合分析与注释平台 RiboToolkit，用于集中进行 Ribo-seq 数据分析，包括数据清洗和质量评估、基于 RPF 的表达分析、密码子占用率、翻译效率分析、差异翻译分析、功能注释、翻译元基因分析及主动翻译 ORF 的识别。此外，他们还开发了易于使用的网络界面，以方便数据分析和将结果直观地呈现，将极大地促进基于核糖体表达谱的 mRNA 翻译研究 [6]。

研究人员陆续开发出基于高通量数据的分析工具与软件，如 DAVID 生物信息学资源包括集成的生物知识库和分析工具，旨在从大规模基因 / 蛋白质列表中系统

[1] CHEN L, ZHAI Y Y, HE Q Y,et al.Integrating Deep Supervised, Self-Supervised and Unsupervised Learning for Single-Cell RNA-seq Clustering and Annotation[J].Genes,2020,11(7): 792.

[2] SARDH E, HARPER P, BALWANI M, et al.Phase 1 Trial of an RNA Interference Therapy for Acute Intermittent Porphyria[J].New England Journal of Medicine,2019,380(6): 549-558.

[3] COOPER A M, SILVER K, ZHANG J Z,et al.Molecular mechanisms influencing efficiency of RNA interference in insects[J].Pest Management Science,2019,75(1): 18-28.

[4] KOZOMARA A,BIRGAOANU M, GRIFFITHS-JONES S. miRBase: from microRNA sequences to function[J]. Nucleic Acids Research,2019,47(D1): D155-D162.

[5] LI JH, LIU S, ZHOU H,et al. starBase v2.0: decoding miRNA-ceRNA, miRNA-ncRNA and protein-RNA interaction networks from large-scale CLIP-Seq data[J]. Nucleic Acids Research,2014,42(D1): D92-D97.

[6] LIU Q, SHVARTS T, SLIZ P,et al.RiboToolkit: an integrated platform for analysis and annotation of ribosome profiling data to decode mRNA translation at codon resolution[J].Nucleic Acids Research,2020,48(W1): W218-W229.

地提取有生物学意义的信息[1]，该工具 2020 年更新到 v6.8 版本[2]等。尤其是近年来研究人员开发了许多单细胞 RNA 测序工具与软件，包括：①数据分析工具，如 DendroSplit、SinCHet、Scater、SPRING、ASAP、SIMLR、SCANPY、TSCAN、FastProject、Granatum、FIt-SNE、SC3 等；②聚类方法，如基于 K-means 的 RaceID、层次聚类的 SINCERA 等[3]。

研究人员充分利用深度学习方法来挖掘单细胞 RNA 测序数据，开发出相关分析软件和工具。例如，利用半监督深度学习对单细胞转录组的基因表达和结构进行高度可扩展和精确推断的方法 Disc[4]，利用准确、快速、可扩展的深度神经网络方法 Deepimpute 来推算单细胞 RNA-seq 数据[5]，通过半监督深度学习在单细胞 RNA-seq 中进行双胞识别的方法 Solo[6]，用于分析单细胞 RNA 测序数据的新型深度学习方法 Bermuda 可揭示隐藏的高分辨率细胞亚型[7]，通过深度学习解析基因表达的 Digitaldlsorter 等[8]。

1.3 核糖核酸与生命调控及健康领域的技术重点

在 Derwent Innovation 专利数据库中检索，专利申请年限定为 2016—2020 年，共获得 19899 件专利，本节对这些专利进行分析。

1.3.1 发展概况

1.3.1.1 年度发展趋势

2016—2020 年，RNA 领域的专利申请数量小幅增长，专利公开数量稳步增长（见图 1.5）。

[1] HUANG D W, SHERMAN B T, LEMPICKI, R A. Systematic and integrative analysis of large gene lists using DAVID bioinformatics resources[J]. Nature Protocols,2009,4(1):44-57.

[2] JIAO X, SHERMAN B T, STEPHENS R, et al. DAVID-WS: a stateful web service to facilitate gene/protein list analysis. Bioinformatics,2012,28 (13): 1805-1806.

[3] PENG L H, TIAN X F, TIAN G,et al.Single-cell RNA-seq clustering: datasets, models, and algorithms[J].RNA Biology,2020,17(6): 765-783.

[4] HE Y, YUAN H, WU C, et al. Disc: a highly scalable and accurate inference of gene expression and structure for single-cell transcriptomes using semi-supervised deep learning[J]. Genome Biology,2020,21(1):170.

[5] ARISDAKESSIAN C, POIRION O, YUNITS B,et al.Deepimpute: an accurate, fast, and scalable deep neural network method to impute single-cell rna-seq data[J]. Genome Biology,2019,20(1):211.

[6] BERNSTEIN N J, FONG N L, LAM I,et al.Solo: doublet identification in single-cell rna-seq via semi-supervised deep learning[J]. Cell Systems,2020, 11(1):95-101.e5.

[7] WANG T, JOHNSON T S, SHAO W, et al.Bermuda: a novel deep transfer learning method for single-cell rna sequencing batch correction reveals hidden high-resolution cellular subtypes[J]. Genome Biology, 2019, 20(1):165.

[8] TORROJA C, SANCHEZ-CABO F. Digitaldlsorter: deep-learning on scrna-seq to deconvolute gene expression data[J]. Frontiers in Genetics,2019,10:978.

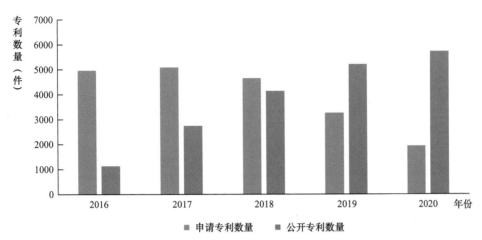

注：因专利申请后需要较长的审查时间才能公开，2019 年、2020 年的专利不全，仅供参考。

图 1.5　2016—2020 年 RNA 领域专利量年度趋势

1.3.1.2　国家分析

从专利申请人所在国家看，2016—2020 年 RNA 领域拥有专利量较多的国家包括美国、中国、韩国、日本、德国、瑞士、英国、法国、荷兰、澳大利亚（见图 1.6），其中美国、中国两国的专利数量占全球的比例分别是 37.45%、33.11%。

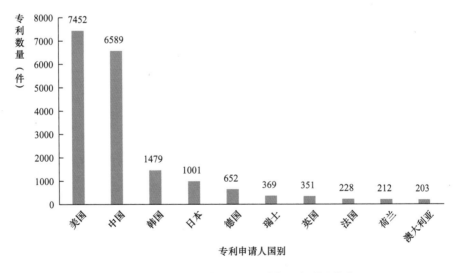

图 1.6　2016—2020 年 RNA 领域各国专利量分布

1.3.1.3　专利权人分析

2016—2020 年，RNA 领域专利数量排名前 3 位的专利权人分别是 Ionis 制药公司、

Arrowhead 制药公司、Modernatx 公司，专利数量分别是 347 件、328 件和 316 件。专利数量排名前 10 位的专利权人中，6 个是制药公司，4 个是大学（见图 1.7）。

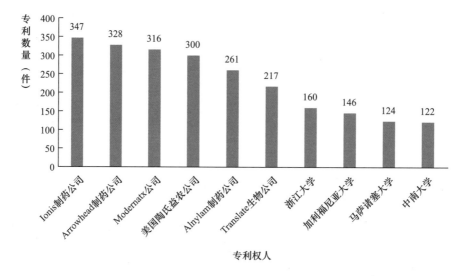

图 1.7　2016—2020 年专利数量排名前 10 位的专利权人

中国重要专利权人包括浙江大学、中南大学、北京泱深生物信息技术有限公司、中山大学等（见图 1.8）。

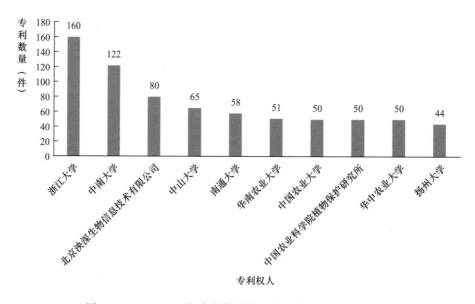

图 1.8　2016—2020 年专利数量排名前 10 位的中国专利权人

1.3.2　专利技术重点

从 IPC 分类号角度看，目前 RNA 领域重要的技术类别包括新型 RNA 的发现并申请专利（如核酸序列），对 RNA 进行修饰形成新用途，含有 RNA 的基因治疗药物开发，RNA 用作药物成分用于治疗肿瘤、遗传病等疾病。2016—2020 年 RNA 领域专利数量排名前 10 位的专利技术代码如表 1.7 所示。

表 1.7 2016—2020 年 RNA 领域专利数量排名前 10 位的专利技术代码

IPC 分类号	专利数量（件）
C12N15/113（调节基因表达的非编码核酸，如反义寡核苷酸）	7042
A61K48/00（含有插入到活体细胞中的遗传物质以治疗遗传病的医药制品；基因治疗）	2970
C12N15/11（DNA 或 RNA 片段及其修饰形成片段）	2381
C12Q1/68（核酸）	2353
A61P35/00（抗肿瘤药）	2350
A61K31/713（双链的核酸或寡核苷酸）	2222
C12Q1/6886（用于癌症）	1644
A61K31/7105（天然核糖核酸，即仅含有与腺嘌呤、鸟嘌呤、胞嘧啶或尿嘧啶相连的核糖并含有 3'，5' 磷酸二酯键）	1444
A61K31/7088（含有 3 个或更多个核苷或核苷酸的化合物）	1390
C12Q1/6883（用于由遗传物质改变而引起的疾病）	1094

利用 Derwent Innovation 数据库的 ThemeScape 功能分析获得 RNA 领域专利技术重点（见图 1.9），包括以下 4 种。

1.3.2.1 三大核心技术的开发与改进

1. RNA 干扰技术应用及改进

RNA 干扰（RNAi）或转录后基因沉默是对双链 RNA 的保守生物学反应，介导了对内源性寄生虫和外源性致病性核酸的抗性，并调节蛋白质编码基因的表达。这种用于序列特异性基因沉默的机制有望彻底改变实验生物学，并且在功能基因组学、疾病治疗干预、农业和其他领域中具有重要的实际应用。

近年来，RNAi 技术的改进主要体现在 RNAi 中双链、单链及反义链的改进；RNAi 药物新型载体构建；RNAi 药物开发，如将其应用于肿瘤、病毒感染性疾病的治疗等。

1）RNAi 中双链、单链及反义链的改进

能够抑制靶基因表达的双链 RNAi（dsRNA）双联剂包括一个或多个基团，在一条或两条链中的 3 个连续核苷酸上的 3 个相同修饰，特别是在链的裂解位点或附近。专利技术其他方面涉及包含这些适合治疗用途的 dsRNA 双联剂的药物组合物，以及通过施用这些 dsRNA 双联剂抑制靶基因表达的方法，如用于治疗各种疾病状况。

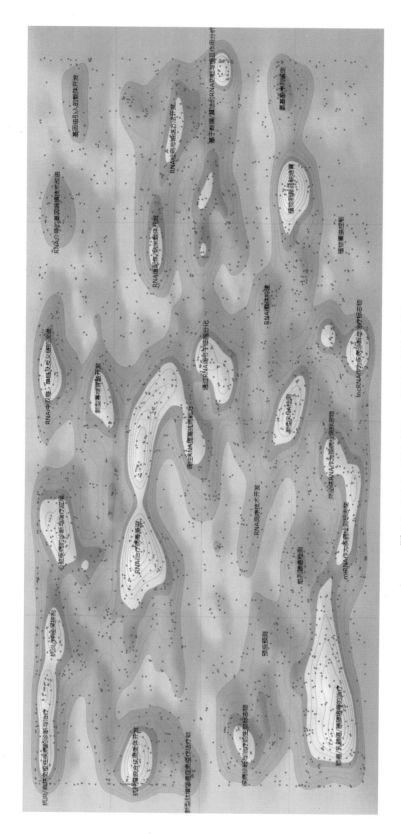

图 1.9　2016—2020 年 RNA 领域专利技术重点

2）RNAi 药物新型载体构建

例如，不使用体外酶反应进行 DNA 克隆的方法及相关 DNA 载体的序列抑制人 EDARADD 基因表达的 shRNA，慢病毒载体及其构建方法；植物 RNAi 表达载体及其构建方法，如在叶绿体中表达紫杉二烯的重组载体 pLD-TS；TNLG5A 基因 RNAi 表达载体的构建方法及其应用等。

3）RNAi 药物开发

用 RNA 干扰技术沉默相关基因，被应用于癌症、心血管疾病、病毒感染性疾病等各类疾病的药物开发。例如，用小干扰 RNA（siRNA）作为肿瘤免疫疗法中肿瘤 PTN-PTPRZ1 通路的靶向干扰应用；siRNA 干扰 TGM2 基因以抑制胶质瘤增殖并制备 siRNA 用于抑制肿瘤及相关制剂；siRNA 沉默小鼠 SEPs1（硒蛋白 S1）基因；利用 RNA 干扰抑制 KRAS 的方法和组合物；肌肉生长抑制素 iRNA 组合物及其使用方法；设计干扰性 RNA 靶向心血管疾病，并与糖尿病检测靶标组合，用作冠心病合并糖尿病检测；哈钦森－吉尔福德早老综合征与血管老化相关疾病的治疗；基于代谢组学的致病因子鉴定；GTPase 调节剂的开发与应用；抑制纤维粘连或炎性疾病的药物组合物和方法等。

在病毒感染性疾病方面，RNAi 被应用于 HIV、乙肝病毒（HBV）感染等重大传染病的治疗与干预。例如，含有抗 HBV、HIV 感染的核酸成分与组合物，含有 RNA 干扰结构、表达载体、表达载体和核酸成分的混合物，治疗 HBV 的 siRNA 组成成分，利用 RNAi 制备人巨细胞病毒抑制剂等。

2. 核酸适配体 / 纳米载体的开发

核酸适配体是一类具有独特的三维构象的 DNA 或 RNA，可使其与靶分子特异性结合。适配体可以相对容易地进行筛选，可重复制造，可进行编程设计和化学修饰，以用于各种生物医学应用，包括靶向治疗。可对适配体进行化学修饰以抵抗酶促降解或优化其药理行为，从而确保其在生理条件下的化学完整性和生物利用度[1]。

核酸适配体技术的改进，如基于磁分离的 HBsAg 适配体筛选方法；RNA 适配体在胰腺癌细胞治疗和诊断中的应用；人表皮生长因子受体 III 型突变特异性核酸适配体及其应用；量子点－核酸－适配体－脂质体复合物制备及其应用，将量子点插入脂质体的脂质双层中，并且 siRNA 形成脂质体并组合为核酸和量子点－siRNA－适体－脂质复合物，可用于诊断癌症和治疗。

在纳米颗粒载体开发方面，如窄吸收聚合物纳米粒子及相关方法；运输 Micro-

---

[1] ZHU G Z, CHEN X Y. Aptamer-based targeted therapy[J].Advanced Drug Delivery Reviews,2018,134:65-78.

RNA的金属纳米颗粒开发；可同时输送核酸和其他治疗活性成分的阳离子纳米颗粒，具有双重靶向功能的核酸递送纳米系统，等等。

3. RNA介导的基因编辑技术及相关载体改进

RNA介导的基因编辑技术如CRISPR/Cas系统，被用于基因编辑、疾病治疗，如三组分CRISPR/Cas复合体开发及其应用，用CRISPR/Cas系统进行染色体序列的精确删除，激活哺乳动物细胞味觉受体基因；通过同源独立机制在细胞中进行基因组编辑的组合物和方法，特别是在缺乏通过同源依赖机制进行修复所必需的机制的细胞中进行基因组编辑；鞘氨醇分解蛋白提高了细胞中基因编辑的效率；在分化细胞中提高基因组编辑效率的方法；用于高效RNA反式剪接的三螺旋端接器（Triple Helix Terminator）等。

基因编辑中基因组引入载体的开发。例如，使用包含各种内源或外源核酸序列的大靶向载体（Large Targeting Vector，LTVEC）修饰真核细胞、哺乳动物细胞、人细胞或非人哺乳动物细胞中感兴趣的基因组位点；可实现植物多基因编辑的病毒载体及其构建方法；用于基因治疗或转染的组合物及其制备方法和用途；利用细胞内源性DNA修饰酶转移核酸序列的方法等。

1.3.2.2 基础研究相关技术开发

1. 新型RNA的检测、鉴定与分析及相关技术

小微RNA检测、识别与鉴定，如基于竞争杂交反应同时检测miRNA序列的比色法；一种电化学检测sRNA的方法；同时检测多个miRNA的荧光方法；磁珠偶联抗体富集与检测样品中miRNA的方法及配套微流控装置；基于纳米金比色法的微小RNA-7a快速检测方法，该方法简便，特异性很强；利用差分脉冲伏安法检测miRNA-21的方法，包括激活电极、通过激活电极检测每种浓度的miRNA-21溶液的电流强度值并计算电流强度值差与浓度之间的线性关系等步骤，该方法能够检测微量的miRNA-21；基于基因通路的癌症相关miRNA识别与鉴定方法等。

mRNA的检测，如检测DACT2基因启动子区CpG岛甲基化的PCR引物、方法和试剂盒，焦磷酸测序检测API2-MALT1 NPM-ALK融合基因及引物和试剂盒，检测PDL-1mRNA基因表达量的方法试剂盒，荧光定量RT-PCR检测TSHR基因mRNA表达试剂盒等。

2. RNA测序技术开发及相关文库形成

新型RNA测序技术开发，如基于基因组学的方法，可鉴定、量化和表征稀有细

胞类型；将 T 细胞受体测序（TCR-seq）和转座酶可及染色质测序（ATAC-seq）相结合，或者将 ATAC-seq 与扰动测序（Perturb-seq）相结合形成组合方法；近年来尤其重视单细胞 RNA 测序技术的发展，如组合独特分子条形码（UMI）的液滴等多重单细胞基因表达分析的方法。

3. 基于数据 / 算法的 RNA 识别、功能与相互作用分析

由于 RNA 测序技术的发展，产生了海量数据，迫切需要开发和利用相关算法来挖掘这些数据的价值。研究人员已经在这方面进行了探索，利用这些算法和工具来识别、预测 RNA 的功能及其相互作用。例如，开发了基于模糊 k-mer 使用率的 lncRNA 识别方法，有助于从大规模高通量测序数据集中系统、准确地鉴定各物种和各类细胞中的 lncRNA；开发了 miRNA 数据预处理的客户端设备和用于 miRNA 数据的预处理方法；基于对抗性自编码器的单细胞 RNA 测序聚类方法，整合了特定生物噪声建模、变异推断和深度聚类建模的优点，该模型可以约束数据结构，并且通过 AAE 模块执行聚类分析，并在 3 个真实的 scRNA-seq 数据集上验证了其性能；开发了基于 Illumina 转录组测序数据和 PeakCalling 方法的细菌 ncRNA 预测方法，可以准确预测细菌基因组中未知的 ncRNA，有效弥补实验手段的不足；开发了响应非生物胁迫的 lncRNA 二级结构功能注释方法，结合生物信息学和植物逆境响应二级结构 lncRNA 的差异表达分析，有效提高了实验效率、精度和灵活性，降低了实验成本。

1.3.2.3　RNA 医学领域的技术开发

RNA 研究应用于医学领域的专利技术包括作为治疗药物的靶标，或者肿瘤、糖尿病、炎症与过敏性疾病等各类疾病的诊断、治疗效果与预后生物标志物，或者直接作为治疗药物的活性成分。治疗的疾病主要包括前列腺癌、乳腺癌、卵巢癌、肺癌等各类癌症、心血管疾病和神经疾病等。

1. 作为疾病治疗靶标的新型 RNA 识别与检测

通过靶向抑制特定基因 mRNA 表达开发新疗法，如抑制 Med23 基因、GTPBP4 基因、NLRP3 的 mRNA 或蛋白表达；靶向 5'mRNA 末端的氟磷酸盐类似物制备和应用；通过吗丁酮上调 c-fos mRNA 及其表达产物的蛋白水平，治疗各种卵巢衰退疾病，如多囊卵巢综合征、功能失调性子宫出血、卵巢早衰或更年期综合征有显著效果；检测与肝癌相关的 GRB2 基因的 mRNA 甲基化的试剂盒；通过荧光定量 - 实时聚合酶链反应（RT-PCR）检测 TSHR（甲状腺刺激激素受体）基因 mRNA 表达的试剂盒及其使用方法；能降低 MECP2 mRNA 和蛋白质表达的化合物和方法。

有一些 miRNA 也可以作为疾病治疗靶标。例如，miRNA 作为耐药性癌症治疗的

靶序列，涉及靶向 FGD4 的治疗癌症的组合物和方法；新组合物涉及靶向某些 miRNA 序列的给药；通过上调和释放 miRNA144/451 的癌症治疗新方法，可减少恶性细胞生长和扩散等。

2．RNA 作为活性成分治疗癌症和心血管疾病等

在心血管疾病方面，如 piRNA-5938 及其反义核酸可应用于缺血性心脏病的诊断、预防、治疗和预后评价中；miRNA-328a-3p 可用作修复血管损伤和调控血管生长药物的成分；给予 miRNA(miR)-29a-c 表达或功能的激动剂可用于治疗心脏纤维化、心脏肥大或心力衰竭患者等。

在恶性肿瘤方面，RNA 用于治疗乳腺癌、胰腺癌、肺癌等。例如，新的 miRNA-143 衍生物可用于治疗癌症、心血管疾病和神经退行性疾病；片段化的半胱氨酰-tRNA 合成酶肽具有抗癌活性和免疫功能增强活性，可用作抗癌疫苗佐剂或组合物，治疗各种癌症。

3．RNA 作为疾病诊断、治疗和预后生物标志物

RNA 作为疾病诊断、治疗和预后生物标志物，可发挥辅助作用。应用 miRNA 诊断子宫内膜腔畸形子宫平滑肌瘤，使用非编码 RNA 筛选癌症的试剂盒开发。

1）lncRNA 作为疾病诊断与检测生物标志物

近年来，越来越多的 lncRNA 被发现、验证可作为疾病诊断与检测生物标志物，如 lncRNA Linc01296 用作恶性黑色素瘤早期诊断的标志物，具有高特异性和灵敏度；lncRNA DANCR 可用作诊断和治疗膀胱癌的分子标记；用于抑郁症诊断的 lncRNA 标志物由 8 个 lncRNA 组成，并由这 8 个 lncRNA 开发成 8 种探针，首次提供了用于抑郁症的生物标志物和用于评估抗精神病药的疗效的生物标志物，经临床验证，lncRNA 的特异性和敏感性较高，诊断参考价值较高。生物标志物 KLHL 35 可用于阿尔茨海默病的诊断和个性化治疗。另外，还有少量的核酸分子用作制备骨科疾病的诊断产品等。

2）miRNA 用作疾病检测、诊断、治疗与预后生物标志物

miRNA 被广泛用作疾病的检测诊断、治疗与预后生物标志物。例如，胆囊癌血浆外泌体 miRNA 标志物，包括在胆囊癌血浆外泌体中表达增加的 miR-552-3p、miR-581 和 miR-4433a-3p，以及在胆囊癌中表达降低的 miR-496 和 miR-203b-3p 血浆外泌体，该检测方法可以用于增强对胆囊癌诊断的特异性和敏感性；mir-5010 应用于骨肉瘤诊断和治疗、青少年特发性脊柱侧凸相关分子标记；用于 miRNA-PA 化合物制备治疗慢性疼痛药物的诊断标志物；基于 Notch 介导的生物标志物基因表达谱预测治疗反应的

方法；循环 miRNA 作为抗 TNF-α 治疗类风湿关节炎患者疗效的生物标志物；miR-29 作为克罗恩症治疗的生物标志物；心血管疾病治疗风险生物标志物和乳腺癌预后生物标志物；EB 病毒编码 miRNA BART6-3P 在鼻咽癌预后中的应用。另外，还有胃癌、食道癌的检测生物标志物等。

4. 基因修饰的抗肿瘤嵌合抗原受体开发

近年来，基因修饰的抗肿瘤嵌合抗原受体被开发较多。例如，B 细胞成熟抗原（BCMA）专用的嵌合抗原受体；通用的靶向 CD19 抗原嵌合受体 T 细胞的制备及应用；靶向 CD19 抗原的转基因 T 细胞及其制备方法；miRNA-155 和 DC-CIK 细胞培养抑制剂；靶向 NY-ESO-1 的基因修饰的免疫细胞及其使用方法；利用 mRNA 构建初免－增强免疫方案等。

5. 替代芳基、烷基类化合物的核酸新药开发

例如，替代芳基甲基脲和异芳基甲基脲的组合物，可用于治疗或预防乙型肝炎病毒（HBV）感染；替代吡咯并吡咯酮和替嘌呤的组合物及其作为泛素特异性蛋白酶 1（USP1）抑制剂的核苷化合物及其盐类，可以用作催化血管内皮生长因子受体 2 的 mRNA 裂解的脱氧核酶，或与人促红细胞生成素相容的适配体；替代吡咯嗪化合物的组合物，可抑制 HBV 复制等。

6. 新型寡核苷酸药物开发

例如，新的反义寡核苷酸能够与含碱基区域的 pre-mRNA 序列杂交，并抑制用于预防或治疗糖原贮积病 Ia 型的特异性变体的 pre-mRNA 的异常剪接；降低 ATXN3 表达的寡聚化合物与药物组合物，对于预防或改善神经退行性疾病的至少一种症状有用。用于调节 FNDC3B 表达的寡核苷酸，涉及能够调节靶细胞中 FNDC3B 表达的反义寡核苷酸，寡核苷酸与 FNDC3B pre-mRNA 或 mRNA 杂交，可用于治疗癌症，如肝细胞癌或急性髓性白血病；可在 PDCD1 基因表达的剪接水平上抑制 PD-1 信号的反义寡核苷酸及其筛选方法，能够在 PDCD1 基因表达的 mRNA 前体剪接水平上抑制 PD-1 信号通路，该反义寡核苷酸可用作抗癌药物；WILSON 病的寡核苷酸治疗成分开发等。

7. 利用 RNA 调节干细胞分化

新的 RNA 包括开放阅读框编码可重编程因子，调节干细胞分化；在体外用 Let7i miRNA 等调节干细胞分化，生成心肌细胞；用与 SH2B3 mRNA 杂交的 miRNA、siRNA、短发夹 RNA（short hairpin RNA）和双链 RNA 来调节 SH2B3，以改善干细胞和 / 或祖细胞生产血红细胞；靶向靶基因 mRNA 诱导干细胞分化成神经元，为干细胞移植治疗神经退行性疾病，如帕金森病、阿尔茨海默病和脑缺血性损伤的临床治疗应

用奠定基础，应用前景广阔。

8. 药物输送系统及相关方法开发

RNA 药物输送系统的开发，如谷氨酸-TPGS 共聚物的制备及其在靶向给药中的应用、硒纳米复合材料开发、靶向纳米基因给药系统及其制备方法和应用、阳离子聚合物基因载体及其制备方法和应用、阳离子丝素蛋白 / 基因复合物及其制备方法和应用、阿霉素与基因药物共转运纳米载药系统及其制备方法等。

9. 通过 RNA 调控提高抗病能力

已有一些技术能通过 RNA 来调控机体抗病能力，实现疾病预防。例如，对免疫力低下的疾病易感人群进行 RNA 表达谱分析，检测其替代剪接突变异常水平，这是易感性和 / 或抗病能力的指标；用于修饰 miRNA 表达的组合物和方法，利用 miRNA 实现编码多种维生素的基因的有益调控，改进营养，提高免疫力。

10. 用 RNA 开发功能性化妆品

研究人员开发了含有 nephrin 抑制剂的组合物，可促进药物或化妆品组合物的皮肤渗透和吸收；利用薄荷（Mentha Piperita）提取物作为有效成分，调节 miRNA106b 表达，开发抑制紫外线照射引起的细胞衰老抑制剂；通过降低黑素细胞活性和黑色素产生总量，降低 MITF 转录因子 mRNA、酪氨酸酶 mRNA 活性，开发美白功效的化妆品；包含核糖核酸和五味子提取物的化妆品组合物，通过增强抗衰老活性和增白活性的 miRNA 的稳定性来使其发挥最大作用等。

1.3.2.4 RNA 农业领域的技术开发

1. 利用 RNA 技术培育植物、动物新品种，改进产量和抗病性能

利用 RNA 介导的基因编辑技术、RNAi 技术等培育植物新品种，提高产量（如水果产量）和提高抗逆性（如抗旱）等。例如，利用 miRNA 和 RNAi 技术提高水稻产量和抗性；利用 TALE-核酸酶诱导突变，开发耐黑痣病的马铃薯品种；用 SpRY-Cas9 系统制备 CD163 基因编辑猪；基于 miRNA 的虾蟹卵巢发育启动子，利用 miRNA 促进虾和蟹的卵巢发育。

2. 抗击动植物病害，制备生物农药

用 RNAi 抗击动植物病害，如防治烟草毛虫的生物农药制剂及其制备方法；用 RNAi 抑制 KrppEL 基因，进而抑制鞘翅目害虫；利用 RAB5 核酸分子对抗鞘翅目和半翅目害虫的抗性，通过 RNA 干扰介导的抑制靶标编码和转录的非编码 RNA 来控制

鞘翅目害虫，生产抗虫转基因植物；亲本 RNAi 抑制染色质重塑基因控制鞘翅目害虫；利用 SPT6 核酸分子防治害虫，生产转基因植物；人工设计合成 miRNA 分子及其蚜虫防治效果；通过核酸定点替换获得抗草甘膦水稻的方法；开发节肢动物寄生虫和虫害控制的组合物和方法；用 dsRNA 减轻铁锈菌致病性；用 dsRNA 制作杀虫剂等。

1.4　核糖核酸药物研发与产业化现状

1.4.1　新药研发

检索 Cortellis 药物数据库发现，目前有效的在研核糖核酸药物，包括以 RNA 为靶标的药物和 RNA 相关技术药物，共 692 个 [1]；其中已上市药物 12 个、注册阶段药物 7 个，注册前药物 8 个、临床Ⅲ期药物 24 个，临床Ⅱ期药物 75 个，临床Ⅰ期药物 94 个，临床（未注明具体阶段）药物 2 个，临床前药物 435 个，发现阶段药物 196 个（见图 1.10）。

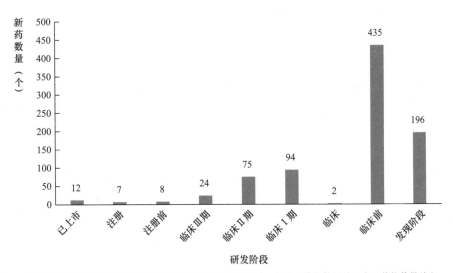

注：有些药拥有多个处于不同阶段的适应证，因此被重复统计，各阶段药物数量总和大于药物数量总和。

图 1.10　处于各研发阶段的新药数量

1.4.1.1　有效适应证分析

新药数量排名前 10 位的有效适应证分别是肿瘤、罕见病、传染病、胃肠疾病、呼吸系统疾病、神经系统疾病、炎症性疾病、生长障碍、代谢性疾病、内分泌疾病。

---

[1] 检索日期：2021-02-26，有效药物是指去除无进展报道、中止、撤回的新药。

其中，肿瘤主要有白血病 21 个药、肝癌 13 个药、胃肠癌 61 个药、胰腺癌 31 个药、乳腺癌 32 个药、非小细胞肺癌 9 个药、皮肤癌 7 个药、前列腺癌 11 个药、卵巢癌 17 个药、脑胶质瘤 15 个药、肝癌 16 个药、头颈癌 12 个药、黑素瘤 11 个药。

罕见病药物主要有杜氏肌营养不良症 24 个药、亨廷顿舞蹈症 13 个药、囊性纤维化 10 个药、间皮瘤 3 个药、特发性肺纤维化 11 个药、视网膜色素变性 5 个药、急性间歇性卟啉症 2 个药、非霍奇金淋巴瘤 5 个药等。

重要的传染性疾病药物包括 RNA 病毒感染 39 个药、DNA 病毒感染 8 个药，其中新冠病毒感染 41 个药、HBV 感染 15 个药、HIV 感染 12 个药、流感病毒感染 11 个药、呼吸道合胞病毒感染 4 个药、Zika 病毒感染 2 个药、HDV 感染（Hepatitis D Virus Infection）2 个药、巨细胞病毒感染 2 个药。此外，还有细菌感染 5 个药、耐甲氧西林金黄色葡萄球菌感染 3 个药、恶性疟原虫感染 3 个药等。

重要的神经系统疾病药物包括中枢神经系统疾病 51 个药、神经肌肉疾病 50 个药、认知障碍 28 个药、运动障碍 14 个药、疼痛 5 个药等，中枢神经系统疾病药物包括阿尔茨海默病 12 个药、帕金森病 6 个药、脑血管病 5 个药等，主要是用于治疗遗传性神经疾病和神经退行性疾病。

RNA 领域在研新药的主要适应证如图 1.11 所示。

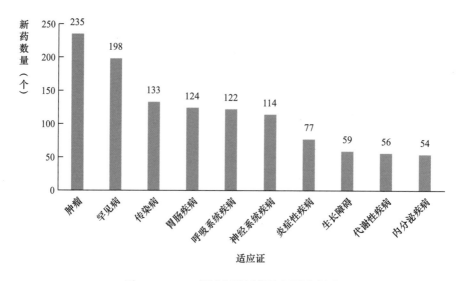

图 1.11 RNA 领域在研新药的主要适应证

1.4.1.2 重要国家分析

从国家分析看，美国研发新药 454 个，英国 56 个，中国 50 个，日本 46 个，加拿大 45 个，韩国 43 个，德国 42 个，澳大利亚 35 个，荷兰 31 个，以色列 27 个，中国排名世界第三（见图 1.12）。

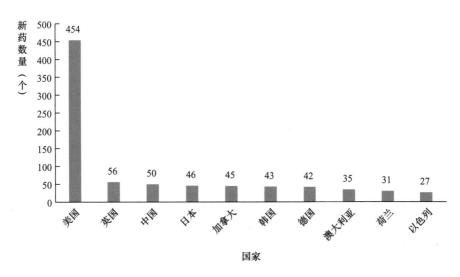

图 1.12 RNA 领域新药数量排名前 10 位的国家

1.4.1.3 重要研发公司分析

拥有新药数量最多的是 ModeRNA 治疗公司，新药数量为 44 个，该公司拥有先进的 mRNA 技术，旨在探索开发 mRNA 相关药物；Alnylam 制药公司排名第二，新药数量为 30 个，该公司是一个 RNA 干扰领域世界领先的制药公司；Ionis 制药公司新药数量为 17 个，该公司聚焦于将 RNA 作为靶标的新疗法开发，拥有新型反义技术，开发反义寡核苷酸疗法；Sarepta 治疗公司新药数量为 16 个，该公司拥有 RNA 技术平台，聚焦于开发治疗杜氏肌营养不良症的 RNA 治疗药物（见表 1.8）。

表 1.8 新药数量排名前 10 位的企业

制药公司	新药数量（个）
ModeRNA 治疗公司	44
Alnylam 制药公司	30
Ionis 制药公司	17
Sarepta 治疗公司	16
Quark 制药公司	15
Dicerna 制药公司	14
ProQR 治疗公司	13
Sirnaomics 公司	13
Translate 生物公司	12
OliX 制药公司	11
苏州瑞博生物技术有限公司	11

1.4.1.4 基于靶标的作用机制分析

从靶标角度看，重要的靶标包括细胞周期蛋白依赖性激酶 9、DMD 基因、细胞周期蛋白依赖性激酶 7、COVID-19 Spike 糖蛋白、细胞周期蛋白依赖性激酶 2、双功能氨酰 tRNA 合成酶、HTT 基因、KRAS 基因、细胞周期蛋白依赖性激酶 5、CTGF 基因、TGFB1 基因、细胞周期蛋白依赖性激酶 4、表皮生长因子受体等（见表 1.9）。

表 1.9　新药数量为 3 个及以上的靶标作用机制

基于靶标的作用机制	药物数量（个）
细胞周期蛋白依赖性激酶 9 抑制剂	34
DMD 基因调节剂	24
细胞周期蛋白依赖性激酶 7 抑制剂	17
COVID-19 Spike 糖蛋白调节剂	11
细胞周期蛋白依赖性激酶 2 抑制剂	8
双功能氨酰基 tRNA 合成酶抑制剂	7
HTT 基因抑制剂	6
KRAS 基因抑制剂	6
细胞周期蛋白依赖性激酶 5 抑制剂	6
CFTR 基因调节剂	5
CTGF 基因抑制剂	5
EGFR 基因抑制剂	5
TGFB1 基因抑制剂	5
细胞周期蛋白依赖性激酶 4 抑制剂	5
TTR 基因抑制剂	4
胶原蛋白基因抑制剂	4
亮氨酰 tRNA 合成酶抑制剂	4
细胞周期蛋白依赖性激酶 6 抑制剂	4
异亮氨酰 tRNA 合成酶抑制剂	4
ANGPTL3 基因抑制剂	3
PDCD1L1 基因抑制剂	3
SOD1 基因抑制剂	3
TGFB2 基因抑制剂	3
UBE3A 基因刺激物	3
USH2A 基因调节剂	3
VEGF 基因抑制剂	3

（续表）

基于靶标的作用机制	药物数量（个）
表皮生长因子受体拮抗剂	3
甲硫酰基 tRNA 合成酶抑制剂	3
细胞周期蛋白依赖性激酶 1 抑制剂	3

这些药物主要是生物治疗制剂、寡核苷酸、小分子治疗制剂、反义 RNA，它们利用了纳米颗粒剂型、脂质等基因转移载体系统等。

1.4.1.5 中国药物分析

Cortellis 收录的中国在研药物为 50 个，包括已上市 2 个、临床 III 期 2 个、临床 II 期 4 个、临床 I 期 5 个，临床前 20 个，发现阶段 17 个。

从机构角度看，我国拥有在研产品的机构主要有苏州瑞博生物技术有限公司（11个）、舒泰神（北京）生物制药股份有限公司（2 个）、上海复星医药（集团）股份有限公司 2 个、云南沃森生物技术股份有限公司 2 个，拥有 1 个在研新药的企业包括歌礼制药公司、百奥生物技术（南通）有限公司、中南大学、常州千红生化制药股份有限公司、中国医学科学院、中国科学院、方恩医药、吉帝藥品股份有限公司、华侨大学、中国香港李氏大药厂、南开大学、上海比昂生物医药科技有限公司、中国香港中文大学、四川大学等。

我国已上市的 2 个新药分别是：①吉帝药品股份有限公司和 PTC 治疗公司联合拥有的无义转录调节因子调节剂 ataluren，据 Cortellis 数据库预测，该药 2025 年销售额有望达到 2.58 亿美元；②上海复星医药（集团）股份有限公司与辉瑞、BioNTech 公司共同拥有的 tozinameran，这是治疗新冠病毒感染的新药，该药 2025 年销售额有望达到 8.43 亿美元。处于临床 III 期的 2 个药分别是苏州瑞博与美国 Quark 制药公司联合子公司昆山瑞博 Quark 制药公司、方恩医药公司等联合拥有的 cosdosiran 和上海比昂生物医药科技有限公司的 mRNA-DC-CTL，前者用于治疗青光眼，后者用于治疗转移性非小细胞肺癌。

1.4.2 产业发展

在产业发展方面，RNA 领域已上市的 12 个药物（见表 1.10）中，有 3 个是靶向 tRNA 合成酶的抑制剂。美国 FDA 于 2017 年批准首个 RNA 干扰技术药物 patisiran 上市，该药由 Alnylam 制药公司开发，据 Cortellis 数据库预测，2024 年该药的销售额将达到 10.86 亿美元。Alnylam 公司还有另外 2 个已上市的 RNAi 新药，分别是：治疗卟啉症的 Givosiran，治疗原发性高草酸尿症罕见肾病的 lumasiran，其治疗血友病的 Fitusiran 处于临床后期。FDA 也越来越强调和重视针对致病病因治疗疾病，特别是遗

表 1.10 RNA 领域已上市的 12 个药物

药品名	所属公司	有效适应证	基于靶标的作用机制
tavaborole	Sandoz 公司	甲真菌病；Trichophyton 感染	亮氨酰 tRNA 合成酶抑制剂
盐酸米诺环素	Bausch 健康公司	痤疮	双功能氨酰 -tRNA 合成酶抑制剂
mupirocin	葛兰素史克	细菌性皮肤感染；大肠杆菌感染；毛囊炎；流感嗜血杆菌感染；脓疱病；MRSA 感染；金黄色葡萄球菌感染；葡萄球菌感染；链球菌感染；化脓性链球菌感染	异亮氨酸 tRNA 合成酶抑制剂
patisiran	Alnylam 制药公司	家族淀粉样神经病变	淀粉样蛋白沉积抑制剂；TTR 基因抑制剂
volanesorsen	Akcea Therapeutics Inc；PTC Therapeutics Inc	I 型高脂蛋白血症；高甘油三酯血症；脂肪营养不良	APOC3 基因抑制剂
lumasiran	Alnylam 制药公司；Medison 制药公司	高草酸尿症	羟酸氧化酶 1 调节剂
givosiran	Alnylam 制药公司；Medison 制药公司	急性间歇性卟啉症；肝卟啉症	5 氨基乙酰丙酸合酶 1 抑制剂
eteplirsen	Sarepta 治疗公司	杜氏肌营养不良	DMD 基因调节剂；反义 RNA
golodirsen	Sarepta 治疗公司	杜氏肌营养不良	DMD 基因调节剂
mRNA-1273	ModeRNA 治疗公司；武田制药公司	冠状病毒 COVID-19 感染	COVID-19 Spike 糖蛋白调节剂
ataluren	吉蒂药品股份有限公司；PTC 治疗公司	Dravet 综合征；杜氏肌营养不良；Hurler 综合征；癫痫；虹膜疾病；幼年肌阵挛性癫痫	无义转录调节子因子调节剂；mRNA 调节因子
tozinameran	BioNTech 公司；辉瑞公司；上海复星医药（集团）股份有限公司	冠状病毒 COVID-19 感染	COVID-19 Spike 糖蛋白调节剂

传性疾病，通过阻断或逆转由于基因突变而引起的病症，而不仅仅减缓疾病的进展或治疗临床症状。

Cortellis 数据库对除 tavaborole 外的 11 个已上市药物的未来销售额进行了预测，结果表明，mRNA-1273 的销售额最高，2026 年将达到 113.36 亿美元；patisiran 的销售额 2026 年也将超过 10 亿美元（见表 1.11）。

表 1.11 已上市药品未来销售额预测

药品名	2019 年	2020 年	2021 年	2022 年	2023 年	2024 年	2025 年	2026 年	2027 年
盐酸米诺环素		8.30	7.40	6.70	6.00	5.40			
mupirocin			46.22	39.62	33.02	26.41	26.41		
patisiran	166.40		485.12	607.34	880.10	1086.82	1112.62	1066.76	948.43
volanesorsen			10.32	17.87	25.18	29.83	31.39	33.45	
lumasiran	0.00		31.60	123.20	207.80	314.90	427.20	499.70	
givosiran	150.00		142.61	241.73	354.70	459.00	570.74	710.51	606.91
eteplirsen	380.80	415.24	447.97	412.81	477.56	394.26	334.22	330.35	
golodirsen		46.87	106.51	154.90	215.67	246.04	199.60	203.70	
mRNA-1273			15411.03	11275.33	3813.33	4137.90	10011.97	11336	
ataluren	190.00	181.86	218.96	240.87	246.25	254.42	257.73	255.17	
tozinameran		154.00	17814.40	4707.00	1785.60	924.00	843.00		

注：2019 年为公司年报数据，2020 年及以后为预测数据，单位：百万美元。

随着目前在研新药的临床推进，未来将有越来越多的 RNA 疗法上市 [1]。RNA 疗法的概念也扩展到包括将 RNA 作为治疗靶标的疗法，以及将 RNA 作为治疗工具（如 RNA 干扰）的疗法，具有巨大的市场潜力。Persistence 市场研究公司发布的《全球 RNA 疗法与疫苗市场》（global RNA based Therapeutics and Vaccines market）显示，从 2018 年到 2026 年，RNA 疗法与疫苗市场将以 70.4% 的年均复合增长率增长 [2]，预计到 2025 年核酸药物治疗罕见病的全球市场规模将达到 90 亿～ 120 亿美元，治疗肿瘤的市场规模将超过 100 亿美元 [3]。RNA 疗法与疫苗产业重要的企业包括 Alnylam 制药公司、Arrowhead 制药公司、BioNTech 公司、CureVac 公司、ModeRNA 治疗公司等。

---

[1] 梅斯. 首次 RNAi 基因治疗药物获得 FDA 批准用于治疗 hATTR 成年患者 [EB/OL].[2020-08-09].https://www. medsci.cn/article/show_article.do?id=d79e14650066.

[2] PERSISTENCE MARKET RESEARCH.RNA based Therapeutics and Vaccines Market Value and Forecast[EB/OL]. [2020-08-09].https://www.persistencemarketresearch.com/market-research/rna-based-therapeutics-and-vaccines-market.asp.

[3] 市场向好，局限仍在，核酸药物产业如何进一步破题？ [EB/OL].[2020-08-09].https://www.sohu.com/a/341154788_795989.

该产业按药物类别可分成 RNA 适配体、siRNA、反义 RNA 和 mRNA 等[1]。《2018—2022 年中国核酸药物行业市场现状综合研究及投资前景预测报告》预测,以 RNA 干扰药物等 RNA 药物为代表的我国核酸药物行业正进入发展快车道[2]。

1.5 小结

核糖核酸(RNA)领域经过几十年的发展,由早期的重点关注编码蛋白基因的 RNA,转变到目前重点关注大量的非编码 RNA 在生命调控及其在医学与农业等领域的应用,而且由最初的基础研究向应用研究、技术开发、成果转化与产业化不断拓展和延伸。从创新链角度看,目前 RNA 生物学已经发展成相对完善的体系,由前端的基础研究(RNA 生成加工与降解、新型 RNA 识别与鉴定、RNA 结构鉴定与功能解析),中端的应用研究(应用于医学、农业等),后端的产业转化(新药、新型诊断产品开发、动植物新品种、新农药与兽药等),以及影响整个领域发展的相关新技术开发(包括研究技术与产业化技术)和 RNA 信息学(相关数据库与平台建设、算法开发)五大部分组成。未来,随着 RNA 介导的基因组编辑技术等新技术的发展,以及海量 RNA 信息被充分挖掘利用,各类 RNA 在生命中的调控作用将被更清楚地揭示,并与医学与农业交叉融合,推进相关研究成果在这些领域中的应用与产业化,RNA 生物学将在人类健康与国民经济发展中发挥重要作用(见图 1.13)。

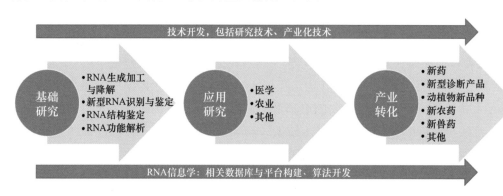

图 1.13　RNA 领域学科框架

为此,美国、欧盟、日本将 RNA 生物学作为重点研究领域给予持续资助。该领域新的研究前沿与热点不断涌现;RNA 干扰、RNA 适配体和 RNA 介导的基因编辑技术三大核心技术被越来越广泛地应用于疾病治疗、农业生产中,相关研究用技术也发

[1] Insightace Analytic Pvt. Ltd.Global RNA Based Therapeutics Market Assessment[EB/OL].[2020-05-09].https://www.insightaceanalytic.com/report-details/global-rna-based-therapeutics-market-assessment/.

[2] 核酸药物行业市场前景广阔 未来几年进入发展快车道 [EB/OL].[2020-08-09].http://www.newsijie.com/chanye/yiyao/jujiao/2018/0212/11243226.html.

展迅速。

在药物研发与产业化方面，Cortellis 数据库收录的目前有效的在研核糖核酸药物共 692 个，这些药物的重要适应证包括肿瘤、罕见病、传染病、胃肠疾病、呼吸系统疾病、神经系统疾病等。未来以 RNA 药物为代表的核酸药物市场将进入发展快车道。

我国长期资助各类 RNA 基础研究项目，并在近年来开始资助 RNA 医学与农业领域的研究。经检索，我国非编码 RNA 领域 2016—2020 年 SCI 论文 62997 篇，超过美国，排名全球第一，占全球的 54.68%，ESI 高水平论文量也已经超过美国，但发表在 *Nature*、*Science*、*Cell* 三大期刊上的论文量与美国有较大差距；2016—2020 年的专利量为 6589 件，排名第二，仅次于美国，占全球的 33.11%；目前在研新药 50 个，占全球的 7.23%，远低于美国的 454 个（占全球的 65.61%），表明我国 RNA 领域基础研究实力强，但成果转化效率低。比较国际、国内布局重点可以看出，与美国、欧盟相比，我国近年来开始重视 RNA 医学等应用研究，但资助重点仍在基础研究、应用基础研究方面。因此，我国在保持基础研究优势的同时，需要加强 RNA 应用研究资助，促进基础研究与应用研究的成果转化，重视技术开发与平台建设，出台相关政策促进研究成果转化。

致谢　中山大学生物工程研究中心主任、中国生物化学与分子生物学会核糖核酸专业委员会主任屈良鹄教授，对本章提出了宝贵的意见和建议，谨致谢忱。
执笔人：中国科学院上海营养与健康研究所 / 中国科学院上海生命科学信息中心
　　　　阮梅花、袁天蔚、于建荣、熊燕

第 2 章
CHAPTER 2

光合膜蛋白研发态势分析

光合膜蛋白是位于光合膜上具有特定的分子排列和空间构象的色素蛋白复合物，可以推动光合作用光能的吸收、传递和转化。这些复合物大多数都镶嵌在类囊体膜中，最主要的膜蛋白复合体有 4 种：光系统 II（PSII）、光系统 I（PSI）、细胞色素 b6f 和 ATP 合酶，其中最重要的就是 PSII 和 PSI。

PSII 的重要功能是利用光能催化水裂解而产生电子、质子和氧气。PSII 可以在常温常压下利用可见光的推动，使在热力学上非常稳定的水在较低的电化学势下裂解。光驱动的水裂解反应是放氧光合生物利用太阳能进行光合作用链式反应的第一步，发生于高等植物、藻类和放氧蓝藻等光合生物类囊体膜上的光系统 II 中。光驱动的水氧化作为自然界最重要的生物化学过程之一，长期以来一直是光合作用研究领域最重要的热点，同时也是生物学、化学、物理学等学科交叉领域的前瞻性课题。

2011 年，*Nature* 发表了中国科学院植物研究所沈建仁研究团队的突破性研究成果——嗜热蓝藻 PSII 的原子分辨率（1.9 Å）晶体结构[1]，该成果首次得到了水裂解催化中心锰簇复合物（Mn4CaO5-cluster）的详细结构，从原子水平上首次清晰地揭示了光系统 II 的核心——放氧复合物的组成和几何结构，被 *Science* 评为 2011 年"世界十大科技突破"之一[2]。这一创造性成果对进一步理解光系统 II 的结构和功能提供了重要依据，标志着对阐明光合水氧化机理的研究迈入了一个崭新的阶段。2015 年，*Nature* 发表了沈建仁研究团队的最新研究成果，其利用具有超短时间脉冲（10fs）的高强度 X-射线自由电子激光收集了无 X-射线损伤的晶体衍射数据，解析了天然状态下锰簇化合物的精细结构[3]。根据得到的结构，2015 年沈建仁研究员提出了 PSII 在常温常压下利用太阳光裂解水而产生电子、质子和氧气的分子机理[4]。

[1] UMENA Y, KAWAKAMI K, SHEN J R, et al. Crystal structure of oxygen-evolving photosystem II at a resolution of 1.9 Å [J]. Nature, 2011, 473(7345):55-60.

[2] ALBRTS B. Breakthrough of the Year [J]. Science, 2011, 334(6063):1604.

[3] SUGA M, AKITA F, HIRATA K, et al. Native structure of photosystem II at 1.95Å resolution revealed by a femtosecond X-ray laser [J]. Nature, 2015,517:99-103.

[4] SHEN JR. The Structure of Photosystem II and the Mechanism of Water Oxidation in Photosynthesis [J]. Annual Review of Plant Biology, 2015, 66(1):23-48.

高等植物的 PSI 是由核心部分（PSI core）和捕光天线（LHCI）组成的分子量达 600 kDa 以上的超大分子复合体，PSI 利用从水分子得到的电子，驱动电子从反应中心 P700 经由一系列的电子传递体到达末端电子受体 FA/FB 的跨膜电子传递，由此传递的电子最终将 NADP + 还原成 NADPH，并用于碳素同化。

2015 年，Science 以长文（Article）的形式并作为封面文章发表了中国科学院植物研究所沈建仁和匡廷云研究团队的突破性研究成果——高等植物 PSI 光合膜蛋白超分子复合物 2.8 Å 的世界最高分辨率晶体结构 [1]，首次全面地解析了高等植物 PSI-LHCI 复合体的精细结构和 4 个不同捕光天线蛋白在天然状态下的结构，以及它们之间的相互关系，揭示了各个捕光天线蛋白与核心复合物的相互作用，首次解析了 LHCI 中特有的红叶绿素的结构和结合位置。根据所得到的结构信息，该研究团队提出了从捕光天线 LHCI 向 PSI 核心复合体能量传递的 4 条可能途径。该成果被评为 2015 年"中国生命科学领域十大进展"之一，这一研究将为提高作物光能利用效率、仿生模拟、开辟太阳能利用提供理论依据和重要途径。

本章从基金资助、论文、专利 3 个方面对光合膜蛋白的研究态势进行分析，揭示其基金的资助数量、资助经费、资助机构、资助科学家；分析领域科研产出的年度、地区、机构、期刊等分布情况、研究热点关键词、高影响力论文等；并针对光合膜蛋白领域的专利技术发明进行分析和详细解读，揭示其专利的产出时间趋势、专利布局、专利持有机构、技术热点、专利价值等情况，以期为全面把握全球光合膜蛋白领域的发展态势及总体布局提供有益的参考依据。

2.1　光合膜蛋白基金资助分析

2.1.1　NIH 基金资助

截至 2020 年 11 月 30 日，采用检索词"Photosynthetic membrane protein""Thylakoid membrane protein""Photosystem II""Photosystem I""Cytochrome b6f""ATP synthase"共检索到 1390 项 NIH 基金资助项目。

2.1.1.1　资助数量变化趋势

自 1975 年 NIH 基金开始资助光合膜蛋白研究项目，到 1979 年 NIH 基金资助光合膜蛋白研究的数量达到顶峰（69 项），此后每隔 5 年左右会出现数量较多的资助项目，但总体呈现资助数量下降趋势，近几年资助数量更是明显减少，如图 2.1 所示。

---

[1] QIN X，SUGA M，KUANG T，et al. Structural basis for energy transfer pathways in the plant PSI-LHCI supercomplex[J]. Science, 2015, 348(6238): 989-995.

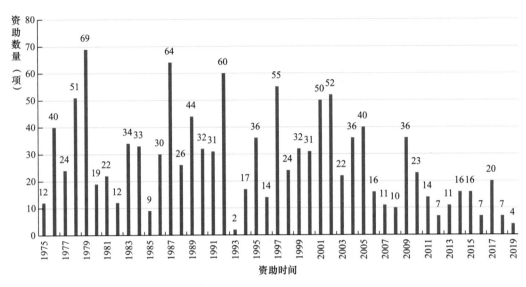

图 2.1　NIH 基金资助数量年度趋势分析

2.1.1.2　资助经费变化趋势

在 NIH 的资料中，部分年份资助的经费数据没有记载，因此本节只是对现有记录的数据进行统计分析。从已有数据看，2001—2005 年资助经费较多，随后资助经费呈明显下降趋势。2005 年的资助经费最多，为 16370100 美元，如图 2.2 所示。

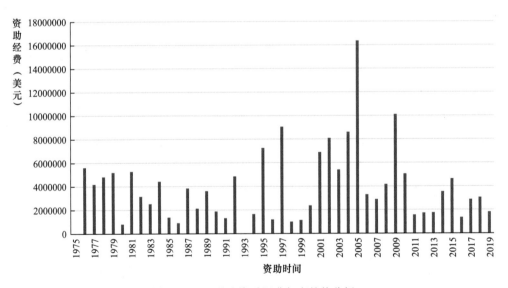

图 2.2　NIH 基金资助经费年度趋势分析

2.1.1.3　资助机构分析

截至 2020 年 11 月 30 日，共有 179 家研究机构接受了来自 NIH 基金对光合膜蛋白研究的资助。资助项目数量在 20 项及以上的有 17 家机构。资助项目数量最多的 3 家机构分别为：耶鲁大学、约翰霍普金斯大学和斯坦福大学，如图 2.3 所示。

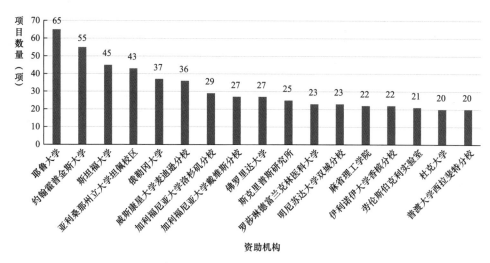

图 2.3　NIH 基金资助机构分布分析

2.1.1.4　资助研究者分析

截至 2020 年 11 月 30 日，共有 332 位研究人员接受了 NIH 基金对光合膜蛋白研究的资助，项目数量在 15 项以上的有 16 人，其中，BRUDVIG, GARY W 受资助项目的数量最多（37 项），其次为 CAPALDI, RODERICK A（32 项），如图 2.4 所示。

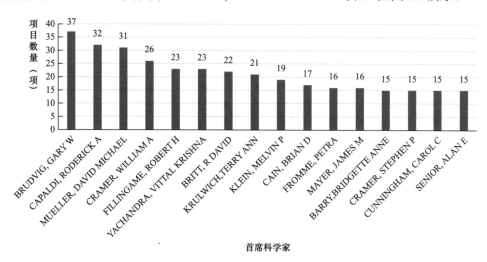

图 2.4　NIH 基金资助研究者分析

2.1.1.5　NIH 基金项目列表

2018 年 1 月 1 日至 2020 年 11 月 30 日，NIH 基金资助项目情况如表 2.1 所示。

表 2.1 NIH 基金资助项目情况

资助编号	题名	经费（美元）	开始时间	结束时间	类型（项目类别）	资助机构	首席专家
1R35GM131731-01	Structure and mechanism of the mitochondrial ATP synthase and Batten Disease gene product	439300	2019-08-01	2024-07-31	research projects	rosalind franklin univ of medicine & sci	MUELLER, DAVID MICHAEL
1R15GM134453-01	Function and dynamics of rotor-stator interactions in the proton-translocating Fo motor of ATP synthase	326700	2019-08-01	2022-07-31	research projects	university of north carolina asheville	STEED, PHILLIP RYAN
1R01NS112706-01	Mitochondrial control of protein translation in Fragile X	666500	2019-06-01	2024-03-31	research projects	yale university	JONAS, ELIZABETH ANN
7R01HL135336-03	Improving Mitochondrial Function to Protect against Myocardial Ischemia/Reperfusion	367500	2019-04-05	2021-01-31	research projects	lsu health sciences center	YANG, QINGLIN
1F32GM130079-01	Synthetic Models for Investigating Structure and Function in Biological Water Oxidation	58700	2018-09-01	2021-08-31	training; individual	university of california-irvine	KNEEBONE, JARED L
1DP1DK119087-01	Identification of Novel Protein Kinases Dependent on Phosphocreatine Rather than ATP	820600	2018-08-31	2023-07-31	research projects	dana-farber cancer inst	SPIEGELMAN, BRUCE M.
5DP1DK119087-02	Identification of Novel Protein Kinases Dependent on Phosphocreatine Rather than ATP	820600	2018-08-31	2023-07-31	research projects	dana-farber cancer inst	SPIEGELMAN, BRUCE M.
1R01HL142628-01	Mitochondrial function and glycolytic switch in pathological cardiac hypertrophy	622000	2018-07-01	2022-04-30	research projects	university of washington	TIAN, RONG
5R01HL142628-02	Mitochondrial function and glycolytic switch in pathological cardiac hypertrophy	586400	2018-07-01	2020-04-30	research projects	university of washington	TIAN, RONG
1K99AI137218-01	Understanding the highly divergent mitochondrial ATP synthase in T. gondii	137200	2018-04-17	2020-03-31	other research-related	whitehead institute for biomedical res	HUET, DIEGO
5K99AI137218-02	Understanding the highly divergent mitochondrial ATP synthase in T. gondii	137200	2018-04-17	2020-03-31	other research-related	whitehead institute for biomedical res	HUET, DIEGO

2.1.2 NSF 基金资助

截至 2020 年 11 月 30 日，采用检索词 "Photosynthetic membrane protein" "Thylakoid membrane protein" "Photosystem II" "Photosystem I" "Cytochrome b6f" "ATP synthase" 共检索到 266 项 NSF 基金资助项目。

2.1.2.1　资助数量变化趋势

自 1970 年 NSF 基金开始资助光合膜蛋白研究项目，1988—2000 年 NSF 基金资助光合膜蛋白研究的项目数量较多，其中 1992 年最多，为 14 项，近年来 NSF 资助的项目数量有所减少，如图 2.5 所示。

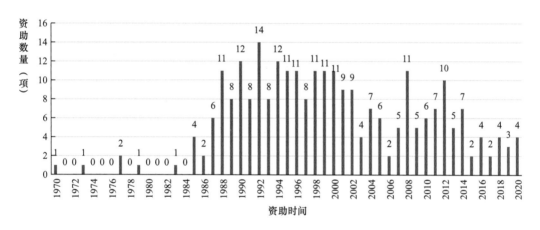

图 2.5　NSF 基金资助数量年度趋势分析

2.1.2.2　资助经费变化趋势

从资助经费分布看，NSF 基金 1970—1987 年对光合膜蛋白的研究只有少量的资助，从 1988 年开始资助经费增多，1999 年资助经费最多，为 5087522 美元，1988—2004 年总体呈现增长趋势，随后资助经费呈下降趋势，如图 2.6 所示。

2.1.2.3　资助机构分析

截至 2020 年 11 月 30 日，共有 105 家研究机构接受了来自 NSF 基金对光合膜蛋白研究的资助。资助项目数量在 5 项及以上的有 15 家机构。资助项目最多的 3 家机构分别为：亚利桑那州立大学、密歇根大学摄政学院和宾夕法尼亚州立大学，如图 2.7 所示。

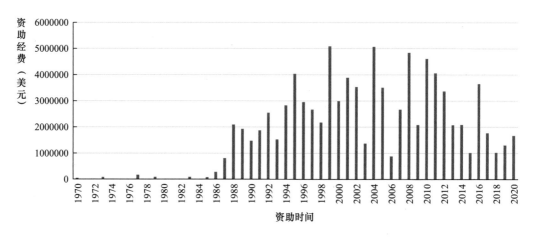

图 2.6　NSF 基金资助经费年度趋势分析

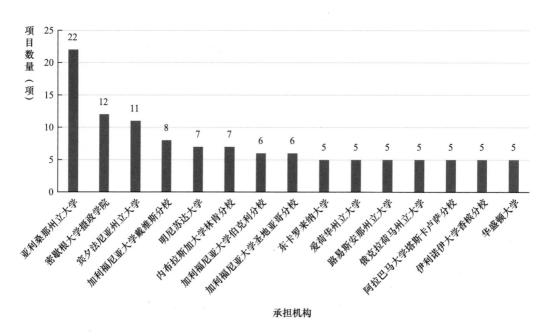

承担机构

图 2.7　NSF 基金资助机构分布分析

2.1.2.4　资助研究者分析

　　截至 2020 年 11 月 30 日，共有 160 位研究人员接受了 NSF 基金对光合膜蛋白研究的资助，项目数量在 5 项及以上的有 9 人，其中，John Golbeck 受资助项目的数量最多，为 11 项，其次为 Bridgette Barry 和 Donald Bryant，受资助项目数量均为 7 项，如图 2.8 所示。

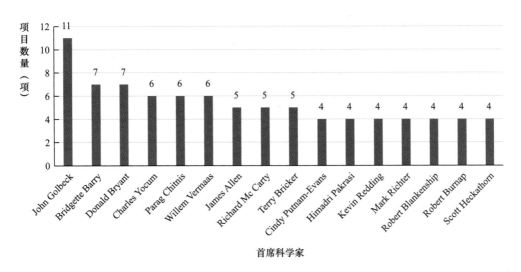

图 2.8　NSF 基金资助研究者分析

2.1.2.5　NSF 基金项目列表

2018 年 1 月 1 日至 2020 年 11 月 30 日，NSF 基金资助项目情况如表 2.2 所示。

2.1.3　DOE 基金资助

截至 2020 年 11 月 30 日，采用检索词"Photosynthetic membrane protein""Thylakoid membrane protein""Photosystem II""Photosystem I""Cytochrome b6f""ATP synthase"共检索到 49 项 DOE 基金资助项目。

2.1.3.1　资助数量变化趋势

总体上看，自 1984 年 DOE 基金开始资助光合膜蛋白研究，至今共资助了 49 项，资助数量一直较少，且断断续续，2018—2020 年的资助数量相对较多，有明显提升，如图 2.9 所示。

2.1.3.2　资助经费变化趋势

从资助经费分布看，DOE 基金的资助经费在 1999 年达到一个顶峰，之后到 2017 年，资助经费都较少；2018—2020 年的资助经费较多，2019 年为历年来最高，达 9237862 美元，可见 DOE 基金近年来对光合膜蛋白的研究越来越重视，如图 2.10 所示。

表 2.2 NSF 基金资助项目情况

资助编号	题名	经费（美元）	开始时间	结束时间	类型	资助机构	首席专家
1943514	CAREER: Identifying the roles of mitochondria at the neuronal presynaptic terminal	525000	2020-03-01	2025-02-28	Continuing Grant	Board of Regents, NSHE, obo University of Nevada, Reno	Robert Renden
1939303	Anoxygenic Photosynthesis in Cyanobacteria	384891	2020-06-01	2023-05-31	Standard Grant	University of Minnesota-Twin Cities	Trinity Hamilton
1944903	CAREER: Framework Topology Dependent Photophysical Properties of Chromophore Assemblies within Metal-Organic Frameworks	310035	2020-07-01	2025-06-30	Continuing Grant	Southern Illinois University at Carbondale	Pravas Deria
2004147	Structural and Electron Dynamics of the O-O bond Formation in Photosystem II	450000	2020-09-01	2023-08-31	Standard Grant	Purdue University	Yulia Pushkar
1905320	Synthetic Models of the Oxygen Evolving Complex of Photosystem II	360000	2019-07-01	2022-06-30	Standard Grant	California Institute of Technology	Theodor Agapie
1904860	Bacterial Reaction Centers With New Photochemical Properties	642000	2019-08-01	2022-07-31	Standard Grant	Arizona State University	James Allen
1926488	MSA: Dynamics of Chlorophyll Fluorescence and Its Relationship with Photosynthesis from Leaf to Continent: Theory Meets Data	300000	2019-09-01	2022-08-31	Standard Grant	Cornell University	Ying Sun
1832939	EAGER: Collaborative Research: Manganese Phototrophy in Cyanobacteria	127741	2018-08-01	2020-07-31	Continuing Grant	California Institute of Technology	Woodward Fischer
1833247	EAGER: Collaborative Research: Manganese Phototrophy in Cyanobacteria	172258	2018-08-01	2021-07-31	Continuing Grant	California State University-Fullerton Foundation	Hope Johnson
1844310	RoL: EAGER: DESYN-C3: A Self-evolving independent ATP battery for Pseudocells	299987	2018-08-15	2020-07-31	Standard Grant	Cornell University	Dan Luo
1800105	Conformationally-flexible, reactive manganese clusters to probe possible mechanisms of oxygen-oxygen bond formation in photosystem II	420000	2018-09-01	2021-08-31	Continuing Grant	Temple University	Michael Zdilla

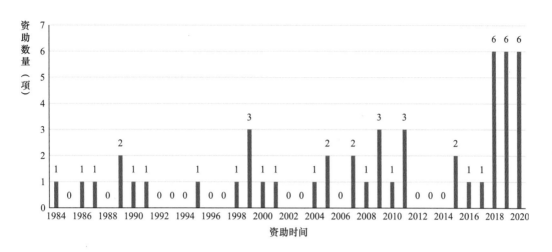

图 2.9　DOE 基金资助数量年度趋势分析

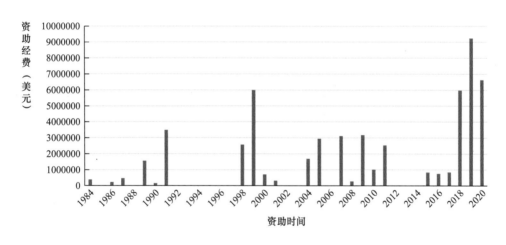

图 2.10　DOE 基金资助经费年度趋势分析

2.1.3.3　资助机构分析

截至 2020 年 11 月 30 日，共有 33 家研究机构接受了来自 DOE 基金对光合膜蛋白研究的资助。资助项目数量在 2 项及以上的有 9 家机构，前 2 家机构分别为亚利桑那州立大学和普渡大学，如图 2.11 所示。

2.1.3.4　资助研究者分析

截至 2020 年 11 月 30 日，共有 40 位研究人员接受了 DOE 基金对光合膜蛋白研究的资助，项目数量在 2 项及以上的有 8 人，其中，Redding, Kevin 受资助的项目数量最多，为 3 项，如图 2.12 所示。

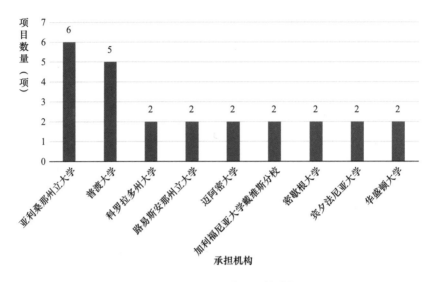

图 2.11　DOE 基金资助机构分析

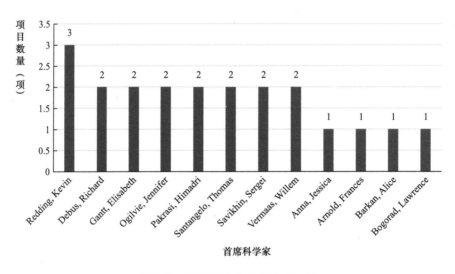

图 2.12　DOE 基金资助研究者分析

2.1.3.5　DOE 基金项目列表

2018 年 1 月 1 日至 2020 年 11 月 30 日，DOE 基金资助项目情况如表 2.3 所示。

表 2.3　DOE 基金资助项目情况

资助编号	题名	经费（美元）	开始时间	结束时间	类型	资助机构	首席专家
DE-SC0019460	Understanding Photosystem II Water Splitting Mechanism by Photoassembly of PSII Crystals and In Vivo	539000	2020-09-01	2022-08-31	Grant	The State University of New Jersey	Dismukes, Gerard
DE-SC0018238	Structure-Function and Nearest Neighbor Interactions of the Cytochrome b6f Complex	645000	2020-09-01	2021-08-31	Grant	Purdue University	Cramer, William
DE-SC0014597	Regulated Reductive Flow through Archaeal Respiratory and Energy Production Systems	1617392	2020-09-01	2023-08-31	Grant	Colorado State University	Santangelo, Thomas
DE-SC0018239	Revealing Excitonic Structure and Charge Transfer in Photosynthetic Proteins by Time-Resolved Circular Dichroism Spectroscopy	897337	2020-09-01	2023-08-31	Grant	Purdue University	Savikhin, Sergei
DE-FG02-02ER15354	Nanotube-Confined Lipid Bilayers and Redox-Active Enzymes	2430480	2020-03-15	2021-03-14	Grant	North Carolina State University	Smirnov, Alex
DE-SC0020639	Core phosphorylation as a modulator of photosystem II functional and biogenetic assembly	500000	2020-03-01	2023-02-28	Grant	Purdue University	Puthiyaveetil, Sujith
DE-SC0020119	Assembly and Repair of the Photosystem II Reaction Center	752890	2019-09-01	2024-08-31	Grant	Louisiana State University and A&M College	Vinyard, David
DE-SC0017937	Solar Energy Conversion in Photosystem I Studied Using Time-Resolved Visible and Infrared Difference Spectroscopy	1020023	2019-09-01	2022-08-31	Grant	Georgia State University Research Foundation	Hastings, Gary
DE-SC0010575	The Type I Homodimer Reaction Center in Heliobacterium Modesticaldum	2602655	2019-09-01	2022-08-31	Grant	Arizona Board of Regents for Arizona State University	Redding, Kevin
DE-SC0006678	Mutants of light harvesting antennas and reaction centers: disorder, excitonic structure, electron transfer, and excitation energy transfer dynamics	1435914	2019-09-01	2021-05-15	Grant	Kansas State University	Jankowiak, Ryszard

63

（续表）

资助编号	题名	经费（美元）	开始时间	结束时间	类型	资助机构	首席专家
DE-SC0007101	The Dynamic Energy Budget of Photosynthesis	2163835	2019-08-01	2022-07-31	Grant	Michigan State University	Kramer, David
DE-SC0016384	Multidimensional Spectroscopies for Probing Coherence and Charge Separation in Photosynthetic Reaction Centers	1262545	2019-07-01	2022-06-30	Grant	Regents of the University of Michigan	Ogilvie, Jennifer
DE-SC0019138	Collaborative Project: Regulation of sustained Cyclic Electron Flow (CEF) in the photopsychrophile Chlamydomonas sp. UWO241	304179	2018-09-15	2021-09-14	Grant	Miami University	Morgan-Kiss, Rachael
DE-SC0019464	Collaborative Project: Regulation of sustained Cyclic Electron Flow (CEF) in the photopsychrophile Chlamydomonas sp. UWO241	280235	2018-09-15	2021-09-14	Grant	Donald Danforth Plant Science Center	Zhang, Ru
DE-SC0019457	Collaborative Project: Regulation of Sustained Cyclic Electron Flow (CEF) in the Photopsychrophile Chlamydomonas sp. UWO241	165654	2018-09-15	2021-09-14	Grant	Arizona Board of Regents for Arizona State University	Fromme, Petra
DE-FG02-99ER20350	Assembly and Repair of Photosystem II, a membrane protein complex	3128499	2018-09-01	2021-08-31	Grant	Washington University	Pakrasi, Himadri
DE-SC0018916	Elucidating mechanisms of Photosystem I assembly and repair	599895	2018-09-01	2021-08-31	Grant	University of Oregon	Barkan, Alice
DE-SC0005291	FTIR Studies of Photosynthetic Oxygen Production	1497100	2018-09-01	2021-08-31	Grant	The Regents of the University of California	Debus, Richard
DE-SC0018087	Fundamental Research Aimed at Diverting Excess Reducing Power in Photosynthesis to Orthogonal Metabolic Pathways	831005	2017-09-15	2021-09-14	Grant	The Pennsylvania State University	Silakov, Alexey

2.1.4　NSFC 基金资助

截至 2020 年 11 月 30 日，采用检索词"光合膜蛋白""类囊体膜蛋白""光系统 II""光系统 I""细胞色素 b6f""ATP 合酶"在中国科学院战略研究信息集成服务平台检索出 237 项国家自然科学基金委员会（NSFC）资助的项目，资助金额共计 16739700 美元。

2.1.4.1　资助数量变化趋势

自 1987 年 NSFC 基金开始资助光合膜蛋白方面的研究，2002—2015 年，资助项目在数量上呈现增长趋势，2015 年的资助数量最多，为 25 项，如图 2.13 所示。

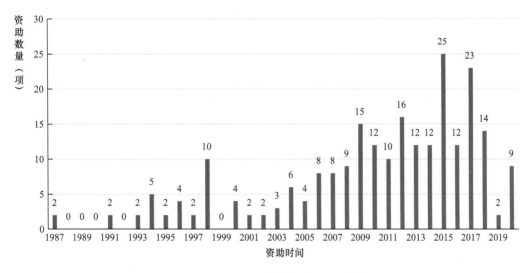

图 2.13　NSFC 基金资助数量年度趋势分析

2.1.4.2　资助经费变化趋势

从资助经费分布看，NSFC 基金 1999—2015 年对光合膜蛋白研究的资助经费总体呈增多趋势，2015 年最多，为 2712500 美元，2011 年资助经费有所减少，2013—2015 年继续呈增长趋势，随后资助经费呈下降趋势，如图 2.14 所示。虽然经费总额没有再超过 2015 年的资助金额，如 2020 年仅资助 9 项项目，经费总额为 1010600 美元，但是单项经费高于 2015 年的单项经费，这说明近年来 NSFC 基金资助光合膜蛋白研究更为聚焦。

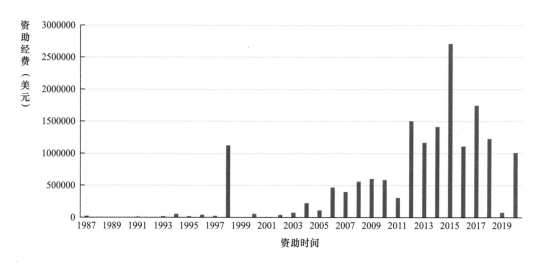

图 2.14 NSFC 基金资助经费年度趋势分析

2.1.4.3 资助机构分析

截至 2020 年 11 月 30 日，共有 86 家研究机构接受了来自 NSFC 基金对光合膜蛋白研究的资助。资助项目数量在 2 项及以上的有 32 家机构，前 3 家机构分别为中国科学院植物研究所、中国科学院上海生命科学研究院、中国科学院生物物理研究所，如图 2.15 所示。

2.1.4.4 资助研究者分析

截至 2020 年 11 月 30 日，共有 178 位研究人员接受了 NSFC 基金对光合膜蛋白研究的资助，项目数量在 2 项以上的有 33 人，项目数量最多的研究人员为杜林方、卢从明、杨春虹、张纯喜、张立新，受资助项目各为 5 项，其次为匡廷云、孟庆伟，各为 4 项。在资助经费总额上，卢从明最多，共计 755300 美元，其次为张立新，共计 751400 美元，如图 2.16 所示。

2.1.4.5 NSFC 基金项目列表

2018 年 1 月 1 日至 2020 年 11 月 30 日，NSFC 基金资助项目情况如表 2.4 所示。

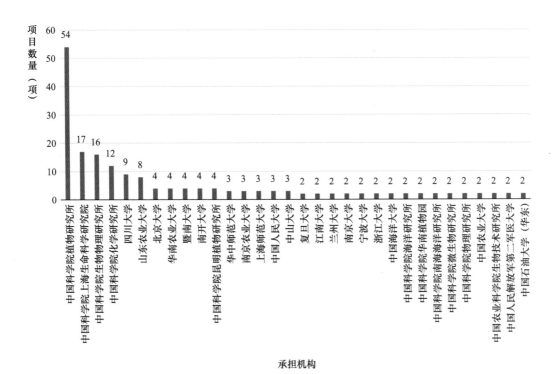

图 2.15 NSFC 基金资助机构分析

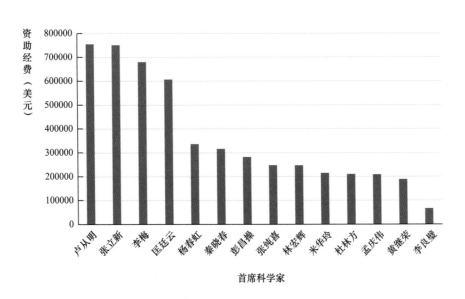

图 2.16 NSFC 基金资助研究者分析

表 2.4 NSFC 基金资助项目情况

资助编号	题名	经费（美元）	开始时间	结束时间	类型	资助机构	PI
41906105	条斑紫菜丝状体与叶状体类囊体膜蛋白光系统 I 复合体的分离、鉴定及组成差异研究 NSFC 2019	40000	2020-01-01	2022-12-31	青年科学基金项目	中国科学院海洋研究所	郑阵兵
31930064	光系统 I 及相关膜蛋白复合物的结构、组装及动态调控 NSFC 2019	464600	2020-01-01	2024-12-31	重点项目	中国科学院生物物理研究所	李梅
31971412	硬叶类裸子植物中水水循环保护光系统 I 活性的机理及其普适性研究 NSFC 2019	89200	2020-01-01	2023-12-31	面上项目	中国科学院昆明植物研究所	黄伟
31970291	DnaJ 蛋白 PDP10（PSI Deficient Protein10）调控光系统 I 生物发生和功能的研究 NSFC 2019	89200	2020-01-01	2023-12-31	面上项目	中国科学院植物研究所	杨辉霞
31970254	新型 Ycf3 互作蛋白 Piaf 在蓝藻光系统 I 复合体形成中的功能研究 NSFC 2019	89200	2020-01-01	2023-12-31	面上项目	华中师范大学	戴国政
31971189	活细胞中探究 ATP 合酶生成过程中的组装机制及质量控制因子 NSFC 2019	89200	2020-01-01	2023-12-31	面上项目	北京大学	昌增益
81901944	线粒体 ATP 合酶在脓毒症相关性脑病中的作用及机制研究 NSFC 2019	32300	2020-01-01	2022-12-31	青年科学基金项目	郑州大学	吴晶
81903675	F1Fo-ATP 合酶 β 亚基作为抗白念珠菌新靶点的确证研究 NSFC 2019	32300	2020-01-01	2022-12-31	青年科学基金项目	暨南大学	李水秀
81971913	F1Fo-ATP 合酶 δ 亚基在白念珠菌致死性感染中的作用及其机制研究 NSFC 2019	84600	2020-01-01	2023-12-31	面上项目	暨南大学	张宏
31800196	拟南芥 PSB28 蛋白参与调控光系统 II 生物发生的分子机理研究 NSFC 2018	38000	2019-01-01	2021-12-01	青年科学基金项目	中国农业科学院油料作物研究所	刘军
31800195	蓝藻 hPRP1 在高光胁迫中下调光系统 I 的分子机制研究 NSFC 2018	38000	2019-01-01	2021-12-01	青年科学基金项目	上海师范大学	赵娇红
31700202	拟南芥 BFA1 蛋白调控叶绿体 ATP 合酶组装的分子机理研究 NSFC 2017	35500	2018-01-01	2020-12-31	青年科学基金项目	上海师范大学	张琳

（续表）

资助编号	题名	经费（美元）	开始时间	结束时间	类型	资助机构	PI
31770258	光系统 II 放氧中心的合成和催化机理 NSFC 2017	88800	2018-01-01	2021-12-31	面上项目	中国科学院化学研究所	张纯喜
31770260	叶绿体 PPR 蛋白 LPE1 调控光系统 II 生物发生机理研究 NSFC 2017	88800	2018-01-01	2021-12-31	面上项目	中山大学	靳红磊
31730102	光系统 I 生物发生的分子调控机理 NSFC 2017	443900	2018-01-01	2022-12-31	重点项目	中国科学院植物研究所	卢从明
21703284	光系统 II 分子组装体系的构建及其光电性能 NSFC 2017	35500	2018-01-01	2020-12-31	青年科学基金项目	中国农业科学院烟草研究所	蔡鹏
31770778	植物光保护蛋白 PsbS 的结构、定位及机制研 NSFC 2017	88800	2018-01-01	2021-12-31	面上项目	中国科学院生物物理研究所	李梅
31701966	低温弱光胁迫后黄瓜叶片光系统 I 活性恢复的限制因素的研究 NSFC 2017	37000	2018-01-01	2020-12-31	青年科学基金项目	山东农业大学	张子山
31772146	小麦抗条锈过程中叶片黄化机制的研究 NSFC 2017	88800	2018-01-01	2021-12-31	面上项目	复旦大学	徐金营
31701410	FLS 调控水稻灌浆籽粒降解的分子机理研 NSFC 2017	35500	2018-01-01	2020-12-31	青年科学基金项目	广东省农业科学院水稻研究所	曾学勤
31700649	结合玉米黄素的捕光蛋白参与光保护的结构 NSFC 2017	35500	2018-01-01	2020-12-31	青年科学基金项目	中国科学院生物物理研究所	苏小东
41706126	潮间带底栖甲藻对光环境变化的适应与保护机制研究 NSFC 2017	37000	2018-01-01	2020-12-31	青年科学基金项目	暨南大学	黄凯旋
81770617	小鼠肝再生时线粒体嵴形态结构的变化规律及其调控机制对能量供应影响的研究 NSFC 2017	82900	2018-01-01	2021-12-31	面上项目	大连医科大学	柳勤龙
31700206	类囊体亲免蛋白 HAPS1 在光合作用中的功能及作用机制研究 NSFC 2017	35500	2018-01-01	2020-12-31	青年科学基金项目	西北大学	朱维宁
31770128	蓝细菌 Synechocystis sp.PCC 6803 非编码反义 RNA ThR 的功能及其调控机制研究 NSFC 2017	96200	2018-01-01	2021-12-31	面上项目	中国科学院水生生物研究所	王强

2.2 光合膜蛋白领域研究论文分析

2.2.1 数据来源及方法

截至 2020 年 11 月 30 日，在 WOS 数据库中共检索到 11770 篇光合膜蛋白相关文献。采用的检索式为：ts=((Photosynthetic membrane protein*) or (Thylakoid membrane protein*) or "Photosystem II" or ("Cytochrome b6f" or "Cyt b6f") or "Photosystem I" or "ATP synthase") and py=(2015-2020)。本节利用 Derwent Data Analyzer（DDA）对检索结果进行了数据统计与分析。

2.2.2 近 5 年论文产出

光合膜蛋白的相关研究得到了世界各国的广泛关注，许多科研机构和研究人员投入光合膜蛋白的研究中，对该领域研究的重视程度也体现在发表论文的数量上，对 2015—2020 年（近 5 年）光合膜蛋白领域的文献进行检索，共检索到 11770 篇文献，且发文量总体呈现上升趋势，2018 年发文量最多，达 2023 篇，如图 2.17 所示。

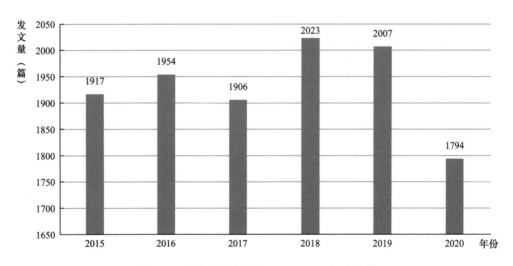

图 2.17　光合膜蛋白领域 2015—2020 年发文量

2.2.3 主要研究方向分析

根据 Web of Science 的学科分类来看，光合膜蛋白研究主要分布在植物科学、生物化学与分子生物学、生物物理学等领域，其中植物科学领域的发文量达 3673 篇，占总发文量的 31.21%；生物化学与分子生物学领域的发文量为 2059 篇，占总发文量的 17.49%，如表 2.5 所示。

表 2.5　光合膜蛋白研究排名前 10 位的研究方向

学科	发文量（篇）	百分比
植物科学	3673	31.21%
生物化学与分子生物学	2059	17.49%
多学科科学	894	7.60%
化学、多学科	889	7.55%
生物物理学	844	7.17%
化学、物理	737	6.26%
环境科学	722	6.13%
细胞生物学	705	5.99%
生物技术与应用微生物学	484	4.11%
微生物学	418	3.55%

2.2.4　主要国家分布

对光合膜蛋白的研究国家分布进行分析发现，中国发文量为 2699 篇，占总发文量的 22.93%，已超越美国；美国发文量为 2542 篇，位居第二，如图 2.18 所示。在中国目前的发展情况下，几乎每个学科都能排进前十，但是对一种蛋白的研究能排到第一位，实属不易。

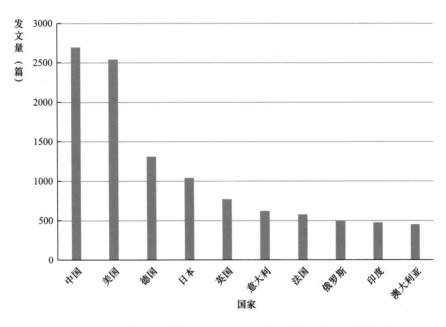

图 2.18　光合膜蛋白领域 2015—2020 年发文量排名前 10 位的国家

2.2.5 主要研究机构分析

对从事光合膜蛋白研究的机构进行分析发现，发文量排名前 10 位的机构中，中国科学院位列第一，其发文量占总发文量的 6.25%，其次为俄罗斯科学院，如图 2.19 所示。

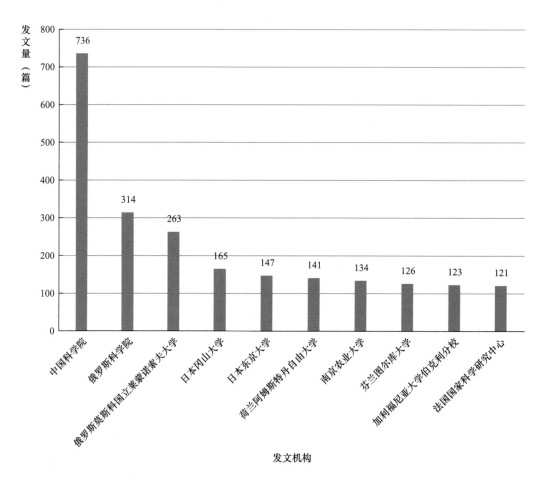

图 2.19 光合膜蛋白领域 2015—2020 年发文量排名前 10 位的机构

2.2.6 主要核心期刊分析

光合膜蛋白领域的研究成果主要发表在 *Photosynthesis Research*、*Frontiers in Plant Science*、*Biochimica et Biophysica Acta-bioenergetics* 等期刊上，如图 2.20 所示。

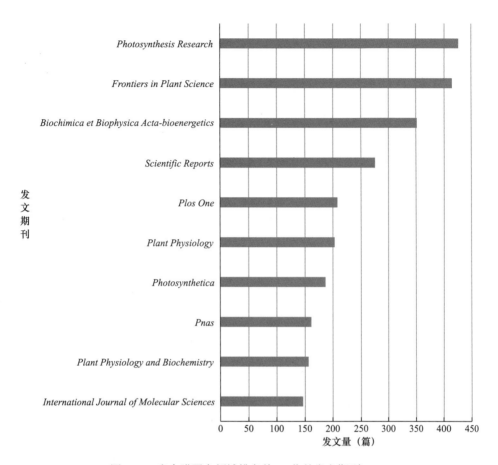

图 2.20   光合膜蛋白领域排名前 20 位的发文期刊

其中，影响因子为 71.189 的 *Nature Reviews Materials* 发文量为 1 篇，按影响因子排名，排名前 20 位的期刊中发文量最多的为 *Science*，为 29 篇，如表 2.6 所示。

表 2.6   光合膜蛋白领域影响因子排名前 20 位的发文期刊

发文期刊	2019 年影响因子	发文量（篇）
Nature Reviews Materials	71.189	1
Lancet	60.39	1
Nature Reviews Molecular Cell Biology	55.47	2
Chemical Reviews	52.76	11
Nature Energy	46.495	4
Chemical Society Reviews	42.846	6
Nature	42.779	18

发文期刊	2019 年影响因子	发文量（篇）
Science	41.846	29
Nature Reviews Immunology	40.358	1
Nature Materials	38.663	1
Cell	38.637	8
Nature Biotechnology	36.553	2
Nature Reviews Chemistry	34.953	5
Nature Nanotechnology	31.538	1
Nature Methods	30.822	2
Nature Catalysis	30.471	2
Energy & Environmental Science	30.289	18
Joule	29.155	4
Nature Genetics	27.605	2
Advanced Materials	27.398	6

2.2.7 高被引论文分析

光合膜蛋白研究领域的重要论文，除刊物的影响因子外，论文本身被引次数也很重要。光合膜蛋白领域被引次数排名前 20 位的论文如表 2.7 所示。

表 2.7 光合膜蛋白领域被引次数排名前 20 位的论文

序号	论文题名	发文期刊	年份	被引次数（次）
1	*Metal-free efficient photocatalyst for stable visible water splitting via a two-electron pathway*	*Science*	2015	2302
2	*Toward the rational design of non-precious transition metal oxides for oxygen electrocatalysis*	*Energy & Environmental Science*	2015	891
3	*Native structure of photosystem II at 1.95 angstrom resolution viewed by femtosecond X-ray pulses*	*Nature*	2015	677
4	*Earth-Abundant Heterogeneous Water Oxidation Catalysts*	*Chemical Reviews*	2016	620
5	*Molecular Catalysts for Water Oxidation*	*Chemical Reviews*	2015	572
6	*Improving photosynthesis and crop productivity by accelerating recovery from photoprotection*	*Science*	2016	369
7	*Chlorophyll a fluorescence as a tool to monitor physiological status of plants under abiotic stress conditions*	*Acta Physiologiae Plantarum*	2016	324

（续表）

序号	论文题名	发文期刊	年份	被引次数（次）
8	*Manganese Compounds as Water-Oxidizing Catalysts: From the Natural Water-Oxidizing Complex to Nanosized Manganese Oxide Structures*	*Chemical Reviews*	2016	314
9	*Light Absorption and Energy Transfer in the Antenna Complexes of Photosynthetic Organisms*	*Chemical Reviews*	2017	305
10	*Z-Scheme Photocatalytic Systems for Promoting Photocatalytic Performance: Recent Progress and Future Challenges*	*Advanced Science*	2016	283
11	*Light-induced structural changes and the site of O=O bond formation in PSII caught by XFEL*	*Nature*	2017	278
12	*The mitochondrial permeability transition pore: channel formation by F-ATP synthase, integration in signal transduction, and role in pathophysiology*	*Physiological Reviews*	2015	274
13	*Mechanisms of oxidative stress in plants: From classical chemistry to cell biology*	*Environmental and Experimental Botany*	2015	269
14	*The Structure of Photosystem II and the Mechanism of Water Oxidation in Photosynthesis*	*Annual Review of Plant Biology*	2015	267
15	*Nonphotochemical Chlorophyll Fluorescence Quenching: Mechanism and Effectiveness in Protecting Plants from Photodamage*	*Plant Physiology*	2016	254
16	*A synthetic Mn4Ca-cluster mimicking the oxygen-evolving center of photosynthesis*	*Science*	2015	248
17	*Structure of spinach photosystem II-LHCII supercomplex at 3.2 angstrom resolution*	*Nature*	2016	237
18	*Mitochondrial Cristae: Where Beauty Meets Functionality*	*Trends in Biochemical Sciences*	2016	233
19	*The mitochondrial permeability transition pore: Molecular nature and role as a target in cardioprotection*	*Journal of Molecular and Cellular Cardiology*	2015	231
20	*Regulation of Photosynthesis during Abiotic Stress-Induced Photoinhibition*	*Molecular Plant*	2015	230

2.2.8 热点关键词分析

根据词频对 2015—2020 年光合膜蛋白研究的关键词进行分析，该领域研究涉及的关键词主要为光合作用、光系统 II、叶绿素荧光、线粒体等，如表 2.8 所示。

表 2.8　光合膜蛋白 2015—2020 年被引次数排名前 50 位的热点关键词

关键词	被引次数（次）	关键词	被引次数（次）
Photosynthesis	1472	microalgae	100
photosystem II	623	Gas exchange	99
Chlorophyll fluorescence	519	Arabidopsis	97
Mitochondria	364	Drought stress	97
cyanobacteria	310	Abiotic stress	94
chloroplast	256	bioenergetics	93
ATP synthase	232	rice	92
photoinhibition	228	Fluorescence	91
oxidative stress	211	carotenoids	89
Photosystem I	208	Antioxidant enzymes	84
reactive oxygen species	196	salinity	83
photoprotection	186	Photosystem	82
Proteomics	182	Antioxidants	80
Arabidopsis thaliana	146	water splitting	78
Chlorophyll a fluorescence	144	cyclic electron flow	77
non-photochemical quenching	143	oxidative phosphorylation	75
Water oxidation	140	Wheat	73
chlorophyll	139	calcium	71
heat stress	123	Algae	70
electron transfer	121	artificial photosynthesis	69
Salt stress	118	Electron transport	69
Drought	117	manganese	69
gene expression	116	growth	67
Chlamydomonas reinhardtii	109	Transcriptome	67
thylakoid membrane	107	Climate change	66

2.2.9　光系统 II 研究论文分析

　　光合膜蛋白最重要的膜蛋白复合体就是光系统 II 和光系统 I，2015—2020 年光合膜蛋白论文中涉及光系统 II 的论文共 3995 篇，被引次数排名前 20 位的论文如表 2.9 所示。需要说明的是，影响因子高的刊物上发表的论文，其被引次数未必就高，反之亦然。

2.2.10　光系统 I 研究论文分析

　　2015—2020 年关键词涉及光系统 I 的论文共 321 篇，被引次数排名前 20 位的论文如表 2.10 所示。同样需要说明的是，影响因子高的刊物上发表的论文，其被引次数未必就高，反之亦然。

表 2.9　光系统 II 高被引论文（排名前 20 位）

序号	题名	作者	出处	被引次数（次）	影响因子
1	ATP Synthase	Junge Wolfgang, Nelson Nathan	Annual Review of Biochemistry, 2015, 84: 631-657	135	25.787
2	The Structure of Photosystem II and the Mechanism of Water Oxidation in Photosynthesis	Shen Jian-Ren	Annual Review of Plant Biology, 2015, 66: 23-48	267	19.54
3	Metal oxidation states in biological water splitting	Cox Nicholas, DeBeer Serena, Krewald Vera, et al.	Chemical Science, 2015, 6(3): 1676-1695	168	9.346
4	Toward the rational design of non-precious transition metal oxides for oxygen electrocatalysis	Grimaud Alexis, Hong Wesley T, Risch Marcel, et al.	Energy & Environmental Science, 2015, 8(5): 1404-1427	891	30.289
5	Native structure of photosystem II at 1.95 angstrom resolution viewed by femtosecond X-ray pulses	Ago Hideo, Akita Fusamichi, Hirata Kunio, et al.	Nature, 2015, 517(7532): 99-103	677	42.779
6	Mimicking Natural Photosynthesis: Solar to Renewable H-2 Fuel Synthesis by Z-Scheme Water Splitting Systems	Abe Ryu, Higashi Masanobu, Kong Dan, et al.	Chemical Reviews, 2018, 118(10): 5201-5241	224	52.76
7	Light-induced structural changes and the site of O=O bond formation in PSII caught by XFEL	Akita Fusamichi, Chen Jing-Hua, Hatsui Takaki, et al.	Nature, 2017, 543(7643): 131	278	42.779
8	Structure of photosystem II and substrate binding at room temperature	Adams Paul D, Afonine Pavel V, Aller Pierre, et al.	Nature, 2016, 540(7633): 453	192	42.779
9	Z-Scheme Photocatalytic Systems for Promoting Photocatalytic Performance: Recent Progress and Future Challenges	Li Haijin, Tu Wenguang, Zhou Yong, et al.	Advanced Science, 2016, 3(11): 1-12	283	15.84
10	Structure of spinach photosystem II-LHCII supercomplex at 3.2 angstrom resolution	Cao Peng, Chang Wenrui, Li Mei, et al.	Nature, 2016, 534(7605): 69	237	42.779
11	Chlorophyll a fluorescence as a tool to monitor physiological status of plants under abiotic stress conditions	Brestic Marian, Cetner Magdalena D, Goltsev Vasilij, et al.	Acta Physiologiae Plantarum, 2016, 38(4): 1-11	324	1.76

（续表）

序号	题名	作者	出处	被引次数（次）	影响因子
12	Manganese Compounds as Water-Oxidizing Catalysts: From the Natural Water-Oxidizing Complex to Nanosized Manganese Oxide Structures	Allakhverdiev Suleyman I, Aro Eva-Mari, Carpentier Robert, et al.	Chemical Reviews, 2016, 116(5): 2886-2936	314	52.76
13	A pentanuclear iron catalyst designed for water oxidation	Hayami Shinya, Kawata Satoshi, Kondo Mio, et al.	Nature, 2016, 530(7591): 465-468	215	42.779
14	Uncovering the Key Role of the Fermi Level of the Electron Mediator in a Z-Scheme Photocatalyst by Detecting the Charge Transfer Process of WO3-metal-gC(3)N(4) (Metal = Cu, Ag, Au)	Chen Shuo, Li Houfen, Quan Xie, Yu Hongtao, et al.	Acs Applied Materials & Interfaces, 2016, 8(3): 2111-2119	164	8.758
15	Regulation of Photosynthesis during Abiotic Stress-Induced Photoinhibition	Gururani Mayank Anand, Lam-Son Phan Tran, Venkatesh Jelli	Molecular Plant, 2015, 8(9): 1304-1320	230	12.084
16	Photosystem II repair in plant chloroplasts - Regulation, assisting proteins and shared components with photosystem II biogenesis	Aro Eva-Mari, Jarvi Sari, Suorsa Marjaana	Biochimica et Biophysica Acta-bioenergetics, 2015, 1847(9): 900-909	138	3.465
17	Synthetic Mononuclear Nonheme Iron-Oxygen Intermediates	Nam Wonwoo	Accounts of Chemical Research, 2015, 48(8): 2415-2423	161	20.834
18	Molecular Designs for Controlling the Local Environments around Metal Ions	Borovik A S, Cook Sarah A	Accounts of Chemical Research, 2015, 48(8): 2407-2414	151	20.834
19	Structural basis for energy transfer pathways in the plant PSI-LHCI supercomplex	Kuang Tingyun, Qin Xiaochun, Shen Jian-Ren, et al.	Science, 2015, 348(6238): 989-995	205	41.846
20	Polyoxometalate-Based Nickel Clusters as Visible Light-Driven Water Oxidation Catalysts	Han Xin-Bao, Li Yang-Guang, Lu Ying et al.	Journal of the American Chemical Society, 2015, 137(16): 5486-5493	222	14.612

表 2.10 光系统 I 高被引论文（排名前 20 位）

序号	题名	作者	出处	被引次数	影响因子
1	Assembly of photo-bioelectrochemical cells using photosystem I-functionalized electrodes	Alsaoub Sabine, Efrati Ariel, Lu Chun-Hua, et al.	Nature Energy, 2016, 1:15021	39	46.495
2	Photosystem I-polyaniline/TiO2 solid-state solar cells: simple devices for biohybrid solar energy conversion	Cliffel David E, Gizzie Evan A, Harris Andrew G, et al.	Energy & Environmental Science, 2015, 8(12):3572-3576	45	30.289
3	Light-driven hydrogen production from Photosystem I-catalyst hybrids	Soltau Sarah R, Tiede David M, Utschig Lisa M	Current Opinion In Chemical Biology, 2015,25:1-8	37	9.689
4	Unique organization of photosystem I-light-harvesting supercomplex revealed by cryo-EM from a red alga	Cheng Lingpeng, Dai Huai-En, Kuang Tingyun, et al.	Proceedings of the National Academy of Sciences of the United States of America, 2018, 115(17): 4423-4428	45	9.412
5	Alternative electron transport mediated by flavodiiron proteins is operational in organisms from cyanobacteria up to gymnosperms	Alboresi Alessandro, Allahverdiyeva Yagut, Aro Eva-Mari, et al.	New Phytologist, 2017, 214(3): 967-972	50	8.512
6	Metabolic model of Synechococcus sp PCC 7002: Prediction of flux distribution and network modification for enhanced biofuel production	Dasgupta Santanu, Hendry John I, Joshi Aditi, et al.	Bioresource Technology, 2016, 213: 190-197	39	7.539
7	Chloroplastic ATP synthase builds up a proton motive force preventing production of reactive oxygen species in photosystem I	Amako Katsumi, Demura Taku, Fukaki Hidehiro, et al.	Plant Journal, 2017, 91(2): 306-324	41	6.141
8	Photoprotection of photosystems in fluctuating light intensities	Allahverdiyeva Yagut, Aro Eva-Mari, Suorsa Marjaana, et al.	Journal of Experimental Botany, 2015, 66(9): 2427-2436	87	5.908
9	Variation potential influence on photosynthetic cyclic electron flow in pea	Katicheva Lyubov, Sherstneva Oksana, Sukhov Vladimir, et al.	Frontiers in Plant Science, 2015, 5: 766	38	4.402

（续表）

序号	题名	作者	出处	被引次数	影响因子
10	High Yield Non-detergent Isolation of Photosystem I-Lightharvesting Chlorophyll II Membranes from Spinach Thylakoids IMPLICATIONS FOR THE ORGANIZATION OF THE PS I ANTENNAE IN HIGHER PLANTS	Bell Adam J, Bricker Terry M, Frankel Laurie K	Journal of Biological Chemistry, 2015, 290(30): 18429-18437	50	4.238
11	RfpA, RfpB, and RfpC are the Master Control Elements of Far-Red Light Photoacclimation (FaRLiP)	Bryant Donald A, Gan Fei, Shen Gaozhong, et al.	Frontiers in Microbiology, 2015, 6: 1303	35	4.236
12	Correlation between reactive oxygen species production and photochemistry of photosystems I and II in Lemna gibba L. plants under salt stress	Bussotti Filippo, Goltsev Vasilij, Kalaji Hazem M, et al.	Environmental and Experimental Botany, 2015, 109: 80-88	105	4.027
13	Supercomplexes of plant photosystem I with cytochrome b6f, light-harvesting complex II and NDH	Boekema Egbert J, Eichacker Lutz A, Fucile Geoffrey, et al.	Biochimica et Biophysica Acta-bioenergetics, 2017, 1858(1): 12-20	43	3.465
14	Chloroplast NDH: A different enzyme with a structure similar to that of respiratory NADH dehydrogenase	Shikanai Toshiharu	Biochimica et Biophysica Acta-bioenergetics, 2016, 1857(7): 1015-1022	50	3.465
15	PSI-LHCI of Chlamydomonas reinhardtii: Increasing the absorption cross section without losing efficiency	Croce Roberta, Drop Bartlomiej, Le Quiniou Clotilde, et al.	Biochimica et Biophysica Acta-bioenergetics, 2015, 1847(43926): 458-467	35	3.465
16	Electrical signals as mechanism of photosynthesis regulation in plants	Sukhov Vladimir	Photosynthesis Research, 2016, 130(43833): 373-387	52	3.216
17	Regulatory network of proton motive force: contribution of cyclic electron transport around photosystem I	Shikanai Toshiharu	Photosynthesis Research, 2016, 129(3): 253-260	37	3.216
18	Primary electron transfer processes in photosynthetic reaction centers from oxygenic organisms	Govindjee, Mamedov Mahir, Nadtochenko Victor, et al.	Photosynthesis Research, 2015, 125(43832): 51-63	57	3.216
19	Photoinhibition of Suaeda salsa to chilling stress is related to energy dissipation and water-water cycle	Sui N	Photosynthetica, 2015, 53(2): 207-212	36	2.562
20	Biochemical Markers and Enzyme Assays for Herbicide Mode of Action and Resistance Studies	Corniani Natalia, Dayan Franck E, Howell J'Lynn, et al.	Weed Science, 2015, 63: 23-63	60	2.258

2.3 光合膜蛋白领域专利分析

2.3.1 数据来源及方法

截至 2020 年 11 月 30 日，在 Derwent Innovations Index 中共检索到 1222 项专利。检索式为：ts=((Photosynthetic membrane protein*) or (Thylakoid membrane protein*) or "Photosystem II" or ("Cytochrome b6" or "Cyt b6f') or "Photosystem I" or "ATP synthase")。本节利用 Clarivate 公司的 DDA 专利分析工具及 Proquest Dialog 公司的 Innography 专利分析工具对检索结果进行了分析。

2.3.2 专利申请趋势

按最早优先权年统计，自 1973 年申请专利 *Automatic assembly, component orienting device - elements of photosystem mounted directly in clamps, for increased output* 以来，关于光合膜蛋白的专利一直都在申请、授权中，国际上的研究持续不断。专利数量总体呈递增趋势，1997 年之后，专利数量明显增多，最突出的为 2013 年及 2015 年，专利数量分别为 212 项、204 项，如图 2.21 所示（由于专利公布具有滞后性，因此 2019—2020 年的专利数量并不全，仅作参考）。

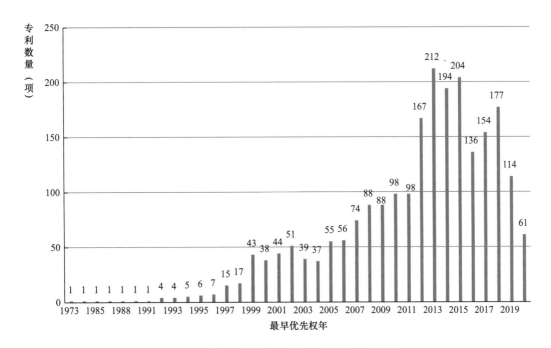

图 2.21 世界光合膜蛋白研究专利数量发展趋势

2.3.3 专利最早优先权国家 / 地区分析

分析专利最早优先权国家 / 地区可以发现相关技术的主要原创国家 / 地区。分析发现：美国是最主要的原创国家，持有专利数量约占所有专利数量的 58.76%，反映出美国在世界光合膜蛋白研究中起主导地位；其次是加拿大，持有专利数量约占所有专利数量的 18.99%；中国排名第三位，持有的专利数量约占所有专利数量的 18.82%，如图 2.22 所示。由此可以看出，中国虽然在发文量上已超越美国，但是在对于知识产权布局和申请保护的意识方面，离美国尚有很大差距。

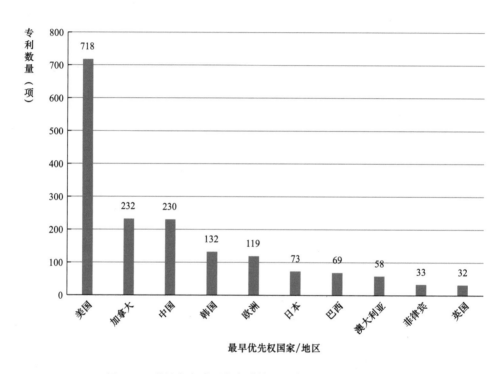

图 2.22　世界光合膜蛋白专利数量居前 10 位的国家 / 地区

2.3.4 专利权人分析

为了解该领域专利技术主要掌握在哪些专利权人手中，明确拥有最多专利技术的核心专利权人，对专利权人按拥有专利产出数量的多少进行了排序。对 789 项专利涉及的专利权人进行分析，该领域国外机构申请专利最多的为先正达公司，持有专利 90 项；其次是陶氏化学公司，持有专利 85 项；巴斯夫股份公司持有专利 69 项，排在第三位，如图 2.23 所示。

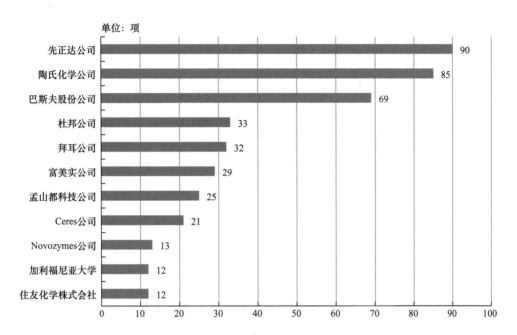

图 2.23　光合膜蛋白国外主要专利权人分布（持有 10 项及以上）

最早优先权国家为中国的专利共 230 项。国内机构在该领域申请专利最多的为北京出入境检验检疫局、浙江大学等机构，如图 2.24 所示。

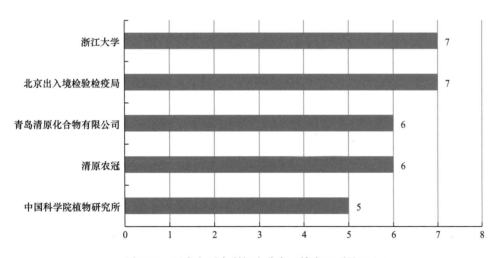

图 2.24　国内主要专利权人分布（持有 5 项及以上）

世界光合膜蛋白专利权人分布如表 2.11 所示。

表 2.11　世界光合膜蛋白专利权人分布

序号	专利权人	专利数量（项）	主要申请国家 / 地区	主要发明人	年份（年）	性质
1	先正达公司	90	美国 [89]；加拿大 [4]	MCBROOM R L [26]；COLE C B [20]；THRELKELD K C [18]	1999—2019	企业
2	陶氏化学公司	85	美国 [85]；加拿大 [37]；	MANN R K [57]；SATCHIVI N M [31]；YERKES C N [30]	2006—2020	企业
3	巴斯夫股份公司	69	美国 [42]；欧洲 [35]；加拿大 [22]	GEWEHR M [34]；ZAGAR C [19]；PEOPLES S [16]	1994—2020	企业
4	杜邦公司	33	美国 [32]；加拿大 [21]；中国 [5]	STEVENSON T M [12]；SATTERFIELD A D [11]；DEPREZ N R [7]；SELBY T P [7]	1996—2020	企业
5	拜耳公司	32	欧洲 [29]；加拿大 [14]；韩国 [10]	SPRINGER B [11]；ANDERSCH W [11]；THIELERT W [8]	2000—2020	企业
6	富美实公司	29	美国 [29]；加拿大 [23]；中国 [11]	STEVENSON T M [9]；SATTERFIELD A D [9]；CAMPBELL M J [7]	2012—2020	企业
7	孟山都科技公司	25	美国 [25]；加拿大 [13]；巴西 [4]；菲律宾 [4]	IVASHUTA S [5]；HEMMINGHAUS J W [4]；FENG P C C [4]；ZHANG J [4]；ZHANG Y [4]	1997—2020	企业
8	Ceres 公司	21	美国 [21]；加拿大 [3]	FELDMANN K A [12]；MASCIA P [10]；NADZAN G [10]；TROUKHAN M [10]	2004—2020	企业
9	Novozymes 公司	13	美国 [13]；加拿大 [10]；巴西 [8]	GREENSHIELDS D [6]；LELAND J [6]；KANG Y [4]；WOODS K [4]	2008—2020	企业
10	住友化学株式会社	12	日本 [4]；美国 [3]；澳大利亚 [3]	IKEDA H [8]；JIN Y [4]；SADA Y [3]	2013—2020	企业

（续表）

序号	专利权人	专利数量（项）	主要申请国家/地区	主要发明人	年份（年）	性质
11	加利福尼亚大学	12	美国 [12]；	NIYOGI K K [3]； MELIS A [2]； LONG S P [2]； FORMIGHIERI C [2]； VERGNES L [2]； KROMDIJK J [2]； JIANG M [2]； GLOWACKA K [2]； LEONELLI L [2]； HUANG J [2]	1999—2020	研究机构
12	Mito Kor 公司	9	美国 [9]	DAVIS R E [6]； HERRNSTADT C [4]； ANDERSON C M [4]	1994—2005	企业
13	联合磷化物有限公司	9	印度 [8]； 加拿大 [2]； 中国 [2]	SHROFF J R [7]； SHROFF V R [7]； RENGAN S [3]； FABRI C E [3]	2017—2020	企业
14	Incyte 药物公司	8	美国 [8]	HILLMAN J L [6]； GOLI S K [6]； BAUGHN M R [2]； CORLEY N C [2]； GUEGLER K J [2]； TANG Y T [2]	1997—1999	企业
15	北京出入境检验检疫局	7	中国 [7]	ZHANG H [7]； ZHANG J [7]； GU D [7]； CHEN G [7]	2011—2012	研究机构
16	哈佛学院	7	美国 [7]	KUMAR M [2]； SAVAGE D [2]	1998—2018	高校
17	医学研究委员会	7	英国 [5]； 加拿大 [2]	WALKER J [5]； CHAMPAGNE E [2]； ROLLAND C [2]； ESTEVE J [2]； RUNSWICK M [2]； MIROUX B [2]； TERCE F [2]； JACQUET S [2]； PERRET B [2]； MARTINEZ L O [2]； BARBARAS R [2]； COLLET X [2]	1997—2008	研究机构

（续表）

序号	专利权人	专利数量（项）	主要申请国家/地区	主要发明人	年份（年）	性质
18	浙江大学	7	中国 [7]	YU J [2]；LIU S [2]；ZHOU J [2]；LUO Y [2]；ZHOU Y [2]；SHI K [2]；XIA X [2]；YAO K [2]；QI Z [2]；LIU Y [2]	2008—2019	高校
19	田纳西大学 Battelle 公司	7	美国 [7]	HU Z [3]；HU R [2]；TUSKAN G A [2]；LEE J W [2]；YANG X [2]；LIU D [2]	1999—2020	企业

2.3.5　专利权人技术和经济实力对比

利用 Innography 对排名前 20 位的专利权人的技术产出和经济实力进行综合分析，将专利数量、专利分类、专利引用次数 3 个指标的综合评分作为公司技术实力的代表（横坐标），将资产、地理位置、诉讼 3 个指标的综合评分作为公司的经济实力的代表（纵坐标），分析发现：排名前 20 位的专利权人中，Bayer AG（德国，拜耳公司）经济实力和技术实力都比较强；BASF SE（德国，巴斯夫股份公司）竞争力不容小觑。Corteva Inc（美国，科迪华公司）、Thomas bravo（美国，托马布拉沃公司）的研发实力相当雄厚，但是经济实力偏弱，可能成为潜在的技术转移输出企业；Johnson & Johnson（美国，强生公司）的经济实力比较雄厚，但是技术力量并不是特别突出，可能成为潜在的技术转移输入企业，如图 2.25 所示。

2.3.6　专利重点与关键技术

对 1222 项专利题名中涉及的关键词进行分析，发现其关键词涉及组分、植物、蛋白质、用途的专利较多，详细情况如表 2.12 所示。

在专利地图中，内容相近的文献在图中的距离也相近，最终形成山峰，图中不同山峰区域内表示某一特定技术主题中聚集的相应的专利群。在该领域的技术主题主要聚焦于大豆品种和植被等，如图 2.26 所示。

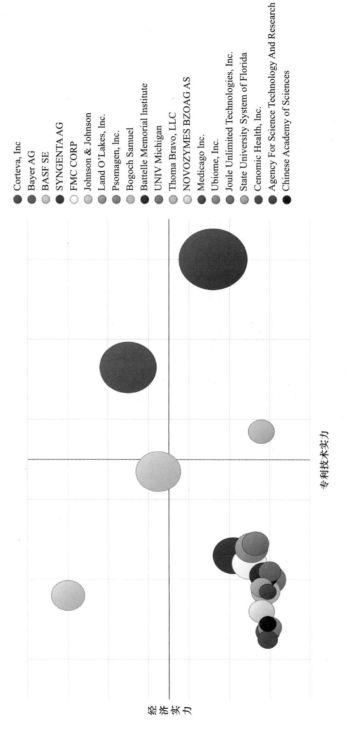

图 2.25　光合膜蛋白研究排名前 20 位专利权人的技术和经济实力对比

表 2.12　专利题名中关键词分析

题名关键词	专利数量（项）	题名关键词	专利数量（项）
composition	94	growth	31
herbicidal composition	72	wheat	31
controlling undesirable vegetation	49	rice	30
male sterility	47	disease resistance	29
protein	46	oil	29
commodity plant product	43	expression	28
cancer	42	insect	28
herbicide	34	barley	27
herbicide tolerance	34	compound	27
undesired vegetation	34	soybean	27

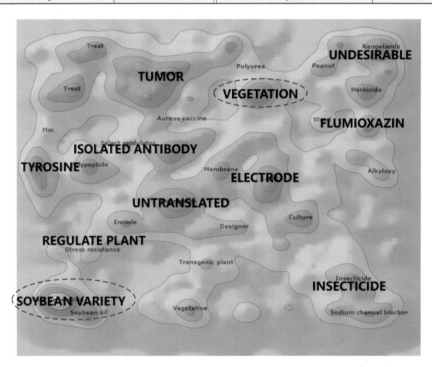

图 2.26　光合膜蛋白专利技术地图

2.3.7　三方专利分析

　　一般来说，仅将一国的专利数量作为其发明活动的指标不能区分较小和显著经济潜力的发明。美国、欧盟和日本的专利机构是世界上最大的 3 个专利中心，由于这 3 个专利机构的专利申请和维护成本较高，如果发明者同时在这 3 个市场寻求专利保护，并愿意支付高成本的专利申请和维护费，一般认为这些专利背后的发明可能有较高价值。因此，全球创新政策研究者引入了"三方专利"这一测度创新的指标。所谓"三方专利"，就是指同时在世界上最大的 3 个市场（美国、欧盟和日本）寻求保护的专利。需要指出的是，中国申请专利多为本国专利，目前尚没有三方专利。

在 1222 项相关专利技术发明中，共涉及 212 项三方专利。对这些专利的最早优先权国家 / 地区进行分析发现，按最早优先权国家 / 地区划分，其中最早优先权国家 / 地区为美国的专利数量最多，为 147 项；其次为加拿大，持有专利 120 项；韩国排在第三位，持有专利 71 项，如表 2.13 所示。

表 2.13　三方专利的最早优先权国家 / 地区分布

序号	最早优先权国家 / 地区	专利数量（项）	占比
1	美国	147	69.34%
2	加拿大	120	56.60%
3	韩国	71	33.49%
4	中国	49	23.11%
5	欧洲	37	17.45%
6	澳大利亚	31	14.62%
7	巴西	26	12.26%
8	菲律宾	22	10.38%
9	英国	14	6.60%
10	日本	13	6.13%
11	德国	3	1.42%
12	乌兹别克斯坦	3	1.42%
13	西班牙	2	0.94%
14	法国	2	0.94%
15	印度	2	0.94%

对这 212 项三方专利的专利家族进行分析发现，除美国、欧洲、日本外，这些专利有 175 项（82.55%）、159 项（74.53%）、134 项（63.21%）分别在澳大利亚、中国和加拿大进行了布局，这些国家也是该领域比较重要的目标市场。中国排名第五位，可见国外企业也比较看好中国市场，已经在该领域进行了较充分的布局，相比之下，我国专利缺乏对全球市场的布局，且我国在本国申请的专利数量甚至少于其他国家在我国布局的专利数量，这一点在面向未来知识产权保护与产业转移转化方面，对我国来说相当不利，如表 2.14 所示。

表 2.14　三方专利的专利家族国家 / 地区分布

序号	专利家族国家 / 地区	专利数量（项）	序号	专利家族国家 / 地区	专利数量（项）
1	欧洲	212	6	加拿大	134
2	日本	212	7	印度	133
3	美国	212	8	巴西	123
4	澳大利亚	175	9	韩国	123
5	中国	159	10	墨西哥	97

（续表）

序号	专利家族国家/地区	专利数量（项）	序号	专利家族国家/地区	专利数量（项）
11	阿根廷	72	16	印度尼西亚	51
12	越南	66	17	以色列	50
13	南非	66	18	菲律宾	45
14	俄罗斯	56	19	新加坡	42
15	西班牙	52	20	新西兰	24

2.3.8 核心专利价值分析

2.3.8.1 核心专利强度分析

世界知识产权组织统计的数据显示，中国、美国、日本、韩国和欧洲五大专利局囊括了全球80%的专利申请。目前，每年共有25万个专利申请"横跨"中国、美国、日本、韩国和欧洲五大专利局中的两个或以上。在五局中的任意三局均有分布的专利技术发明一般具有较高的价值，对这些专利技术发明我们简称为五分之三局专利，下面将着重对这些专利进行进一步的分析。

在1222项相关专利技术发明中，共涉及294项五分之三局专利，占总量的24.06%。专利强度（Patent Strength）是进行专利评价的新指标，可用于快速、有效地寻找核心专利。专利强度取值为0～100分，值越大表示专利价值越高。专利强度参考了10余个专利价值的相关指标，包括专利权利要求数量（Patent Claim）、引用先前技术文献数量（Prior Art Citations Made）、专利被引次数（Citations Received）、专利及专利申请案的家族（Families of Applications and Patents）、专利申请时程（Prosecution Length）、专利年龄（Patent Age）、专利诉讼（Patent Litigation）及其他指标。

对这294项专利的专利强度进行分析可以发现，294项五分之三局专利共涉及6670件同族专利，其中，专利强度在70分以上的有382件，专利强度在30～70分的有2344件，专利强度在30分以下的有3944件，如图2.27所示。

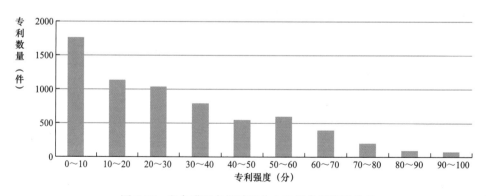

图2.27 光合膜蛋白领域五分之三局专利强度分布

五分之三局专利强度在90分以上的专利共计30件，详细信息如表2.15所示。

表 2.15 五分之三局专利强度在 90 分以上的专利

序号	申请号	题名	原始专利权人	最终专利权人	过期时间	权利要求数量（件）	被引用专利数量（件）	引用专利数量（件）	专利强度（分）
1	US8069225	Transparent client-server transaction accelerator	Riverbed Technology, Inc.	Riverbed Technology	2029-03-12	33	99	35	95
2	US7428573	Transaction accelerator for client-server communication systems	Riverbed Technology, Inc.	Riverbed Technology, Inc.	2022-12-21	61	104	51	94
3	US7849134	Transaction accelerator for client-server communications systems	Riverbed Technology, Inc.	Riverbed Technology, Inc.	2022-12-04	31	73	59	94
4	US7650416	Content delivery for client-server protocols with user affinities using connection end-point proxies	Riverbed Technology, Inc.	Riverbed Technology	2026-12-05	22	123	37	93
5	US9121022	Method for controlling herbicide-resistant plants	Monsanto Technology LLC	Monsanto Technology LLC	2031-03-08	30	36	548	93
6	US7120666	Transaction accelerator for client-server communication systems	Riverbed Technology, Inc.	Riverbed Technology, Inc.	2022-12-21	24	338	28	92
7	US7853699	Rules-based transaction prefetching using connection end-point proxies	Riverbed Technology, Inc.	Riverbed Technology, Inc.	2027-12-30	12	73	24	92
8	US8404927	Double-stranded rna stabilized in planta	Monsanto Technology LLC	Monsanto Technology LLC	2025-12-15	29	13	24	92
9	US8595302	Method and apparatus for monitoring message status in an asynchronous mediated communication system	Qualcomm Incorporated	Qualcomm Incorporated	2030-05-22	34	12	58	92
10	US9260729	Primary alcohol producing organisms	Genomatica, Inc.	Genomatica, Inc.	2031-09-20	27	4	196	92
11	CN102395277	Reduce the encapsulated herbicide of crop damage	Monsanto Technology LLC	Monsanto Technology LLC	2030-02-11	46	8	0	92
12	US6828925	Content-based segmentation scheme for data compression in storage and transmission including hierarchical segment representation	Nbt Technology, Inc.	Riverbed Technology, Inc.	2022-10-30	36	43	14	91

（续表）

序号	申请号	题名	原始专利权人	最终专利权人	过期时间	权利要求数量（件）	被引用专利数量（件）	引用专利数量（件）	专利强度（分）
13	US7116249	Content-based segmentation scheme for data compression in storage and transmission including hierarchical segment representation	Nbt Technology, Inc.	Riverbed Technology, Inc.	2022-10-30	30	46	20	91
14	US7477166	Content-based segmentation scheme for data compression in storage and transmission including hierarchical segment representation	Riverbed Technology, Inc.	Riverbed Technology, Inc.	2022-10-30	17	32	32	91
15	US7852237	Content-based segmentation scheme for data compression in storage and transmission including hierarchical segment representation	Riverbed Technology, Inc.	Riverbed Technology, Inc.	2022-10-30	34	7	43	91
16	US7858385	Method for detecting binding events using micro-x-ray fluorescence spectrometry	Los Alamos National Security, LLC	Icagen-t, Inc.; Icagen Corp.; Caldera Discovery, Inc.; Xrpro Sciences, Inc.; Icagen, Inc.	2021-05-16	16	19	17	91
17	US7953869	Cooperative proxy auto-discovery and connection interception	Riverbed Technology, Inc.	Riverbed Technology, Inc.	2024-02-07	9	64	68	91
18	US8149850	Method and apparatus for asynchronous mediated communicaton	Qualcomm Incorporated	Qualcomm Incorporated	2029-11-05	60	7	42	91
19	US8465954	Ethanol production in microorganisms	Joule Unlimited Technologies, Inc.	Joule Unlimited Technologies, Inc.	2029-03-03	24	12	28	91
20	US8473620	Interception of a cloud-based communication connection	Riverbed Technology, Inc.	Riverbed Technology, Inc.	2024-04-14	20	42	109	91

（续表）

序号	申请号	题名	原始专利权人	最终专利权人	过期时间	权利要求数量（件）	被引用专利数量（件）	引用专利数量（件）	专利强度（分）
21	US8759088	Lactococcus promoters and uses thereof	Actogenix N.v.	Intrexon Actobiotics Nv	2030-05-25	31	6	11	91
22	CN102014934	Mesenchymal stem cell particles	Agency For Science, Technology And Research	Agency For Science, Technology And Research	2029-02-20	42	10	0	91
23	US8962318	Method of deriving mesenchymal stem cells from es cells using fgf2	Agency For Science, Technology And Research	Paracrine Therapeutics Pte. Ltd	2031-08-03	44	4	11	91
24	US9113629	4-amino-6-(4-substituted-phenyl)-picolinates and 6-amino-2-(4-substituted-phenyl)-pyrimidine-4-carboxylates and their use as herbicides	Dow Agrosciences LLC	Dow Agrosciences LLC	2033-03-15	30	5	36	91
25	US10073952	Method and system for microbiome-derived diagnostics and therapeutics for autoimmune system conditions	Ubiome, Inc.	Psomagen, Inc.	2035-10-21	22	8	47	91
26	US10169541	Method and systems for characterizing skin related conditions	Ubiome, Inc.	Psomagen, Inc.	2035-10-21	30	2	70	91
27	US10246753	Method and system for characterizing mouth-associated conditions	Ubiome, Inc.	Psomagen, Inc.	2035-10-21	27	5	72	91
28	US10294202	Pyrrolidinones as herbicides	Fmc Corporation	Fmc Corporation	2034-12-02	31	1	51	91
29	US10395777	Method and system for characterizing microorganism-associated sleep-related conditions	Ubiome, Inc.	Psomagen, Inc.	2035-10-21	30	2	100	91
30	EP3231872	Polynucleotide molecules for gene regulation in plants	Monsanto Technology LLC	Monsanto Technology LLC	2031-03-08	4	1	2	91

2.3.8.2 核心专利转让信息

对这 6670 件专利的法律状态和转让情况进行分析发现，有 3522 件专利已经取得授权并保持有效状态，有 3148 件专利无效，如图 2.28 所示。

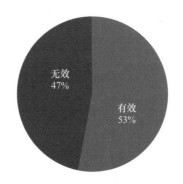

图 2.28 五分之三局专利法律状态分析

对专利的转让情况进行分析发现，有 41 项专利发生过转让，且 41 项均在美国发生转让行为，说明美国是该领域比较活跃、竞争比较激烈的市场。

五分之三局有效专利转让信息如表 2.16 所示。

2.3.8.3 高被引专利分析

从专利被引次数的角度考虑，对专利被引情况的研究可以确定该专利的质量和影响力。由于一件专利从最初被引用到大范围被引用通常需要 5 年或更长时间，一般来说 70% 的专利从未被引用或仅被引用一两次，因此在一定程度上，如果一件专利被频繁引用，说明它是超出平均技术水平的、重要的、有生命力的发明。

对 294 项五分之三局专利的后续引用专利的专利权人技术和经济综合实力进行分析发现，Bayer AG（德国，拜耳公司）和 BASF SE（德国，巴斯夫股份公司）的经济实力和技术实力都比较强；Corteva Inc（美国，科迪华公司）、Thomas Bravo 公司（美国，托马布拉沃公司）的研发实力相当雄厚，但是经济实力偏弱，可能成为潜在的技术转移输出企业；Johnson & Johnson（美国，强生公司）的经济实力比较雄厚，但是技术力量并不是特别突出，可能成为潜在的技术转移输入企业（见图 2.29）。

在该技术领域 294 项专利中，被引次数在 10 次以上的有 29 项专利，最高被引次数为 34 次，表 2.17 列出了这 29 项高被引专利技术发明的基本情况。

表 2.16　五分之三局有效专利转让信息

序号	标题	公开号	最早优先权年	优先权国家	专利权人	受让者	转出者	转让日期
1	Screening for agents for treating type 2 diabetes comprises determining their effects on indicators of altered mitochondrial function	US6140067A	1999	US	MITOKOR	SMITHKLINE BEECHAM CORPORATION, PHILADELPHIA, PA, US; MITOKOR, SAN DIEGO, CA, US	MITOKOR, INC.; ANDERSON, CHRISTEN M.; DAVIS, ROBERT E.	2004-02-02; 1999-07-02
2	Pre-emergence and post-emergence herbicide composition for controlling undesirable vegetation e.g. broadleaf weed in e.g. corn comprises synergistic amount of penoxsulam and pethoxamid	US20140274711A1	2013	US	DOW AGROSCIENCES LLC	DOW AGROSCIENCES LLC, INDIANAPOLIS, IN, US	MANN, RICHARD K.; BABU, KIRUPANANDAM R.; NAGY, PETER	2014-03-13
3	New urea compounds useful for controlling pest e.g. ants, aphids, beetles and cockroaches and as nematicides, acaricides, insecticides, miticides and molluscicides	US20140274688A1	2013	US	DOW AGROSCIENCES LLC	DOW AGROSCIENCES LLC, INDIANAPOLIS, IN, US	FISCHER, LINDSEY G; BAUM, ERICH W; CROUSE, GARY D; DEAMICIS, CARL; LORSBACH, BETH; PETKUS, JEFF; SPARKS, THOMAS C; WHITEKER, GREGORY T	2014-03-13
4	Herbicidal composition, useful for controlling undesirable vegetation (grass weed) in rice, preferably water-seeded or transplanted paddy rice, comprises penoxsulam, or clomazone, and benzobicyclon	US20140274710A1	2013	US	DOW AGROSCIENCES LLC	DOW AGROSCIENCES LLC, INDIANAPOLIS, IN, US	MANN, RICHARD K; YERKES, CARLA N.	2014-03-18

（续表）

序号	标题	公开号	最早优先权年	优先权国家	专利权人	受让者	转出者	转让日期
5	New 4-amino-6-(4-substituted-phenyl)-picolinates and 6-amino-2-(4-substituted-phenyl)-pyrimidine-4-carboxylates compounds, useful in for controlling undesirable vegetation e.g. weeds in crops including Citrus and apple	US20140274696A1	2013	US	ECKELBARGER JOSEPH D; EPP JEFFREY B; FISCHER LINDSEY G; GIAMPIETRO NATALIE C; IRVINE NICHOLAS M; KISTER JEREMY; LO WILLIAM C; LOWE CHRISTIAN T; PETKUS JEFFREY; ROTH JOSHUA; SATCHIVI NORBERT M; SCHMITZER PAUL R; SIDDALL THOMAS L; YERKES CARLA N; DOW AGROSCIENCES LLC	DOW AGROSCIENCES LLC, INDIANAPOLIS, IN, US	ECKELBARGER, JOSEPH D; EPP JEFFREY B; GIAMPIETRO, NATALIE C; IRVINE, NICHOLAS M; KISTER, JEREMY; LO, WILLIAM C; LOWE, CHRISTIAN T; PETKUS, JEFFREY; ROTH, JOSHUA; SATCHIVI, NORBERT M; SCHMITZER, PAUL R; SIDDALL, THOMAS L; YERKES, CARLA N; FISCHER, LINDSEY G; KISTER, JEREMEY; PETKUS, JEFF; SATCHIVI, NORBERT	2014-03-11; 2014-02-18
6	Synergistic herbicidal composition useful for controlling undesirable vegetation comprises 4-amino-3-chloro-6-(4-chloro-2-fluoro-3-methoxy-phenyl)-5-fluoro-pyridine-2-carboxylic acid and insecticide e.g. acephate and cartap	US20140274698A1	2013	US	DOW AGROSCIENCES LLC	DOW AGROSCIENCES LLC, INDIANAPOLIS, IN, US	YERKES, CARLA N; MANN, RICHARD K	2015-09-14

（续表）

序号	标题	公开号	最早优先权年	优先权国家	专利权人	受让者	转出者	转让日期
7	Herbicidal composition, useful to control weed, comprises 4-amino-3-chloro-6-(4-chloro-2-fluoro-3-methoxy-phenyl)-5-fluoro-pyridine-2-carboxylic acid, and azoxystrobin, flutolanil, hexaconazole, iprobenfos and isoprothiolane	US20140274697A1	2013	US	DOW AGROSCIENCES LLC	DOW AGROSCIENCES LLC, INDIANAPOLIS, IN, US	MANN, RICHARD K; YERKES, CARLA N	2014-03-03
8	Herbicidal composition, useful for controlling undesirable vegetation in crops e.g. wheat, barley, corn/maize, soybean, rice, sunflower, canola/oilseed rape, sugarcane, sorghum, oats, rye or cotton, comprises fluroxypyr, and flumetsulam	US20140179525A1	2012	US	DOW AGROSCIENCES LLC	DOW AGROSCIENCES LLC, INDIANAPOLIS, IN, US	MANN, RICHARD K; MCVEIGH-NELSON, ANDREA C; GWINN, AMY	2015-08-03
9	Herbicidal composition useful for controlling undesirable vegetation comprising herbicide resistant or tolerant weed, where undesirable vegetation is controlled in e.g. rice and wheat, comprises aminopyralid and triclopyr	US20140073505A1	2012	US	CARRANZA GARZON NELSON M; MANN RICHARD K; DOW AGROSCIENCES LLC	DOW AGROSCIENCES LLC, INDIANAPOLIS, IN, US	CARRANZA GARZON, NELSON M; MANN, RICHARD K	2015-04-30
10	Herbicidal composition for controlling undesirable vegetation e.g. herbicide resistant or tolerant weed comprises aminopyralid, or its salt or ester; and bentazon, or its salt	US20140073507A1	2012	US	CARRANZA GARZON NELSON M; MANN RICHARD K; DOW AGROSCIENCES LLC	DOW AGROSCIENCES LLC, INDIANAPOLIS, IN, US	CARRANZA GARZON, NELSON M; MANN, RICHARD K	2015-05-04

（续表）

序号	标题	公开号	最早优先权年	优先权国家	专利权人	受让者	转出者	转让日期
11	Herbicidal composition, useful for preventing emergence or growth of undesirable vegetation in e.g. soil, water, rice, wheat, barley, oats, sorghum, corn, pastures and grasslands, comprises aminopyralid compounds and propanil compounds	US20140073506A1	2012	US	CARRANZA GARZON NELSON M; MANN RICHARD K; DOW AGROSCIENCES LLC	DOW AGROSCIENCES LLC, INDIANAPOLIS, IN, US	CARRANZA GARZON, NELSON M; MANN, RICHARD K	2015-04-30
12	Herbicidal composition, used to control undesirable vegetation in e.g. rye, comprises 4-amino-3-chloro-6-(4-chloro-2-fluoro-3-methoxy-phenyl)-5-fluoro-pyridine-2-carboxylic acid, and acetyl coenzyme A carboxylase inhibitors e.g. clethodim	US20140031228A1	2012	US	DOW AGROSCIENCES LLC	DOW AGROSCIENCES LLC, INDIANAPOLIS, IN, US	MANN, RICHARD K; YERKES, CARLAN; SATCHIVI, NORBERT M; WEIMER, MONTE R; CARRANZA GARZON, NELSON M	2013-07-08
13	Herbicidal composition, used to control undesirable vegetation in e.g. oats, comprises 4-amino-3-chloro-6-(4-chloro-2-fluoro-3-methoxy-phenyl)-5-fluoro-pyridine-2-carboxylic acid and microtubule inhibiting herbicide e.g. pendimethalin	US20140031219A1	2012	US	DOW AGROSCIENCES LLC	DOW AGROSCIENCES LLC, INDIANAPOLIS, IN, US	YERKES, CARLAN; MANN, RICHARD K; SATCHIVI, NORBERT M	2013-07-08
14	Herbicidal composition useful for controlling undesirable vegetation comprises 4-amino-3-chloro-5-fluoro-6-(4-chloro-2-fluoro-3-methoxyphenyl) pyridine-2-carboxylic acid compound, and 4-hydroxyphenyl-pyruvate dioxygenase inhibitor	US20140031212A1	2012	US	DOW AROSCIENCES LLC	DOW AGROSCIENCES LLC, INDIANAPOLIS, IN, US	YERKES, CARLAN; MANN, RICHARD K	2013-07-08

（续表）

序号	标题	公开号	最早优先权年	优先权国家	专利权人	受让者	转出者	转让日期
15	Herbicidal composition useful for controlling undesirable vegetation e.g. in direct seeded rice, comprises 4-amino-3-chloro-6-(4-chloro-2-fluoro-3-methoxy-phenyl)-5-fluoro-pyridine-2-carboxylic acid and triazolopyrimidine sulfonamide	US20140031229A1	2012	US	DOW AGROSCIENCES LLC; DOW AGROSCIENCES LLC	DOW AGROSCIENCES LLC, INDIANAPOLIS, IN, US	MANN, RICHARD K; YERKES, CARLA N; SATCHIVI, NORBERT M; WEIMER, MONTE R; CARRANZA GARZON, NELSON M	2013-07-03
16	Herbicidal composition used to control undesirable vegetation in e.g. rice and barley, comprises 4-amino-3-chloro-6-(4-chloro-3-ethyl-2-fluoro-phenyl)-5-fluoro-pyridine-2-carboxylic acid, and glufosinate-ammonium, glufosinate or glyphosate	US20140031227A1	2012	US	DOW AGROSCIENCES LLC	DOW AGROSCIENCES LLC,INDIANAPOLIS, IN, US	YERKES, CARLA N; MANN, RICHARD K; SCHMITZER, PAUL R.	2013-07-08
17	Herbicidal composition, used to control undesirable vegetation in e.g. rye and maize, comprises 4-amino-3-chloro-6-(4-chloro-2-fluoro-3-methoxy-phenyl)-5-fluoro-pyridine-2-carboxylic acid and cellulose biosynthesis inhibitor e.g. indaziflam	US20140031221A1	2012	US	DOW AGROSCIENCES LLC	DOW AGROSCIENCES LLC, INDIANAPOLIS, IN, US	YERKES, CARLA N; MANN, RICHARD K; SATCHIVI, NORBERT M.	2013-07-09
18	Herbicidal composition useful for controlling undesirable vegetation comprises 4-amino-3-chloro-5-fluoro-6-(4-chloro-2-fluoro-3-methoxyphenyl) pyridine-2-carboxylic acid; and an auxin transport inhibitor	US20140031217A1	2012	US	YERKES CARLA N; MANN RICHARD K; DOW AGROSCIENCES LLC	DOW AGROSCIENCES LLC, INDIANAPOLIS, IN, US	YERKES, CARLA N; MANN, RICHARD K	2013-07-08

（续表）

序号	标题	公开号	最早优先权年	优先权国家	专利权人	受让者	转出者	转让日期
19	Herbicidal composition, used to control undesirable vegetation in e.g. maize, sugarcane, sunflower, canola and soybean, comprises 4-amino-3-chloro-6-(4-chloro-2-fluoro-3-methoxyphenyl)-5-fluoro-pyridine-2-carboxylic acid and imidazolinone	US2014003121 3A1	2012	US	DOW AGROSCIENCES LLC	DOW AGROSCIENCES LLC, INDIANAPOLIS, IN, US	YERKES, CARLA N; MANN, RICHARD K; SCHMITZER, PAUL R; SATCHIVI, NORBERT M	2013-07-03
20	Herbicidal composition used for controlling undesirable vegetation in e.g. direct-seeded, water-seeded and transplanted rice, comprises 4-amino-3-chloro-5-fluoro-6-(4-chloro-2-fluoro-3-methoxyphenyl)pyridine-2-carboxylic acid; and clomazone	US2014003121 0A1	2012	US	YERKES CARLA N; MANN RICHARD K; DOW AGROSCIENCES LLC	DOW AGROSCIENCES LLC, INDIANAPOLIS, IN, US	YERKES, CARLA N; MANN, RICHARD K	2013-07-08
21	Herbicidal composition used to control undesirable vegetation in rice, cereals, wheat and barley, includes 4-amino-3-chloro-6-(4-chloro-2-fluoro-3-methoxyphenyl)-5-fluoro-pyridine-2-carboxylic acid and protoporphyrinogen oxidase inhibitor	US2014003122 0A1	2012	US	DOW AGROSCIENCES LLC	DOW AGROSCIENCES LLC, INDIANAPOLIS, IN, US	YERKES, CARLA N; MANN, RICHARD K; SATCHIVI, NORBERT M; SCHMITZER, PAUL R	2013-07-03
22	Herbicidal composition used for controlling undesirable vegetation such as immature, comprises 4-amino-3-chloro-5-fluoro-6-(4-chloro-2-fluoro-3-methoxyphenyl)pyridine-2-carboxylic acid and compound e.g. amidosulfuron and azimsulfuron	US2014003121 8A1	2012	US	MANN RICHARD K; YERKES CARLA N; SATCHIVI NORBERT M; SCHMITZER PAUL R; DOW AGROSCIENCES LLC	DOW AGROSCIENCES LLC, INDIANAPOLIS, IN, US	MANN, RICHARD K; YERKES, CARLA N; SATCHIVI, NORBERT M; SCHMITZER, PAUL R	2013-07-09

（续表）

序号	标题	公开号	最早优先权年	优先权国家	专利权人	受让者	转出者	转让日期
23	Herbicidal composition, used to control undesirable vegetation in e.g. maize, comprises 4-amino-3-chloro-6-(4-chloro-2-fluoro-3-methoxy-phenyl)-5-fluoro-pyridine-2-carboxylic acid, and halosulfuron-methyl, pyrazosulfuron-ethyl or esprocarb	US20140031216A1	2012	US	DOW AGROSCIENCES LLC	DOW AGROSCIENCES LLC, INDIANAPOLIS, IN, US	YERKES, CARLA N; MANN, RICHARD K	2013-07-09
24	Synergistic herbicidal composition, used to control undesirable vegetation in e.g. soybean and cotton, comprises 4-amino-3-chloro-6-(4-chloro-2-fluoro-3-methoxy-phenyl)-5-fluoro-pyridine-2-carboxylic acid, and e.g. atrazine and bentazon	US20140031222A1	2012	US	DOW AGROSCIENCES LLC	DOW AGROSCIENCES LLC, INDIANAPOLIS, IN, US	YERKES, CARLA N; MANN, RICHARD K; SATCHIVI, NORBERT M; SCHMITZER, PAUL M.	2013-07-03
25	Composition used to control immature undesirable vegetation in e.g. cereal, wheat and barley, includes 5-amino-4,4'-dichloro-6,2'-difluoro-3'-methoxy-biphenyl-3-carboxylic acid and dimethoxy-pyrimidine including pyrimidinyloxybenzoic acids	US20140031211A1	2012	US	YERKES CARLA N; MANN RICHARD K; DOW AGROSCIENCES LLC	DOW AGROSCIENCES LLC, INDIANAPOLIS, IN, US	YERKES, CARLA N; MANN, RICHARD K	2013-07-08
26	Herbicidal composition used to control herbicide resistant weed in e.g. rice, comprises 4-amino-3-chloro-6-(4-chloro-2-fluoro-3-methoxy-phenyl)-5-fluoro-pyridine-2-carboxylic acid, and bromobutide, daimuron, oxaziclomefone or pyributicarb	US20140031215A1	2012	US	DOW AGROSCIENCES LLC	DOW AGROSCIENCES LLC, INDIANAPOLIS, IN, US	YERKES, CARLA N; MANN, RICHARD K	2013-07-03

（续表）

序号	标题	公开号	最早优先权年	优先权国家	专利权人	受让者	转出者	转让日期
27	New recombinant DNA construct comprising a male tissue-specific small interfering RNA element, useful for inducing male-sterility in a transgenic plant	US20130007908A1	2011	US	—	MONSANTO TECHNOLOGY LLC,ST. LOUIS, MO, US	HUANG, JINTAI; IVASHUTA, SERGEY; QI, YOULIN; WIGGINS, BARBARA ELIZABETH; ZHANG, YUANJI; WIGGINS, BARBARA E.	2012-09-12; 2015-05-26
28	New isolated Pasteuria strain or its active mutant or variant, used in composition for controlling nematodes preferably Hoplolaimus galeatus and protecting crop e.g. sweet potato, tomatoes and turf grasses from nematode infection	US20120114606A1	2010	US	—	PASTEURIA BIOSCIENCE INC., ALACHUA, FL, US	HEWLETT, THOMAS; SCHMIDT, LIESBETH; GREEN, APRIL; BARMORE, CHARLES S	2011-11-10
29	Determining presence of disease e.g. Crohn's disease, involves measuring levels of expression of transcription products of genes, obtaining values representing deviations, obtaining average of values, and determining target disease	US20110106739A1	2009	JP	SYSMEX CORP	SYSMEX CORPORATION, KOBE-SHI, HYOGO, JP	YOSHIDA, YUICHIRO; KOBAYASHI, MASAKI; OTOMO, YASUHIRO	2010-11-10

（续表）

序号	标题	公开号	最早优先权年	优先权国家	专利权人	受让者	转出者	转让日期
30	*Producing stress-induced photosynthetic organism, useful to isolate altered bioactive fraction (useful to protect skin from UV damage), comprises cultivating photosynthetic organism e.g. Macrocystis laevis under stress-inducing condition*	US20110110872A1	2009	US	INTEGRATED BOTAN TECHNOLOGIES LLC	ISP INVESTMENTS INC, WILMINGTON, DE, US; AKZO NOBEL SURFACE CHEMISTRY LLC, CHICAGO, IL, US; INTEGRATED BOTANICAL TECHNOLOGIES LLC, OSSINING, NY, US	AKZO NOBEL SURFACE CHEMISTRY LLC; AKZO NOBEL CHEMICALS INTERNATIONA B.V.; INTEGRATED BOTANICAL TECHNOLOGIES, LLC; KOGANOV, MICHAEL; DUEVA-KOGANOV, OLGA; RECHT, PAUL; DUEV, ARTYOM	2015-09-16; 2011-12-19; 2010-11-23
31	*Composition, useful for controlling phytopathogenic fungi and/or animal pests in crop protection, comprises dithiino-tetracarboximide compound and active compound e.g. acetylcholinesterase inhibitors and chloride channel activators*	US20110118115A1	2009	EP|US	BAYER CROPSCIENCE AG	BAYER INTELLECTUAL PROPERTY GMBH, MONHEIM, DE; BAYER CROPSCIENCE AG, MONHEIM, DE	BAYER CROPSCIENCE AG; SEITZ, THOMAS; WACHENDORFF-NEUMANN, ULRIKE; HUNGENBERG, HEIKE; DAHMEN, PETER	2013-08-08; 2013-04-10

（续表）

序号	标题	公开号	最早优先权年	优先权国家	专利权人	受让者	转出者	转让日期
32	*New thermophilic and thermoacidophilic metabolism gene, useful for modulating or altering metabolism and for producing chemicals in industrial processes*	US20090269827A1	2008	US	BATTELLE ENERGY ALLIANCE LLC	ENERGY UNITED STATES DEPARTMENT OF, WASHINGTON, DC, US; BATTELLE ENERGY ALLIANCE LLC, IDAHO FALLS, ID, US	BATTELLE ENERGY ALLIANCE, LLC; THOMPSON, VICKI S; APEL, WILLIAM A; REED, DAVID W; LEE, BRADY D; THOMPSON, DAVID N; ROBERTO, FRANCISCO F; LACEY, JEFFREY A	2010-12-13; 2009-06-17
33	*Estimating the binding affinity of a chemical having at least one heavy element to a receptor, by establishing a baseline X-ray fluorescence signal, exposing the receptor to the chemical, and measuring the X-ray fluorescence signals*	US20080220441A1	2001	US	—	ICAGEN INC., DURHAM, NC, US; XRPRO SCIENCES INC, LOS ALAMOS, NM, US; CALDERA PHARMACEUTICALS INC, LOS ALAMOS, NM, US; US DEPARTMENT OF ENERGY, WASHINGTON, DC, US; THE REGENTS OF THE UNIVERSITY OF CALIFORNIA, OAKLAND, CA, US	XRPRO SCIENCES, INC.; CALDERA PHARMACEUTICALS, INC; LOS ALAMOS NATIONAL SECURITY, LLC; LOS ALAMOS NATIONAL SECURITY; WARNER, BENJAMIN P; HAVRILLA, GEORGE J; MILLER, THOMASIN C WELLS, CYNDIA	2016-01-28; 2015-04-09; 2014-10-16; 2008-10-08; 2016-02-25

（续表）

序号	标题	公开号	最早优先权年	优先权国家	专利权人	受让者	转出者	转让日期
34	Improving nitrogen use efficiency; modulating vegetative growth, seedling vigor and/or plant biomass comprises introducing a nucleic acid into a plant cell	US20070169219A1	2006	US	CERES INC	CERES INC., THOUSAND OAKS, CA, US	NADZAN, GREG; SCHNEEBERGER, RICHARD; FELDMANN, KENNETH	2007-03-28
35	New nucleic acid molecule encoding Leads 15, 28, 29, 36, ME04012, or Clone 691319, useful for developing plants with modulated size, architecture, seedling vigor, growth rate, fruit and seed yield, and/or biomass	US20070006346A1	2004	US	CERES INC	CERES INC., THOUSAND OAKS, CA, US	ALEXANDROV, NICKOLAI; BROVER, VYACHESLAV; MASCIA, PETER; FELDMANN, KENNETH; CHRISTENSEN, CORY; NADZAN, GREG	2006-05-21
36	Composition of biomarkers comprising proteolytic enzyme biomarkers e.g., chromopeptidase, aminopeptidase, useful in detecting and diagnosing neural injury and/or neuronal disorders	US20050260697A1	2004	US	UNIV FLORIDA	UNIVERSITY OF FLORIDA RESEARCH FOUNDATION INC., GAINESVILLE, FL, US; BANYAN BIOMARKERS, ALACHUA, FL, US; US GOVERNMENT-SECRETARY OF THE ARMY, FORT DETRICK, MD, US	WANG, KEVIN KA-WANG; HAYES, RONALD; LIU, MING CHEN; OLI, MONIKA; UNIVERSITY OF FLORIDA	2006-08-10; 2005-11-16; 2006-07-25

（续表）

序号	标题	公开号	最早优先权年	优先权国家	专利权人	受让者	转出者	转让日期
37	Treating autoimmune disorder or hyperproliferative disorder, involves administering composition comprising benzodiazepine derivatives or its stereoisomer, salt, hydrate or prodrug, to subject	US20050272723A1	2004	US	UNIV MICHIGAN	NATIONAL INSTITUTES OF HEALTH (NIH) U.S. DEPT. OF HEALTH AND HUMAN SERVICES (DHHS) U.S. GOVERNMENT, BETHESDA, MD, US; REGENTS OF THE UNIVERSITY OF MICHIGAN THE, ANN ARBOR, MI, US	UNIVERSITY OF MICHIGAN; GLICK, GARY D.	2009-09-14; 2005-08-17
38	Controlling electrodeposition of entity, e.g. proteins, for making devices such as biosensor comprises solution/suspension of entity between two electrodes at predetermined concentration and applying predetermined potential	US20050109622A1	2003	US	—	THE TRUSTEES OF PRINCETON UNIVERSITY, PRINCETON, NJ, US	PEUMANS, PETER; FORREST, STEPHEN R.	2005-01-31

（续表）

序号	标题	公开号	最早优先权年	优先权国家	专利权人	受让者	转出者	转让日期
39	Solid state photosensitive device useful in e.g. photovoltaic device for trapping and converting incident light to electrical energy comprises isolated light harvesting complex between two superimposed electrodes	US2005009726A1	2003	US	—	UNITED STATES AIR FORCE, ARLINGTON, VA, US; TRUSTEES OF PRINCETON UNIVERSITY THE, PRINCETON, NJ, US	PRINCETON UNIVERSITY; PEUMANS, PETER; FORREST, STEPHEN R.	2009-11-16; 2005-01-31
40	Herbicide composition useful for controlling plant growth comprises photosynthetic photosystem II inhibitor and salicylate or systemic acquired resistance inducer	US2004116293A1	2002	US	—	VALENT BIOSCIENCES CORPORATION, LIBERTYVILLE, IL, US	SILVERMAN, F. PAUL; PETRACEK, PETER D; HEIMAN, DANIEL F; WARRIOR, PREM|JU, ZHIGUO	2003-12-12
41	Novel fusion protein comprising an adenosine triphosphate generating thermostable sulfurylase polypeptide bound to luciferase polypeptide and at least one affinity tag, useful for sequencing nucleic acid	US2003011747A1	2001	US|US|US	—	454 LIFE SCIENCES CORPORATION, BRANFORD, CT, US; 454 CORPORATION, BRANFORD, CT, US	454 CORPORATION; SRINIVASAN, MAITHREYAN; REIFLER, MICHAEL	2011-03-07; 2002-09-03

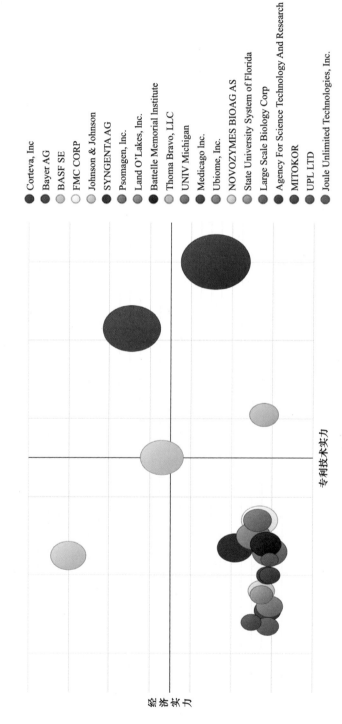

图 2.29 五分之三局专利后续引用专利的专利权人技术和经济实力对比分析

表 2.17 五分之三局专利中被引次数 ≥ 10 次的专利

序号	专利家族	标题	发明人	被引次数（次）
1	US2012114606-A1; WO2012064527-A1; AU2011326652-A1; EP2638144-A1; JP2014500715-W; MX2013005192-A1; IN201304236-P1	New isolated Pasteuria strain or its active mutant or variant, used in composition for controlling nematodes preferably Hoplolaimus galeatus and protecting crop e.g. sweet potato, tomatoes and turf grasses from nematode infection	HEWLETT T E; SCHMIDT L M; GREEN A; BARMORE C S; HEWLETT T; SCHMIDT L; BARMORE C	34
2	WO2011112570-A1; US2011296556-A1; AU2011224570-A1; CA2790211-A1; MX2012010479-A1; EP2545182-A1; KR20130108886-A; US2013047297-A1; CN102822350-A; VN32311-A; JP2013521777-W; ZA201206683-A; HK1177230-A0; PH12012501746-A1; SG183407-A1; US2014018241-A1; US2014057789-A1; AU2011224570-B2; NZ601784-A; AU2014262189-A1; IL221709-A; CN102822350-B; US9121022-B2; IN201207101-P1; NZ627060-A	Regulating target endogenous gene expression in growing plants/plant organs involves topically coating onto plants/organs, a composition comprising polynucleotide having sequence of specific contiguous nucleotides, and transferring agent	SAMMONS R D; IVASHUTA S I; LIU H; WANG D; FENG P C C; KOURANOV A Y; ANDERSEN S E; IVASHUTA S; KOURANOV A; SAMMONS R; FENG P; ANDERSEN S; PAUL C C F	33
3	WO2010039889-A2; WO2010039889-A3; EP2356242-A2; US2011223671-A1; CN102224245-A; JP2012504390-W; IN201102488-P4	Deleting a gene or a portion in the genome of a filamentous fungal cell comprises introducing into the cell a nucleic acid construct, and selecting and isolating cells having a dominant positively or negatively selectable phenotype	SHASKY J; YODER W	32
4	WO2009158658-A2; WO2009158658-A3; AU2009261966-A1; EP2294179-A2; MX2010013917-A1; CN102076842-A; US2011159595-A1; IN201008867-P1; NZ589879-A; EP2664668-A1; EP2294179-B1; IL209814-A; MX319042-B; ES2475973-T3; US8969066-B2; US2015132829-A1; AU2009261966-B2; AU2015203662-A1; IL231312-A1	Flocculating a non-vascular photosynthetic organism, comprises expressing an exogenous nucleic acid encoding a first flocculation moiety, and contacting the organism with a second flocculation moiety	BEHNKE C; LEE P; MENDEZ M; POON Y; PAN Y; LEE R; MENDES M	32

（续表）

序号	专利家族	标题	发明人	被引次数（次）
5	WO2009141367-A2; TW201002206-A; WO2009141367-A3; AU2009248755-A1; IN201004092-P2; MX2010011981-A1; CA2723310-A1; US20111065579-A1; EP2315525-A2; CN102036563-A; JP20111520939-W; MX297999-B; SG165966-A1; SG191594-A1; JP5635977-B2; CN102036563-B; AU2009248755-B2; ZA201009061-A; BR200913114-A2	Composition for controlling undesirable vegetation comprises herbicides selected from glyphosate and glufosinate, and 3-(5-(difluoromethoxy)-1-methyl-3-(trifluoromethyl)pyrazol-4-ylmethylsulfonyl)-4,5-dihydro-5,5-dimethyl-1,2-oxazole	EVANS R R; MOBERG W K; SIEVERNICH B; SIMON A; WALTER H; MOBERG W; EVANS R; SIMMON A	32
6	WO2009111672-A1; US2009275097-A1; EP2262901-A1; CA2717586-A1; JP2011512848-W; US7977084-B2; ZA201007065-A; US2012040426-A1; JP2014100147-A; JP5755884-B2; US9260729-B2	New non-naturally occurring microbial organism, comprises a microbial organism having a malonyl-coenzyme A-independent fatty acid synthesis pathway and an acyl-reduction pathway, useful for producing a primary alcohol	BURGARD A P; PHARKYA P; SUN J; BURGARD A; SUN; PRITI P; ANTHONY	24
7	WO2009105044-A1; AU2009215934-A1; EP2254586-A1; KR2010122087-A; US2011003008-A1; JP2011513217-W; CN102014934-A; AU2009215934-B2; SG163990-A1; SG163990-B; AU2014200380-A1; AU2009215934-C1; CN102014934-B; CN104127438-A; EP2254586-B1; JP5718648-B2; ES2537516-T3; US2015190430-A1	New particle secreted by a mesenchymal stem cell and comprises a biological property of a mesenchymal stem cell, useful for treating diseases, e.g. cardiac failure, Alzheimer's disease, cancer, or myocardial infarction	LIM S K; SAI KIANG R; LIM S	22
8	WO2009062190-A2; US2009203070-A1; WO2009062190-A3; AU2008323673-A1; CA2704227-A1; EP2217695-A2; US7785861-B2; MX2010005061-A1; JP2011516029-W; US2011124073-A1; EP2327769-A1; AU2008323673-B2; AU2012203334-A1; AU2008323673-B8; EP2327769-B1; EP2615164-A1; ES2413482-T3; US2013273613-A1; JP2014087360-A; MX318477-B	New engineered photosynthetic cell comprises at least one engineered nucleic acid, e.g. light capture nucleic acid, useful for producing carbon-based products of interest, e.g. biodiesel, biocrude, renewable petroleum, and pharmaceuticals	AFEYAN N; BERRY D; DEVROE E; GREEN B; KOSURI S; RIDLEY C; ROBERTSON D; SKRALY F; AFEYAN N B; BERRY D A; DEVROE E J; RIDLEY C P; ROBERTSON D E; SKRALY F A	22

（续表）

序号	专利家族	标题	发明人	被引次数（次）
9	WO2009037279-A1; AU2008300579-A1; EP2193201-A1; CA2701871-A1; DE112008002435-T5; MX2010002931-A1; IN201002113-P4; CN101861393-A; US2011277179-A1; CN101861393-B; US8664475-B2; CN103695459-A; US2014223605-A1; AU2008300579-B2	Producing a transgenic plant cell, a plant or a part with increased yield, especially enhanced nitrogen use efficiency (NUE) and/or increased biomass production by increasing activities of 60S ribosomal protein	BLAESING O; PUZIO P; RITTE G; SCHOEN H; THIMM O; SCHON H; BLASING O; RITTER G; BLIS O; SCHINH	21
10	WO2008150473-A2; US2009011936-A1; WO2008150473-A3; CA2688682-A1; EP2164320-A2; IN2009085577-P1; CN101999898-A; US8097774-B2; US2012083413-A1; BR200812785-A2	Plant cell useful for producing a plant e.g. soybean having improved herbicide tolerance comprises a nucleic acid construct comprising a specific polynucleotide sequence encoding a specific cytochrome or its variant linked to a promoter	HAWKES T R; VERNOOIJ B T; VERNOOIJ B T M; HAWKES T; VERNOOIJ B	20
11	US2008220441-A1; WO2008127291-A2; WO2008127291-A3; EP2084519-A2; JP2010509566-W; EP2084519-B1; EP2511844-A2; JP2012230109-A; JP5143841-B2; EP2511844-A3; HK1177280-A0; JP2014221047-A; EP2511844-B1	Estimating the binding affinity of a chemical having at least one heavy element to a receptor, by establishing a baseline X-ray fluorescence signal, exposing the receptor to the chemical, and measuring the X-ray fluorescence signals	BIRNBAUM E R; KOPPISCH A T; BALDWIN S M; WARNER B P; MCCLESKEY T M; STEWART J J; BERGER J A; HARRIS M N; BURRELL A K; MCCLESKEY M T; BALDWIN S; BERGER J; BIRNBAUM E; BURRELL A; HARRIS M; KOPPISCH A; MCCLESKEY M; STEWART J; WARNER B; EVA; ANDREW; SHARON; BENJAMIN; MARK M T; JENNIFER; JEFFREY; MICHAEL; ANTHONY	19

（续表）

序号	专利家族	标题	发明人	被引次数（次）
12	WO2007142347-A1; JP2008014937-A; EP2028492-A1; IN200804933-P2; US2009191575-A1; EP2180320-A1	*Novel marker comprising protein such as 6-phosphogluconolactonase, calumenin, chaperonin, fibrinogen gamma, human leukocyte antigen C, RAS oncogene family or Rhodanese, useful for identifying colorectal cancer disease*	WATANABE M; NISHIMURA O; MATSUBARA T; TAKEMASA I; MONDEN M; NAGAI K; MATSUURA N; NISHIMURA T; KADOTA M	19
13	WO2008020815-A1; EP2054506-A1; KR2009043559-A; IN200900861-P4; AU2007285057-A1; JP2010500047-W; US2010323027-A1; AU2007285057-B2; SG150175-A1; SG150175-B; US8815588-B2; US9029146-B2	*Preparing conditioned cell culture medium comprises culturing mesenchymal stem cell in a cell culture medium*	LIM S K; LYE E	18
14	WO2007120706-A2; WO2007120706-A3; EP2003972-A2; IN200807403-P1; AU2007238732-A1; KR2009024120-A; CN101420852-A; CA2646143-A1; MX2008012995-A1; JP2009533448-W; ZA200807313-A; US2010285959-A1; BR200709505-A2; IL193767-A	*Mixture, useful to control weeds e.g. redroot pigweed in e.g. corn and wheat fields, comprises herbicidal pyrimidine compounds; and additional herbicide or herbicide safener compounds e.g. photosystem-II inhibitors and auxin mimics*	ARMEL G R; CASINI M S; COTTERMAN J C; HIDALGO E; LINK M L; RARDON P L; SAUNDERS D W; STRACHAN S D; ARMEL G; CASINI M; LLOYD L	16
15	WO2007047016-A2; US2007199095-A1; US2007300329-A1; WO2007047016-A3; EP1934354-A2; AU2006302969-A1; MX2008004873-A1; CA2625031-A1; CN101466837-A; US2009235388-A1; IN200801852-P4; MX287419-B; AU2006302969-B2; BR200617224-A2; US8314290-B2; US8334430-B2; AR93045-A2; US9192112-B2; US201603230-A1	*Producing a non-natural hybrid seed for use in conferring inducible sterility on a crop plant by crossing the first parent plant with a second parent plant under conditions where sterility has been induced in the first parent plant*	ALLEN E; GILBERTSON L A; HOUMARD N M; HUANG S; IVASHUTA S I; ROBERTS J K; IVASHUTA S; HEISEL S E; KRIEGER E K; LUTKE J L; MEISTER R J; ZHANG Y; GILBERTSON L; HOUMARD N; ROBERTS J; ALLEN E M	14

（续表）

序号	专利家族	标题	发明人	被引次数（次）
16	WO200609704-A1; US2006252071-A1; AU2006224971-A1; EP1859050-A1; IN2007002875-P2; JP2008518639-W; CN101137760-A; TW200700558-A; AU2006224971-B2; US7645576-B2; US2010311046-A1; CN101137760-B; HK1114127-A1; EP1859050-B1; TW367259-B1; ES2398233-T3; JP5219516-B2; CA2601221-C	Detecting chromosomal disorder in fetus of pregnant woman by detecting increase or decrease in ratio of RNA transcribed from genetic locus from chromosome of concern in RNA-containing sample of pregnant woman, compared to standard	LO Y D; CHIU R W K; TSUI B Y; DING C; CANTOR C; LO Y M D; DING C T U O H K; CHIU W; LO Y; TSUI B; LU Y; ZHAO H; CHIU W K	14
17	WO2006020269-A2; AU2005274788-A1; EP1797425-A2; JP2008506415-W; CN101137903-A; WO2006020269-A3	Use of biomarkers for neurodegenerative disease for, e.g. diagnosing neurodegenerative disease, screening therapeutic agent for treating neurodegenerative disease, or monitoring neurodegenerative disease progression	COLEMAN P D; FEDEROFF H J; MAGUIRE-ZEISS K; MHYRE T R; KURLAN R M; COX C; MARSHALL F; COLEMAN P; FEDEROFF H; MHYRE T; KURLAN R; MAGUIRE ZEISS K	14
18	US2005272723-A1; WO2006073448-A2; AU2005323519-A1; JP2007534770-W; AU2009243535-A1; EP2216073-A1; WO2006073448-A3	Treating autoimmune disorder or hyperproliferative disorder; involves administering composition comprising benzodiazepine derivatives or its stereoisomer, salt, hydrate or prodrug, to subject	GLICK G D; GLICK G	13
19	US2005260697-A1; WO2005113798-A2; EP1747282-A2; AU2005245785-A1; AU2005245785-A2; JP2007535318-W; WO2005113798-A3; US7456027-B2; AU2005245785-B2; EP1747282-B1; CA2578680-C; JP4885122-B2; ES2367311-T3	Composition of biomarkers comprising proteolytic enzyme biomarkers e.g., chromopeptidase, aminopeptidase, useful in detecting and diagnosing neural injury and/or neuronal disorders	WANG K K; HAYES R; LIU M C; OLI M; LIU M; WANG K	13

（续表）

序号	专利家族	标题	发明人	被引次数（次）
20	US2005098726-A1; WO2006060017-A1; EP1817800-A1; AU2004325239-A1; IN200705037-P1; KR2007103376-A; CN101120458-A; JP2008522428-W; MX2007006651-A1; TW200620682-A; US7592539-B2; CN101120458-B	Solid state photosensitive device useful in e.g. photovoltaic device for trapping and converting incident light to electrical energy comprises isolated light harvesting complex between two superimposed electrodes	PEUMANS P; FORREST S R; FORREST S; FRISTER S R; PETER P	13
21	US2003113747-A1; WO2003054142-A2; AU2002365146-A1; EP1451293-A2; US6902921-B2; US2005124022-A1; JP2005517397-W; AU2002365146-B2; JP2009148300-A; EP2338978-A1; WO2003054142-A3	Novel fusion protein comprising an adenosine triphosphate generating thermostable sulfurylase polypeptide bound to luciferase polypeptide and at least one affinity tag, useful for sequencing nucleic acid	SRINIVASAN M; REIFLER M	13
22	WO2003015703-A2; US2003119029-A1; EP1423122-A2; AU2002332560-A1; MX2004001421-A1; JP2005502652-W; NO2004001058-A; US2005261176-A1; NZ531117-A; AU2002332560-B2; AU2006201605-A1; US7276348-B2; AU2006201605-B2; US7572788-B2; WO2003015703-A3	Regulating cell death or inhibiting proliferation, useful for treating e.g. cancer and autoimmune diseases, comprises exposing target cells having mitochondria to agent that binds oligomycin sensitivity conferring protein	GLICK G D; OPIPARI A W	13
23	WO200120018-A2; AU200075826-A; EP1236044-A2; JP2003520575-W; US7005274-B1; EP1236044-B1; DE60027762-E; US2007021496-A1; WO200120018-A3	Identifying a risk for an arthritic disorder, e.g. osteoarthritis, in a vertebrate subject by comparing the level of at least one indicator of altered mitochondrial function in a biological sample with a control sample	MURPHY A N; DYKENS J A; GHOSH S S; DAVIS R E; GRANSTON A E; TERKELTAUB R; MURPHY A; DYKENS J; GHOSH S; DAVIS R; GRANSTON A; MURPHY N; DYKENS A; DAVIS E; GRANSTON E	13
24	US6140067-A; WO200066762-A2; AU200043619-A; AU200066762-A3; EP1181388-A2; JP2002543422-W; WO200066762-A3	Screening for agents for treating type 2 diabetes comprises determining their effects on indicators of altered mitochondrial function	ANDERSON C M; DAVIS R E	12

（续表）

序号	专利家族	标题	发明人	被引次数（次）
25	WO9936516-A; EP1045899-A; WO9936516-A2; AU9923286-A; EP1045899-A2; KR2001040337-A; JP2002508957-W; AU761367-B; US2003167512-A1; AU2003220702-A1	Determining the function of polynucleotide sequences and their encoded proteins by transfecting them into a host organism	DELLA-CIOPPA G; ERWIN R L; FITZMAURICE W P; HANLEY K M; KUMAGAI M H; LINDBO J A; MCGEE D R; PADGETT H S; POGUE G P; DELLA-CIOPPA G R	12
26	WO9817826-A1; AU9749123-A; US5840493-A; EP939832-A1; KR2000052680-A; JP2001503977-W; AU739959-B	Detecting diabetes mellitus, or susceptibility to it - by detecting mutation(s) in mitochondrial DNA encoding lysine-tRNA or ATP synthase sub-units, used to treat, e.g. late onset of diabetes	DAVIS R E; HERRNSTADT C	11
27	WO9717447-A; WO9717447-A2; WO9717447-A3; EP862632-A2; US6015939-A; JP2000500016-W; US6841719-B1	DNA encoding plant violaxanthin de-epoxidase - used to modify the sensitivity of a plant to light	YAMAMOTO H Y; BUGOS R C; ROCKHOLM D C	11
28	JP7298893-A; US5593856-A; KR131166-B1	Prepn. of protein in cell-free system used for drugs and foods, etc. - comprises culturing cells, crushing, obtaining cell extract and supplying to sepn. membrane type protein synthesis reactor	JUNG G; KIM D; CHOI C; JUNG K	11
29	DE4420782-C; WO9534654-A; EP765393-A; DE4420782-C1; WO9534654-A1; AU9527924-A; EP765393-A1; HU76090-T; JP9512178-W; KR9770403B-A; AU708654-B; US5981219-A; US6225526-B1; HU221178-B1; RU2188866-C2; EP765393-B1; DE59510842-G; CA2192849-C	New DNA encoding a 2-oxoglutarate-malate translocator - and related plasmids and transformed cells, for controlling nitrogen and carbon metabolism in plants, e.g. to increase protein content	FLUEGGE U; WEBER A; FISCHER K; FLUGGE U	10

2.4 小结

从光合膜蛋白基金资助情况来看，国外 NIH 基金和 NSF 基金自 20 世纪 70 年代资助光合膜蛋白研究项目，随后 NIH 基金每隔 5 年左右会出现数量较多的资助项目，但总体资助数量和资助经费呈现下降趋势。NSF 基金资助项目数量在 1988—2000 年较多，近年来较少；资助经费在 1988—2004 年呈现增长趋势，随后呈下降趋势。DOE 基金资助数量一直较少，2018—2020 年资助数量和资助经费有明显提升。受资助较多的机构包括耶鲁大学、约翰霍普金斯大学、斯坦福大学、亚利桑那州立大学、密歇根大学摄政学院、宾夕法尼亚州立大学和普渡大学。在国内，NSFC 基金 1987 年资助光合膜蛋白方面的研究，2002—2015 年资助项目数量呈现增长趋势，近年来资助数量和资助经费呈下降趋势，但单项经费增多，说明近年来 NSFC 基金资助光合膜蛋白研究更为聚焦。

从文献计量来看光合膜蛋白研究的全球发展态势，发现 2015—2020 年光合膜蛋白研究的文献数量总体呈现上升趋势，主要分布在植物科学、生物化学与分子生物学、生物物理学等学科领域。中国文献数量已超越美国位居全球第一。从研究机构来看，中国科学院发文量列第一位，其次为俄罗斯科学院。研究成果主要发表在 *Photosynthesis Research*、*Frontiers in Plant Science*、*Biochimica et Biophysica Acta-bioenergetics* 等期刊上。该领域研究热点关键词包括光合作用、光系统 II、叶绿素荧光、线粒体等。综合来看，中国在光合膜蛋白研究中已占据领先地位，应继续保持优势。

从专利计量来看光合膜蛋白研究的全球发展态势，发现专利申请数量自 1973 年后总体呈递增趋势，1997 年之后专利数量明显增多，最突出的为 2013 年及 2015 年。美国是最主要的原创国家，其次是加拿大，中国排名第三位。三方专利的最早优先权国家主要为美国、加拿大和韩国。中国申请专利多为本国专利，目前尚没有三方专利。从研发机构的竞争力来看，该领域国外机构申请专利最多的为先正达公司、陶氏化学公司和巴斯夫股份公司。从研发机构的经济实力和技术实力来看，德国拜耳公司经济实力和技术实力都比较强，美国科迪华公司等研发实力雄厚，但是经济实力偏弱，可能成为潜在的技术转移输出企业，而美国强生公司经济实力比较雄厚，但是技术实力并不是特别突出，可能成为潜在的技术转移输入企业。该领域专利较多涉及组分、植物、蛋白质和用途。从专利转让情况来看，41 项发生过转让的专利均在美国进行转让，可见美国是该领域比较活跃、竞争比较激烈的市场。综合来看，中国虽然在该领域的论文数量已超越美国，但是在知识产权布局和申请保护方面，与美国尚有较大差距，建议中国在光合膜蛋白研究领域加强知识产权保护。

致谢　中国科学院植物研究所沈建仁研究员对本章提出了宝贵的意见和建议，谨致谢忱。

执笔人：中国科学院文献情报中心

邹丽雪、刘艳丽、牛晓蓉

第3章
CHAPTER 3

细胞可塑性调控与细胞工程应用

　　细胞是生命的基本结构和功能单元。细胞一旦产生，就面临分裂、增殖、分化、衰老和死亡等命运[1]。细胞可塑性包括细胞命运的决定、转变和重塑，贯穿于多细胞生物体的生理和病理过程。狭义的细胞可塑性指细胞转变成不同（表型）状态的能力（The Ability to Reversibly Assume Different Cellular Phenotypes）[2]。广义的细胞可塑性包括细胞"生、老、病、死"命运的决定、转变和重塑。细胞可塑性受到细胞内在遗传因素和外部环境因素的调控，在发育、伤口修复、癌症转移等领域发挥重要作用。例如，在癌症领域，上皮-间质转化（EMT）是细胞可塑性的表现形式之一。

　　细胞工程是指在细胞水平上，基于现代细胞生物学、发育生物学、遗传学和分子生物学的理论和方法所进行的遗传操作，以改变生物的结构和功能，通过细胞融合、核质移植、染色体或基因移植，以及组织和细胞培养等方法，快速繁殖和培养出人们所需要的新物种，具体包括细胞培养、细胞融合、细胞拆合、染色体操作、基因编辑等技术。

　　细胞可塑性调控与细胞工程旨在探索并揭示细胞分裂、增殖、分化、衰老和死亡等命运过程，并围绕相关的遗传、表观遗传、环境刺激等调控机制，重点关注肿瘤细胞、干细胞和免疫细胞等的可塑性调控。细胞可塑性调控在人口健康、工业、农业等领域具有重要的应用前景，尤其是人口健康领域，其参与恶性肿瘤、免疫性疾病、遗传性疾病、代谢疾病的发生与发展，由此产生的研究成果可以转化成先进疗法等产品，推动相关产业的发展。

　　本章通过情报调研，重点聚焦人口健康领域，总结分析细胞可塑性调控与细胞工程领域在基础研究、技术开发、临床转化与产业发展等方面的国内外态势。

---

[1] 中国科学院前沿科学与教育局.中科院战略性先导科技专项（B类）"细胞命运可塑性的分子基础与调控"[J]. 中国科学院院刊，2016，31：176-178.

[2] CARTER L E,COOK D P, Vanderhyden BC. Chapter 33 - Phenotypic Plasticity and the Origins and Progression of Ovarian Cancer[M]. 3rd ed. The Ovary Academic Press, 2019:529-545.

3.1 从科技规划看细胞可塑性调控与细胞工程应用的战略布局

本节整理了美国、欧盟、英国、法国和日本等主要国家/地区，以及我国在细胞可塑性调控与细胞工程应用领域的战略规划、资助项目、机构与平台建设、监管政策等，并归纳了国内外该领域的布局重点。

3.1.1 主要国家/地区战略规划

1. 美国

2016 年 12 月，美国时任总统奥巴马签署《21 世纪治愈法案》（*21st Century Cures Act*），旨在促进并加速重大疾病的预防和治疗研究，以及相关药物与医疗器械开发[1]。该法案授权美国食品药品监督管理局（Food and Drug Administration，FDA）推动再生医学先进疗法（包括细胞疗法、治疗性组织工程产品、人类细胞和组织产品）的评审，还要求美国国立卫生研究院（National Institutes of Health，NIH）加强再生医学、先进疗法等领域的研究和资助，并培养该领域的研究人才，支持高风险、高回报的创新研究[2]。

2. 欧盟

欧盟委员会长期关注"先进技术治疗医学产品"（Advanced Therapy Medicinal Products，ATMP，即一类能够为疾病带来革命性治疗方案，或为患者与产业带来巨大前景的创新产品，包括基因治疗药物、体细胞治疗药物和组织工程药物）的研究，以应对难以治愈的复杂疾病和越来越严峻的老龄化问题，降低欧盟社会的治疗费用和疾病负担。欧盟委员会支持 ATMP 从实验室研究到产品交付的整个创新链研究（见图 3.1），其中涉及基于诱导多能干细胞（induced Pluripotent Stem Cell，iPSC）的创新药物、基因转移、干细胞分化与增殖、再生医学的临床研究、基因调控工具和技术等研究内容，细胞可塑性调控与细胞工程应用贯穿整个创新链。

欧盟委员会和欧洲制药工业协会在其"创新药物计划"（Innovative Medicines Initiative，IMI）的 2020 年工作计划中提出 9 个发展领域及 18 个研究主题，"肿瘤可塑性"成为 18 个研究主题之一。此外，"地平线 2020"计划和"地平线欧洲"计划等科技资助计划，以及各类基金组织，也针对 ATMP 研发支持多项细胞可塑性研究。

---

[1] BETTY L G. 21st Century Cures Act—A Summary[EB/OL]. [2018-11-20]. https://www.himss.org/resources/21st-century-cures-act-summary.

[2] 114th Congress. H.R.34 - 21st Century Cures Act[EB/OL]. [2016-12-13]. https://www.congress.gov/bill/114th-congress/house-bill/34.

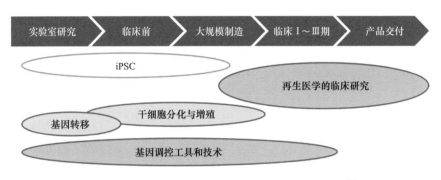

图 3.1 欧盟"先进技术治疗医学产品"的重点布局 [1]

3. 英国

英国在细胞和基因疗法的商业化开发、生产方面处于全球领先地位，近 1/3 的欧洲 ATMP 研发公司的总部位于英国。细胞可塑性与细胞工程的研究内容和技术开发贯穿英国生物科技规划的各个领域。英国创新局（Innovate UK）于 2018 年 10 月发布指导文件《细胞和基因疗法：英国的新疗法开发》（*Cell and Gene Therapy: Develop New Treatments in the UK*）[2]，为支持细胞和基因疗法的项目计划、平台设施、产业扶持、标准制定等提出建议。英国国家医疗服务体系（National Health Service，NHS）计划每年投资 10 亿英镑支持研究机构和合同研究组织（Contract Research Organization，CRO）开展细胞和基因疗法的研发工作。此外，NHS 还创建了两类技术与创新平台：通过英国再生医学平台弥补科学发现与临床应用的差距，向研究团体提供新型工具、标准和工程化方案；通过细胞和基因治疗发射器（The Cell and Gene Therapy Catapult）提供全产业链的知识系统。

英国生物技术与生物科学研究理事会（Biotechnology and Biological Sciences Research Council，BBSRC）于 2019 年 6 月发布生物科技领域的实施计划（Delivery Plan 2019），围绕"推进生物科学前沿发展、应对战略挑战和夯实基础"的主题制订详细的行动计划。在前沿研究方面，关注从 DNA 结构变化到细胞分裂复制的"生命规律"，解读从单细胞到复杂组织等不同水平的表观遗传机制；在变革性技术方面，支持开发分子、细胞、器官等层面的测量工具和评估参数，推动学科融合与集成，挖掘生物数据多样性，开发算法和预测模型，提高非侵入性分析测量技术的灵敏度、速度和分辨率。

4. 日本

2013 年起，日本政府出台了一系列法律法规，旨在建立更加高效的转化通道，

---

[1] European Commission. Activities and initiatives in advanced therapies[EB/OL]. [2018-09-28]. https://ec.europa.eu/health/sites/health/files/non_communicable_diseases/docs/ev_20180928_co01_en.pdf.

[2] Department for International Trade, Life Sciences Organisation. Cell and gene therapy: develop new treatments in the UK[EB/OL]. [2018-10-18]. https://www.gov.uk/government/publications/cell-and-gene-therapy-develop-new-treatments-in-the-uk/cell-and-gene-therapy-develop-new-treatments-in-the-uk.

促进细胞技术的转化和临床应用，以保证日本在干细胞和再生医学领域的研究优势。2014 年，日本出台《再生医学促进法》（*Act on the Safety of Regenerative Medicine*，ASRM），允许医院和诊所在无须证明药物有效性的情况下销售细胞疗法。2016 年，厚生劳动省在诱导多能干细胞的应用研究方面提供了共计 250 亿日元的研究资助，甚至超过日本宇宙航空研究的资助力度。

此外，日本政府还设立了"先端医疗开发特区"，为医疗企业与医疗研究机构提供便捷通道。日本国立研究机构和大学可在日本政府的指导下从事目标导向的先端医疗研究。通过该渠道诱导多能干细胞的研究成果可以从研究理念快速转化为临床应用。

5. 中国

《国家创新驱动发展战略纲要》中提出需重视干细胞等技术的发展。《"十三五"国家科技创新规划》要求发展先进高效生物技术，开展细胞治疗、干细胞与再生医学等关键技术研究，发展引领产业变革的颠覆性技术，构建具有国际竞争力的医药生物技术产业体系[1]。

3.1.2 主要国家 / 地区项目资助

1. 美国

根据《21 世纪治愈法案》的要求，NIH 开展了多个计划与项目，如"再生医学创新计划"（Regenerative Medicine Innovation Project）和"癌症登月计划"（Cancer Moonshot）两大计划均包含细胞可塑性与细胞工程的相关内容。"再生医学创新计划"与 FDA 合作，计划总投资 3000 万美元以促进成体干细胞的临床研究和再生医学的发展，截至 2020 年年底已资助了 19 个项目，资助金额已达到 1200 万美元[2]。美国"癌症登月计划"的目标是加速癌症的研发和治疗工作，其前沿领域之一是研发癌症免疫细胞疗法[3]，旨在揭示癌症耐药性机制，包括肿瘤细胞的可塑性[4]，进而建立 Moonshot 耐药性和敏感性网络（Drug Resistance and Sensitivity Network，DRSN），研究肿瘤耐药性机制或利用肿瘤对抗癌药敏感的机制，开发创新策略和新疗法。2020 年，DRSN 资助项目的领域包括：研究肿瘤细胞 / 肿瘤微环境异质性（药物诱导等），

[1] 国务院 . 国务院关于印发"十三五"国家科技创新规划的通知 [EB/OL]. [2016-07-28]. http://www.gov.cn/zhengce/content/2016-08/08/content_5098072.htm.

[2] National Institutes of Health. NIH Regenerative Medicine Innovation Project[EB/OL]. [2017-12-06]. https://www.nih.gov/rmi.

[3] Joe Biden. Inspiring a New Generation to Defy the Bounds of Innovation: A Moonshot to Cure Cancer[EB/OL].[2016-01-24]. https://medium.com/@VPOTUS/inspiring-a-new-generation-to-defy-the-bounds-of-innovation-a-moonshot-to-cure-cancer-fbdf71d01c2e#.epva7cfyr.

[4] National Cancer Institute. Cancer Drug Resistance: Unraveling Its Complexity[EB/OL]. [2020-08-31]. https://www.cancer.gov/research/annual-plan/scientific-topics/drug-resistance#targeting-cancer-cell-plasticity.

以及癌症干细胞 / 基质可塑性 [1]；建立免疫肿瘤转化研究网络（Immuno-Oncology Translational Network，IOTN），资助开发癌症免疫细胞疗法，如工程化 T 细胞疗法等 [2]；建立儿科免疫疗法网络，针对儿童肿瘤开发免疫细胞疗法 [3]。

NIH 还通过其他方式资助细胞可塑性和细胞命运的研究，如通过"促进血液学研究的新尝试"（Stimulating Hematology Investigation: New Endeavors，SHINE）资助造血干细胞的命运调控决定因素研究（Regulatory Determinants of Hematopoietic Stem Cell Fate）；通过"胚胎发育的生物物理和生物机械"项目资助细胞命运的物理和机械作用力研究 [4]；通过"分析工具开发推进基础神经生物迈向转化"（Advancing Basic Neurobiology toward Translation through Assay Development）资助神经细胞命运特异性（Cell Fate Specification）和染色质重塑等表型研究 [5]；通过"系统鉴定基因组功能和表型的基因组学变异"（Systematic Characterization of Genomic Variation on Genome Function and Phenotype）项目资助特定细胞类型、细胞命运与状态的研究 [6]。

美国国家科学基金会（National Science Foundation，NSF）也资助了相关研究项目。例如，"转录组的变异方差和表型可塑性的起源"（Mutational Variance of the Transcriptome and the Origins of Phenotypic Plasticity）项目的资助金额为 106.4 万美元，项目执行时间为 2016—2021 年，主要研究内容是：确定基因突变的发生频率，以及基因水平对环境反应而产生的改变，相关变化是否对可观察到的细胞性状产生影响 [7]。

2. 欧盟

欧盟"地平线 2020"计划长期支持欧盟成员国的科技前沿研究，近年来公布了多个项目招标指南，以促进细胞可塑性与细胞工程的科学研究。例如，2018 年公布的"建立人类细胞图谱的基础试点"（Pilot Actions to Build the Foundations of a Human Cell Atlas）专项，基于跨学科技术 / 生物学平台整合分子、细胞、生化等数据集，表

[1] National Cancer Institute. Revision Applications for Mechanisms of Cancer Drug Resistance (R01 Clinical Trial Not Allowed)[EB/OL]. [2020-05-29]. https://grants.nih.gov/grants/guide/rfa-files/RFA-CA-19-049.html.

[2] National Cancer Institute. Create an Adult Immunotherapy Network[EB/OL]. [2020-08-03]. https://www.cancer.gov/research/key-initiatives/moonshot-cancer-initiative/implementation/adult-immunotherapy-network.

[3] National Cancer Institute. Create a Pediatric Immunotherapy Discovery and Development Network (PI-DDN)[EB/OL]. [2020-0-03]. https://www.cancer.gov/research/key-initiatives/moonshot-cancer-initiative/implementation/pediatric-immunotherapy-network.

[4] National Institute of Health. Notice of Special Interest (NOSI): Biophysical and Biomechanical Aspects of Embryonic Development (R21)[EB/OL]. [2019-11-05]. https://grants.nih.gov/grants/guide/notice-files/NOT-HD-19-038.html.

[5] National Institutes of Health. Advancing Basic Neurobiology Toward Translation Through Assay Development (R01 Clinical Trial Not Allowed)[EB/OL]. [2020-03-10]. https://grants.nih.gov/grants/guide/pa-files/PAR-18-505.html.

[6] National Institutes of Health. Systematic Characterization of Genomic Variation on Genome Function and Phenotype (UM1 Clinical Trial Not Allowed)[EB/OL]. [2020-08-29]. https://grants.nih.gov/grants/guide/rfa-files/RFA-HG-20-043.html.

[7] National Science Foundation. Mutational variance of the transcriptome and the origins of phenotypic plasticity[EB/OL]. [2019-07-01]. https://www.nsf.gov/awardsearch/showAward?AWD_ID=1556645&HistoricalAwards=false.

征单个细胞的关键成分，绘制细胞景观图谱，目前已资助 6 个研究项目；2017 年发布的"面向未来先进疗法的创新平台"（Innovation Platforms for Advanced Therapies of the Future）专项，要求对潜在先进疗法进行基础生物学研究、概念验证、临床应用研究等，目前已资助 6 个研究项目。

在"地平线 2020"计划网站上，通过"细胞命运""细胞可塑性"等关键词可检索到资助研究项目 32 个（表 3.1 列举了 2018 年后资助的 16 个项目），经费总额达6341 万欧元，内容涉及细胞功能和结构的分化机制、疾病状态下的细胞命运调控、各类疾病诊疗产品开发等。目前，欧盟项目关注的主要科学和技术问题包括：细胞分化、衰老、再生的基因组和表观遗传学调控机制，涉及染色质重塑、DNA 甲基化、关键信号通路等；影响细胞命运的物理、化学、生物学调控因素，包括环境刺激、离子化合物、机体代谢、营养干预等；疾病状态下的细胞分化、转化和去分化调控，涉及肿瘤、肥胖、衰老、消化系统疾病等；监测与调控细胞命运的技术方法，涉及高通量测序、细胞实时成像与监测、精准基因编辑等。

表 3.1　2018 年起欧盟"地平线 2020"计划资助的重要项目举例

项目名称	主要研究内容	起止时间	欧盟资助金额（欧元）	协调单位
ImmunoCode：数字化单细胞免疫学，解码细胞相互作用以改善免疫治疗	接种人浆细胞样树突状细胞（pDC）能够诱导转移性癌症患者的肿瘤免疫能力，本项目将基于 pDC 开发抗肿瘤和免疫性疾病的细胞疫苗	2018-11 至 2023-10	1812143	埃因霍温理工大学（荷兰）
MechanoSelfFate：胚胎器官和细胞命运可塑性的力学影响	研究机械外力对于禽类胚胎适应和细胞命运的影响	2020-09 至 2025-08	1995334	巴斯德研究所（法国）
PhenoSwitch：肿瘤微环境中基质细胞及其祖细胞的可塑性 / 分化调节	使用高通量技术追踪肿瘤进展期间造血祖细胞的谱系、分化和确定，进而开发肿瘤预后技术和肿瘤生长抑制策略	2018-04 至 2023-03	1906250	以色列理工学院
EMERGE：内皮异质性的表观遗传和代谢调控	肥胖和衰老过程中的代谢变化及其对内皮功能障碍和器官衰竭的影响	2018-03 至 2023-02	1998750	马克斯普朗克学会（德国）
iPSC2Therapy：基于 iPSC 和巨噬细胞生物学开发针对呼吸道感染的再生疗法	寻找肺泡巨噬细胞与诱导多能干细胞的再生潜力	2020-01 至 2024-12	1499100	汉诺威医学中心（德国）
CoSpaDD：发育和疾病的空间竞争	结合遗传学、实时定量、成像、统计、激光干扰和建模来研究果蝇细胞命运	2018-01 至 2022-12	1489147	巴斯德研究所（法国）
IRONAGE：铁对细胞纤维化和再生的影响	解释游离的铁离子对于小鼠细胞纤维化和再生的影响机制	2018-04 至 2020-05	158121	生物医学基金会（西班牙）

（续表）

项目名称	主要研究内容	起止时间	欧盟资助金额（欧元）	协调单位
TFNup：白血病相关转录因子/核蛋白融合蛋白的分子、结构和功能研究	解释白血病核孔蛋白 Nup98 及其融合蛋白的调控功能	2021-09 至 2023-08	174806	约翰内斯·古腾堡大学（德国）
REPROGRAMIT：通过线粒体重编程控制 T 细胞分化和可塑性	研究线粒体调节的 T 细胞亚群代谢谱、T 细胞转录过程，以及营养物质对 T 细胞分化和可塑性的影响	2019-08 至 2021-07	171460	马克斯普朗克学会（德国）
RepDiff：揭示 DNA 复制和细胞命运决定的新型分子机制	比较分化前后的细胞，从中筛选细胞编程和重编程中的关键蛋白	2020-01 至 2021-12	219312	科比哈夫斯大学（丹麦）
EpiTune：用于改善适应性细胞治疗的 T 细胞表观遗传学调控	解释驱动衰老的表观遗传调控机制，使用基因编辑改善工程细胞	2019-01 至 2023-12	1489725	柏林夏里特大学（德国）
SysOrganoid：研究肠道类器官中细胞命运转换的系统生物学方法	利用小分子驱动和协调肠道类器官的细胞命运变化	2018-10 至 2023-9	2000000	施蒂希特·卡托利克大学（荷兰）
Cell2Cell：细胞异质性对感染和适应的影响	病原体染色体的组织方式对其感染能力的影响	2019-11 至 2023-10	3889769	慕尼黑大学（德国）
OESOPHAGEAL FATE：上皮/间质细胞对于损伤和早期肿瘤发生的交叉响应	以食管为模型，研究控制上皮/间质细胞动态变化的分子调节剂	2019-06 至 2021-05	195454	剑桥大学（英国）
UPGRADE：解锁精准基因疗法	开发更具侵入性的精准基因和表观基因组编辑技术，解析细胞的免疫逃逸途径，开发先进药物产品	2019-01 至 2023-12	14996955	TELETHON 基金会（意大利）
BRITE：阐明棕色脂肪细胞特异性和激活的分子机制	研究脂肪组织的表观遗传异质性，将脂肪重塑过程与染色质状态和细胞命运关联起来	2019-03 至 2024-02	1552620	苏黎世联邦理工学院（瑞士）

3. 英国

英国重点关注干细胞及发育生物学研究。惠康基金会（Wellcome Trust）通过其高级研究基金（Senior Research Fellowships）、主要研究基金（Principal Research Fellowships）等资助干细胞命运转录调控、胚胎细胞命运确定、T 细胞和 B 细胞调控途径等基因组和表型组研究。此外，成立于 2005 年的英国干细胞基金会（UK Stem

Cell Foundation，UKSCF）支持干细胞的临床前研究和临床试验，旨在缓解和治愈目前尚无治疗方法的顽固性疾病，包括血液肿瘤、骨骼疾病、多发性硬化症、角膜失明和青光眼等。

4. 日本

日本医学研究与开发局（Japan Agency for Medical Research and Development，AMED）于 2015 年启动"机械生物学机制研究及其在创新医疗设备和技术开发中的应用"（Elucidation of Mechanobiological Mechanisms and Their Application to the Development of Innovative Medical Instruments and Technologies）项目，研究细胞的机械应力（Mechanical Stress），阐明细胞稳定性维持和机械转导机制。

日本科学技术振兴机构（Japan Science and Technology Agency，JST）设立的"SATO LIVE 生物预测项目"（SATO LIVE Bio-Forecasting Project），计划使用斑马鱼和小鼠模型来揭示发育过程中的细胞分层过程，并结合数学建模、计算科学和工程学的概念与工具预测细胞功能异常和疾病的早期诱因。该项目设立整合生物动力学、背景生物学（Contextual Biology）、体内细胞器 3 个小组，最终目标是建立"实时生物预测系统"或"虚拟实时诊所"，引领关键概念突破和技术突破。

另外，2019 年，日本医学研究与开发局还与英国医学研究理事会（Medical Research Council，MRC）开展合作，资助"再生医学和干细胞研究计划"，资助总额近 700 万英镑，重点关注已明确治疗靶点的细胞工程、基因编辑和细胞重编程方法；人体组织生态位调控，包括移植干细胞分化和免疫障碍机制；再生医学研究的高通量筛选技术；基于干细胞的药物筛选模型等。

5. 中国

自 1999 年开始，科技部通过 973 计划和重点研发计划持续关注细胞可塑性和细胞工程领域的研究，资助细胞命运维持、转化、分化方面的基础研究，以及干细胞研究、肿瘤细胞等的命运维持与可塑性研究项目（见表 3.2）。

表 3.2　973 计划资助的细胞可塑性与细胞工程项目

项目名称	首席科学家	依托学校	立项时间（年）
细胞重大生命活动的基础与应用研究	丁明孝	北京大学	1999
干细胞的基础研究与临床应用	任盛慧	中国科学院上海生命科学研究院	2001
人胚胎生殖嵴干细胞的分化与组织干细胞的可塑性研究	李凌松	北京大学	2001
猪诱导多能干细胞（iPS）及其分化发育研究	刘林	南开大学	2008

（续表）

项目名称	首席科学家	依托学校	立项时间（年）
诱导多能干细胞（iPS）的重编程机制	王纲	中国科学院上海生命科学研究院	2008
基因组稳定性和细胞周期调控相关蛋白质群的功能及作用机制研究	尹玉新	北京大学	2009
细胞生长调控的重要蛋白质群的功能与作用机制	李林	中国科学院上海生命科学研究院	2009
神经元发育与退行性病变的分子细胞遗传机制	肖波	四川大学	2008
肿瘤干细胞在恶性肿瘤发生发展中的作用及机理研究	卞修武	中国人民解放军第三军医大学	2009
神经分化各阶段细胞命运决定的调控网络研究及其转化应用	章小清	同济大学	2012
人多能干细胞向胰腺 β 细胞和神经细胞定向分化的机制研究	邓宏魁	北京大学	2012
中胚层干细胞自我更新分化的机制与功能研究	冯新华	浙江大学	2012
多能干细胞定向分化的表观遗传学调控网络	沈晓骅	清华大学	2012
干细胞分裂模式和干细胞干性维持的机制研究	高维强	上海交通大学	2012
体内间充质干细胞自我更新、分化及其调控相关组织干细胞的机制研究	李保界	上海交通大学	2012
肿瘤干细胞的动态演进及干预研究	刘强	中山大学	2012
人类微 RNA 的调控机制及在细胞功能与命运决定中的作用	屈良鹄	中山大学	2011
心肌细胞分化增殖与心脏发育的调控机制	钟涛	复旦大学	2013
神经前体细胞命运决定、分化及环路形成的调控机制	杨小杭	浙江大学	2013
重编程造血细胞的基础与临床应用研究	陈赛娟	上海交通大学医学院附属瑞金医院	2013
干细胞分化产生的免疫原性与免疫耐受诱导	施福东	天津医科大学	2013
胚胎干细胞治疗致盲性眼病的基础与临床转化研究	阴正勤	中国人民解放军第三军医大学	2013
肿瘤干细胞在实体肿瘤发展中的调控机制研究	向荣	南开大学	2013
精原细胞向生殖干细胞和生殖细胞转化的机制研究	吴际	上海交通大学	2013
干细胞治疗视网膜变性的基础与临床转化研究	徐国彤	同济大学	2013
iPS 细胞重编程过程中染色体稳定性调控的机制研究	毛志勇	同济大学	2013
利用多能干细胞进行感光细胞定向分化和视觉修复的研究	薛天	中国科学技术大学	2013
淋巴细胞发育中的基因转录后调节网络研究	常兴	中国科学院上海生命科学研究院	2014

（续表）

项目名称	首席科学家	依托学校	立项时间（年）
成体神经干细胞的命运决定机制与功能研究	王晓群	中国科学院生物物理研究所	2014
多能干细胞向中胚层细胞分化的机制研究	曾凡一	上海交通大学	2014
细胞命运维持与转化的表观遗传调控作用与机制研究	王秀杰	中国科学院遗传与发育生物学研究所	2014
人胚胎干细胞衍生细胞治疗心肌梗死后心力衰竭的关键科学问题研究	王建安	浙江大学	2014
体细胞重编程过程中的表观遗传调控研究	陈捷凯	中国科学院广州生物医药与健康研究院	2014
消化器官发育的细胞和分子基础	罗凌飞	西南大学	2015
植物根干细胞形成与可塑性调控的分子机制	李传友	中国科学院遗传与发育生物学研究所	2015
长非编码 RNA 在精子发生中的功能及机制	文波	复旦大学	2015
3 型天然淋巴细胞（ILC3）发育的分子调控机制及其与肠道免疫相关疾病的关系	邱菊	中国科学院上海生命科学研究院	2015
小分子药物调控细胞命运及其机理研究	谢欣	中国科学院上海药物研究所	2015
眼上皮成体干细胞原位再生治疗重要致盲眼病的机理研究	刘奕志	中山大学	2015
干细胞修复动物肝病模型中受损肝组织的方法及机理研究	李尹雄	中国科学院广州生物医药与健康研究院	2015
干细胞衰老的细胞分子机理及转化应用研究	刘光慧	中国科学院生物物理研究所	2015
多能干细胞定向分化为造血干细胞的调控机理及功能研究	黄河	浙江大学	2015
三维培养下电刺激及信号通路调控干细胞分化为螺旋神经元研究	杨晓伟	同济大学	2015

细胞命运可塑性及细胞工程相关研究与成果转化也获得多个计划与项目资助。例如，科技部重点研发计划"干细胞及转化研究"实施了 8 个方面的研究任务：①多能干细胞建立与干性维持；②组织干细胞获得、功能和调控；③干细胞定向分化及细胞转分化；④干细胞移植后体内功能建立与调控；⑤基于干细胞的组织和器官功能再造；⑥干细胞资源库；⑦利用动物模型的干细胞临床前评估；⑧干细胞临床研究。"蛋白质机器与生命过程调控" 2020 年度项目资助方向包括细胞增殖与分化过程中关键蛋白质机器的功能机制研究，针对机体发育过程中细胞增殖与分化过程相关的关键蛋白质机器进行在体、原位标记，研究蛋白质机器的组成、功能和相互作用，以及其时空动态

调控网络 [1]。"发育编程及其代谢调节"的研究方向之一是器官发育与稳态编程及其代谢调节，包括组织器官前体细胞命运决定机制，研究器官前体细胞谱系发生与命运决定的分子机制、重要器官前体细胞的精确定位、形态素在前体细胞产生中的作用及其机制、前体细胞多能性的维持机制 [2]。2021 年项目申报指南还涉及"灵长类组织器官前体细胞命运决定调控机制"，利用胚胎体外培养系统，研究猴和人从囊胚到原肠发育的时空基因调控和细胞分化进程、胚胎不同谱系细胞发育和互作机制，筛选决定胚胎质量的早期关键性标志物，研究着床后胚胎谱系分化及细胞多能性退出与维持的调控机制等 [3]。

"重大慢性非传染性疾病防控研究"资助治疗癌症的细胞免疫疗法开发，其重要领域之一是：针对我国高发特发恶性肿瘤（肺癌、乳腺癌、肝癌和消化道肿瘤等），突破全人源或人源化嵌合抗原受体 T 细胞（Chimeric Antigen Receptor T Cell，CAR-T）和 T 细胞受体嵌合型 T 细胞（T Cell Receptor Engineered-T Cell，TCR-T）等新型基因修饰 T 淋巴细胞治疗实体恶性肿瘤疗效和安全性的关键技术；在 I 期临床试验的基础上，进一步开展后续多中心临床试验，优化临床治疗方案，明确最佳获益人群，探寻疗效预测指标，显著提高临床恶性肿瘤治疗疗效，推动恶性实体肿瘤的基因修饰 T 淋巴细胞免疫治疗在我国的发展 [4]。

国家自然科学基金委员会（National Natural Science Foundation of China，NSFC）"十三五"发展规划提出的优先发展领域之一是"生命体系功能的分子调控"，主要研究方向是以细胞命运调控为主线的分子探针设计、合成及应用。NSFC 通过重大研究计划等方式资助细胞可塑性及细胞工程领域的基础研究。"细胞器互作网络及其功能研究"重大研究计划 2020 年度的资助方向之一是：揭示细胞器互作在物质转运、信号传递、细胞器结构和功能维持中的作用及其对细胞生长、代谢和命运决定的影响 [5]。2010—2019 年 NSFC 以重大研究计划、国家杰出青年科学基金等方式共资助 90 项细胞命运及可塑性领域的项目，资助金额为 1.62 亿元，涉及的领域包括干细胞分化、肿瘤细胞的增殖与可塑性调控、免疫细胞的可塑性调控等。

此外，中国科学院实施战略性先导科技专项（B 类）资助"细胞命运可塑性的分

[1] 科学技术部."蛋白质机器与生命过程调控"重点专项 2020 年度项目申报指南 [EB/OL]. [2020-03-31]. https://service.most.gov.cn/kjjh_tztg_all/20200331/3296.html.

[2] 科学技术部."发育编程及其代谢调节"重点专项 2018 年度项目申报指南 [EB/OL]. [2018-01-01]. https://service.most.gov.cn/u/cms/static/201801/251356266do8.pdf.

[3] 科学技术部."发育编程及其代谢调节"重点专项 2021 年度项目申报指南 [EB/OL]. [2020-09-29]. https://service.most.gov.cn/kjjh_tztg_all/20200929/3576.html.

[4] 科学技术部. 2019 年"重大慢性非传染性疾病防控研究"重点专项增加项目申报指南 [EB/OL]. [2019-05-27]. http://kjch.ccmu.edu.cn/docs/2019-05/20190527154106640132.pdf.

[5] 国家自然科学基金委员会. 细胞器互作网络及其功能研究重大研究计划 2019 年度项目指南 [EB/OL]. [2019-03-07]. http://www.nsfc.gov.cn/publish/portal0/zdyjjh/info75430.htm.

子基础与调控"的研究，主要方向包括"细胞分裂方式的可塑性调控""细胞增殖、分化与死亡的可塑性调控""应激条件下细胞可塑性调控"，同时运用和研发细胞命运可塑性研究新技术方法，致力于破解调控细胞增殖、分化与转分化、细胞凋亡与坏死、衰老与病变等关于细胞"生老病死"命运可塑性的奥秘。该专项的实施阶段为 2016—2020 年。

3.1.3　主要国家 / 地区研究平台与机构建设

1. 美国

NIH 下属国家癌症研究所（National Cancer Institute，NCI）建立了癌症细胞疗法中心，旨在开发靶向肿瘤患者个体突变的高度个性化细胞疗法，将活免疫细胞用于癌症免疫治疗，支持新型细胞免疫疗法（Cellular Immunotherapies）的研发，开展基于细胞的癌症疗法的基础研究，加速基于细胞的免疫疗法的临床转化。该中心拥有 18 个符合药品生产质量管理规范（Good Manufacturing Practices，GMP）标准的细胞治疗载体[1]。此外，NIH 依托"再生医学创新计划"建立了"再生医学创新催化剂"（Regenerative Medicine Innovation Catalyst），该设施由西奈山伊坎医学院的临床研究与数据中心和马里兰大学的深度细胞表征中心组成，用于开展干细胞基础研究[2]。

为推动细胞治疗产品的大规模推广与应用，美国还新建了一些新的细胞制造研发机构。例如，美国国家科学基金会建立的细胞制造技术工程研究中心（Engineering Research Center for Cell Manufacturing Technologies，CMaT），旨在研发新型工具、系统和技术，确保细胞治疗产品的质量、有效性和安全性，扩大细胞疗法产品的制造规模。由美国国家标准与技术研究院（National Institute of Standards and Technology，NIST）资助、2017 年建立的国家生物药制造创新研究所（National Institute for Innovation in Manufacturing Biopharmaceuticals，NIIMBL）旨在加速生物药制造创新并支持相关标准的开发。由美国国防部和企业联合资助，于 2016 年成立的 BioFabUSA 旨在通过产业、学术界和非营利组织的合作，降低新型工程化生物组织生产技术的风险，加速技术发展。2017 年成立的"基因、细胞和再生医学、细胞药物发现标准开发公私合作联盟"，旨在促进企业、专业团体、政府部门、学术界的合作，识别重要需求和优先领域，协调并推进标准制定。

---

[1] National Institutes of Health. NIH CCR Center for Cell-based Therapy[EB/OL]. [2020-04-02]. https://ccr.cancer.gov/centerforcellbasedtherapy.

[2] National Institutes of Health. Regenerative Medicine Innovation Catalyst[EB/OL]. [2017-12-06]. http://rmidatahub.org/.

2. 英国

细胞和基因治疗孵化器（The Cell and Gene Therapy Catapult）作为英国细胞和基因疗法领域的卓越中心，旨在成为全球化产业的重要组成部分。英国创新署（Innovate UK）已投资 1.25 亿英镑，在伦敦建立了拥有 200 多名细胞和基因治疗专家的技术开发和病毒载体实验室，并投资 7000 万英镑建立了大型 GMP 制造中心，与 24 个国家 / 地区的 200 个商业和学术机构达成合作伙伴关系，旨在建立价值 100 亿英镑的新兴产业。

惠康基金会和 MRC 在剑桥设有惠康-MRC 干细胞研究所，其目标是探究正常和病理状态下的干细胞行为，进而加以利用，改善疾病的防、诊、治。目前，该研究所已开展了至少 8 项临床研究，适应证包括帕金森病、多发性硬化症、血液肿瘤、骨关节炎等。

3. 法国

法国研究机构关注细胞命运的表观调控。法国国家科学研究中心（Centre National de la Recherche Scientifique，CNRS）与巴黎大学设立"表观遗传学和细胞命运"联合研究部门[1]，结合功能基因组学、基因工程、生物化学、活体显微成像、细胞生物学等技术，旨在解码表观遗传调控的关键机制，并明确其在发育、分化、疾病过程中的作用。该联合研究部门关注：DNA 甲基化及其机制，组蛋白标记和染色质结构，非编码 RNA 调控细胞状态的短期和长期驱动器，染色体和核组织的决定因素，细胞和遗传毒性介导的基因组和转录组调控等内容。

法国国家健康与医学研究院（The Institut National de la Santé et de la Recherche Médicale，INSERM）设有再生医学与生物治疗研究所（IRMB），"发育和衰老过程中的基因组和干细胞可塑性"是其研究主题之一，旨在探索全生命周期中组织再生的遗传学和表观遗传学调控机制，解开操纵年龄的分子途径，实现有效的体细胞重编程。其具体研究内容包括：衰老过程中干细胞重编程的表观遗传调控，人多能干细胞和诱导多能干细胞中 DNA 损伤的起源和机制，基于细胞重编程的年龄相关疾病模型等。

法国政府还强调研究架构整合及合作网络构建。蒙彼利埃大学协调运营了 ECELLFRANCE 平台，旨在集成化运营 ATMP 生产平台、免疫检测与治疗控制平台，联合细胞治疗转化研究团队和早期临床（I 期和 II 期）研究团队，强化骨关节疾病、自身免疫性疾病、皮肤疾病、贫血、卒中和神经系统疾病等的细胞治疗产品研发。

---

[1] Centre national de la recherche scientifique. UMR7216-Epigenetics and Cell Fate unit[EB/OL]. [2019-05-31]. http://parisepigenetics.com/our-unit/.

ECELLFRANCE 平台管理着 7 个法国城市的 57 个基础研究团队和 11 个技术平台，向细胞疗法的临床前和临床研究人员开放，提供支持技术及平台，以发挥法国国家技术平台的辐射与推广作用。

4．日本

不少日本研究机构和大学都设有再生医学领域的研究中心（研究所）。例如，日本理化学研究所（RIKEN）设有发育生物学中心（Center for Developmental Biology，CBD），旨在了解人体形成和发育过程，促进再生医学的发展和对疾病的理解。CBD 的研究主题包括：细胞环境与响应研究计划（形态发生信号、生长控制信号、染色体分离、发育表观遗传学、血管形态发生等），器官发育（细胞黏附、细胞不对称性、上皮细胞形成等），干细胞和器官再生，发育生物学与定量科学，单细胞组学技术等。熊本大学设有发育医学研究所（IMEG），其细胞医学研究组的研究内容是从表观遗传机制的角度促进生命现象和人类疾病（癌症、生活方式疾病）的基础研究和临床应用，阐述癌细胞和干细胞、发育过程和致癌过程中的基因和蛋白调控途径，关注能量代谢、癌症、炎症、衰老等生理和病理过程。

5．中国

我国多所高校和研究院所从事细胞可塑性与细胞工程的研究，并建立了一些专业平台与机构。例如，上海细胞治疗创新研究院暨上海细胞治疗集团构建了集基础研究、基因检测、免疫细胞存储、细胞治疗制剂制备与仪器研发、GMP 生产于一体的肿瘤细胞免疫治疗全产业链；深圳市免疫基因治疗研究院主要针对癌症的 CAR-T 细胞治疗和基因相关疾病疗法开展研究。目前，我国研究机构与企业已研发出 70 余种 CAR-T 细胞标靶方案，能靶向目前的大部分癌症，数种 CAR-T 细胞产品已经应用于临床，多例白血病及淋巴癌等晚期癌症患者被成功治愈。

3.1.4 主要国家／地区监管政策

基于干细胞的生物学特性，其在组织器官损伤、退行性疾病及多种难治性疾病的治疗中具有广阔的应用前景，同时，基于干细胞的疗法也带来伦理、安全和监管等方面的问题。2016 年 5 月，国际干细胞研究学会（International Society for Stem Cell Research，ISSCR）发布《干细胞研究和临床转化准则》。美国、欧盟、日本、中国等国家／地区都相继发布了干细胞研究的指导原则、临床应用安全标准等，有关细胞治疗相关产品的研发指南也陆续出台。

1．美国

FDA 肿瘤学卓越中心 2018 年起实施"肿瘤细胞与基因治疗"计划，聚焦前沿技术开发并评估癌症疗法，以帮助和加速新疗法的开发与临床转化。这些新疗法包括：用嵌合抗原受体（CAR）或重定向 T 细胞受体（TCR）修饰的 T 细胞疗法，以及使用 CRISPR 或 TALEN 等基因编辑技术开发新疗法；造血干细胞移植（Hematopoietic stem cell transplantation，HSCT）的新策略；树突细胞疗法；过继性 T 细胞疗法；基于肿瘤新抗原的个性化药物（疫苗或细胞疗法）；自然杀伤细胞；溶瘤细菌和病毒；治疗性癌症疫苗；基于微生物组调控的疗法；造血干细胞移植、检查点抑制剂、化学疗法、放射疗法和其他药物的组合疗法[1]。此外，FDA 于 2019 年 2 月发布 "重大疾病再生医学疗法加速计划" 行业指南（Expedited Programs for Regenerative Medicine Therapies for Serious Conditions － Guidance for Industry），对干细胞疗法等先进再生医学疗法给予 "再生医学先进疗法"（Regenerative Medicine Advanced Therapy，RMAT）认定，为相关企业从监管方面提供技术支持[2]。同年，FDA 更新其 "人类体细胞治疗和基因治疗工业指南"，旨在为制药企业的体细胞疗法和基因治疗相关产品提供指导[3]。截至 2021 年 6 月底，FDA 组织与高级疗法办公室（Office of Tissues and Advanced Therapies，OTAT）已经批准 22 个细胞与基因治疗产品上市[4]。

2. 欧盟

欧盟药品管理局（European Medicines Agency，EMA）针对细胞治疗、基因治疗等 ATMP 的主要法律依据分别为欧盟《医药产品法》与《医疗器械法》。此外，欧盟 2007 年发布的《先进技术治疗医学产品法规》，将细胞治疗产品定义为 "含有经过处理的被改变了生物学特性的细胞或者组织"，可用于疾病的治疗、诊断或者预防。该法规提出的医院豁免条款允许欧洲医院在经过基础研究、安全性和有效性的临床验证后，生产小规模的细胞产品治疗特定患者。EMA 设立先进疗法委员会（Committee for Advanced Therapies，CAT）负责评估 ATMP 的安全性和有效性，引导相关产品的研究发展。

[1] U.S. Food and Drug Administration. Oncology Cell and Gene Therapy[EB/OL]. [2018-02-06]. https://www.fda.gov/about-fda/oncology-center-excellence/oncology-cell-and-gene-therapy.

[2] U.S. Food and Drug Administration. Expedited Programs for Regenerative Medicine Therapies for Serious Conditions-Guidance for Industry[EB/OL]. [2019-05-16]. https://www.fda.gov/regulatory-information/search-fda-guidance-documents/expedited-programs-regenerative-medicine-therapies-serious-conditions.

[3] U.S. Food and Drug Administration. Guidance for Human Somatic Cell Therapy and Gene Therapy Guidance for Industry[EB/OL]. [2019-05-17]. https://www.fda.gov/regulatory-information/search-fda-guidance-documents/guidance-human-somatic-cell-therapy-and-gene-therapy.

[4] U.S. Food and Drug Administration. Approved Cellular and Gene Therapy Products[EB/OL]. [2020-07-24]. https://www.fda.gov/vaccines-blood-biologics/cellular-gene-therapy-products/approved-cellular-and-gene-therapy-products.

3. 中国

为规范干细胞临床试验研究活动、加强干细胞临床试验研究管理，我国发布了《干细胞临床试验研究管理办法（试行）》《干细胞临床试验研究基地管理办法（试行）》《干细胞制剂质量控制和临床前研究指导原则（试行）》等文件。在免疫细胞治疗方面，我国经历了监管空白、准入审批、限制临床研究 3 个阶段[1]。2017 年 12 月，国家药品监督管理局颁布的《细胞治疗产品研究与评价技术指导原则（试行）》规范了细胞免疫治疗的发展路径[2]。2019 年 3 月，国家卫生健康委员会发布《体细胞治疗临床研究和转化应用管理办法（试行）》（征求意见稿）[3]，列举了开展体细胞治疗临床研究和转化应用的医疗机构及其临床研究项目和转化应用项目应具备的条件，并要求研发机构在国家卫生健康委员会备案。2020 年 7 月，国家药品监督管理局发布《免疫细胞治疗产品临床试验技术指导原则》（征求意见稿）[4]，规定了免疫细胞治疗产品临床设计及研究规则。

总体而言，美国、欧盟、日本等国家 / 地区在细胞可塑性调控与细胞工程应用领域的科技规划、项目设立和平台建设，以及产品研发和监管方面，均有相关布局。美国从基础研究到产业转化的链条相对完整，并重视细胞制造的规模化发展和质量控制。欧盟委员会关注标准建立和技术辐射，以"先进技术治疗医学产品"（ATMP）开发带动细胞治疗和组织工程药物的研发。欧洲国家则在具体研究领域进行行动布局，如英国关注细胞的动态调控过程及对应的监测、操控、储存技术，法国面向细胞发育和衰老过程研究基因稳定性。日本关注干细胞相关的基础研究和产品研发，关注机械细胞发育和机械应力等领域，旨在预测细胞命运，开发新型再生医学产品和诊疗平台。中国通过 973 计划、国家自然科学基金项目等先后支持干细胞命运和可塑性调控的研究，近几年科技部重点研发计划还支持肿瘤免疫细胞疗法等研究。主要国家 / 地区在细胞可塑性调控与细胞工程应用领域的布局如图 3.2 所示。

[1] 赵艳春, 刘珂佳. 肿瘤治疗的新希望——关于免疫细胞疗法的政策和监管梳理 [EB/OL]. [2020-09-11]. http://www.zhonglun.com/Content/2020/09-11/1521184354.html.

[2] 国家药品监督管理局药品审评中心. 细胞治疗产品研究与评价技术指导原则（试行）[EB/OL]. [2017-12-22]. http://www.cde.org.cn/zdyz.do?method=largePage&id=eae71557b900d210.

[3] 国家卫生健康委办公厅. 国家卫生健康委办公厅关于征求体细胞治疗临床研究和转化应用管理办法（试行）（征求意见稿）意见的函 [EB/OL]. [2019-03-29]. http://www.nhc.gov.cn/wjw/yjzj/201903/01134dee9c5a4661a0b5351bd8a04822.shtml.

[4] 国家药品监督管理局药品审评中心. 关于公开征求《免疫细胞治疗产品临床试验技术指导原则（征求意见稿）》意见的通知 [EB/OL]. [2020-07-06]. http://www.cde.org.cn/news.do?method=largeInfo&id=a8cbdcac9a105c3c.

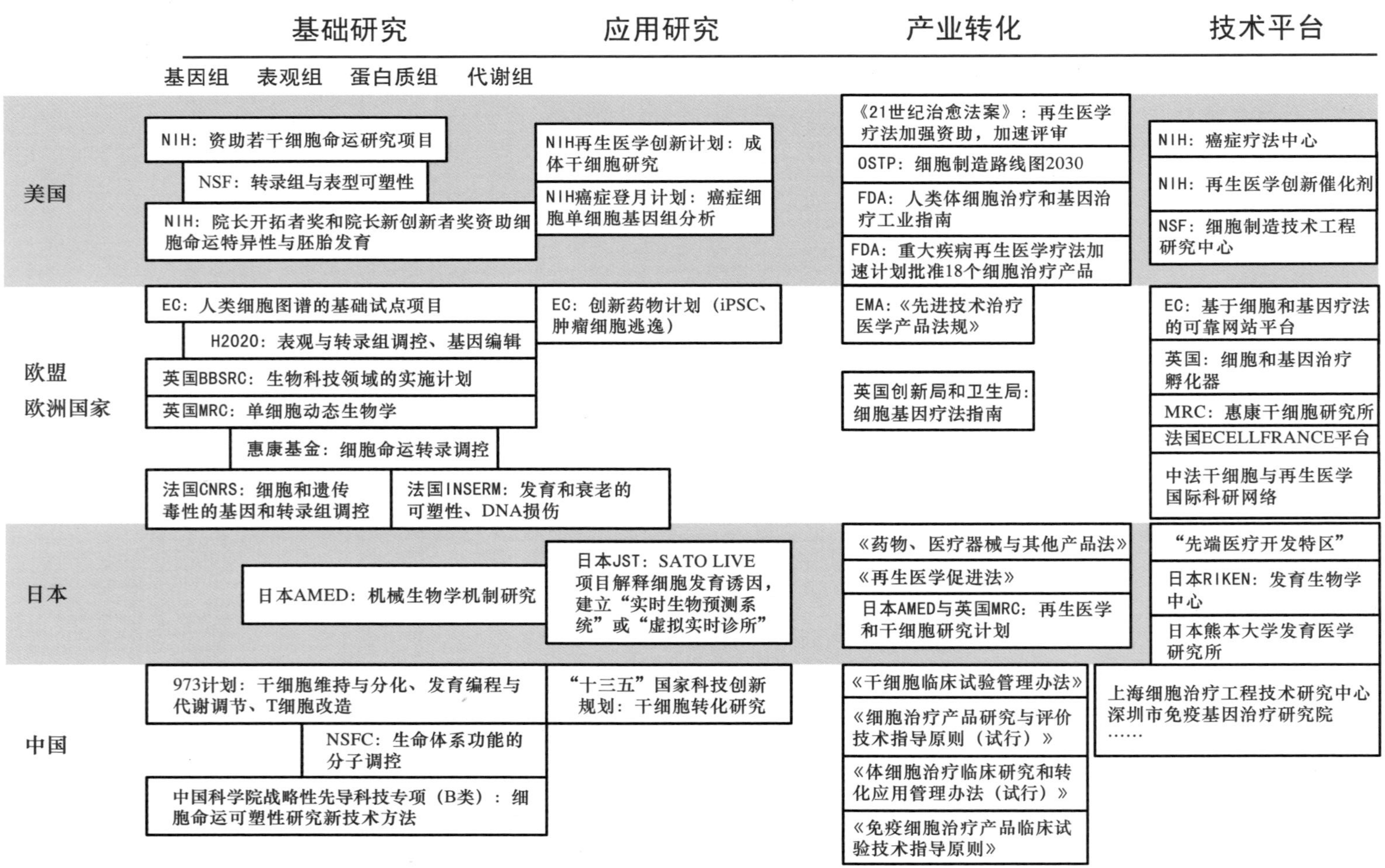

图 3.2　主要国家 / 地区在细胞可塑性调控与细胞工程应用领域的布局

3.2 从论文发表角度看细胞可塑性调控与细胞工程应用的研究态势

本节利用 Web of Science 数据库资源,从论文发表的角度评估细胞可塑性调控与细胞工程应用的研究态势,并利用 VOSviewer 等可视化工具制作知识图谱,结合高被引论文,分析该领域的研究热点与前沿。

3.2.1 研究概况

1. 年度趋势

根据检索结果,2011—2020 年 Web of Science 数据库共收录细胞可塑性调控与细胞工程应用研究论文 94160 篇[1]。2011 年以来,该领域的发文量基本保持稳定增长趋势,由 2011 年的 6237 篇上升到 2019 年的 12887 篇(见图 3.3)。

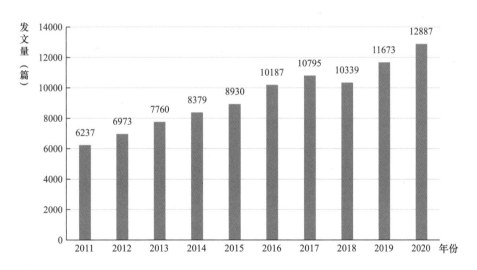

图 3.3 2011—2020 年细胞可塑性调控与细胞工程应用领域的发文量

2. 国家 / 地区分布

细胞可塑性调控与细胞工程应用领域发文量较多的国家依次为美国、中国、英

---

[1] 根据会议主题,通过专家咨询,确定调研范围,制定"细胞可塑性调控与细胞工程应用"领域的论文检索式为:TS=("cell plasticit*" OR "cellular plasticit*" OR "cell fate" OR "cell fates" OR "genom* plasticit*" OR "genetic* plasticit*" OR "epigenetic* plasticit*" OR transdifferentiat* OR "cell engineering" OR "induced pluripotent stem cell*" OR "IPS cell*" OR reprogram* OR "directional differentiation" OR "directed differentiation" OR "directional dedifferentiation" OR "directed dedifferentiation" OR "induced differentiat*" OR "differentiation induct*" OR "DNA damage" OR "DNA damaging" OR "chromosome fragilit*" OR "genome instabilit*" OR "genomic instabilit*" OR "epithelial mesenchymal transition" OR immunoedit* OR "cell therapy" OR "programmed cell death" OR "chimeric antigen receptor*" OR "CAR-T cell$") OR ((cell or cellular) same transformation*)。精炼到生物化学与分子生物学、细胞生物学、遗传学等领域,并排除神经科学领域。检索时间段:2011—2020 年;检索日期:2021 年 2 月 8 日;数据库更新日期:2021 年 2 月 5 日;文献类型:Article+Review。

国、德国、日本、意大利、法国、加拿大、韩国、西班牙，其发文量占全球的比例分别为：37.12%、23.36%、7.86%、7.63%、7.20%、5.24%、4.99%、3.98%、3.52%、3.46%。

在发文量排名前 10 位的国家中，篇均被引频次较高的分别为美国（40.68 次 / 篇）、英国（40.03 次 / 篇）、西班牙（37.35 次 / 篇）、法国（35.72 次 / 篇）、加拿大（35.17 次 / 篇）。

从 ESI 高水平论文量[1] 及其占比、CNS 论文量及其占比可以了解各国高水平论文的发表情况。在发文量排名前 10 位的国家中，ESI 高水平论文量排名前 5 位的是美国、英国、中国、德国、法国；ESI 高水平论文量占比排名前 5 位的是美国、英国、法国、西班牙、加拿大；在 *Cell*、*Nature*、*Science* 上的发文量（CNS 论文量）排名前 5 位的国家是美国、英国、德国、中国、法国，CNS 论文量占比排名前 5 位的国家是英国、美国、德国、西班牙、加拿大。

中国发文量和总被引次数均排名全球第二位，ESI 高水平论文量排名第三位，CNS 论文量排名第四位。我国的发文量排名较靠前，但是篇均被引频次及高水平论文量占比较低（见表 3.3）。

表 3.3　2011—2020 年细胞可塑性调控与细胞工程应用领域发文量排名前 10 位的
国家及其被引、高水平论文情况

国家	发文量（篇）	总被引次数（次）	篇均被引频次（次 / 篇）	ESI 高水平发文量（篇）	ESI 高水平论文量占比	CNS 论文量（篇）	CNS 论文量占比
美国	34953	1421855	40.68	1385	3.96%	850	2.43%
中国	21992	418121	19.01	283	1.29%	105	0.48%
英国	7399	296162	40.03	296	4.00%	190	2.57%
德国	7181	233420	32.51	224	3.12%	157	2.19%
日本	6779	180677	26.65	133	1.96%	76	1.12%
意大利	4932	155247	31.48	155	3.14%	53	1.07%
法国	4695	167706	35.72	183	3.90%	82	1.75%
加拿大	3743	131651	35.17	123	3.29%	66	1.76%
韩国	3317	78175	23.57	62	1.87%	21	0.63%
西班牙	3255	121586	37.35	126	3.87%	66	2.03%

---

[1] 基本科学指标数据库（Essential Science Indicators，ESI）根据文献对应领域和出版年中的高引用阈值，把某一领域中被引频次排名前 1% 的论文定义为"ESI 高被引论文"，把过去 2 年内发表的、被引频次是领域内前 0.1% 的论文定义为"ESI 热点论文"。Web of Science 数据库将"ESI 高被引论文"和"ESI 热点论文"统称为"ESI 高水平论文"。ESI 高水平论文指标已被广泛使用。

3. 研究机构

2011—2020 年细胞可塑性调控与细胞工程应用领域发表论文较多的国际机构包括哈佛大学、美国国立卫生研究院、得克萨斯大学 MD 安德森癌症研究中心、宾夕法尼亚大学、斯坦福大学等。此外，麻省理工学院、丹娜法伯癌症研究院、麻省总医院等机构的发文量虽然未进前 10 位，但其 ESI 高水平论文量较多，霍华德·休斯医学研究所的 CNS 论文量进入全球前 10 位（见表 3.4）。

表 3.4　2011—2020 年细胞可塑性调控与细胞工程应用领域发文量、ESI 高水平论文量、CNS 论文量排名前 10 位的国际机构

机构	发文量（篇）	总被引次数（次）	篇均被引频次（次/篇）	ESI 高水平论文量（篇）	ESI 高水平论文量占比	CNS 论文量（篇）	CNS 论文量占比
哈佛大学	2955	196510	66.50	245	8.29%	243	8.22%
美国国立卫生研究院	1980	86891	43.88	99	5.00%	68	3.43%
得克萨斯大学 MD 安德森癌症研究中心	1718	83782	48.77	124	7.22%	40	2.33%
宾夕法尼亚大学	1153	78938	68.46	112	9.71%	53	4.60%
斯坦福大学	999	59319	59.38	68	6.81%	67	6.71%
剑桥大学	922	59599	64.64	69	7.48%	73	7.92%
约翰·霍普金斯大学	920	59729	64.92	62	6.74%	36	3.91%
加利福尼亚大学旧金山分校	893	72270	80.93	80	8.96%	72	8.06%
纪念斯隆-凯特琳癌症中心	888	77292	87.04	120	13.51%	65	7.32%
加利福尼亚大学圣地亚哥分校	861	49639	57.65	53	6.16%	55	6.39%
西雅图华盛顿大学	761	42835	56.29	71	9.33%	35	4.60%
麻省理工学院	739	103467	140.01	91	12.31%	103	13.94%
丹娜法伯癌症研究院	714	54457	76.27	96	13.45%	65	9.10%
麻省总医院	636	49256	77.45	78	12.26%	55	8.65%
霍华德·休斯医学研究所	308	30352	98.55	38	12.34%	64	20.78%

中国发文量较多的机构依次为中国科学院、上海交通大学、中山大学、复旦大学、浙江大学等。此外，郑州大学、四川大学、中南大学的发文量虽然不多，但其 ESI 高水平论文量进入国内机构前 10 位。清华大学 2011—2020 年在该领域的发文量为 279 篇，但其 CNS 论文量居全国第三位（见表 3.5）。

表 3.5　2011—2020 年细胞可塑性调控与细胞工程应用领域发文量、ESI 高水平论文量、

CNS 论文量排名前 10 位的国内机构

机构	发文量（篇）	总被引次数（次）	篇均被引频次（次/篇）	ESI 高水平论文量（篇）	ESI 高水平论文量占比	CNS 论文量（篇）	CNS 论文量占比
中国科学院	1506	44499	29.55	28	1.86%	37	2.46%
上海交通大学	1362	35872	26.34	35	2.57%	9	0.66%
中山大学	1342	36168	26.95	23	1.71%	6	0.45%
复旦大学	1110	27792	25.04	20	1.80%	10	0.90%
浙江大学	1035	23790	22.99	13	1.26%	4	0.39%
中国医科大学	872	19993	22.93	20	2.29%	3	0.34%
北京大学	867	26223	30.25	21	2.42%	21	2.42%
南京医科大学	836	19783	23.66	17	2.03%	0	0.00%
中南大学	790	20586	26.06	15	1.90%	6	0.76%
山东大学	744	16093	21.63	9	1.21%	0	0.00%
华中科技大学	681	18620	27.34	16	2.35%	2	0.29%
四川大学	558	16802	30.11	14	2.51%	1	0.18%
郑州大学	547	10861	19.86	16	2.93%	2	0.37%
同济大学	534	14031	26.28	10	1.87%	4	0.75%
香港中文大学	288	14905	51.75	12	4.17%	4	1.39%
清华大学	279	12854	46.07	7	2.51%	13	4.66%

3.2.2　研究热点与前沿

1. 研究热点

利用 VOSviewer 软件对 2018—2020 年发表的 31359 篇细胞可塑性调控与细胞工程应用论文进行关键词聚类和可视化分析，结果显示该领域的研究热点主要包括癌症转移中上皮-间质转化调控，免疫疗法开发与耐药性应对，干细胞疗法，炎症、外部应激导致的细胞凋亡及其在癌症、代谢性疾病中的作用，细胞可塑性的遗传和表观遗传调控等（见图 3.4）。

癌症转移中上皮-间质转化（Epithelial-Mesenchymal Transitions，EMT）调控：以 Epithelial-Mesenchymal Transition、Invasion、Osteosarcoma、Biomarker、Progression 等关键词为代表的聚类（红色）。其研究内容包括：通过干性（Stemness）和 EMT 的基因表达特征识别表型可塑性，开发乳腺癌等预测的生物标志物；从人类样本中分析筛选表征 EMT 的特异性基因或蛋白；利用基因工程动物模型分析肿瘤中的 EMT 机制 [1]。

[1] RIBATTI D, TAMMA R, ANNESE T. Epithelial-Mesenchymal Transition in Cancer: A Historical Overview[J]. Translational oncology, 2020, 13(6):100773.

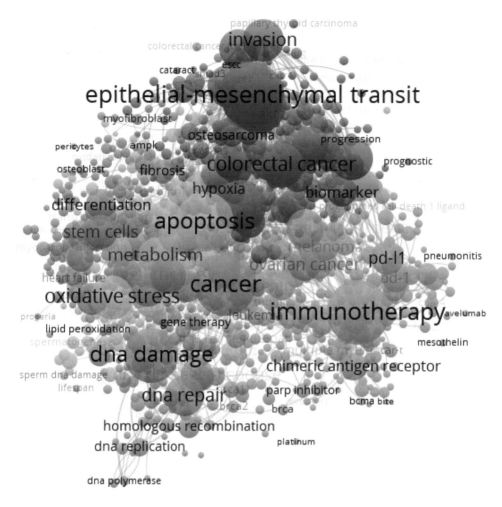

图 3.4 细胞可塑性调控与细胞工程应用的研究热点

细胞可塑性的遗传和表观遗传调控：以 Cancer、DNA Damage、DNA Repair、Epigenetics、Homologous Recombination、DNA Replication 等关键词为代表的聚类（紫色）。其研究内容包括：DNA 修复的表观遗传调控[1]，癌症中的基因组不稳定性[2]，DNA 损伤应答通路等[3]。

炎症、外部应激导致的细胞凋亡及其在癌症、代谢性疾病中的作用：以 Apoptosis、Oxidative Stress、Metabolism 等关键词为代表的聚类（黄色）。其研究内容包括：糖尿病相关的 EMT 和内皮－间质转化（EndMT），癌症相关的成纤维细胞

[1] KARAKAIDOS P, KARAGIANNIS D, RAMPIAS T. Resolving DNA Damage: Epigenetic Regulation of DNA Repair[J]. Molecules, 2020, 25(11):2496.

[2] DUIJF PHG, NANAYAKKARA D, NONES K, et al. Mechanisms of Genomic Instability in Breast Cancer[J]. Trends in Molecular Medicine, 2019, 25(7):595-611.

[3] MAURI G, ARENA S, SIENA S, et al. The DNA damage response pathway as a land of therapeutic opportunities for colorectal cancer[J]. Annals of Oncology, 2020, 31(9):1135-1147.

（Cancer-Associated Fibroblast，CAF）形成过程，肿瘤细胞的上皮和内皮外渗机制 [1]。

免疫疗法开发与耐药性应对：以 Immunotherapy、PD-L1、Chimeric Antigen Receptor、Biomarkers、Melanoma 等关键词为代表的聚类（绿色）。目前，免疫疗法已经扩展应用于非小细胞肺癌等实体瘤，其研究内容包括：新的组合疗法开发（与化疗药物、放射疗法或肿瘤靶向疗法组合），筛选新型生物标志物以提高免疫疗法的治疗效果，应对免疫疗法的耐药性等 [2]。

干细胞疗法：以 Stem Cells、Differentiation、Heart Failure 等关键词为代表的聚类（蓝色）。其研究内容包括：间充质干细胞来源的产物（包括胞外囊泡）对衰老的调控作用 [3]，间充质干 / 基质细胞及其功能恢复，间充质干细胞来源产物的潜在治疗应用 [4] 等。

2. 研究前沿

本节提取并分析 2018—2020 年的高被引论文的关键词，并根据相关研究论文梳理细胞可塑性与细胞工程应用领域的研究前沿，大体包括以下内容。

细胞衰老与凋亡研究：在细胞命运周期的研究中，细胞衰老与死亡 / 凋亡研究获得重点关注 [5]，相关研究前沿包括：线粒体在细胞凋亡、自噬和衰老中的重要作用 [6]，Sirtuin 信号传导在细胞衰老中的作用 [7]，癌症 GAS-STING 信号通路与衰老相关的表型 [8] 等。

细胞可塑性的基因 / 转录调控：基因组不稳定性对细胞的命运产生各种影响，进而导致 DNA 缺陷及相关信号传导通路出现异常，从而引发多种疾病。有多项研究探讨了基因组不稳定性 /DNA 缺陷在改变细胞命运（例如，前列腺癌等肿瘤发生发展）中的作用。

细胞可塑性的表观遗传调控：DNA 甲基化、组蛋白修饰与乙酰化、染色质重塑与

[1] SRIVASTAVA S P, GOODWIN J E. Cancer Biology and Prevention in Diabetes[J]. Cells, 2020, 9(6):1380.

[2] HORVATH L, THIENPONT B, ZHAO L, et al. Overcoming immunotherapy resistance in non-small cell lung cancer (NSCLC) - novel approaches and future outlook[J]. Molecular Cancer, 2020, 19(1):141.

[3] BOULESTREAU J, MAUMUS M, ROZIER P, et al. Mesenchymal Stem Cell Derived Extracellular Vesicles in Aging[J]. Frontiers in Cell and Developmental Biology, 2020, 8:107.

[4] PARK K S, BANDEIRA E, SHELKE G V, et al. Enhancement of therapeutic potential of mesenchymal stem cell-derived extracellular vesicles[J].Stem cell research & therapy, 2019, 10(1):288.

[5] GORGOULIS V, ADAMS P D, ALIMONTI A,et al. Cellular Senescence: Defining a Path Forward[J].Cell, 2019,179(4): 813-827.

[6] ABATE M, FESTA A, FALCO M, et al. Mitochondria as playmakers of apoptosis, autophagy and senescence[J]. Seminars in Cell & Developmental Biology, 2019,98:139-153.

[7] LEE S H, LEE, J H, LEE H Y, et al. Sirtuin signaling in cellular senescence and aging[J]. BMB Reports, 2019, 52(1): 24-34.

[8] LOO T M, MIYATA K, TANAKA Y, et al. Cellular senescence and senescence-associated secretory phenotype via the cGAS-STING signaling pathway in cancer[J]. Cancer Science, 2020,111(2): 304-311.

染色质可塑性[1]等表观遗传调控影响着干细胞、肿瘤细胞、免疫细胞等的可塑性，在相关疾病组织和细胞的增殖、分化中发挥重要作用。

外部环境刺激调控的细胞可塑性：TTNPB、Rolipram、UNC0638 和 BrdU 等化学物质会重塑干细胞和体细胞的命运。化学物质对细胞命运的影响最早在干细胞中被发现，而如今已有研究发现此类化合物能够将褐色脂肪细胞诱导形成纤维细胞[2]。

干细胞可塑性调控及相关应用研究：主要研究了 iPS 细胞、精原干细胞与祖细胞、骨骼干细胞及肿瘤干细胞等细胞类型的命运调控，以及干细胞生态位中的信号传导在调控细胞命运、功能和可塑性中的作用[3]。在应用研究方面，主要关注干细胞疗法的开发，如用干细胞治疗 1 型糖尿病、用 iPS 细胞生产肝细胞样类器官、用干细胞生产细胞外囊泡治疗糖尿病肾病等。

肿瘤细胞的可塑性调控及相关应用研究：主要关注肿瘤细胞的 EMT、转分化、肿瘤耐药性等研究，如外泌体对癌症转移和耐药性的影响[4]、CAF 在 EMT 和治疗耐药性中的作用[5]，以及通过多种手段进行的肿瘤细胞代谢重编程（Metabolic Reprogramming）[6]。研究人员可结合基因调控与代谢途径来阐明癌症的代谢可塑性[7]。

由国际癌症基因组联合会（ICGC）和癌症基因组图谱（TCGA）联合实施、全球 37 个国家共同参与的"全基因组泛癌分析（PCAWG）"项目，测序分析了 38 种肿瘤的 2658 例癌症全基因组，揭示了大规模基因结构突变在癌症发生发展中的作用，发现了若干基因组调控区域的新突变，阐明了体细胞变异与转录组之间的相互作用，研究了生殖细胞系遗传变体（Germline Genetic Variants）的作用。研究显示，表型转换（EZH2/REST 等）、信号通路（WNT-β-Catenin 等）和肿瘤微环境中的重要成分（胞外基质 ECM、CAF、巨噬细胞等），都会影响肿瘤细胞命运可塑性和肿瘤耐药性。

研究人员针对肿瘤耐药性提出应对策略，如选择耐药性相关的靶点、靶向肿瘤微

[1] YADAV T, QUIVY J P, ALMOUZNI G. Chromatin plasticity: A versatile landscape that underlies cell fate and identity[J]. Science, 2018,361:1332-1336.

[2] ZHAO Y. Chemically induced cell fate reprogramming and the acquisition of plasticity in somatic cells[J]. Current Opinion in Chemical Biology, 2019, 51:146-153.

[3] CHACÓN-MARTÍNEZ C A, KOESTER J, Wickström SA. Signaling in the stem cell niche: regulating cell fate, function and plasticity[J]. Development, 2018, 145(15):165399.

[4] MASHOURI L, YOUSEFI H, AREF A R,et al. Exosomes: composition, biogenesis, and mechanisms in cancer metastasis and drug resistance[J]. Molecular cancer, 2019, 18(1):75.

[5] FIORI M E, DI FRANCO S, VILLANOVA L, et al. Cancer-associated fibroblasts as abettors of tumor progression at the crossroads of EMT and therapy resistance[J]. Molecular Cancer, 2019, 18(1):70.

[6] BOUMAHDI S, SAUVAGE F J. The great escape: tumour cell plasticity in resistance to targeted therapy[J]. Nature Review Drug Discovery, 2020,19(1):39-56.

[7] JIA D Y, LU M Y, JUNG K H, et al. Elucidating cancer metabolic plasticity by coupling gene regulation with metabolic pathways[J]. Proceedings of the National Academy of Sciences of the United States of America, 2019,116(9): 3909-3918.

环境开发各类肿瘤免疫疗法，或通过与干细胞疗法、靶向疗法开发组合疗法，提高肿瘤疗法的应答效率，减少不良反应，最终改善治疗效果。

免疫细胞可塑性及相关应用研究：多种免疫细胞在不同刺激条件下展示出可塑性，包括 T 细胞及系列辅助性 T 细胞（如 Th1、Th2、Th17）、先天淋巴样细胞（ILC）、巨噬细胞、肥大细胞嗜中性粒细胞等。

免疫细胞的可塑性受多种基因和转录调控的影响，不同免疫细胞亚类均有特异的命运决定因子（转录因子），来启动或抑制细胞因子、信号分子及表面受体等的表达，如 T-bet 会抑制 RORγt 和 GATA3 的表达，从而促使 T 细胞向 Th1 型、ILC 细胞向 ILC1 型细胞转变；免疫微环境中多种成分（如 IL-4、IL-12、TGF-β 等细胞因子）也能影响免疫细胞转分化。此外，免疫细胞的可塑性还受到抗原与抗原受体的调控。

免疫细胞可塑性与病原体感染、自然免疫性疾病甚至肿瘤发展都密切相关。调节细胞的可塑性，能够在一定程度上控制疾病进程，如多发性硬化症和 I 型糖尿病患者体内都检测出分泌 IFN-γ 的 Treg 细胞，哮喘患者体内检测出分泌 IL-17A 的 Th2 细胞；克罗恩氏病（Crohn's Disease）患者肠道中检测出大量产生 IFN-γ 的 ILC 细胞。这些细胞的转分化与疾病的发生发展关系密切 [1,2]。

3.3 从专利申请角度看细胞可塑性调控与细胞工程应用领域的技术开发

本节重点聚焦细胞工程应用的相关技术，利用 Incopat 数据库，从专利申请角度梳理该领域的技术开发情况。

3.3.1 专利申请概况

从 Incopat 专利数据库中检索到细胞工程的专利申请 66586 件，其中近 10 年（2011—2020 年）的专利申请为 42969 件 [3]。本节基于近 10 年的专利申请情况，对该

[1] 王硕, 范祖森. 免疫细胞可塑性与免疫病理机制研究进展 [J]. 中国免疫学杂志, 2018,34(5): 641-646.

[2] STADHOUDERS R, LUBBERTS E, HENDRIKS R W. A cellular and molecular view of T helper 17 cell plasticity in autoimmunity[J]. Journal of Autoimmunity, 2018,87:1-15.

[3] 检索日期：2021 年 2 月 8 日。检索式：(TIABC=("cell plasticit*" OR "cellular plasticit*" OR "genom* plasticit*" OR "genetic* plasticit*" OR "epigenetic* plasticit*" OR transdifferentiat* OR "cell engineering" OR "induced pluripotent stem cell*" OR "IPS cell*" OR reprogram* OR "directional differentiation" OR "directed differentiation" OR "directional dedifferentiation" OR "directed dedifferentiation" OR "induced differentiat*" OR "differentiation induct*" OR "DNA damage" OR "DNA damaging" OR "chromosome fragilit*" OR "genome instabilit*" OR "genomic instabilit*" OR "epithelial mesenchymal transition" OR immunoedit* OR "cell therapy" OR "programmed cell death" OR "cell cultur*" OR "cell separation*" OR "cell track*" OR "cytogenetic analysis" OR "single cell analysis" OR "cell fractionation*" OR "Adoptive T cell therap*" OR "adoptive cell therap*" OR "T cell receptor*" OR "chimeric antigen receptor*")) AND (AD=[20110101 to 20201231]).

领域的技术重点和代表性机构进行分析。

1. 年度趋势

细胞工程的研究与技术开发与细胞生物学的发展密切相关。从专利申请数量的变化趋势看，大致经历了以下发展阶段。

1950—1990 年为细胞工程的缓慢发展阶段。1953 年，Watson 和 Crick 解析 DNA 双螺旋分子结构模型，奠定了分子生物学的基础，此后的 20 多年中，分子生物学领域的关键技术陆续涌现，开始影响细胞生物学的研究。1976 年，第一届国际细胞生物学会议在美国波士顿召开，细胞生物学研究逐步发展为"细胞与分子生物学"，基因重组等分子生物学技术开始用于细胞研究。

1991—2012 年为第一次快速发展阶段。1990 年，人类基因组计划启动并于 2001 年公布研究结果，细胞周期调控机制、细胞程序性死亡等研究分别于 2001 年和 2002 年获得诺贝尔生理医学奖。

2013 年至今为第二次快速发展阶段，CRISPR 等基因编辑技术和肿瘤免疫等新型疗法的出现，驱动细胞工程专利数量实现了又一次大幅增长（见图 3.5）。

图 3.5 细胞工程的专利申请数量变化趋势

2. 国家分布

从申请人所在国家来看，2011—2020 年申请细胞工程专利数量最多的国家分别为美国、中国、日本、英国和韩国，其中美国的专利申请数量占全球总数的 52.08%，中国占 14.19%。美国的 PCT 专利申请数量达 5032 件，排名全球首位，中国以 534 件 PCT 专利位列全球第二。中国 PCT 专利占所有专利申请数量的 8.76%（见表 3.6）。

表 3.6　细胞工程领域的专利申请情况

申请人所在国	专利申请数量（件）	PCT 专利申请数量（件）	PCT 专利占比
美国	22378	5032	22.49%
中国	6099	534	8.76%
日本	2642	332	12.57%
英国	2247	525	23.36%
韩国	2227	287	12.89%
德国	1749	388	22.18%
法国	1140	336	29.47%
瑞士	1032	286	27.71%
加拿大	443	141	31.83%
印度	426	51	11.97%

　　美国是最主要的专利技术来源国，其重视专利技术在日本、中国、韩国等亚洲市场的布局。美国专利权人分别在日本、中国、韩国申请了 2311 件、1763 件、1022 件专利。中国专利权人在其他国家申请专利较少，可见中国在其他国家的市场布局比较有限（见图 3.6）。

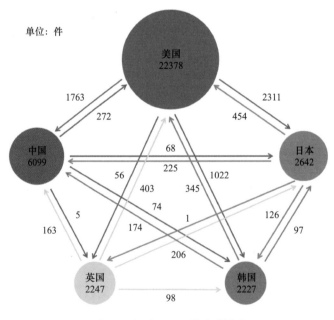

图 3.6　细胞工程国家专利流向

3.3.2 技术重点

3.3.2.1 专利技术分类

基于 IPC 分类 [1]，细胞工程领域的专利主要涉及医学卫生学（A61K 和 A61P）、生物化学与遗传突变工程（C12N）和有机化学（C07K）等技术领域，这些技术领域的专利申请数量占总数的 76.42%。进一步细化细胞工程领域的专利分类可以发现，相关专利主要涉及抗原抗体、有机化合物、多肽、基因产品等医用有效成分的研发，以及细胞培养、突变和遗传工程、细胞增殖和分离、生物促进剂或抑制剂、病毒转染系统等细胞工程技术的开发；主要用于肿瘤、免疫和过敏性疾病、神经系统疾病、心血管疾病、皮肤疾病等疾病治疗；最终产品形式包括免疫球蛋白、多肽衍生物等（见表 3.7）。

表 3.7　细胞工程领域全球专利的主要技术大组分布

IPC 分类号（小类）	IPC 分类号（大组）	技术内容	专利申请数量（件）
A61K	A61K35	含有不明结构的原材料及其反应产物的医用配制品	10147
	A61K39	含有抗原或抗体的医药配制品	7425
	A61K31	含有机成分的医药配制品	4862
	A61K38	含肽的医药配制品	3885
	A61K45	含其他有效成分的医用配制品	2377
C12N	C12N5	未分化的人类、动物或植物细胞，如细胞系、组织、培养基	14950
	C12N15	突变或遗传工程	9639
	C12N9	制备、活化、抑制、分离或纯化酶的方法	1388
	C12N1	繁殖、维持或保藏微生物或其组合物的方法；制备或分离含有一种微生物的组合物的方法及其培养基	913
	C12N7	病毒（如噬菌体）及其组合物的制备或纯化	616
C07K	C07K14	具有多于 20 个氨基酸的肽、促胃液素、生长激素释放抑制因子、促黑激素及其衍生物	8195
	C07K16	免疫球蛋白，如单克隆或多克隆抗体	8025
	C07K19	杂合肽	2265
	C07K7	在完全确定的序列中含有 5~20 个氨基酸的肽及其衍生物	639
A61P	A61P35	抗肿瘤药	8855
	A61P37	治疗免疫或过敏性疾病的药物	1960
	A61P43	用于特殊目的的药物	1347
	A61P31	抗感染药，即抗生素、抗菌剂、化疗剂	1238
	A61P25	治疗神经系统疾病的药物	959

[1] 国际专利分类（IPC 分类）是一种以功能性为主、应用性为辅的技术分类方式。

我国的专利技术分类与国际分布基本一致。然而，生物化学与遗传突变工程相关专利申请数量相对较多，医学应用类专利较少，这意味着我国的专利技术主要集中于遗传机制的研究，临床应用类相对有限（见表 3.8）。

表 3.8　细胞工程领域中国专利的主要技术大组分布

IPC 分类号（小类）	IPC 分类号（大组）	技术内容	专利申请数量（件）
C12N	C12N5	未分化的人类、动物或植物细胞，如细胞系；组织；培养基	3028
	C12N15	突变或遗传工程	2018
	C12N7	病毒，如噬菌体、其组合物、其制备或纯化	208
	C12N1	繁殖、维持或保藏微生物或其组合物的方法，制备或分离含有一种微生物的组合物的方法及其培养基	95
	C12N9	制备、活化、抑制、分离或纯化酶的方法	67
A61K	A61K35	含有不明结构的原材料及其反应产物的医用配制品	1194
	A61K39	含有抗原或抗体的医药配制品	747
	A61K31	含有机有效成分的医药配制品	393
	A61K38	含肽的医药配制品	318
	A61K47	使用非有效成分的医用配制品，如载体或惰性添加剂、通过化学键结合有效成分的靶向剂或改性剂	216
A61P	A61P35	抗肿瘤药	1948
	A61P37	治疗免疫或过敏性疾病的药物	255
	A61P31	抗感染药，即抗生素、抗菌剂、化疗剂	206
	A61P25	治疗神经系统疾病的药物	119
	A61P9	治疗心血管系统疾病的药物	111
C07K	C07K19	杂合肽	845
	C07K16	免疫球蛋白，如单克隆或多克隆抗体	679
	C07K14	具有多于 20 个氨基酸的肽、促胃液素、生长激素释放抑制因子、促黑激素及其衍生物	453
	C07K1	肽的一般制备方法	26
	C07K7	在完全确定的序列中含有 5~20 个氨基酸的肽	20

3.3.2.2　重点领域

细胞工程专利的主要关键词如图 3.7 所示。

细胞因子调控：即参与细胞可塑性的基因组调控、表观组调控、蛋白质组调控。基因组调控包括各类位点的编码序列和非编码序列；表观组调控包括转录因子及其对基因序列的表观遗传修饰，以甲基化、组蛋白乙酰化、转录因子为主；蛋白质组调控包括信号转导蛋白及其结合结构域。

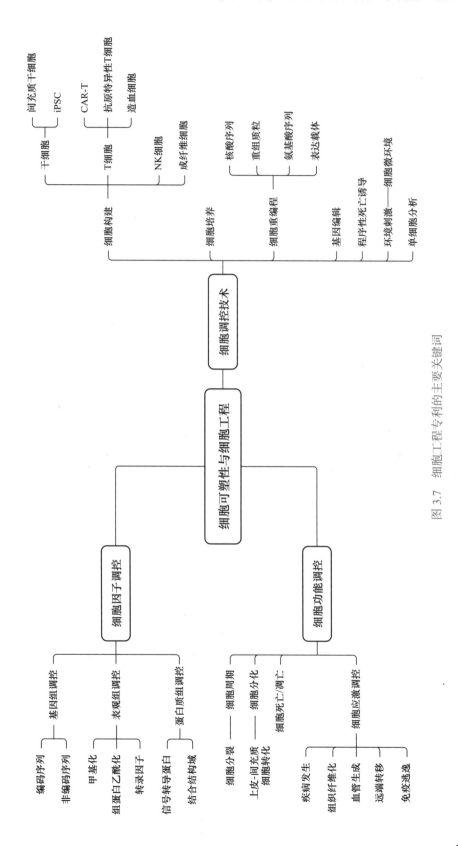

图 3.7 细胞工程专利的主要关键词

细胞功能调控：即细胞因子影响的细胞生理／病理过程，包括细胞周期、细胞分化、细胞死亡／凋亡，以及细胞应激调控。

细胞调控技术：涉及工程化细胞构建、细胞培养、细胞重编程、基因编辑、程序性死亡诱导、环境刺激——细胞微环境，以及精度和分辨率更高的单细胞分析技术。

通过专利引用、关键词出现频率，利用 Incopat 在线分析工具，能够寻找特定技术领域的技术密集区域。细胞工程领域的技术密集区域主要涉及免疫疗法的细胞构建和靶点筛选、含有免疫疗法和细胞疗法的药物组合、iPS 细胞的诱导分化技术、靶向细胞周期的疗法等内容。

免疫疗法的细胞构建。相关专利集中于肿瘤免疫疗法，通过提供稳定表达的转染质粒、高效的病毒载体、优化的氨基酸序列、小分子诱导剂等，以提高免疫细胞（T 细胞、NK 细胞等）的增殖速度、免疫应答效率、与肿瘤细胞的特异性结合能力、肿瘤细胞杀伤能力等。

免疫疗法的靶点筛选。相关专利集中在肿瘤免疫靶点的筛选和抗体设计，广泛用于过继性细胞免疫、CAR-T 细胞等免疫疗法的开发。相关专利包含嵌合抗原受体（例如，CD19、CD22、CD28、CD30、ROR1 等）的特异性靶向区域，设计并改造跨膜蛋白的结构，以提高免疫细胞对疾病靶标的识别和结合能力，提高细胞疗法的特异性。

含有免疫疗法和细胞疗法的药物组合。该领域的专利包含至少一种细胞疗法和其他药物分子，前者用于再生医学或免疫治疗，后者用于提高治疗效果和抑制治疗的不良反应。例如，使用免疫疗法靶向杀死肿瘤细胞后，配合免疫抑制剂以减少过度激活机体免疫能力对于机体免疫系统、神经系统、代谢系统的损伤。相关药物组合广泛应用于肿瘤、神经退行性疾病、血液病（贫血等）、肌肉骨骼疾病等。

iPS 细胞的诱导分化技术。相关专利包括 iPS 细胞的培养扩增、诱导分化、鉴定分选等技术。例如，调整细胞培养基中的营养成分、设定细胞培养基的更换策略，配合表达载体和抗性基因的转染技术，培养出具有定向分化能力的 iPS 细胞。

靶向细胞周期的疗法。相关技术主要是靶向细胞周期，通过物理方法（紫外线照射、X 光）、化学方法（小分子化学药）、生物学方法（抗体药物等）干扰和影响 DNA 损伤修复等过程，抑制疾病细胞的生长和增殖，发挥疾病治疗的作用。

3.3.2.3 重要专利权人

2011—2020 年，细胞可塑性与细胞工程应用领域专利申请数量最多的 10 个专利权人中，有 7 个为美国大学或企业。宾夕法尼亚大学、诺华公司、加利福尼亚大学系统是全球专利申请数量最多的机构，其专利技术主要涉及肿瘤免疫和细胞疗法等领域。从专利权人类型看，开展细胞工程技术研发的大学和研究机构较多，专利申请数量最多的 10 个国际机构中有 6 个为大学或研究机构。

科济生物医药（上海）有限公司、浙江大学、中国科学院广州生物医药与健康研究院是我国专利申请数量最多的 3 个机构。值得注意的是，中国专利申请数量最多的 10 个机构中，企业占 5 席（见表 3.9），主要从事细胞疗法（尤其是肿瘤免疫疗法）的开发工作。

表 3.9　细胞可塑性与细胞工程应用领域的主要专利申请机构及其专利申请数量

国际机构	专利申请数量（件）	中国机构	专利申请数量（件）
宾夕法尼亚大学	710	科济生物医药（上海）有限公司	102
诺华公司	606	浙江大学	102
加利福尼亚大学系统	602	中国科学院广州生物医药与健康研究院	80
Juno 治疗	551	深圳宾德生物技术有限公司	78
Immatics 生物技术公司	540	上海斯丹赛生物技术有限公司	76
纪念斯隆－凯特琳癌症中心	509	上海恒润达生生物科技有限公司	72
Cellectis 公司	415	清华大学	55
伦敦大学学院技术转让公司	332	上海细胞治疗研究院	54
哈佛大学	271	北京百奥赛图基因生物技术有限公司	46
Fred Hutchinson 癌症研究中心	216	北京大学	99

1. 国际机构

细胞工程的主要专利权人集中在美国，其中大学和研究机构更关注细胞功能的研究方法，制药企业更关注医疗产品的开发。2011—2020 年专利申请数量最多的 10 个国际机构及其主要研究内容如图 3.8 所示。

1）生物医药企业

美国诺华公司是最早进驻细胞治疗领域的大型制药企业之一，其研发的 Kymriah（CTL019）是全球首个获批上市的 CAR-T 细胞治疗药物。2011—2020 年，诺华公司共申请 606 件细胞工程相关的专利。从 IPC 分类号来看，专利技术涉及抗体和受体、细胞表面抗原或细胞表面决定因子（C07K16/28），T 细胞受体（C07K14/725），T 细胞、NK 细胞及其前体（C12N5/0783）等技术领域。自 2012 年起，诺华公司与宾夕法尼亚大学开展了长期且密切的协同研究与商业合作，共同推动 Kymriah 上市，共同申请了 271 件专利。其专利包括细胞中 CD19、CD20、CD22 等抗体的表达方法（US10253086B2），多靶点 CAR-T 细胞构建（US20200281973A1），CAR-T 细胞用于肿瘤治疗的方法（US10221245B2）等。2019 年 9 月，诺华公司与宾夕法尼亚大学签署新的合作协议，将进一步合作开发 CAR-T 联合帕博利珠单抗（Pembrolizumab）治疗胶质母细胞瘤的方法，以及靶向 CD22、CD123 的血液肿瘤 CAR-T 细胞疗法。

美国 Juno 治疗（于 2019 年被百时美施贵宝收购）是由 Fred Hutchinson 癌症研究中心、纪念斯隆－凯特琳癌症中心、西雅图儿童研究所于 2013 年投资成立的癌症免疫治疗药物开发中心。2011—2020 年其共申请 551 件发明专利。从 IPC 分类号来看，其专利技术涉及 B 细胞、T 细胞、NK 细胞、淋巴细胞等（A61K35/17），T 细胞、NK 细胞及其前体（C12N5/0783），抗体和受体、细胞表面抗原或细胞表面决定因子（C07K16/28）等领域。

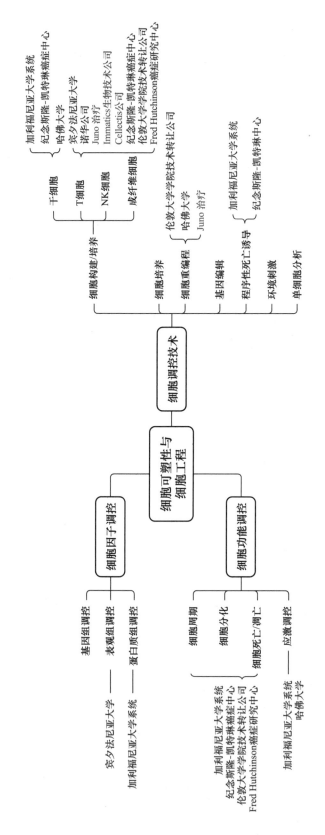

图 3.8 2011—2020 年专利申请数量最多的 10 个国际机构及其主要研究内容

注：图中红色为高校，研究机构和医院，蓝色为企业。

德国 Immatics 生物技术公司是一家从事临床阶段研究的生物制药公司，主要从事
T 细胞重定向癌症免疫疗法的发现和开发，2011—2020 年共申请 540 件发明专利。从
IPC 分类号来看，其专利技术涉及含有抗原或抗体的医药配置品（A61K39）、T 细胞
受体（C07K14/725）等。Immatics 生物技术公司擅长过继性细胞疗法（Adoptive Cell
Therapies）研发，其 XCEPTOR®TCR 平台可用于识别特定的 T 细胞受体。Immatics 生物
技术公司已经与得克萨斯大学 MD 安德森癌症中心、葛兰素史克（GSK）、百时美施贵
宝等机构达成长期合作，2020 年 2 月，Immatics 生物技术公司获得 GSK 共 4500 万欧元
的预付款，用于开发自体 T 细胞疗法和同种异体 T 细胞疗法。

2）高校与研究机构

美国宾夕法尼亚大学是全球在细胞工程领域申请专利数量最多的机构，2011—
2020 年共申请 710 件发明专利。从 IPC 分类号来看，其专利主要涉及 B 细胞、T 细胞、
NK 细胞、淋巴细胞等（A61K35/17），抗体和受体、细胞表面抗原或细胞表面决定因
子（C07K16/28），受体、细胞表面抗原、细胞表面决定因子（C07K14/705）等技术领
域。宾夕法尼亚大学的专利主要聚焦免疫细胞构建和表观调控。CAR-T 细胞和抗原特
异性 T 细胞构建是宾夕法尼亚大学技术开发的重点，细胞的表观遗传调控和细胞重编
程技术也受到关注。

加利福尼亚大学系统 2011—2020 年共申请细胞工程相关专利 602 件，主要涉及受
体、细胞表面抗原、细胞表面决定因子（C07K14/705），抗体和受体、细胞表面抗原
或细胞表面决定因子（C07K16/28），非特定组织或细胞的组合物（A61K35/12），T 细
胞受体（C07K14/725）等技术领域。从研究内容看，加利福尼亚大学系统的专利更聚
焦于细胞受体和细胞生理过程，涉及肿瘤、再生医学、生殖医学、神经科学等领域。

2. 中国机构

2011—2020 年，中国共申请细胞工程领域专利 6099 件，其技术重点主要聚焦
CAR-T 等细胞治疗产品的研发。科济生物医药（上海）有限公司和浙江大学是我国专利
数量最多的两个机构，前者主要从事 CAR-T 疗法研发，后者关注工程细胞的培养、构
建、筛选技术。此外，我国高校和研究机构还关注干细胞分化、动物模型相关的技术开
发。2011—2020 年专利申请数量最多的 10 个中国机构及其主要研究内容如图 3.9 所示。

1）生物医药企业

科济生物医药（上海）有限公司聚焦 CAR-T 细胞和抗体等肿瘤免疫治疗产品
的研发，拥有抗体前期开发技术（杂交瘤和噬菌体文库技术）、优化改造和表达平
台、CAR-T 构建技术（搭载 PD1-CH3 的 CAR-T 细胞和 Run-CAR 平台）、生产制造平
台（慢病毒载体平台、CMC 制备中心、GMP 生产基地）等。目前，该公司从事靶向
GPC3、CD19、BCMA、CLAUDIN18.2、EGFR/EGFRVIII 等 11 个 CAR-T 细胞治疗产
品的研发，其中 5 个已经进入临床研究阶段。

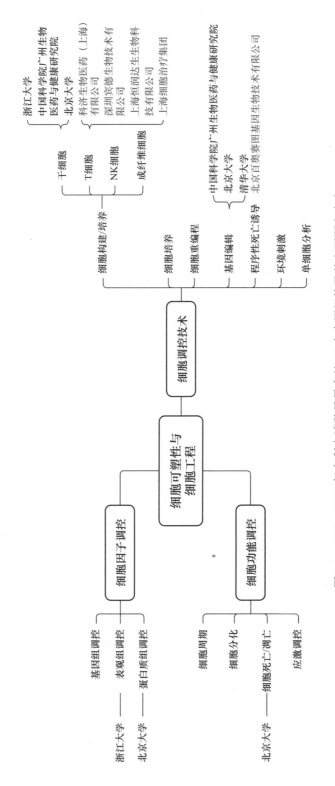

图3.9 2011—2020年专利申请数量最多的10个中国机构及其主要研究内容

注：图中红色为高校、研究机构和医院，蓝色为企业。

深圳宾德生物技术有限公司以基于免疫细胞的抗癌产品为主要业务，致力于开发 CAR-T 和 TCR-T 免疫细胞技术。该公司目前有 33 个靶点的 CAR-T 细胞产品处于研发前期阶段，其中包含 6 个独有靶点。在细胞治疗领域，该公司 2019 年 4 月—2020 年 4 月的专利申请数量仅次于江苏恒瑞医药股份有限公司位列全国第二，排名全球第 19 位。

上海斯丹赛生物技术有限公司成立于 2009 年 8 月，其研究重点聚焦于细胞治疗、干细胞和基因编辑等领域，该公司至少申请了 26 项欧美专利和 5 项 PCT 专利，旨在成为具有全球影响力的 CAR-T 细胞研发企业。上海斯丹赛生物技术有限公司已经开发 4 款 CAR-T 细胞产品，分别是治疗非霍奇金氏淋巴瘤的 ICTCAR014，以及用于治疗实体瘤的 ICTCAR-CRC、ICTCAR-TC 和 ICT-CAR-TCR Hybrid，其中 ICTCAR014 已申请在美国开展临床研究，ICTCAR-CRC 和 ICTCAR-TC 申请在中国开展临床研究。

上海恒润达生物科技有限公司以肿瘤免疫治疗技术的研发和应用为主，开展了 TCR-T 细胞治疗、CAR-NK 细胞治疗、溶瘤病毒疗法等多个研发项目。该公司申请的专利主要涉及 CAR-T 细胞的构建，靶点包括 CD19、Mesothelin-aPD1、NY-ESO-1、GCP3、ROR1、CD28、BCMA 等。其双靶点的 CAR-T 产品（同时靶向 BCMA 和 CD19、GPC3 和 CD19、CD19 和 CD22 等）也具有较大的应用价值。

2）高校和研究机构

浙江大学 2010—2019 年在细胞工程领域申请了 40 件专利，主要关注细胞制备和细胞培养的操作环节。例如，发明靶向肿瘤细胞的巨噬细胞制备方法（CN109266618A），心律失常性右室心肌病疾病模型的建立方法（CN109402048A），基于 LcnRNA 开发卵巢癌诊治产品（CN110029166A），成纤维细胞向神经细胞的诱导转化方法（CN106399248A），利用小分子组合物诱导小鼠成纤维细胞成软骨（CN107674859A）等。

中国科学院广州生物医药与健康研究院的技术重点主要涉及细胞重编程和细胞命运调控技术，主要包括：化学诱导多能性干细胞生成的培养体系（CN110218696A），调节细胞命运的 NCoR/SMRT 分子途径（CN105693842A），内胚层细胞的培养技术（CN109486744A）等。

3.4 从临床试验看细胞可塑性调控与细胞工程应用的转化研究

本节通过 ClinicalTrials.gov 平台，检索并统计细胞治疗领域的临床试验项目，并进一步分析梳理 CAR-T 细胞治疗的临床研究情况。

3.4.1 临床试验概述

2011—2020 年 [1]，ClinicalTrials.gov 平台上共登记细胞治疗 [2] 的临床试验 23050 项，其中干预性临床试验 20080 项，观察性临床试验 3034 项，每年临床试验的数量保持稳定增长趋势。从干预方法看，细胞治疗主要包括干细胞、免疫细胞和其他细胞疗法（见图 3.10）。

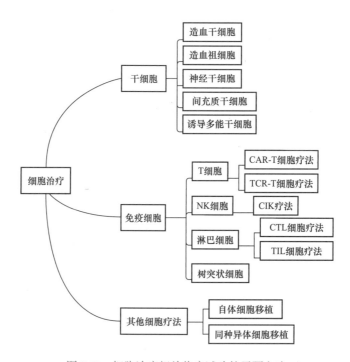

图 3.10 细胞治疗相关临床试验的干预方法

干细胞疗法涉及造血干 / 祖细胞、神经干细胞、间充质干细胞、诱导多能干细胞疗法。2011—2020 年干细胞相关的临床试验共 4874 项，2010—2016 年临床试验数量保持稳定增长，随后每年试验数量基本不变。免疫细胞疗法涉及 T 细胞、NK 细胞、淋巴细胞、树突状细胞等免疫细胞，其中 CAR-T 细胞的相关临床试验数量快速增长，2011—2020 年 CAR-T 相关临床试验达 903 项，2011 年仅登记 26 项临床试验，2020 年则增长至 236 项（见图 3.11）。另外，细胞治疗的临床试验还涉及自体细胞移植、异体细胞移植等研究。

干细胞研究中，48.56% 的临床试验进入 II 期阶段，即初步评价药物对目标适应证患者的治疗作用和安全性；9.34% 的临床试验进入 III 期阶段，即招募大量试验人群，进

---

[1] 检索日期：2021 年 2 月 8 日。

[2] 检索方式：在 ClinicalTrials.gov 页面的高级检索中，在 "other terms" 中填入 "cell therapy OR cell therapies OR cell plasticity OR cell plasticities OR cell engineering OR cell transplantation OR regenerative medicine"，并进行分析。

一步验证药物对目标适应证患者的治疗作用和安全性，评价利益与风险关系，为药物注册申请的审查提供充分的依据。目前，CAR-T 细胞疗法临床研究规模较小，分别有63.79% 和 30.30% 临床试验处于 I 期和 II 期阶段，III 期临床试验数量较少（见图 3.12）。

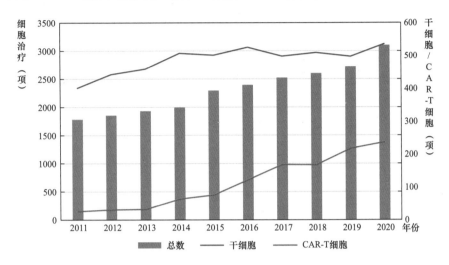

图 3.11　2011—2020 年开展的细胞治疗临床试验

资料来源：ClinicalTrials.gov。

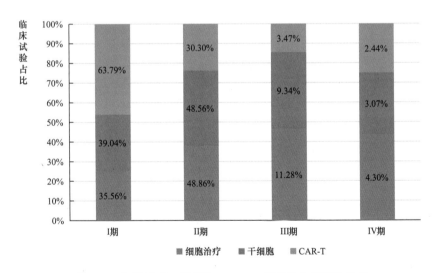

图 3.12　细胞治疗、干细胞、CAR-T 相关的临床试验分布

注：未明确临床分期的试验未在图中体现。

2011—2020 年，美国共登记了 10810 项临床试验，占全球总数的 43.90%，中国临床试验数量共 3072 项，位列全球第二（见图 3.13）。在细胞工程的临床研究领域表现活跃的国家还包括法国、西班牙、加拿大等。

中国的临床试验开展时间较晚，但发展较快（见图 3.14）。在 CAR-T 细胞疗法方面，中国的临床试验数量已经超过美国，居全球首位。

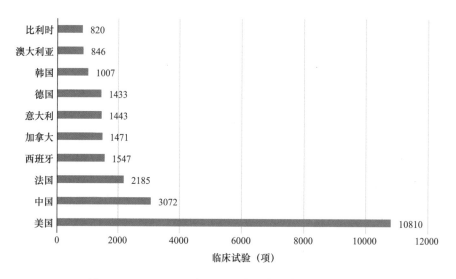

图 3.13　2011—2020 年开展细胞治疗临床试验的国家分布

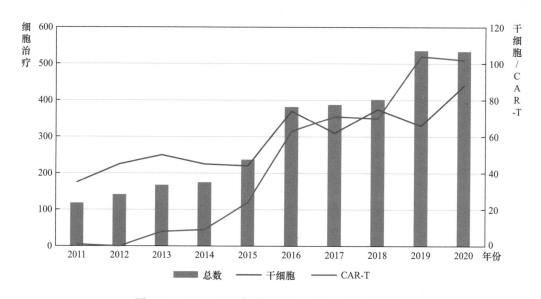

图 3.14　2011—2020 年中国开展的细胞治疗临床试验

资料来源：ClinicalTrials.gov。

　　美国研究机构和跨国制药公司表现活跃，临床试验最多的 10 个机构中包含 4 个美国研究机构和 6 个大型跨国医药企业。干细胞的临床试验主要由研究机构发起，除 7 个美国研究机构外，还包括巴黎公立医院联盟、北京大学人民医院、南方医科大学南方医院。CAR-T 细胞的临床研究主要由美国和中国机构开展，中国人民解放军总医院共登记 31 项临床试验，位列全球第三，深圳市免疫基因治疗研究院、博生吉医药科技（苏州）有限公司、河北森朗生物技术有限公司、浙江大学、河北燕达陆道培医院等开展了较多的 CAR-T 细胞疗法临床研究（见图 3.15）。

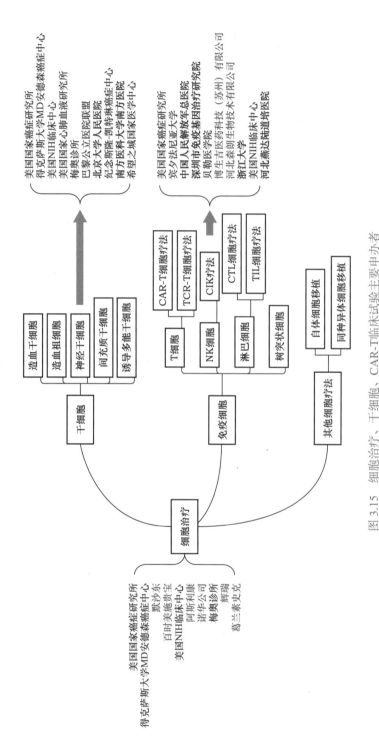

图 3.15　细胞治疗、干细胞、CAR-T 临床试验数量前 10 的机构，其中红色为高校、医院或研究机构，蓝色为企业；粗体为中国机构。

注：每个领域各列出临床试验数量前 10 的机构，其中红色为高校、医院或研究机构，蓝色为企业；粗体为中国机构。

基于 ClinicalTrials 临床试验的 MeSH 主题词统计适应证分布情况。细胞治疗的临床试验主要集中在癌症、免疫系统疾病、呼吸道疾病、感染性疾病、消化系统疾病等领域（见表 3.10）。免疫疗法主要用于癌症、免疫系统疾病等领域，干细胞疗法主要用于免疫系统疾病（白血病等）和呼吸道疾病等领域。

表 3.10　细胞治疗临床试验适应证分布

疾病领域	疾病（MeSH 主题词）	临床试验（项）	疾病领域	疾病（MeSH 主题词）	临床试验（项）
癌症	肿瘤	835	呼吸道疾病	肺部疾病	540
	上皮性肿瘤	527		肺部肿瘤	466
	肺部肿瘤	466		呼吸道肿瘤	406
	胸部肿瘤	407		非小细胞肺癌	368
	呼吸道肿瘤	406		支气管肿瘤	365
	非小细胞肺癌	368		呼吸道感染	107
	支气管肿瘤	365		小细胞肺癌	82
	淋巴瘤	350		肺炎	73
	白血病	262		严重急性呼吸综合征（SARS）	71
	恶性腺癌	234		呼吸障碍	56
免疫系统疾病	免疫增殖病	438	感染性疾病	传染病	297
	淋巴组织增殖性疾病	438		感染和炎症	297
	淋巴瘤	350		呼吸道感染	107
	非霍奇金式淋巴瘤	232	消化系统疾病	胃肠疾病	258
	淋巴样白血病	145		消化系统肿瘤	192
	B 细胞淋巴瘤	148		胃肠道肿瘤	192
	副蛋白血症	108		肠道疾病	78
	髓性白血病	106		结肠癌	73
	多发性骨髓瘤	101		—	
	急性非淋巴细胞白血病	100			

3.4.2　案例分析：CAR-T 细胞疗法的临床研究

3.4.2.1　概况

CAR-T 细胞疗法是临床应用的热点之一，2011—2020 年，ClinicalTrials.gov 公开的 CAR-T 相关的临床试验共 1139 项，其中中国 436 项，美国 277 项。从临床分期看，CAR-T 的临床研究主要集中在 I 期和 II 期，大部分试验为研究者发起。

2013 年，深圳市免疫基因治疗研究院登记了针对 B 细胞恶性肿瘤的 CAR-T 细胞疗法，是我国在 ClinicalTrials.gov 平台上登记的首个 CAR-T 细胞疗法临床试验。自 2016 年起，中国在 ClinicalTrials.gov 平台上登记的 CAR-T 临床试验数量持续超过美国，成为全球开展 CAR-T 临床试验最多的国家（见图 3.16）。

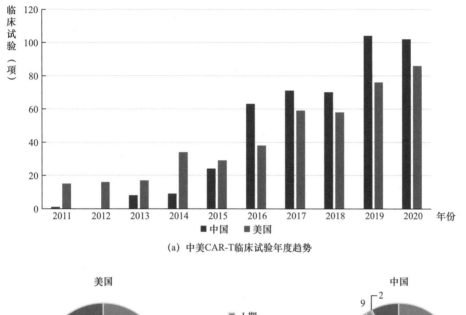

(a) 中美CAR-T临床试验年度趋势

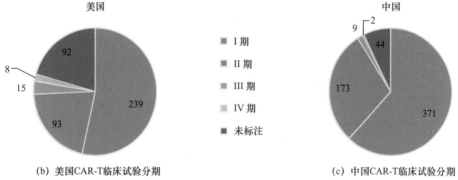

(b) 美国CAR-T临床试验分期　　　　　　(c) 中国CAR-T临床试验分期

图 3.16 中美 CAR-T 细胞临床研究发展情况

3.4.2.2 主要申办机构

CAR-T 的临床试验主要由高校、研究机构、医院等开展，值得注意的是，中国企业在 CAR-T 临床研究方面十分活跃，全球临床试验数量最多的 10 个机构中包括 4 个中国机构。2011—2020 年，博生吉医药科技（苏州）有限公司登记了 20 项临床试验，是全球临床试验数量最多的企业。在临床试验数量最多的 12 个企业发起者中，中国企业有 7 个（见表 3.11）。

表 3.11 CAR-T 临床试验主要申办者的临床试验数量（2011—2020 年）

研究机构、高校、医院	临床试验数量（项）	企业	临床试验数量（项）
美国国家癌症研究所	55	博生吉医药科技（苏州）有限公司	20
宾夕法尼亚大学	41	河北森朗生物科技有限公司	19
中国人民解放军总医院	31	吉利德科学公司	17
深圳市免疫基因治疗研究院	26	科济生物医药（上海）有限公司	14
美国 NIH 临床中心	21	Kite 制药有限公司	13
贝勒医学院	20	诺华公司	11
浙江大学	19	上海恒润达生生物科技有限公司	11
河北燕达陆道培医院	16	南京传奇生物科技有限公司	11
纪念斯隆 - 凯特琳癌症中心	16	Celgene 公司	10
休斯敦卫理公会医院	16	Juno 治疗	10
—		上海优卡迪生物医药科技有限公司	10
		上海雅科生物科技有限公司	10

注：表中加粗标识的是中国研究机构或企业。

3.4.2.3 CAR-T 细胞疗法的靶点分布

在恶性血液肿瘤中，与 CD19 相关的临床试验数量最多。2011—2020 年，全球已开展了 335 项临床试验，其中中国 192 项，美国 102 项。其次为 B 细胞成熟抗原（BCMA）。在实体瘤中，与间皮素（Mesothelin）相关的临床试验数量最多，全球总数为 31 项，中国 20 项，美国 11 项。通过中美比较可以看出，中国 CAR-T 细胞疗法的临床试验数量普遍超过美国，但在以 CD4、CD30、HER2 等为靶点的 CAR-T 药物方面，美国略高于我国（见图 3.17 和图 3.18）。

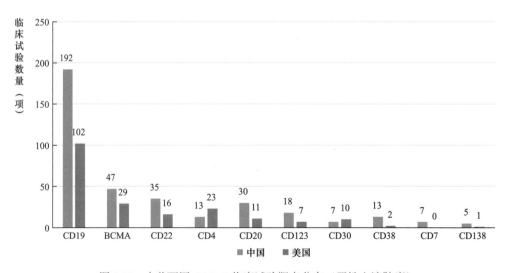

图 3.17 中美两国 CAR-T 临床试验靶点分布（恶性血液肿瘤）

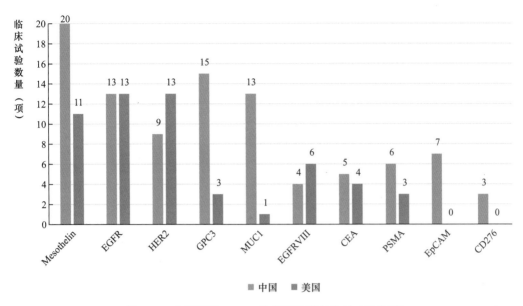

图 3.18　中美两国 CAR-T 临床试验靶点分布（实体瘤）

1. 血液肿瘤

1）CD19

CD19 在整个 B 细胞发育过程中高度表达，是目前 B 细胞微型肿瘤的理想靶标之一。

美国诺华公司 2014 年率先公布了关于 CART-19 的临床报告，研究人员将靶向 CD19 的慢病毒载体转导 T 细胞（CTL019）以 $0.76×10^6 \sim 20.6×10^6$ 细胞 / 千克的浓度输入急性淋巴细胞白血病（Acute Lymphoblastic Leukemia，ALL）患者体内，检测靶向 CTL019 的 T 细胞的体内持续性和免疫毒性，在 30 名儿童患者和成人患者中，有 27 名患者实现完全缓解，6 个月无进展生存率达 67%，总生存率达 78%。6 个月后 67% 的患者体内持续检测出 CTL019 的 T 细胞，但所有患者均出现不同程度的细胞因子释放综合征 [1]。

我国开展的 CART-19 临床试验中，有 128 项使用 CART-19 作为单一疗法，另有 8 项试验评估 CAR-T 细胞与造血干细胞移植联合使用的可行性。2015 年，中国人民解放军总医院首次公布了 9 名 B-ALL 患者的 CAR-T 治疗效果。2018 年，广东省人民医院引入 Toll 样受体 2（TLR2）的 Toll/ 白介素 1 受体（ITR）结构域来增强 CAR-T 细胞的抗肿瘤能力，基于这种名为 1928zT2 CAR T 的方法完全消除了 3 名 ALL 患者的肿瘤细胞；陆军军医大学西南医院联合使用 CAR TCD28/4-1BB 及 CART-19 疗法治疗了 10 名患者。2019 年，为了提高 CART-19 细胞疗法的效率，北京大学肿瘤医院在

[1] MAUDE SL, FREY N, SHAW PA, et al. Chimeric Antigen Receptor T Cells for Sustained Remissions in Leukemia[J]. New England Journal of Medicine, 2014,371(16):1507-1517.

CAR 分子中添加了 15 个氨基酸，在不降低抗肿瘤功能的情况下减少细胞因子生成，增加 T 细胞增殖，将新型 CAR 结构应用于 25 例晚期 B 细胞非霍奇金淋巴瘤（B cell Non-Hodgkin's Lymphoma，B-NHL）患者，有 7 名患者完全缓解，8 名患者部分缓解。CART-19 与其他靶向疗法的联合使用已经逐渐成熟，在接受 CART-19 后使用造血干细胞移植（HSCT），能够有效延长无事件生存期和无复发生存期。

2）BCMA

作为肿瘤坏死因子家族成员，BCMA 在多发性骨髓瘤（Multiple Myeloma，MM）细胞中广泛表达，但在正常细胞中几乎检测不到。与其他常用靶标相比，针对 BCMA 的 CAR-T 临床试验开展得较晚，全球首例 CAR T-BCMA 临床试验于 2015 年 9 月发布，我国首例 CAR T-BCMA 临床试验于 2016 年 11 月启动。

美国国家癌症研究所于 2016 年发布了针对 BCMA 的 CAR-T 细胞试验结果，研究人员在 12 名患者中检测了 $0.3×10^6$、$1×10^6$、$3×10^6$、$9×10^6$ CAR-T 细胞 / 千克的治疗剂量，两个较低剂量组的抗瘤活性有限且发生轻微毒性，1 名接受第三剂量水平治疗和 2 名接受第四剂量治疗的患者得到部分缓解，但出现发烧、低血压和呼吸困难等不良反应[1]。

我国在 CAR T-BCMA 疗法研究方面处于全球前列。2018 年，华中科技大学同济医学院附属同济医院使用 CAR T-BCMA 治疗 POEMS 综合征（一组以周围神经病变、器官肿大、内分泌病变、M 蛋白及皮肤改变为主要临床表现的罕见浆细胞病）和 MM，一名 POEMS 综合征患者和一名 MM 患者获得完全缓解，首次证明 CAR T-BCMA 治疗 POEMS 综合征的可行性。南京传奇生物科技有限公司赞助的 I 期多中心研究系统评估了 LCAR-B38M（一种双重表位结合 CAR T-BCMA 细胞产品）在 57 名 MM 患者中的安全性和有效性，结果显示 48 名患者（88.2%）实现完全缓解和部分缓解。

3）CD22

CD22 主要在成熟的 B 细胞和大部分 B 细胞源肿瘤细胞表面表达。目前，研究人员已经开发了单克隆抗体、抗体－药物偶联物、CART-22 细胞等多种靶向 CD22 的免疫治疗药物，靶向 CD22 的抗体－药物偶联物已被批准用于临床。

美国国家癌症研究所于 2014 年启动关于 CART-22 的临床试验，用于治疗儿童滤泡性淋巴瘤、非霍奇金氏淋巴瘤、大细胞淋巴瘤等血液肿瘤（NCT02315612）。斯坦福大学、宾夕法尼亚大学、西雅图儿童医院等机构开展了针对白血病、淋巴瘤的 CART-22 研究，目前尚无研究结果发布。

陆军军医大学第二附属医院（新桥医院）于 2016 年 3 月注册了我国首个 CART-22 临床试验，治疗难治性或耐药性淋巴瘤患者。目前已发布 4 份 CART-22 相关的临床报告，其中 3 份报告将 CART-22 用于治疗接受 CART-19 疗法又复发的患者，以提升单

[1] TAI Y T, ANDERSON K C. Targeting B-cell maturation antigen in multiple myeloma[J]. Immunotherapy, 2015,7(11): 1187-1199.

一 CAR-T 细胞疗法的有效性。北京博仁医院于 2019 年公布了 CART-22 单一疗法的临床研究结果，80% 的患者实现完全缓解。然而，CD22 容易受到信号传导和表观调控的修饰，其突变和沉默频率更高，与 CD19 相比，CD22 作为靶标的效率和应用潜力相对较低。

2. 实体瘤

1）间皮素

间皮素（MSLN）是一种细胞表面糖蛋白，在间皮瘤、肺癌、胰腺癌和卵巢癌中高度表达。2014 年，宾夕法尼亚大学 Abramson 癌症中心使用 mRNA 修饰的 CAR T-MSLN 细胞治疗恶性胸膜间皮瘤患者和恶性胰腺癌患者。在 6 名转移性胰腺癌患者中，2 名患者的无进展生存期分别为 3.8 个月和 5.4 个月。

2）表皮生长因子（EGFR）

EGFR（也称为 HER1）是一种受体酪氨酸激酶，在上皮细胞和上皮来源的恶性肿瘤中表达。EGFR 的扩增和突变可能导致细胞异常增殖和存活、细胞转移和肿瘤新血管生成。目前，中美机构各开展了 13 项靶向 EGFR 的 CAR-T 研究。

2012 年，美国国家癌症研究所将靶向 EGFRvⅢ 的 CAR-T 细胞用于胶质瘤的治疗（NCT01454596）。临床观察显示，靶向 EGFRvⅢ 的 CAR-T 细胞疗法对胶质瘤患者疗效有限，受试者的无进展生存期为 1.1 ~ 2.7 个月，各有 1 名采用 1×10^{10}、3×10^{10} 剂量的患者死亡。

我国第一项 CAR T-EGFR 试验于 2013 年 6 月开展，结果于 2016 年发布，有 11 名非小细胞肺癌患者（EGFR 阳性）接受了 CAR T-EGFR 细胞输注，2 名患者实现部分缓解，5 名患者病情平稳；在治疗晚期胆道癌（Biliary Tract Cancer，BTC）和胰腺癌（Pancreatic Cancer，PC）的试验中，患者的治疗耐受性较好，19 名患者中有 3 名患者出现急性发烧的不良反应。17 名可评估患者中，1 名患者完全缓解，10 名患者病情稳定。

3）HER2

HER2 是具有酪氨酸蛋白激酶活性的跨膜蛋白，这种跨膜蛋白能够调节细胞增殖和分化，在乳腺癌等上皮衍生的恶性肿瘤中过量表达。

2010 年，贝勒医学院使用同时靶向 HER2 和 CD28 的 T 细胞治疗晚期肉瘤（Sarcoma）患者。2020 年，研究人员发布了其中一名 7 岁转移性横纹肌肉瘤患儿的病例报告，该患者以 10 周为间隔，接受 3 次 1×10^8 细胞 / 平方米的 CAR-T 细胞输注，并辅以环磷酰胺和氟达拉滨治疗。在该患者接受淋巴清除术后，体内 CAR-T 细胞快速扩增。在最后一次输注 6 个月后，观测到该患者肿瘤复发，随后进行第二轮细胞治疗，经过 5 次细胞输注后，该患者实现部分缓解[1]。

自 2013 年 9 月第 1 项临床试验公示以来，我国机构已经开展了 9 项涉及 HER2 的 CAR-T 临床试验。1 项 I 期临床试验中，研究人员利用 CAR T-HER2 单一疗法针对晚期胆道癌（BTC）和胰腺癌（PC）进行了测试，11 名患者中有 1 名患者实现 4 个月的部分缓解，5 名患者病情稳定。

3.5　从产品研发看细胞工程应用的产业发展

Grand View Research 研究报告显示，2019 年全球细胞疗法市场规模达 58 亿美元[2]，到 2025 年将增长至 82.1 亿美元，年均复合增长率为 14.9%[3]。中商产业研究院预测，我国细胞免疫治疗市场将由 2021 年的 13 亿元增长到 2030 年的 584 亿元[4]。

随着免疫细胞疗法、干细胞疗法的快速发展，从事细胞工程产品开发的中小型、创新型企业不断涌现，大型制药公司的投融资活动日益活跃，通常以收购新兴的小型企业的方式进军细胞疗法市场。例如，2019 年 8 月，拜耳公司收购了美国 BlueRock Therapeutics 公司，后者依托其诱导多能干细胞平台从事细胞疗法的研究和开发。目前，多家公司正在与合同开发与制造组织（Contract Development and Manufacturing Organization，CDMO）合作，以进入细胞工程和细胞疗法领域。例如，日立化学有限公司（Hitachi Chemical Co. Ltd）于 2019 年 4 月收购 Apceth 生物制药公司，以扩大其细胞和基因疗法制造和生产的实力。

本节围绕药物产品展开分析，通过 Cortellis 药物数据库和相关产业发展报告，分析细胞疗法产品的研发现状，同时介绍和整理代表性企业的技术布局与研发领域。

3.5.1　产品研发概况

根据文献调研和 Cortellis 药物数据库分类，细胞疗法主要包括免疫细胞疗法、干细胞疗法和其他细胞疗法三大类。其中，免疫细胞疗法主要有抗原呈递细胞疗法（如树突细胞疗法）、白细胞疗法等。白细胞疗法又可分成粒细胞疗法（如中性粒细胞疗

[1] HEGDE M, JOSEPH S K, PASHANKAR F, et al. Tumor response and endogenous immune reactivity after administration of HER2 CAR T cells in a child with metastatic rhabdomyosarcoma[J]. Nature Communications, 2020,11(1):3549.

[2] Grand View Research. Cell Therapy Market Size, Share & Trends Analysis Report By Use-type (Research, Commercialized, Musculoskeletal Disorders), By Therapy Type (Autologous, Allogeneic), By Region, And Segment Forecasts, 2020 - 2027[EB/OL].[2020-02-01]. https://www.grandviewresearch.com/industry-analysis/cell-therapy-market.

[3] HARGREAVES B. Cell therapy market to triple in size by 2025[EB/OL]. [2019-03-04]. https://www.biopharma-reporter.com/Article/2019/03/04/Cell-therapy-market-to-triple-in-size-by-2025.

[4] 肿瘤治疗的新希望 —— 关于免疫细胞疗法的政策和监管梳理 [EB/OL]. [2020-09-11]. http://www.zhonglun.com/Content/2020/09-11/1521184354.html.

法）、淋巴细胞疗法和单核细胞疗法（如巨噬细胞疗法）等，淋巴细胞疗法还可分成自然杀伤（NK）细胞疗法和 T 细胞疗法（包括目前发展迅速的 CAR-T 细胞疗法）。干细胞疗法按治疗用干细胞来源可分为自体干细胞疗法（Autologous Stem Cell Therapy）和同种异体干细胞疗法（Allogeneic Stem Cell Therapy）；按干细胞类型可分为成体干细胞疗法（如间充质干细胞疗法、脂肪干细胞疗法等）和胚胎干细胞疗法等；按干细胞潜能可分成多能干细胞疗法和只有特定分化潜能的干细胞疗法。其他细胞疗法包括除免疫细胞疗法和干细胞疗法外的同种异体细胞疗法等。

1. 研究阶段

在 Cortellis 药物数据库中，共收录"细胞疗法"药物 1908 个 [1]，其中免疫细胞疗法药物 1083 个、干细胞疗法药物 555 个、其他细胞疗法药物 270 个。从最新研究进度来看，244 个药物处于发现阶段、685 个药物处于临床前研究阶段、353 个药物进入临床 I 期阶段、465 个药物进入临床 II 期阶段、57 个药物进入临床 III 期阶段、7 个药物处于注册前阶段（研发企业准备提交注册材料）、8 个药物处于注册阶段（已经提交药物上市申请）、29 个药物已经上市 [2]（见图 3.19）。

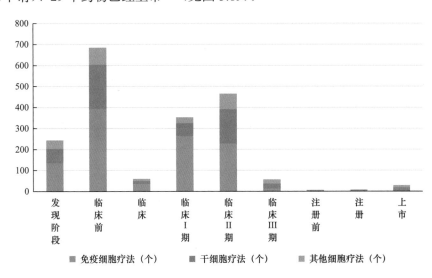

图 3.19　处于各研发阶段的新药数量

2. 治疗领域

从药物适应证来看，细胞治疗药物主要用于癌症、免疫性疾病、炎症感染等疾病的治疗。其中，癌症占 63.05%，免疫性疾病占 7.65%（见图 3.20）。在用于癌症治疗的 1203 个药物中，990 个药物属于免疫细胞疗法，占比高达 82.29%。

[1] 检索策略：在 Cortellis 数据库中的"Technologies"字段中选择"cell therapy"，检索并使用在线分析工具整理所有药物的研究现状。检索日期：2021-2-18。
[2] 检出的药物中，60 个药物尚未明确标注其研究阶段。

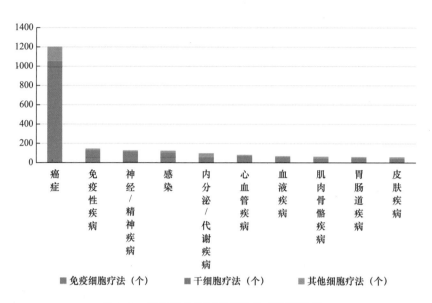

图 3.20　重要治疗领域的细胞治疗新药数量

注：一个药物可能有多个适应证，因此各类疾病的药物之和大于药物总数。

3. 基于靶标的作用机制分析

从作用的靶标来看，主要有 CD19、CD20、APRIL 受体、人白细胞抗原（HLA）I 类抗原 A-2α、B 淋巴细胞黏附分子（Adhesion Molecule）、黏蛋白 1 等（见图 3.21）。

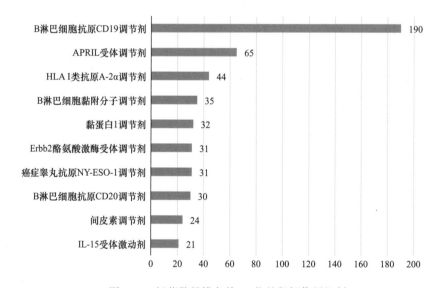

图 3.21　新药数量排名前 10 位的靶标作用机制

4. 主要研发机构

美国国家癌症研究所参与开发了 34 个新药，排名全球第一，美国贝勒医学院排名第二。此外，百时美施贵宝、NantWorks 公司、宾夕法尼亚大学、蓝鸟生物公司等机构的在研药物数量较多。百时美施贵宝旗下拥有多个细胞治疗产品的创新型公司，如 Juno 治疗、Celgene 公司（2019 年收购成功），在该领域表现活跃[1]。

细胞治疗领域的主要中国研发机构包括深圳市免疫基因治疗研究院、华夏英泰（北京）生物技术有限公司、西比曼生物科技集团、科济生物医药（上海）有限公司、重庆精准生物技术有限公司、广州伯齐科技有限公司、上海恒润达生生物科技有限公司等（见表 3.12）。

表 3.12　细胞治疗新药数量较多的国内外机构

国际机构	新药数量（个）	中国机构	新药数量（个）
美国国家癌症研究所	34	深圳市免疫基因治疗研究院	23
贝勒医学院	26	华夏英泰（北京）生物技术有限公司	21
百时美施贵宝	23	西比曼生物科技集团	15
NantWorks 公司	23	科济生物医药（上海）有限公司	10
宾夕法尼亚大学	20	重庆精准生物技术有限公司	9
蓝鸟生物公司	18	广州伯齐科技有限公司	9
纪念斯隆－凯特琳癌症中心	18	上海恒润达生生物科技有限公司	9
得克萨斯大学 MD 安德森癌症中心	16	亘喜生物科技（上海）有限公司	8
吉利德科学公司	16	南京驯鹿医疗技术有限公司	8
创新细胞疗法有限公司	15	上海吉凯基因有限公司	8
Atara 生物治疗公司	14	上海优卡迪生物医药科技有限公司	8

注：凯德制药（Kite）公司为吉利德科学公司子公司。

美国国家癌症研究所、贝勒医学院、纪念斯隆－凯特琳癌症中心、得克萨斯大学 MD 安德森癌症中心、蓝鸟生物公司、NantWorks 公司主要从事免疫细胞疗法的开发；百时美施贵宝及其下属子公司、创新细胞疗法有限公司除免疫细胞疗法研发外，还开发干细胞疗法；吉利德科学公司的产品涉及 CAR-T 细胞疗法和自然杀伤细胞疗法。

中国企业的研发重点聚焦于免疫细胞疗法，活跃企业包括华夏英泰（北京）生物技术有限公司、科济生物医药（上海）有限公司、广州伯齐科技有限公司、上海恒润达生生物科技有限公司、亘喜生物科技（上海）有限公司、南京驯鹿医疗技术有限公司、上海吉凯基因有限公司、上海优卡迪生物医药科技有限公司等。我国研究机构也关注其他细胞疗法，如重庆精准生物技术有限公司开发了 1 项嵌合抗原受体 NK 细胞疗法，深圳市免疫基因治疗研究院和西比曼生物科技集团也关注干细胞疗法的开发。

各机构的细胞疗法在研产品类型分布如图 3.22 所示。

---

[1] 药智网. 尘埃落定！新基归 BMS，新的生物巨头将诞生？ [EB/OL]. [2019-11-22]. https://xueqiu.com/5964803315/136199524.

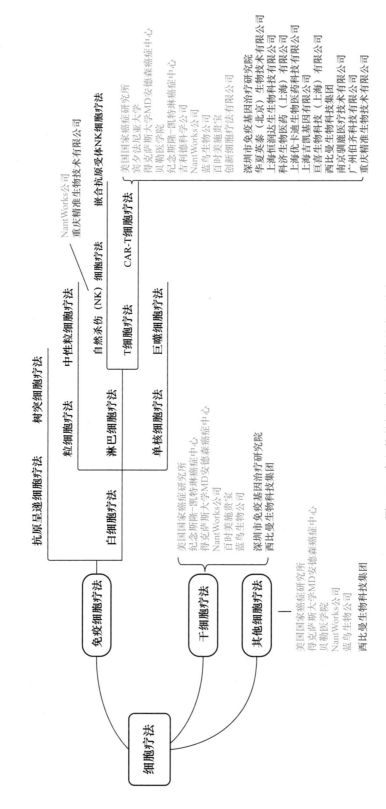

图 3.22 各机构的细胞疗法在研产品类型分布

注：蓝色为国际机构，红色为中国机构。

5. 上市产品

截至 2020 年 10 月底,全球已有 29 个细胞疗法产品上市,包括 16 个干细胞疗法、9 个免疫细胞疗法 [1]。已上市细胞疗法的研发公司主要来自美国、韩国、日本、英国等国家(见表 3.13)。

表 3.13 已经上市的 29 个细胞治疗产品

药名	产品类型	研发公司	主要适应证
axicabtagene ciloleucel (Yescarta)	CAR-T 细胞疗法	日本第一三共集团,复星凯德公司,凯德制药公司,上海复星医药(集团)有限公司	B 细胞淋巴瘤,弥漫性大 B 细胞淋巴瘤等
tisagenlecleucel	CAR-T 细胞疗法	宾夕法尼亚大学 Abramson 癌症中心,诺华公司	治疗难治或复发的 B 细胞急性淋巴细胞白血病(ALL)
治疗巨细胞病毒感染的 T 细胞疗法	T 细胞疗法	美国 Kuur 治疗公司,伦敦大学学院	巨细胞病毒感染
Immuncell-LC	T 细胞疗法	韩国 GC 制药公司,Green Cross 细胞公司	胶质母细胞瘤,肝癌,肺癌,成神经细胞瘤,胰腺癌,宫颈癌等
CureXcell	免疫细胞疗法	美国 Leap 治疗公司	糖尿病足溃疡,伤口愈合
CreaVax-RCC	免疫细胞疗法	韩国 JW CreaGene 公司	转移性肾细胞癌
Strimvelis	自体 CD34 细胞疗法	英国 Orchard 治疗有限公司	腺苷脱氨酶缺乏症
sipuleucel-T	自体细胞来源的免疫治疗药	美国 Dendreon 公司,上海丹瑞生物制药	激素难治性前列腺癌
M-Vax	黑素疗疫苗	美国 AVAX 技术公司	黑色素瘤
KeraHeal	干细胞疗法	韩国 Biosolution 公司	重度皮肤烧伤
Cartistem	干细胞疗法	韩国 Dong-A ST 公司,日本 Evastem 株式会社,香港生命科学技术集团有限公司等	软骨病,骨关节炎,类风湿关节炎
自体角膜缘干细胞疗法	干细胞疗法	意大利 Holostem Terapie Avanzate 公司	角膜损伤
ancestim	干细胞疗法	瑞典 Orphan Biovitrum 公司	骨髓衰竭
OsteoCel	间充质干细胞疗法	美国 NuVasive 公司	意外受伤
STR-01	自体间充质干细胞疗法	日本 Nipro 集团,日本札幌医科大学	脊髓损伤,脑卒中
remestemcel-L (Ryoncil)	同种异体间充质干细胞疗法	日本 JCR 制药公司,澳大利亚 Mesoblast 公司	背部疼痛,脑缺氧缺血,克罗恩病,呼吸窘迫综合征等

---

[1] 另有未指明具体类型的细胞疗法。

（续表）

药名	产品类型	研发公司	主要适应证
KeraHeal-Allo	同种异体干细胞疗法	韩国 Biosolution 公司	皮肤烧伤
Darvadstrocel（Alofisel）	脂肪干细胞疗法	日本武田制药有限公司	肛周瘘
脂肪来源的干细胞疗法	脂肪干细胞疗法	美国 Cytori 治疗公司	心血管疾病，克罗恩病，肝硬化，骨关节炎等
betibeglogene autotemcel（Zynteglo）	自体干细胞疗法	美国蓝鸟生物公司	β 地中海贫血，镰刀状细胞性贫血
Hearticellgram-AMI	自体干细胞疗法	韩国 Pharmicell 公司，韩国 JW 制药公司	心肌梗死
Cureskin	自体干细胞疗法	比利时 S.Biomedics 公司	疤痕修复
自体脂肪来源的干细胞疗法	自体干细胞疗法	韩国 Anterogen 公司	肛瘘
t2c-001	自体干细胞疗法	法兰克福歌德大学，德国 t2cure 公司	心肌梗死
lenzumestrocel	自体干细胞疗法	韩国 Corestem 公司	运动神经元疾病
Carticel	细胞疗法	美国创新细胞疗法有限公司，法国赛诺菲公司，美国 Vericel 公司	软骨病
TSO	细胞疗法	泰国 Biomonde 公司，德国 Ovamed 公司	过敏，红斑狼疮性脂膜炎，多发性硬化症，类风湿关节炎等
Apligraf	细胞疗法	美国诺华公司，美国 Organogenesis 公司	糖尿病足溃疡，皮肤溃疡
HybriCell	细胞疗法	巴西 Genoa 生物技术公司	黑素瘤，肾细胞癌

3.5.2 代表性企业

1. 国际企业

美国吉利德科学公司于 2017 年 10 月收购了美国凯德制药（Kite）公司，拥有工程化细胞治疗平台，聚焦于血液肿瘤和实体瘤的 CAR 或 TCR 的工程化细胞疗法开发，其开发的 Yescarta 是全球第二个上市的 CAR-T 细胞疗法。其开发的另一款产品 Tecartus（Brexucabtagene Autoleucel）用于治疗套细胞淋巴瘤，已于 2020 年 7 月和 12 月分别在美国和欧洲获批上市。

美国百时美施贵宝拥有 11 个在研产品，治疗领域包括非霍奇金淋巴瘤、急性淋巴细胞白血病、多发性骨髓瘤、非小细胞肺癌、间皮瘤、卵巢癌、乳腺癌等。2018 年，Celgene 公司收购了细胞疗法创新公司 Juno 治疗，Celgene 又于 2019 年被百时美施贵宝收购，以进军 CAR-T 和 TCR 细胞疗法领域。

美国蓝鸟生物公司拥有基因编辑、基因添加（Gene Addition）技术及基于基因的免疫疗法技术平台。目前，该公司产品 Zynteglo® 已在欧盟、英国、冰岛、挪威上市，用于治疗 β 地中海贫血、镰状细胞性贫血；其新药产品 IDE-CEL（BB2121）主要用于治疗多发性骨髓瘤，已进入临床Ⅲ期，另有 7 款肿瘤免疫疗法产品处于临床早期阶段。

美国创新细胞疗法有限公司构建了新一代 CAR-T 平台，包括：① ArmoredCAR® dnPD-1 CAR-T 平台，以提高 CAR-T 细胞疗法的功效，克服耐药性问题；② CoupledCAR™ 开发用于实体瘤的新药。该公司目前拥有多个在研产品，适应证覆盖非霍奇金氏淋巴瘤、大肠癌和甲状腺癌等。

2. 国内企业

华夏英泰（北京）生物技术有限公司于 2018 年 3 月创立。该公司专注于 TCR-T 等产品的开发及商业化，拥有 STAR-T（Synthetic TCR and Antigen Receptor）和 TCR-T 两大技术平台。该公司基于两大技术平台开发了多款产品，其中白血病药物 CD19 STAR-T、肝癌药物 GPC3 CXCRx STAR-T、鼻咽癌药物 EBV TCR-T、移植后病毒感染预防药物 CMV TCR-T 等已经进入临床试验阶段。

西比曼生物科技集团致力于开发治疗癌症的免疫细胞产品和治疗退行性疾病的干细胞疗法。该公司拥有 2 个技术平台——泛肿瘤免疫细胞治疗平台和人脂肪组织来源间充质祖细胞（haMPC）平台，正在研发靶向 CD20、CD22 和 B 细胞成熟抗原的特异性 CAR-T 细胞疗法。2018 年 9 月，该公司与诺华公司合作，将首个全球 CAR-T 细胞治疗药物 Kymriah® 引入中国 [1]。

科济生物医药（上海）有限公司成立于 2014 年，在中国和美国设有实体运营中心。该公司已率先启动多项复发 / 难治性实体瘤的 CAR-T 临床研究项目，并获得多项国内外 CAR-T 细胞新药临床试验许可，其中 BCMA CAR-T 细胞药物还分别获得美国和欧盟药监局的"再生医学先进疗法"（RMAT）和"优先药物"（PRIME）资格。2020 年 10 月，Claudin18.2 自体嵌合抗原受体 T 细胞（CLDN18.2 CAR-T）被美国 FDA 授予"孤儿药"称号。

上海恒润达生生物科技有限公司成立于 2015 年，以 CAR-T 技术为主导，TCR-T 细胞治疗、CAR-NK 细胞治疗、溶瘤病毒疗法等多个研发项目并行推进的研发格局开展细胞疗法研究。根据该公司官网信息，该公司已开发了 10 个血液及淋巴系统肿瘤和 8 个实体肿瘤的 CAR-T 产品，其中 4 个产品已经注册了 8 个临床试验，适应证包括多发性骨髓瘤、成人及儿童 B 细胞白血病、B 细胞淋巴瘤、靶向 CD22 和 CD19 的 CAR-7 治疗失败或复发的 B 细胞淋巴瘤等。

南京驯鹿医疗技术有限公司于 2017 年 3 月创立，其建成了全人源抗体库和淘选

---

[1] 21 世纪经济报道 . 西比曼诺华达成战略合作 在华引入全球首个获批 CAR-T 产品 [EB/OL]. [2018-09-27]. http:// finance.eastmoney.com/news/1355,20180927953738530.html.

鉴定技术平台、高通量 CAR-T 药物优选平台、通用 CAR 技术平台、质粒病毒规模化生产技术平台、SWITCH CAR-T 技术平台。该公司主要开发血液肿瘤的细胞疗法和抗体药物，并逐步向实体瘤和自身免疫疾病拓展。目前，该公司正在研发 8 个药物产品，覆盖淋巴瘤、多发性骨髓瘤、胰腺癌、鼻咽癌、胃癌等疾病。

3.6 小结

细胞是生命活动的最基本单元，细胞内的生物催化反应、信号传导、代谢过程、结构蛋白等在增殖、分化、衰老、死亡等细胞命运和过程中发挥了重要的作用，其中的每个环节都与生命健康和疾病发生息息相关。细胞可塑性的研究主要关注细胞命运决定过程中未成熟、不稳定、未完成的时期，如干细胞的发育分化过程、体细胞在应激条件下的细胞身份和属性转换、诱导多能干细胞产生过程等。细胞可塑性具有复杂的调控机制，表观遗传学修饰是影响细胞可塑性的关键因素之一；非编码 RNA（尤其是长链非编码 RNA）可能影响染色体、细胞核亚结构域、转录（后）、翻译（后）、信号转导途径的基因表达调控；代谢产物的感知和信号传递、糖原合成和储存可能影响细胞的生存能力，对癌症等重大疾病的机制研究意义重大。深入开展细胞可塑性的基础研究，能够更清晰地揭示生命发生和演化机制，为重大疾病的诊断和治疗寻找新的靶点，考虑到日益加剧的慢性疾病负担，亟须系统开展细胞可塑性的科学研究。

细胞可塑性的科学研究需要精确、实时、持续地捕捉各类生物分子的动态过程，这对研究工具和方法提出了新要求。例如，需要开发快速高通量的生物分子标记工具，帮助研究人员、实时、动态地研究生物体内蛋白质功能；开发或优化结构照明和动态超分辨率成像技术、无膜细胞器理化表征 - 分子动力学关联的动态可控技术、时空关联光谱成像、冷冻电镜三维重构技术等，帮助研究人员在分子水平实时研究细胞器和蛋白质的行为机制。

细胞可塑性调控的研究进展和科学知识可用于指导细胞结构与功能修复、细胞调控、细胞改造等操作实践，恢复和改善细胞状态，由此衍生出的细胞治疗产品，可用于各类疾病治疗，为恶性肿瘤和衰老等慢性疾病提供新的治疗思路。目前，全球已经涌现一批从事干细胞产品和免疫疗法研发的创新公司，我国研究机构和制药企业在该领域表现活跃，已有大批产品进入临床研究阶段，有望通过各类靶点，实现血液肿瘤和实体瘤的缓解和治疗。

目前，发达国家已经针对"细胞可塑性调控与细胞工程"领域提出了完整的战略布局和产品研发指导。美国在应对癌症、再生医学等领域重视细胞制造的规模化发展和质量控制。欧盟委员会以"先进技术治疗医学产品"（ATMP）为导向推动细胞治疗和组织工程药物的研发。日本在干细胞及其机械应力方面居全球领先地位。中国通过科学项目资助大量细胞疗法研究，研究机构表现活跃。在技术研发方面，新型医药成分和配置品成为全球研究人员关注的重点，相比之下我国更关注细胞培养与突变的操作技术。在临床研究和细胞疗法开发方面，我国创新企业表现活跃，免疫细胞的研究规模已经超过美国，但产品靶点相对单一，在研产品距离临床应用仍有距离。

　　未来，细胞生物学和医学领域的研究人员仍需进一步合作，推动基础研究和临床应用的交叉和融合，在促进细胞可塑性乃至细胞生物学发展的同时，为疾病治疗和医学发展探索新的突破方向。

　　致谢　中国科学院分子细胞科学卓越创新中心（生化与细胞所）李林研究员、军事医学科学院张学敏研究员、中国科学院分子植物科学卓越创新中心（植物生理生态研究所）赵国屏研究员、中国科学院生物物理所研究所张先恩研究员、中国科学院分子细胞科学卓越创新中心（生化与细胞所）刘小龙研究员，以及中国科学院分子细胞科学卓越创新中心（生化与细胞所）科研处胡光晶老师，对本章提出了宝贵的意见和建议，谨致谢忱。

　　执笔人：中国科学院上海生命科学信息中心 / 中国科学院上海营养与健康研究所
　　　　　　袁天蔚、阮梅花、于建荣

第 4 章

CHAPTER 4

多倍体植物全球研究态势分析

4.1 多倍体植物的研究概况

4.1.1 研究背景

多倍体是指含有 3 套或 3 套以上完整染色体组的生物体，在自然界中广泛存在。据统计，自然界大约有 1/2 的被子植物、2/3 的禾本科植物属于多倍体。在被子植物中，约 70% 的种类在其进化史中曾发生过一次或多次多倍化过程，如棉花、烟草、马铃薯、小麦等都是自然形成的多倍体，其中增加的染色体组来源于相同物种的是同源多倍体 [1]。多倍化是植物进化变异的自然现象，也是促进植物发生进化改变的重要力量 [2]。植物体多倍化后往往会发生各种各样的生物学特性变化，使得多倍体具有器官巨大、可孕性低、有机合成速率增加、抗逆性增强等特性。

自 1937 年 Blakeslee 和 Avery 用秋水仙素诱导曼陀罗四倍体成功以来，国内外科技工作者先后开展了多倍体的研究和应用 [3]，为农作物育种带来了可喜局面 [4,5]。20 世纪 20 年代，生物学家由于研究方法和研究手段有限，对多倍体的研究仅限于外部形态及一些生理、生化特性方面的观察研究；20 世纪 60 年代，随着试验技术和细胞学的发展，从形态学研究转为细胞学研究；20 世纪 80 年代后，人们对多倍体现象在分子水平、基因水平上有了更为深刻的认识 [6,7]。总体而言，人们对于多倍体的研究主要集中在探究其起源、发生途径、诱导方法、鉴定方法和遗传机理等方面。

[1] 王溢，唐翠明，戴凡炜，等．植物多倍体蛋白质组学研究进展 [J].分子植物育种，2019, 17(24): 8229-8236.
[2] 代西梅，黄群策．植物多倍体研究进展 [J].河南农业科学，2005(1): 9-12.
[3] 李云，冯大领．木本植物多倍体育种研究进展 [J].植物学通报，2005, 22(3): 375-382.
[4] 张爱民，常莉，薛建平．药用植物多倍体诱导研究进展 [J].中国中药杂志，2005, 30(9): 645-649.
[5] 杨寅桂，庄勇，陈龙正，等．蔬菜多倍体育种及其应用 [J].江西农业大学学报，2006, 28(4): 534-538.
[6] 陶抵辉．植物多倍体的研究与应用 [J].生物技术通报，2010, 7: 22-27.
[7] 魏望，施富超，东玮，等．多倍体植物抗逆性研究进展 [J].西北植物学报，2016, 36(4): 846-856.

4.1.2 发展现状

多倍体是高等植物染色体进化的一个显著特征,其进化过程中曾经历过一次或多次多倍化事件。多倍体植物中有不少经济价值很高的大田作物、果树、蔬菜、花卉等的优良品种。另外,染色体加倍也见于多种药用植物,如芦荟、当归、川贝母、鬼针草、菊花脑、黄芩等珍稀药用植物。多倍体植物因其具有一些独特的性质,已逐渐成为广大育种学家研究的热点。随着多倍体植物起源、诱导方法、鉴定方法及多倍体应用等方面研究的进展,使得在极短时间内创造出大量经济价值高的多倍体类型也成为可能。

本节主要从多倍体植物形成途径、诱导方法、鉴定方法及遗传机理等方面对植物多倍体的发展现状进行简要分析和研究。

4.1.2.1 多倍体植物形成途径 [1]

1. 体细胞染色体加倍

有丝分裂异常可造成体细胞染色体加倍,常发生在普通薄壁细胞、分生组织细胞、幼胚或合子中,普通薄壁细胞和分生组织细胞加倍常常导致产生混倍性的嵌合体,而合子或幼胚体细胞加倍则导致产生完全的多倍性孢子体 [2]。国外研究人员早前发现,将小麦或玉米的幼胚短暂暴露于高温下就能诱导染色体加倍,从而形成四倍体或八倍体的幼苗。

2. 多精受精

多精受精现象即受精时两个以上的精子同时进入卵细胞,Vigfusson 在向日葵等多种植物中观察到这种现象 [3],Hagerup 在兰科植物中也发现了由此途径形成的多倍体 [4]。虽然它也是多倍体形成的一条途径,不过一般认为这不是一条主要途径。

3. 未减数配子融合

在小孢子和大孢子发生期,减数分裂行为异常,形成未减数配子。未减数配子间或与正常配子融合获得多倍体,在自然界主要由这种方式产生多倍体。不同植物的生物学特性不同,未减数配子的发生频率不一样,杂种产生未减数配子的概率比非杂种

---

[1] 彭云霞, 王宏霞, 李玉萍. 植物多倍体研究综述 [J]. 甘肃农业科技, 2012,11:29-32.

[2] 杨继. 植物多倍体基因组的形成与进化 [J]. 植物分类学报, 2001, 39(4): 357-371.

[3] VIGFUSSON E, On polyspermy in the sunflower[J]. Hereditas, 1970(64): 1-52.

[4] HAGERUP O, The spontaneous formation of haploid poly-ploidy and aneuploid embryo in someorchids[J]. Kongle Danse Videnskab Selska Biol Meddelelser, 1947(20): 1-22.

高近 50 倍。此外，自然界 $2n$ 配子的发生频率在很大程度上也受外界环境因素的影响，这也解释了为何自然界很多多倍体分布在高纬度、高海拔地带或其他极端环境中。

4.1.2.2　多倍体植物诱导方法

采用染色体加倍的方法选育作物新品种的途径称为多倍体育种。其研究包括两大领域，一方面是自然多倍体的选择，如菖蒲在长期自然变异过程中形成了二倍体、三倍体、四倍体和六倍体各种类型；另一方面是人工多倍体的诱导，常用的方式有物理诱导法、化学诱导法及生物诱导法三大类。

1. 物理诱导法

常用的物理因素有温度骤变、机械创伤、电离辐射、非电离辐射、离心力等。此外，利用 X 射线、中子等辐照植物体，也可以引起染色体组加倍。余凤英等[1] 采用温度激变法在咖啡花粉母细胞减数分裂时，用骤变低温（8～10 ℃）直接处理花器官，获得大量二倍性花粉粒。毕春侠等[2] 用 60Co-γ 射线处理萌动的杜仲种子产生多倍体。

2. 化学诱导法

常用的化学药剂有秋水仙碱、富民农、萘嵌戊烷、吲哚乙酸、氧化亚氮等，其中使用最多、最有效的是秋水仙碱。秋水仙碱的作用在于能使正在分裂盛期的细胞不能形成纺锤丝，所以染色体虽能复制，但不能分向两极，造成染色体数目加倍而形成多倍体。王彩霞[3] 用改良琼脂涂抹法和直接滴渗法处理杜仲幼苗顶芽进行多倍体诱变，并比较不同方法和不同处理时间的变异率，结果用改良琼脂涂抹法处理效果最好，变异率达 57.1%。

3. 生物学诱导法

常用的生物学诱导法包括体细胞杂交法、胚乳培养法和有性杂交法。体细胞杂交法克服了植物远缘杂交障碍，是创造多倍体的新途径。迄今为止，从原生质体培养成的药用植物有石刁柏、石龙芮、南洋金花、颠茄等几十种。胚乳培养法是产生三倍体植株的主要方法，且胚乳离体培养比二倍体与四倍体杂交获得三倍体快得多。有计划的有性杂交多是在二倍体间及二倍体与四倍体间进行，其中二倍体与四倍体的杂交目前仍是获得三倍体的最有效途径。

[1] 余凤英，凌绪柏 . 中粒种咖啡小孢子染色体加倍方法的研究 [J]. 热带作物学报 , 1990, 11(1):45-54.

[2] 毕春侠，张存旭，郭军战，等 . 杜仲多倍体的诱导 [J]. 河北林果研究 , 1999, 14(2): 148-150.

[3] 王彩霞 . 杜仲多倍体诱变育种的研究 [J]. 内蒙古林业调查设计 , 2009, 32(1): 104-106.

4.1.2.3　多倍体植物鉴定方法

1. 形态学观察

观察植株的形态学特征，如叶片、果实、种子、花器等是否有明显的增大现象，如果肉眼就能观察到明显的增大现象，说明诱导植株很有可能是多倍体。吴玉香等[1]采用改良琼脂涂抹法处理黄芪幼苗顶芽，与对照组相比，诱导植株外形粗壮，叶片增大、肥厚，叶色浓绿，表皮毛较长且明显，茎粗，经生物学性状鉴定为四倍体。

2. 细胞学观察

染色体加倍后，植物外部形态变化的主要特征是巨大性，这种特征同样也反映在细胞的大小上。经研究，花粉粒和气孔的增大可以作为染色体数目加倍的辅助性指标，气孔的大小和频率与植物多倍性有关，通常多倍体植物的气孔较大，单位面积上气孔数目较少；花粉粒的大小也与此相似，四倍体的花粉粒比二倍体的显著大些。

3. 染色体组分析法

直接检查花粉母细胞或根尖细胞的染色体数目就可以确定是否为多倍体。凡染色体数比原始数目成倍增加的即为多倍体。例如，乔永刚等[2]诱导黄芩幼苗茎尖，结果显示未处理的黄芩植株染色体数目为 $2n = 18$，即为二倍体，大部分变异株根尖染色体数目为 30～40 条不等，以 $2n = 36$ 的植株最多，即变异株中大部分为四倍体植株。这种方法精确可靠，但工作量大，一般用于经初步鉴定认为是多倍体的材料或少数珍贵材料的鉴定。

4. 分子生物学鉴定

随着分子生物学技术的发展，人们开始从分子水平入手研究多倍体，对其倍性、来源进行鉴定，即分子生物学鉴定。一般来说，多倍体 DNA 含量显著高于二倍体，利用流式细胞计数法测定植株单细胞 DNA 含量，再根据其含量相对于二倍体的倍数就可推算其倍性。另外，RAPD 和 RFLP 等分子标记技术也已成功运用到植物多倍体鉴定研究中。

4.1.2.4　多倍体植物遗传机理

多倍体是复杂基因组中很重要的类型，是新物种形成和进化的动力[3]。多倍化过

---

[1] 吴玉香,高建平,赵晓明.黄芪多倍体的诱导与鉴定[J].中药材,2003,26(5): 315-316.

[2] 乔永刚,赵晓明,宋芸.秋水仙素诱导黄芩多倍体的研究[J].中国医药生物技术,2008,3(5): 389-390.

[3] 张献龙.基因组新时代:多倍体基因组时代[C]// 中国作物学会.第十届全国小麦基因组学及分子育种大会摘要集.中国作物学会,2019: 2.

程伴随着染色体数目的增加，等位基因的数量也加倍，增加基因拷贝数可能引起基因组内的重复基因发生沉默、激活等现象，还会导致染色体重组、序列消除和基因表达水平的变化 [1,2]。多倍化后会产生大量差异表达基因，进一步影响植物异源多倍体的性状表现 [3]。基因表达的变化不仅发生在转录过程中，也发生在翻译过程中 [4]。

1. 多倍体植物的基因组进化

1）重复基因的进化

从功能上看，多倍体基因组中的重复基因可能有 3 种不同的命运：保持原有的功能、基因沉默或分化并执行新的功能 [5,6]。在多倍体基因组中，多数重复基因能在相对较长的时间内保持与在二倍体基因组中相同或相似的功能，并正常表达。多倍体基因组间的相互作用也可以直接诱发基因沉默。同时，受选择压力所驱动，多倍体基因组中会出现新的功能基因或新的位点。重复基因的相互作用有可能导致 DNA 序列的同质化，但与此同时也可能导致产生一些意想不到的、二倍体祖先所不具有的新的遗传特点。

2）重复基因组的进化

重复基因组主要通过染色体重排、基因组入侵及核质之间的相互作用而实现其相容性和稳定性。基因组重组的结果一方面在很大程度上改善了不同基因组组分之间，以及核基因组与细胞质基因组之间的相互关系，提高了相容性水平；另一方面也为多倍体植物的适应进化，以及不同多倍体线系的分化提供了一个遗传变异的源泉。

2. 多倍体植物的表型突变

1）DNA 甲基化

植物多倍体化后，既有基因的甲基化现象发生，也有基因的脱甲基化现象发生。去甲基化可引起基因激活，过度的甲基化会引起基因沉默。基因甲基化模式的改变可以影响植物的花期、育性、叶片及花的形态等。植物多倍体甲基化模式改变涉及的序列有低拷贝序列、重复序列、启动子、rRNA 基因、转录因子、代谢相关基因、抗病

[1] KONG F, MAO S J, JIANG J J, et al. Proteomic changes in newly synthesized Brassica na-pus allotetraploids and their early generations[J]. Plant Molecular Biology Reporter, 2011, 29(4): 927-935.

[2] SAMINATHAN T, NIMMAKAYALA P, MANOHAR S, et al. Differential gene expression and alternative splicing between diploid and tetraploid watermelon[J], Journal of Experimental Botany, 2015, 66(5): 1369-1385.

[3] ALLARIO T, BRUMOS J, COLMENERO-FLORES J M, et al. Large changes in anatomy and physiology between diploid Rangpur lime (Citrus limonia) and its autotetraploid are not associated with large changes in leaf gene expression[J]. Journal of Experimental Botany, 2011, 62(8): 2507-2519.

[4] COATE J E, BAR H, DOYLE J J. Extensive translational regulation of gene expression in an allopolyploid (Glycine dolichocarpa) [J]. Plant Cell, 2014, 26(1): 136-150.

[5] 杨继. 植物多倍体基因组的形成与进化 [J]. 植物分类学报, 2001, 39(4): 357-371.

[6] WENDEL J F. Genome evolution in ployploids[J]. Plant Mol Biol, 2000, 42: 225-249.

基因及细胞周期调控基因等 [1,2]。染色体倍性的改变能引起基因表达模式的改变。基因的甲基化状态改变有两种途径，即 DNA 次甲基化和超甲基化，因基因组多倍体化而导致功能基因甲基化多为超甲基化。

2）异源多倍体引起基因的丢失、沉默和激活

染色体组遭受冲击后细胞会发生一系列程式化的反应以减缓这种冲击。异源多倍体的形成包含两个方面的染色体组冲击，即运缘杂交和染色体加倍。在对小麦的研究中，Shaked 等 [3] 利用 AFLP 在 DNA 水平上发现了大量的重复序列丢失现象，有的基因得到激活，而有的基因由于甲基化后而表现沉默。异源多倍化可激活反转座子、蛋白质编码基因及一些未知功能的基因。植物中基因表达具有一定时空特异性，对不同的发育时期、不同的器官开展深入研究，有可能发现新的基因激活。

3）蛋白编码基因的快速沉默

在植物杂交及异源多倍化时，核糖体基因的高度重复可能诱发蛋白编码基因的表观遗传变化——快速沉默。有些沉默事件与胞嘧啶甲基化特定状态的改变有一定联系，也可能与染色质结构的改变有关。在新合成的小麦异源多倍体中，沉默基因涉及蛋白质编码基因、表达序列标签、反转座子、自主复制序列间的开放阅读框、与细胞器基因序列相似的基因等 [2,4]。

4）核仁显性

植物多倍化过程中的另一个突出的表观遗传现象是核仁显性，即种间杂种和新合成的异源多倍体中，源于一个亲本的核仁组织区形成核仁而另一个亲本的无活性 [5]。这是由不同发育阶段特殊的调控机制而引发的表观遗传性基因沉默。通常情况下，植物大多数 rRNA 基因处于组成性抑制状态，研究显示，植物调节 rRNA 基因的转录是通过改变转录基因的数目，而不是改变每一个基因的转录量 [6]。多倍体中不论显性或隐性 rRNA 基因均高度甲基化，多倍化后遗传调控更为明显。

5）转座因子激活

植物在正常的发育过程中，转座因子及其他重复序列因甲基化而处于不活跃状态，

[1] 杨俊宝, 彭正松. 多倍体植物的表现遗传现象 [J]. 遗传, 2005, 27(2): 335-342.

[2] KASHKUSH, FELDMAN M, Levy A A. Gene loss, silencing and activationin a newly synthesized wheat allotetraploid[J]. Genetics, 2002, 160(4) : 1651-1659.

[3] SHAKED H, KASHKUSH K, OZKAN H, et al. Sequence elimination and cytosine methylation are rapid and peproducible responses of the genome to wide hybridization and allopolyploidy in wheat[J]. Plant Cell, 2001, 13: 749-759.

[4] FELDMAN K K, LEVY A A. Transcriptional activation of retrotrans-posons alters the expression of adjacent genes in wheat[J]. Nature Ge-netics, 2003, 33(1): 102-106.

[5] 关和新, 陆普缓. 植物人工异源多倍体的遗传及后遗传变化 [J]. 中国生物工程杂志, 2003, 23(9): 34-39.

[6] PIKAARD C S. Transcription and tyranny in the nucleolus the organiza-tion, activation, dominance and repression of ribosomal RNA genes[J]. The Arabidopsis Book, 2002(1): e0083.doi:10.1199/tab.0083.

但在植物多倍化的过程中，可激活反转座子、蛋白质编码序列及一些未知功能的序列。转座因子能通过干扰宿主基因与其调控元件之间的关系或改变 DNA 的结构而影响基因的表达，结果诱发表观遗传性基因沉默。多倍化代表基因组冲击的一种形式，其结果是削弱了基因组抑制系统的作用，增强了转座因子的活性[17]。

6）多倍体基因表达变化的分子机制

基因剂量效应调节的基因表达变化：在二倍体物种中，已经发现了许多基因具有等位剂量效应，与在纯合的基因型中等位基因的高表达或低表达水平相比，等位剂量效应在杂合的基因型中表现为中间水平的基因表达和表型效应。遗传和表观遗传间的相互作用可导致异源多倍体中基因的表达发生变化，遗传变化主要是多倍体中亲本序列的丢失和新序列的产生。表观遗传变化主要通过 DNA 甲基化、组蛋白修饰和染色质包装来影响基因的表达。异源多倍体中的基因沉默并非都是由甲基化引起的，另一个机制可能与转座子有关，由于转座子被激活，通过插入、转位和切除等方式引起基因重排，改变基因结构和表达调控模式，从而改变基因的表达[1]。

4.1.3 研究目的和意义

植物多倍化后由于多个染色体组的累积效应使得其产生许多新的表型，如生物量、矿物质及营养成分或有效成分增多，器官体积增大，花期变化，无性生殖等，同时由于植株基因活性及酶的差异性使植株的生态适应性和抗病抗逆性能增强，光合效率提高，蒸腾作用降低，使其更适合自身或农业生产的需要。这些特性的改变和形成在农业生产上将发挥巨大作用，如用于花卉可使花器官增大、色彩更佳或花期延长；用于浆果类可延长储存期；用于园艺作物可形成无籽果实，而无籽是重要的品质特征之一；用于药材生产可提高有效成分含量；用于林木生产可达到速生的目的。多倍体的巨大性在以营养器官或多汁多肉果实供食用的蔬菜作物上应用具有特殊意义。

4.1.3.1 多倍体植物的研究意义

1. 充分利用多倍体植物的优势

1）增加固定杂种优势

随着倍性的增加，等位基因的数量也相应增加，这样也增加了等位基因异质化，从而增加了多倍体的固定杂种优势，且随着多倍体形成及全基因组的迅速重排，异质化程度也进一步增加，因此多倍体有潜在的产量杂种优势。但是多倍体形成以后，由于基因组和细胞学的不稳定，多倍体往往表现为不育或育性很差，这些都限制了多倍体应用到物种的产量改良上。

---

[1] JENUWEIN T, ALLIS C D. Translating the histon code[J]. Science, 2001, 293: 1074-1080.

2）增加物种的表型变异

多倍体形成以后，能迅速地发生大量遗传学和表观遗传学的改变，从而增加多倍体物种的表型变异。因此，育种学家可以根据多倍化所形成的丰富的表型变异，选择所需要的性状[1]。Robert 等[2]应用白菜和甘蓝人工合成新型甘蓝型油菜，合成多倍体的基因组发生了重排，同时，其表型变异更为丰富。Xiao 等[3]将白菜的 A 基因组和埃芥的 C 基因组整合合成新型的甘蓝型油菜，所得到的新型甘蓝型油菜群体的表型变异非常丰富，产生了许多亲本没有的新的表型性状。

3）增加物种对生物和非生物胁迫的忍耐性

多倍化能增加生物的生命力及适应能力。随着全球土壤和气候环境的恶化，为了保持作物的长期稳产，需要培育能适应新环境的作物。例如，随着全球气温变暖，我们需要提高作物的抗旱性等，多倍化可能是一个有效的途径。

4）改良作物的遗传瓶颈

对比二倍体物种，多倍体基因组表现出更高异质化及等位基因的多样性，因而多倍体植物会有更高水平的自然变异。目前对多倍体植物的遗传变异工作主要集中在利用亲源种之间的远源杂交，重新模拟多倍体的进化过程。例如，将四倍体小麦高蛋白性状导入六倍体小麦中，能显著改良栽培小麦的品质；将海岛棉的有利遗传变异导入栽培棉的基因组中，能显著改良栽培棉的纤维品质。

2. 有效拓展多倍体植物的应用[1]

1）在园艺学中的应用

由于多倍体通常具有叶片增厚、增大，颜色加深，花朵大而质地加重，花期延长等外观特征，这显著增加了花卉植物的观赏价值和经济价值。早在 1937 年，布勒克斯利等[4]就诱变了一些花卉植物，如在金丝杜鹃、大波斯菊、草夹竹桃、紫茉莉、金莲花等植物中都获得了四倍体植株。此后，育种学家和栽培学家相继对其他一些花卉植物进行了诱导。在花卉植物中，诱变四倍体和不规则多倍体类型都能用鳞茎的小鳞片迅速繁殖，且大而美观。

2）在农业生产中的应用

一般而言，植物多倍体在形态上有较大的株形或体型，有较大的叶片，较粗壮的

[1] 肖勇 , 杨耀东 , 夏薇 , 等 . 多倍体在植物进化中的意义 [J]. 广东农业科学 ,2013,40(16):127-130.

[2] ROBERT T, GAETA J, PIRES C, et al. Genomic changes in resynthesized Brassica napus and their effect on gene expression and phenotype[J]. Plant Cell, 2007,19: 3403-3417.

[3] XIAO Y, CHEN L, ZOU J et al. Development of a population for substantial new type Brassica napus diversified at both A/C genomes[J]. Theoretical and Applied Genetics, 2010, 121: 1141-1150.

[4] 裴新澍 . 多倍体诱导与育种 [M]. 上海 : 上海科学技术出版社 , 1963.

茎和根。在生理特性上，多倍体对病虫害和不良环境条件的抵抗力较强，分布地区较广。在营养成分上，一些多倍体植物营养价值更高，如糖分含量、蛋白质含量、氨基酸及维生素含量都有增高趋势。据检测，四倍体水稻的蛋白质和氨基酸含量一般都比较高；适口性更好；三倍体的西瓜和甜瓜的含糖量、四倍体番茄和甘蓝的 VC 含量比相应的二倍体含量高[1]。

3）在遗传研究中的应用

由于多倍体特殊的遗传学效应，可将其广泛用于遗传学研究中，如克服远缘杂交的不孕性和提高杂种的可育性。四倍体小黑麦、六倍体小黑麦和八倍体小黑麦就是用此方法获得的。利用多倍体还可以筛选出无融合生殖资源。袁隆平院士认为，水稻育种的方向主要是利用无融合生殖来固定杂种优势。我们可将某些重要的二倍体作物诱导成多倍体，进而筛选到具有无融合生殖潜力的种质资源。

4.1.3.2　本研究的意义

目前，世界上许多国家都把多倍体植物研究作为支撑科技发展、引领未来育种的关键领域，主要作物多倍体育种技术已成为各国抢占科技制高点和增强农业国际竞争力的战略重点。一直以来，科技进步都是推动我国农业发展的重要手段，中央政府和地方政府一再加大对多倍体植物科研经费和人力资源的投入，为解决关键技术难题、加强科技创新和保护提供了有力保障，有效扩大了我国多倍体植物相关技术领域的世界影响力。尤其是我国在小麦、棉花和油菜等多倍体育种研究领域取得了一定的进步和发展，这与我国目前的作物分子育种的政策和国情有关。

本章主要针对小麦、棉花和油菜 3 种重要的多倍体植物，以全球多倍体植物领域相关的 SCI 和 CPCI 外文文献为数据基础，采用专业数据分析工具（DDA）进行分析，旨在为相关课题研究者和决策领导提供重要的信息支撑，为我国开展小麦、棉花和油菜的多倍体育种研究和产业化提供参考。

4.2　多倍体植物研究论文分析

截至 2021 年 2 月 2 日，共检索到多倍体植物研发总领域 SCI 和 CPCI 发文量 10360 篇，1990 年至今该领域发文量呈现显著上升趋势。排名前 20 位的国家中，美国总发文量最多，为 3039 篇；中国总发文量排名第二位，共 1649 篇；美国和中国也是近几年在该领域发文量增速最快的国家。此外，英国、德国、法国、日本、加拿大、捷克、西班牙、巴西等国家在多倍体植物研发总领域的研究均居全球领先地位。在排名前 20 位的

---

[1] 刘文革，王鸣，阎志红．蔬菜作物多倍体育种研究进展 [J]．长江蔬菜，2003(1): 29-33.

机构中，全部作者、第一作者和通讯作者发文量最多的机构均是中国科学院，总发文量为 331 篇，其中第一作者发文量为 271 篇，通讯作者发文量为 301 篇；第一作者和通讯作者发文量排名第二位的是佛罗里达大学。在全部作者发文量排名前 20 位的机构中，美国的机构有 9 个，中国的机构有 5 个，捷克的机构有 2 个，英国、法国、澳大利亚、俄罗斯各 1 个。排名前 5 位的机构近 10 年的发文量快速增长，中国农业科学院近几年在该领域的研究引人注目，捷克布拉格查理大学也是该领域在近 10 年涌现的热点机构。发文量最多的作者是美国爱荷华州立大学的 Wendel, Jonathan F；排名第二位的是美国佛罗里达大学的 Soltis, Douglas E；排名第三位的是美国佛罗里达大学的 Soltis, Pamela S。中国国家自然科学基金委员会（NSFC）和美国国家科学基金会（NSF）是资助该领域最多的基金机构。

以全球多倍体植物研发总领域近 10 年的 5556 篇文献为研究对象，排名前 20 位的研究热点为 polyploidy、evolution、plants、hybridization、arabidopsis-thaliana、flowering plants、polyploids、genome、gene-expression、flow cytometry、chromosome-numbers、arabidopsis、polyploid wheat、wheat、genome evolution、phylogeny、genome size、genetic diversity、populations、expression。

4.2.1　论文产出趋势

从全球范围来看，多倍体植物研发总领域最早的一篇文章发表于 1925 年，1990 年至今该领域发文量显著上升，2020 年发文量达到最高点，为 618 篇，相比于 1990 年的 24 篇文章增长了约 26 倍（见图 4.1）。由于数据库收录文献存在滞后性，2020 年的统计数据不能代表该年份的实际发文情况。

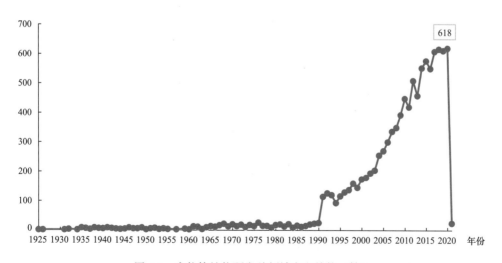

图 4.1　多倍体植物研发总领域发文趋势（篇）

4.2.2 主要国家分布

从表 4.1 中可以看出，近 10 年全球多倍体植物研发总领域发文量排名前 20 位的国家中，美国发文量最多，全部作者发文量为 3039 篇，第一作者发文量为 2168 篇，通讯作者发文量为 2221 篇，第一作者和通讯作者发文量分别占总发文量的 77% 和 73%。中国发文量排名第二位，全部作者发文量为 1649 篇，第一作者发文量为 1383 篇，通讯作者发文量为 1383 篇，第一作者和通讯作者发文量占总发文量均为 84%。其他高发文量的国家包括英国、德国、法国、日本、加拿大、捷克、西班牙、巴西等，这些国家在多倍体植物研发总领域的研究均处于全球领先地位。

表 4.1　多倍体植物研发总领域发文量排名前 20 位的国家

排序	全部作者发文国家	发文量（篇）	第一作者发文国家	发文量（篇）	通讯作者发文国家	发文量（篇）
1	美国	3039	美国	2168	美国	2221
2	中国	1649	中国	1383	中国	1383
3	英国	755	德国	415	德国	442
4	德国	702	英国	414	英国	425
5	法国	662	日本	401	法国	406
6	日本	528	法国	386	日本	397
7	加拿大	527	巴西	353	巴西	357
8	捷克	495	西班牙	310	西班牙	325
9	西班牙	457	印度	306	加拿大	320
10	巴西	454	加拿大	299	印度	313
11	澳大利亚	452	捷克	297	捷克	309
12	印度	400	澳大利亚	267	澳大利亚	261
13	意大利	285	阿根廷	194	意大利	201
14	阿根廷	252	意大利	187	阿根廷	196
15	奥地利	248	俄罗斯	167	俄罗斯	165
16	俄罗斯	243	波兰	159	波兰	157
17	荷兰	238	奥地利	142	奥地利	153
18	比利时	223	比利时	142	荷兰	147
19	瑞士	220	荷兰	138	比利时	139
20	波兰	210	瑞士	121	瑞士	127

图 4.2 展示了全球多倍体植物研发总领域发文量排名前 10 位的国家发文时间线，可以看出，美国和中国近几年发文量逐年增多，美国 2018 年发文量高达 192 篇，

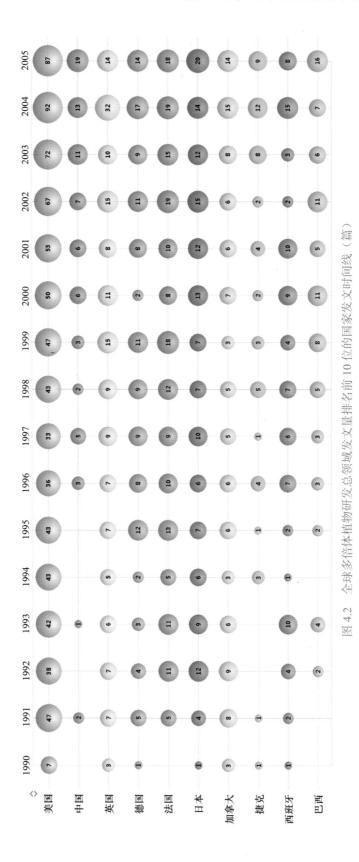

图 4.2 全球多倍体植物研发总领域发文量排名前 10 位的国家发文时间线（篇）

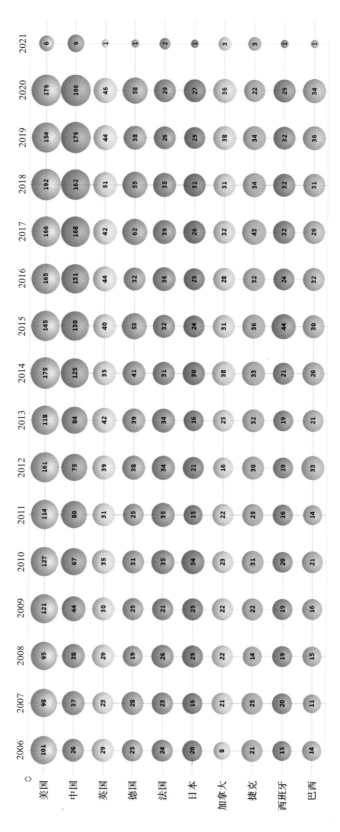

图 4.2 全球多倍体植物研发总领域发文量排名前 10 位的国家发文时间线（篇）（续）

中国 2020 年发文量高达 196 篇。其他国家发展较为平稳，德国近 5 年的发文量增长较快。

4.2.3　重点机构分析

全球多倍体植物研发总领域发文量排名前 20 位的机构中，全部作者、第一作者和通讯作者发文量最多的机构均是中国科学院，总发文量为 331 篇，其中第一作者发文量为 271 篇，通讯作者发文量为 301 篇。美国农业部农业研究局的全部作者发文量排名第二位，为 296 篇。第一作者和通讯作者发文量排名第二位的是佛罗里达大学，第一作者发文量为 148 篇，通讯作者发文量为 167 篇。全部作者发文量排名前 20 位的机构中，美国的机构有 9 个，中国的机构有 5 个，捷克的机构有 2 个，英国、法国、澳大利亚、俄罗斯的机构各 1 个（见表 4.2）。

表 4.2　全球多倍体植物研发总领域发文量排名前 20 位的机构

排序	全部作者发文机构	国家	发文量（篇）	第一作者发文机构	国家	发文量（篇）	通讯作者发文机构	国家	发文量（篇）
1	中国科学院	中国	331	中国农业科学院	中国	271	中国农业科学院	中国	301
2	美国农业部农业研究局	美国	296	佛罗里达大学	美国	148	佛罗里达大学	美国	167
3	佛罗里达大学	美国	263	佐治亚大学	美国	113	佐治亚大学	美国	123
4	佐治亚大学	美国	224	南京农业大学	中国	113	南京农业大学	中国	123
5	布拉格查尔斯大学	捷克	196	威斯康星大学	美国	102	美国农业部农业研究局	美国	113
6	捷克科学院	捷克	195	美国农业部农业研究局	美国	97	俄罗斯科学院	俄罗斯	104
7	加利福尼亚大学戴维斯分校	美国	190	俄罗斯科学院	俄罗斯	96	加利福尼亚大学戴维斯分校	美国	93
8	威斯康星大学	美国	172	康奈尔大学	美国	89	威斯康星大学	美国	91
9	康奈尔大学	美国	170	维也纳大学	澳大利亚	88	维也纳大学	澳大利亚	89
10	中国农业科学院	中国	167	加利福尼亚大学戴维斯分校	美国	83	康奈尔大学	美国	88
11	爱荷华州立大学	美国	162	爱荷华州立大学	美国	76	捷克科学院	捷克	85

（续表）

排序	全部作者发文机构	国家	发文量（篇）	第一作者发文机构	国家	发文量（篇）	通讯作者发文机构	国家	发文量（篇）
12	维也纳大学	澳大利亚	158	华中农业大学	中国	75	爱荷华州立大学	美国	82
13	法国农业科学院	法国	152	北京林业大学	中国	72	布拉格查尔斯大学	捷克	77
14	南京农业大学	中国	149	捷克科学院	捷克	72	法国农业科学院	法国	77
15	俄罗斯科学院	俄罗斯	129	法国农业科学院	法国	72	华中农业大学	中国	76
16	英国皇家植物园	英国	124	四川农业大学	中国	70	北京林业大学	中国	75
17	密苏里大学	美国	121	布拉格查尔斯大学	捷克	67	四川农业大学	中国	72
18	华中农业大学	中国	119	密苏里大学	美国	62	奥斯陆大学	挪威	55
19	德州农工大学	美国	107	奎尔夫大学	加拿大	58	奎尔夫大学	加拿大	54
20	四川农业大学	中国	97	京都大学	日本	54	斯洛伐克科学院	斯洛伐克	51

图 4.3 展示了全球多倍体植物研发总领域发文量排名前 10 位的机构发文时间线。可以看出，排名前 5 位的机构（中国科学院、美国农业部农业研究局、佛罗里达大学、佐治亚大学、布拉格查尔斯大学）近 10 年的发文量快速增长。此外，中国农业科学院近几年在该领域的研究引人注目，2020 年发表文章 23 篇，仅次于中国科学院和佛罗里达大学，排名第三位，捷克的布拉格查尔斯大学也是该领域在近 10 年涌现的热点机构。

4.2.4 核心作者分析

全球多倍体植物研发总领域发文量排名前 20 位的作者如表 4.3 所示，从全球范围看，排名第一位的是美国爱荷华州立大学的 Wendel, Jonathan F，发文量为 117 篇；排名第二位的是美国佛罗里达大学的 Soltis, Douglas E，发文量为 91 篇；排名第三位的是美国佛罗里达大学的 Soltis, Pamela S，发文量为 87 篇。

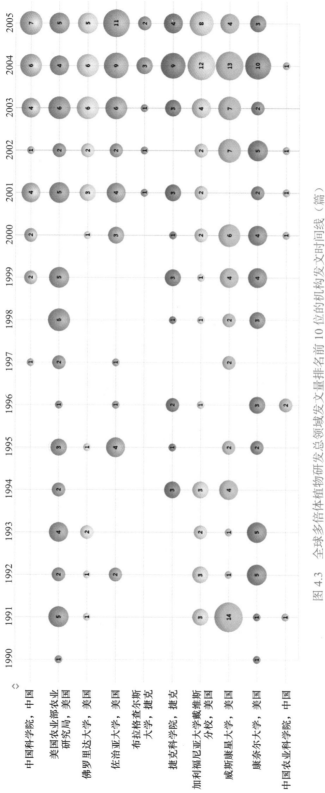

图 4.3 全球多倍体植物研发总领域发文量排名前 10 位的机构发文时间线（篇）

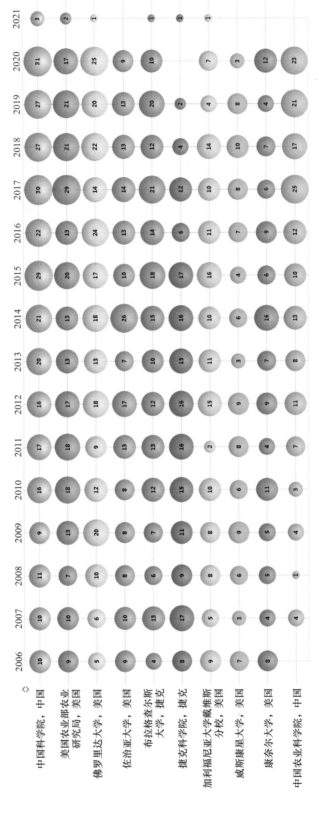

图 4.3 全球多倍体植物研发总领域发文量排名前 10 位的机构发文时间线（篇）（续）

表 4.3　全球多倍体植物研发总领域发文量排名前 20 位的作者

排序	全部作者	机构	发文量（篇）
1	Wendel, Jonathan F	爱荷华州立大学，美国	117
2	Soltis, Douglas E	佛罗里达大学，美国	91
3	Soltis, Pamela S	佛罗里达大学，美国	87
4	Dolezel, Jaroslav	捷克 Hana 生物技术与农业研究中心，捷克	70
5	Paterson, Andrew H	佐治亚大学，美国	68
6	Suda, Jan	布拉格查尔斯大学、捷克科学院，捷克	57
7	Chen, Z Jeffrey	南京农业大学，中国；得克萨斯大学奥斯汀分校，美国	53
8	Bao, Liu	加利福尼亚大学戴维斯分校，美国	52
9	Dubcovsky, Jorge	伦敦玛丽女王大学，英国	52
10	Leitch, Andrew Rowland	东北师范大学，中国	52
11	Marhold, Karol	斯洛伐克科学院、布拉格查尔斯大学，捷克	50
12	Pires, J Chris	密苏里大学，美国	48
13	Wang, Xiyin	佐治亚大学，美国	47
14	Doyle, Jeffrey J	康奈尔大学，美国	45
15	Kovarik, Ales	捷克科学院，捷克	41
16	Van de Peer, Yves	根特大学，比利时	40
17	Brochmann, Christian	奥斯陆大学学院，挪威	39
18	Dvorak, Jan	加利福尼亚大学戴维斯分校，美国	39
19	Uauy, Cristobal	约翰英纳斯中心，英国	37
20	Chase, Mark W	英国皇家植物园，英国；西澳大学，澳大利亚	36
21	Hoerandl, Elvira	维也纳大学，奥地利	36

4.2.5　资助基金分析

图 4.4 列出了全球多倍体植物研发总领域排名前 10 位的资助机构（基金），其中有超过 800 篇文章受到了中国国家自然科学基金委员会（NSFC）的资助，565 篇文章受到了美国国家科学基金会（NSF）的资助。表 4.4 列出了全部作者发文量排名前 20 位的机构重点基金分布情况。

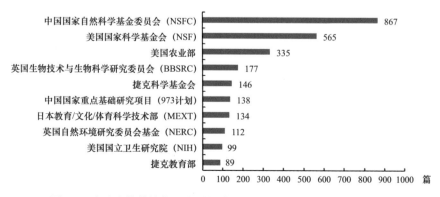

图 4.4　全球多倍体植物研发总领域排名前 10 位的资助机构（基金）

表 4.4　全部作者发文量排名前 20 位的机构重点基金分布情况

单位：篇

机构	中国国家自然科学基金委员会（NSFC）	美国国家科学基金会（NSF）	美国农业部	英国生物技术与生物科学研究委员会（BBSRC）	捷克科学基金会	中国国家重点基础研究项目（973 计划）	日本教育/文化/体育科学技术部（MEXT）	英国自然环境研究委员会基金（NERC）	美国国立卫生研究院（NIH）	捷克教育部
中国科学院	172	16	6	3	2	22	5	1	3	0
美国农业部农业研究局	16	49	108	3	1	7	0	0	4	0
佛罗里达大学	10	77	25	2	3	1	1	14	1	1
佐治亚大学	22	68	35	8	1	4	1	2	3	0
布拉格查尔斯大学	0	4	2	3	63	0	4	0	1	53
捷克科学院	0	4	1	0	48	0	0	21	1	45
加利福尼亚大学戴维斯分校	9	37	56	13	5	2	4	1	1	0
威斯康星大学	5	32	33	1	0	2	0	0	5	0
康奈尔大学	4	53	24	1	0	2	0	3	2	0
中国农业科学院	99	8	1	5	1	32	2	0	0	0
爱荷华州立大学	10	51	27	0	0	0	0	4	3	0
维也纳大学	2	3	0	0	5	0	1	1	0	6
法国农业科学院	2	3	3	6	5	0	0	3	0	0
南京农业大学	86	17	6	0	0	20	1	0	4	0
俄罗斯科学院	0	1	0	0	2	0	4	1	0	2
英国皇家植物园	3	5	0	3	6	0	0	32	0	3
密苏里大学	7	47	6	5	0	1	1	1	4	0
华中农业大学	69	7	1	6	1	13	2	0	0	0
德州农工大学	5	13	17	1	0	1	0	0	11	0
四川农业大学	55	2	3	1	1	7	0	0	0	0

4.2.6 近 10 年研究热点分布

4.2.6.1 方法论

词频是指所分析的文档中词语出现的次数。在科学计量研究中，可以按照学科领域建立词频词典，从而对科学家的创造活动做出定量分析。词频分析法就是在文献信息中提取能够表达文献核心内容的关键词或主题词，通过关键词或主题词的频次高低分布，来研究该领域发展动向和研究热点的方法。共词分析的基本原理是对一组词两两统计它们在同一组文献中出现的次数，通过这种共现次数来测度它们之间的亲疏关系。VOSviewer 是雷登大学 CWTS 研究机构的相关研究人员专门开发的用于科学知识图谱绘制的有效工具，可以标签视图、密度视图、聚类视图和分散视图等方式实现知识单元的可视化。基于 VOSviewer 关键词共现热力图和聚类图，我们可以从完全客观的角度挖掘全球多倍体植物研发总领域近 10 年的研究热点。

以全球多倍体植物研发总领域近 10 年的 5405 篇文献为研究对象，获取文章全部关键词（包括作者关键词和 WOS 数据库标引的关键词），利用 VOSviewer 关键词叙词表对所有关键词进行清洗，清洗合并后选取出现次数大于等于 10 次的关键词，展示该领域研究热点和研究聚类。

4.2.6.2 研究热点

全球多倍体植物研发总领域近 10 年出现的次数大于等于 10 次的关键词共有902 个，取共现强度排名前 500 位的关键词，排名前 20 位的研究热点为 polyploidy、evolution、plants、hybridization、arabidopsis-thaliana、flowering plants、polyploids、genome、gene-expression、flow cytometry、chromosome-numbers、arabidopsis、polyploid wheat、wheat、genome evolution、phylogeny、genome size、genetic diversity、populations、expression（见图 4.5）。研究热点的详细信息如表 4.5 所示。

4.2.6.3 研究聚类

2011—2020 年全球多倍体植物研发总领域文章的关键词共现网络可形成 5 个聚类，第一个聚类由 polyploidy、hybridization、flowering plants、chromosome-numbers、phylogeny、genome size、populations、diversity、flow-cytometry、speciation 等关键词相关的文章组成；第二个聚类由 genome、polyploid wheat、wheat、genetic diversity、dna、identification、triticum-aestivum、hexaploid wheat、genetics、sequence 等关键词相关的文章组成；第三个聚类由 evolution、arabidopsis-thaliana、gene-expression、arabidopsis、genome evolution、expression、phylogenetic analysis、dna-sequences、 transposable elements、allopolyploids 等关键词相关的文章组成；第四个聚类由 plants、polyploids、flow cytometry、mechanisms、colchicine、meiosis、hybrids、tetraploid、ploidy level、interspecific hybridization 等关键词相关的文章组成；第五个聚类由 5s、5s rdna、allopolyploid nicotiana、anthemideae、b-chromosomes、chromosomal rearrangements、chromosome evolution、chromosomes、cytogenetics、cytotaxomony 等关键词相关的文章组成（见图 4.6）。

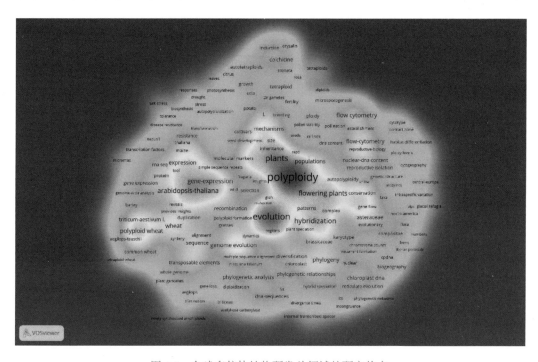

图 4.5　全球多倍体植物研发总领域的研究热点

表 4.5　全球多倍体植物研发总领域研究热点的详细信息

序号	研究热点	所属聚类	共现强度	出现次数（次）	平均年度	平均被引频次（次/篇）
1	polyploidy	1	12944	1978	2013	13.9848
2	evolution	3	8313	1160	2013	19.3793
3	plants	4	5841	871	2014	13.5959
4	hybridization	1	3835	515	2013	14.0563
5	arabidopsis-thaliana	3	2763	463	2013	26.9158
6	flowering plants	1	3142	436	2013	25.9495
7	polyploids	4	2321	350	2013	11.8029
8	genome	2	2297	338	2013	16.3935
9	gene-expression	3	2201	317	2014	23.9653

（续表）

序号	研究热点	所属聚类	共现强度	出现次数（次）	平均年度	平均被引频次（次 / 篇）
10	flow cytometry	4	2218	307	2013	9.8469
11	chromosome-numbers	1	1970	291	2013	8.7629
12	arabidopsis	3	1918	285	2014	26.1684
13	polyploid wheat	2	1653	285	2013	25.8246
14	wheat	2	2013	274	2013	16.5036
15	genome evolution	3	1991	257	2013	19.9455
16	phylogeny	1	1908	255	2013	12.1843
17	genome size	1	1893	251	2014	10.5578
18	genetic diversity	2	1594	238	2013	15.084
19	populations	1	1569	237	2013	16.1308
20	expression	3	1531	231	2013	17.3983

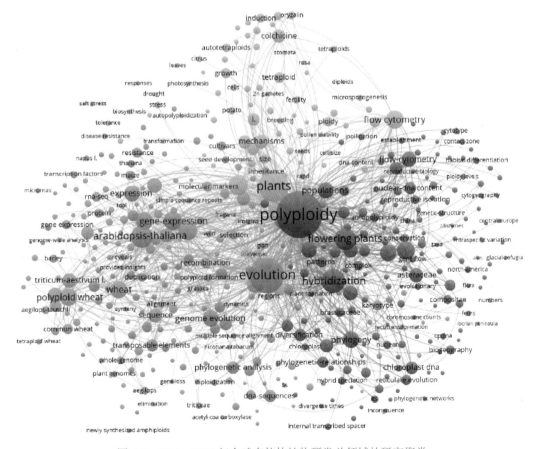

图 4.6　2011—2020 年全球多倍体植物研发总领域的研究聚类

4.2.7 高被引和热点论文分析

根据基本科学指标（Essential Science Indicators，ESI）中的定义，高被引论文指的是最近 10 年发表的论文，总被引次数与同年度、同学科发表论文相比排名前 1% 的论文。热点论文指的是最近两年内发表，总被引频次在最近两个月内排名达到各学科领域的前 0.1% 的论文。依据此定义对全球多倍体植物研发领域 10360 篇文章进行遴选，选出高被引论文 135 篇，热点论文 1 篇，进一步分析高被引论文和热点论文的发文国家及机构。

4.2.7.1 地域分布分析

从表 4.6 中可以看出，全球多倍体植物研发总领域高被引 / 热点论文发文量排名前 9 位的国家中，美国发文量最多，为 83 篇；中国其次，发文量为 42 篇；英国排名第三位，发文量为 35 篇；德国排名第四位，发文量为 27 篇。其他高发文量的国家还包括澳大利亚、法国、加拿大等，这些国家在多倍体植物研发总领域均发表了高质量的论文。

表 4.6　全球多倍体植物研发总领域高被引 / 热点论文发文量排名前 9 位的国家

排序	全部作者发文国家	发文量（篇）
1	美国	83
2	中国	42
3	英国	35
4	德国	27
5	澳大利亚	24
6	法国	23
7	加拿大	21
8	比利时	11
9	捷克	10
9	日本	10
9	瑞士	10

图 4.7 展示了全球多倍体植物研发总领域高被引 / 热点论文发文量排名前 5 位

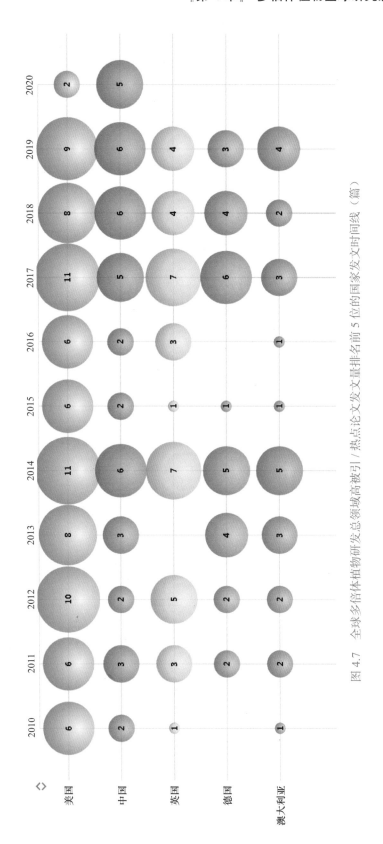

图 4.7　全球多倍体植物研发总领域高被引 / 热点论文发文量排名前 5 位的国家发文时间线（篇）

的国家发文时间线。可以看出，最早的高被引 / 热点论文发表于 2010 年，美国、中国、英国、澳大利亚在该年度均有发文，美国发文量最多，为 6 篇。此后的高被引 / 热点论文发文量呈现上升趋势，美国 2014 年和 2017 年达到最高点，均为 11 篇。

4.2.7.2　重点机构分析

全球多倍体植物研发总领域高被引 / 热点论文发文量排名前 9 位的机构如表 4.7 所示。发文量最多的机构为中国农业科学院，发文量为 25 篇。发文量排名前 9 位的机构中，美国的机构有 6 个，中国、加拿大、英国、澳大利亚的机构各 1 个。

表 4.7　全球多倍体植物研发总领域高被引 / 热点论文发文量排名前 9 位的机构

排序	全部作者发文机构	国家	发文量（篇）
1	中国农业科学院	中国	25
2	美国农业部农业研究局	美国	21
3	佐治亚大学	美国	17
4	加利福尼亚大学戴维斯分校	美国	15
5	佛罗里达大学	美国	14
6	密苏里大学	美国	13
7	加拿大农业及农业食品部	加拿大	11
7	堪萨斯州立大学	美国	11
9	约翰英纳斯中心	英国	10
9	西澳大学	澳大利亚	10

图 4.8 展示了全球多倍体植物研发总领域高被引 / 热点论文发文量排名前 10 位的机构发文时间线。可以看出，最早的高被引论文出现在 2010 年，共有 10 篇，其中有 8 篇来自美国、1 篇来自中国、1 篇来自加拿大。2014 年发表的高被引 / 热点论文最多，共有 29 篇，2015 年和 2016 年高被引 / 热点论文发文量略有下降，2017 年后呈现增长趋势。

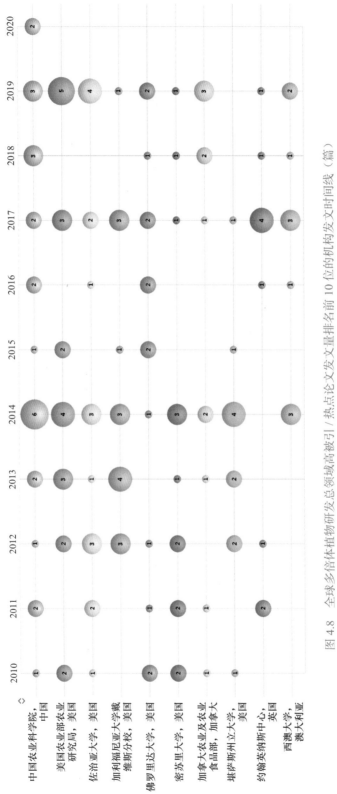

图 4.8 全球多倍体植物研发总领域高被引 / 热点论文发文量排名前 10 位的机构发文时间线（篇）

4.3 多倍体小麦研究论文分析

截至 2021 年 2 月 2 日，共检索到多倍体小麦 SCI 发文 1597 篇，排名前 5 位的国家中，美国总发文量最多，为 436 篇，中国发文量排名第二位，为 333 篇。排名前 10 位的机构中，全部作者发文量最多的机构是堪萨斯州立大学，总发文量为 100 篇，第一作者和通讯作者发文量最多的机构则是俄罗斯科学院。中国机构总发文量最多的是中国农业科学院，共发表 60 篇 SCI 发文，第一作者机构发文量最多的中国机构是四川农业大学，共发表 43 篇 SCI 发文。

4.3.1 论文产出趋势

从全球范围来看，截至 2021 年 2 月 2 日，多倍体小麦研发领域共计发表论文 1597 篇。最早的两篇文章发表于 1936 年，分别是作者 Dorsey, E 发表于 *Journal of Heredity* 期刊，题名为 *Induced polyploidy in wheat and rye - Chromosome doubling in triticum, Secale and triticum secale hybrids produced by temperature changes* 的文章，以及作者 Kostoff, D 发表于 *Comptes Rendus De L Academie Des Sciences De L Urss* 期刊，题名为 *Studies on the polyploid plants VI Amphidiploid Triticum timopheevi Zhuk x Triticum monococcum L* 的文章。1990 年以前，该领域的研究开展得不多，发文量较少。自 1991 年起，该领域的发文量呈现明显上升趋势，2018 年为发文量高峰年，发文量达 97 篇，相较于 1991 年的 18 篇增长了 5 倍多（见图 4.9）。

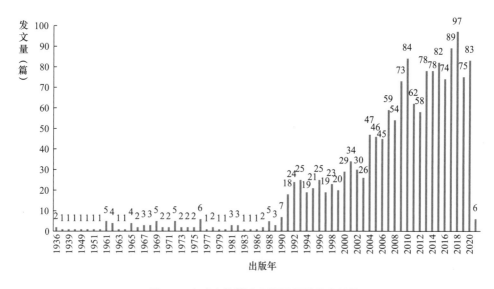

图 4.9　全球多倍体小麦研发领域发文趋势

4.3.2 主要国家分布

从表4.8中可以看出，全球多倍体小麦研发领域发文量排名前10位的国家中，美国发文量最多，全部作者发文量为436篇，第一作者发文量为320篇，通讯作者发文量为323篇，第一作者和通讯作者发文量均占总发文量的73%～74%。中国发文量排名第二位，全部作者发文量为333篇，第一作者发文量为291篇，通讯作者发文量为286篇，第一作者和通讯作者发文量均占总发文量的86%～87%，占比相对较高。其他高发文量国家还包括英国、法国、澳大利亚、俄罗斯、日本、德国、加拿大和以色列等，这些国家在全球多倍体小麦领域的研究处于领先地位。

表 4.8　全球多倍体小麦研发领域发文量排名前 10 位的国家

排序	全部作者发文国家	发文量（篇）	第一作者发文国家	发文量（篇）	通讯作者发文国家	发文量（篇）
1	美国	436	美国	320	美国	323
2	中国	333	中国	291	中国	286
3	英国	175	英国	113	英国	120
4	法国	125	俄罗斯	89	俄罗斯	90
5	澳大利亚	110	日本	77	法国	73
6	俄罗斯	98	法国	73	日本	69
7	日本	96	澳大利亚	67	澳大利亚	62
8	德国	79	以色列	43	西班牙	47
9	加拿大	77	西班牙	38	以色列	45
10	以色列	63	加拿大	34	加拿大	42

图 4.10 展示了全球多倍体小麦研发领域发文量排名前 10 位的国家发文时间线，可以看出近年来美国和中国的发文量明显高于其他国家。美国的发文高峰出现在 2010 年（30 篇），此后发文量有所减少和波动。中国的发文高峰出现在 2018 年（39 篇），且 2020 年的发文量也高达 34 篇，说明中国机构在本领域的研究较多且成果显著。英国自 2014 年起在该领域的研究发展较快，2016 年发文量达 14 篇，法国和澳大利亚 2013—2014 年的发文量较多，之后有所减少。

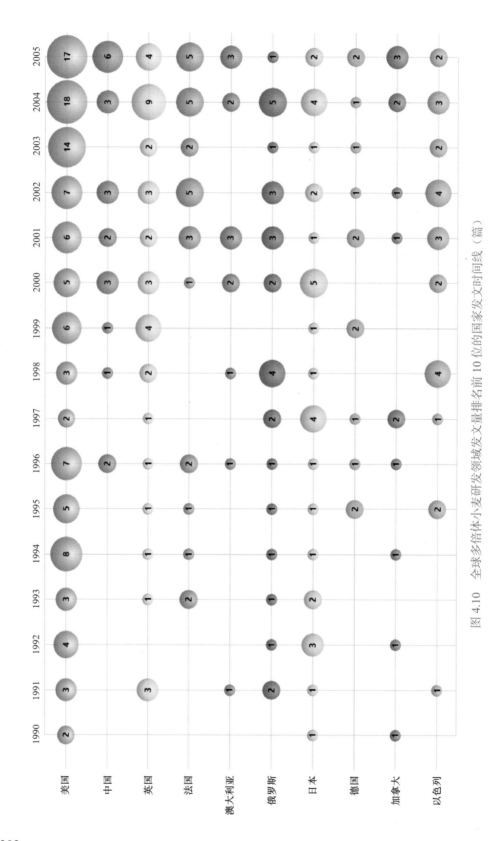

图 4.10 全球多倍体小麦研发领域发文量排名前 10 位的国家发文时间线（篇）

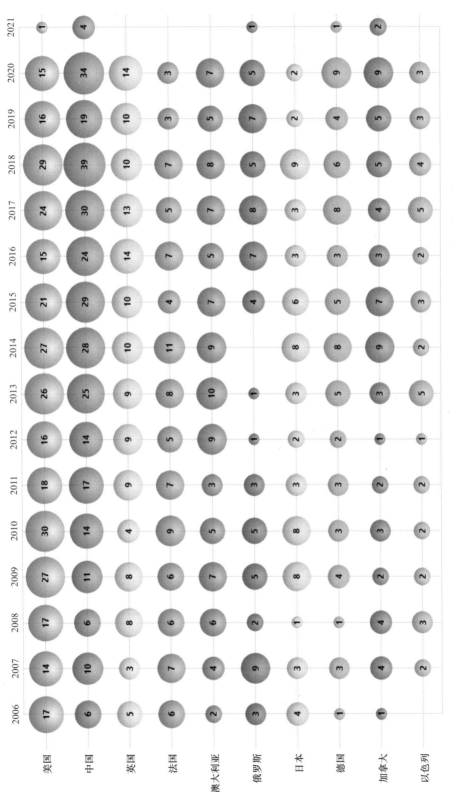

图 4.10　全球多倍体小麦研究领域发文量排名前 10 位的国家发文时间线（篇）（续）

4.3.3 重点机构分析

全球多倍体小麦研发领域发文量排名前 10 位的机构中，全部作者发文量最多的是美国堪萨斯州立大学，总发文量为 100 篇。第一作者和通讯作者发文量排名第一位的均为俄罗斯科学院，发文量分别为 63 篇和 65 篇，该机构全部作者发文量排名第六位，共 71 篇。中国农业科学院全部作者发文量为 60 篇，排名第七位，通讯作者发文量为 42 篇，排名第六位，在中国机构中排名第一位。全部作者发文量排名前 10 位的机构中，美国的机构有 3 个，中国的机构有 3 个，英国、法国、俄罗斯和捷克的机构各 1 个（见表 4.9）。

表 4.9　全球多倍体小麦研发领域发文量排名前 10 位的机构

排序	全部作者发文机构	国家	发文量（篇）	第一作者发文机构	国家	发文量（篇）	通讯作者发文机构	国家	发文量（篇）
1	堪萨斯州立大学	美国	100	俄罗斯科学院	俄罗斯	63	俄罗斯科学院	俄罗斯	65
2	美国农业科学研究院	美国	100	堪萨斯州立大学	美国	54	加利福尼亚大学戴维斯分校	美国	53
3	加利福尼亚大学戴维斯分校	美国	95	约翰英纳斯中心	英国	46	堪萨斯州立大学	美国	52
4	约翰英纳斯中心	英国	89	法国国家农业研究院	法国	45	约翰英纳斯中心	英格兰	51
5	法国国家农业研究院	法国	87	加利福尼亚大学戴维斯分校	美国	43	法国国家农业研究院	法国	45
6	俄罗斯科学院	俄罗斯	71	四川农业大学	中国	43	中国农业科学院	中国	42
7	中国农业科学院	中国	60	中国农业科学院	中国	36	四川农业大学	中国	42
8	中国科学院	中国	59	美国农业科学研究院	美国	31	美国农业科学研究院	美国	32
9	四川农业大学	中国	56	中国科学院	中国	27	中国科学院	中国	27
10	捷克 Hana 生物技术与农业研究中心	捷克	43	东北师范大学	中国	26	东北师范大学	中国	26

图 4.11 展示了全球多倍体小麦研发领域发文量排名前 10 位的机构发文时间线，整体来看，排名前 10 位的机构在 2000 年以前的发文量都比较少，四川农业大学和捷克 Hana 生物技术与农业研究中心起步相对较晚，分别从 2004 年和 2006 年开始有本领域的发文。2011 年至今，排名前 10 位的机构的发文量相较于 2011 年以前均有大幅增长，近 5 年发文量较多的机构包括约翰英纳斯中心、美国农业科学研究院、中国农业科学院和中国科学院。

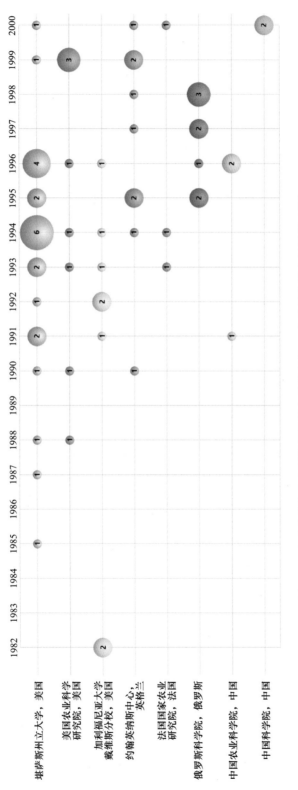

图 4.11　全球多倍体小麦研究领域发文量排名前 10 位的机构发文时间线（篇）

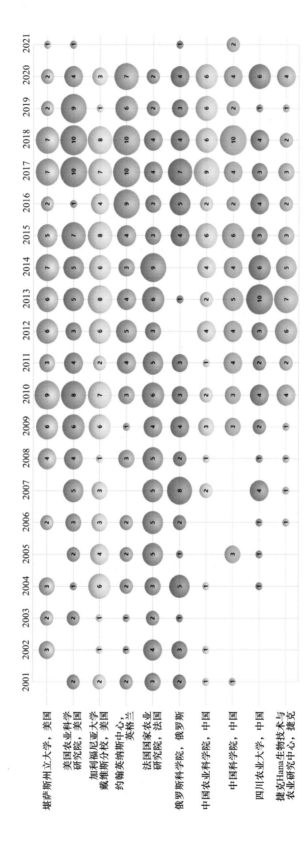

图 4.11　全球多倍体小麦研发领域发文量排名前 10 位的机构发文时间线（篇）（续）

4.3.4 核心作者分析

全球多倍体小麦研发领域发文量排名前 10 位的作者如表 4.10 所示，排名第一位的是美国堪萨斯大学的 Gill, Bikram S，发文量为 65 篇；排名第二位的是加利福尼亚大学戴维斯分校的 Dubcovsky, Jorge，发文量为 52 篇；排名第三位的是捷克 Hana 生物技术与农业研究中心的 Dolezel, Jaroslav，发文量为 42 篇；中国东北师范大学的 Liu, Bao 排名第七位，发文量为 35 篇。

表 4.10 全球多倍体小麦研发领域发文量排名前 10 位的作者

排序	作者	机构	发文量（篇）
1	Gill, Bikram S	堪萨斯州立大学	65
2	Dubcovsky, Jorge	加利福尼亚大学戴维斯分校	52
3	Dolezel, Jaroslav	捷克 Hana 生物技术与农业研究中心	42
4	Dvorak, Jan	加利福尼亚大学戴维斯分校	38
5	Akhunov, Eduard	堪萨斯州立大学	36
5	Uauy, Cristobal	约翰英纳斯中心	36
7	Liu, Bao	东北师范大学	35
8	Luo, Ming-Cheng	加利福尼亚大学戴维斯分校	30
9	Feldman, Moshe	以色列魏茨曼科学研究所	29
10	Simkova, Hana	捷克 Hana 生物技术与农业研究中心	26

4.3.5 资助基金分析

图 4.12 列出了全球多倍体小麦研发领域排名前 10 位的基金资助机构，中国国家自然科学基金委员会资助的文章数量最多，共 195 篇；美国农业部资助的文章数量排名

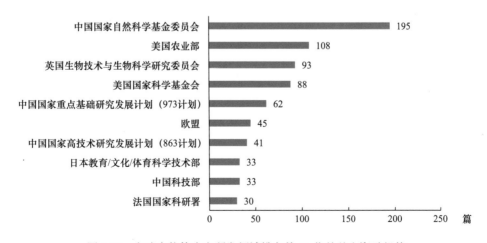

图 4.12 全球多倍体小麦研发领域排名前 10 位的基金资助机构

第二位，共 108 篇；英国生物技术与生物科学研究委员会资助的文章数量排名第三位，共 93 篇。在全球排名前 10 位的基金资助机构中，中国的资助来源有 4 个，美国的资助来源有 2 个，英国、欧盟、日本、法国的资助来源各 1 个。

表 4.11 列出了全球多倍体小麦研发领域发文量排名前 10 位的机构重点基金分布情况。发文量排名第一的是英国约翰英纳斯中心在英国生物技术与生物科学研究委员会资助下产出的论文，为 57 篇；排名第二位的是美国农业科学研究院在美国农业部资助下产出的论文，为 47 篇；排名第三位的是四川农业大学在中国国家自然科学基金委员会资助下产出的论文，为 40 篇；排名第四位的是堪萨斯州立大学在美国农业部资助下产出的论文，为 38 篇。

表 4.11　全球多倍体小麦研发领域发文量排名前 10 位的机构重点基金分布情况

单位：篇

机构	中国国家自然科学基金委员会	美国农业部	英国生物技术与生物科学研究委员会	美国国家科学基金会	中国国家重点基础研究发展计划（973 计划）	欧盟	中国国家高技术研究发展计划（863 计划）	中国科技部	日本教育 / 文化 / 体育科学技术部	法国国家科研署
堪萨斯州立大学	2	38	8	21	0	2	0	0	1	2
美国农业科学研究院	7	47	2	19	1	0	0	1	0	1
加利福尼亚大学戴维斯分校	7	37	11	25	2	0	3	1	2	0
约翰英纳斯中心	4	6	57	5	4	8	0	0	0	4
法国国家农业研究院	1	3	7	7	0	7	0	1	0	24
俄罗斯科学院	0	1	0	0	0	0	0	0	0	0
中国农业科学院	34	1	2	1	17	1	8	11	0	1
中国科学院	32	4	1	4	10	1	10	10	0	0
四川农业大学	40	0	1	1	9	0	10	3	0	0
捷克 Hana 生物技术与农业研究中心	1	3	5	1	0	14	2	0	1	3

4.3.6　近 10 年研究热点分布

以全球多倍体小麦研发领域 2011—2020 年的 784 篇文献为研究对象，获取文章全部关键词（包括作者关键词和 WOS 数据库标引的关键词），利用 VOSviewer 关键词叙词表对所有关键词进行清洗，清洗合并后选取出现次数大于等于 20 次的关键词，展示该领域研究热点和研究聚类。

4.3.6.1　研究热点

全球多倍体小麦研发领域 2011—2020 年出现的次数大于等于 20 次的关键词共 72 个，排名前 10 位的研究热点为 wheat、evolution、polyploidy、polyploid wheat、hexaploid wheat、genome、gene-expression、gene、bread wheat、sequence（见图 4.13）。研究热点的详细信息如表 4.12 所示。

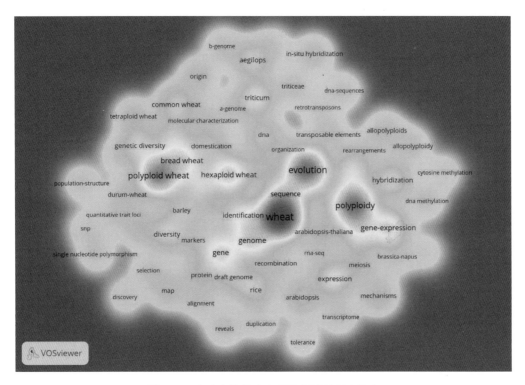

图 4.13　全球多倍体小麦研发领域的研究热点

表 4.12　全球多倍体小麦研发领域研究热点的详细信息

排序	研究热点	所属聚类	共现强度	出现次数（次）	平均年度	平均被引频次（次／篇）
1	wheat	2	1254	273	2000	19.4359
2	evolution	3	1083	215	1978	32.5814
3	polyploidy	2	984	209	1987	23.1435
4	polyploid wheat	1	874	187	2015	37.6203
5	hexaploid wheat	1	542	104	1995	44.5577
6	genome	1	482	98	2015	27.8367
7	gene-expression	2	475	96	2016	37.9583
8	gene	4	426	90	2015	49.4333
9	bread wheat	1	382	84	2015	22.5476
10	sequence	4	391	80	2016	26.5375

4.3.6.2 研究聚类

2011—2020 年全球多倍体小麦研发领域文章的关键词共现网络可形成 4 个聚类，第一个聚类由 polyploid wheat、hexaploid wheat、genome、bread wheat、triticum-aestivum 等关键词相关的文章组成；第二个聚类由 wheat、polyploidy、gene-expression、expression、hybridization 等关键词相关的文章组成；第三个聚类由 evolution、triticum、aegilops、dna、chromosomes 等关键词相关的文章组成；第四个聚类由 gene、sequence、identification、rice、draft genome 等关键词相关的文章组成（见图 4.14）。

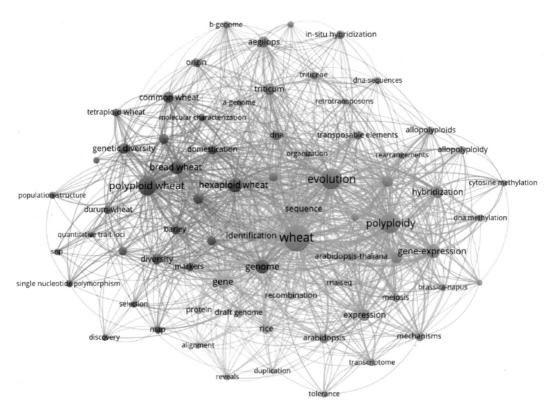

图 4.14　2011—2020 年全球多倍体小麦研发领域的研究聚类

4.4　多倍体棉花研究论文分析

截至 2021 年 2 月 2 日，共检索到多倍体棉花 SCI 发文量 416 篇，在排名前 10 位的国家中，美国总发文量最多，为 224 篇；中国总发文量排名第二位，为 165 篇。排名前 10 位的机构中，全部作者、第一作者、通讯作者发文量最多的机构均为爱荷华州立大学，发文量分别为 93 篇、60 篇、61 篇，可见爱荷华州立大学在多倍体棉花研究领域占有重要位置。

4.4.1　论文产出趋势

从全球范围来看，多倍体棉花研发领域在 1941—2020 年共发表 SCI 和 CPCI 论文 416 篇。从图 4.15 中可以看出，该领域发文趋势总体上有很大幅度的上升，从 1941 年的 1 篇增长到 2017 年的 36 篇，说明多倍体棉花研究领域受到了越来越多的科研人员的重视。

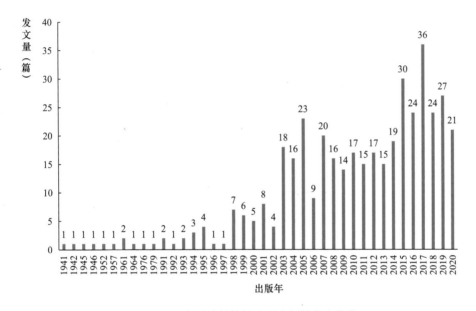

图 4.15　全球多倍体棉花研发领域发文趋势

4.4.2　主要国家分布

从表 4.13 中可以看出，全球多倍体棉花研发领域发文量排名前 10 位的国家中，美国全部作者发文量、第一作者发文量和通讯作者发文量均排在第一位，发文量分别为 224 篇、182 篇和 186 篇，中国排名第二位，发文量分别为 165 篇、131 篇和 136 篇。美国和中国在多倍体棉花研发领域的研究均位于全球领先地位，遥遥领先于其他国家，其他排名靠前的国家包括英国、澳大利亚、法国、加拿大、印度等。

表 4.13　全球多倍体棉花研发领域发文量排名前 10 位的国家

排序	全部作者发文国家	发文量（篇）	第一作者发文国家	发文量（篇）	通讯作者发文国家	发文量（篇）
1	美国	224	美国	182	美国	186
2	中国	165	中国	131	中国	136
3	英国	23	英国	12	英国	12
4	澳大利亚	22	加拿大	10	加拿大	10
5	法国	18	澳大利亚	10	印度	9
6	印度	17	印度	9	法国	9
7	加拿大	14	法国	9	澳大利亚	9
8	巴基斯坦	14	土耳其	6	土耳其	6
9	巴西	9	巴基斯坦	5	巴基斯坦	5
10	以色列	8	巴西	5	巴西	5

图 4.16 展示了自 1991 年至 2020 年全球多倍体棉花研发领域发文量排名前 5 位国家的发文趋势，通过分析可以看出，美国在多倍体棉花研发领域的起步较早且延续时间很长，美国自 2003 年开始，发文量有了明显提升，2012—2017 年的发文量都在 10 篇以上。中国近 10 年的发文量逐渐增多，2017 年发文量高达 23 篇，比美国同期高出 9 篇，可见近几年来中国在多倍体棉花研发领域发展迅速。

4.4.3　重点机构分析

全球多倍体棉花研发领域发文量排名前 10 位的机构如表 4.14 所示，可以看出，全部作者发文量最多的机构是爱荷华州立大学，总发文量为 93 篇，第一作者和通讯作者发文量最多的机构依然是爱荷华州立大学，可见这个大学在多倍体棉花研究领域占有重要位置，全部作者、第一作者和通讯作者发文量排名第二位的是南京农业大学。总发文量排名前 10 位的全部发文机构中，美国机构有 6 个，中国机构有 4 个。

图 4.17 展示了全球多倍体棉花研发领域发文量排名前 10 位的机构。可以看出，排名前 5 位的机构分别是：爱荷华州立大学、南京农业大学、得克萨斯 A&M 大学、中国农业科学院、佐治亚大学，其中美国占有 3 个席位、中国占有 2 个席位，再次证实了美国和中国在多倍体棉花研发领域占有重要位置。在这 5 个机构中，爱荷华州立大学、得克萨斯 A&M 大学在多倍体棉花研发领域的起步较早而且延续

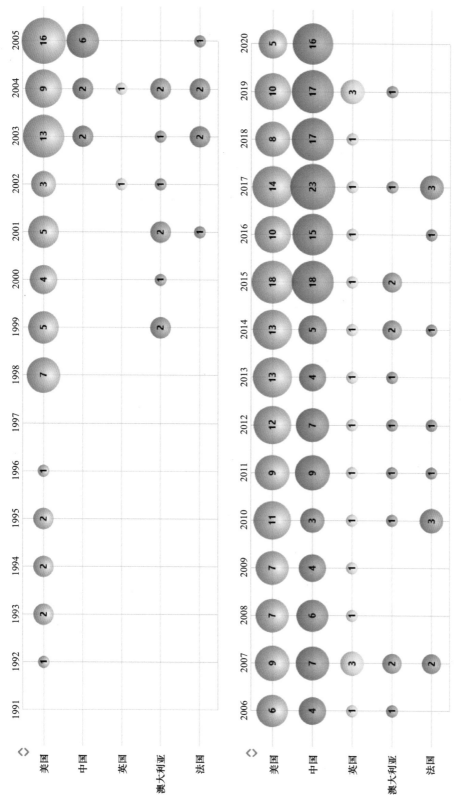

图 4.16 全球多倍体棉花研究领域发文量排名前 5 位国家的发文趋势

时间很长，南京农业大学虽然 2004 年才开始发表文章，但总发文量排在了第二位，可见南京农业大学对多倍体棉花研发领域十分重视。

表 4.14　全球多倍体棉花研发领域发文量排名前 10 位的机构

排序	全部作者发文机构	国家	发文量（篇）	第一作者发文机构	国家	发文量（篇）	通讯作者发文机构	国家	发文量（篇）
1	爱荷华州立大学	美国	93	爱荷华州立大学	美国	60	爱荷华州立大学	美国	61
2	南京农业大学	中国	52	南京农业大学	中国	39	南京农业大学	中国	43
3	得克萨斯 A&M 大学	美国	48	佐治亚大学	美国	26	中国农业科学院	中国	33
4	中国农业科学院	中国	45	得克萨斯 A&M 大学	美国	19	佐治亚大学	美国	24
5	佐治亚大学	美国	44	中国农业科学院	中国	18	得克萨斯 A&M 大学	美国	18
6	美国农业科学研究院	美国	41	华中农业大学	中国	14	美国农业科学研究院	美国	15
7	华中农业大学	中国	22	美国农业科学研究院	美国	13	华中农业大学	中国	13
8	得克萨斯大学奥斯汀分校	美国	19	得克萨斯大学奥斯汀分校	美国	10	得克萨斯大学奥斯汀分校	美国	12
9	杨百翰大学	美国	19	联邦科学与工业研究组织	澳大利亚	7	浙江大学	中国	9
10	中国科学院	中国	16	不列颠哥伦比亚大学	加拿大	6	联邦科学与工业研究组织	澳大利亚	7

4.4.4　核心作者分析

全球多倍体棉花研发领域发文量排名前 10 位的作者如表 4.15 所示，从全球范围看，排名第一位的是爱荷华州立大学的 Wendel, Jonathan F，发文量为 92 篇；排名第二位的是来自爱荷华州立大学的 Paterson, Andrew H，发文量为 45 篇；排名第三位的是南京农业大学的 Zhang, Tian Zhen，发文量为 35 篇。

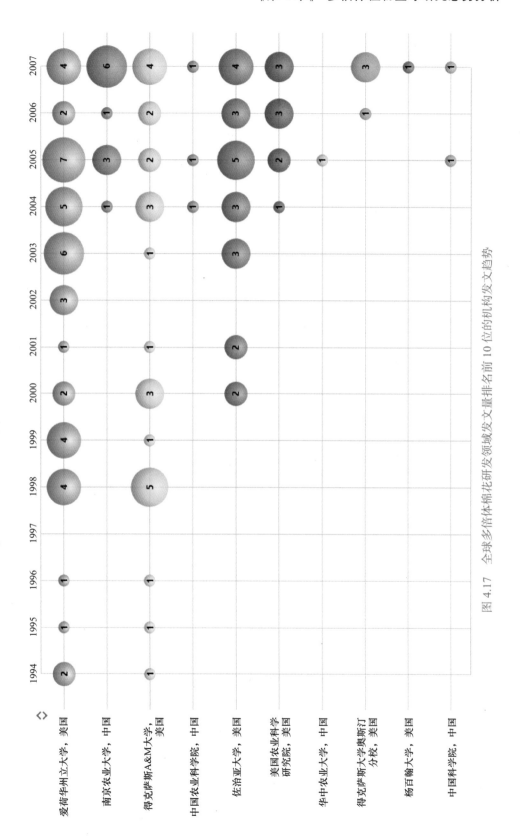

图 4.17　全球多倍体棉花研发领域发文量排名前 10 位的机构发文趋势

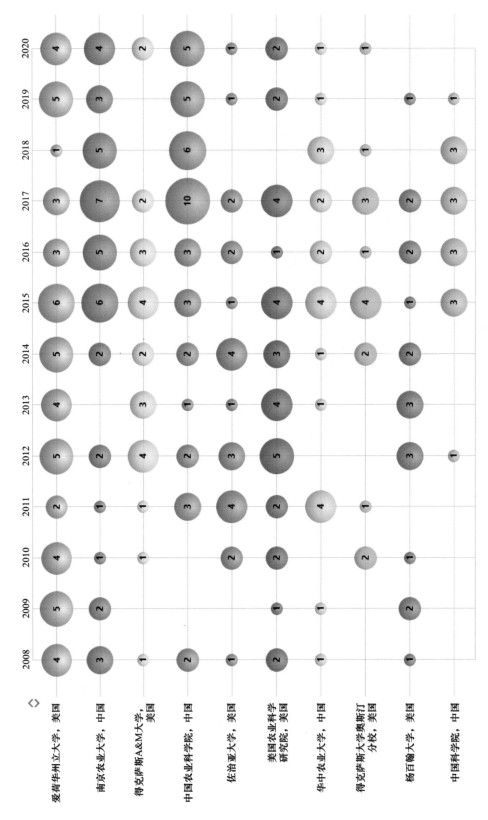

图 4.17　全球多倍体稻花研发领域发文量排名前 10 位的机构发文趋势（续）

表 4.15　全球多倍体棉花研发领域发文量排名前 10 位的作者

排序	全部作者	机构	发文量（篇）
1	Wendel, Jonathan F	爱荷华州立大学，美国	92
2	Paterson, Andrew H	爱荷华州立大学，美国	45
3	Zhang, Tian Zhen	南京农业大学，中国	35
4	Guo, Wangzhen	南京农业大学，中国	29
5	Stelly, David M	得克萨斯 A&M 大学，美国	28
6	Udall, Joshua A	杨百翰大学，美国	23
7	Grover, Corrinne E	爱荷华州立大学，美国	22
8	Chen, Z Jeffrey	南京农业大学，中国；得克萨斯 A&M 大学，美国	20
9	Zhou, Baoliang	南京农业大学，中国	19
10	Cronn, RC	美国森林管理局，美国	16
10	Hu, Guanjing	爱荷华州立大学，美国	16

4.4.5　资助基金分析

图 4.18 列出了全球多倍体棉花研发领域发文量排名前 10 位的基金资助机构，其中有 91 篇文章受到了中国国家自然科学基金委员会的资助，有 66 篇文章受到了美国国家科学基金会的资助。在 10 家基金资助机构中，中国占了 6 个席位，美国占了 4 个席位，可见中国基金资助机构对多倍体棉花研究领域十分重视。

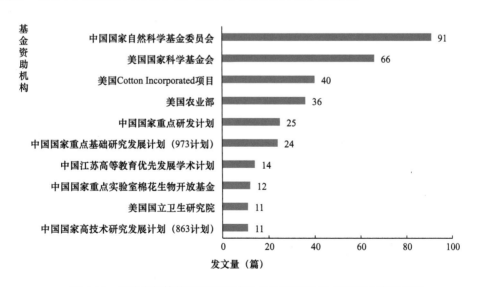

图 4.18　全球多倍体棉花研发领域发文量排名前 10 位的基金资助机构

表 4.16 列出了全部作者发文量排名前 10 位的机构重点基金分布情况。从表 4.16 中可以看出，发文量排名第一位的是爱荷华州立大学在美国国家科学基金会资助下产出的论文，为 34 篇；排名第二位的是南京农业大学在中国国家自然科学基金委员会资助下产出的论文，为 30 篇；排名第三位的是中国农业科学院在中国国家自然科学基金委员会资助下产出的论文，为 24 篇。

表 4.16　全部作者发文量排名前 10 位的机构重点基金分布情况

单位：篇

机构	中国国家自然科学基金委员会	美国国家科学基金会	美国 Cotton Incorporated 项目	美国农业部	中国国家重点研发计划	中国国家重点基础研究发展计划（973 计划）	中国江苏高等教育优先发展学术计划	中国国家重点实验室棉花生物开发基金	中国国家高技术研究发展计划（863 计划）	美国国立卫生研究院
爱荷华州立大学	6	34	20	11	2	1	0	1	0	4
南京农业大学	30	11	8	4	12	7	14	1	3	2
得克萨斯 A&M 大学	5	14	10	10	0	2	1	0	1	2
中国农业科学院	24	0	1	0	11	8	2	8	7	0
佐治亚大学	1	13	5	8	0	1	0	0	0	0
美国农业科学研究院	6	9	13	18	2	2	2	0	0	1
华中农业大学	9	2	2	1	1	3	0	2	2	0
得克萨斯大学奥斯汀分校	9	12	8	3	2	1	2	0	0	5
杨百翰大学	1	12	6	7	0	0	0	0	0	0
中国科学院	13	3	2	2	6	2	3	0	0	0

4.4.6　近 10 年研究热点分布

以全球多倍体棉花研发领域 2011—2020 年的 228 篇文献为研究对象，获取文章全部关键词（包括作者关键词和 WOS 数据库标引的关键词），利用 VOSviewer 关键词叙词表对所有关键词进行清洗，清洗合并后选取出现次数大于等于 10 次的关键词，展示该领域研究热点和研究聚类。

4.4.6.1　研究热点

全球多倍体棉花研发领域近 10 年出现的次数大于等于 10 次的关键词共有 46 个，排名前 10 位的研究热点为 evolution、polyploidy、cotton、sequence、gossypium、arabidopsis、gene-expression、polyploidization、expression、gossypium hirsutum（见

图 4.19）。研究热点的详细信息如表 4.17 所示。

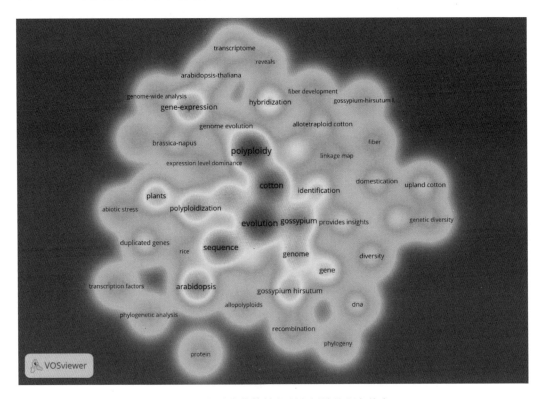

图 4.19 全球多倍体棉花研发领域的研究热点

表 4.17 全球多倍体棉花研发领域研究热点的详细信息

排序	研究热点	所属聚类	共现强度	出现次数（次）	平均年度	平均被引频次（次 / 篇）
1	evolution	1	390	84	2015	32.2857
2	polyploidy	3	316	73	2016	28.3014
3	cotton	4	280	65	2016	29.2308
4	sequence	2	262	53	2016	39.8868
5	gossypium	4	208	42	2015	18.0476
6	arabidopsis	2	206	40	2016	53.5
7	gene-expression	3	155	36	2016	48.7778
8	polyploidization	2	162	35	2016	18.0857
9	expression	2	163	34	2016	31.2353
10	gossypium hirsutum	1	139	30	2016	21.5

4.4.6.2 研究聚类

2011—2020 年全球多倍体棉花研发领域文章的关键词共现网络可形成 4 个聚类，

第一个聚类由 evolution、gossypium hirsutum、gene、identification、genome sequence 等关键词相关的文章组成；第二个聚类由 sequence、arabidopsis、polyploidization、expression、duplicated genes 等关键词相关的文章组成；第三个聚类由 polyploidy、gene-expression、hybridization、arabidopsis-thaliana、brassica-napus 等关键词相关的文章组成；第四个聚类由 cotton、gossypium、genome、plants、dna 等关键词相关的文章组成（见图 4.20）。

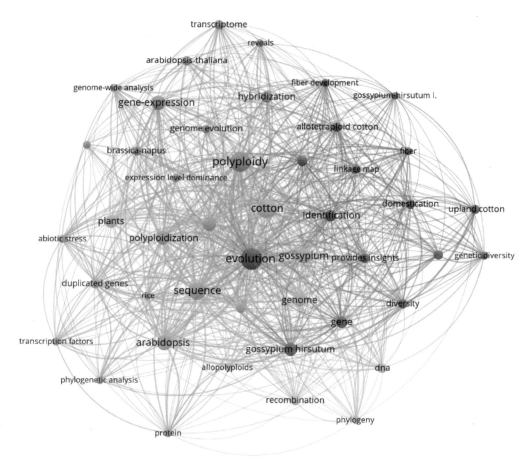

图 4.20　全球多倍体棉花研发领域的研究聚类

4.5　多倍体油菜研究论文分析

截至 2021 年 2 月 2 日，共检索到多倍体油菜研发领域所有年份 SCI 发文 496 篇，在所有发文国家中，中国总发文量、第一作者发文量和通讯作者发文量均居榜首，分别为 177 篇、148 篇和 141 篇。在发文量排名前 10 位的机构中，全部作者发文量、第一作者发文量和通讯作者发文量最多的机构皆为华中农业大学，发文量分别为 55 篇、

35 篇和 36 篇。

4.5.1　论文产出趋势

从全球范围来看，截至 2021 年 2 月 2 日，多倍体油菜研发领域 1939—2020 年共计发表 SCI 论文 496 篇。从图 4.21 中可以看出 1939—2020 年该领域发文量呈上升趋势，且近 10 年发展迅速，发文量上升较快。

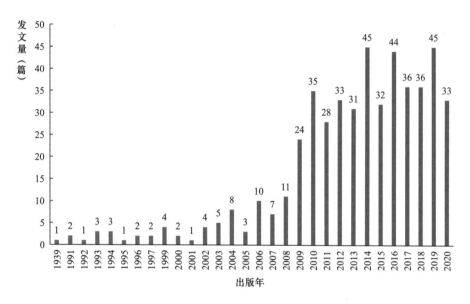

图 4.21　全球多倍体油菜研发领域发文趋势

4.5.2　主要国家分布

从表 4.18 中可以看出，全球多倍体油菜研发领域 SCI 发文量排名前 20 位的国家中，中国总发文量、第一作者发文量和通讯作者发文量均居榜首，分别为 177 篇、148 篇和 141 篇；美国总发文量、第一作者发文量和通讯作者发文量均排名第二位，分别为 136 篇、97 篇和 99 篇，遥遥领先于其他国家。其他排名靠前的国家包括法国、英国、德国、加拿大、澳大利亚、印度等，这些国家在多倍体油菜研发领域的研究均居全球领先地位。

表 4.18　全球多倍体油菜研发领域发文量排名前 20 位的国家

序号	全部作者发文国家	发文量（篇）	第一作者发文国家	发文量（篇）	通讯作者发文国家	发文量（篇）
1	中国	177	中国	148	中国	141
2	美国	136	美国	97	美国	99
3	英国	63	法国	42	法国	45

（续表）

序号	全部作者发文国家	发文量（篇）	第一作者发文国家	发文量（篇）	通讯作者发文国家	发文量（篇）
4	法国	61	德国	40	德国	41
5	德国	59	英国	31	英国	33
6	加拿大	48	印度	27	加拿大	26
7	澳大利亚	40	加拿大	25	印度	25
8	印度	34	澳大利亚	19	澳大利亚	19
9	韩国	14	韩国	9	韩国	9
10	捷克	9	荷兰	7	巴西	5
11	荷兰	9	巴西	5	日本	5
12	巴西	7	日本	4	荷兰	5
13	波兰	6	以色列	3	以色列	4
14	瑞典	6	意大利	3	意大利	3
15	瑞士	6	捷克	3	捷克	3
16	以色列	5	波兰	3	波兰	3
17	日本	5	西班牙	3	瑞典	3
18	新西兰	4	新西兰	2	瑞士	3
19	西班牙	4	智利	2	新西兰	2
20	土耳其	3	瑞典	2	智利	2

图 4.22 展示了全球多倍体油菜研发领域发文量排名前 5 位的国家近 30 年的发文趋势，可以看出，中国近 10 年的发文量逐年增多，近 5 年发展迅速，2016 年发文量高达 25 篇。英国在多倍体油菜研发领域的研究起步最早且延续时间很长，早在 1991 年就开始对多倍体油菜展开研究。

4.5.3　重点机构分析

表 4.19 是全球多倍体油菜研发领域发文量排名前 10 位的机构，可以看出，全部作者发文量、第一作者发文量和通讯作者发文量最多的机构皆为华中农业大学，发文量分别为 55 篇、35 篇和 36 篇。总发文量排名前 10 位的机构中，中国机构有 2 个，美国机构 3 个，澳大利亚机构有 2 个，法国、英国、加拿大机构各 1 个；第一作者发文量排名前 10 位的机构中，中国机构有 6 个，美国机构有 2 个，法国、英国、加拿大机构各 1 个；通讯作者发文量排名前 10 位的机构中，中国机构有 5 个，美国机构有 2 个，法国、英国、澳大利亚、加拿大机构各 1 个。

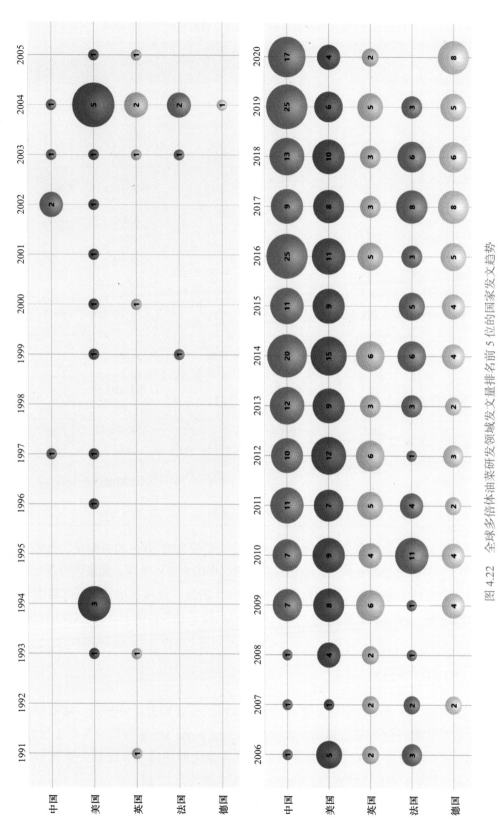

图 4.22　全球多倍体油菜研发领域发文量排名前 5 位的国家发文趋势

表 4.19　全球多倍体油菜研发领域发文量排名前 10 位的机构

排序	全部作者发文机构	国家	发文量（篇）	第一作者发文机构	国家	发文量（篇）	通讯作者发文机构	国家	发文量（篇）
1	华中农业大学	中国	55	华中农业大学	中国	35	华中农业大学	中国	36
2	中国农业科学院	中国	35	中国农业科学院	中国	20	中国农业科学院	中国	23
3	法国国家农业研究院	法国	33	法国国家农业研究院	法国	17	佛罗里达大学	美国	17
4	加拿大农业及农业食品部	加拿大	25	佛罗里达大学	美国	16	法国农业研究院	法国	15
5	佛罗里达大学	美国	24	约翰英纳斯中心	英国	12	加拿大农业及农业食品部	加拿大	11
6	爱荷华州立大学	美国	21	南京农业大学	中国	10	南京农业大学	中国	11
7	密苏里大学	美国	20	武汉大学	中国	10	西澳大学	澳大利亚	11
8	约翰英纳斯中心	英国	20	加拿大农业及农业食品部	加拿大	9	爱荷华州立大学	美国	9
9	昆士兰大学	澳大利亚	19	爱荷华州立大学	美国	9	约翰英纳斯中心	英国	9
10	西澳大学	澳大利亚	18	浙江大学	中国	8	中国科学院	中国	8
				西南大学	中国	35	浙江大学	中国	8

图 4.23 展示了全球多倍体油菜研发领域发文量排名前 10 位的机构发文趋势。可以看出，排名前 10 位的机构中，华中农业大学、中国农业科学院、加拿大农业及农业食品部、昆士兰大学、澳大利亚西澳大学近 10 年的发文量快速增长，且高峰出现在2009—2018 年，说明该领域近 10 年研究热度有所提升且排名前 10 位的机构研究成果显著。

4.5.4　核心作者分析

全球多倍体油菜研发领域发文量排名前 8 位的作者如表 4.20 所示，从全球范围看，排名并列第一位的是雷恩第一大学的 Chevre, Anne Marie 和华中农业大学的 Li, Zaiyun，发文量均为 23 篇；排名第三位的是吉森尤斯图斯－李比希大学的 Mason, Annaliese S 和华中农业大学的 Ge, Xianhong，发文量均为 22 篇。

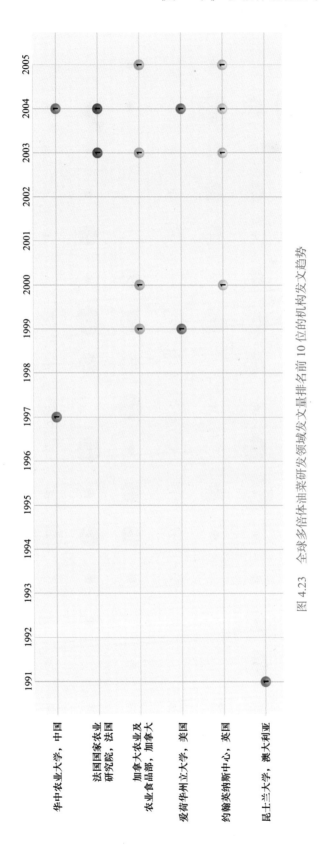

图 4.23　全球多倍体油菜研发领域发文量排名前 10 位的机构发文趋势

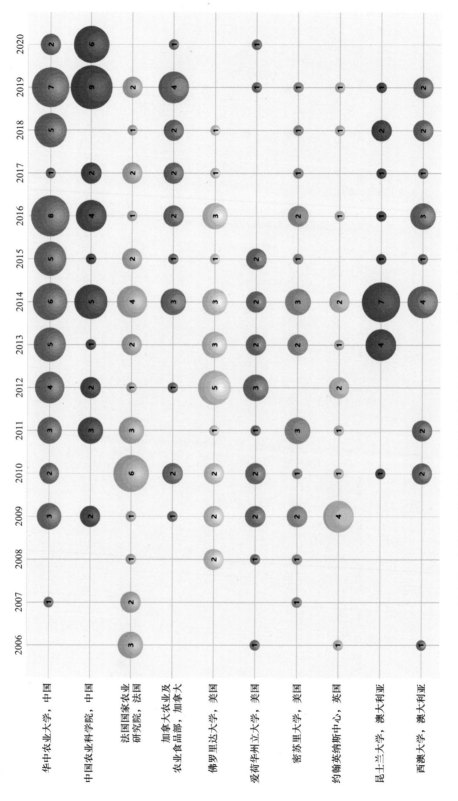

图 4.23 全球多倍体油菜研发领域发文量排名前 10 位的机构发文趋势（续）

表 4.20　全球多倍体油菜研发领域发文量排名前 8 位的作者

序号	全部作者	机构	发文量（篇）
1	Chevre, Anne-Marie	雷恩第一大学，法国	23
1	Li, Zaiyun	华中农业大学，中国	23
3	Ge, Xianhong	华中农业大学，中国	22
3	Mason, Annaliese S	吉森尤斯图斯 - 李比希大学，德国	22
5	Bancroft, Ian	约克大学，英国	21
5	Snowdon, Rod J	吉森尤斯图斯 - 李比希大学，德国	21
7	Pires, J Chris	密苏里大学，美国	20
8	Parkin, Isobel A P	加拿大农业及农业食品部，加拿大	19
8	Soltis, Douglas E	佛罗里达大学，美国	19
8	Soltis, Pamela S	佛罗里达大学，美国	19

4.5.5　资助基金分析

图 4.24 列出了全球多倍体油菜研发领域排名前 10 位的基金资助机构，其中有 113 篇文章受到了中国国家自然科学基金委员会的资助。

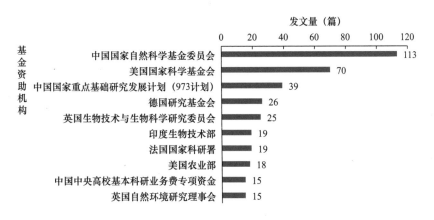

图 4.24　全球多倍体油菜研发领域排名前 10 位的基金资助机构

表 4.21 列出了全球多倍体油菜研发领域全部作者发文量排名前 10 位的机构重点基金分布情况。发文量排名第一位的是华中农业大学在中国国家自然科学基金委员会资助下产出的论文，为 33 篇；排名第二位的是中国农业科学院在中国国家自然科学基金委员会资助下产出的论文，为 25 篇；排名第三位的是法国国家农业研究院在法国国家科研署资助下产出的论文，为 14 篇。

表 4.21　全部作者发文量排名前 10 位的机构重点基金分布情况

单位：篇

机构	中国国家自然科学基金	美国国家科学基金会	中国国家重点基础研究发展计划（973 计划）	德国研究基金会	英国生物技术与生物科学研究委员会	印度生物技术部	法国国家科研署	美国农业部	中国中央高校基本科研业务费专项资金	英国自然环境研究理事会
华中农业大学，中国	33	2	10	1	4	0	1	0	7	0
中国农业科学院，中国	25	0	19	0	3	0	1	0	0	0
法国国家农业研究院，法国	1	0	1	1	2	0	14	0	0	0
加拿大农业及农业食品部，加拿大	0	1	1	2	5	0	1	0	0	0
佛罗里达大学，美国	0	19	0	0	0	0	0	2	0	6
爱荷华州立大学，美国	2	14	0	0	0	1	0	3	0	3
密苏里大学，美国	2	11	1	0	3	1	1	2	0	0
约翰英纳斯中心，英国	1	1	2	0	11	0	1	0	0	0
昆士兰大学，澳大利亚	4	1	2	5	3	1	1	0	0	0
西澳大学，澳大利亚	3	1	1	6	2	1	2	0	0	0

4.5.6　近 10 年研究热点分布

以全球多倍体油菜研发领域近 10 年的 386 篇文献为研究对象，获取文章全部关键词（包括作者关键词和 WOS 数据库标引的关键词），利用 VOSviewer 关键词叙词表对所有关键词进行清洗，清洗合并后选取出现次数大于等于 10 次的关键词，展示该领域研究热点和研究聚类。

4.5.6.1　研究热点

全球多倍体油菜研发领域近 10 年出现的次数大于等于 10 次的关键词共有 65 个，排名前 10 位的研究热点为 polyploidy、brassica-napus、evolution、arabidopsis、gene-expression、hybridization、resynthesized brassica-napus、genome、expression、plants（见图 4.25）。研究热点的详细信息如表 4.22 所示。

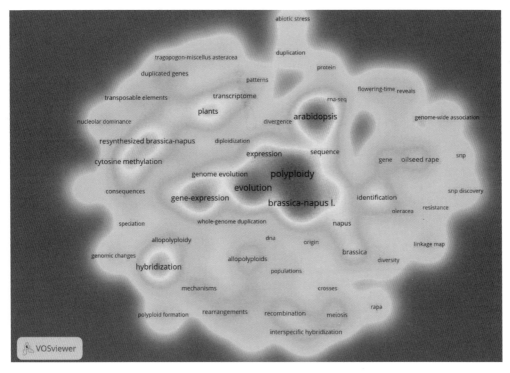

图 4.25　全球多倍体油菜研发领域的研究热点

表 4.22　全球多倍体油菜研发领域研究热点的详细信息

序号	研究热点	所属聚类	共现强度	出现次数（次）	平均年度	平均被引频次（次／篇）
1	polyploidy	2	993	179	1981	24.6927
2	brassica-napus l	3	609	129	1984	27.4186
3	evolution	4	702	125	1983	35
4	arabidopsis	3	538	116	1981	29.8707
5	gene-expression	1	509	85	2015	38.2588
6	hybridization	1	447	69	1986	25.2754
7	resynthesized brassica-napus	1	339	56	2014	42.4643
8	genome	3	287	54	1977	27.5926
9	expression	4	270	52	2015	18.1538
10	plants	1	254	51	2015	48.3529

4.5.6.2　研究聚类

近 10 年全球多倍体油菜研发领域文章的关键词共现网络可形成 4 个聚类，第一个聚类由 gene-expression、hybridization、resynthesized brassica-napus、plants、cytosine methylation 等关键词相关的文章组成；第二个聚类由 polyploidy、brassica、genome

229

evolution、napus、allopolyploids 等关键词相关的文章组成；第三个聚类由 brassica-napus、arabidopsis、genome、identification、sequence 等关键词相关的文章组成；第四个聚类由 evolution、expression、wheat、allotetraploids、dna 等关键词相关的文章组成（见图 4.26）。

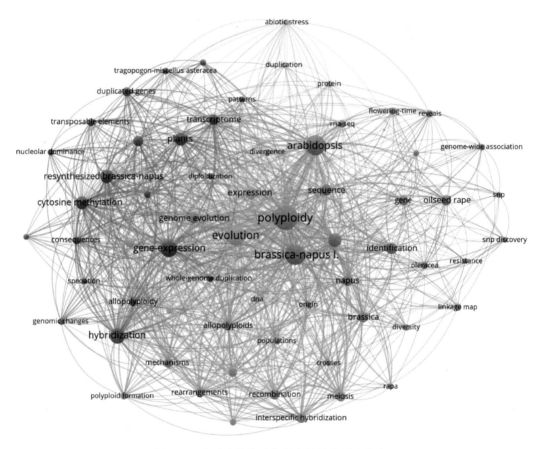

图 4.26　全球多倍体油菜研发领域的研究聚类

4.6　小结

本章通过梳理全球多倍体植物总领域及各子领域的研究历程和发展特点，掌握对该技术密集研究的主要国家、机构和作者信息，探究对该领域投入较多资助的机构，重点挖掘总领域和各子领域研究热点与聚类。本章主要面向多倍体植物研发总领域及多倍体小麦、棉花和油菜领域的发展态势进行分析，以期为相关课题研究者和决策领导提供重要的信息支撑，为我国开展小麦、棉花和油菜的多倍体育种研究和产业化提供参考。

在多倍体小麦研发态势方面，美国、中国、英国、法国、澳大利亚为该领域发文量排名前 5 位的国家；堪萨斯州立大学、美国农业科学研究院、加利福尼亚大学戴维斯分校、约翰英纳斯中心、法国国家农业研究院为该领域发文量排名前 5 位的机构；中国国家自然科学基金委员会、美国农业部、英国生物技术与生物科学研究委员会、美国国家科学基金会、中国国家重点基础研究发展计划（973 计划）为该领域文献排名前 5 位的基金资助机构；该领域排名前 10 位的研究热点为 wheat、evolution、polyploidy、polyploid wheat、hexaploid wheat、genome、gene-expression、gene、bread wheat、sequence。

在多倍体棉花研发态势方面，美国、中国、英国、澳大利亚、法国为该领域发文量排名前 5 位的国家；爱荷华州立大学、南京农业大学、得克萨斯 A&M 大学、中国农业科学院、佐治亚大学为该领域发文量排名前 5 位的机构；中国国家自然科学基金委员会、美国国家科学基金会、美国 Cotton Incorporated 项目、美国农业部、中国国家重点研发计划为该领域文献排名前 5 位的基金资助机构；该领域排名前 10 位的研究热点为 evolution、polyploidy、cotton、sequence、gossypium、arabidopsis、gene-expression、polyploidization、expression、gossypium hirsutum。

在多倍体油菜研发态势方面，中国、美国、英国、法国、德国为该领域发文量排名前 5 位的国家；华中农业大学、中国农业科学院、法国国家农业研究院、加拿大农业及农业食品部、佛罗里达大学为该领域发文量排名前 5 位的机构；中国国家自然科学基金委员会、美国国家科学基金会、中国国家重点基础研究发展计划（973 计划）、德国研究基金会、英国生物技术与生物科学研究委员会为该领域文献排名前 5 位的基金资助机构；该领域排名前 10 位的研究热点为 polyploidy、brassica-napus、evolution、arabidopsis、gene-expression、hybridization、resynthesized brassica-napus、genome、expression、plants。

从整体上看，多倍体植物研发领域 1990 年至今的发文量呈现显著上升趋势。发文量排名前 20 位的国家中，美国总发文量最多，中国总发文量排名第二位，美国和中国也是近几年在该领域发文量增速最快的国家。此外，英国、德国、法国、日本、加拿大、捷克、西班牙、巴西等国家在多倍体植物研发总领域的研究均位于全球领先地位。中国科学院、美国农业部农业研究局、佛罗里达大学、佐治亚大学、布拉格查尔斯大学近 10 年在该领域的研究引人注目。中国国家自然科学基金委员会（NSFC）和美国国家科学基金会（NSF）是资助该领域最多的基金机构。该领域排名前 20 位的研究热点为 polyploidy、evolution、plants、hybridization、arabidopsis-thaliana、flowering plants、polyploids、genome、gene-expression、flow cytometry、chromosome-numbers、arabidopsis、polyploid wheat、wheat、genome evolution、phylogeny、genome size、genetic diversity、populations、expression。

执笔人：中国农业科学院农业信息研究所
　　　　杨小薇、林巧、王晓梅、何微、孔令博、赵瑞雪

第5章

CHAPTER 5

植物学领域研究态势分析

    绿色植物是地球生命体系最重要的初级生产者。植物科学研究的使命是揭示植物生命现象的本质与规律，从而保障农业生产的高效、绿色、可持续性及构建良好的生态环境。

    近10年来，国内外在植物学领域展开多方位的布局，中国植物科学家瞄准国际植物科学发展前沿，取得了一系列具有国际影响力的原创性科研成果。香山科学会议第591会议以"植物特化性状形成及定向发育调控"为主题，旨在梳理国内外植物学科研究领域的最新研究进展。本章将前期相关调研内容梳理成文，按照宏观、中观和微观3个层面对近年来国内外植物科学领域的宏观政策规划、重大研究计划、中国植物学领域重大突破和重大前沿进展，以及植物学领域发表文献等内容进行了收集、整理与分析。

    本章首先调研了植物学领域国内外发展现状，汇集了美国、欧盟、英国及我国近年植物学领域的相关战略规划和重大科研项目，美国农业部农业研究局《农业研究服务战略计划2018—2020》、美国农业部农业研究局《植物遗传资源、基因组学和遗传改良行动计划2018—2022》、美国农业部《USDA科学蓝图：2020—2025年科学路线图》、美国农业部农业研究局《植物病害行动计划2022—2026》、欧盟"地平线2020"计划、"地平线欧洲"计划、欧盟《2030年生物多样性战略》、英国皇家生物学会植物科学新机遇报告《增长的未来》、美国农业部植物保护项目、中国"七大农作物育种"试点专项、中国"主要农作物产量性状的遗传网络解析"重大研究计划、中国国家自然科学基金委员会国际合作项目、中国科技部"十四五"国家重点研发计划重点专项等，从而客观反映植物学领域的宏观政策动态，并从重大项目角度揭示植物学领域的重点研究方向。

    本章以我国科研管理机构（科技部基础研究管理中心、中国科学院、中国工程院、中国科协生命科学学会联合体）评选发布的近年来我国植物学研究取得的重大突破为基础，同时精选了近年来中国科学家在植物学各领域取得的重要原创性研究成果，展示了中国植物学领域的前沿进展。

本章对植物学领域的论文发表情况进行了统计，通过国际、中国、中国科学院 3 个维度进行分析，以期追踪该学科领域的宏观发展与变化情况。

为出版需要，本章于 2021 年 2 月对相关内容进行了更新和补充，以期在有限的篇幅内较为清晰地展示近 10 年来植物学领域的发展与进步，尤其是在植物学领域中国科学家们所取得的成绩，以及客观存在的差距及问题，为我国未来植物学领域研究的政策规划、学科方向等提供参考借鉴。

5.1 植物学领域国内外发展现状

5.1.1 从战略规划看植物学领域的前瞻布局

1. 美国农业部农业研究局《农业研究服务战略计划 2018—2020》

美国农业部农业研究局发布的《农业研究服务战略规划 2018—2020》[1]（*Agricultural Research Service 2018—2020 Strategic Plan*）中设定了 5 个目标领域，其中之一是"作物种植与保护"，在该目标领域中，重点研究布局了以下两个目标。

目标 1：利用植物的遗传潜力加强植物遗传资源、基因组学和遗传改良；提高农作物的生产力、效率和可持续性，并确保高质量且安全的食品、纤维、饲料、观赏植物和工业用作物供应。

目标 2：增强对现有和新出现的植物疾病的认识，并制定对人类和环境安全有效的可持续疾病管理策略；通过整合基于昆虫、螨虫和杂草害虫生物学和生态学的环境兼容策略，开发害虫群体管理技术。

2. 美国农业部农业研究局《植物遗传资源、基因组学和遗传改良行动计划 2018—2022》

美国农业部农业研究局发布了国家计划（NP）301《植物遗传资源、基因组学和遗传改良行动计划 2018—2022》[2]，其核心任务是利用植物的遗传潜力来帮助美国农业转型。通过创新的研究工具和方法，将管理、整合和向全球用户交付大量的原始遗传材料（遗传资源）、优良品种，以及基因、分子、生物和表型信息。该计划包含四大

---

[1] U.S.Department of Agriculture, Agricultural Research Service.Agricultural Research Service 2018-2020 Strategic Plan –Transforming Agriculture[EB/OL].[2021-02-22] https://www.ars.usda.gov/ARSUserFiles/00000000/Plans/2018-2020%20ARS%20Strategic%20Plan.pdf.
[2] United States Department of Agriculture Agricultural Research Service.National Program 301 Plant Genetic Resources, Genomics, and Genetic Improvement Action Plan 2018-2022[EB/OL].[2021-02-22].https://www.ars.usda.gov/ARSUserFiles/np301/NP%20301%20Action%20Plan%202018-2022%20FINAL.pdf.

研究部分：

（1）作物遗传改良。

（2）植物与微生物遗传资源和信息管理。

（3）作物生物学和分子过程。

（4）作物遗传学、基因组学和基因改良的信息资源和工具。

3. 美国农业部《USDA 科学蓝图：2020—2025 年科学路线图》

2020 年 2 月 6 日，美国农业部（USDA）发布《USDA 科学蓝图：2020—2025 年科学路线图》[1]，在过去成功经验的基础上，提出美国农业部未来 5 年科学发展的愿景与重点。该科学蓝图共提出五大项目主题，包括：①农业可持续发展；②农业气候适应；③食品与营养转化；④增值创新；⑤农业科学政策指导。该科学蓝图在植物生产、健康和遗传领域提出以下任务：

（1）利用遗传多样性和基因组技术来加快育种进程，降低对气候变化、病虫害和杂草的易感性，从而提高产量潜力。

（2）使用精准农业技术、创新投入技术和林分改良来优化资源利用，并缩小实际产量与产量潜力之间的差距。

（3）通过研究、教育和推广，改善对跨界、媒介传播、新兴 / 重新崛起及造成重大经济损失的地方性作物病虫害和杂草的监测、早期发现、快速响应和恢复。

（4）提高植物产品中营养、代谢产物和其他成分的效用和价值。

（5）改进减少植物源性病原体和毒素的方法和识别策略。

（6）确定生产者行为变化和强调关键决策及阈值的技术采用模型中的关键因素。

4. 美国农业部农业研究局《植物病害行动计划 2022—2026》

美国农业部农业研究局发布了国家计划（NP）303《植物病害行动计划 2022—2026》[2]，以扩大对现有和新兴植物疾病的认识，支持植物病害研究。通过制定有效的植物疾病管理策略，确保人类环境安全和经济可持续发展。该计划包含三大研究部分：

（1）病因学、鉴定学、基因组学和系统学。

（2）植物病原菌和植物相关微生物的生物学、生态学和遗传学。

（3）植物健康管理。

[1] United States Department of Agriculture.USDA Science Blueprint A Roadmap For Usda Science from 2020 to 2025[EB/OL].[2021-02-22].https://www.usda.gov/sites/default/files/documents/usda-science-blueprint.pdf.

[2] United States Department of Agriculture Agricultural Research Service.NATIONAL PROGRAM 303–PLANT DISEASES Action Plan 2022–2026[EB/OL].[2021-02-22].https://www.ars.usda.gov/ARSUserFiles/np303/USDA-ARS%20NP%20303%20Action%20Plan%202022-2026.pdf.

5. 欧盟"地平线 2020"计划

在欧盟"地平线 2020"计划[1]中，提出了在农业领域加强病虫害防治的指导性策略。由于贸易全球化和气候变化，新的害虫和病原体不断出现并快速传播，植物和动物生产正面临越来越大的压力。欧洲农业需要采取有效措施来应对上述威胁，发展预防、监测、控制和管理病虫害的工具及风险管理策略。

控制病虫害的工具包括：早期检测系统（尤其是具有大规模流行潜力的病原体）；病虫害来源评价；评估具有成本效益的病虫害监测和控制方法或措施；利用大数据和通信技术的发展，开发监测和预测工具；开发治疗患病动植物的新方法。

6. "地平线欧洲"计划

2018 年，欧盟委员会提出了一项接替"地平线 2020"计划的 1000 亿欧元的研究与创新计划——"地平线欧洲"计划[2]，欧盟机构于 2020 年 12 月 11 日就"地平线欧洲"计划达成了政治协议。2021 年 3 月 15 日，欧盟委员会通过了"欧洲地平线"第一个四年战略计划，总资金规模为 955 亿欧元，旨在确保欧盟科研和创新行动服务于欧盟优先事项，即气候中性和绿色欧洲、欧洲数字时代及服务于民的经济。该计划确定了四大战略方向，第二项就是恢复欧洲的生态系统和生物多样性，可持续地管理自然资源。该计划还确定了欧洲共同资助和规划的伙伴关系与"欧盟使命"，"欧盟使命"将通过制定雄心勃勃、鼓舞人心且切实可行的目标来应对影响日常生活的全球挑战，如抗击癌症、应对气候变化、保护海洋、绿化城市、确保土壤健康和粮食安全等。

7. 欧盟《2030 年生物多样性战略》

2020 年 5 月 20 日，欧盟发布《2030 年生物多样性战略》[3]，旨在保护自然和扭转生态系统的退化。这是欧洲绿色协议的一个关键核心部分，欧盟将采取具体行动在可持续发展目标的国际行动中发挥引领作用。该战略的目标是到 2030 年恢复欧洲的生物多样性，提出了更有效执行现有立法的新方法、新的承诺、措施、目标和治理机制。

该战略指出，应对生物多样性丧失的斗争必须以健全的科学为基础。投资于研究、创新和知识交流将是收集最佳数据和开发最佳的基于自然的解决方案的关键。通过研究与创新，测试和开发如何将"绿色"解决方案优先于"灰色"解决方案，并帮助欧盟委员会支持诸如在工业化、低收入或受灾地区开展对自然界解决方案的投资。

[1] European Commission Agriculture and Rural Development.A strategic approach to EU agricultural research & innovation final paper[EB/OL].[2021-02-22].https://ec.europa.eu/programmes/horizon2020/sites/horizon2020/files/agri_strategypaper_web_1.pdf.

[2] European Commission.Horizon Europe[EB/OL].[2021-02-22].https://ec.europa.eu/info/horizon-europe_en.

[3] European Commission.EU Biodiversity Strategy for 2030 Bringing nature back into our lives[EB/OL].[2021-02-22]. https://eur-lex.europa.eu/legal-content/EN/TXT/?qid=1590574123338&uri=CELEX%3A52020DC0380.

8. 英国皇家生物学会植物学新机遇报告《增长的未来》

2019 年 1 月 28 日，英国皇家生物学会发布关于植物学新机遇的报告《增长的未来》[1]，该报告由该学会的咨询委员会英国植物科学联合会研制。该报告指出了植物学在应对未来挑战和促进经济增长方面的巨大潜力，提出了植物学在 4 个重要领域的新机遇和需采取的优先行动，并对英国培育和发展植物学提出了若干建议。

1）植物学 4 个重要方向

（1）开发高产、高营养作物，以帮助解决粮食短缺和饮食质量低的问题。

（2）开发抗病虫害植物，减少饥饿、经济成本和作物损失，并降低对生态有害农药的依赖。

（3）开发用于生物能源、生物修复、生物基产品和新型高值产品的高级作物，以利用可再生的植物衍生替代品来解决化石燃料依赖、气候变化、土地退化、卫生挑战及塑料和其他污染等问题。

（4）采用新的植物品种和资源高效利用实践方法，开发更具环境可持续性和恢复力的农业系统，减少温室气体排放，降低对生物多样性、土壤和水资源的危害，实现在不同气候条件下获得更稳定的产量。

2）植物学的新机遇和优先行动

植物学新机遇和为实现这些机遇需优先采取的关键行动集中在 4 个领域，包括改良作物与农业系统、植物健康与生物安全、植物生物技术、生物多样性与生态系统。

9. 英国洛桑研究所科学战略（2017—2022）

英国洛桑研究所科学战略（2017—2022）[2] 的目标是提高作物和牲畜系统的生产力，解决杂草、疾病和昆虫对农用化学品的抗性，改善土壤健康，增强自然资本，减少作物损失，为作物和其他产品增加新的营养、健康和生物经济价值。

目前已经确定了农业面临的六大挑战，且可以通过 3 个主要的科学组合来应对这些挑战：优质作物、确保生产力和未来农业食品系统。这些投资组合涵盖了 2017—2022 年的 5 个研究所战略计划：设计未来小麦、调整植物代谢、智能作物保护、实现可持续农业系统、从土壤到营养，并且得到了来自生物技术和生物科学研究委员会（BBSRC）的战略资金支持，以及来自产业界的帮助。

---

[1] UK Plant Sciences Federation.Growing the Future[EB/OL].[2021-02-22].https://www.rsb.org.uk/images/UKPSF_Growing_the_future.pdf.

[2] Rothamsted Research.Rothamsted Research Science Strategy 2017—2022[EB/OL].[2021-02-22].https://www.rothamsted.ac.uk/rothamsted-reports.

5.1.2　从重大项目看植物学领域的重点研究方向

1. 欧美相继启动植物遗传资源的保存与复活研究

2016 年 3 月 1 日，欧盟宣布启动"地平线 2020"计划的一个新项目 G2P-SOL[1]，目标是组建一个全球性研究联盟来保存和复活茄科四大植物——番茄、马铃薯、辣椒和茄子的基因资源，并予以 690 万欧元的经费资助。G2P-SOL 涉及的主要研究领域包括：①定义和保存用于作物改良的基因池；②生成和分析表型和基因组数据，以及它们在基因库中的联系；③丰富育种和种子库资源；④培养专业人才、开展学术交流和扩大公众影响。

2016 年 3 月 8 日，《自然》报道了美国将利用存储的 500 万颗种子开展物种复活研究[2]。由美国国家科学基金会（NSF）资助的"项目基线"（Project Baseline）项目的目的是对植物正在如何进化以响应气候变化和环境退化进行精确对照研究。"项目基线"项目将允许科学家使用存储的种子复活后与经进化后的植物并排生长，这样就可以把在同等条件下的任何差异都归因于进化。

2. 欧洲植物科学组织提出应对植物病虫害的优先行动

2014 年，欧洲植物科学组织（The European Plant Science Organisation，EPSO）对于欧盟委员会的"地平线 2020"[3] 计划提出了植物学方面的详细研究计划 BOX3，涉及提高植物健康的一些重点研究方向：

（1）促进基因对病虫害的抗性鉴定与分析，包括作物、森林树种和野生植物。

（2）了解最佳的防御机制。

（3）完善病原菌和害虫抗药性基因和机制管理，同时综合多因素考虑，包括生物胁迫和非生物胁迫。

（4）发展生物防治策略。

（5）完成所有欧洲主要的植物病原体的基因组测序。

（6）建立根部共生菌与其他有益微生物间的目录。

（7）建立植物释放到土壤和大气中的分子目录。

（8）提高代谢组学、功能基因组学和生物信息学工具研究水平。

---

[1] European Research and Project Office.New Horizon 2020 project G2P-SOL:A global research alliance to preserve and revive the genetic resources of Solanaceous crops[EB/OL].[2021-02-22].http://cordis.europa.eu/news/rcn/131654_en.html.

[2] CRESSEY, D. Five million US seeds banked for resurrection experiment[J].Nature, 2016, 531 :152.

[3] European Academies Science Advisory Council.Risks to plant health:European Union priorities for tackling emerging plant pests and diseases[EB/OL].[2021-02-22].http://www.easac.eu/fileadmin/PDF_s/reports_statements/EASAC_24_RisksPlantHealth_FullReport.pdf.

（9）实施精准农业与植物保护。

（10）利用新的系统种植技术提高植物 - 寄主抗性和农艺管理水平。

（11）加强农作物收获后的保护。

3. 欧盟资助遗传资源与育种项目

欧盟"地平线 2020"计划指出，遗传资源在农业和森林活动中发挥着至关重要的作用。它们是多样化和健康饮食的关键，也是植物和动物适应不断变化的气候的关键。在该领域研究创新活动的目标是通过利用植物和动物的巨大基因库来阻止遗传多样性的进一步丧失，并将其提供给育种者、农民和最终消费者。此外，该研究创新活动还进行了特别的育种努力，以扩大栽培作物的遗传基础，创造满足质量、恢复力和可持续性多方面需求的品种。

"地平线 2020"计划在"战略优先领域三：社会挑战"的 SC2 部分共资助了 37 个遗传资源与育种项目[1]，资助金额达 2.09 亿欧元（2014—2020 年）。资助主题包括：地方种质、产品及价值链，基因库管理，协调和发展生物多样性战略，农林多样化，动植物育种等。

欧洲研究理事会也在这一领域资助了大量的基础科学项目，如 CRISPR/Cas 介导的植物育种的 CRISBREED。

4. 英国植物科学联合会呼吁加强植物科学研究投入

2014 年 1 月 28 日，英国植物科学联合会（UK Plant Sciences Federation，UKPSF）发布了一份新报告《英国植物科学的现状与未来挑战》[2]（*UK Plant Science Current Status & Future Challenges*）。该报告呼吁增加英国植物科学公共部门投入，加强基础与应用研究之间的稳定平衡，强调通过更有效的公私伙伴关系将研究成果转化为商业应用。此外，该报告还强调了激励、培养和招募新一代英国植物科学家的必要性，呼吁决策者要确保针对植物科学技术创新（如转基因技术）建立基于科学基础且有利于创新的监管框架。

5. 英国皇家植物园邱园全球种子库网络（MSBP）

邱园的全球种子库网络，即千年种子库项目（The Millennium Seed Bank Project，MSBP）[3]，是世界上最大的非原生境植物保护计划。该项目的重点是面对灭绝威胁的

[1] European Commission Agriculture and Rural Development.Agriresearch Factsheet Genetic Resources and Breeding[EB/OL].[2021-02-22].https://ec.europa.eu/info/sites/info/files/food-farming-fisheries/farming/documents/factsheet-agri-genetic-resources_en.pdf.

[2] UK Plant Sciences Federation.UK Plant Science Current status & future challenges[EB/OL].[2021-02-22].https://www.rsb.org.uk/images/pdf/UK_Plant_Science-Current_status_and_future_challenges.pdf.

[3] Royal Botanic Gardens, Kew. Banking the world's seeds[EB/OL].[2021-02-22].https://www.kew.org/science/our-science/projects/banking-the-worlds-seeds.

植物生命及未来使用最多的植物打造植物 "诺亚方舟"。通过与遍及全球 100 个国家和地区的合作伙伴的合作，其已经成功地为世界野生植物物种提供了约 15.6% 的储备。

邱园科学战略（2015—2020 年）的战略输出之一是：《世界种子储备》优先考虑受人类活动（包括土地利用和气候变化）影响最大的植物和地区。通过千年种子库合作伙伴关系，旨在实现以下目标：

（1）保护濒危、限制范围和有用的植物。

（2）扩大按照共同的种子保存标准开展工作的国家和合作伙伴网络，以提高收集品的质量和遗传多样性。

（3）加强英国植物区系的种子收集，重点放在木本物种和受威胁植物区系的多来源收集上。

（4）研究采样遗传多样性所需的不同策略，并保护不能承受干燥和冷冻的种子。

（5）跟踪全球种子保护的进展，以实现世界 25% 的植物物种入库。

6. 英国政府巨资扶持农业技术创新项目

为帮助英国农民提高粮食产量和减少浪费，英国政府从 "产业战略基金" 中划出 2200 万英镑，用于支持研发一系列现代农业创新项目[1]，如用电替代除草剂的新型除草技术、监测土豆等作物生长情况的探地雷达技术等。

首批 31 个致力于应对粮食生产转型、发展绿色农业等挑战的项目将通过 "产业战略基金"，帮助企业、研究人员和需要进行产业转型的农场开展技术创新研究，并成为英国政府正在推进的现代产业战略的重要组成部分。除来自政府的 2200 万英镑支持外，相关企业也将贡献 880 万英镑用于农业技术创新。

7. 英国投资 2400 万英镑发展尖端技术改造农业

2020 年 7 月 17 日，英国科研与创新署（UKRI）宣布投资 2400 万英镑发展尖端技术改造农业[2]。英国将引入最新的大数据、AI 和机器人技术，资助包括下一代自动种植系统、新型垂直耕作技术、水果采摘机器人技术及二氧化碳转化利用等 9 个重大创新农业技术项目。其中将发电站排放的二氧化碳转化为鱼类和家禽饲料项目、下一代自治种植系统、新的垂直耕作技术、水果采摘机器人技术最引人注目。这些前沿项目将侧重于开发、示范和采用数据驱动的系统和技术，帮助英国减少农业碳排放，提高农业生产力和盈利能力，展示英国食品生产在科学和可持续发展方面的领先地位，并推动英国经济复苏。

---

[1] 田学科 . 英政府巨资扶持农业创新项目 [N]. 科技日报 , 2019-07-04(2).

[2] 中华人民共和国科学技术部 . 英国投资 2400 万英镑发展尖端技术改造农业 [EB/OL]. [2021-02-22]. http://www.most.gov.cn/gnwkjdt/202008/t20200831_158551.htm.

8. 美国 NSF 与 NIFA 联合推进植物与生物互作研究

2016 年 3 月 8 日，美国国家科学基金会（NSF）宣布名为植物－生物互作（The Plant-Biotic Interactions，PBI）的新研究项目[1] 开始招标。该项目将由 NSF 和美国国立食品与农业研究院（National Institute of Food and Agriculture，NIFA）共同支持和管理，开展植物与病毒、细菌、真菌，植物和无脊椎共生体，病原体和害虫之间的互助和对抗作用的研究，经费预算为 1450 万美元。PBI 项目将重点加强对现存和新兴模型与非模型系统、农业相关植物的研究，通过对植物－生物互作的基础研究发现可用于农业实践的机理和方法。

该项目研究的重点包括植物宿主、病原体、害虫或共生体，以及它们之间的相互作用或植物相关微生物组功能的生物学。研究这些复杂关系的开端、传输、保持和产出的动力学，包括物种之间的代谢相互作用、免疫识别和信号传导、宿主共生体的调控和相互应答，以及如花粉－雌蕊等自我或非自我识别机理。

9. 美国农业部拨款用于植物保护

美国农业部 2021 年拨款超过 7000 万美元，支持《植物保护法》第 7721 条计划下的 383 个项目，加强一系列基础设施建设，以检测、监测、识别和缓解威胁，保护苗圃生产系统，以及应对植物害虫紧急情况。这些项目将由各大学、州、联邦机构、非政府组织、非营利组织和部落组织在 49 个州、哥伦比亚特区、关岛和波多黎各实施[2]。

2021 财年获得资助的植物领域项目如下。

（1）核果类和果树类商品：1158000 美元用于 10 个州（包括纽约和宾夕法尼亚）进行的虫害检测调查。

（2）森林害虫：876485 美元用于在 16 个州（包括阿肯色州、印第安纳州、南卡罗来纳州和新罕布什尔州）开发检测工具和控制方法，保护森林免受侵害。

（3）橡树猝死病病原体及相关物种：513497 美元用于 14 个州和美国全国范围内的调查、诊断、缓解、概率模型、遗传分析和推广。

（4）茄科植物（包括番茄）：434000 美元用于支持在得克萨斯州、密西西比州和南卡罗来纳州等 13 个州进行的调查。

美国农业部同时设立了 1400 万美元应急款项，以应对可能导致重大经济后果的侵入性有害生物，美国农业部曾用这些资金快速应对过一些害虫，如蝗虫、摩门蟋蟀、大虎头蜂、椰子犀牛甲虫、外来果蝇和斑衣蜡蝉。

[1] National Science Foundation. Plant-Biotic Interactions[EB/OL]. [2021-02-22]. http://www.nsf.gov/pubs/2016/nsf16551/nsf16551.htm.

[2] U.S. Department of Agriculture Animal and Plant Health Inspection Service.Plant Protection Act Section 7721 Funding[EB/OL]. [2021-02-22]. https://www.aphis.usda.gov/aphis/resources/ppa-projects.

10. 中国"七大农作物育种"试点专项

科技部发布的国家重点研发计划试点专项 2016 年度第一批项目 [1] 中，涉及农业领域的两个专项分别为"七大农作物育种"和"化学肥料和农药减施增效综合技术研发"。"七大农作物育种"试点专项按照"加强基础研究、突破前沿技术、创制重大品种、引领现代种业"的总体思路，以七大农作物为对象，依据总体目标部署五大任务，即优异种质资源鉴定与利用、主要农作物基因组学研究、育种技术与材料创新、重大品种选育、良种繁育与种子加工，围绕种质创新、育种新技术、新品种选育、良种繁育等科技创新链条开展研究。该专项 2016 年度首批项目设立主要包括农作物优异种质资源精准鉴定与创新利用、主要农作物优异种质资源形成与演化规律、主要农作物性状形成的分子基础（抗病虫抗逆性状、产量性状、品质性状、养分高效利用性状）等项目。重点突破基因挖掘、品种设计和种子质量控制等核心技术，获得具有育种利用价值和知识产权的重大新基因，创制优异新种质，形成高效育种技术体系，培育重大新品种并推广应用。

11. 中国"粮食丰产增效科技创新"重点专项

科技部在"十三五"期间组织实施的国家重点研发计划"粮食丰产增效科技创新"重点专项 [2]，以推进农业供给侧结构性改革为主线，认真落实"谷物基本自给，口粮绝对安全"和"藏粮于地、藏粮于技"战略，确保国家粮食安全。

该专项重点围绕粮食丰产增效可持续发展，聚焦三大粮食作物（水稻、小麦、玉米）、突出三大主产平原［东北、黄淮海、长江中下游的 13 个粮食主产省（区）］、注重三大目标（丰产、增效与环境友好）、衔接三大层次（基础研究、共性关键技术、技术集成与示范），进行一体化设计，开展全链条科技创新。该专项在 13 个粮食主产省（区）各建设示范区 50 万亩、辐射区 500 万亩以上，实现三大粮食作物平均单产新增 5%，生产效率提高 18%，项目区总增产 1400 万吨，增加经济效益 256 亿元，形成了绿色灾害防控、良种良法配套、农机农艺融合、高产高效协同、生产生态兼顾的高度规模机械化、信息标准化、精准轻简化水平的粮食作物生产体系。

12. 中国"主要经济作物优质高产与产业提质增效科技创新"重点专项

科技部"主要经济作物优质高产与产业提质增效科技创新"重点专项 [3] 以主要经

[1] 中华人民共和国科学技术部 . "七大农作物育种"试点专项 2016 年度第一批项目申报指南 [EB/OL]. [2021-02-22]. https://service.most.gov.cn/sbzn/20151117/736.html.

[2] 中华人民共和国科学技术部 . 科技部关于发布国家重点研发计划"粮食丰产增效科技创新"重点专项 2019 年度定向项目申报指南的通知 [EB/OL]. [2021-02-22]. https://service.most.gov.cn/kjjh_tztg_all/20190927/3085.html.

[3] 中华人民共和国科学技术部 . 科技部关于发布国家重点研发计划"主要经济作物优质高产与产业提质增效科技创新"等重点专项 2019 年度定向项目申报指南的通知 [EB/OL].[2021-02-22]. https://service.most.gov.cn/kjjh_tztg_all/20190520/2937.html.

济作物"优质高产、提质增效"为目标，围绕"基础研究、重大共性关键技术、典型应用示范"全创新链进行系统部署。通过创新优质高产、提质增效的理论和方法，提升我国主要经济作物科技创新能力和水平；通过研发高效、快速的育种新技术，结合常规改良途径，创制一批性状优良的新种质，选育若干适合机械化生产、抗性强、品质优、产量高的突破性新品种；通过集成良种繁育、轻简高效栽培、产品加工增值、防灾减灾等关键技术，建立全产业链的示范模式，最终实现主要经济作物产业提质增效，为农业供给侧结构性改革提供技术支撑。

该专项 2018 年度指南发布多年生园艺作物无性系变异和繁殖的基础与调控、果树果实品质形成与调控、果树抗性机制与调控、花卉重要性状形成与调控等 9 个任务方向。国拨经费 3.71 亿元，项目实施周期为 2018—2022 年。

2019 年度指南发布 3 个应用示范类任务方向：宁夏贺兰山东麓葡萄酒产业关键技术研究与示范，大豆及其替代作物产业链科技创新，黄河三角洲耐盐碱作物提质增效技术集成研究与示范。国拨经费约 0.9 亿元，项目实施周期为 2019—2022 年。

2020 年度指南发布 14 个应用示范类任务方向，开发和集成优质、轻简、高效栽培技术并示范推广，解决主要经济作物机械化水平低、人工成本高、产品品质和种植效益下降等问题，提升主要经济作物产业效益，为乡村产业发展提供科技支撑。国拨经费 3.2 亿元，项目实施周期为 2020—2022 年。

2021 年度指南发布 3 个应用示范类定向任务方向，开发和集成优质、轻简、高效栽培技术并示范推广，解决主要经济作物机械化水平低、产品品质和种植效益下降等问题，提升产业综合效益，为产业扶贫和乡村振兴提供科技支撑。国拨经费 0.4 亿元，项目实施周期为 2021—2022 年。

13. 中国"主要农作物产量性状的遗传网络解析"重大研究计划

科技部"主要农作物产量性状的遗传网络解析"重大研究计划[1]以主要农作物为研究对象，围绕控制产量性状的遗传网络解析，综合应用生物学、农学及信息学等多学科交叉的手段，集中、深入地探讨株型发育和籽粒形成这两个密切相关并影响作物产量和品质性状的重要生物学过程的遗传及生理生化调控机理，进一步通过分析籽粒形成和株型发育过程中不同阶段生物学过程之间的互作关系，阐明影响作物产量性状的遗传调控网络。

该计划 2020 年度集成项目资助"优质、高产水稻分子设计育种"和"玉米株型遗传调控网络解析" 2 个研究方向，拟资助集成项目 2 项，资助期限为 1 年，直接费用平均资助强度约为 500 万元 / 项。

---

[1] 中华人民共和国科学技术部 . 主要农作物产量性状的遗传网络解析重大研究计划 2020 年度项目指南 [EB/OL]. [2021-02-22]. https://service.most.gov.cn/kjjh_tztg_all/20200306/3314.html.

14. 中国转基因生物新品种培育重大专项

转基因生物新品种培育重大专项的目标，是要获得一批具有重要应用价值和自主知识产权的基因，培育一批抗病虫、抗逆、优质、高产、高效的重大转基因生物新品种，提高农业转基因生物研究和产业化整体水平，为我国农业可持续发展提供强有力的科技支撑。

"十二五"期间，转基因生物新品种培育重大专项针对保障食物安全和发展生物育种产业的战略需要，获得一批具有重要应用价值和自主知识产权的功能基因，培育一批抗病虫、抗逆、优质、高产、高效的重大转基因新品种，实现新型转基因棉花、优质玉米等新品种产业化，整体提升我国生物育种水平，增强农业科技自主创新能力，促进农业增效、农民增收 [1]。2015 年 12 月 9 日，科技部、国家发展改革委、财政部召开会议，制定了转基因生物新品种培育重大专项"十三五"实施计划 [2]。根据 2016 年 7 月发布的《国务院关于印发"十三五"国家科技创新规划的通知》，转基因生物新品种培育论述为：加强作物抗虫、抗病、抗旱、抗寒基因技术研究，加大转基因棉花、玉米、大豆研发力度，推进新型抗虫棉、抗虫玉米、抗除草剂大豆等重大产品产业化，强化基因克隆、转基因操作、生物安全新技术研发，在水稻、小麦等主粮作物中重点支持基于非胚乳特异性表达、基因编辑等新技术的性状改良研究，使我国农业转基因生物研究整体水平跃居世界前列，为保障国家粮食安全提供品种和技术储备。建成规范的生物安全性评价技术体系，确保转基因产品安全 [3]。

15. 中国基础科学中心及创新研究群体项目

2017 年度国家自然科学基金资助基础科学中心项目"未来作物分子设计" [4] 项目负责人为韩斌院士，资助经费 1.8 亿元，依托中国科学院上海生命科学研究院植物生理生态研究所 / 中国科学院分子植物科学卓越中心，并联合了中国科学院遗传与发育生物学研究所、中国科学院植物研究所和清华大学 3 个研究单位。该项目以重要农作物和模式植物为研究体系，从植物基因组遗传变异、植物环境适应性的分子机制、农作物重要农艺性状形成的分子基础和未来作物设计 4 个方面开展研究，系统阐明在自然选择和人工驯化过程中植物重要性状形成和适应环境的遗传变异和调控机制，解析

[1] 中华人民共和国科学技术部 . 转基因生物新品种培育专项 [EB/OL].[2021-02-22].https://service.most.gov.cn/zd/20160530/1027.html.

[2] 中华人民共和国科学技术部 . 科技部、发展改革委、财政部完成转基因生物新品种培育专项"十三五"实施计划和 2016 年度立项计划综合平衡 [EB/OL]. [2021-02-22]. http://www.most.gov.cn/kjbgz/201512/t20151211_122843.htm.

[3] 中华人民共和国国务院新闻办公室 . 国务院关于印发"十三五"国家科技创新规划的通知 [EB/OL]. [2021-02-22]. http://www.scio.gov.cn/32344/32345/33969/34872/xgzc34878/Document/1486317/1486317_1.htm.

[4] 中华人民共和国国家自然科学基金委员会 .2017 年度报告 第三部分 2017 年度国家自然科学基金资助项目选介 3.2 基础科学中心项目 [EB/OL]. [2021-02-22]. http://www.nsfc.gov.cn/nsfc/cen/ndbg/2017ndbg/03/02_02.html.

植物可塑性的分子机制，并基于此通过基因组编辑技术实现高效的分子设计育种。

以南京农业大学植物保护学院王源超教授为学术带头人的"作物疫病菌的致病机理与病害调控"研究群体获得国家自然科学基金 2017 年度创新研究群体项目资助[1]，该研究群体聚焦研究作物先天免疫的分子基础、作物持久抗病性的解析和设计，以及疫霉菌基因表达和修饰的调控机制 3 个方向的研究，进一步解析作物疫病成灾机制，积极发展作物疫病防控新策略，力争为农作物疫病的可持续性控制提供新思路、新方法和新材料。

以中国农业大学生物学院植物生理学与生物化学国家重点实验室郭岩教授为学术带头人的"植物非生物胁迫感受和应答"研究群体获得国家自然科学基金 2019 年度创新研究群体项目资助[2]。该研究群体围绕"植物响应非生物逆境胁迫的分子调控机理"这一主题，分别从非生物逆境信号的感受、逆境信号跨膜及在细胞内转导、逆境信号与其他信号（如激素、光等）之间的交互作用和植物抗逆与生长发育平衡的分子调节机制等方面开展研究工作，以期从生理学、遗传学、分子生物学、生物化学、细胞生物学和电生理学等多个层次全面、系统和深入地阐明植物 / 作物感受、应答和适应非生物逆境胁迫的分子机理和调控网络，为改良农作物"抗逆高效"的优良农艺性状提供理论支持和材料基础。

16. 中国国家自然科学基金委员会国际合作项目

2020 年，NSFC 与埃及科学研究技术院（ASRT）在农学与生命科学及地球科学相关领域开展联合资助[3]，包括微生物学、农学基础与作物学、植物保护学、畜牧学。

国家自然科学基金委员会（NSFC）与国际农业研究磋商组织（CGIAR）下属 11 个研究中心（研究所）合作[4]，共同资助科学家在可持续农业和生物多样性与气候变化相关研究领域开展合作研究，以统筹推进 NSFC"一带一路"可持续发展国际合作科学计划的实施。与植物学相关的资助领域包括：主要粮食作物优异种质资源挖掘和遗传改良的基础研究，薯类作物种质资源评价和利用的基础研究，主要粮食作物水分、养分高效利用的栽培模式与理论，主要粮食作物及薯类作物主要病虫害防治基础研究，旱地农业与旱地作物改良，热带牧草种质资源分析和遗传改良，牧草栽培和牧草饲料高效利用的基础研究，木本植物遗传多样性和种质资源保护和利用，农林生物多样性及其功能研究等。

[1] 中华人民共和国国家自然科学基金委员会 .2017 年度报告 第三部分 2017 年度国家自然科学基金资助项目选介 3.4 创新研究群体项目 [EB/OL]. [2021-02-22]. http://www.nsfc.gov.cn/nsfc/cen/ndbg/2017ndbg/03/04_05.html.
[2] 中华人民共和国国家自然科学基金委员会 .2019 年度报告 第二部分 资助情况与资助项目选介 二、资助项目选介 [EB/OL]. [2021-02-22]. http://www.nsfc.gov.cn/publish/portal0/ndbg/2019/02/03/info78313.htm.
[3] 中华人民共和国国家自然科学基金委 , 国际合作局 .2020 年度国家自然科学基金委员会与埃及科学研究技术院合作研究项目指南 [EB/OL].[2021-02-22]. https://service.most.gov.cn/kjjh_tztg_all/20200509/3533.html.
[4] 中华人民共和国国家自然科学基金委 , 国际合作局 .2020 年度国家自然科学基金委员会与国际农业研究磋商组织合作研究项目指南 [EB/OL]. [2021-02-22]. https://service.most.gov.cn/kjjh_tztg_all/20200316/3320.html.

根据国家自然科学基金委员会（NSFC）与美国国家科学基金会（NSF）双边合作协议，2021 年双方继续共同资助中美两国科学家在生物多样性领域加强和推进合作研究。2021 年度国家自然科学基金委员会与美国国家科学基金会生物多样性合作研究项目 [1] 将资助中美两国科学家整合生物多样性的 3 个维度，即遗传多样性、物种多样性、功能多样性，对三者之间的动态关系进行研究，阐释这种关系的变化演进过程，并检验调节生物多样性起源、维持和 / 或功能作用的机制的假设，进而填补对生物多样性的认知空白。

17. 中国"十四五"国家重点研发计划重点专项

科技部会同相关部门形成了国家重点研发计划"十四五"总体布局，已经国家科技计划管理部际联席会议全体会议审议通过。"十四五"国家重点研发计划重点专项 [2] 中多项与植物学、农学相关，实施年限为 2021—2025 年。

"农业生物重要性状形成与环境适应性基础研究"专项聚焦加快破解农业生物遗传基础科学问题，提升设计育种能力，从源头上保障国家粮食安全。2021 年启动 7 个任务方向。

"农业生物种质资源挖掘与创新利用"专项重点攻克珍稀种质资源保护、种质资源精准鉴定和基因挖掘等关键技术，创制突破性新种质，为建设种业强国和保障国家食物安全提供坚实支撑。2021 年启动 7 个任务方向。

"农业面源、重金属污染防控和绿色投入品研发"专项围绕农业绿色科技主题，重点解决绿色农药肥料农膜创制、减肥减药关键技术与设备、废弃物循环利用、产地污染防控与修复等问题，支撑农业绿色发展。2021 年启动 6 个任务方向。

"重大病虫害防控综合技术研发与示范"专项聚焦健全农作物病虫害防治体系、加强外来物种管控，重点解决农林重大病虫害"可防""可控""可治"和全程防控"绿色化"的基础理论、关键技术、重大产品与装备等问题。2021 年启动 8 个任务方向。

"林业种质资源培育与质量提升"专项聚焦解决林地生产力低、森林质量不高、生态服务功能不强、高值深加工林产品缺乏等突出问题，突破林业资源高效培育与精深加工重大科学问题和关键技术瓶颈，支撑林业高质量发展。2021 年启动 8 个任务方向。

---

[1] 中华人民共和国国家自然科学基金委 , 国际合作局 .2021 年度国家自然科学基金委员会与美国国家科学基金会生物多样性合作研究项目指南 [EB/OL]. [2021-02-22]. https://service.most.gov.cn/kjjh_tztg_all/20201218/4177.html.

[2] 中华人民共和国科学技术部农村科技司 . 关于对"十四五"国家重点研发计划"农业生物重要性状形成与环境适应性基础研究"等 12 个重点专项 2021 年度项目申报指南征求意见的通知 [EB/OL]. [2021-02-22].https://service.most.gov.cn/kjjh_tztg_all/20210203/4191.html.

5.2 我国植物学领域重大突破和前沿进展

本节以我国科研管理机构（科技部基础研究管理中心、中国科学院、中国工程院、中国科协生命科学学会联合体）评选发布的近年来我国植物学研究取得的重大突破为基础，同时精选了近年来中国科学家在植物学各领域中取得的重要原创性研究成果，主要涉及植物基因编辑、作物生物学、逆境生物学、光合作用与光形态建成等方面。

5.2.1 植物学领域重大突破

1. 绿色、高产、高效育种新策略

面向国家粮食安全和农业可持续发展的重大战略需求，中国科学院遗传与发育生物学研究所傅向东研究团队在水稻高产和氮高效协同调控机制领域获得重要突破，研究发现了赤霉素信号转导途径新组分 NGR5 通过介导组蛋白甲基化修饰来调控植物响应土壤氮素水平的变化，同时与生长阻遏因子 DELLA 蛋白竞争性结合赤霉素受体 GID1，实现赤霉素调控植物生长发育。在高产水稻品种中增加 NGR5 的表达可在减少氮肥的条件下，仍获得高产。该发现找到了一条既能保证高产，又能降低氮肥投入、减少环境污染的育种新策略，为培育"少投入、多产出、保护环境"的绿色、高产、高效新品种奠定了理论基础。该成果以封面论文形式发表于 2020 年《科学》杂志 [1]。

2. 解决小麦赤霉病世界性难题的"金钥匙"

山东农业大学孔令让研究团队历时 20 年，从小麦近缘属植物长穗偃麦草中首次克隆出主效抗赤霉病基因 Fhb7 并阐明其功能、抗病机理和水平转移进化机制。同时，利用远缘杂交将 Fhb7 转移到推广小麦品种中，赤霉病抗性表现稳定，且对产量没有显著负面影响。该团队选育的多个抗赤霉病小麦新品系已进入国家及省级区域试验或生产试验，并被纳入我国小麦良种联合攻关计划，为解决小麦赤霉病世界性难题提供了"金钥匙"。该成果发表于 2020 年《科学》杂志 [2]。

3. 破解硅藻光合膜蛋白超分子结构和功能之谜

中国科学院植物研究所沈建仁、匡廷云研究团队在国际上首次解析了硅藻捕光天

---

[1] WU K, WANG S, SONG W, et al. Enhanced sustainable green revolution yield via nitrogen-responsive chromatin modulation in rice[J]. Science, 2020, 367(2478):eaaz2046.

[2] WANG H, SUN S, GE W, et al. Horizontal gene transfer of Fhb7 from fungus underlies Fusarium head blight resistance in wheat[J]. Science, 2020, 368(6493):eaba5435.

线膜蛋白（FCP）1.8 埃的高分辨率结构，并进一步与清华大学隋森芳研究团队合作解析了硅藻光系统 II 和 FCP 超级复合物 3.0 埃的电镜结构，率先破解了硅藻光合膜蛋白超分子结构和功能之谜，阐明了硅藻高效捕获蓝绿光、高效传递和转化光能及光保护的机理，为人工模拟光合作用、指导设计新型高光效作物提供了新思路和新策略。该研究成果得到国内外专家的高度评价，《科学》杂志专题评论这两项工作对于理解光合生物捕光系统的结构和功能具有里程碑意义。这两项成果均发表于 2019 年《科学》杂志 [1, 2]。

4. 植物抗病小体的结构与功能研究

清华大学柴继杰研究团队、中国科学院遗传与发育生物学研究所周俭民研究团队和清华大学王宏伟研究团队开展密切合作，解析了抗病蛋白 ZAR1 多个状态复合物的三维结构，阐明了抗病蛋白在发现病原细菌信号后，如何从静息状态迅速转变为激活状态的机制；在国际上率先发现植物抗病小体这一蛋白质机器，首次揭示了抗病蛋白作为一个分子开关，在细胞膜上控制植物防卫系统的机制。该研究成果获得了国内外专家的高度评价，被认为是植物免疫领域的里程碑事件，为设计广谱、持久的新型抗病蛋白，发展绿色农业奠定了关键理论基础。该成果以两篇研究长文背靠背发表于2019 年《科学》杂志 [3,4]。

5. 中国被子植物区系进化历史研究

中国科学院植物研究所陈之端研究团队与合作者经过多年的研究积累，重建了中国被子植物生命之树，发现约 66% 的属在中新世早期（2300 万年前）之后出现，中新世是中国被子植物多样性形成的关键时期。结合 140 余万条物种分布数据，发现中国东部和西部区系进化历史截然不同，海拔低、森林繁茂的东部地区为古老属提供了避难所；海拔高、地形复杂的西部地区成为年轻属的快速分化中心。该研究明确了中国被子植物属级和种级水平应该重点保护的关键地区，填补了中国目前生物多样性保护战略中缺失的一块，即生物多样性不仅要保护物种丰富度，而且要保护系统发育多样性，自然保护区建设要充分考虑区系的演化历史，这为中国生物多样性保护和保护

[1] WANG W D, YU L J, XU C Z, et al. Structural basis for blue-green light harvesting and energy dissipation in diatoms[J]. Science,2019,363(6427):eaav0365.

[2] PI X, ZHAO S H, WANG W D, et al. The pigment-protein network of a diatom photosystem II-light-harvesting antenna supercomplex[J].Science,2019,365(6452):eaax4406.

[3] WANG B J, WANG J, HU M J, et al. Ligand-triggered allosteric ADP release primes a plant NLR complex [J].Science,2019,364(6435):eaav5868.

[4] WANG J Z, HU M J, WANG J, et al. Reconstitution and structure of a plant NLR resistosome conferring immunity[J]. Science,2019,364(6435):eaav5870.

区建设提供了坚实的科学基础。该成果发表于 2018 年《自然》杂志[1]。

6. 水稻新型广谱抗病遗传基础发现与机制解析

四川农业大学陈学伟研究组利用大数据分析，结合分子生物技术手段鉴定并克隆了抗病遗传基因位点 *Bsr-d1*，揭示了该位点具有抗谱广、抗性持久、对水稻产量性状无明显影响等特征。该研究成果一方面极大地丰富了水稻免疫反应和抗病分子的理论基础；另一方面为培育广谱持久抗稻瘟病的水稻新品种提供了关键抗性基因；同时，也为小麦、玉米等粮食作物相关新型抗病机理的基础和应用研究提供了重要借鉴。该成果发表于《细胞》杂志[2]。

7. 水稻广谱持久抗病与产量平衡的遗传与表观调控机制

发掘广谱持久的抗稻瘟病新基因、平衡抗病和产量关系是水稻育种的瓶颈问题。中国科学院上海生命科学研究院植物生理生态研究所何祖华研究组系统鉴定和解析水稻广谱抗瘟新基因 *Pigm*，发现该基因位点通过蛋白互作和表观遗传方式精妙地调控一对免疫受体蛋白 PigmR 和 PigmS 而协调水稻广谱抗病与产量平衡的新机制，为作物高抗与产量矛盾提出新的理论，也为作物抗病育种提供了有效技术。该成果已被 40 多家单位应用于抗病分子育种，有多个广谱抗病新品种进行了审定和大面积推广，具有巨大的应用潜力。该成果发表于 2017 年《科学》杂志[3]。

8. 植物分枝激素独脚金内酯的感知机制

清华大学谢道昕、饶子和及娄智勇等合作发现了独脚金内酯的受体感知机制，揭示了"受体–配体"不可逆识别的新规律，发现受体 D14 参与激素活性分子的合成和不可逆结合，进而触发信号传导链，调控植物分枝。这一发现丰富了生物学领域过去百年建立的配体可逆地结合受体并循环地触发传导链的"配体–受体"识别理论，为创立生物受体与配体不可逆识别的新理论奠定了重要基础，并对植物株型遗传改良和寄生杂草防治具有重要指导作用。该成果发表于 2016 年《自然》杂志[4]。

[1] LU L M, MAO L F, YANG T, et al. Evolutionary history of the angiosperm flora of China [J].Nature,2018, 554:234-238.

[2] LI W T, ZHU Z W, CHERN M, et al. A natural allele of a transcription factor in rice confers broad-spectrum blast resistance [J].Cell, 2017, 170(1):114-126.

[3] DENG Y W, ZHAI K R, XIE Z, et al. Epigenetic regulation of antagonistic receptors confers rice blast resistance with yield balance [J]. Science,2017,355(6328):962-965.

[4] YAO R F, MING Z H, YAN L M, et al. DWARF14 is a non-canonical hormone receptor for strigolactone [J]. Nature,2016,536: 469-473.

9. 植物雌雄配子体识别的分子机制

中国科学院遗传与发育生物学研究所杨维才研究组首次分离了拟南芥中花粉管识别雌性吸引信号的受体蛋白复合体，并揭示了信号识别和激活的分子机制。通过转基因手段将其中一个信号受体导入荠菜中，并与拟南芥进行杂交，转基因荠菜的花粉管识别拟南芥胚囊的效率得到明显提高。该研究通过基因工程手段建立了利用关键基因打破生殖隔离的方法，为克服杂交育种中杂交不亲和性提供了重要理论依据。该成果发表于 2016 年《自然》杂志 [1]。

10. 揭示水稻产量性状杂种优势的分子遗传机制

中国科学院上海生命科学研究院植物生理生态研究所韩斌和黄学辉研究组与中国水稻研究所杨仕华研究组协作，系统地揭示了杂种优势的分子遗传机制，最终取得了令人瞩目的突破。该研究成果完全基于我国目前栽培应用的水稻品种研究获得，对于今后我国杂交稻选育具有非常强的现实指导性，能够加快我国水稻育种进程，并培育出具有更强杂种优势的杂交稻品种。该成果发表于 2016 年《自然》杂志 [2]。

11. 阐明独脚金内酯调控水稻分蘖和株型的信号途径

中国科学院遗传与发育生物学研究所植物基因组学国家重点实验室研究员李家洋和王永红与中国科学院上海药物研究所研究员徐华强、中国水稻研究所水稻生物学国家重点实验室研究员钱前合作，对独脚金内酯调控水稻分蘖的分子机制研究取得了重大突破性进展。通过对水稻矮化丛生系列突变体（dwarf 突变体或简称为 d 突变体）的系统研究，李家洋等发现 D27 基因调控独脚金内酯生物合成的关键作用，以及独脚金内酯通过调控生长素合成与转运而介导分蘖角度的新机制。李家洋等在研究 D53 基因调控独脚金内酯信号转导分子机理方面取得了重大突破性进展。D53 基因编码一个转录抑制蛋白，与另一个转录抑制因子 TPR 形成复合物，协同抑制独脚金内酯信号通路下游靶基因的表达，从而负调控独脚金内酯信号转导。独脚金内酯诱导 D53 泛素化并通过蛋白酶体途径降解，且这一过程依赖于独脚金内酯受体 D14 和泛素连接酶 D3。转录抑制子 D53 蛋白的降解导致去抑制化，从而激活独脚金内酯信号转导，精确地调

[1] WANG T, LIANG L, XUE Y, et al. A receptor heteromer mediates the male perception of female attractants in plants [J]. Nature, 2016, 531:241-244.
[2] HUANG X H, YANG S H, GONG J Y, et al. Genomic architecture of heterosis for yield traits in rice [J]. Nature, 2016, 537: 629-633.

控侧芽的伸长。在 *d53* 显性突变体（Dominant Mutant）中，*D53* 基因使其突变蛋白不能被降解，组成型抑制独脚金内酯信号通路，从而导致 *d53* 突变体矮化丛生的表型。值得指出的是，李家洋等人发现的独脚金内酯信号转导的"去抑制化激活"机制与生长素、赤霉素、茉莉酸等重要激素的信号转导激活机制类似，表明这是植物在进化过程中选择的一种主要调控模式。上述研究是解析独脚金内酯信号转导分子机制的奠基性发现，该成果发表于 2013 年《自然》杂志 [1]。

12. 提出并验证了一种既可提高产量又可降低环境成本的种植模式

中国农业大学资源与环境学院张福锁研究组与合作者进行了长达 153 个点 / 年的田地实验，覆盖了涉及中国水稻、小麦和玉米产区的主要农业 - 生态区。他们基于对作物生态生理学和土壤生物地球化学的最新认识，采取了一种综合的土壤 - 作物系统管理方法，结果使水稻、小麦和玉米的平均产量分别由每公顷 7.2 吨、7.2 吨和 10.5 吨增长到每公顷 8.5 吨、8.9 吨和 14.2 吨，而没有增加氮肥的使用。模型模拟和生命周期评估显示，通过这种综合的土壤 - 作物系统管理方法，活性氮丧失和温室气体排放发生根本性降低。如果中国的农民采取这种种植模式，到 2030 年平均产量将达到实验值的 80%，那么利用与 2012 年相同的种植面积，其水稻、小麦和玉米的总产量将足以满足中国人直接的粮食消费需求，并能从根本上增加动物饲料对粮食的需求，同时还可以降低集约式农业的环境成本。该成果发表于 2014 年《自然》杂志 [2]。

13. 超级稻亩产首破千公斤

由湖南杂交水稻研究中心袁隆平院士团队牵头的国家"863"计划课题"超高产水稻分子育种与品种创制"取得重大突破。2014 年 9 月 24 日和 10 月 10 日，分别由中国科学院院士谢华安任组长的专家组和农业部测产专家组组长、中国水稻研究所所长程式华等专家，在牛形村和红星村现场测产，平均亩产分别达到 1006.1 公斤和 1026.70 公斤，首次实现了超级稻百亩片破千公斤的目标，创造了一项里程碑式的世界纪录。这是原农业部首次针对超级稻千公斤攻关品种组织的国家级测产验收。2014 年，"Y 两优 900"在全国 13 个省（市、自治区）的 30 个示范片开展高产示范攻关，在较为不利的气候条件下仍获得丰收。

[1] JIANG L, LIU X, XIONG G, et al. DWARF 53 acts as a repressor of strigolactone signaling in rice [J]. Nature, 2013, 504:401-405.
[2] CHEN X P, CUI Z L, FAN M S, et al. Producing more grain with lower environmental costs [J]. Nature, 2014, 514: 486-489.

14．小麦 A 基因组和 D 基因组草图绘制完成

中国科学院遗传与发育生物学研究所植物细胞与染色体工程国家重点实验室、中国农业科学院作物科学研究所与深圳华大基因研究院合作在世界上率先完成对小麦 A 基因组前体种乌拉尔图小麦及 D 基因组供体种粗山羊草全基因组测序、组装与分析；研究人员在 A 基因组与 D 基因组中分别鉴定出 34879 个和 43150 个编码蛋白基因，发现了一批 A、D 基因组的特有基因和新的小分子 RNA，鉴定出一批控制重要农艺性状的基因；研究发现小麦的抗病基因、抗非生物应激反应基因及品质基因等农艺性状相关基因家族都发生了显著扩张，因而大大增强了普通小麦的抗病性、抗逆性、适应性及其品质。上述研究结果为多倍体小麦基因组分析提供了二倍体参照，为理解普通小麦对环境的适应性提供了新的认识，并为小麦功能基因组研究及正在发展的小麦全基因组选择育种提供了重要的信息。该成果发表于 2013 年《科学》杂志 [1,2]。

15．超级水稻

杂交水稻之父袁隆平院士指导的超级稻第三期目标亩产 900 公斤高产攻关获得成功。百亩试验田位于湖南省邵阳市隆回县羊古坳乡雷峰村，18 块试验田共 107.9 亩。2011 年 9 月 18 日，这片由袁隆平研制的"Y 两优 2 号"百亩超级杂交稻试验田正式进行收割、验收。农业部委派的专家组，以及中国水稻研究所所长程式华、江西农业大学党委书记石庆华、农业部科教司推广处徐志宇等国内杂交稻专家一行现场组织指导对袁隆平院士研制的"Y 两优 2 号"超级杂交稻进行收割验收作业，测得隆回县羊古坳乡雷峰村百亩片平均亩产达到 926.6 公斤。杂交水稻大面积亩产 900 公斤，这是世界杂交水稻史上迄今尚无人登临的一个高峰，也是袁隆平院士带领中国专家迎战世界粮食问题的新课题。此前，由袁隆平院士领衔的科研团队，先后在 1999 年、2005 年分别成功攻克超级杂交稻大面积亩产 700 公斤、800 公斤两大世界难关，使中国杂交水稻超高产研究保持世界领先地位。

16．揭示水稻理想株型形成的分子调控机制

中国水稻研究所的钱前研究员和中国科学院遗传与发育生物学研究所李家洋院士等人组成的科研团队，在世界上首次成功克隆了一个可帮助水稻增产的关键基因

---

[1] JIA J Z, ZHAO S C, KONG X Y, et al. Aegilops tauschii draft genome sequence reveals a gene repertoire for wheat adaptation [J]. Nature,2013, 496:91-95.

[2] LING H Q, ZHAO S C, LIU D C, et al. Draft genome of the wheat A-genome progenitor Triticum Urartu [J]. Nature,2013,496:87-90.

IPA1。水稻的理想株型是当前国内外超级稻研究中的一个核心领域，即通过改变水稻在分蘖、茎秆、穗粒等方面的结构特点，提高水稻产量。研究小组发现，基因 *IPA1* 发生突变后，会使水稻分蘖数减少，穗粒数和千粒重增加，同时茎秆变得粗壮，增加抗倒伏能力。实验显示，将突变后的基因导入常规水稻品种，可以使其产量增加 10% 以上。该成果发表于 2010 年《自然遗传学》杂志 [1]。

5.2.2 植物学领域重大前沿进展

以下为近年来中国科学家在植物学各领域中取得的重要原创性研究成果，内容源自《植物学报》分年度中国植物科学若干领域重要研究进展评述，主要涉及植物基因编辑、作物生物学、逆境生物学、光合作用与光形态建成等方面。

1. 植物基因编辑研究进展

高彩霞研究组利用 CRISPR-Cas 系统定点突变了水稻和小麦两种作物的 *OsPDS* 和 *TaMLO* 等 5 个基因，证实 CRISPR-Cas 系统能够用于植物的基因组编辑 [2]。

作物农艺性状很多情况下是由基因组中的单个或少数核苷酸突变引起的。因此，基因组中关键核苷酸变异的鉴定与定向修正是植物育种的重要方向。高彩霞研究组在植物体内利用全基因组测序技术全面分析和比较了 BE3（基于融合 rAPOBEC1 胞嘧啶脱氨酶的 CBE 系统）、HF1-BE3（高保真版本 BE3）和 ABE 系统在基因组水平上的脱靶效应，发现现有的 BE3 和 HF1-BE3 系统可在植物体内造成难以预测的脱靶突变，需要进一步优化提高其特异性 [3]。该研究创新性地利用相似遗传背景的克隆植物及全基因组重测序解决了以前大量异质细胞序列分析的复杂性问题。

高彩霞研究组研究了 APOBEC-Cas9 融合诱导的缺失系统（AFIDs），发现使用 AFID-3 在水稻和小麦原生质体（30.2%）和再生植物（34.8%）中产生的缺失大约是可预测的。该研究发现了 eAFID-3 系统，其中 AFID-3 中的 A3A 被截短的 APOBEC3B（A3Bctd）取代，产生更均匀的缺失。AFID 可以用于研究调控区域和蛋白质结构域，以改善农作物品质 [4]。

[1] JIAO Y Q, WANG Y H, XUE D W, et al. Regulation of OsSPL14 by OsmiR156 defines ideal plant architecture in rice [J]. Nat Genet,2010,42:541-544.

[2] SHAN Q W, WANG Y P, LI J, et al.Targeted genome modification of crop plants using aCRISPR-Cas system[J]. Nature Biotechnology,2013,31(8):686-688.

[3] JIN S, ZONG Y, GAO Q, et al.Cytosine, but not adenine, base editors induce genome-wide off-target mutations in rice[J].Science,2019,364(6437):292-295.

[4] WANG S, ZONG Y, LIN Q, et al. Precise,predictable multi-nucleotide deletions in rice and wheat using APOBEC–Cas9[J].Nature Biotechnology,2020,38(12):1-6.

杜嘉木研究组与相关单位合作证明了 EBS 的 BAH 和 PHD 结构域分别识别
H3K27me3 及 H3K4me3 修饰 [1]，揭示了识别蛋白通过识别两种不同类型甲基化修饰调
控植物开花的新机制。此外，该研究组还与曹晓风研究组合作解析了拟南芥 KDM5 亚
家族组蛋白去甲基化酶 JMJ14（JUMONJI14）及 H3K4me3 复合物的晶体结构，为了
解 JMJ14 在开花等生理过程中发挥作用的分子基础提供了理论依据 [2]。

钱伟强研究组揭示了拟南芥中 2 种碱基切除修复蛋白 APE2（APURINIC/APYRIMIDINIC
ENDONUCLEASE 2）和 ZDP（ZINC FINGER DNA 3'-PHOSPHOESTERASE）在 DNA 损
伤修复及环境胁迫中的生物学功能，证明了 APE2 和 ZDP 在维持植物表观基因组和基
因组稳定性中的重要作用 [3]。

朱健康和张庆祝研究组鉴定了一个名为 NMR19（天然存在的 DNA 甲基化变异
区域 19）的逆转录转座子。研究表明，NMR19-4 的甲基化可抑制 *PPH* 基因的表达，
进而控制植物叶片衰老。NMR19-4 的甲基化修饰水平与旱季的温度呈负相关，暗示
NMR19-4 可能通过调节 PPH 的表达帮助拟南芥适应环境的改变 [4]。

2．作物生物学研究进展

钱前研究组与合作者利用水稻 9311 和日本晴的 RIL 群体检测到氯酸钾抗性
QTL*qCR2*。他们对其进行精细定位和图位克隆，发现编码 NAD(P)H 依赖型硝酸还原
酶 OsNR2。*OsNR2* 基因与 *OsNRT1.1B* 基因具有正反馈互作，在粳稻背景下聚合籼型
的这 2 个基因，可以获得比导入单基因更高的产量和 NUE[5]。*OsNR2* 基因的发现为水
稻产量可持续增长提供了新的基因资源。

白洋研究组与储成才研究组合作揭示了水稻根系微生物组与氮代谢的交互调控机
制。*NRT1.1B* 不同等位形式在富集氮代谢相关根系微生物中具有关键调控作用 [6]。该
研究为探讨根系微生物与植物互作及其功能提供了理论指导，为利用益生菌培育氮高
效利用水稻奠定了重要理论基础。

[1] YANG Z L, QIAN S M, SCHEID R N, et al. EBS is a bivalent histone reader that regulates floral phase transition in Arabidopsis[J].Nature Genetics,2018,50(9):1247-1253.

[2] YANG Z L, QIU Q, CHEN W, et al. Structure of the Arabidopsis JMJ14-H3K4me3 complex provides insight into the substrate specificity of KDM5 subfamily histone demethylases[J].Plant Cell,2018,30(1):167-177.

[3] LI J C, LIANG W J, LI Y, et al. APURINIC /APYRIMIDINIC ENDONUCLEASE2 and ZINC FINGER DNA 3'-PHOSPHOESTERASE play overlapping roles in the maintenance of epigenome and genome stability[J].Plant Cell,2018,30(9):1954-1970.

[4] HE L, WU W W, ZINTA G, et al. A naturally occurring epiallele associates with leaf senescence and local climate adaptation in Arabidopsis accessions[J].Nature Communications,2018,9:460.

[5] GAO Z Y, WANG Y F, CHEN G, et al. The indica nitrate reductase gene OsNR2 allele enhances rice yield potential and nitrogen use efficiency[J].Nature Communications,2019,10:5207.

[6] ZHANG J Y, LIU Y X, et al. NRT1.1B is associated with root microbiota composition and nitrogen use in field-grown rice [J]. Nature Biotechnology, 2019, 37(6):676-684.

D1型是一种新型孢子体细胞质雄性不育类型，无花粉型败育，且为中国所特有。颜龙安和蔡耀辉研究组成功克隆了D1型水稻细胞质雄性不育基因并揭示了其败育机理[1]。漆小泉研究组则发现了一种新型水稻雄性不育系，并且阐释了OsOSC12/OsPTS1在水稻花粉包被形成过程中的关键作用，对禾本科作物湿敏雄性不育材料的培育具有重要指导意义[2]。

韩斌研究组与国内多家科研单位合作对我国水稻主产区的1495份杂交稻品种进行了基因组测序分析，揭示了大量杂种优势相关的优异等位基因。他们开发了一套全新的分析方法，有效地鉴定了高度杂合材料的基因型，构建了一幅杂交稻品种的精细基因型图谱[3]。

刘耀光研究组成功克隆了野败型细胞质雄性不育（Cytoplasmic Male Sterility，CMS）基因WA352，在水稻育性的遗传调控机理方面取得重要进展[4]，阐明了植物CMS系统通过线粒体不育基因和核基因的互作控制核质不亲和性（雄性不育）的分子机理。

王永红研究组揭示了水稻分蘖角度调控的分子机制。他们通过研究水稻茎重力反应过程中的动态转录组变化，探索了一条水稻分蘖角度调控的核心途径[5]。该研究为解析水稻分蘖角度的调控网络进而挖掘有利用价值的基因提供了重要信息。

钱前研究组发现了一种新的种质资源小薇。它具有生长周期短和株型矮小等表型，可以像拟南芥一样在实验室内大规模种植。小薇的超矮秆表型是由于GA生物合成基因D18突变引起的[6]。该研究创制了"小薇日本晴"和"小薇93"，为进行水稻功能基因组相关研究提供了重要资源。

林鸿宣和单军祥研究组则证实GSN1是负调控因子调控水稻穗型发育的OsMKKK10-OsMKK4-OsMPK6级联信号通路。GSN1-MAPK通过整合下游植物激素信号，精准调控水稻穗粒数和籽粒大小的协同发育[7]。为作物产量的遗传改良提供了

[1] XIE H W, PENG X J, QIAN M J, et al. The chimeric mitochondrial gene orf182 causes non-pollen-type abortion in Dongxiang cytoplasmic male-sterile rice[J].The Plant Journal,2018,95(4):715-726.

[2] XUE Z Y, XU X, ZHOU Y, et al. Deficiency of a triterpene pathway results in humidity-sensitive genic male sterility in rice[J].Nature Communications,2018,9:604.

[3] HUANG X, YANG S, GONG J, et al. Genomic analysis of hybrid rice varieties reveals numerous superior allelesthat contribute to heterosis[J].Nature Communications,2015,6:6258.

[4] LUO D, XU H, LIU Z, et al. A detrimental mitochondrial-nuclear interaction causes cytoplasmic malesterility in rice[J].Nature Genetics,2013,45(5):573-577.

[5] ZHANG N, YU H, YU H, et al. A core regulatory pathway controlling rice tiller angle mediated by the LAZY1-dependent asymmetric distribution of auxin[J].Plant Cell,2018,30(7):1461-1475.

[6] HU S, HU X, HU J, et al.Xiaowei, a new rice germplasm for large-scale indoor research[J].Molecular Plant, 2018, 11(11):1418-1420.

[7] GUO T, CHEN K, DONG N Q, et al.Grain Size and Number1 negatively regulates the OsMKKK10-OsMKK4-OsMPK6 cascade to coordinate the trade-off between grain number per panicle and grain size in rice[J].Plant Cell,2018,30(4):871-888.

新的分子模块与策略。李家洋研究组与何祖华研究组合作利用超级稻品种甬优 12 的原始育种品系，通过图位克隆的方法，克隆了调控株型的主效位点 *qWS8/ipa1-2D*[1]。

3. 逆境生物学研究进展

储昭辉研究组克隆了抗玉米纹枯病基因 *ZmFBL41*。他们从 380 份重测序玉米自交系自然群体中鉴定了 28 个与玉米纹枯病抗病表型显著相关的 SNP 位点，发现最显著的 SNP 位点 *ZmFBL41* 基因编码 F-Box 蛋白。抗病品种中 ZmFBL41-LRR 的 214 位和217 位氨基酸突变会导致 ZmCAD 的泛素化降解受阻，从而促进木质素的合成，增强玉米品种的抗病性[2]。

陈学伟研究组与相关单位合作，发现了水稻理想株型关键基因 *IPA1* 在水稻稻瘟病抗病过程中的作用，揭示了 *IPA1* 既能提高水稻产量，又能提高对稻瘟病抗性的分子机制[3]。该研究打破了单个基因不可能同时实现增产和抗病的传统观点，为高产高抗育种提供了实际应用新途径。

王源超研究组基于病毒诱导基因沉默技术的植物 LRR 类受体功能的高通量分析体系，成功鉴定到植物中识别疫病菌模式分子 XEG1 的受体蛋白 RXEG1。激活 RXEG1能显著提高植物对疫病菌的抗病性[4]。

柴继杰研究组与合作者利用结构生物学方法发现了 FER-LLG1 异型复合体识别RALF 多肽的分子机制。他们解析了 po-FER^{ECD}、apoANX1^{ECD}、apo-ANX2^{ECD}、apo-LLG1 及 RALF23-LLG2-FER^{ECD} 的晶体结构，发现 RALF 的 N 末端保守结构域是LLG1-3 识别的重要区段，LLG1-3 识别 RALF 主要由构象多变的 C 端结构域控制[5]。该研究揭示了多肽酶类激素 RALF 被受体激酶和膜锚定蛋白组成的异型复合体识别的分子机制，是植物免疫学领域和受体激酶相关研究中的一项重要突破。

秦峰研究组利用全球不同地区的玉米材料组成的自然变异群体，运用全基因组关联分析（GWAS）研究策略，发现位于玉米第 10 号染色体上的 1 个编码 NAC 转录因子的基因 *ZmNAC111* 对玉米耐旱性起重要作用[6]。该研究对玉米耐旱性的遗传改良和

[1] ZHANG L, YU H, MA B, et al. A natural tandem array alleviates epigenetic repression of IPA1 and leads to superior yielding rice[J].Nature Communications,2017,8:14789.

[2] LI N, LIN B, WANG H, et al. Natural variation in ZmFBL41 confers banded leaf and sheath blight resistance in maize[J].Nature Genetics,2019,51(10):1540-1548.

[3] WANG J, ZHOU L, SHI H, et al.A single transcription factor promotes both yield and immunity in rice[J].Science,2018,361(6406):1026-1028.

[4] WANG Y, XU Y, SUN Y, et al. Leu-cine-rich repeat receptor-like gene screen reveals that nicotiana RXEG1 regulates glycoside hydrolase 12 MA-MP detection[J].Nature Communications,2018,9:594.

[5] XIAO Y, STEGMANN M, HAN Z F, et al. Mechanisms of RALF peptide perception by a heterotypic receptor complex[J].Nature,2019,572(7768):270-274.

[6] MAO H, WANG H, LIU S, et al. A transposable element in a NAC gene isassociated with drought tolerance in maize seedlings[J].Nature Communications,2015,6:8326.

基于分子设计培育玉米耐旱新品种具有重要意义。

熊立仲研究组发现了 1 个干旱诱导蜡积累的水稻基因（*DWA1*）。*dwa1* 突变体在干旱胁迫下表皮蜡积累受损，极大地改变了植物的表皮蜡成分，从而导致干旱敏感性增加 [1]。该研究结果表明，水稻中 *DWA1* 基因通过调节干旱诱导表皮蜡沉积从而调控抗旱性。

胡章立研究组与合作者发现了植物盐受体 GIPC，并揭示了其作用机制 [2]，为进一步揭示植物适应全球环境变化的生理生态效应及分子机制奠定了新的理论基础。

朱健康研究组发现，LRX 蛋白与 RALF 多肽及细胞膜受体类激酶 FERONIA 形成一个元件调控植物生长和耐盐性 [3]。该研究为培育抗逆高产作物指明了方向。

目前，高温传代记忆的具体机制及其对植物相关表型的影响仍不清楚。何祖华研究组发现高温造成的提早开花及抗病性降低可以传递给下一代，表现出传代记忆效应 [4]。该研究揭示了一个由组蛋白去甲基化酶、染色质重塑因子、转录因子、泛素连接酶和小 RNA 共同组成的表观调控网络，维持植物对高温记忆传代的机制。

宋波涛和谢从华研究组揭示了马铃薯精氨酸脱羧酶调控的腐胺合成是响应低温的重要途径，首次证明转录因子 CBF 信号途径参与 *ADC1* 基因调控的马铃薯驯化抗寒 [5]。

种康研究组利用籼稻 93-11 和粳稻日本晴构建了遗传群体，发现水稻耐寒性是由 1 个重要数量性状遗传位点（QTL）基因 *COLD1* 决定的 [6]，揭示了通过人工驯化及选择得到的 *COLD1* 等位基因和特异 SNP 赋予水稻耐寒性的新机制。

种康研究组以冬小麦为实验材料，发现了低温调控 TaVRN1 mRNA 积累的新机制 [7]，为阐明禾谷类作物感受春化信号（累积低温）的分子机理做出了贡献。

4. 光合作用与光形态建成研究进展

冯越研究组与高宏波研究组合作，首先通过蛋白质结构生物学手段解析了 ARC6-

[1] ZHU X, XIONG L .Putative megaenzyme DWA1 playsessential roles in drought resistance by regulating stressinducedwax deposition in rice[J].Proceedings of the National Academy of Sciences of the United States of America,2013,110(44):17790-17795.

[2] JIANG Z H, ZHOU X P, TAO M, et al.Plant cell-surface GIPC sphingolipids sense salt to trigger Ca2+ influx[J]. Nature,2019,572(7769):341-346.

[3] ZHAO C Z, ZAYED O, YU Z P, et al. Leucine-rich repeat extensin proteins regulate plant salt tolerance in Arabidopsis[J]. Proceedings of the National Academy of Sciences of the United States of America,2018,115(51):13123-13128.

[4] LIU J Z, FENG L L, GU X T, et al. An H3K27me3 demethylase-HSFA2 regulatory loop orchestrates transgenerational thermomemory in Arabidopsis[J].Cell Research,2019,29(5):379-390.

[5] KOU S, CHEN L, TU W, et al.The arginine decarboxylase gene ADC1, associated to the putrescine pathway, plays an important role in potato cold-acclimated freezing to-lerance as revealed by transcriptome and metabolome analyses[J]. The Plant Journal ,2018,96(6):1283-1298.

[6] MA Y, DAI X, XU Y, et al. COLD1 confers chilling tolerance in rice[J].Cell,2015,160(6):1209-1221.

[7] XIAO J, XU S J, LI C H, et al. O-GlcNAc-mediated interaction between VER2and TaGRP2 elicits TaVRN1 mRNA accumulation duringvernalization in winter wheat[J].Nature Communications,2014,5:4572.

PDV2 复合物位于叶绿体膜间隙部分的三维晶体结构。从结构出发，他们进一步证明了 PDV2 的 N 端通过自身形成二聚体，拉近 2 个 ARC6 分子，从而使 ARC6 所结合的 FtsZ 分子相互靠近，以起到稳定及凝聚 FtsZ 原丝（protofilament）的作用[1]。据此，该研究提出了 PDV2 介导叶绿体分裂装置组装的一个简化模型，为植物叶绿体分裂领域的研究奠定了重要的结构基础。

代明球研究组与邓兴旺研究组合作揭示了 PP6 通过控制 PIF 去磷酸化修饰进而调控植物暗形态建成的分子机制[2]。该研究为作物耐深播农艺性状的改良提供了基因资源和理论指导。

邓兴旺研究组发现了 1 个在黑暗条件下抑制拟南芥种子萌发的基因——DET1。突变体 det1 在黑暗条件下萌发率高，过表达 DET1 则会降低黑暗条件下拟南芥种子的萌发率。通过计算分析发现，光调控种子萌发存在 phyBDET1-Protease-PIF1 这样一条独立的调控途径[3]。该研究揭示了光调控种子萌发的中心抑制子及转录因子上游的调控机理，深入、全面地阐述了光调控种子萌发的分子网络。

5. 激素生物学研究进展

徐通达研究组发现拟南芥 TMK1 介导了生长素对顶端弯钩发育的调控，生长素通过 TMK1C 稳定而非降解 IAA32 和 IAA34 蛋白，并通过 ARF 转录因子调控下游基因的表达，在生长素高浓度的部位抑制细胞生长，促进顶端弯钩内外侧的差异性生长[4]。

黎家研究组发现模式植物拟南芥根尖的向水性生长受细胞分裂素的调控，细胞分裂素的差异性分布诱导了其信号下游 A 类响应因子 ARR16 及 ARR17 在根尖分生区两侧的不对称表达，从而实现对分生区两侧细胞分裂差异的调节[5]。该研究揭示了细胞分裂素调控植物根向水性生长的重要机制。

芸薹素（BL）是植物特有的甾醇类激素。白明义研究组发现过氧化氢能氧化 BL 信号途径中的关键调控因子 BZR1 和 BES1，增强 BZR1 的转录活性，从而促进植物的细胞伸长[6]。该研究揭示了 H_2O_2 与 BL 协同调控植物生长发育的新机制，为探索 H_2O_2

[1] WANG W H, LI J Y, SUN Q Q, et al. Structural insights into the coordination of plastid division by the ARC6-PDV2 complex[J]. Nat Plant, 2017, 3(3): 17011.

[2] YU X D, DONG J, DENG Z G, et al. Arabidopsis PP6 phosphatases dephosphorylate PIF proteins to repress photomorphogenesis[J].Proceedings of the National Academy of Sciences of the United States of America,2019,116(40):20218-20225.

[3] SHI H, WANG X, MO X R, et al. Arabidopsis DET1 degrades HFR1 but stabilizesPIF1 to precisely regulate seed germination[J].Proceedings of the National Academy of Sciences of America,2015,112(12):3817-3822.

[4] CAO M, CHEN R, LI P, et al. TMK1-mediated auxin signaling regulates differential growth of the apical hook[J]. Nature,2019,568(7751):240-243.

[5] CHANG J K, LI X P, FU W H, et al. Asymmetric distribution of cytokinins determines root hydrotropism in Arabidopsis thaliana[J].Cell Research,2019,29(12):984-993.

[6] TIAN Y, FAN M, QIN Z, et al. Hydrogen peroxide positively regulates bras-sinosteroid signaling through oxidation of the BRASSINA-ZOLE-RESISTANT1 transcription factor[J].Nature Communications,2018,9:1063.

在植物中的功能提供了新的技术途径。李云海研究组与相关单位合作，发现 BL 共受体 BRI1 和 BAK1 的互作与磷酸化受糖浓度调控。BRI1 和 BAK1 不仅可与 G 蛋白亚基互作，还可磷酸化 G 蛋白亚基，为通过 BL 途径与糖信号途径协同调控植物的生长发育建立了联系 [1]。

脱落酸（ABA）是控制植物生长和胁迫反应的关键激素。朱健康研究组发现水稻中 ABA 受体基因家族的特异受体基因突变导致胁迫反应减弱，但在自然条件下表现出比野生型更好的生长状态 [2]。该研究为培育高产优质水稻品种提供了新思路。

乙烯（ETH）是重要的植物激素，其对植物生长发育及果实成熟具有重要调控作用。陈受宜和张劲松研究组发现 MHZ3 可通过与乙烯信号通路关键调控因子 OsEIN2 的 Nramp-like 结构域结合稳定 OsEIN2，抑制其泛素化，从而正调控乙烯信号转导 [3]。

郭红卫研究组与美国北卡罗来纳州立大学的研究人员同期分别证明了 EIN2 具有转导乙烯信号的重要功能，并发现了 1 条由 EIN2、EIN5 和 EBF1/2 非编码区共同组成的在 P-body 中进行乙烯信号翻译水平调控的新通路。该研究是近年来继 EIN2 "剪接、穿梭" 模型后，乙烯信号转导研究的又一重要突破 [4,5]。该研究成果首次证明了 mRNA 非编码区在植物中参与信号识别，为植物信号转导的解析和完善提供了重要思路。

独脚金内酯（strigolactones，SLs）是近年来发现的一种植物激素，在植物株型建成中发挥重要作用。李家洋研究组鉴定了独脚金内酯信号通路中关键的负调控因子 D53，解析了独脚金内酯信号转导的 "去抑制化激活" 机制 [6]。该研究组的研究表明，*IPA1* 是位于 D53 下游的直接靶基因。D53 与 IPA1 直接互作，抑制 IPA1 的转录激活活性，而 IPA1 直接结合于 *D53* 的启动子上，实现负反馈调节 [7]。该研究揭示了 *IPA1* 即是长久以来寻找的 D53 下游直接调控的转录因子，参与独脚金内酯信号途径，为水稻株型建成的 2 条重要调控途径建立了直接联系。

[1] PENG Y, CHEN L, LI S, et al. BRI1 and BAK1 interact with G proteins and regulate sugar-responsive growth and development in Arabidop-sis[J].Nature Communications,2018,9:1522.

[2] MIAO C, XIAO L, HUA K, et al. Mutations in a subfamily of abscisic acid receptor genes promote rice growth and productivity[J].Proceedings of the National Academy of Sciences of the United States of America ,2018,115(23):6058-6063.

[3] MA B, ZHOU Y, CHEN H, et al. Membrane protein MHZ3 stabilizes OsEIN2 in rice by interacting with its Nramp-dlike domain[J].Proceedings of the National Academy of Sciences of the United States of America, 2018, 115(10):2520-2525.

[4] LI W Y, MA M D, FENG Y, et al. EIN2-directed translational regulationof ethylene signaling in Arabidopsis [J]. Cell, 2015, 163(3):670-683.

[5] MERCHANTE C, BRUMOS J, YUN J, et al. Gene-specific translation regulationmediated by the hormone-signaling molecule EIN2[J].Cell,2015,163(3):684-697.

[6] JIANG L, LIU X, XIONG G S, et al. DWARF 53 acts as a repressor of strigolactone signaling in rice[J].Nature, 2013,504:401-405.

[7] SONG X G, LU Z F, YU H, et al. IPA1 functions as a downstream transcription factor repressed by D53 in strigolactone signaling in rice[J].Cell Research,2017,27(9):1128-1141.

6. 发育、代谢与生殖生物学研究进展

秦跟基研究组发现了导致拟南芥分枝增多的基因 *EXB1*（*EXCESSIVE BRANCHS1*），*EXB1* 通过直接调控 *RAX1*、*RAX2* 和 *RAX3* 的表达，从而控制腋芽分生组织的起始过程[1]。该研究不仅发现了一个重要的调控植物分枝的基因，完善了植物分枝调控网络，还为通过分子设计育种提高农作物产量提供了基因资源。

郭亮研究组与相关单位合作对油菜籽中油脂合成的调控机制进行研究，发现种子中脂质代谢相关基因在种子的不同部位及不同种子之间表达量存在显著差异。该研究对高油分油菜育种具有重要指导意义[2]。万建民研究组与章文华研究组合作解析了淀粉体发育和淀粉合成的分子机制，揭示了 FSE1 为磷脂酶样蛋白质，其可调控水稻胚乳中半乳糖脂的合成，为水稻胚乳发育过程中脂质代谢与淀粉合成之间的关系提供了新观点[3]。

罗杰研究组开发了一种基于高效液相色谱－质谱联用（HPLC-MS）平台的高通量检测、定量分析植物代谢组的方法。通过对珍汕 97 与明恢 63 重组自交群体的代谢组分析，共检测到近千种代谢物。通过高密度遗传连锁图进行了代谢数量性状位点（Metabolic Quantitative Trait Locus，mQTL）的分析，从 932 个代谢物中定位到 2800 多个 mQTL，获得大量高精度、大效应的位点。通过分析 2 个组织的代谢物及 mQTL 定位结果，揭示了代谢物积累的模式在不同组织之间的差异，以及控制代谢物含量的遗传调控模式，重建和完善了水稻相关代谢途径[4]。该研究提供了大量高质量的数据和结果，深化了人们对水稻代谢组的遗传基础的理解，有助于搭建基因组和表型组之间的桥梁，同时对于利用代谢工程进行水稻抗逆研究和营养品质改良具有积极意义。

何跃辉研究组揭示了开花后的胚胎发育早期擦除"低温记忆"重置春化状态、染色质状态重编程、激活 *FLC* 基因，使下一代又需经历冬季低温才能在春季开花的分子机制[5]。瞿礼嘉研究组首次找到了拟南芥有性生殖过程中参与控制花粉管细胞完整性与精细胞释放的信号分子及其受体复合体，并揭示了花粉管在生长过程中保持自身完

[1] GUO D S, ZHANG J Z, WANG X L, et al. The WRKY transcription factor WRKY71/EXB1 controlsshoot branching by transcriptionally regulating RAX genesin Arabidopsis[J].Plant Cell,2015,27(11):3112-3127.

[2] LU S, STURTEVANT D, AZIZ M, et al. Spatial analysis of lipid metabolites and expressed genes reveals tissue-specific heterogeneity of lipid metabolism in high-and low-oil Brassica napus L.seeds[J].The Plant Journal,2018, 94(6):915-932.

[3] LONG W H, WANG Y L, ZHU S S, et al. FLOURY SHRUNKEN ENDOSPERM1 connects phospholipid metabolism and amyloplast development in rice[J].Plant Physiology,2018,177(2):698-712.

[4] GONG L, CHEN W, GAO Y, et al. Genetic analysis of the metabolome exemplified using a rice population[J]. Proceedings of the National Academy of Sciences of the United States of America,2013,110(50):20320-20325.

[5] TAO Z, SHEN L S, GU X F, et al. Embryonic epigenetic reprogramming by a pioneer transcription factor in plants[J]. Nature,2017,551(7678):124-128.

整性的信号识别机制 [1]。该研究极大地推进了人们在分子水平对被子植物有性生殖调控过程的理解。

瞿礼嘉研究组以拟南芥为材料，证明了一类雌性器官分泌的小肽分子可以增加同种花粉管的竞争能力，从而促进与亲缘关系相近物种产生遗传隔离 [2]。该成果赋予了这类小肽以新的生物学功能，从分子水平上为可能导致新物种产生的一种遗传隔离现象提供了解释。

程祝宽研究组在水稻中成功分离了 1 个新的减数分裂交叉结形成相关蛋白 HEIP1（HEI10 Interaction Protein 1）。实验证明该蛋白可与 HEI10、MSH5 和 ZIP4 等交叉结合形成促进因子相互作用并共定位，调控减数分裂一类交叉的形成 [3]。

5.3　植物学领域研究论文分析

本节对植物学领域的论文发表情况进行了统计，通过国际、中国、中国科学院 3 个维度进行分析，以期追踪该学科领域的宏观发展与变化情况。检索数据来源为 Web of Science（WOS）数据库，检索日期为 2021 年 2 月 4 日，运用植物学科主题词与发文单位匹配 [4] 的检索方法，限定文献类型为 Article 和 Review，对选定期刊 [5]2011—2015 年及 2016—2020 年两个 5 年区间的植物学领域发文量进行统计，抽取其中植物学领域数据集，对国际、中国及中国科学院植物学领域的论文发表情况进行了比较分析。

5.3.1　近 10 年 SCI 研究论文分析

1. 植物学领域 SCI 发文国际趋势

2011—2020 年，选定期刊中数据显示国际植物学领域发文量整体呈平稳上升趋势，2020 年达到最高峰 4094 篇，如图 5.1 所示。

[1] GE ZX, BERGONCI T, ZHAO Y L, et al. Arabidopsis pollen tube integrity and sperm release are regulated by RALF-mediated signaling[J].Science,2017,358(6370):1596-1600.

[2] ZHONG S, LIU M L, WANG Z J, et al. Cysteine-rich peptides promote interspecific genetic isolation in Arabidopsis[J]. Science,2019,364(6443):eaau9564.

[3] LI Y F, QIN B X, SHEN Y, et al. HEIP1 regulates crossover formation during meiosis in rice[J].Proceedings of the National Academy of Sciences of the United States of America,2018,115(42):10810-10815.

[4] 植物领域涵盖农、林、植广义植物学。

[5] *Nature、Nature Biotechnology、Nature Cell Biology、Nature Genetics、Nature Communications、Nature Ecology & Evolution、Nature Methods、Nature Protocols、Nature Reviews Genetics、Nature Reviews Molecular Cell Biology、Cell、Cell Host & Microbe、Current Biology、Developmental Cell、Cell Metabolism、Trends in Genetics、Cell Reports、Proceedings of the National Academy of Sciences of the United States of America、eLife、Cell Res、PLoS Genet、PLoS Biol、PLoS Pathog、EMBO Rep、Nucleic Acids Res、Genes Dev、Plant cell、plant physiology、plant journal、Nature Plants、Trends in Plant Science、Science*。

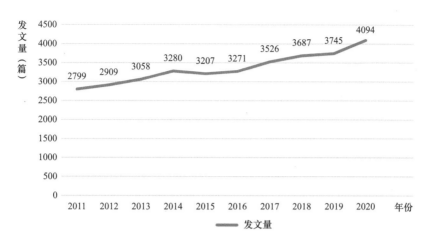

图 5.1　2011—2020 年选定期刊植物学领域发文趋势

2. 植物学领域 SCI 发文国家分析

2011—2020 年，选定期刊中数据显示各国植物学领域发文涉及 190 个国家 / 地区，美国发文量遥遥领先，为 16765 篇，其次为中国 7669 篇，德国 6316 篇，英国 5611 篇（见图 5.2）。

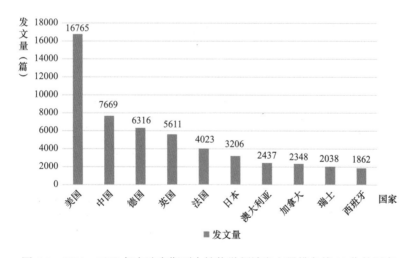

图 5.2　2011—2020 年在选定期刊中植物学领域发文量排名前 10 位的国家

3. 植物学领域 SCI发文时间区间分析

2011—2015 年，选定期刊中国际发表的植物学领域论文总计 15253 篇，其中中国发文量达 2616 篇，占国际植物学领域发文总量的 17.15%；2016—2020 年国际植物学领域发文量达 18323 篇，其中中国发文量达 5053 篇，占总量的 27.58%。中国近 5 年发文量增幅排名第一位，为 93.16%，远超澳大利亚（增幅为 58.43%）、瑞士（增幅为 53.48%），如图 5.3 所示。

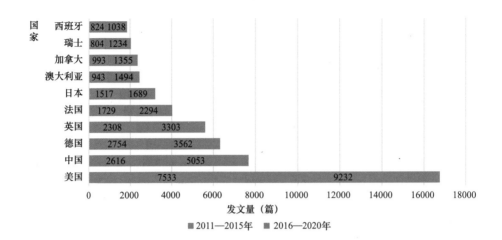

图 5.3　2011—2015 年及 2016—2020 年各国植物学领域发文量增长比较

4. 植物学领域中国科学院 SCI 发文分析

2011—2015 年中国科学院在选定期刊植物学领域的发文量为 1062 篇，2016—2020 年跃至 1837 篇，增幅达 72.98%，占选定期刊的植物学领域发文量比重由 6.96% 提升至 10.03%（见图 5.4）；而中国科学院占中国植物学领域发文量的比例由 40.60% 微降至 36.35%。

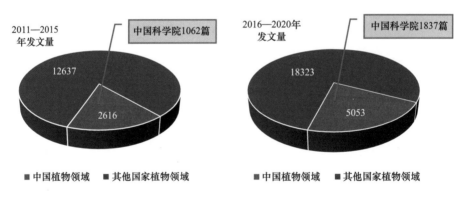

图 5.4　2011—2015 年及 2016—2020 年中国、中国科学院和其他国家植物学领域发文量比较

5.3.2　中国及中国科学院研究论文影响力分析

ESI 基本科学指标数据库[1] 给出了各领域论文的 10 年累积被引频次，并提供了论

---

[1] ESI 对全球所有高校及科研机构的 SCIE、SSCI 库中近 10 年的论文数据进行统计，按被引频次的高低确定出衡量研究绩效的阈值，分别排出居世界前 1% 的研究机构、科学家、研究论文，居世界前 50% 的国家 / 地区和居前 0.1% 的热点论文。

文被引水平达到 50%、20%、10%、1%、0.1% 和 0.01% 的基线数据，用于比较不同年份发表的论文被引情况与水平。此基线数据的解读可以参考图例（见图 5.5），图中两个红色方框交叉处的"82"代表 2015 年发表在植物和动物学领域的论文被引次数达到 82 次，即达到全球该领域论文被引水平前 1% 的水平。

植物和动物学领域论文被引水平	2011	2012	2013	2014	2015	2016	2017	2018	2019	2020
0.01%	1097	1026	635	675	428	358	225	176	83	33
0.10%	426	330	307	240	217	159	110	80	39	15
1.00%	143	125	112	97	82	63	48	32	17	6
10.00%	43	38	35	31	26	21	16	11	6	2
20.00%	27	24	22	19	17	14	10	7	4	1
50.00%	10	10	9	8	7	6	5	3	2	1

图 5.5 ESI 基线参考图例

中国及中国科学院 2011—2020 年在 ESI 植物和动物学领域的论文历年的平均影响力，整体达到全球前 10% 的水平，其中 2015 年中国植物学领域发文影响力进入全球前 1% 的水平，中国科学院植物学领域发文影响力水平 2014 年达到全球前 1% 的水平，且 2017—2020 年中国科学院整体植物学发文篇均被引频次进入全球前 1% 的影响力水平（见表 5.1）。

表 5.1 2011—2016 年中国及中国科学院植物学领域发文影响力百分比

年份	中国植物学领域篇均被引频次（次／篇）	全球百分比	中国科学院植物学领域篇均被引频次（次／篇）	全球百分比
2011	127.37	10%	114.2	10%
2012	118.73	10%	124.32	10%
2013	95.64	10%	95.97	10%
2014	92.46	10%	101.81	1%
2015	85.59	1%	76.63	10%
2016	56.03	10%	59.17	10%
2017	45.46	10%	53.78	1%
2018	30.94	10%	34.37	1%
2019	16.89	10%	18.65	1%
2020	5.4	10%	6.41	1%

在 ESI 基本科学指标数据库中，近 10 年（2011—2020 年）来中国及中国科学院在指定期刊的植物学领域篇均被引频次远远高于 ESI 植物学领域的国际篇均被引基线。从历年植物学领域发文的篇均被引频次看，除 2011 年和 2015 年外，中国科学院篇均被引频次均高于中国篇均被引频次（见图 5.6）。

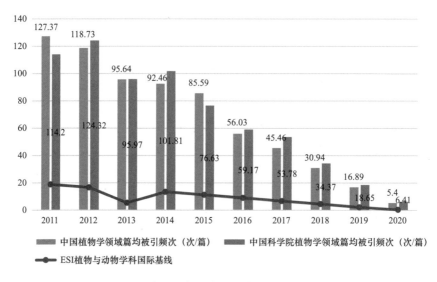

图 5.6 2011—2020 中国及中国科学院篇均被引频次及 ESI 基线比较

5.3.3 近 10 年 CNS 研究论文分析

1. 植物学领域中国及中国科学院 CNS 发文

2011—2020 年中国植物科学领域科学家在《细胞》(*Cell*)、《自然》(*Nature*) 及《科学》(*Science*) (CNS) 上发文共 522 篇,占国际植物学领域发文量的 19.37%,其中 2016—2020 年发文量 312 篇,较 2011—2015 年增长了 48.57%。中国科学院植物学领域科学家发文量共 225 篇,占国际植物学领域发文量的 8.35%(见图 5.7),其中 2016—2020 年较 2011—2015 年发文量增加 77 篇,增幅达 104.05%。从 2 个 5 年区间发文量来看,中国科学院植物学领域科学家发文量占中国植物学领域发文量的比重由原先的 35.24% 上升到 48.40%。

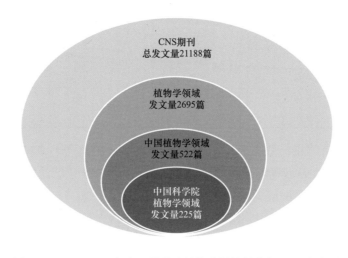

图 5.7 2011—2020 年中国科学院植物学领域科学家 CNS 发文量

2. 植物学领域中国科学院 CNS 代表性论文

2011—2020 年以中国科学院为第一及通讯作者单位在 CNS 发表的植物学领域代表性论文有 36 篇（见表 5.2）。中国科学院上海生命科学研究院植物生理生态研究所、中国科学院遗传与发育生物学研究所、中国科学院植物研究所、中国科学院上海植物逆境生物学研究中心为主要研究力量。

表 5.2 中国科学院近年来植物学领域代表性论文

序号	题目	期刊	发表年
1	*Evolutionary history of the angiosperm flora of China*	《自然》	2018
2	*COLD1 Confers Chilling Tolerance in Rice*	《细胞》	2015
3	*Enhanced sustainable green revolution yield via nitrogen-responsive chromatin modulation in rice*	《科学》	2020
4	*Modulating plant growth-metabolism coordination for sustainable agriculture*	《自然》	2018
5	*Cytosine, but not adenine, base editors induce genome-wide off-target mutations in rice*	《科学》	2019
6	*A map of rice genome variation reveals the origin of cultivated rice*	《自然》	2012
7	*Embryonic epigenetic reprogramming by a pioneer transcription factor in plants*	《自然》	2017
8	*Epigenetic regulation of antagonistic receptors confers rice blast resistance with yield balance*	《科学》	2017
9	*Genomic architecture of heterosis for yield traits in rice*	《自然》	2016
10	*Structural basis for energy transfer pathways in the plant PSI-LHCI supercomplex*	《科学》	2015
11	*Structural basis for blue-green light harvesting and energy dissipation in diatoms*	《科学》	2019
12	*A receptor heteromer mediates the male perception of female attractants in plants*	《自然》	2016
13	*DWARF 53 acts as a repressor of strigolactone signalling in rice*	《自然》	2013
14	*Structure of spinach photosystem II-LHCII supercomplex at 3.2 angstrom resolution*	《自然》	2016
15	*Genome sequence of the progenitor of wheat A subgenome Triticum urartu*	《自然》	2018
16	*Structure and assembly mechanism of plant C2S2M2-type PSII-LHCII supercomplex*	《科学》	2017
17	*A Defense Pathway Linking Plasma Membrane and Chloroplasts and Co-opted by Pathogens*	《细胞》	2020
18	*Differential soil fungus accumulation and density dependence of trees in a subtropical forest*	《科学》	2019
19	*Pan-Genome of Wild and Cultivated Soybeans*	《细胞》	2020
20	*WUSCHEL triggers innate antiviral immunity in plant stem cells*	《科学》	2020
21	*An SHR-SCR module specifies legume cortical cell fate to enable nodulation*	《自然》	2020
22	*Plants transfer lipids to sustain colonization by mutualistic mycorrhizal and parasitic fungi*	《科学》	2017
23	*Ancient orogenic and monsoon-driven assembly of the world's richest temperate alpine flora*	《科学》	2020
24	*A vitamin-C-derived DNA modification catalysed by an algal TET homologue*	《自然》	2019
25	*The genetics of monarch butterfly migration and warning colouration*	《自然》	2014

（续表）

序号	题目	期刊	发表年
26	*A synthetic Mn4Ca-cluster mimicking the oxygen-evolving center of photosynthesis*	《科学》	2015
27	*Liquid-Liquid Phase Transition Drives Intra-chloroplast Cargo Sorting*	《细胞》	2020
28	*Crystal structure of a folate energy-coupling factor transporter from Lactobacillus brevis*	《自然》	2013
29	*Structure of the maize photosystem I supercomplex with light-harvesting complexes I and II*	《科学》	2018
30	*Creating a functional single-chromosome yeast*	《自然》	2018
31	*Off-target RNA mutation induced by DNA base editing and its elimination by mutagenesis*	《自然》	2019
32	*Ligand-triggered allosteric ADP release primes a plant NLR complex*	《科学》	2019
33	*Plant Immunity: Danger Perception and Signaling*	《细胞》	2020
34	*A Histone Acetyltransferase Regulates Active DNA Demethylation in Arabidopsis*	《科学》	2012
35	*Abiotic Stress Signaling and Responses in Plants*	《细胞》	2016
36	*Cryo-EM Study of the Chromatin Fiber Reveals a Double Helix Twisted by Tetranucleosomal Units*	《科学》	2014

5.3.4 主要国家三大专业期刊研究论文分析

1. 植物学领域三大专业期刊各国发文趋势

2011—2020 年，植物科学领域三大专业期刊［《植物细胞》（*The Plant Cell*）、《植物生理学》（*Plant Physiology*）和《植物学报》（*The Plant Journal*）］上发表的论文数量呈 U 形增长，2020 年达到 1059 篇。中国作者在植物科学领域三大专业期刊（《植物细胞》《植物生理学》和《植物学报》）上发表的论文数量逐年增长，总体呈现强劲的上升态势。美国、日本 2020 年在植物学领域的发文量略有上升，而德国、法国发文量略有下降（见图 5.8）。

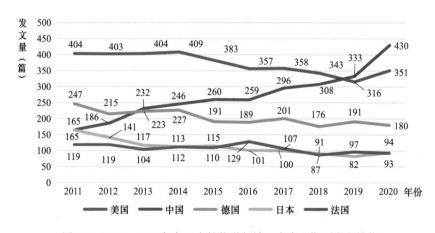

图 5.8　2011—2020 年各国在植物学领域三大专业期刊发文趋势

2. 植物学领域三大专业期刊各国不同时间区间发文分析

2016—2020 年，中国科学家在植物科学领域三大专业期刊上发表的论文总数为 1626 篇，相较于 2011—2015 年的发文量增长 537 篇，增幅为 49.31%。排名由世界第三位跃升为第二位，仅次于美国（见表 5.3 和表 5.4）。

表 5.3 2011—2015 年三大植物学领域专业期刊发文量排名前 10 位的国家

国家	发文量（篇）	所占比例
美国	2003	35.95%
德国	1103	19.80%
中国	1089	19.54%
日本	651	11.68%
英国	631	11.32%
法国	564	10.12%
西班牙	294	5.28%
加拿大	286	5.13%
澳大利亚	276	4.95%
比利时	219	3.93%

表 5.4 2016—2020 年三大植物学领域专业期刊发文量排名前 10 位的国家

国家	发文量（篇）	所占比例
美国	1725	35.11%
中国	1626	33.10%
德国	937	19.07%
法国	513	10.44%
英国	502	10.22%
日本	468	9.53%
澳大利亚	324	6.59%
加拿大	233	4.74%
西班牙	220	4.48%
荷兰	177	3.60%

3. 植物学领域三大专业期刊中国及中国科学院历年发文分析

从 2011—2020 年历年发文量来看，中国在三大植物学领域专业期刊上的发文量稳步上升，2020 年达到 430 篇，其中中国科学院发文量稳中有升，2020 年达到 124 篇，相对前 3 年发文量有所上升，但整体来看与中国发文量差距稍有拉大（见图 5.9）。

图 5.9 2011—2020 年中国与中国科学院在三大植物学期刊上的发文量趋势

4. 植物学领域三大专业期刊中国及中国科学院不同时间区间发文分析

2011—2020 年植物学领域三大专业期刊发表的总发文量为 10485 篇，其中中国发文 2715 篇，占总发文量的 25.89%；中国科学院发文 956 篇，占总发文量的 9.12%，占国内发文量的 35.21%。

2011—2015 年植物学领域三大专业期刊发表的总发文量为 5572 篇，其中中国发文 1089 篇；中国科学院发文 485 篇，占总发文量的 8.70%；2016—2020 年植物学领域三大专业期刊发表的论文总量为 4913 篇，体量与前 5 年相比稍有下降，中国总发文量为 1626 篇，中国科学院发文量为 498 篇，发文量提升明显（见图 5.10）。

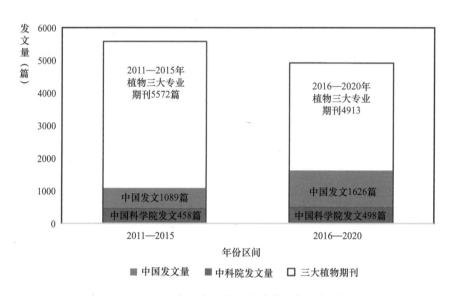

图 5.10　2011—2015 年和 2016—2020 年三大植物学领域专业期刊中国与中国科学院发文量比较

5.3.5　拟南芥与水稻方向研究论文分析

1. 拟南芥与水稻方向国内外发文分析

通过对拟南芥和水稻 2 种植物方向进行发文量统计发现，在指定期刊中，拟南芥研究方向总计发文量为 12771 篇，水稻研究方向发文量为 2251 篇，其中中国以拟南芥为研究对象的发文量为 3380 篇，占国际发文量的 26.47%，中国以水稻为研究对象的发文量为 1131 篇，占国际发文量的 50.24%（见图 5.11）。

2. 拟南芥与水稻方向中国与中国科学院发文分析

从中国和中国科学院以拟南芥和水稻为研究对象的历年发文情况来看，中国在拟南芥方向发文量为 3380 篇，其中中国科学院发文量为 1344 篇，占比为 39.76%。中国在水稻方向发文量为 1131 篇，其中中国科学院发文量为 465 篇，占比为 41.11%（见图 5.12）。

图 5.11　2011—2020 年国际与中国在拟南芥、水稻为研究主题的发文量比较

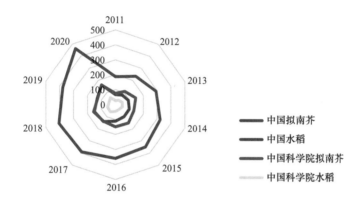

图 5.12　2011—2020 年中国与中国科学院以拟南芥、水稻为研究对象的发文量比较

5.3.6　近 10 年研究热点分析

以 2011—2020 年指定期刊中植物学领域 SCI 高被引论文所涉及的关键词进行共现词词频分析，关键词云图如图 5.13 所示，分析截取词频 20 次以上（含 20 次）的共现词，文字越大代表出现频率越高。

分析可知在近 10 年间，植物学领域重要研究成果的主要研究对象还是以模式植物拟南芥为主，水稻和玉米作为重要的经济作物研究也较为广泛。植物全基因组分析和关联、植物基因的表达、转录及信号转导过程依然为本领域研究的重点。植物发育、植物激素、植物叶片的衰老、细胞的凋亡、光合作用、植物抗逆和植物免疫、植物合成信号等内容是科学家们广泛关注的主要问题。其中，植物抗逆研究又以抗病性研究最多，温度胁迫、干旱胁迫和非生物胁迫次之。植物激素研究方面，在六大类植物激素中脱落酸和生长素的相关研究最为热门，水杨酸作为新型植物激素的典型代表，与其相关的研究成果关注度也极高。在研究过程中，RNA-seq 和染色体定点突变、蛋白质晶体结构分析、质谱分析、全基因组选择技术、高光谱成像与传感器技术是目前应用较多的热门技术手段。

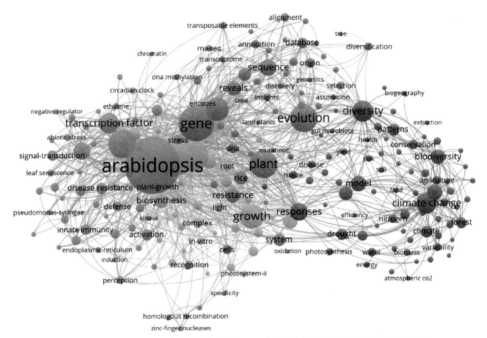

图 5.13　2011—2020 年植物学领域 SCI 高被引文献共现词词频分析云图

5.4　小结

2011—2020 年，国内外围绕植物遗传多样性、农业可持续发展等方面进行了多方位的前瞻性布局，并加大了项目扶持的力度。我国的植物科学家也瞄准国际植物科学发展前沿，围绕植物遗传学和分子生物学研究、植物重要生命现象和过程及其调控机理等领域，取得了一系列具有国际影响力的原创性科研成果，涌现了一批蜚声国际的学者专家，在国际植物学乃至整个生命科学研究领域扮演了越来越重要的角色。

从植物学领域文献来看，2011—2020 年，在指定期刊的国际植物科学领域 SCI 发文整体呈平稳上升趋势，2020 年达到历年发文量最高峰。中国植物学领域 SCI 发文量排名第二位，位列美国之后。从两个 5 年区间来看（2011—2015 年和 2016—2020年），中国发文量占国际植物学领域发文量的比重由 17.17% 增加到 27.58%，且增幅排名第一位。从 ESI 按被引频次的高低衡量研究绩效看，中国在指定期刊的植物学领域的篇均被引频次远高于 ESI 动植物学科领域的篇均被引基线，整体影响力达到全球前 10% 的水平。然而，中国在国际植物领域重要研究成果的主要研究对象还是以模式植物拟南芥为主，在植物生物技术的研发和应用方面与发达国家尚有较大差距，学科交叉和合作成果较少。

面对中国植物学迅速发展的良好契机，我国的植物科学家更应该以国家的重大战略需求为导向，充分把握国际先进科学前沿，对植物复杂性状互作平衡调控关系、复杂性状的分子遗传调控网解析、植物碳氮耦合协同代谢调控、重要植物活性代谢物的合成途径解析及合成生物学创制研究、作物表观遗传和非编码 RNA 对性状形成和调控的机制、植物再生研究、植物非逆境胁迫响应的分子机理与遗传基础研究等前沿科学问题进行深入探究。

致谢　原中国科学院上海生命科学研究院植物生理生态研究所现中国科学院分子植物科学卓越创新中心（植物生理生态研究所）许璟高级工程师，对本章提出了宝贵的意见和建议，谨致谢忱。

执笔人：中国科学院上海生命科学信息中心，中国科学院上海营养与健康研究所
　　　　沈东婧、周成效、江晓波、姚远、李莎、许咏丽、顾燕婷

第 6 章

生物多样性形成、演化与维持机制研究发展态势分析

6.1 生物多样性形成、演化与维持机制研究国际重大计划与基金项目

6.1.1 重大计划

生物多样性是生物与环境形成的生态复合体，以及与此相关的各种生态过程的总和 [1]。生物多样性是一个内涵十分广泛的重要概念，包括遗传多样性、物种多样性、生态系统多样性和景观多样性 4 个层次 [2]。

1995 年，国际生物多样性合作研究计划 DIVERSITAS 提出的新方案中，首次提出了 "生物多样性科学"。"生物多样性的起源、维持与丧失" 是 DIVERSITAS 计划中所提出的生物多样性研究的核心领域之一，因此受到社会各界的普遍关注，相关学者在该领域进行了大量的科研活动。

我国是 DIVERSITAS 计划的主要参与国，也是《生物多样性公约》早期的缔约国之一，对于生物多样性具有极高的关注度，曾先后发布了《中国国家生物安全框架》《全国生物物种资源保护与利用规划纲要》《中国生物多样性保护战略与行动计划（2011—2030 年）》《全国生态环境保护纲要》《中国水生生物资源养护行动纲要》等文件，并且在国家自然科学基金 "十三五" 发展规划中明确将 "生物多样性的形成机制、生物多样性的维持机制、生物多样性丧失机制、生物多样性与生态系统功能的关系" 列为主要研究方向。

[1] 马克平 . 生物多样性科学的热点问题 [J]. 生物多样性 , 2016, 24(1): 1-2.
[2] 宋年铎，王伟，王利明，等 . 生物多样性研究进展及展望 [J]. 内蒙古林业调查设计 , 2013(2): 138-140.

虽然生物多样性领域的国际大型科研计划正在持续开展，单独针对生物多样性形成、演化与维持机制的大型国际计划却鲜有部署，该方向的研究计划往往作为综合性生物多样性计划的重要组成部分出现。

目前，国际上最为主要的综合性生物多样性计划包括《生物多样性公约》框架下各缔约国的国家性纲要计划（如各国家的《国家生物多样性战略和行动计划》），以及国际生物多样性合作研究计划 DIVERSITAS（2014 年年底过渡到 Future Earth 项目）之下的主要研究计划。下面分别对这两部分的主要内容进行介绍。

6.1.1.1 《生物多样性公约》框架下各缔约国的国家性纲要计划

《生物多样性公约》（*Convention on Biological Diversity*）[1] 是一项保护地球生物资源的国际性公约，于 1992 年 6 月 1 日由联合国环境规划署发起的政府间谈判委员会第七次会议在内罗毕被通过，1992 年 6 月 5 日，由签约国在巴西里约热内卢举行的联合国环境与发展大会上被签署。其常设秘书处设在加拿大蒙特利尔。联合国《生物多样性公约》缔约方大会是全球履行该公约的最高决策机构，一切有关履行《生物多样性公约》的重大决定都要经过缔约方大会的通过。

自 2010 年召开缔约方大会第十届会议以来，绝大多数缔约方根据第 X/2 号决定着手进一步修订《国家生物多样性战略和行动计划》。截至 2016 年 11 月 24 日，这些修订项目共投入全球环境基金赠款 31231908 美元（全球环境基金第五次充资为 30263908 美元，第六次充资为 968000 美元），现金和实物的共同融资共计 53049355 美元（全球环境基金第五次充资为 52219355 美元，第六次充资为 830000 美元）。一些缔约方，尤其是日本政府通过日本生物多样性基金为《国家生物多样性战略和行动计划》的修订进程提供了额外资助。

值得一提的是，2010 年召开的缔约方大会第十届会议的一项主要成果是，与会者就一个新的生物多样性保护目标达成共识。这项由松本龙提出的"爱知·名古屋目标"(以下简称"爱知目标")包括近期目标和长远目标两大部分。到 2020 年的近期目标是"有效保护生态系统目标，各国应采取行动阻止破坏行为"，到 2050 年的长远目标则是"实现人类与自然的和谐共存"。"爱知目标"成为各国行动计划修订的重要依据，多个国家针对《生物多样性公约》及"爱知目标"的要求对其原有的行动计划进行了修订，目前各国行动计划中包括以下主要内容。

1. 资源调查战略

缔约方大会鼓励缔约方"酌情制定国别资源调查战略，包括评估资源需求，作为

---

[1] Convention on Biological Diversity.THEMATIC PROGRAMMES AND CROSS-CUTTING ISSUES[EB/OL].[2021-06-02].https://www.cbd.int/programmes/.

本国更新《国家生物多样性战略和行动计划》的一部分"。在这方面，有 18 份《国家生物多样性战略和行动计划》具体载有国家资源调动战略或等同内容。

2. 宣传、教育和提高公众认识

宣传、教育和提高公众认识（CEPA）战略和活动必须成为《国家生物多样性战略和行动计划》不可分割的组成部分。在"爱知目标"后的 110 份《国家生物多样性战略和行动计划》中，有 23 份载有宣传、教育和提高公众认识战略与行动计划或等同文件，另有 71 份含有与宣传、教育和提高公众认识相关的倡议。

3. 生物多样性和生态系统服务评估

共有 30 个缔约方报告已经对本国生物多样性开展或部分开展估价研究。但是，这些缔约方在修订《国家生物多样性战略和行动计划》时对这些评估的参考程度还无法确定。在已审查的 110 份《国家生物多样性战略和行动计划》中，31 个国家制定了国家估价指标，另有 34 个国家打算将来开展估价研究。

4. 国家发展计划

共有 22 个缔约方表明已将生物多样性纳入本国国家发展计划或等同文书。有 19 个缔约方的《国家生物多样性战略和行动计划》载有旨在实现成为国家发展计划或等同文书主流的内容、目标与行动。在已审议的 110 份《国家生物多样性战略和行动计划》中，有 17 个缔约方提到将其《国家生物多样性战略和行动计划》纳入"可持续发展计划"或等同文书。

截至 2021 年 1 月 14 日，196 个缔约方中有 192 个（约占 98%）制定了至少一份《国家生物多样性战略和行动计划》[1]，其中 175 个缔约方在 2010 年第十届会议后提交了修订后的计划，17 个缔约方在 2010 年第十届会议前提交了计划但并未根据第十届会议内容进行修订，另有 4 个缔约方尚未提交计划但正在编制。《国家生物多样性战略和行动计划》的编写和修订状况如表 6.1 所示。

表 6.1 《国家生物多样性战略和行动计划》的编写和修订状况

提交状态	缔约方数量（个）
2010 年第十届会议后提交修订《国家生物多样性战略和行动计划》	175
2010 年第十届会议前提交《国家生物多样性战略和行动计划》但尚未修订	17
正在编制的《国家生物多样性战略和行动计划》	4
合计	196

---

[1] https://www.cbd.int/nbsap/.

6.1.1.2　国际生物多样性合作研究计划 DIVERSITAS

国际生物多样性合作研究计划 DIVERSITAS（1991—2014 年）是国际全球环境变化（GEC）研究四大计划之一，是国际地球系统科学联盟（ESSP）四大联合体成员之一，是生物多样性领域最大的国际科学计划项目。该项目于 2014 年年底过渡到 Future Earth 项目。

DIVERSITAS 包括 3 个核心计划和若干交叉计划，3 个核心计划分别为生物发现（bioDISCOVERY）计划、生态服务（ecoSERVICES）计划和生物可持续性（bioSUSTAINABILITY）计划 [1]。

1. 生物发现（bioDISCOVERY）计划

bioDISCOVERY 计划的目标是促进研究不同尺度（如基因、物种和生态系统等层次）水平的生物多样性的观测和描述。这将是开展深层次生物多样性研究和认知生物多样性变化与损失及其成因的基础。该计划将研究地球上有多少种生物多样性，关注生物多样性的变化并研究它们是怎样变化的，以及是什么机制导致了它们的变化。该计划的研究焦点主要有 3 个：①评估目前的生物多样性；②监测生物多样性的变化；③认知和预测生物多样性的变化。

值得关注的一点是，"认知和预测生物多样性的变化"这一主题与生物多样性形成、演化与维持机制有很强的相关性。为了研究人类活动对生物多样性变化的影响，"认知和预测生物多样性的变化"主要探讨与生物多样性变化有关的生态学和进化过程的理论、实验和经验知识，目的是预测未来生物多样性变化趋势。其任务是：①理解生物多样性的起源和动力学过程；②认知生物多样性变化的人类学驱动因素；③进行人类活动对生物多样性的影响评价；④预测未来生物多样性变化的趋势。

2. 生态服务（ecoSERVICES）计划

ecoSERVICES 计划研究生物多样性变化是如何影响生态系统功能及其服务的。该计划的科学研究内容由 3 个相互关联的研究焦点组成：①生物多样性与生态系统服务功能的联系；②生态系统功能与生态系统服务的关联性；③生态系统服务功能变化的人类响应。

3. 生物可持续性（bioSUSTAINABILITY）计划

bioSUSTAINABILITY 计划的科学研究内容主要由 3 个相互关联的研究焦点组成：

[1] 李延梅, 张志强. 保护和持续利用生物多样性 —— 国际生物多样性科学计划第 II 阶段核心研究计划简介 [J]. 科学新闻,2007(8):24-26.

①评价目前所采取的生物多样性保护和可持续利用措施的有效性；②分析研究生物多样性丧失的社会、政治和经济驱动因子；③研究生物多样性保护和可持续利用的社会选择和决策取向。

6.1.2 基金项目

除生物多样性大型科学计划外，各国家、地区、机构等均设立了基金对该领域科研活动进行经费支持，本节统计了近年来国内外涉及"生物多样性形成、演化与维持机制"研究的主要基金项目，以期从中总结该领域的主要研究资助情况。其中，国内部分选取了中国国家自然科学基金资助项目，国外部分选取了美国国家科学基金、欧盟第七科技框架计划（FP7）、澳大利亚研究理事会基金资助的项目。

中国国家自然科学基金 2013—2017 年资助项目中共有 64 项与主题"生物多样性形成、演化与维持机制"密切相关，总资助金额为 7755.9 万元。

经词频统计，关键词中出现频率最高的词汇为生态、系统、功能、植物、微生物、土壤、格局、机制、性状、景观、结构、基因组、群落、条形码、湿地、演化、维持、森林、动态、共存、种群、分化、基因、动物区、谱系等，如图 6.1 所示。

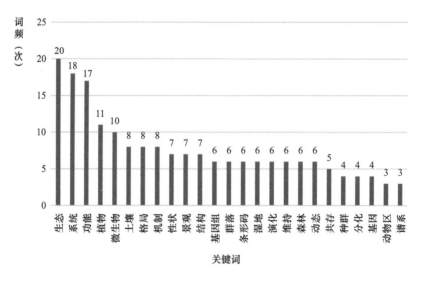

图 6.1 中国国家自然科学基金项目高频关键词分布

由高频关键词可以推测，"生物多样性形成、维持与演化机制"相关研究在 2013—2017 年的资助热点方向为相关机制与功能性相互作用、不同格局层次（种群、群落、物种等）生物多样性构成机制、相关机制与环境（土壤、森林、湿地等）的相互作用、特定生物（动物、植物、微生物等）多样性相关机制、分子层面的机制等。

美国国家科学基金资助项目主要有 45 项与主题"生物多样性形成、演化与维持机制"密切相关，总资助金额为 2534.4 万美元（约折合 17396 万元），该基金资助项目研究热点方向大致与中国国家自然科学基金相似，但具有更强的国际合作性，有较多项目研究的为国外物种，且部分项目为与他国共同合作完成。

欧盟第七科技框架计划（FP7）资助项目主要有 29 项与主题"生物多样性形成、演化与维持机制"密切相关，资助金额未被获取，该基金资助项目研究热点方向大致与中国国家自然科学基金相似，但更加关注生物多样性与环境、气候的相互作用及对人类的影响。

澳大利亚研究理事会基金资助的项目主要有 41 项与主题"生物多样性形成、演化与维持机制"密切相关，总资助金额为 1212.6 万澳元（约折合 6402 万元）。该国家项目特点鲜明，具有极强的地域特色，多数项目研究对象为澳大利亚本土生物或者澳大利亚大陆周围的海洋生物。

从数量上来看，中国国家自然科学基金 2013—2017 年资助的生物多样性形成、演化与维持机制方向的项目数为 64 项，位居 4 项基金资助项目数之首。由此可见，我国对这一研究课题的重视程度很高。美国国家科学基金、澳大利亚研究理事会基金资助该领域项目数分别为 45 项与 41 项，稍少于中国国家自然科学基金资助项目数，欧盟第七科技框架计划资助该领域项目数最少，为 29 项（见图 6.2）。

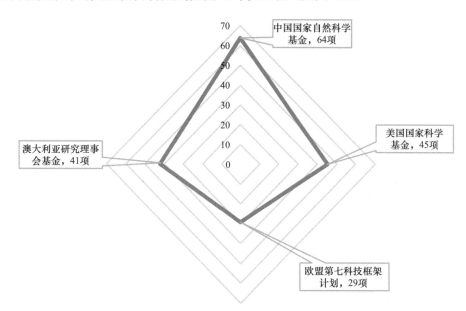

图 6.2　各基金项目数量分布

从资助金额来看，美国国家科学基金资助金额最高，折合人民币约 17396 万元，这其中一部分原因是美国科研条件实力雄厚，且与美国消费水平较高有关，但高于中国 2 倍的经费支持仍能反映出美国对该领域项目资助力度之大。中国国家自然科学基金、澳大利亚研究理事会基金资助该领域项目金额相近，分别约为 7755.9 万元和 6402 万元，虽然资助力度与美国国家科学基金相比有较大差距，但仍然处于较高的水平（见图 6.3）。

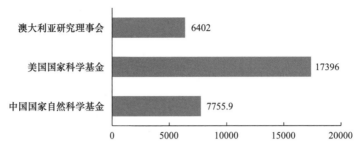

图 6.3　各基金项目资助金额情况（单位：万元）

6.2　生物多样性形成、演化与维持机制研究论文分析

生物多样性形成、演化与维持机制等科学问题，是生物多样性研究中的热点问题。这方面的研究很多，而且对生物多样性形成、演化与维持机制等的争论始终伴随着研究的进展而增加。

本节通过检索本领域研究相关文献，并进行多角度分析，以期窥见本领域研究的发展趋势及研究热点。

本节所选数据来自科睿唯安发行的 Web of Science（WOS）数据库中的 Science Citation Index Expanded（SCI-E）数据库和 Conference Proceedings Citation Index-Science 数据库；检索策略为主题 =((biodiversit* or "biological diversit*" or bio-diversit* or "species diversity" or "Communit* assembly" or "species coexistenc*" or biodiversité or "biology diversit*" or "bio diversit*" or "biology diversification*" or "biological diversification*" or (((("genetic diversit*" or "gene diversi*" or " heredity diversi*" or "genetic variabilit*" or "genetic variet*" or "genotypic diversi*" or "genetic variation*" or "genetic diversification*" or "hereditary variety" or "hereditary diversi*" or "cytogenetic diversi*" or "descendiblity diversi*") and (ecological or population* or eco-system* or ecosystem* or Phylogeography)) not (immun* or disease* or parasit* or virus)) or ("ecosystem diversit*" or "ecological diversi*" or "ecologic diversi*" or "ecological variet*" or "versatility* of ecology" or "diversi* of ecosystem*" or "eco-system diversit*" or "ecosystem* diversit*")) and (formation or pattern or evolution* or maintenance or maintain* or adaption or (response* or respond*)) and (mechanism* or regular or disciplin* or strategy or strategies))；文献类型包括 Article、Proceedings Paper 和 Review；检索日期为 2021 年 2 月 2 日。分析工具：SCI 数据库结果分析功能与引用分析功能，以及 TDA 分析软件等。

检索共计得到 22602 篇论文，发表时间为 1968—2021 年，经人工筛选，共得到本领域研究文献 13729 篇，作为本节研究对象。

6.2.1 论文产出趋势

1968 年至今，对于"生物多样性形成机制、演化规律及维持机制"的研究整体呈不断增长态势。最早出现的论文是 1968 年发表于 *Japanese journal of genetics* 上的论 文 *Experimental studies on mechanism involved in maintenance of genetic variability in drosophila populations*，研究了果蝇种群遗传变异的维持机制。

1968—1990 年是本领域研究的萌芽期，开始出现少量论文；从 1991 年开始，发文量开始快速增加。这个时间点与"国际生物多样性计划"启动的时间吻合。1991 年，国际生物科学联盟、环境问题科学委员会及联合国教科文组织联合发起了国际生物多样性合作研究计划 DIVERSITAS，研究主题主要包括"生物多样性的生态系统功能""生物多样性的起源和保持"等。1991 年以后，各国在该领域的研究迅速发展，可见该计划对国际上该领域的研究起到了较大推动作用。

1991—2020 年可视为本领域研究的发展期，该阶段发文量年均增长率为 16.85%（见图 6.4）。

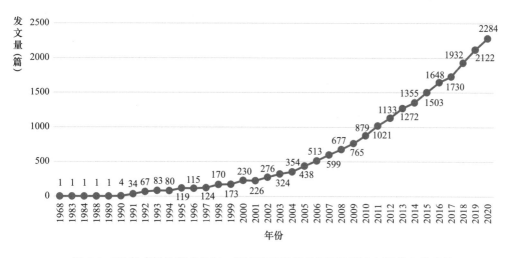

图 6.4 "生物多样性形成机制、演变规律及维持机制"研究年度发文量趋势

6.2.2 主要核心期刊分析

本领域论文的来源出版物共计 2333 个，本节对发文量排名前 10 位的出版物进行了统计分析，如表 6.2 所示。其中，《公共科学图书馆：综合》《分子生态学》《生态学》3 种期刊位列前三。

这 10 种期刊中《公共科学图书馆：综合》发文量占比最高，占总量的 3.35%，《分子生态学》发文量占比也较大，为 1.75%。整体而言每个期刊发文量所占比例差距并不明显，这说明该领域的期刊受到的关注度较为平均。

表 6.2 "生物多样性的形成机制、演化规律与维持机制"领域发文量排名前 10 位的出版物

出版物名称	发文量（篇）	占比
公共科学图书馆：综合	757	3.35%
分子生态学	395	1.75%
生态学	362	1.60%
生态学与进化	361	1.60%
生物保护	344	1.52%
森林生态与管理	335	1.48%
生物多样性与保护	305	1.35%
生态学杂志	281	1.24%
英国皇家生物科学学会学报	249	1.10%
应用生态学杂志	248	1.10%

6.2.3　研究热点分析

6.2.3.1　热点研究主题

文章关键词是一篇文献的核心内容和高度概括与凝练，高频次出现的关键词可以从一定程度上反映研究领域的重要主题。

对"生物多样性的形成机制、演化规律与维持机制"研究文献中的关键词进行统计分析，频次大于 150 的关键词（主题词）如表 6.3 所示（已筛除无效关键词及检索词）。从表 6.3 中可以看出，气候变化、物种丰富度、群落构成、微卫星、生态系统服务、竞争、功能性状、物种多样性、分散、适应、干扰、生物地理学、基因流等，是本领域研究比较关注的热点主题。

表 6.3 "生物多样性的形成机制、演化规律与维持机制"研究文献中的关键词（频次 >150）

序号	发文量（篇）	关键词	序号	发文量（篇）	关键词
1	828	气候变化	9	329	分散
2	527	物种丰富度	10	327	适应
3	461	群落构成	11	313	干扰
4	460	微卫星	12	281	生物地理学
5	359	生态系统服务	13	267	基因流
6	354	竞争	14	267	入侵物种
7	341	功能性状	15	264	种群结构
8	333	物种多样性	16	263	功能多样性

（续表）

序号	发文量（篇）	关键词	序号	发文量（篇）	关键词
17	239	群体遗传学	26	197	遗传结构
18	238	β 多样性	27	179	管理
19	235	物种形成	28	179	物种共存
20	233	共存	29	169	生境碎片化
21	223	生态系统功能	30	163	表型可塑
22	218	环境过滤	31	161	森林管理
23	217	系统地理学	32	157	生物入侵
24	214	生物多样性保护	33	157	碎片化
25	210	保护区	34	154	入侵

本节对本领域进入发展期以来（1991 年以后）以上研究热点关键词的年度分布进行分析，在 2007 年有关键词"气候变化"的研究文献数量有一个跃升，并保持持续增长，2016 年、2017 年有回落，此后至 2020 年，研究文献数量又不断增加；在 2004年以前有关键词"群落构成"的研究文献很少，从 2005 年开始引起关注，此后相关研究文献数量波动上升；1993 年开始出现有"微卫星"关键词的研究文献，1999 年后开始逐渐增多，并于 2012 年达到高峰，此后数量有所下降，但仍然保持着较稳定的关注度；2003 年才开始出现有"生态系统服务"关键词的研究文献，2008 年后开始逐渐增长；从 2005 年开始出现有"功能性状"关键词的研究文献，随后其数量保持波动增长态势；在 2005 年出现有"环境过滤"关键词的研究文献，2009 年后其数量开始不断增加。这些关键词突增现象表明以上主题的研究很可能是未来本领域发展的重要方向。

6.2.3.2　高影响力论文

本领域的 22602 篇论文共计被引用 832882 次，平均每篇被引用 36.8 次，H 指数为 323。

论文被引频次是研究成果的影响力即受关注程度的重要指标。1968—2020 年，本领域被引频次最高的 10 篇论文如表 6.4 所示。引用频次最高的论文 *Effects of biodiversity on ecosystem functioning: a consensus of current knowledge* 发表于 2005 年，作者是西华盛顿大学的 Hooper D U，共被引用 4266 次。

表 6.4　"生物多样性形成机制、演化规律及维持机制"研究领域被引频次最高的 10 篇论文

1. 标题：*Effects of biodiversity on ecosystem functioning: a consensus of current knowledge*
来源出版物：《生态学专论》；卷：75；期：1；页：3-35；DOI：10.1890/04-0922；出版年：2005
被引频次合计：4266

（续表）

---

2. 标题：*Mechanisms of maintenance of species diversity*
来源出版物：《生态学和系统学年度综述》；卷：31；页：343-366；DOI：10.1146/annurev.ecolsys.31.1.343；
出版年：2000
被引频次合计：3260

---

3. 标题：*Species distribution models: ecological explanation and prediction across space and time*
来源出版物：《生态学和系统学年度综述》；卷：40；页：677-697；DOI：10.1146/annurev.ecolsys.110308.
120159；出版年：2009
被引频次合计：2894

---

4. 标题：*Predicting the impacts of climate change on the distribution of species: are bioclimate envelope models useful?*
来源出版物：《全球生态学与生物地理学》；卷：12；期：5；页：361-371；DOI：10.1046/j.1466-822X.2003.00042.x；
出版年：2003
被引频次合计：2393

---

5. 标题：*Microbial diversity in the deep sea and the underexplored "rare biosphere"*
来源出版物：《美国国家科学院学报》；卷：103；期：32；页：12115-12120；DOI：10.1073/pnas.0605127103；
出版年：2006
被引频次合计：2354

---

6. 标题：*Climate change, human impacts, and the resilience of coral reefs*
来源出版物：《科学》；卷：301；期：5635；页：929-933；DOI：10.1126/science.1085046；出版年：2003
被引频次合计：2305

---

7. 标题：*Mycorrhizal fungal diversity determines plant biodiversity, ecosystem variability and productivity*
来源出版物：《自然》；卷：396；期：6706；页：69-72；出版年：1998
被引频次合计：2127

---

8. 标题：*Landscapes and riverscapes：the influence of land use on stream ecosystems*
来源出版物：《生态学和系统学年度综述》；卷：35；页：257-284；DOI：10.1146/annurev.ecolsys.35.120202.110122；
出版年：2004
被引频次合计：1925

---

9. 标题：*Basic principles and ecological consequences of altered flow regimes for aquatic biodiversity*
来源出版物：《环境管理》；卷：30；期：4；页：492-507；DOI：10.1007/s00267-002-2737-0；出版年：2002
被引频次合计：1840

---

10. 标题：*Global patterns in biodiversity*
来源出版物：《自然》；卷：405；期：6783；页：220-227；DOI：10.1038/35012228；出版年：2000
被引频次合计：1778

6.2.4　主要国家分布

对本领域主要研究国家分布进行分析，发现美国在本领域的研究最多，共发表了7357篇论文，遥遥领先于其他国家。其次是英国（2616篇）、中国（2488篇）、德国（2126篇）、澳大利亚（2004篇）。"生物多样性形成机制、演化规律及维持机制"研究领域发文量排名前30位的国家如表6.5所示。

表 6.5   "生物多样性形成机制、演化规律及维持机制"研究领域发文量排名前 30 位的国家

序号	发文量（篇）	国家	序号	发文量（篇）	国家
1	7357	美国	16	538	墨西哥
2	2616	英国	17	519	比利时
3	2488	中国	18	496	葡萄牙
4	2126	德国	19	454	芬兰
5	2004	澳大利亚	20	429	丹麦
6	1886	法国	21	408	印度
7	1725	加拿大	22	397	新西兰
8	1599	西班牙	23	378	阿根廷
9	1342	巴西	24	368	捷克
10	1117	意大利	25	356	挪威
11	933	瑞士	26	342	奥地利
12	831	荷兰	27	281	智利
13	720	瑞典	28	271	波兰
14	616	南非	29	232	以色列
15	587	日本	30	232	俄罗斯

6.2.5   基金资助分析

本次检索得到的论文成果，共计有 15546 篇受到基金资助，占总量的 68.8%。资助成果最多的机构包括美国国家科学基金会、中国国家自然科学基金委员会、巴西科学技术发展委员会等。

中国科学院项目资助产出论文数排名第 11 位，中国国家重大研究与发展项目产出论文数排名第 18 位，如表 6.6 所示。

表 6.6   基金资助机构发文量排名（发文量 >200 篇）

序号	发文量（篇）	基金资助机构
1	1921	美国国家科学基金会（NSF）
2	1473	中国国家自然科学基金委员会（NSFC）
3	753	巴西科学技术发展委员会（CNPq）
4	709	欧盟
5	632	加拿大自然科学与工程技术研究理事会（NSERC）
6	589	美国健康研究所（NIH）
7	569	德国研究基金会（DFG）
8	559	巴西高等人员促进会（CAPES）

序号	发文量（篇）	基金资助机构
9	552	英国全国环境研究委员会（NERC）
10	468	澳大利亚研究理事会（ARC）
11	391	中国科学院
12	281	日本文部科学省（MEXT）
13	236	墨西哥科技理事会（CONACyT）
14	231	欧洲研究理事会（ERC）
15	221	巴西圣保罗研究基金会（FAPESP）
16	217	瑞士国家科学基金会（SNSF）
17	216	欧盟委员会（European Commission）
18	207	中国国家重大研究与发展项目

6.2.6 竞争与合作分析

6.2.6.1 国家竞争与合作分析

由国家间的合作关联程度，可以了解整个领域各个国家之间合作的关系，根据各个国家与外部合作的强度，也可以了解该国家在本领域内的科研竞争力。

本领域研究发文量排名前 20 位的国家的合作关联图谱如图 6.5 所示。可以看出，欧洲国家（英国、德国、荷兰、法国、丹麦、瑞典、芬兰等）之间合作最为紧密；美国则为合作国际化程度最高的国家；中国与美国的合作强度较高，与其他国家合作则较少。

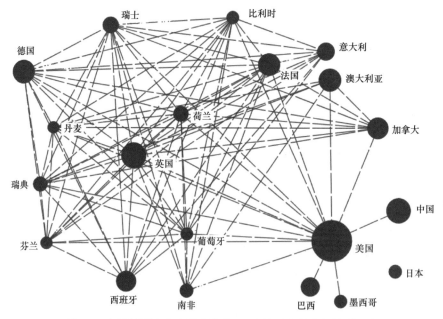

图 6.5 本领域研究发文量排名前 20 位的国家的合作关联图谱

6.2.6.2 科研机构竞争与合作分析

本节对科研机构的竞争合作关系进行分析，以期了解机构间的合作关系及各机构的科研竞争力。

"生物多样性形成机制、演化规律及维持机制"研究发文量排名前 50 位的机构如表 6.7 所示。

表 6.7 "生物多样性形成机制、演化规律及维持机制"研究发文量排名前 50 位的机构

序号	发文量（篇）	机构名称	序号	发文量（篇）	机构名称
1	1011	中国科学院	26	189	哥本哈根大学
2	385	西班牙最高科研理事会	27	189	美国地质调查局
3	371	加利福尼亚大学戴维斯分校	28	180	剑桥大学
4	281	法国农业科学研究院	29	174	科罗拉多州立大学
5	266	法国国家科学研究中心	30	173	亥姆霍兹环境研究中心
6	256	加利福尼亚大学伯克利分校	31	170	德国综合生物多样性研究中心
7	252	昆士兰大学	32	167	多伦多大学
8	250	佛罗里达大学	33	167	亚利桑那大学
9	241	明尼苏达大学	34	165	佐治亚大学
10	239	牛津大学	35	165	瓦赫宁根大学
11	238	墨西哥国立自治大学	36	165	斯坦福大学
12	236	不列颠哥伦比亚大学	37	163	墨尔本大学
13	226	威斯康星大学	38	163	奥胡斯大学
14	221	瑞典农业科技大学	39	154	杜克大学
15	217	赫尔辛基大学	40	154	哥廷根大学
16	207	圣保罗大学	41	153	史密森托普研究所
17	204	西澳大利亚大学	42	151	科罗拉多大学
18	199	俄勒冈州立大学	43	151	阿尔伯塔大学
19	197	密歇根州立大学	44	149	伊利诺伊大学
20	196	华盛顿大学	45	148	密歇根大学
21	195	康奈尔大学	46	148	谢菲尔德大学
22	195	詹姆斯库克大学	47	142	根特大学
23	195	美国林务局	48	141	耶鲁大学
24	193	瑞士苏黎世大学	49	139	伯尔尼大学
25	189	澳大利亚国立大学	50	138	圣布拉巴拉大学

6.3 中国西南山地生物多样性研究论文分析

数据采集：数据来源于学术界公认的较权威的 Web of Science（WOS）平台下的 Science Citation Index Expanded（SCI-E）、Conference Proceedings Citation Index（CPCI）、Social cience Citation Index（SSCI）、Journal of Citation Report（JCR）等数据库。

检索时间范围：西南山地生物多样性领域所有年的发文情况。

检索时间：2021 年 2 月。

检索式制定：以"中国西南山地生物多样性"为主题制定相关检索式，以便尽可能全面和准确地对西南山地生物多样性相关研究文献进行检索，了解该领域在国际上的研究状况。根据西南山地的范围和生物多样性所涉及的物种多样性、遗传多样性、生态系统多样性等内容，结合科学家的意见和建议，最终形成了检索式：TS=((mountain* of southwest China or ((Mountain* or mountainous region* or hilly area* or hilly countr* or hillside land* or "mountainous countr*" or montane or "mountain ground" or hillside) and (Southwest China or Western Sichuan or west of sichuan or ((southeastern or south-eastern or southeast or south-east or southeasterly) and (Tibet or Xizang or Qinghai)) or ((south or southern) and gansu) or eastern Himalaya* or east Himalaya* or Yarlung Zangbo Grand Canyon or Yarlung Zangbo Canyon or Hengduan Mountain* or Hengduashan or west sichuan plateau or Jinsha river or Chin-sha River or Jinsha Jiang or Kinsha Kiang or Salween River or Nu Chiang or Nu Jiang or Lantsang River or Lancang River or China-Burma border Or Sino-Burmese border or China-Myanmar border or Gaoligongshan or Gaoligong mountain* or "QTP" or "Qinghai-Tibetan Plateau" or ((northwest or northwest or northwestern) and Yunnan)))) and (Biodiversit* or biological diversit* or bio-diversit* or biodiversité or biology diversit* or bio diversit* biology diversification* or biological diversification* or species or speciation* or species diversit* or population variet* or diversit* of population or population diversi* or genetic* diversi* or genetic polymorphism* or gene diversi* or heredity diversi* or genetic variabilit* or genetic variet* or genotypic diversi* or inheritance diversit* or genetic variation* or genetic diversification* or germplasm genetic diversi* or hereditary variety or hereditary diversi* or cytogenetic diversi* or descendiblity diversi* or geneuic diversi* or analysis genetic diversi* or human genetic diversi* or diversi* of descendiblity or genetic phylogeny or genetic homogeneity or genetic diversi* of population or diversi* of genetic* or heredity polymorphism* or inheritance polymorphism* or gene tic diversi* or ecosystem diversi* or ecosystem diversification or ecological diversi* or ecotope diversi* or ecologic diversi* or ecological variet* or versatility* of ecology* or diversi* of eco-system or habitat* diversi* or habitat* diversification* or habitat* diversification* or habitat* diversification* or communit* diversi* or diversi* of bio-communit* or diversi* of biotic communit* or diversi* of the biological communit* or biogeograph* or phylogeograph* or phylogen* or "adaptive evolution*" or "Communit* assembly" or "species coexistenc*" or "ecological filtering" or "environmental filtering" or ((ecological process* or process* of ecosystem or eco-process* or ecological procedure* or ecology process* or ecological course* or ecosystem process* or ecological setting*) and (diversit* or variet* or diversification*))))。

检索结果：以西南山地生物多样性为检索内容，在 Web of Science（WOS）平台下的 SCI-E、CPCI、SSCI 数据库中检索相关文献并经人工筛选，最终获得 1153 篇相关文献。利用 Derwent Data Analyzer（DDA）、Excel 等软件及 JCR 数据库对数据进行清洗、分析，得到以下分析结果。

6.3.1　论文产出趋势

从 SCI-E、CPCI 和 SSCI 数据库中收录的中国西南山地生物多样性研究论文（以下简称 WOS 论文）看，该领域从 1986 年开始就有相关研究成果发表。1986—2020 年，除个别年份稍有下降外，发文量总体呈上升趋势。其中，1986—2001 年是研究的起步阶段，发文量比较少，部分年代无相关文章发表，此 16 年期间，共发文 17 篇，年均发文量约为 1.06 篇，年均增长率为 2.74%；2002—2009 年是发文量增长较快的阶段，每年均有相关文章发表，8 年期间共发文 178 篇，年均发文量约为 22.25 篇，年均增长率为 29.17%；2010—2020 年是研究稳定增长的阶段，每年均有相关文章发表，11 年期间共发文 958 篇，年均发文量约为 87.09 篇，年均增长率为 13.93%（见表 6.8 和图 6.6）。

表 6.8　WOS 论文发文详情

序号	发文量（篇）	发表年份	年均发文量（篇）	年均增长率
1	2	1986		
2	1	1991		
3	1	1992		
4	1	1993		
5	2	1996	1.06	2.74%
6	1	1997		
7	5	1999		
8	1	2000		
9	3	2001		

（续表）

序号	发文量（篇）	发表年份	年均发文量（篇）	年均增长率
10	7	2002		
11	12	2003		
12	11	2004		
13	21	2005	22.25	29.17%
14	22	2006		
15	26	2007		
16	37	2008		
17	42	2009		
18	35	2010		
19	54	2011		
20	66	2012		
21	65	2013		
22	85	2014		
23	87	2015	87.09	13.93%
24	102	2016		
25	113	2017		
26	90	2018		
27	132	2019		
28	129	2020		

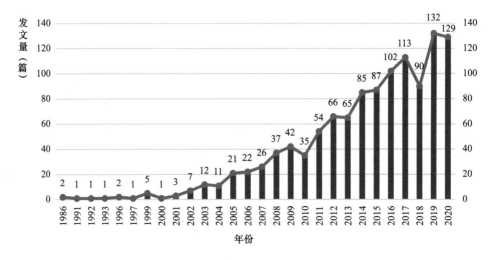

图 6.6　WOS 论文发文趋势

6.3.2 研究热点分析

6.3.2.1 研究领域概况

对检索到的 1153 篇 WOS 论文进行分析表明，这些论文涉及 55 个研究领域，排名前 15 位的研究领域如表 6.9 所示。从表 6.9 中可以看出，中国西南山地生物多样性研究发表的 WOS 相关论文所涉及的研究领域中，发文量排名前两位的领域分别是环境科学与生态学、植物科学，发文量均在 290 篇以上。动物学、进化生物学、科学与技术–其他主题等领域的发文量分别排在第三、第四、第五位。这从一定程度上说明，中国西南山地生物多样性研究的主要领域分布在环境科学与生态学、植物科学、动物学、进化生物学等方向。

表 6.9　WOS 论文涉及的排名前 15 位的研究领域

序号	发文量（篇）	研究领域
1	310	环境科学与生态学
2	291	植物科学
3	161	动物学
4	137	进化生物学
5	107	科学与技术–其他主题
6	96	遗传学
7	89	生物多样性与保护
8	75	生物化学与分子生物学
9	71	自然地理
10	47	林业
11	46	昆虫学
12	45	农业
13	41	地质
14	27	真菌学
15	20	古生物学
	20	药理学与药学

6.3.2.2 关键词分析

此次分析的关于中国西南山地生物多样性的 1153 篇 WOS 论文中，一共涉及关键词 3166 个。通过人工去除一些无具体含义的信息，如地名、概念词等关键词，并对关键词出现频次进行分析，发现出现频次最高的前 21 个关键词依次是：进化、保护、气候变化、分子系统学、物种丰富度、测序、气候、叶绿体 DNA、系统发育、群落、居群、谱系生物地理学、生物地理学、线粒体 DNA、DNA、生态、线粒体、温度、动力学、遗传多样性、种群增长。其中，遗传多样性相关的关键词最多，达到了 10 个，分别是进化、分子系统学、物种丰富度、测序、叶绿体 DNA、系统发育、线粒体 DNA、DNA、线粒体、遗传多样性；生态系统多样性相关关键词排第二位，有 9 个，分别是保护、气候变化、气候、群落、居群、生态、温度、动力学、种群增长；生物地理学也出现在高频关键词中。关键词出现频次的分析在一定程度上反映出中国西南山地生物多样性研究主要集中在遗传多样性方面，涉及进化、分子系统学、物种丰富度、测序、线粒体 DNA、叶绿体 DNA 等；在生态系统多样性方面主要涉及保护、气候变化、种群增长等（见表 6.10）。

表 6.10　中国西南山地生物多样性 WOS 论文中出现频次最高的 21 个关键词

序号	关键词	出现频次（次）	研究类别
1	进化	119	遗传多样性
2	保护	80	生态系统多样性
3	气候变化	76	生态系统多样性
4	分子系统学	54	遗传多样性
5	物种丰富度	50	遗传多样性
6	测序	46	遗传多样性
7	气候	41	生态系统多样性
8	叶绿体 DNA	40	遗传多样性
9	系统发育	40	遗传多样性
10	群落	37	生态系统多样性
11	居群	37	生态系统多样性
12	谱系生物地理学	35	生物地理学
13	生物地理学	33	生物地理学
14	线粒体 DNA	33	遗传多样性
15	DNA	32	遗传多样性
16	生态	30	生态系统多样性
17	线粒体	30	遗传多样性

（续表）

序号	关键词	出现频次（次）	研究类别
18	温度	28	生态系统多样性
19	动力学	27	生态系统多样性
	遗传多样性	27	遗传多样性
20	种群增长	24	生态系统多样性

6.3.2.3　高被引论文分析

被引次数可以作为一篇论文受关注程度的重要评价指标，其研究内容在一定程度上反映了某领域最受关注或最有影响力的研究方向。本节从 1986—2016 年、1996—2005 年、2006—2016 年的文章中分别选出 10 篇被引次数最高的文献，并进行初步解读，得到了中国西南山地生物多样性领域高被引论文所涉及的主要研究主题。

1986—2016 年：被引次数排名前 10 位的论文中，有 6 篇是有关植物谱系地理学的，被引次数累计达到 539 次，占 10 篇论文总被引次数的 43.40%。其中，以中国科学院昆明植物研究所李德铢和苏格兰爱丁堡皇家植物园 Michael Möller 为通讯作者的题为 *High variation and strong phylogeographic pattern among cpDNA haplotypes in Taxus wallichiana (Taxaceae) in China and North Vietnam* 的论文单篇被引次数最高，达到 114 次。中国科学院植物研究所汪小全、兰州大学刘建全作为通讯作者分别有 2 篇植物谱系地理学论文；以浙江大学傅承新和奥地利萨尔茨堡大学 Hans Peter Come 为共同通讯作者的 1 篇论文也是关于植物谱系地理学研究的；还有 1 篇论文是关于植物遗传分化的（通讯作者为瑞士纳沙泰尔大学的 Yuan Yongming）、1 篇论文是关于生态保护与恢复评价的［通讯作者为世界农用林业中心（昆明）的 Horst Weyerhaeuser］、1 篇论文是关于物种分布模型的（通讯作者为中国科学院植物研究所葛颂和西班牙巴塞罗那植物研究所 Jordi López-Pujol）。

1996—2005 年：被引次数排名前 10 位的论文中有 3 篇与 1986—2016 年的重复，标题分别为 *Local impacts and responses to regional forest conservation and rehabilitation programs in China's northwest Yunnan province*、*Molecular phylogeny, recent radiation and evolution of gross morphology of the rhubarb genus Rheum (Polygonaceae) inferred from chloroplast DNA trnL-F sequences* 和 *Strong genetic differentiation of the East-Himalayan Megacodon stylophorus (Gentianaceae) detected* by Inter-Simple Sequence Repeats (ISSR)。剩余的 7 篇论文中，有 3 篇是有关生态系统保护的（总被引次数达 121 次，占 7 篇总被引次数的 44.98%，通讯作者分别为澳大利亚西澳大学的 Ruliang Pan、中国科学院动物研究所的雷富民、美国密苏里植物园的 Danica M. Anderson）；有 2 篇是有关植物遗传分化的，标题分别为 *Polyploidy in the flora of the Hengduan Mountains hotspot, southwestern China* 和 *Unexpected high divergence in nrDNA ITS and extensive parallelism in floral morphology of Pedicularis (Orobanchaceae)*；有 1 篇是关于生物地理学的，标题为 *Molecular phylogeny and biogeography of Androsace (Primulaceae) and the convergent evolution of cushion morphology*；有 1 篇是关于分析系统学的，标题为 *Molecular phylogeny and taxonomy of wood mice (genus Apodemus Kaup, 1829) based on complete mtDNA cytochrome b sequences, with emphasis on Chinese species*。

2006—2016 年：被引次数排名前 10 位的论文与前面两个时间段的无重复，其被引次数相差不大，最高 55 次，最低 44 次。被引次数排名前 10 的论文中，有 5 篇是有关植物谱系地理学的，被引次数累计达到 239 次，占 10 篇论文总被引次数的 49.48%，该 5 篇论文通讯作者分别是中国科学院西北高原所陈世龙、中国科学院植物研究所汪小全、兰州大学刘乃发和刘建全、中国科学院院昆明植物研究所李德铢和高连明。排名第二位的是有关生态系统保护的 2 篇论文，通讯作者分别为德国斯图加特大学 Brauning A 和美国密苏里植物园 Jan Salick；另外 3 篇分别是与山地系统生物多样性的起源和演化（*The role of the uplift of the Qinghai-Tibetan Plateau for the evolution of Tibetan biotas*）、生物地理学（*Build-up of the Himalayan avifauna through immigration: A biogeographical analysis of the Phylloscopus and Seicercus warblers*）、物种分布模型（*Build-up of the Himalayan avifauna through immigration: A biogeographical analysis of the Phylloscopus and Seicercus warblers*）相关的论文（见表 6.11）。特别需要注意的是，在该时间段被引次数排名前 10 位的论文中，有 2 篇论文进入了 2016 年 ESI 高被引论文（根据对应领域和出版年中的高引用阈值，到 2016 年 9 月为止，可以将本高被引论文归入某一学术领域同一出版年最优秀的前 1% 之列），分别是以德国莱比锡大学 Muellner-Riehl AN 为通讯作者的关于青藏高原的隆升在西藏生物进化中所起的作用的论文（进入 ESI 的 Biology & Biochemistry 领域前 1%）和以中国科学院昆明植物研究所李德铢和高连明为共同通讯作者的植物物种形成的谱系地理学文章，涉及分析系统学、物种分布模型等研究（进入 ESI 的 Plant & Animal Science 领域前 1%）。

表 6.11 中国西南山地生物多样性被引次数较高的 WOS 论文情况

时间	序号	论文	被引次数（次）	通讯作者	主要内容	ESI 高被引
1986—2016	1	High variation and strong phylogeographic pattern among cpDNA haplotypes in Taxus wallichiana (Taxaceae) in China and North Vietnam. 作者：L. M. GAO,M. MÖLLER,X.-M. ZHANG,M. L. HOLLINGSWORTH,J. LIU,R. R. MILL,M. GIBBY,D.-Z. LI. 分子生态学. 卷：16. 期：22. 页：4684-4698. 出版年：2007	114	D.-Z. LI：中国科学院昆明植物研究所；Michael Möller：苏格兰爱丁堡皇家植物园	中国和越南北部红豆杉的谱系地理学研究——中国和越南北部红豆杉的 cpDNA 存在高变异和较强的系统地理格局	否
	2	Extensive population expansion of Pedicularis longiflora (Orobanchaceae) on the Qinghai-Tibetan Plateau and its correlation with the Quaternary climate change. 作者：FU-SHENG YANG,YU-FEI LI,XIN DING,XIAO-QUAN WANG. 分子生态学. 卷：17. 期：23. 页：5135-5145. 出版年：2008	105	XIAO-QUAN WANG：中国科学院植物研究所，中国科学院研究生院	青藏高原斑唇马先蒿（Pedicularis longiflora）种群扩散及其同第四季气候变化的关系	否
	3	Molecular phylogeny and biogeography of Picea (Pinaceae): Implications for phylogeographical studies using cytoplasmic haplotypes. 作者：Ran Jin-Hua, Wei Xiao-Xin, Wang Xiao-Quan. 分子系统发育与进化. 卷：41. 期：2. 页：405-419. 出版年：2006	99	Wang Xiao-Quan：中国科学院植物研究所	云杉的分子系统学和谱系地理学：利用细胞质单倍型进行谱系地理学研究	否
	4	Local impacts and responses to regional forest conservation and rehabilitation programs in China's northwest Yunnan province. 作者：Weyerhaeuser H, Wilkes A, Kahrl F. 农业系统. 卷：85. 期：3. 页：234-253. 出版年：2005	86	Weyerhaeuser H：世界农用林业中心（昆明）	云南省西北部森林保护和恢复项目影响和反馈（在云南省西北部的澜沧江、怒江上游流域的河流）	否
	5	Centres of plant endemism in China: places for survival or for speciation? 作者：Jordi López-Pujol, Fu-Min Zhang,Hai-Qin Sun,Tsun-Shen Ying,Song Ge. 生物地理学杂志. 卷：38. 期：7. 页：1267-1280. 出版年：2011	84	Song Ge：中国科学院植物研究所；Jordi López-Pujol：西班牙巴塞罗那植物研究所	中国的特有植物中心地区：植物生存或物种形成地方	否

（续表）

时间	序号	论文	被引次数（次）	通讯作者	主要内容	ESI高被引
1986—2016	6	Phylogeographic studies of plants in China: Advances in the past and directions in the future. 作者：Jian-Quan LIU,Yong-Shuai SUN,Xue-Jun GE,Lian-Ming GAO,Ying-Xiong QIU. 植物分类学报．卷：50. 期：4. 特刊：SI. 页：267-275. 出版年：2012	81	Jian-Quan LIU：兰州大学	中国植物谱系地理学研究：过去的进展和未来的方向	否
	7	Molecular phylogeny, recent radiation and evolution of gross morphology of the rhubarb genus Rheum (Polygonaceae) inferred from chloroplast DNA trnL-F sequences. 作者：AILAN WANG, MEIHUA YANG, JIANQUAN LIU. 植物学纪事．卷：96. 期：3. 页：489-498. 出版年：2005	79	JIANQUAN LIU：兰州大学	分子系统学-通过叶绿体 DNA trnL-F 序列推断大黄形态的近期辐射和演化形态近期辐射和演化	否
	8	Phylogeography and allopatric divergence of cypress species (Cupressus L.) in the Qinghai-Tibetan Plateau and adjacent regions. 作者：Tingting Xu, Richard J Abbott, Richard I Milne, Kangshan Mao, Fang K Du, Guili Wu, Zhaxi Ciren, Georg Miehe and Jianquan Liu. BMC. 进化生物学．卷：10 文献号：194. 出版年：2010	76	Jianquan Liu：兰州大学	青藏高原及其邻近地区树物种的异域分化和谱系地理学	否
	9	Did glacials and/or interglacials promote allopatric incipient speciation in East Asian temperate plants? Phylogeographic and coalescent analyses on refugial isolation and divergence in Dysosma versipellis. 作者：Qiu Ying-Xiong, Guan Bi-Cai, Fu Cheng-Xin, Hans Peter Comes. 分子系统发育与进化．卷：51. 期：2. 页：281-293. 出版年：2009	64	Fu Cheng-Xin：浙江大学；Hans Peter Come：奥地利萨尔茨堡大学	是否是冰期和／或间冰期促进了东亚温带植物最初的异域分布？通过对亚带植物 Dysosma versipellis 采用谱系地理学和联合分析方法进行避难所隔离和分化分析未进行研究	否
	10	Strong genetic differentiation of the East-Himalayan Megacodon stylophorus (Gentianaceae) detected by Inter-Simple Sequence Repeats (ISSR). 作者：X.-J. Ge, L. -B. Zhang, Y. -M. Yuan, G. Hao, T. -Y. Chiang. 生物多样性与保护．卷：14. 期：4. 页：849-861. 出版年：2005	56	Y.-M. Yuan：瑞士纳沙泰尔大学	通过 Inter-Simple Sequence Repeats (ISSR）检测东喜马拉雅地区 Megacodon stylophorus 强大的遗传分化	否

（续表）

时间	序号	论文	被引次数（次）	通讯作者	主要内容	ESI 高被引
1996—2005	1	Local impacts and responses to regional forest conservation and rehabilitation programs in China's northwest Yunnan province. 作者：Weyerhaeuser H, Wilkes A, Kahrl F. 农业系统. 卷：85. 期：3. 页：234-253. 出版年：2005	86	Weyerhaeuser H：世界农用林业中心（昆明）	云南省西北部森林保护和恢复项目影响和反馈（在云南省西北部的湄公河、怒江上游流域的河流）	否
	2	Molecular phylogeny, recent radiation and evolution of gross morphology of the rhubarb genus Rheum (Polygonaceae) inferred from chloroplast DNA trnL-F sequences. 作者：AILAN WANG, MEIHUA YANG, JIANQUAN LIU. 植物学纪事. 卷：96. 期：3. 页：489-498. 出版年：2005	79	JIANQUAN LIU：兰州大学	通过叶绿体 DNA trnL-F 序列推断大黄形态的近期辐射和演化	否
	3	Strong genetic differentiation of the East-Himalayan Megacodon stylophorus (Gentianaceae) detected by Inter-Simple Sequence Repeats (ISSR). 作者：X.-J. Ge, L.-B. Zhang, Y.-M. Yuan, G. Hao, T.-Y. Chiang. 生物多样性与保护. 卷：14. 期：4. 页：849-861. 出版年：2005	56	Y.-M. Yuan：瑞士纳沙泰尔大学	通过 Inter-Simple Sequence Repeats(ISSR) 检测东喜马拉雅地区 Megacodon stylophorus 强大的遗传分化	否
	4	Extinction of snub-nosed monkeys in China during the past 400 years. 作者：Li BG, Pan RL, Oxnard CE. 国际灵长类动物杂志. 卷：23. 期：6. 页：1227-1244. 出版年：2002	49	Pan RL：西澳大学	近 400 年来中国境内金丝猴的灭绝	否
	5	Polyploidy in the flora of the Hengduan Mountains hotspot, southwestern China. 作者：Ze-Long Nie, Jun Wen, Zhi-Jian Gu, David E. Boufford and Hang Sun. 密苏里植物园纪事. 卷：92. 期：2. 页：275-306. 出版年：2005	42	—	中国西南部横断山热点区的植物多倍体	否
	6	Conservation on diversity and distribution patterns of endemic birds in China. 作者：Fu-Min Lei, Yan-Hua Qu, Jian-Li Lu, Yao Liu, Zuo-Hua Yin. 生物多样性与保护. 卷：12. 期：2. 页：239-254. 出版年：2003	37	Fu-Min Lei：中国科学院动物研究所	中国特有鸟类的多样性和分布模式的保护	否
	7	Molecular phylogeny and biogeography of Androsace (Primulaceae) and the convergent evolution of cushion morphology. 作者：Wang Yujin, Li Xiaojuan, Hao Gang, Liu Jianquan. 植物分类学报. 卷：42. 期：6. 页：481-499. 出版年：2004	36	Liu Jian quan 中国科学院西北高原生物研究所	点地梅属（报春花科）中分子系统学、生物地理学和形态趋同进化研究	否

（续表）

时间	序号	论文	被引次数（次）	通讯作者	主要内容	ESI高被引
1996—2005	8	*Unexpected high divergence in nrDNA ITS and extensive parallelism in floral morphology of Pedicularis (Orobanchaceae).* 作者：Fu-Sheng Yang, Xiao-Quan Wang, De-Yuan Hong. 植物系统学与进化. 卷：240. 期：1-4. 页：91-105. 出版年：2003	36	Xiao-Quan Wang：中科院植物研究所	Pedicularis属（列当科）中令人意想不到的 nrDNA ITS 高分化现象和花丰形态的高度相似性	否
	9	*Conserving the sacred medicine mountains: A vegetation analysis of Tibetan sacred sites in Northwest Yunna.* 作者：Danica M. Anderson, Jan Salick, Robert K. Moseley, Ou Xiaokun. 生物多样性与保护. 卷：14. 期：13. 页：3065-3091. 出版年：2005	35	Danica M. Anderson：美国密苏里植物园	保护神圣的药山：云南西北部西藏圣地植被分析	否
	10	*Molecular phylogeny and taxonomy of wood mice (genus Apodemus Kaup, 1829) based on complete mtDNA cytochrome b sequences, with emphasis on Chinese species.* 作者：Xiaoming Liua, Fuwen Wei, Ming Li, Xuelong Jiang, Zuojian Feng, Jinchu Hu. 分子系统发育与进化. 卷：33. 期：1. 页：1-15. 出版年：2004	34	Fuwen Wei：中国科学院动物研究所	基于完整的 mtDNA 细胞色素 b 序列对木鼠进行分子系统学和分类学研究，强调中国的物种	否
2006—2016	1	*Potential refugium on the Qinghai-Tibet Plateau revealed by the chloroplast DNA phylogeography of the alpine species Metagentiana striata (Gentianaceae).* 作者：SHENGYUN CHEN, GUILI WU, DEJUN ZHANG, QINGBO GAO, YIZHONG DUAN, FAQI ZHANG, SHILONG CHEN. 林奈学会生物学杂志. 卷：157. 期：1. 页：125-140. 出版年：2008	55	SHILONG CHEN：中国科学院西北高原生物研究所	通过对高山物种 Metagentiana striata 叶绿体 DNA 的谱系地理学分析，揭示青藏高原是一个潜在的避难所	否
	2	*Tree-ring evidence of 'Little Ice Age' glacier advances in southern Tibet.* 作者：Brauning A. HOLOCENE. 卷：16. 期：3. 页：369-380. 出版年：2006	53	Brauning A：德国斯图加特大学	西藏南部"小冰河期"的树木年轮证据	否

（续表）

时间	序号	论文	被引次数（次）	通讯作者	主要内容	ESI高被引
2006—2016	3	*The role of the uplift of the Qinghai-Tibetan Plateau for the evolution of Tibetan biotas.* 作者：Adrien Favre, Martin Päckert, Steffen U. Pauls, Sonja C. Jähnig, Dieter Uhl, Ingo Michalak, Muellner-Riehl A N. 生物学评论. 卷：90. 期：1. 页：236-253. 出版年：2015	50	Muellner-Riehl A N：德国莱比锡大学	青藏高原的隆升在西藏生物进化中所起的作用	是*
	4	*Build-up of the Himalayan avifauna through immigration: A biogeographical analysis of the Phylloscopus and Seicercus warblers.* 作者：Ulf S. Johansson, Per Alström, Urban Olsson, Per G. P. Ericson, Per Sundberg, Trevor D. Price. 进化. 卷：61. 期：2. 页：324-333. 出版年：2007	51	Ulf S. Johansson：南非斯坦陵布什大学	通过迁徙形成喜马拉雅鸟类区系：Phylloscopus 和 Seicercus 生物地理学分析	否
	5	Plant recolonization in the Himalaya from the southeastern Qinghai-Tibetan Plateau: Geographical isolation contributed to high population differentiation. 作者：Cun Yu-Zhi, Wang Xiao-Quan. 分子系统发育与进化. 卷：56. 期：3. 页：972-982. 出版年：2010	49	Wang Xiaoquan：中国科学院植物研究所	喜马拉雅地区的植物从青藏高原东南部扩散：地理隔离导致种群的高度分化	否
	6	*Cladogenesis and phylogeography of the lizard Phrynocephalus vlangalii (Agamidae) on the Tibetan plateau.* 作者：Jin Yuan-Ting, Brown Richard P, Liu Nai-Fa. 分子生态学. 卷：17. 期：8. 页：1971-1982. 出版年：2008	46	Liu Naifa：兰州大学	青藏高原 Phrynocephalus vlangalii 的分支进化和谱系地理学研究	否
	7	*Evolutionary history of an alpine shrub Hippophae tibetana (Elaeagnaceae): allopatric divergence and regional expansion.* 作者：DONG-RUI JIA, TENG- LIANG LIU, LIU-YANG WANG, DANG-WEI ZHOU, JIAN-QUAN LIU. 林奈学会生物学杂志. 卷：102. 期：1. 页：37-50. 出版年：2011	45	Liu Jianquan：兰州大学	高山灌木 Hippophae tibetana 的演化历史：异域分化和区域扩张。基于研究叶绿体 DNA（cpDNA）和核糖体内部转录间隔区（ITS）DNA 的变化	否

（续表）

时间	序号	论文	被引次数（次）	通讯作者	主要内容	ESI高被引
2006—2016	8	*Altitudinal patterns of seed plant richness in the Gaoligong Mountains, south-east Tibet, China.* 作者：Wang Zhiheng, Tang Zhiyao, Fang Jingyun. 生物多样性与分布. 卷：13. 期：6. 页：845-854. 出版年：2007	45	Fang Jingyun：北京大学	高黎贡山种子植物丰富度的海拔模式	否
	9	*Tibetan sacred sites conserve old growth trees and cover in the eastern Himalayas.* 作者：Jan Salick, Anthony Amend, Danica Anderson, Kurt Hoffmeister, Bee Gunn, Fang Zhendong. 生物多样性与保护. 卷：16. 期：3. 页：693-706. 出版年：2007	45	Jan Salick：美国密苏里植物园	西藏圣地保存了古老的树木并覆盖了喜马拉雅山东部	否
	10	*Geological and ecological factors drive cryptic speciation of yews in a biodiversity hotspot.* 作者：Jie Liu, Michael Möller, Jim Provan, Lian-Ming Gao, Ram Chandra Poudel, De-Zhu Li. 新植物学家. 卷：199. 期：4. 页：1093-1108. 出版年：2013	44	Li Dezhu、Gao Lianming：中国科学院昆明植物研究所	一个生物多样性热点区的紫杉物种地形成的隐藏的地质和生态因素。为了进一步了解地形抬升和气候变化相互作用在喜马拉雅-横断山地区物种形成和种群统计中所起的作用，作者通过分子系统学和物种分布模型监测了地形抬升和气候变化对 Taxus wallichiana 的影响	是

*：根据对应领域和出版年中的高引用阈值，到 2016 年 9 月为止，将本高被引论文归入 Biology & Biochemistry 学术领域同一出版年最优秀的前 1% 之列（来自 Essential Science Indicators 的数据）；#：根据对应领域和出版年中的高引用阈值，到 2016 年 9 月为止，将本高被引论文归入 Plant & Animal Science 学术领域同一出版年最优秀的前 1% 之列（来自 Essential Science Indicators 的数据）。

注：黑色加粗部分是两个不同时间段被引次数排名前 10 位有重复的论文。

6.3.3 竞争与合作分析

6.3.3.1 主要研究国家、地区

1. 发文国家 / 地区概况

根据统计，WOS 相关数据库收录的中国西南山地生物多样性相关论文发文国家或地区有 59 个，遍及全球。其中，涉及发文最多的国家是中国，占全部发文量的 85.5%，是发文量排名第二位的美国的 5 倍左右。可见，中国西南山地生物多样性相关研究主要集中在中国本土，其他国家 / 地区如北美和欧洲地区的美国、英国、德国等，以及亚洲地区的印度、日本等也较多地参与了相关的研究（见表 6.12）。

表 6.12 中国西南山地生物多样性 WOS 论文发文量 5 篇及以上的国家详情

序号	国家	发文量（篇）	比例	序号	国家	发文量（篇）	比例
1	中国	986	85.5%	16	法国	11	0.95%
2	美国	214	18.56%	17	缅甸	11	0.95%
3	英国	77	6.68%	18	波兰	9	0.78%
4	德国	73	6.33%	19	捷克共和国	8	0.69%
5	印度	56	4.86%	20	比利时	7	0.61%
6	日本	42	3.64%	21	不丹	6	0.52%
7	加拿大	38	3.30%	22	丹麦	6	0.52%
8	澳大利亚	32	2.78%	23	韩国	6	0.52%
9	瑞士	25	2.17%	24	越南	6	0.52%
10	尼泊尔	24	2.08%	25	意大利	5	0.43%
11	俄罗斯	21	1.82%	26	荷兰	5	0.43%
12	瑞典	18	1.56%	27	新西兰	5	0.43%
13	西班牙	15	1.30%	28	巴基斯坦	5	0.43%
14	挪威	13	1.13%	29	泰国	5	0.43%
15	奥地利	12	1.04%		—		

2. 主要发文国家发文时间趋势

通过对发文量排名前 10 位的国家发文年代进行分析可以看出，发文量最多的中国从 1986 年开始发表相关的论文，2009—2020 年，中国在该领域的发文量增长较快，到 2020 年发文量达到最高峰，为 112 篇。发文量排名第二位的美国，从 2002 年开始有相关的论文发表，2002—2020 年，其发文量整体增幅不大，相关研究保持比较平稳的发展。发文量排名第三位的英国从 2004 年开始发表相关的论文，截至 2009 年，每年发文量均在 1 篇左右，部分年份无发文；从 2010 年开始，其发文量开始逐年增加，到 2020 年，达到了 12 篇（见图 6.7）。

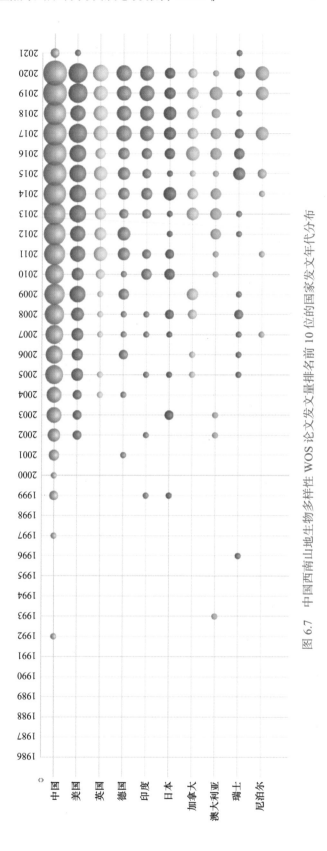

图 6.7　中国西南山地生物多样性 WOS 论文发文量排名前 10 位的国家发文年代分布

3. 主要发文国家合作情况

利用 TDA 分析发现，发文量排名前 15 位的国家的合作情况较为明晰，从图 6.8 中可以看出：中国是该领域主要的发文国，各国也围绕中国开展相关的合作研究。其中，中国与美国合作最为紧密，英国、德国其次；中国与加拿大、日本、澳大利亚等也保持了较为紧密的合作。除中国外，发文量排名第二位的美国还积极与英国、加拿大、澳大利亚等保持了较为紧密的合作。

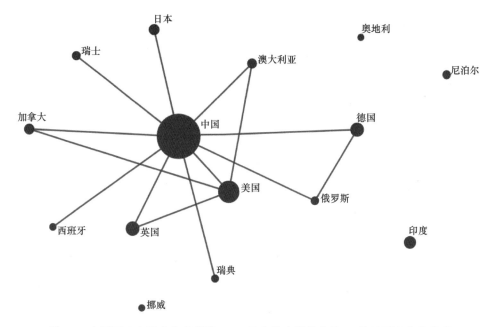

图 6.8　中国西南山地生物多样性 WOS 论文发文量排名前 15 位的国家合作关系

6.3.3.2　主要研究机构

1. 发文机构概况

表 6.13 展示的是中国西南山地生物多样性 WOS 论文发文量 10 篇以上的机构，共有 36 个。发文量排名前 10 位的机构共有 11 个，依次是：中国科学院大学、中国科学院昆明植物研究所、云南大学、中国科学院西双版纳热带植物园、中国科学院植物研究所、四川大学、中国科学院动物研究所、中国科学院昆明动物研究所、西南林业大学、中国科学院成都生物研究所、兰州大学等。其中，发文量居前 2 位的均为中国科学院相关研究机构，且中国科学院相关研究机构占了 11 个机构中的约 55%（中国科学院大学可能包含了中国科学院各机构的研究成果，不易清楚地了解其具体情况）。

表 6.13　中国西南山地生物多样性 WOS 论文发文量 10 篇及以上的机构

序号	发文量（篇）	机构
1	274	中国科学院大学
2	223	中国科学院昆明植物研究所
3	78	云南大学
4	67	中国科学院西双版纳热带植物园
5	65	中国科学院植物研究所
6	56	四川大学
7	51	中国科学院动物研究所
8	51	中国科学院昆明动物研究所
9	47	西南林业大学
10	40	中国科学院成都生物研究所
11	32	兰州大学
12	31	云南师范大学
13	30	大理大学
14	29	湖南师范大学
15	25	苏格兰爱丁堡皇家植物园
16	24	北京大学
17	19	中国科学院地理科学与资源研究所
18	19	中国科学院华南植物研究所
19	18	北京林业大学
20	17	美国加州科学院
21	17	中国科学院青藏高原研究所
22	17	中国科学院西北高原生物研究所
23	17	中山大学
24	15	美国密苏里植物园
25	15	四川省林业科学研究院
26	14	北京师范大学
27	14	日本立教大学
28	13	南京林业大学
29	13	西南农业大学
30	12	中国科学院武汉植物园
31	12	华南农业大学
32	11	美国菲尔德自然史博物馆
33	11	日本德岛文理大学
34	10	中国科学院东南亚生物多样性研究中心
35	10	英国自然历史博物馆
36	10	武汉大学

在这些发文量较多的机构中，中国科学院大学、中国科学院昆明植物研究所的论文总被引次数较高，均超过 1600 次；中国科学院植物研究所的论文篇均被引频次最高，达到了 13.28 次；中国科学院大学、中国科学院昆明动物研究所、中国科学院昆明植物研究所的论文篇均被引频次也较高，均在 7 次以上（见表 6.14 和图 6.9）。这在一定程度上说明这些机构的研究成果在学术界受到了较高的关注，有比较大的影响力。

表 6.14　中国西南山地生物多样性 WOS 论文发文量排名前 10 位的机构发文详情

序号	机构名称	发文量（篇）	总被引次数（次）	篇均被引频次（次／篇）
1	中国科学院大学	274	2262	8.26
2	中国科学院昆明植物研究所	223	1603	7.19
3	云南大学	78	436	5.59
4	中国科学院西双版纳热带植物园	67	310	4.63
5	中国科学院植物研究所	65	863	13.28
6	四川大学	56	261	4.66
7	中国科学院动物研究所	51	341	6.69
8	中国科学院昆明动物研究所	51	388	7.61
9	西南林业大学	47	182	3.87
10	中国科学院成都生物研究所	40	260	6.50

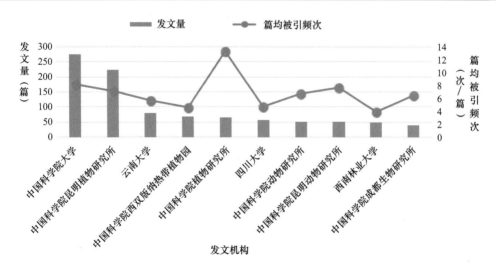

图 6.9　中国西南山地生物多样性 WOS 论文发文量排名前 10 位机构的篇均被引情况

2. 发文机构合作分析

高水平的科研机构和研究性大学是知识创新的主体，为了解中国西南山地生物多样性研究机构的合作情况，选取了发文量在 10 篇以上的研究机构，分析其合作情况（见图 6.10）。分析结果表明，中国科学院大学、中国科学院昆明植物研究所、中国科

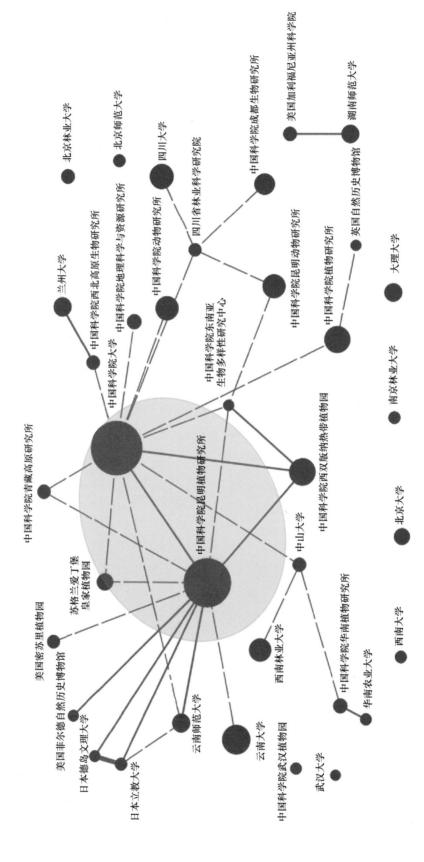

图 6.10 中国西南山地生物多样性 WOS 论文发文量 10 篇以上的机构合作关系

学院西双版纳热带植物园形成了较为紧密的合作环，同时前两者也处于合作的核心位置，也就是说其他机构多寻求同这两个机构进行合作（由于中国科学院大学可能包含中国科学院各机构的研究成果，不易清楚、准确地描述其具体合作情况）。除中国科学院西双版纳热带植物园外，云南师范大学、日本立教大学、日本德岛文理大学、美国菲尔德自然历史博物馆等同中国科学院昆明植物所的合作也较多。

6.3.4　主要作者及合作分析

6.3.4.1　主要作者发文概况

表 6.15 为中国西南山地生物多样性 WOS 论文发文量排名前 10 位的作者。发文量排名前 5 位的作者共 6 位，分别是中国科学院昆明植物研究所孙航（68 篇）、李德铢（31 篇）、龚洵（22 篇），中国科学院动物研究所雷富民（22 篇），湖南师范大学彭贤锦（21 篇），中国科学院昆明植物研究所王红（20 篇）。其中，李德铢（发文量排名第二）、何兴金（发文量排名第七）、高连明（发文量排名第十）、肖文（发文量排名并列第十）2019—2021 年发文量分别为其个人总发文量的 26%、28%、36%、36%。这从一定程度上说明，近期这些研究人员在该领域有较高的研究活跃度。对发文量排名前 10 位的作者机构进行分析，中国科学院昆明植物研究所的作者占了 11 位中的 5 位，可见该研究所在该领域投入了较多的研究力量。

表 6.15　中国西南山地生物多样性 WOS 论文发文量排名前 10 位的作者

作者	发文量（篇）	主要机构	发文时间	2019—2021 年发文比例
孙航	68	中国科学院昆明植物研究所	2002—2021	16%
李德铢	31	中国科学院昆明植物研究所	2007—2020	26%
龚洵	22	中国科学院昆明植物研究所	2007—2019	14%
雷富民	22	中国科学院动物研究所	2006—2019	5%
彭贤锦	21	湖南师范大学	2006—2020	19%
王红	20	中国科学院昆明植物研究所	2004—2019	15%
何兴金	18	四川大学	2008—2020	28%
Kuroda C	15	日本立教大学	2007—2019	20%
刘洋	15	四川省林业科学研究院；中国科学院大学；四川大学	2003—2020	20%
高连明	14	中国科学院昆明植物研究所	2007—2020	36%
肖文	14	大理大学	2007—2020	36%

6.3.4.2　主要作者合作情况

图 6.11 主要显示了中国西南山地生物多样性 WOS 论文发文量排名前 10 位的作者

合作关系，可以看出，李德铢与高连明、王红形成了一个较强的闭环合作网络；龚洵则与 Kuroda C 保持了较为密切的合作；雷富民则与刘洋有较为密切的合作。

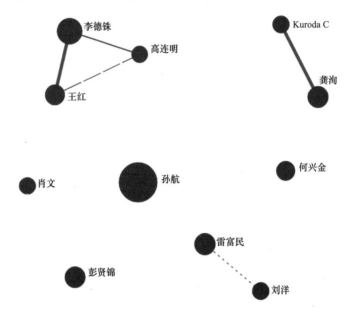

图 6.11　中国西山地南生物多样性 WOS 论文发文量排名前 10 位的作者合作关系

6.3.4.3　研究人才时间演变

从图 6.12 中可以看出，1986—2002 年参与中国西南山地生物多样性研究发文的科研人员都是新加入该领域研究的，并且人数非常少。从 2003 年开始，在该领域新发文的研究人员呈逐年上升的趋势，也使该领域发文的研究人员在 2020 年达到了最多，表明越来越多的科研人员开始关注并投入中国西南山地生物多样性的相关研究中，也在一定程度上反映了该领域有较好的研究前景。

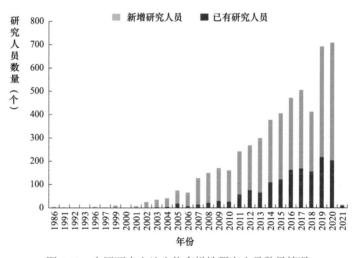

图 6.12　中国西南山地生物多样性研究人员数量情况

6.4 生物多样性形成、演化与维持机制研究社会关注分析

受人类活动的影响，生物多样性正以前所未有的速度丧失，这不仅引起了国家、政府组织、学界的广泛关注，其相关研究成果也受到了学术圈以外的社会大众的广泛关注。随着全球信息技术的快速发展，新媒体应运而生。从社会媒体的层面反映学术成果影响力与社会热点成为当前学术热点分析的重要方面。替代计量学（Altmetrics，又被称为补充计量学）就是近年来新兴的一种用于评价科研成果社会影响力的方法。该方法汇集了众多社会媒体指标，如新闻报道、政策文件引用、维基百科引用等，以及自媒体指标，如推文引用、脸书引用、博客引用等，以及与引文指标存在一定联系的文献管理软件读者数等指标。本节利用 Altmetric 网站对以上提及的指标数据进行采集与分析，以得到国际生物多样性形成、演化与维持机制研究的全球社会关注度情况。通过检索，共得到被 Altmetric 网站收录的全时间段的关于生物多样性形成的文章 17813 篇、生物多样性演化的文章 14046 篇、生物多样性维持的文章 12920 篇（见图 6.13）。

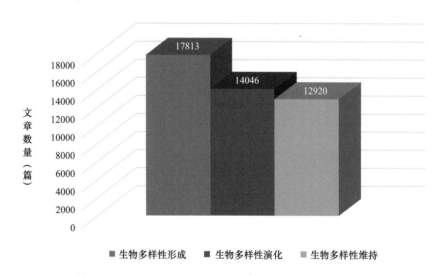

图 6.13　被 Altmetric 网站收录的关于生物多样性研究 3 类主题文章数量对比

6.4.1 基于社会媒体关注度的研究

针对生物多样性形成、生物多样性演化与生物多样性维持 3 个主题的社会媒体关注度情况进行研究，选取了新闻报道（News outlets）、政策文件（Policy documents）和维基百科（Wikipedia pages）3 个指标作为研究社会媒体关注度的指标。

因为 3 个主题的文章数量不同，为了使数据能够进行横向比较研究，对三者的社

会媒体平均关注度进行研究，社会媒体平均关注度的公式如下：

$$A = \frac{\sum_{i=1}^{n}(x_{\mathrm{o}} + x_{\mathrm{p}} + x_{\mathrm{w}})}{n}$$

式中，A 为社会媒体平均关注度；n 为该主题的文章数；x_{o} 为该主题中一篇文章的新闻报道的被引次数；x_{p} 为该主题中一篇文章的政策文件的被引次数；x_{w} 为该主题中一篇文章的维基百科的被引次数。

通过计算，得到生物多样性形成、生物多样性演化与生物多样性维持的社会媒体平均关注度分别为 1.14、1.49 和 1.63，由此可见生物多样性维持研究更受到社会的关注（见图 6.14）。

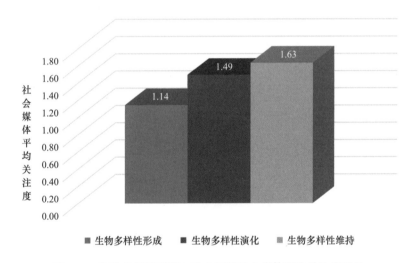

图 6.14 生物多样性研究 3 类主题的社会媒体平均关注度对比

对生物多样性社会媒体关注度各指标进行类似社会媒体平均关注度的处理后发现，新闻媒体的引用对于社会媒体平均关注度影响较大，有 65% 的文章被引次数来自新闻，而其他两种指标对文章被引次数的影响相对较小，有 21% 的文章被引次数来自政策文件，有 14% 的文章被引次数来自维基百科。对每个子主题的指标来源比例情况进行研究，发现新闻报道与总的来源比例情况基本一致。政策文件和维基百科方面，生物多样性演化主题受到较少的政策文件关注，而更多受到维基百科的关注；生物多样性维持主题则更多受到政策文件的关注，而较少受到维基百科的关注（见表 6.16 和图 6.15）。

表 6.16 生物多样性研究 3 类主题社会媒体关注度指标来源情况

主题名称	新闻报道	政策文件	维基百科
生物多样性形成	62.39%	22.44%	15.17%
生物多样性演化	67.34%	10.99%	21.67%
生物多样性维持	64.65%	28.22%	7.13%

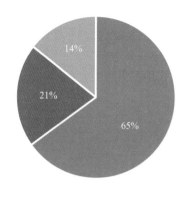

新闻报道　政策文件　维基百科

图 6.15　社会媒体关注度指标来源情况

　　对具体文章的社会媒体关注度情况进行研究，以下文章在生物多样性的形成、演化与维持方面受到了较高的社会关注。由于一篇文章可能涉及 3 个主题中的一个或多个，故不再对单篇文章的主题类型归属进行区分。具体文章的社会媒体关注度为其在新闻报道、政策文件和维基百科被引次数的总和（见表 6.17）。

表 6.17　生物多样性领域社会媒体关注度较高的文章

排名	文章名	社会媒体关注度	WOS 论文被引次数（次）
1	*Camera-trap evidence that the silver-backed chevrotain Tragulus versicolor remains in the wild in Vietnam*	400	1
2	*How many genera and species of Galerucinae s. str. do we know? Updated statistics (Coleoptera, Chrysomelidae)*	343	12
3	*The global decline of cheetah Acinonyx jubatus and what it means for conservation*	323	94
4	*Arthropods of the great indoors: characterizing diversity inside urban and suburban homes*	254	26
5	*Catastrophic Declines in Wilderness Areas Undermine Global Environment Targets*	254	141
6	*An Ecoregion-Based Approach to Protecting Half the Terrestrial Realm*	233	268
7	*Natural climate solutions*	208	385
8	*Defaunation in the Anthropocene*	176	1317
9	*Historical museum collections clarify the evolutionary history of cryptic species radiation in the world's largest amphibians*	164	6
10	*The Location and Protection Status of Earth's Diminishing Marine Wilderness*	150	50
10	*Scaling laws predict global microbial diversity*	149	298
10	*Taxonomic revision of the tarantula genus Aphonopelma Pocock, 1901 (Araneae, Mygalomorphae, Theraphosidae) within the United States*	142	39

（续表）

排名	文章名	社会媒体关注度	WOS 论文被引次数（次）
13	*Global dataset shows geography and life form predict modern plant extinction and rediscovery*	140	52
14	*Projected losses of global mammal and bird ecological strategies*	132	19
15	*One-third of global protected land is under intense human pressure*	132	183
15	*Sixteen years of change in the global terrestrial human footprint and implications for biodiversity conservation*	129	387
17	*Status and Ecological Effects of the World's Largest Carnivores*	118	1296
18	*Seven new species of Night Frogs (Anura, Nyctibatrachidae) from the Western Ghats Biodiversity Hotspot of India, with remarkably high diversity of diminutive forms*	112	15
18	*Recovery of large carnivores in Europe's modern human-dominated landscapes*	110	709
20	*Computational Fluid Dynamics Suggests Ecological Diversification among Stem-Gnathostomes*	108	0

利用皮尔逊系数相关计算公式：

$$\rho_{X,Y} = \frac{\sum (X - \bar{X})(Y - \bar{Y})}{\sqrt{\sum (X - \bar{X})^2 \sum (Y - \bar{Y})^2}}$$

对社会媒体关注度和 WOS 论文被引次数进行相关性分析，得到 R^2（$\rho_{X,Y}$ 的平方）为 0.0714，表明社会媒体关注度与 WOS 论文被引次数呈显著弱相关，符合预期。

6.4.2 基于自媒体的关注度研究

针对生物多样性形成、生物多样性演化与生物多样性维持 3 个主题的自媒体关注度情况进行研究，选取博客引用（Bloggers）、推文引用（Tweeters）和脸书引用（Facebook Walls）3 个指标作为研究自媒体关注度的指标。

利用类似社会媒体平均关注度的计算方式，计算了 3 个主题的自媒体平均关注度情况，生物多样性形成、生物多样性演化与生物多样性维持的社会平均关注度分别为 12.08、17.56 和 18.21。自媒体平均关注度要高于社会媒体平均关注度，生物多样性维持依然受到最多的关注（见图 6.16）。

对生物多样性自媒体关注度各指标进行研究后发现，文章被引次数的影响占据了绝对主导地位，有 91% 的文章被引次数来自推文引用，而其他两种指标的影响则非常有限，有 6% 的文章被引次数来自脸书引用，有 3% 的文章被引次数来自博客引用（见图 6.17）。对每个子主题的指标来源比例情况进行研究，发现与总的来源比例情况基本保持一致（见表 6.18）。

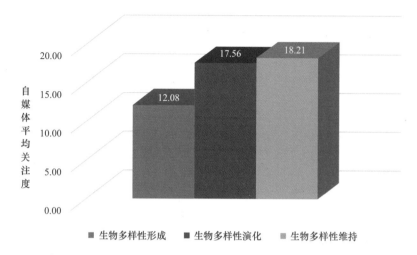

图 6.16 生物多样性研究 3 类主题自媒体平均关注度对比

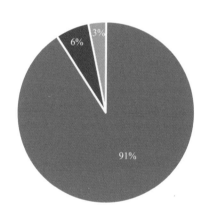

■ 推文引用 ■ 脸书引用 ■ 博客引用

图 6.17 自媒体关注度指标来源情况

表 6.18 生物多样性研究 3 类主题自媒体关注度指标来源情况

主题名称	推文引用	脸书引用	博客引用
生物多样性形成	90.44%	6.28%	3.28%
生物多样性演化	90.96%	5.66%	3.38%
生物多样性维持	90.76%	6.19%	3.05%

　　对具体文章的自媒体关注度情况进行研究，具体文章的自媒体关注度由其推文引用指标反映。生物多样性领域自媒体关注度较高的文章如表 6.19 所示。

表 6.19 生物多样性领域自媒体关注度较高的文章

排名	文章名	自媒体关注度	WOS 论文被引次数（次）
1	*Experimental evidence of dispersal of invasive cyprinid eggs inside migratory waterfowl*	3437	3
2	*The Location and Protection Status of Earth's Diminishing Marine Wilderness*	2409	50
3	*Invasive predators and global biodiversity loss*	1957	283
4	*Are fieldwork studies being relegated to second place in conservation science?*	1919	29
5	*Natural climate solutions*	1395	385
6	*Cat Gets Its Tern: A Case Study of Predation on a Threatened Coastal Seabird*	1370	9
7	*One-third of global protected land is under intense human pressure*	1128	183
8	*The Genomic Footprints of the Fall and Recovery of the Crested Ibis*	1080	13
9	*Synthesis of phylogeny and taxonomy into a comprehensive tree of life*	1039	263
10	*An inverse latitudinal gradient in speciation rate for marine fishes*	1031	146
11	*Sustainability and innovation in staple crop production in the US Midwest*	982	36
12	*A worldwide survey of neonicotinoids in honey*	915	5
13	*Inferring the mammal tree: Species-level sets of phylogenies for questions in ecology, evolution, and conservation*	913	42
14	*Dense sampling of bird diversity increases power of comparative genomics*	907	2
15	*Reductions in global biodiversity loss predicted from conservation spending*	893	77
16	*Catastrophic Declines in Wilderness Areas Undermine Global Environment Targets*	874	141
17	*Conservation social science: Understanding and integrating human dimensions to improve conservation*	848	253
18	*Redefining the invertebrate RNA virosphere*	817	483
19	*The Emerging Amphibian Fungal Disease, Chytridiomycosis: A Key Example of the Global Phenomenon of Wildlife Emerging Infectious Diseases*	810	11
20	*Rewilding complex ecosystems*	805	64

利用皮尔逊系数相关计算公式，对自媒体关注度和 WOS 论文被引次数进行相关性分析，得到 R^2 为 0.0252，表明自媒体关注度与 WOS 论文被引次数呈显著弱相关，且这种弱相关性较社会媒体关注度与 WOS 论文被引次数的相关性更弱。

6.4.3 基于在线文献管理软件用户的关注度研究

在线文献管理软件多被学术圈人士用于对感兴趣的或研究相关的论文的收藏管理与阅读批注，但非学术圈的社会人员也可以使用在线文献管理软件，使得其用户多为学术圈人士但并不局限于学术圈。在线文献管理软件的文章收藏数反映的是对该文章

"感兴趣"的用户数量；而传统引文数反映的是对某项研究"有直接用途"的论文数量。因此，在线文献管理软件的使用对象范围更大，在线文献管理软件的文章收藏数更能体现某篇论文被社会大众，尤其是学术圈人群关注的情况。

针对生物多样性形成、生物多样性演化与生物多样性维持 3 个主题的在线文献管理软件用户关注度情况进行研究，Altmetric 网站提供了 Mendeley 在线文献管理软件的读者数指标。

利用类似社会媒体平均关注度的计算方式，计算了 3 个主题的在线文献管理软件用户平均关注度情况，即单篇文章平均被多少位 Mendeley 读者进行了文献管理软件收藏。生物多样性形成、生物多样性演化与生物多样性维持的在线文献管理软件用户平均关注度分别为 104.91、128.47 和 136.78（见图 6.18）。与社会媒体关注度和自媒体关注度不同，在线文献管理软件用户平均关注度显示，生物多样性维持主题的论文更受到关注，而在线文献管理软件的用户多为学术圈内人士。

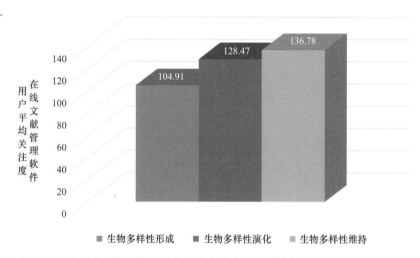

图 6.18 生物多样性研究 3 类主题的在线文献管理软件用户平均关注度对比

对具体文章的在线文献管理软件用户关注度情况进行研究，具体文章的在线文献管理软件用户关注度由其 Mendeley 读者数指标反映。生物多样性领域在线文献管理软件用户关注度较高的文章如表 6.20 所示。

表 6.20 生物多样性领域在线文献管理软件用户关注度较高的文章

排名	文章名	在线文献管理软件用户关注度	WOS 论文被引次数（次）
1	*Systematic conservation planning*	10825	3258
2	*Novel methods improve prediction of species' distributions from occurrence data*	10130	4785
3	*Species Distribution Models: Ecological Explanation and Prediction Across Space and Time*	6635	2895

（续表）

排名	文章名	在线文献管理软件用户关注度	WOS 论文被引次数（次）
4	*Freshwater biodiversity: importance, threats, status and conservation challenges*	4583	3079
5	*Predicting the impacts of climate change on the distribution of species: are bioclimate envelope models useful?*	4414	2394
6	*Climate Change, Human Impacts, and the Resilience of Coral Reefs*	4005	2306
7	*Modeling of species distributions with Maxent: new extensions and a comprehensive evaluation*	3932	3124
8	*Defaunation in the Anthropocene*	3910	1317
9	*Climate change and evolutionary adaptation*	3789	1474
10	*Nuclear ribosomal internal transcribed spacer (ITS) region as a universal DNA barcode marker for Fungi*	3699	2410
11	*Impact of diet in shaping gut microbiota revealed by a comparative study in children from Europe and rural Africa*	3612	2677
12	*Identification of 100 fundamental ecological questions*	3448	378
13	*Modeling multiple ecosystem services, biodiversity conservation, commodity production, and tradeoffs at landscape scales*	3397	1237
14	*A global synthesis reveals biodiversity loss as a major driver of ecosystem change*	3367	1056
15	*New handbook for standardised measurement of plant functional traits worldwide*	3353	1486
16	*Niche Conservatism: Integrating Evolution, Ecology, and Conservation Biology*	3241	1377
17	*Global food security, biodiversity conservation and the future of agricultural intensification*	3232	840
18	*Global Biodiversity Conservation Priorities*	3180	1121
19	*The Brazilian Atlantic Forest: How much is left, and how is the remaining forest distributed? Implications for conservation*	3088	1899
20	*From Metaphor to Measurement: Resilience of What to What?*	3039	1489

利用皮尔逊系数相关计算公式，对在线文献管理软件用户关注度和 WOS 论文被引次数进行相关性分析，得到 R^2 为 0.556，呈现中等相关性，说明在线文献管理软件用户关注程度与 WOS 论文被引次数的相关程度较高。同时，在线文献管理软件用户关注程度高的文章有一个特点，即绝大多数在线文献管理软件用户关注度高的文章，其被引次数均在千次左右，与其被 Mendeley 读者收藏次数的数量级相匹配，而高社会媒体关注度和自媒体关注度的文献其 WOS 论文被引次数大多为个位数或十位数，与

其被相关媒体引用次数的数量级不匹配。以上两点很好地证实了在线文献管理软件用户关注度指标来源更加偏向学术界这一假设，因为在线文献管理软件使用者多为从事科研工作的人群，所以在线文献管理软件使用者数（这里体现为 Mendeley 读者数）与 WOS 论文被引次数的相关程度更高。

6.5 小结

随着全球变暖、物种灭绝速度加快，生物多样性恶化的问题越来越严重，全球化的生物多样性保护已经成为世界各国政府达成共识的目标，各类世界组织都纷纷强化生物多样性的研究与保护，联合开展各类国际合作项目与计划，如《生物多样性公约》、国际生物多样性科学计划等。

随着国民经济的发展，生物多样性更是越来越受到学界和社会大众的关注。党中央、国务院高度重视生物多样性保护工作，习近平总书记强调，建设生态文明，关系人民福祉，关系民族未来，必须树立尊重自然、顺应自然、保护自然的生态文明理念。我国也先后出台了《中国国家生物安全框架》《全国生物物种资源保护与利用规划纲要》《中国生物多样性保护战略与行动计划（2011—2030 年）》等，以加强我国生物多样性的保护和研究。

因此，本章针对生物多样性核心科学问题之一"生物多样性形成、演化与维持机制"研究进行计量学分析，从文献和社会新媒体多个层面揭示当前该领域的主要发展态势，主要内容概括如下。

6.5.1 生物多样性形成、演化与维持机制研究

通过文献调研与计量学分析发现，1967 年至今，"生物多样性形成机制、演化规律及维持机制"的研究整体呈不断增长态势。

根据出现的关键词推断，"生物多样性形成机制、演化规律及维持机制"领域的主要研究方向包括气候变化、物种丰富度、群落构成、微卫星、生态系统服务、竞争、功能性状、物种多样性、分散、适应、干扰、生物地理学、基因流等。而关键词气候变化、群落构成、微卫星、生态系统服务、功能性状、环境过滤等出现频次在某一时间点开始突然快速增加或呈爆发式增长，表明这几个主题的研究在一定时间段内出现快速发展的态势，是当前或未来本领域发展的重要方向。

"生物多样性形成机制、演化规律及维持机制"领域发文量较多的国家依次为美国、英国、中国、德国、澳大利亚等，其中欧洲国家（英国、德国、荷兰、法国、丹麦、瑞典、芬兰等）之间的合作最为紧密；美国则为合作国际化程度最高的国家。中国与美国的合作强度较高，与其他国家合作则较少。

本次检索得到的论文成果大部分都受到了基金资助（占比为68.8%）。资助成果最多的机构包括美国国家科学基金会、中国国家自然科学基金委员会、巴西科学技术发展委员会、欧盟、加拿大自然科学与工程技术研究理事会、美国健康研究所、德国研究基金会、巴西高等人员促进会等。

从"生物多样性形成机制、演化规律及维持机制"领域的发文研究机构看，中国科学院是发文量最多的机构，其次是西班牙国家研究委员会、加利福尼亚大学戴维斯分校等。从发文量排名前50位的机构看，美国的机构最多，中国的机构仅有中国科学院上榜。

6.5.2 中国西南山地生物多样性研究

1986—2020年，中国西南山地生物多样性研究相关论文发文量总体呈上升趋势。综合研究领域、关键词、高被引论文等的分析结果，总结出中国西南山地生物多样性主要研究方向，供参考。

（1）谱系地理学研究：主要通过对中国西南山地动、植物现有种群的遗传结构进行研究，了解中国西南山地物种由于气候变化或环境变异导致的物种分布格局变化，如冰期、间冰期等气候变化，青藏高原隆起等环境变化对物种分布格局的影响等。其中，又以植物的谱系地理学研究为主。

（2）生物多样性保护：主要关注中国西南山地生物多样性丧失和灭绝原因、保护方法、得以保存的社会和自然因素、生物多样性现状与保护进展评估等。

（3）遗传分化：主要探讨中国西南生物山地的动、植物物种在相关基因、细胞方面的分化，描述遗传多样性现象，探索其形成机制。

（4）分子系统学研究：主要涉及通过DNA序列等进行中国西南山地物种亲缘关系的研究，通过分子谱系关系等来了解该区域物种亲缘关系等相关信息。

（5）生物地理学研究：主要是对西南山地相关生物物种、种群等在西南山地上的地理分布及其相关问题，如相关机制、原因等进行研究。

（6）大尺度格局及其形成机制，包括物种分布模型及其应用等。

从发文国家看，"中国西南山地生物多样性"相关研究主要集中在中国本土，其他国家如北美和欧洲地区的美国、英国、德国等，亚洲地区的印度、日本等也较多地参与了相关的研究。相关合作主要围绕中国开展。中国与美国的合作最为紧密，英国、德国次之；中国与加拿大、日本、澳大利亚等也保持了较为紧密的合作。除中国外，发文量排名第二位的美国还积极与英国、德国等保持了较为紧密的合作。

从发文机构看，发文量排名前10位的机构中，中国科学院相关研究机构占了约55%。发文量排名前2位的机构均为中国科学院相关机构，依次为中国科学院大学、中国科学院昆明植物研究所；而云南大学、中国科学院西双版纳热带植物园、中国科学院植物研究所、四川大学、中国科学院动物研究所、中国科学院昆明动物研究所、西南林业大学、中国科学院成都生物研究所、兰州大学等紧随其后。从机构发文被引情况看，中国科学院大学、中国科学院昆明植物研究所的总被引次数较高；中国科学院植物研究所的篇均被引频次最高，中国科学院大学、中国科学院昆明动物研究所、中国科学院昆明植物研究所的篇均被引频次也较高。

从发文机构合作关系看，中国科学院大学、中国科学院昆明植物研究所、中国科学院西双版纳热带植物园形成了较为紧密的合作环，同时前两者也处于合作的核心位置，其他机构多寻求同这两个机构进行合作。与中国科学院昆明植物所合作较多的机构有云南大学、云南师范大学、中国科学院西双版纳热带植物园、日本立教大学、日本德岛文理大学、美国菲尔德历史博物馆等。

从发文作者看，发文量排名前 5 位的作者分别为中国科学院昆明植物研究所的孙航、李德铢、龚洵，中国科学院动物研究所的雷富民，湖南师范大学的彭贤锦，中国科学院昆明植物研究所的王红等。发文量排名前 10 位的作者中，有约 45% 来自中国科学院昆明植物研究所，可见该研究所在该领域投入了较多的研究力量。

中国西南山地生物多样性相关研究的科研人员数量呈逐年上升的趋势，从一定程度上反映了该领域有较好的研究前景。

6.5.3 国际生物多样性形成、演化与维持机制研究的社会关注分析

对国际"生物多样性形成、演化与维持机制研究"的主题进行社会关注度研究，"生物多样性形成"主题受到的关注相对其他两个主题更少，"生物多样性维持"主题的论文最受社会媒体、自媒体的关注。

针对 3 类不同类型用户的关注度，即单篇文章被引用或被收藏数量进行分析，在线文献管理软件用户的关注度最高，自媒体用户的关注度和社会媒体的关注程度相对较低。考虑到用户类型和体量差异，仅就自媒体和在线文献管理软件的数据进行对比分析，在线文献管理软件的关注度（用户类型更偏向学术界）要比自媒体的关注度（用户类型更加多样化）高得多，说明对于生物多样性主题而言，依然以学术圈的关注为主。

对社会媒体、自媒体、在线文献管理软件关注度得分较高的文献进行分析，研究这些文献的社会媒体、自媒体、在线文献管理软件关注度与传统引文之间的关系。发现在线文献管理软件用户关注度在与传统引文的相关性和引文次数的数量级匹配程度方面均高于其他两种关注度。3 种指标与传统引文指标呈现弱相关或中等相关，这从统计学角度反映了 3 种社会关注度，尤其是社会媒体和自媒体关注度，可以作为独立于传统引文指标的社会关注度评价指标，对生物多样性文献的社会影响力进行测度。

通过上述分析表明，社会关注度高的论文与传统引文高的论文存在明显的差别。

在进行相关领域研究时可以通过 Altmetric 等相关网站了解相关领域的社会关注度情况，以对传统引文分析所忽略掉的高社会关注度论文进行挖掘，更加全面地了解学科发展的最新态势与热点。

致谢　中国科学院昆明植物所李德铢研究员、高连明研究员对本章提出了宝贵的意见和建议，谨致谢忱。

执笔人：中国科学院成都文献情报中心

卿立燕、田雅娟、徐英祺、史继强、陆颖

第 7 章

营养与代谢研究态势分析

　　"国以民为本，民以食为天"，营养健康是人类永恒的追求。随着我国经济社会的快速发展，广大居民对营养健康的需求日益迫切，而我国高度重视居民营养健康。2014 年 2 月 10 日，国务院办公厅印发了《中国食物与营养发展纲要（2014—2020年)》（以下简称《纲要》），强调以现代营养理念引导食物合理消费，逐步形成以营养需求为导向的现代食物产业体系。为更好地贯彻落实《纲要》和国家"健康中国"重要战略部署，亟须通过产、学、研协同创新，进一步加强基础研究、突破前沿技术和共性关键技术、加大集成示范与产业化等全链条科技创新，推动第一、二、三产业融合发展，加快构建以科技创新驱动食物与营养健康产业发展的战略格局。

　　本章对营养与膳食领域重要发展规划及指南进行了调研和整理，包括《美国国家营养学研究路线图 2016—2021》、中国《国民营养计划（2017—2030 年)》等重要规划，以及中国、美国、英国、澳大利亚、日本和欧盟主要国家（德国、法国、瑞士、西班牙）等代表性国家的营养膳食指南。发现近年来，随着科学进步和社会需求增加，各国膳食指南增加了针对与膳食有关慢性病的具体建议，可为我国营养膳食指南的修订提供参考。本章还从营养与膳食领域全球发文量与被引次数、发文国家/地区、发文机构、发文期刊、代表性国家发文机构、高影响力论文及发文机构合作等多维度进行分析，揭示了全球营养与膳食领域的学术表现、影响力和研究成果。

　　本章还对代谢领域重要发展规划及研究计划进行了调研和整理，包括各国政府重要基础发展规划及研究计划，如《食品、营养和健康研究的跨理事会愿景》《美国国家营养学研究路线图 2016—2021》、英国代谢障碍研究项目等；国际重要研究机构研究计划及学科布局，如美国哈佛－麻省理工学院 Broad 研究所，英国剑桥代谢网络，美国国立卫生研究院国家糖尿病、消化和肾脏疾病研究所，加拿大营养、代谢和糖尿病研究所，德国马普代谢研究所等。调研发现，各国重要研究机构已将代谢学科发展定位在机构学科发展的重要位置。本章还利用文献计量学方法对代谢领域全球发文量、发文国家、发文机构、发文基金、发文内容等多维度进行了分析，发现在过去 5 年（2016—2020 年）中世界代谢领域的科研人员已经意识到代谢研究的重要性，开展相关研究并发表了大量的科研成果论文，为未来代谢科学向纵深发展提供了坚实的基础。我国科研人员紧跟代谢科学发展方向并发表了相关研究成果，在该学科领域奠定了相关基础，拥有继续发展的潜能。

本章最后结合调研结果给出了我国营养与代谢领域学科发展的对策建议，即巩固基础研究实力，促进跨学科协同合作，布局前沿热点学科，不断提高国际影响力，同时加强基础研究与应用的结合。

7.1 营养与膳食领域学科发展态势

7.1.1 营养与膳食领域重要战略规划及指南

7.1.1.1 《2020 年全球营养报告》

《全球营养报告》（*Global Nutrition Report*）是自 2013 年全球"营养促进增长峰会"（Nutrition for Growth Initiative Summit，N4G）之后形成的系列报告，用于跟踪和了解包括各国政府、资助者、联合国及一些商业机构在内的各相关利益者在履行实现联合国 2025 年营养目标承诺方面的进展。2020 年 5 月 22 日，《2020 年全球营养报告》正式发布 [1]。该报告结合新冠肺炎疫情流行背景，重点关注全球当前面临的营养结构失衡问题，从粮食系统、卫生系统、融资和问责 3 个方面提出行动建议，以促进全球构建更公正、更牢固及可持续的粮食和卫生系统。

1. 新冠肺炎疫情与全球营养状况

在新冠肺炎疫情大流行背景下，营养问题更加凸显。《2020 年全球营养报告》对普遍人群，特别是对弱势群体营养问题的关注，在当前形势下显示出更重要的意义。该报告指出：①良好的营养状态是人体抵御新冠肺炎疫情的重要基础；②新冠肺炎疫情进一步暴露出粮食系统的弱点及其脆弱性；③新冠肺炎疫情暴露了当前卫生系统的巨大差距；④未来应加强协调、合作、筹资，提升社会责任感。

---

[1] Global Nutrition Report. The 2020 Global Nutrition Report in the context of Covid-19[EB/OL]. [2021-02-26]. https://globalnutritionreport.org/reports/2020-global-nutrition-report.

2. 采取公平行动，消除营养结构失衡

《2020 年全球营养报告》呼吁各国政府、企业和民间社会组织加大力量，减少粮食和卫生系统中的不平等现象，解决各种营养结构失衡问题，并提出营养平等（Nutrition Equity）的概念。呼吁制定一个促进平等的议程，通过大量资金投入和实行问责制来推动将营养问题纳入粮食和卫生系统的核心。该报告提出距离实现 2025 年全球营养目标只剩下 5 年，要在有限的时间里集中力量满足核心需求，内容包括：①全球营养结构失衡困境；②解决粮食和卫生系统中的不平等问题；③通过投资改善营养状况；④实现营养平等的关键行动。为此，该报告提出关注粮食系统、卫生系统、融资和问责 3 个关键领域，并提出若干具体措施，包括：①粮食系统——将"营养"作为重要组成部分纳入粮食系统；②卫生系统——将"营养"作为基本卫生服务纳入主流卫生系统；③筹资和问责——构建资金补充渠道及问责机制。

7.1.1.2 《美国国家营养学研究路线图 2016—2021》

《美国国家营养学研究路线图 2016—2021》[1] 由美国人类营养学研究跨机构委员会（ICHNR）国家营养学研究路线图（National Nutrition Research Roadmap，NNRR）分委员会起草，由美国农业部国家食品与农业研究所（National Institute of Food and Agriculture，NIFA）业务副总监 Robert Holland 博士和美国国立卫生研究院（National Institutes of Health，NIH）疾病预防副主任及疾病预防办公室主任 David M. Murray 博士主持相关工作。

该路线图提出了 3 个框架性问题，并根据居民群体影响、可行性、科学机会、现有的知识和研究能力确定了 11 个主题领域，考虑了研究机会的整个生命周期，特别是对高危人群如孕妇、儿童和老年人，包括对发病率、死亡率贡献最大的营养相关慢性病、美国人的健康水平差异及营养对保持机体最佳性能和军事战备的作用。该路线图主要聚焦美国境内的居民群体影响，但也考虑了全球范围。而研究主题的选择主要集中在减少美国与营养相关的慢性疾病，研究目标可以指导其他国家政府、非政府组织或全球合作，促进人类营养学研究和维持健康。ICHNR 将通过政府、学术界和私营实体构建跨部门的合作和公私伙伴关系，来推进该路线图的研究工作。

7.1.1.3 《美国农业部科学研究路线图》之"食品与营养转化"

2020 年 2 月 5 日，《美国农业部科学研究路线图》正式发布，在未来 5 年

---

[1] INTERAGENCY COMMITTEE ON HUMAN NUTRITION RESEARCH. National Nutrition Research Roadmap 2016–2021: Advancing Nutrition Research to Improve and Sustain Health[R]. Washington, DC: Interagency Committee on Human Nutrition Research; 2016.

（2020—2025 年）将指导美国农业部、教育部及各类研究机构合作开展科学研究[1]。该路线图设置了可持续农业集约化、农业气候适应、食品与营养转化、增值创新，以及农业科学政策领导 5 个主题，每个主题下都包括了目标、策略等内容。其中，"食品与营养转化"主题包括"食品安全与健康"和"营养与健康促进"两个部分。

1. 食品安全与健康

1）目标

（1）加强抗生素耐药性等"同一健康"研究（One Health Research），产生基础知识和开发工具，改善食品安全（Food Safety）和食品保障（Food Security）。

（2）以最低的成本确定在减少污染物、控制危害方面最有效的食品安全计划。

（3）确定对食品加工制造厂进行食品安全投资的激励措施。

（4）改进技术，使食品生产系统中的内部环境和外部因素相联系，区分食品的自然污染和有意污染。

（5）培养创新方法，区分食品系统内的高毒性病原体和非病毒病原体，并制定更好的风险评估方法。

（6）了解在食品生产和加工过程中，激励提高食品安全标准的市场手段。

（7）了解食源性疾病的后果，包括严重程度和影响，如医疗费用、工作效率降低和生命损失，以及对既往疾病或伤害的长期后果。

2）策略

（1）研究、收集和分析各种食品安全干预措施在减少病原体、抗微生物、减少毒素和化学污染物方面的效果和成本数据。

（2）资助并以其他方式促进关于微生物预测和干预技术的同行审查研究，以确定减少食品生产和加工过程污染的措施。

（3）征求与食品安全相关的研究、教育和推广等利益相关方需求的反馈，包括讨论、量化食品安全和保障面临的新威胁。从病原体的全基因组测序中获得数据并分析数据，协助公共卫生机构发挥监管和归因作用。

（4）开发有助于检测和干预的技术，减少食品中的肾上腺素和化学污染物的数量。

（5）开发多媒体公共宣传材料，宣传食品安全和安全食品的一些好的做法。

（6）开展了解食源性病原体是如何在生产和加工环境中产生和传播的相关研究，制定减少其影响的战略。

---

[1] UNITED STATES DEPARTMENT OF AGRICULTURE.USDA Science Blueprint: A Roadmap for USDA Science from 2020 to 2025[EB/OL]. [2021-02-26]. https://www.usda.gov/sites/default/files/documents/usda-science-blueprint.pdf.

2．营养与健康促进

1）目标

（1）发展和更新现有的证据基础，促进关键年龄或关键地区人群宏/微量营养素的适当摄入。

（2）提供促进健康饮食的指导和激励措施，降低美国人肥胖和饮食相关的慢性病的发病率。

（3）通过粮食系统转型，确保粮食安全。

（4）深入了解美国农业部粮食援助计划对人类健康、社区和经济的影响。

2）策略

（1）提出基于证据的建议，消除障碍，促进健康饮食的选择。

（2）增加所有低收入家庭，包括贫困地区的粮食供应。

（3）评估联邦机构、州、社区和非宗教组织在减少儿童肥胖方面的有效性。

（4）利用具有生物活性的食物成分，改善现有产品的营养质量，促进健康。

（5）确定喂养方案，与基于社区的相关项目合作，利用联邦伙伴关系，深入到低收入地区和部落地区，通过更好的营养和体育活动减少儿童肥胖。

（6）识别和促进可减少肥胖和慢性疾病的生物和行为因素。

7.1.1.4　《美国国立卫生研究院 2020—2030 年营养研究战略计划》

自 2016 年美国发布营养学研究路线图后，美国国立卫生研究院便成立营养研究工作小组（Nutrition Research Task Force，NRTF），负责制订未来 10 年的营养研究战略计划。2020 年 5 月 27 日，《美国国立卫生研究院 2020—2030 年营养研究战略计划》（*2020-2030 Strategic Plan for NIH Nutrition Research*）出台 [1]。该计划正式提出了"精准营养"的战略愿景，即了解饮食习惯、遗传背景、健康状况、微生物组、新陈代谢、食物环境、体力活动、社会经济学、心理社会特征和环境暴露等因素之间的相互关系，从而制订更有针对性和更有效的饮食干预措施，改善和维持日益多样化的美国居民的健康。为此，该计划设置了 4 个战略目标及其分目标。

1．通过基础研究促进发现和创新——吃什么食物，不同食物有什么影响

通过与生物信息学、神经生物学和基因组学等其他研究领域的综合联系，奠定营养科学基础研究和方法研究的坚实基础。

---

[1] US DEPARTMENT OF HEALTH& HUMAN SERVICES, NATIONAL INSTITUTES OF HEALTH. 2020-2030 Strategic Plan for NIH Nutrition Research[EB/OL]. [2021-02-26]. https://www.niddk.nih.gov/about-niddk/strategic-plans-reports/strategic-plan-nih-nutrition-research.

2. 探索饮食模式和行为对最佳健康的作用——应该什么时候吃、吃什么

阐明特定饮食模式如何以不同方式影响个人、团体和人群的健康结果，从而确定有效的策略，形成和维持有利于最佳健康的营养相关行为。

3. 确定营养在整个生命周期中的作用——吃什么能促进一生健康

更好地了解营养需求和饮食行为随时间的变化，重点放在 3 个研究非常不充分的时间窗口上：怀孕阶段、婴儿和幼儿阶段、老龄阶段。

4. 减轻临床疾病负担——如何"以食为药"

扩大对营养在疾病中作用的认识。该研究将为开发能够改善健康的"以食为药"（Food as Medicine）和医学营养疗法提供证据。

7.1.1.5 《2020 年美国膳食指南咨询委员会科学报告》

2020 年，美国农业部（USDA）和卫生与公共服务部（HHS）共同成立了膳食指南咨询委员会，主要任务是针对特定营养和公众健康问题进行科学证据评估，在制定新一版美国膳食指南时，为联邦政府提供独立、科学的建议。2020 年 7 月，该委员会发布《2020 年美国膳食指南咨询委员会科学报告》（*Scientific Report of the 2020 Dietary Guidelines Advisory Committee*）[1]，报告美国 2020—2025 版膳食指南中各类问题的科学证据的评估结果。

该报告采用数据分析、食物模式建模及营养证据系统回顾 3 种方法对美国 2020—2025 版膳食指南中的科学证据进行评估。此次评估有两个显著特征：一是分生命阶段，从妊娠和哺乳期、出生到 24 个月、2 岁以上 3 个阶段，来评估促进健康，以及预防慢性病的饮食和营养需求的科学证据；二是关注饮食模式，不强调单独食用营养素或食物，而是强调随着时间采用不同的食物组合，评估不同饮食结构的交互、协同和潜在的累积关系，从而更全面地体现整体健康状况和疾病风险。

通过评估整个生命阶段的研究证据，该报告强调了实施营养充足、能量平衡和降低饮食相关慢性病风险饮食模式的重要性。在每个生命阶段实现目标，不仅可以保证当时的健康状况，同时也可以将营养优势维持到下一个生命阶段。综合所有评估证据可以看到，根据膳食指南建议的饮食模式及参考摄入量，每个生命阶段都具有获得促进健康和福利的食物、实现并维持适当的体重状况及降低饮食相关慢性病风险的机会。该报告明确了下一阶段膳食指南咨询委员会的几个资源需求，如为从出生到 24 个月大

---

[1] US DEPARTMENT OF HEALTH& HUMAN SERVICES, NATIONAL INSTITUTES OF HEALTH. Scientific Report of the 2020 Dietary Guidelines Advisory Committee[EB/OL]. [2021-02-26]. https://www.dietaryguidelines. gov/2020-advisory-committee-report.

的婴儿及怀孕和哺乳期的母亲更新膳食营养参考摄入量等，并指出有必要对出生至 24
个月的婴儿进行更多的研究。

7.1.1.6　美国建立面向 2030 年的消费者食品和营养数据系统

2020 年 8 月，美国国家科学院、工程院和医学院发布了题为《面向 2030 年以后
的消费者食品数据系统》（*A Consumer Food Data System for 2030 and Beyond*）的报告[1]。
该报告对美国农业部经济研究局（Economic Research Service，ERS）的消费者食品数
据系统（Consumer Food Data System，CFDS）进行审查，为该系统未来 10 年的发展
提供指导，对提高消费者食品数据系统价值及提升支撑优先政策问题研究的能力给出
了建议。

消费者食品数据系统从消费者的角度衡量食品和营养条件，以及影响这些条件的
因素的数据资源组合，可将联邦调查数据与其他调查数据、商业数据，以及联邦、州
和地方政府的管理数据等外源数据联系起来，帮助美国农业部预测农业、食品、环境
和美国农村的发展趋势及新出现的问题，开展高质量、客观的经济研究，为公共和私
营部门的决策提供信息支持。

该报告概述了消费者食品和营养数据系统的重要作用，消费者食品和营养数据系
统的理想特征，消费者食品和营养数据系统中不同数据源的整合，并提出 4 点建议：
①改善消费者食品和营养数据系统中调查数据的建议；②改善消费者食品和营养数据
系统中管理数据的建议；③改善消费者食品和营养数据系统中商业数据的使用建议；
④提高消费者食品和营养数据系统数据质量和数据访问的建议。

7.1.1.7　欧盟 2030 年食品研究与创新路线

欧盟委员会于 2016 年启动"食品 2030"项目，旨在围绕食品和营养安全开展针
对研究与创新的政策研究，为促进与食品系统和营养相关的科研和产业发展提供指
导。2020 年 3 月 4 日，欧盟委员会"生物经济与食品系统"研究与创新小组举办了题
为"2030 年食品路线：未来向可持续、健康、安全和包容性食品体系转变的研发需求"
的研讨会，旨在确定与未来食品体系和营养转化相关的研究与创新发展目标、优先行
动及实现路径，以期为欧盟委员会未来政策规划的制定提供参考[2]。该研讨会讨论了
10 个方面的内容，下面选取其中和营养与膳食相关的 3 个方面进行介绍。

[1] NATIONAL ACADEMIES OF SCIENCES, ENGINEERING, AND MEDICINE. A Consumer Food Data System for
    2030 and Beyond (2020)[EB/OL]. [2021-02-26]. https://www.nap.edu/catalog/25657/a-consumer-food-data-system-
    for-2030-and-beyond.
[2] EUROPEAN COMMISSION.Outcome Report of FOOD 2030 Pathways Workshop: Future Research Innovation
    Needs in view of the transition to sustainable, healthy, safe and inclusive food systems[EB/OL]. [2021-02-26]. https://
    fit4food2030.eu/new-outcome-report-on-food-2030-pathways-workshop/.

1. 替代蛋白质和饮食变化

发展目标：增加蛋白质替代品的来源和可用性，在保证食品安全的同时，减少食品系统对卫生、环境和气候的影响；推动食品系统向新型农场，以及新的加工、分销和食品服务模式转化，降低对动物肉类的依赖程度；通过教育培训及更好的监管环境，引导饮食观念的转变，提高替代蛋白质产品的社会接受度和消费者信任度。

优先行动包括：改变行为；填补替代蛋白质在营养、安全、过敏性和环境方面的知识空白；改善食品环境，促进蛋白质的多样化供应。

2. 健康、可持续和个性化的营养

发展目标：增强个人和卫生保健专业人员的能力，为患者提供可持续的健康建议；开发针对不同目标群体的创新、健康、可持续和个性化的营养解决方案，包括智能产品、服务、数字创新、新技术/工艺、商业工具和模型等，综合探索影响消费者/生产者选择和决策动机的因素，包括食品环境、政策、性别、信息、教育、营销、激励、生活方式等，为消费者提供根据个人参数定制的持久、健康、愉悦、营养、可持续的饮食选择，改善健康水平和健康的生活方式，减少营养不良和微量营养素缺乏，减少非传染性疾病的危险因素；同时，改善高质量食物的供给，开发优质健康食品，消除微量营养素缺乏，实现零饥饿的目标。此外，在确保经济可持续性的同时，进行负责任和可持续的消费和生产，缓解人类活动对环境气候的影响。

优先行动包括：增强消费者自我健康和全球健康；促进健康和可持续的生活方式，减少非传染性慢性疾病；消除营养不良、微量营养素缺乏和饥饿。

3. 未来食品安全体系

发展目标：构建未来的食品安全体系，为促进食品安全和食品真实性树立标准，创造新的知识，应对新兴挑战。这一体系需要在食品体系平衡的前提下重新定义食品安全，促进安全健康食品的开发，促进新的研究和创新监管框架，推动与食品安全和健康食品相关的政策转变，实现绿色循环经济，以及负责任的食品生产和消费。

优先行动包括：面向未来的食品安全监管科学；识别和管理现有和新出现的食品安全问题；改进食物/饲料体系的真实性和可追溯性。

7.1.1.8 中国《国民营养计划（2017—2030 年）》

2017 年 7 月 13 日，国务院办公厅印发《国民营养计划（2017—2030 年）》[1]（以下简称《计划》），从我国国情出发，立足我国人群营养健康现状和需求，明确了今后

---

[1] 国务院办公厅. 国务院办公厅关于印发国民营养计划（2017—2030 年）的通知 [EB/OL]. [2021-02-26]. http://www.gov.cn/zhengce/content/2017-07/13/content_5210134.htm.

一段时期内国民营养工作的指导思想、基本原则、实施策略和重大行动。

《计划》指出，营养是人类维持生命、生长发育和健康的重要物质基础，国民营养事关国民素质提高和经济社会发展。要以人民健康为中心，以普及营养健康知识、优化营养健康服务、完善营养健康制度、建设营养健康环境、发展营养健康产业为重点，关注国民生命全周期、健康全过程的营养健康，将营养融入所有健康政策，提高国民营养健康水平。

《计划》提出，要坚持政府引导、科学发展、创新融合、共建共享的原则，立足现状、着眼长远。到 2030 年，营养法规标准体系更加健全，营养工作体系更加完善，在降低人群贫血率、5 岁以下儿童生长迟缓率、控制学生超重肥胖率、提高居民营养健康知识知晓率等具体指标方面，取得明显进步和改善。

《计划》部署了 7 项实施策略保障工作目标实现：①完善营养法规政策标准体系，推动营养立法和政策研究，提高标准制定和修订能力。②加强营养能力建设，包括提升营养科研能力和注重营养人才培养。③强化营养和食品安全监测与评估，定期开展人群营养状况监测，强化碘营养监测与碘缺乏病防治。④发展食物营养健康产业，加快营养化转型。⑤大力发展传统食养服务，充分发挥我国传统食养在现代营养学中的作用，引导养成符合我国不同地区饮食特点的食养习惯。⑥加强营养健康基础数据共享利用，开展信息惠民服务。⑦普及营养健康知识，推动营养健康科普宣教活动常态化。

《计划》提出了 6 项重大行动以提高人群营养健康水平：①生命早期 1000 天营养健康行动，提高孕产妇、婴幼儿的营养健康水平。②学生营养改善行动，包括指导学生营养就餐，超重、肥胖干预等内容。③老年人群营养改善行动，采取多种措施满足老年人群营养改善需求，促进"健康老龄化"。④临床营养行动，加强患者营养诊断和治疗，提高病人营养状况。⑤贫困地区营养干预行动，采取干预、防控、指导等措施切实改善贫困地区人群营养现状。⑥吃动平衡行动，推广健康生活方式，提高运动人群营养支持能力和效果。

《计划》强调，要从强化组织领导、保障经费投入、广泛宣传动员、加强国际合作等方面保障工作实施和目标实现。地方各级政府要将国民营养计划实施情况纳入政府绩效考评，确保取得实效。

7.1.1.9 《中国居民膳食指南科学研究报告（2021）》

2021 年 2 月 25 日上午，由中国营养学会组织编写的《中国居民膳食指南科学研究报告（2021）》[1]（以下简称《报告》）正式发布。《报告》聚焦我国居民营养与健康

---

[1] 中国营养学会.中国居民膳食指南科学研究报告（2021）[EB/OL]. [2021-02-26]. https://www.cnsoc.org/learnnews/files/@CmsXh_b8ec4bf1-9008-4826-8e66-9eb9d34e8fa0.pdf.

状况的主要关键问题，以膳食营养和生活方式与健康的科学研究结果为证据，为膳食指南修订提供了重要参考和科学依据。

1. 《报告》分析了我国居民膳食与营养健康现状及问题

（1）我国居民营养状况和体格明显改善。

（2）居民生活方式改变，身体活动水平显著下降。

（3）超重肥胖及膳食相关慢性病问题日趋严重。

（4）膳食不平衡是慢性病发生的主要危险因素。

（5）城乡发展不平衡，农村地区膳食结构亟待改善。

（6）孕妇、婴幼儿和老年人的营养问题仍需特别关注。

（7）食物浪费问题严重，营养素养有待提高。

2. 《报告》汇集分析了膳食与健康研究的新证据

《报告》汇总了增加摄入可降低慢性疾病风险的膳食因素及过量摄入可增加慢性疾病风险的膳食饮食，强调了膳食模式、体重和身体活动的重要性。

3. 《报告》汇集研究了世界各国膳食指南关键推荐

《报告》通过对世界各国 46 个英文版本的膳食指南全文、91 个来自不同国家 / 地区的膳食指南图形进行梳理，汇集研究了相关关键推荐、食物信息和消费指导的信息。

4. 《报告》聚焦健康中国建设，提出落实合理膳食行动政策建议

（1）以循证为依据，更新膳食指导性文件。

（2）以问题为导向，提出精准化营养指导措施。

（3）以慢性病预防为目标，全方位引领健康生活方式。

（4）以营养导向为指征，构建新型食物生产加工消费模式。

（5）以营养人才队伍建设为举措，推动健康中国行动落实。

7.1.1.10 主要国家营养膳食指南

1. 美国居民膳食指南

《美国居民膳食指南》[1] 每 5 年发布一次。2020 年 12 月 29 日，美国农业部和卫生与公众服务部发布了《美国居民膳食指南（2020—2025）》。该指南面向生命全周期的

---

[1] US DEPARTMENT OF HEALTH & HUMAN SERVICES, NATIONAL INSTITUTES OF HEALTH. Dietary Guidelines for Americans 2020 – 2025[EB/OL]. [2021-02-26]. https://www.dietaryguidelines.gov/sites/default/files/2020-12/Dietary_Guidelines_for_Americans_2020-2025.pdf.

各类人群，对健康人群和有疾病风险的人群提出 4 条健康准则，包括鼓励居民合理选择食物和饮料，一生保持健康饮食等。

1）在生命每个阶段都应遵循健康的膳食模式

在全生命周期的每个阶段，每个人都应该努力采取健康膳食模式改善身体健康。生命早期的膳食模式还会影响到成年后的食物选择和健康状况，遵循健康的膳食模式将受益终生。

2）优选和享用高营养密度的食物和饮料，同时考虑个人膳食喜好、文化传统和成本

该指南提供了一个膳食模式框架，按食物组和亚组提供建议，根据个人的需求、偏好、预算和文化传统进行定制。确保人们可以根据自己的需要和喜好选择健康食品、饮料、正餐和零食，"自己做主"享受健康膳食。

3）应特别关注高营养密度的食物和饮料，以满足食物组需求和能量适宜限制

高营养密度的食物提供维生素、矿物质和其他促进健康的成分，很少含有或不含添加糖、饱和脂肪酸和钠。健康的膳食模式包含各食物组中高营养密度的食物和饮料，可以在达到营养素参考摄入量的同时保证总能量摄入适宜。

4）减少添加糖、饱和脂肪酸和钠含量较高的食品和饮料，限制酒精饮品

少量的添加糖、饱和脂肪酸和钠的添加以满足多种食物类别的摄入是被允许的，但应限制这些成分含量高的食物和饮料。

2. 英国营养膳食指南

2016 年 3 月，英国公共卫生部发布《健康膳食新指南》[1]。该指南是对 2010 年《饮食推荐指南》的更新，反映了最新的科研成果和饮食推荐。该指南仍以"餐盘状"呈现，但已从"吃好餐盘"（Eatwell Plate）更名为"吃好指南"（Eatwell Guide）。该指南显示了形成健康均衡饮食的主要食物组的比例：

（1）每天至少吃 5 份水果和蔬菜。

（2）主食是土豆、面包、米饭、面食或其他含淀粉的碳水化合物，尽量选择全麦的。

（3）吃一些乳制品或乳制品的替代品（如豆制品饮料），选择低脂肪和低糖的食物。

（4）吃一些豆类、鱼、蛋、肉和其他蛋白质（包括每周 2 份鱼，其中一份应该是

[1] PUBLIC HEALTH ENGLAND.The Eatwell Guide[EB/OL]. [2021-02-26]. https://www.gov.uk/government/publications/the-eatwell-guide.

油性的）。

（5）选择摄入少量的不饱和脂肪。

（6）每天喝 6 ～ 8 杯水。

尽量减少高脂肪、高盐或高糖的食物和饮料。

3. 欧盟主要国家营养膳食指南

食物科学委员会（EC-SCF）提出的膳食营养素参考值（DRVs）为欧洲社会提供了能量和营养素参考摄入量建议，如人群参考摄入量、平均摄入量、适宜摄入量和最低摄入量。然而欧盟层面尚无营养膳食指南出台。欧盟大多数国家制定了本国的营养膳食指南，指导本国公众健康饮食[1]。欧盟主要国家的营养膳食指南摘要如下。

1）德国的营养膳食指南

德国的营养膳食指南目前使用的是三维金字塔的模式，分为 6 个层次。金字塔底层是水，往上依次是谷物、果蔬、奶制品和脂肪甜食。底层的东西可多吃，越往上越要少吃。

（1）选择许多不同的食品。

（2）多吃谷物和土豆。

（3）每天 5 份水果和蔬菜。

（4）每天摄入牛奶和乳制品，每周吃一到两次鱼，肉类、香肠和鸡蛋适量。

（5）低脂肪饮食。

（6）适量的糖和盐。

（7）大量饮水。

（8）学习自己烹饪美味的食物。

（9）享受吃饭时间。

（10）注意体重和保持运动。

2）法国的营养膳食指南

法国的营养膳食指南包含了不同食物和水及摄入量，还有运动。

（1）水果和蔬菜：至少每天 5 份（每份 80 ～ 100 克），所有形式，包括鲜榨果汁。

（2）乳制品：一天 3 次，如一份酸奶（125 克）、新鲜奶酪或干酪（60 克）、奶酪（30 克）或一杯牛奶。

（3）每餐根据食欲摄入淀粉类食物：包括面包、谷类和豆类。复杂的碳水化合物和全麦产品优先。

---

[1] EUROPEAN COMMISSION.Food-Based Dietary Guidelines in Europe[EB/OL]. [2021-02-26]. https://knowledge4policy.ec.europa.eu/health-promotion-knowledge-gateway/food-based-dietary-guidelines-europe-source-documents-food_en.

（4）肉、鱼和鸡蛋：一天一次或两次。一周至少吃两次鱼（每份 100 克）。

（5）脂肪产品：有限摄入。植物油、油性鱼和坚果是首选。

（6）甜食品：有限摄入。

（7）咸的食物：有限摄入。一天摄入的盐不超过 8 克。

（8）水：按需要摄入。草药茶可以作为水的替代，自来水和矿泉水同样健康。

（9）酒：女性 2 杯以上，男性 3 杯以上会增加某些疾病的风险。

（10）体育运动：成人每天至少快走 30 分钟（儿童和青少年每天至少一小时）。

3）瑞士的营养膳食指南

瑞士是世界上最早从医学观点角度提出国民营养膳食指导的国家（1968 年）。现今强调每天要吃不同品种的干果，食用卫生、安全的海产品及鱼类。

（1）每天饮用 1～2 升，最好是无糖饮料，如自来水 / 矿泉水或水果 / 草药茶。

（2）每天 5 种以上不同颜色的蔬菜和水果，至少 3 种颜色的蔬菜和 2 种颜色的水果。

（3）每天 3 份谷物且最好是全麦谷物。

（4）每天 3 份牛奶或奶制品，部分肉、家禽、鱼、鸡蛋、豆腐、素肉、奶酪。

（5）每天 2～3 汤匙（20～30 克）的植物油，其中至少一半应该是菜籽油。部分无盐的坚果和果仁（每天 20～30 克）。

（6）适量食用糖果、甜饮料、咸点心和含酒精的饮料。

（7）均衡的饮食对于促进健康的生活方式至关重要。

（8）除了均衡的饮食，还有以下有助于健康的生活方式：每天至少 30 分钟的体育锻炼，每天外出，定期休息和放松，避免吸烟和过量饮酒。

4）西班牙的营养膳食指南

西班牙的营养膳食指南中特别提到应该从饮食中享受幸福和快乐，提倡自己烹饪，并保持传统的技艺。

（1）调整能量摄入与能量输出，以达到能量平衡，有利于保持身体质量指数（BMI）在合理范围内。

（2）协调营养素摄入能量的比例。

（3）通过提高单不饱和脂肪酸（MUFAs）的摄入实现血脂健康。

（4）通过碳水化合物比例的提高刺激碳水化合物的变化。

（5）调整含糖食物的每日食用频率在 4 次以下。

（6）每日食用大于或等于 250 克的蔬菜，包括至少一份新鲜生蔬菜沙拉。建议每人每天食用 400 克或更多的水果。

（7）少量饮用酒精饮料。

（8）每天适度锻炼至少 30 分钟。

（9）公共行政部门和机构应鼓励、支持和实施旨在发展个人技能的方案，以促进有利于健康食品模式的食物选择和准备工作。

（10）需要吸引全球策略来保护和恢复传统的烹饪方式，将美食遗产作为一种文化和健康源。

4. 澳大利亚营养膳食指南

澳大利亚在 1982 年第一次发布营养膳食指南，随后在 1992 年、2003 年相继修改。2013 年 2 月 18 日，澳大利亚卫生与老龄部和国家健康与医学研究委员会共同发布《澳大利亚居民膳食指南》[1]。该指南根据最新科学证据，针对澳大利亚人因为营养问题导致超重肥胖和慢性病高发的问题，提供膳食指导和建议，提出了 5 项膳食指导原则：

（1）为达到和保持健康的体重锻炼身体，选择大量的营养食物和饮料以满足能量需要。

（2）每天从 5 类食物组中享用多种有营养的食物：多种不同种类和颜色的蔬菜、豆类；水果；粮食（谷物）制品，主要是全麦和／或高谷物纤维品种；瘦肉和家禽、鱼、蛋、豆腐、坚果和豆类；低脂的牛奶、酸奶、奶酪和／或它们的替代品，多喝水。

（3）限制摄入含有饱和脂肪、盐、糖和酒精的食物。

（4）鼓励、支持和促进母乳喂养。

（5）妥善保管食物。

5. 日本营养膳食指南

2000 年日本发布了《饮食指南》，2005 年发布了《日本膳食平衡指南》[2]，为陀螺形状，陀螺绕轴旋转（绘有跑动的人形）意味着只有通过每日运动和均衡饮食的配合，才能达到健康生活的目标，陀螺中心的水杯提醒民众应保证每天充足的饮水。该指南把食物分成了 5 类：主食类食物主要包括为身体提供碳水化合物的面食及大米，每日推荐食用 5～7 份；副菜类食物为人体提供充足的维生素和膳食纤维，其含义相当于我国的蔬菜类食物，每日推荐食用 5～6 份；主菜类食物指各种肉制品、豆制品和鸡蛋，每日推荐食用 3～5 份；牛乳及奶制品应选脂肪含量低的类型，每日推荐食用 2 份；水果每日推荐食用 2 份。

2016 年，日本对《日本膳食平衡指南》进行部分修订：

（1）享受每顿饭。

（2）从日常饮食的节奏到健康生活的节奏。

---

[1] NHMRC.Australian Dietary Guidelines[EB/OL]. [2021-02-26]. https://www.nhmrc.gov.au/about-us/publications/australian-dietary-guidelines.

[2] 厚生劳动省, 农林水产省 (日).Dietary guidelines for Japanese [EB/OL]. [2021-02-26]. https://www.maff.go.jp/j/syokuiku/attach/pdf/shishinn-3.pdf.

（3）通过适度的运动和均衡的饮食来保持适当的体重。

（4）通过主食、主菜和配菜来平衡饮食。

（5）摄入足够的谷物，如大米。

（6）综合摄入蔬菜、水果，摄入足够的乳制品、豆类、鱼等。

（7）避免摄入过多盐，并考虑脂肪的质量和数量。

（8）利用日本的饮食文化和当地特产，继承该地区的风味。

（9）重视粮食资源，减少浪费。

（10）加深对"食物"的理解，并回顾饮食习惯。

6．中国营养膳食指南

《中国居民膳食指南》自 1989 年第一版发布以来，得到了较好的推广和宣传实施，随后中国营养学会在 1997 年、2007 年组织了修订和出版。为了满足广大消费者的健康需要，2014 年，中国营养学会开始第三次的修订，并于 2016 年发布了第四版《中国居民膳食指南》[1]，核心推荐摘要如下：

（1）食物多样，谷类为主。

（2）吃动平衡，健康体重。

（3）多吃蔬果、奶类、大豆。

（4）适量吃鱼、禽、蛋、瘦肉。

（5）少盐少油，控糖限酒。

（6）杜绝浪费，兴新食尚。

7.1.2　营养与膳食领域研究论文分析

本节从营养与膳食领域全球发文量与被引次数、发文国家、发文机构、发文期刊、代表性国家发文机构、高影响力论文及研究机构合作等多维度进行分析，揭示全球营养与膳食领域的学术表现、影响力和研究成果。

7.1.2.1　数据来源

本节主要以科睿唯安公司 InCites™ 数据库为数据来源与分析工具，检索日期为 2021 年 2 月 19 日，检索时间范围为 2011—2020 年，文献类型：全部。选择"Web of Science"学科分类体系，研究方向选择"Nutrition & Dietetic"。

7.1.2.2　营养与膳食领域全球发文量与被引次数

2011—2020 年，营养与膳食领域全球发文量呈曲线上升趋势，2020 年最多，为

---

[1] 中国营养学会 . 中国居民膳食指南 (2016)[EB/OL]. [2021-02-26]. http://dg.cnsoc.org/.

20833 篇（见图 7.1）。2012 年全球论文总被引次数达到 323225 次，篇均被引频次历年最高为 24.99 次 / 篇。

图 7.1　2011—2020 年营养与膳食领域全球发文量与被引次数

7.1.2.3　营养与膳食领域全球发文国家

2011—2020 年，全球营养与膳食领域研究论文年均产出达万篇以上，其中美国论文产出位居世界第一，中国、英国分别位居第二和第三（见表 7.1）。从学科规范化的引文影响力来看，欧洲地区英国、比利时、丹麦、意大利、瑞士、荷兰、瑞典的引文影响力较高，中国学科规范化的引文影响力值为 1.23，位列第九。印度、巴西、韩国、日本学科规范化的引文影响力均不足 1，说明这些国家需要进一步提高其研究质量。

表 7.1　2011—2020 年营养与膳食领域发文量排名前 20 位的国家

排序	国家	Web of Science 论文数（篇）	被引次数（次）	论文被引百分比	学科规范化的引文影响力
1	美国	40859	654095	80.43%	1.15
2	中国	18480	253723	81.81%	1.23
3	英国	15658	242472	73.55%	1.48
4	西班牙	12869	165472	72.72%	1.04
5	澳大利亚	9584	150278	82.92%	1.21
6	意大利	9093	143171	81.98%	1.35
7	加拿大	8820	149513	83.13%	1.26
8	巴西	8307	90031	74.49%	0.88
9	德国	7197	111765	77.25%	1.16

（续表）

排序	国家	Web of Science 论文数（篇）	被引次数（次）	论文被引百分比	学科规范化的引文影响力
10	法国	6982	104809	73.52%	1.14
11	日本	6952	65971	76.77%	0.72
12	荷兰	6041	111447	82.24%	1.33
13	韩国	5592	65254	82.71%	0.86
14	印度	3801	48481	75.93%	0.91
15	丹麦	3226	56936	83.17%	1.39
16	波兰	3164	40233	74.49%	1.12
17	瑞士	3121	55887	79.75%	1.34
18	瑞典	3092	56077	84.41%	1.33
19	伊朗	3021	38806	76.56%	1.13
20	比利时	2734	54333	80.58%	1.48

注：由于共同发表的因素，各国之间的论文产出有所重叠。

7.1.2.4 营养与膳食领域全球发文机构

从 2011—2020 年营养与膳食领域发文量排名前 20 位的机构来看，发文量较多的机构相对集中，35% 的机构来自美国，其他机构分别属于西班牙、法国、荷兰等国家。美国机构学科规范化的引文影响力水平相对较高，绝大多数机构的影响力在 1.5 以上，远超过同行平均水平，其中美国哈佛公共卫生学院和美国国立卫生研究院的学科规范化的引文影响力分别为 1.78 和 1.71，学术水平和影响力较高（见表 7.2）。我国国内机构中，中国科学院研究论文数量居全球第 61 位，但其学科规范化的引文影响力为 1.54，高于全球平均水平 1.07。

表 7.2　2011—2020 年营养与膳食领域发文量排名前 20 位的机构

排序	机构	国家	Web of Science 论文数（篇）	被引次数（次）	论文被引分比（%）	学科规范化的引文影响力
1	哈佛大学	美国	3477	76098	83.35	1.59
2	伦敦大学联盟	英国	2814	48538	79.18	1.61
3	生物医药研究中心	西班牙	2465	36997	76.67	1.21
4	美国农业部（USDA）	美国	2204	42122	87.70	1.30
5	法国国家健康与医学研究院（INSERM）	法国	2187	35797	76.18	1.35
6	法国国家农业食品与环境研究院	法国	2072	35106	80.74	1.21

（续表）

排序	机构	国家	Web of Science 论文数（篇）	被引次数（次）	论文被引百分比（%）	学科规范化的引文影响力
7	圣保罗大学	巴西	1953	22233	72.86	1.00
8	西班牙国家研究委员会（CSIC）	西班牙	1906	31990	78.86	1.32
9	哥本哈根大学	丹麦	1869	32439	82.99	1.45
10	北卡罗来纳大学	美国	1781	34363	81.98	1.52
11	哈佛公共卫生学院	美国	1734	45892	83.91	1.78
12	多伦多大学	加拿大	1662	26871	83.15	1.51
13	西班牙肥胖和营养病理生理学生物科学研究中心	西班牙	1620	25344	75.49	1.28
14	悉尼大学	澳大利亚	1606	24326	80.20	1.26
15	美国国立卫生研究院	美国	1553	42654	87.77	1.71
16	瓦格宁根大学与研究中心	荷兰	1520	28692	82.57	1.32
17	格拉纳达大学	西班牙	1504	15722	67.09	1.01
18	约翰霍普金斯大学	美国	1393	25316	81.05	1.38
19	塔夫茨大学	美国	1350	23267	82.81	1.55
20	马斯特里赫特大学	荷兰	1243	24530	86.48	1.32

注：（1）论文被引百分比指标是一组出版物中至少被引用过一次的论文占总论文数的百分比。该指标揭示了某科研领域其他科研工作者引用本机构科研成果的程度。

（2）学科规范化的引文影响力（CNCI）是通过其实际被引次数除以同文献类型、同出版年、同学科领域文献的期望被引次数获得的。当一篇文献被划归至多于一个学科领域时，则使用实际被引次数与期望被引次数比值的平均值。

在 2011—2020 年营养与膳食领域发文量排名前 20 位的机构中，论文被引百分比达到 85% 以上的机构有：美国国立卫生研究院（87.77%）、美国农业部（87.70%）、荷兰马斯特里赫特大学（86.48%）。中国科学院论文被引百分比为 77.36%。

7.1.2.5　营养与膳食领域全球发文期刊

从 2011—2020 年营养与膳食领域全球发文量排名前 20 位的期刊来看，影响因子（Impact Factor，IF）主要集中在 5 分以下。在排名前 20 位的期刊中，《食物科学和营养评论》2019 年影响因子最高，为 7.86 分，其次为《美国临床营养学杂志》，影响因子为 6.77 分。而另一期刊评价指标 CiteScore 值也显示，营养与膳食领域发文量排名前 20 位的期刊中，《食物科学和营养评论》《美国临床营养学杂志》《食物化学》3个期刊的 CtieScore 值最高。而在期刊论文被引百分比中，《食物化学》《英国营养学杂志》《食欲》《功能食物杂志》4个期刊均处在较高的水平，论文被引百分比都达到

90% 以上（见表 7.3）。

表 7.3　2011—2020 年营养与膳食领域发文量排名前 20 位的期刊

排序	期刊名称	2019 年 Cite Score 值	2019 年影响因子（分）	Web of Science 论文数（篇）	被引次数（次）	论文被引百分比（%）
1	《食物化学》	10.7	6.31	17387	395229	95.39
2	《营养物质》	5.2	4.55	12360	120535	78.14
3	《营养和新陈代谢年报》	4.4	2.85	12018	13365	10.74
4	《肥胖》	7.2	3.74	5057	68897	63.93
5	《英国营养学杂志》	6.4	3.33	4222	79361	91.76
6	《美国临床营养学杂志》	12.1	6.77	4147	116253	84.57
7	《功能食物杂志》	5.9	3.7	3978	55702	90.60
8	《小儿胃肠病学与营养杂志》	5.1	2.94	3785	37387	76.06
9	《食欲》	6.6	3.61	3630	58822	90.85
10	《营养学会学报》	8.6	5.58	3587	14158	29.24
11	《公共健康营养》	4.8	3.18	3469	41186	86.42
12	《医学营养》	1.1	0.89	3247	15439	75.73
13	《营养学杂志》	8.2	4.28	3236	64158	87.30
14	《国际肥胖杂志》	8.1	4.42	2896	55690	81.80
15	《欧洲临床营养学杂志》	5.8	3.29	2694	33276	80.73
16	《临床营养》	9.4	6.36	2602	41887	84.67
17	《营养》	6.1	3.64	2443	32716	86.57
18	《欧洲营养学杂志》	8.2	4.66	2274	28797	86.19
19	《健康和疾病中的脂质》	4.5	2.91	2228	25332	87.79
20	《食物科学和营养评论》	13.2	7.86	1970	43908	86.80

注：（1）影响因子是基于 Web of Science 数据库，计算某期刊前两年发表的论文在该报告年份（JCR year）中被引用总次数除以该期刊在这两年内发表的论文总数。影响因子引用包括所有论文，但是分母不计算通信、评论、新闻等小论文。

（2）CiteScore 是基于 Elsevier 自己的科学文献数据库 Scopus 收录杂志，计算期刊前 3 年文章平均被引次数。CiteScore 因子包括所有文章类型。

7.1.2.6　营养与膳食领域发文机构

1. 美国营养与膳食领域发文机构

从 2011—2020 年营养与膳食领域全球发文量排名可知，排名前 20 位的机构中，有 35% 的机构来自美国，且美国的研究机构学科规范化的引文影响力水平相对较高，远超全球同行平均水平。哈佛大学是美国营养与膳食学科领域中排名第一的研究机构，也是该领域国际排名第一的研究机构。哈佛公共卫生学院是全球有关营养、卫生、健康方面的鼻祖机构，其下设流行病学系、遗传学与复杂疾病系、营养学系等9个系，关注领域包括 AIDS，肺结核和疟疾、超重和肥胖症，与大量"代谢综合征"相关的健康问题如高血压、高胆固醇和血脂，II 型糖尿病等。除美国农业部、美国国立卫生研究院外，北卡罗来纳大学、塔夫茨大学在医学与公共卫生、营养学领域也是久负盛名。另外，布莱根妇女医院在女性健康的各个领域都处于世界领先地位，机构发文均具有较高的影响力（见表 7.4）。

表 7.4　2011—2020 年美国营养与膳食领域发文机构论文产出

排序	研究机构	Web of Science 论文数（篇）	被引次数（次）	论文被引百分比（%）	学科规范化的引文影响力
1	哈佛大学	3477	76098	83.35	1.59
2	美国农业部	2204	42122	87.70	1.30
3	北卡罗来纳大学	1781	34363	81.98	1.52
4	哈佛公共卫生学院	1734	45892	83.91	1.78
5	美国国立卫生研究院	1553	42654	87.77	1.71
6	约翰霍普金斯大学	1393	25316	81.05	1.38
7	塔夫茨大学	1350	23267	82.81	1.55
8	加利福尼亚大学戴维斯分校	1188	20660	82.32	1.40
9	康奈尔大学	1182	19929	81.98	1.30
10	明尼苏达大学双城分校	1159	25056	88.61	1.41
11	北卡罗来纳大学教堂山分校	1145	23547	80.17	1.36
12	布莱根妇女医院	986	30630	88.34	2.05
13	贝勒医学院	898	14427	84.97	1.30
14	哈佛医学院	882	8313	78.34	1.45
15	约翰霍普金斯大学彭博公共卫生学院	852	15228	83.45	1.40
16	宾夕法尼亚州立大学	829	14379	85.28	1.39
17	哥伦比亚大学	803	14912	83.31	1.33
18	罗格斯州立大学新不伦瑞克分校	784	10935	78.32	1.04
19	华盛顿大学	759	13445	84.98	1.26
20	华盛顿大学西雅图分校	756	13358	84.92	1.26

　　注：学科规范化的引文影响力（CNCI）是一个十分有价值且无偏的影响力指标，它排除了出版年、学科领域与文献类型的影响。如果 CNCI 的值等于 1，表明该组论文的被引表现与全球平均水平相当；如果 CNCI 的值大于 1，表明该组论文的被引表现高于全球平均水平；如果 CNCI 的值小于 1，则表明该组论文的被引表现低于全球平均水平。

2. 英国营养与膳食领域发文机构

从 2011—2020 年营养与膳食领域全球发文量排名可知，英国的伦敦大学联盟是该领域发文量全球排名第二的研究机构。在英国国内，从发文量看，伦敦大学联盟、伦敦大学学院、伦敦国王学院是发文量最多的 3 个机构。伦敦大学学院在公共卫生营养、侧重机体代谢及营养调节方面实力较强；伦敦国王学院在临床营养学、公共健康营养及饮食营养学等方面有较多研究产出。同时，英国研究机构在营养与膳食领域的研究论文质量也远超国际平均水平，如萨里大学在营养学领域的分子层面上研究营养代谢，其学科规范化的引文影响力达到 2.8，论文质量较高。此外，阿伯丁大学、利兹大学在食品营养学方面研究的学科规范化的引文影响力分别达 2.43 和 2.23（见表 7.5）。

表 7.5 2011—2020 年英国营养与膳食领域发文机构论文产出

排序	研究机构	Web of Science 论文数（篇）	被引次数（次）	论文被引百分比（%）	学科规范化的引文影响力
1	伦敦大学联盟	2814	48538	79.18	1.61
2	伦敦大学学院	1204	25104	81.48	1.50
3	伦敦国王学院	966	14720	76.71	1.98
4	剑桥大学	859	18824	84.98	1.65
5	伦敦帝国理工学院	841	22067	81.57	1.68
6	牛津大学	838	18780	81.15	1.51
7	南安普敦大学	823	14184	72.42	1.44
8	英国研究与创新（UKRI）	704	15070	81.25	1.82
9	雷丁大学	693	13412	75.18	1.92
10	利兹大学	692	9874	68.35	2.23
11	纽卡斯尔大学	674	9852	72.85	1.90
12	伦敦卫生与热带医学学院	586	10901	76.79	1.53
13	布里斯托尔大学	568	11140	85.74	1.29
14	阿伯丁大学	534	8074	70.60	2.43
15	诺丁汉大学	530	8806	75.66	1.90
16	格拉斯哥大学	518	7434	70.08	1.55
17	英国阿尔斯特大学	517	5030	59.38	1.45
18	东英吉利大学	510	11093	78.43	1.77
19	萨里大学	489	7992	60.74	2.80
20	利物浦大学	408	6057	73.77	1.24

3. 西班牙营养与膳食领域发文机构

从 2011—2020 年营养与膳食领域全球发文量排名可知，西班牙生物医药研究中心（CIBER）发文量全球排名第三，在西班牙国内排名第一，研究领域涉及糖尿病和相关代谢系统疾病、肥胖与营养生理病理学、健康衰老等营养与膳食健康相关方面。西班牙国家研究委员会（CSIC）发文量位列该领域全球第八，也是西班牙国内排名第二的研究机构。CSIC 是西班牙最大的多学科科研组织，其研究涉及 8 个学科领域，其中食品科学技术领域侧重于研究营养对健康的影响、生物利用度和食物新陈代谢、营养成分、乳酸细菌和双歧杆菌的有益作用等。从学科规范化的引文影响力指标看，IDIBAPS 研究所、巴塞罗那医院诊所、拉斯帕尔马斯省大加那利岛大学、弗吉尼亚州卫生研究所（IISPV）等机构均具有较高的影响力，学科规范化的引文影响力达 1.5 以上。同时，西班牙流行病学与公共卫生生物科学研究中心、拉斯帕尔马斯省大加那利岛大学的论文被引百分比也较高，达到 80% 以上（见表 7.6）。

表 7.6　2011—2020 年西班牙营养与膳食领域发文机构论文产出

排序	研究机构	Web of Science 论文数（篇）	被引次数（次）	论文被引百分比（%）	学科规范化的引文影响力
1	生物医药研究中心（CIBER）	2465	36997	76.67	1.21
2	西班牙国家研究委员会（CSIC）	1906	31990	78.86	1.32
3	西班牙肥胖和营养病理生理学生物科学研究中心	1620	25344	75.49	1.28
4	格拉纳达大学	1504	15722	67.09	1.01
5	巴塞罗那大学	1154	20360	76.52	1.35
6	西班牙卡洛斯三世健康研究所	1032	17290	78.88	1.46
7	纳瓦拉大学	950	17656	74.84	1.50
8	萨拉戈萨大学	754	9490	68.57	1.00
9	维吉尔大学	722	13137	77.15	1.39
10	马德里康普顿斯大学	655	6586	70.38	0.93
11	瓦伦西亚大学	612	10469	75.65	1.41
12	巴塞罗那医院诊所	454	9633	78.63	1.64
13	西班牙流行病学与公共卫生生物科学研究中心	441	7102	83.90	1.31
14	马德里自治大学	432	4119	78.70	1.00
15	弗吉尼亚州卫生研究所（IISPV）	397	8175	79.85	1.52
16	穆尔西亚大学	392	5304	72.45	1.01
17	CSIC-食品与营养科学技术研究所（ICTAN）	370	5271	69.73	1.11
18	巴斯克大学	366	4413	74.32	1.04
19	IDIBAPS 研究所	356	8669	79.78	1.84
20	拉斯帕尔马斯省大加那利岛大学	336	7475	81.25	1.52

4．中国营养与膳食领域发文机构

中国在营养与膳食领域的 SCI 研究论文 2011—2020 年总量为 17976 篇，研究论文数量排名全球第二，有 13 家机构的学科规范化的引文影响力高于全球平均水平 1.07，但与美国的研究机构存在较大差距。从 SCI 论文数排名前 20 位的机构看，浙江大学、中国科学院、江南大学、中国农业大学、上海交通大学位列前 5；而华南理工大学、南昌大学、南京农业大学、中国农业大学、中国医学科学院北京协和医学院、中国农业科学院 6 家机构则在研究论文学科规范化的引文影响力方面表现较好，超过营养与膳食领域内中国整体学科规范化的引文影响力平均水平 1.56，达到 1.62 以上（见表 7.7）。

表 7.7　2011—2020 年中国营养与膳食领域发文机构论文产出

排序	研究机构	Web of Science 论文数（篇）	被引次数（次）	论文被引百分比（%）	学科规范化的引文影响力
1	浙江大学	837	13521	84.23	1.39
2	中国科学院	804	14612	77.36	1.54
3	江南大学	722	11064	85.73	1.55
4	中国农业大学	654	11044	88.69	1.68
5	上海交通大学	555	7596	83.24	1.20
6	中国农业科学院	553	9388	88.07	1.62
7	北京大学	546	6071	74.91	0.97
8	中山大学	466	6583	78.76	1.05
9	台湾大学	442	5423	83.48	0.89
10	台北医科大学	430	3506	74.65	0.72
11	华南理工大学	391	8816	91.56	2.21
12	台湾中华医科大学	377	4739	88.06	0.84
13	中国疾病预防控制中心	354	3612	69.49	0.79
14	南京农业大学	349	6356	91.12	1.71
15	中国医学科学院北京协和医学院	321	5103	78.82	1.63
16	四川大学	318	3673	74.84	1.07
17	华中科技大学	307	4762	81.43	1.32
18	南昌大学	302	5945	85.76	1.80
19	复旦大学	299	3537	82.94	1.02
20	华中农业大学	283	4552	86.93	1.41

7.1.2.7　营养与膳食领域发文机构合作

1．哈佛大学发文机构合作

在营养与膳食领域，美国哈佛大学与国际 1204 所机构存在协作关系，涉及 144 个国家 / 地区 / 联盟组织，共合作发文 1757 篇。在其合作密切的前 10 家机构中，西班牙占了 4 家，其次为英国、新加坡、瑞典、加拿大、法国、丹麦。其中，与西班牙生物医学研究网络中心合作发表论文最多，为 148 篇，其次为西班牙纳瓦拉大学 132 篇，西班牙肥胖和营养生理病理学生物医学研究中心 108 篇，新加坡国立大学 92 篇（见图 7.2）。

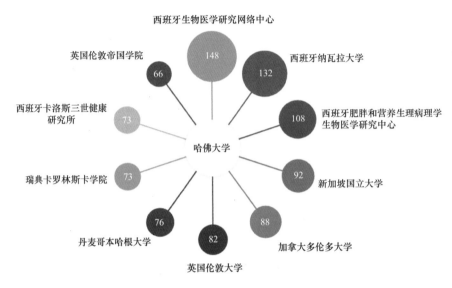

图 7.2　营养与膳食领域与哈佛大学开展合作排名前 10 位发文机构的发文量（篇）

从学科规范化的引文影响力来看（见图 7.3），与哈佛大学开展合作排名前 10 位的发文机构中，英国伦敦帝国学院的学科规范化的引文影响力最高，为 3.34；其次为瑞典卡罗林斯卡学院，为 2.96。

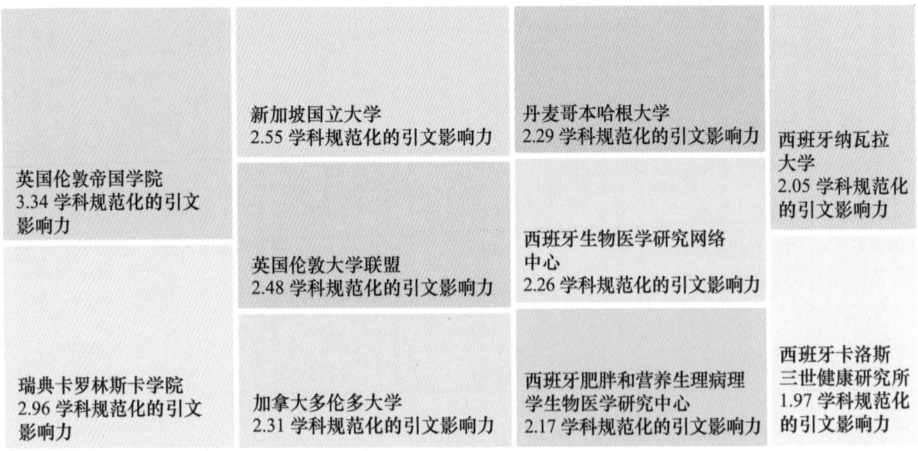

英国伦敦帝国学院 3.34 学科规范化的引文影响力	新加坡国立大学 2.55 学科规范化的引文影响力	丹麦哥本哈根大学 2.29 学科规范化的引文影响力	西班牙纳瓦拉大学 2.05 学科规范化的引文影响力
	英国伦敦大学联盟 2.48 学科规范化的引文影响力	西班牙生物医学研究网络中心 2.26 学科规范化的引文影响力	
瑞典卡罗林斯卡学院 2.96 学科规范化的引文影响力	加拿大多伦多大学 2.31 学科规范化的引文影响力	西班牙肥胖和营养生理病理学生物医学研究中心 2.17 学科规范化的引文影响力	西班牙卡洛斯三世健康研究所 1.97 学科规范化的引文影响力

图 7.3　营养与膳食领域与哈佛大学开展合作排名前 10 位发文机构的学科规范化的引文影响力

2. 中国科学院发文机构合作

在营养与膳食领域，中国科学院共发文 804 篇，其与国际 594 所机构存在协作关系，涉及 115 个国家 / 地区 / 联盟组织，共合作发文 245 篇，其中，与英国阿伯丁大学合作发表论文最多，为 36 篇，其次为美国哈佛大学 17 篇，南非开普敦大学、南非医学研究理事会、美国哈佛公共卫生学院并列 14 篇（见图 7.4）。合作论文中，与美国德州农工大学合作的论文被引次数最高，达到 693 次。

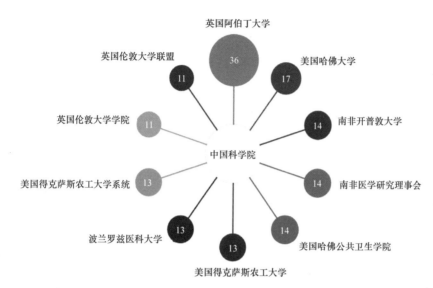

图 7.4　营养与膳食领域与中国科学院开展合作排名前 10 位发文机构的发文量（篇）

从学科规范化引文的影响力来看（见图 7.5），与中国科学院开展合作排名前 10 位的发文机构中，美国哈佛大学的学科规范化的引文影响力最高，为 3.44；其次为英国伦敦大学联盟，为 3.19。

美国哈佛大学 3.44 学科规范化的引文 影响力	英国伦敦大学学院 3.19 学科规范化的引文影响力	波兰罗兹医科大学 2.87 学科规范化的引文影响力	美国得克萨斯农 工大学 2.25 学科规范化 的引文影响力
	南非医学研究理事会 3.01 学科规范化的引文影响力	美国哈佛公共卫生学院 2.73 学科规范化的引文影响力	
英国伦敦大学联盟 3.19 学科规范化的引文 影响力	南非开普敦大学 3.01 学科规范化的引文影响力	英国阿伯丁大学 2.35 学科规范化的引文影响力	美国得克萨斯农 工大学系统 2.25 学科规范化 的引文影响力

图 7.5　营养与膳食领域与中国科学院开展合作排名前 10 位发文机构的学科规范化的引文影响力

7.1.2.8 营养与膳食领域各国论文影响力

在营养与膳食领域 SCI 发文排名前 20 位的国家中，瑞典所发表论文被引百分比最高，为 84.41%；其次为丹麦 83.17%；中国排名第八，论文被引百分比为 81.81%，但从 Q1 期刊论文百分比看，中国为 53.88%，发文期刊质量最高。从高影响力论文的百比分看，按被引次数排名前 1% 的论文百分比排名，最高为比利时，其次为瑞士、伊朗、加拿大，中国排名第 16 位；按被引次数排名前 10% 的论文百分比排名，中国上升为第 10 位。从各国科研机构吸引国际合作的能力上分析，瑞士国际合作论文百分比排名第一，为 71.16%，其次为比利时、瑞典，美国居第 12 位，中国居第 16 位。从各国营养与膳食领域研究影响力与全球研究影响力的关系看，比利时科研绩效水平最高，其相对于全球平均水平的影响力指标达到 1.58，中国排名第二，相对于全球平均水平的影响力指标为 1.57，其次为荷兰 1.46，瑞典 1.44，美国排名第八，具体指标为 1.27（见表 7.8）。

表 7.8　各国营养膳食论文影响力比较

国家	Web of Science 论文数（篇）	论文被引百分比（%）	Q1 期刊论文百分比（%）	Q2 期刊论文百分比（%）	Q3 期刊论文百分比（%）	Q4 期刊论文百分比（%）	被引次数排名前 1% 的论文百分比（%）	被引次数排名前 10% 的论文百分比（%）	国际合作论文百分比（%）	相对于全球平均水平的影响力
比利时	2734	80.58	47.94	38.18	10.93	2.95	3.44	17.41	70.30	1.58
中国	18480	81.81	53.88	23.48	17.21	5.43	1.29	13.32	28.17	1.57
荷兰	6041	82.24	49.33	39.55	9.69	1.43	2.30	14.30	57.79	1.46
瑞典	3092	84.41	49.28	36.53	11.84	2.35	2.36	14.78	69.99	1.44
瑞士	3121	79.75	46.80	36.38	12.01	4.80	2.98	14.35	71.16	1.42
丹麦	3226	83.17	49.51	38.35	10.61	1.53	2.39	14.38	65.00	1.40
加拿大	8820	83.13	44.23	30.36	18.80	6.61	2.43	13.45	50.42	1.34
美国	40859	80.43	45.87	32.27	17.49	4.37	1.74	12.83	37.39	1.27
意大利	9093	81.98	47.69	34.24	11.94	6.13	2.21	15.68	42.69	1.25
澳大利亚	9584	82.92	43.21	34.55	14.04	8.20	1.72	12.68	47.42	1.24
德国	7197	77.25	42.15	34.67	13.00	10.18	1.93	13.13	53.09	1.23
法国	6982	73.52	44.40	33.40	11.24	10.96	1.79	12.13	52.28	1.19
英国	15658	73.55	51.78	35.77	10.56	1.89	2.06	14.57	53.19	1.11
西班牙	12869	72.72	40.56	28.64	13.88	16.92	1.47	12.15	36.75	1.02
伊朗	3021	76.56	29.52	33.10	22.15	15.23	2.62	13.70	27.87	1.02
印度	3801	75.93	42.74	31.67	17.56	8.04	1.26	10.50	33.41	1.01

（续表）

国家	Web of Science 论文数（篇）	论文被引百分比（%）	Q1 期刊论文百分比（%）	Q2 期刊论文百分比（%）	Q3 期刊论文百分比（%）	Q4 期刊论文百分比（%）	被引次数排名前 1% 的论文百分比（%）	被引次数排名前 10% 的论文百分比（%）	国际合作论文百分比（%）	相对于全球平均水平的影响力
波兰	3164	74.49	43.37	34.23	17.20	5.20	1.58	12.93	32.05	1.01
韩国	5592	82.71	39.27	21.44	23.63	15.66	0.70	7.85	22.19	0.93
巴西	8307	74.49	31.36	34.34	18.44	15.86	1.26	9.15	25.93	0.86
日本	6952	76.77	30.39	30.39	25.41	13.81	0.60	5.15	20.25	0.75

注：（1）JCR 将收录期刊分为 176 个不同学科类别，每个学科分类按照期刊的影响因子高低，平均分为 Q1、Q2、Q3 和 Q4 共 4 个区：各学科分类中影响因子前 25%（含 25%）的期刊划分为 Q1 区，前 25%～50%（含50%）为 Q2 区，前 50%～75%（含 75%）为 Q3 区，后 25% 为 Q4 区。

（2）被引次数排名前 1% 的论文百分比：是指在某一指定学科领域、某一年、某种文献类型下，被引次数排名前 1% 的文献数除以该组文献的总数的值，以百分数的形式展现。该指标数值越大，表明该组文献表现越好。

（3）被引次数排名前 10% 的论文百分比：同被引次数排名前 1% 的论文百分比，只是将阈值从 1% 变为10%。

（4）相对于全球平均水平的影响力：即某组出版物的引文影响力与全球总体出版物的引文影响力的比值。全球平均值总是等于 1。如果该比值大于 1，即表明该组论文的篇均被引频次高于全球平均水平；如果该比值小于 1，则表明该组论文的篇均被引频次低于全球平均水平。

7.1.2.9 营养与膳食领域高影响力论文

在营养与膳食领域学科规范化的引文影响力全球排名前 50 位的文献中，按被引次数排名选取前 10 位的文献（Article+Review）（见表 7.9），被引次数最高的研究论文发表在《美国医学会杂志》上，该文通过 2003—2012 年全国儿童肥胖状况，分析儿童肥胖趋势，并对成人肥胖趋势进行了详细分析。

在营养与膳食领域学科规范化的引文影响力中国排名前 50 位的文献中，按被引次数排名选取前 10 位的文献（见表 7.10），被引次数最高的研究论文是山东大学公共卫生学院和美国国立卫生研究院、哈佛大学公共卫生学院营养与流行病学系联合发表的论文，研究和量化水果蔬菜消费与心血管疾病和癌症死亡风险之间的潜在剂量反应关系，证明大量食用水果和蔬菜与较低的全因死亡风险，特别是心血管疾病死亡风险相关。学科规范化的引文影响力及被引次数都比较高的文献是北京协和医学院中国医学科学院国家心血管病中心参与发表在《科学》上的研究成果，由宏基因组关联分析揭示肠道菌群短链脂肪酸代谢与 2 型糖尿病的关系。发文期刊影响因子较高的文献为一项历时 10 年，包括 18 个国家 / 地区 13 万多人的大型队列（PURE）研究的结果，是全球首个在经济水平不同的地区开展，将饮食习惯与心血管疾病死亡风险、非心血管疾病死亡风险和全因死亡风险联系在一起的研究，该文发表于《柳叶刀》期刊。

表 7.9　学科规范化的引文影响力全球排名前 10 位的高被引文献

序号	题名	作者	期刊来源	出版日期	被引次数（次）	期刊规范化的引文影响力	学科规范化的引文影响力	期刊影响因子
1	*Prevalence of Childhood and Adult Obesity in the United States, 2011-2012*	Ogden, Cynthia L.; Carroll, Margaret D.; Kit, Brian K.; Flegal, Katherine M.	《美国医学会杂志》	2014	4853	26.26	239.70	45.54
2	*Maternal and child undernutrition and overweight in low-income and middle-income countries*	Black, Robert E.; Victora, Cesar G.; Walker, Susan P.; Bhutta, Zulfiqar A.; Christian, Parul; de Onis, Mercedes;et al.	《柳叶刀》	2013	2530	8.9	118.43	60.39
3	*Prevalence of Obesity and Trends in Body Mass Index Among US Children and Adolescents, 1999-2010*	Ogden, Cynthia L.; Carroll, Margaret D.; Kit, Brian K.; Flegal, Katherine M.	《美国医学会杂志》	2012	2378	10.97	94.98	45.54
4	*Obesity 1 The global obesity pandemic: shaped by global drivers and local environments*	Swinburn, Boyd A.; Sacks, Gary; Hall, Kevin D.; McPherson, Klim; Finegood, Diane T.; Moodie, Marjory L.; Gortmaker, Steven L.	《柳叶刀》	2011	1885	5.7	70.65	60.39
5	*Sedentary Behavior Research Network (SBRN) - Terminology Consensus Project process and outcome*	Tremblay, Mark S.; Aubert, Salome; Barnes, Joel D.; Saunders, Travis J.; Carson, Valerie;et al.	《国际行为营养与体育运动杂志》	2017	685	37.88	63.86	6.71
6	*High Prevalence of Obesity in Severe Acute Respiratory Syndrome Coronavirus-2 (SARS-CoV-2) Requiring Invasive Mechanical Ventilation*	Simonnet, Arthur; Chetboun, Mikael; Poissy, Julien; Raverdy, Violeta; Noulette, Jerome;et al.	《肥胖》	2020	328	109.6	329.24	3.74

（续表）

序号	题名	作者	期刊来源	出版日期	被引次数（次）	期刊规范化的引文影响力	学科规范化的引文影响力	期刊影响因子
7	ESPEN guideline on clinical nutrition in the intensive care unit	Singer, Pierre; Blaser, Annika Reintam; Berger, Mette M.; Alhazzani, Waleed; Calder, Philip C.; Casaer, Michael P.; Hiesmayr, Michael;et al.	《临床营养》	2019	283	34.99	73.72	6.36
8	Evidence that Vitamin D Supplementation Could Reduce Risk of Influenza and COVID-19 Infections and Deaths	Grant, William B.; Lahore, Henry; McDonnell, Sharon L.; Baggerly, Carole A.; French, Christine B.; Aliano, Jennifer L.; Bhattoa, Harjit P.	《营养素》	2020	231	114.83	119.54	4.55
9	European Society Paediatric Gastroenterology, Hepatology and Nutrition Guidelines for Diagnosing Coeliac Disease 2020	Husby, Steffen; Koletzko, Sibylle; Korponay-Szabo, Ilma; Kurppa, Kalle; Mearin, Maria Luisa;et al.	《小儿胃肠病学与营养杂志》	2020	65	65	65.25	2.94
10	Association of Obesity with Disease Severity Among Patients with Coronavirus Disease 2019	Kalligeros, Markos; Shehadeh, Fadi; Mylona, Evangelia K.; Benitez, Gregorio; Beckwith, Curt G.; Chan, Philip A.; Mylonakis, Eleftherios	《肥胖》	2020	63	21.05	63.24	3.74

表 7.10 学科规范化的引文影响力中国排名前 10 位的高被引文献

序号	题名	作者	期刊来源	出版日期	被引次数（次）	期刊规范化的引文影响力	学科规范化的引文影响力	期刊影响因子
1	Fruit and vegetable consumption and mortality from all causes, cardiovascular disease, and cancer: systematic review and dose-response meta-analysis of prospective cohort studies	Wang, Xia; Ouyang, Yingying; Liu, Jun; Zhu, Minmin; Zhao, Gang; Bao, Wei; Hu, Frank B.	《英国医学杂志》	2014	640	6.77	31.61	30.223
2	Gut bacteria selectively promoted by dietary fibers alleviate type 2 diabetes	Zhao, Liping; Zhang, Feng; Ding, Xiaoying; Wu, Guojun; Lam, Yan Y.; Wang, Xuejiao; Fu, Huaqing; Xue, Xinhe; Lu, Chunhua; Ma, Jilin; Yu, Lihua; Xu, Chengmei; Ren, Zhongying;et al.	《科学》	2018	426	5.08	58.23	41.85
3	ESPEN guidelines on definitions and terminology of clinical nutrition	Cederholm, T.; Barazzoni, R.; Austin, P.; Ballmer, P.; Biolo, G.; Bischoff, S. C.; Compher, C.; Correia, L;et al.	《临床营养》	2017	342	16.49	31.88	6.36
4	Associations of fats and carbohydrate intake with cardiovascular disease and mortality in 18 countries from five continents (PURE): a prospective cohort study	Dehghan, Mahshid; Mente, Andrew; Zhang, Xiaohe; Swaminathan, Sumathi; Li, WEI; Mohan, Viswanathan;et al.	《柳叶刀》	2017	334	1.94	31.14	60.39
5	Energy balance measurement: when something is not better than nothing	Dhurandhar, N. V.; Schoeller, D.; Brown, A. W.; Heymsfield, S. V.; Thomas, D.; Sorensen, T. I. A.; Speakman, J. R.; Jeansonne, M.; Allison, D. B.	《国际肥胖杂志》	2015	245	8.94	14.75	4.42

（续表）

序号	题名	作者	期刊来源	出版日期	被引次数（次）	期刊规范化的引文影响力	学科规范化的引文影响力	期刊影响因子
6	GLIM criteria for the diagnosis of malnutrition - A consensus report from the global clinical nutrition community	Cederholm, T.; Jensen, G. L.; Correia, M. I. T. D.; Gonzalez, M. C.; Fukushima, R.; Higashiguchi, T.;et al.	《临床营养》	2019	200	24.73	52.10	6.36
7	Antioxidant activity, total phenolics and flavonoids contents: Should we ban in vitro screening methods?	Granato, Daniel; Shahidi, Fereidoon; Wrolstad, Ronald; Kilmartin, Paul; Melton, Laurence D.;et al.	《食品化学》	2018	128	8.76	17.50	6.31
8	International Clinical Practice Guidelines for Sarcopenia (ICFSR): Screening, Diagnosis and Management	Dent, E.; Morley, J. E.; Cruz-Jentoft, A. J.; Arai, H.; Kritchevsky, S. B.; Guralnik, J.; Bauer, J. M.; Pahor, M.; Clark, B. C.;et al.	《营养健康与衰老杂志》	2018	114	19.45	15.58	2.79
9	Association of dairy intake with cardiovascular disease and mortality in 21 countries from five continents (PURE): a prospective cohort study	Dehghan, Mahshid; Mente, Andrew; Rangarajan, Sumathy; Sheridan, Patrick; Mohan, Viswanathan; Iqbal, Romaina; Gupta, Rajeev; Lear, Scott;et al.	《柳叶刀》	2018	101	0.83	13.81	60.39
10	Rising rural body-mass index is the main driver of the global obesity epidemic in adults	Bixby, Honor; Bentham, James; Zhou, Bin; Di Cesare, Mariachiara; Paciorek, Christopher J.; Bennett, James E.; Taddei, Cristina; et al.	《自然》	2019	83	1.89	21.62	42.78

7.2 代谢领域学科发展态势

7.2.1 代谢领域重要发展规划及研究计划

7.2.1.1 国际重要基础发展规划及研究计划

近十多年来，代谢科学在国际上受到各国政府、科技界的广泛关注。代谢作为研究营养与慢性病的重要学科基础，在与人类健康相关的研究发展规划和计划中被放到重要的位置。代谢科学的研究技术与理念已从基础生命科学研究拓展至与人类健康、食品、营养相关的众多学科领域，国外相关基础发展规划及研究计划显示了这一趋势。

1.《食品、营养和健康研究的跨理事会愿景》

2015 年 3 月 27 日，英国医学研究理事会（MRC）、生物技术与生物科学研究理事会（BBSRC）、经济与社会研究理事会（ESRC）联合发布了《食品、营养和健康研究的跨理事会愿景》（*Cross-Council vision for Food, Nutrition and Health research*）[1]，提出将代谢作为基础科学，与食品、营养和健康开展跨学科研究的必要性。

2.《美国国家营养学研究路线图 2016—2021》

2016 年 2 月，美国人类营养学研究跨机构委员会（Interagency Committee on Human Nutrition Research，ICHNR）国家营养学研究路线图（National Nutrition Research Roadmap，NNRR）分委员会起草并发布了《美国国家营养学研究路线图 2016—2021》，其中的问题 1"如何更好地理解和定义饮食模式，以提升和维持健康"中重点提到了如何增进对饮食中营养状况的个体差异的了解，其中的短期研究目标就是支持跨学科的合作研究，以了解饮食、体力活动模式及个体差异对于与表观基因组、微生物组、代谢组和蛋白质组相关的生物测量的影响；整理现有的数据，以确定饮食模式、个体差异、健康发展和疾病之间的关系；开发组织－芯片模型，包括整合人类食物代谢的相关系统模型，以阐明饮食成分在分子和组织层面的影响；研究人类饮食引起的微生物组变化及其他组学（例如，表观基因组、代谢组）在生物过程和健康状态中的后续变化；研究确定与营养需求和新陈代谢方面的差异有关的遗传特征。

---

[1] THE MEDICAL RESEARCH COUNCIL (MRC), BIOTECHNOLOGY & BIOLOGICAL SCIENCES RESEARCH COUNCIL (BBSRC) AND ECONOMIC AND SOCIAL RESEARCH COUNCIL (ESRC).Cross-Council vision for Food, Nutrition and Health research[EB/OL]. [2021-02-26]. https://webarchive.nationalarchives.gov.uk/20200923121008/https://mrc.ukri.org/news/browse/a-new-cross-council-vision-for-food-nutrition-and-health-research/.

3. 英国政府批准使用动物实验的代谢障碍研究项目逐年上升

2016 年 6 月 21 日英国政府发表的公告 [1] 显示，在批准使用动物实验的研究项目中，代谢障碍项目的数量逐年上升，2015 年代谢障碍项目批准的主要研究方向为人体内分泌和代谢紊乱，包括：甲状旁腺发育障碍（甲状旁腺，甲状旁腺激素，钙，发育）；生长素释放肽和胰岛素分泌的控制（生长素释放肽，胰岛素，糖尿病）；转运蛋白 / 受体和组织代谢（胰岛素，肌肉，代谢，内源性大麻素，氨基酸）；LDL 受体的蛋白水解切割［胆固醇，低密度脂蛋白受体（LDLR），蛋白酶，抑制剂］等。

由此看来，在国际代谢科学发展的进程中，将代谢作为生命科学基础学科进行研究并将其延伸至相关学科领域，尤其是与人类健康相关的营养、疾病、食品等领域已成为代谢学科未来研究的重要方向。

4.《2020 年全球营养报告》

2020 年 5 月 22 日，《2020 年全球营养报告》正式发布。该报告重点提到良好的营养状态是人体抵御 COVID-19 的重要基础。营养不足人群的免疫系统较弱，病毒引起重疾的可能性更高。特别是肥胖和糖尿病等代谢不良症状与 COVID-19 引发的恶性后果密切相关，会导致更高的住院率与死亡率，实施保护这部分人群的相应措施至关重要。全社会注重营养健康，有助于构建起公共卫生和社会公平的桥梁，同时也符合联合国 "2030 年可持续发展议程"（2030 Agenda for Sustainable Development）决议精神。

5.《美国国立卫生研究院 2020—2030 年营养研究战略计划》

2020 年 5 月 27 日，《美国国立卫生研究院 2020—2030 年营养研究战略计划》出台。NIH 希望通过这一战略性的科学指导方针，从根本上改变营养科学研究。该计划正式提出了 "精准营养" 的战略愿景，重点关注 5 个领域，并设置了 4 个战略目标及其分目标。精准营养以其全面性和动态性为个人、团体和人群提供了一种严谨的方法，将营养科学和相关领域的进展转化为更有意义的、临床相关的、无偏见的营养解决方案，对预防肥胖、糖尿病、心血管疾病和癌症等饮食相关疾病具有重要意义。

7.2.1.2 代谢系统疾病领域相关行动计划与监管政策

代谢系统疾病具有治疗时间长、疾病负担重的特点。科学机构针对代谢系统疾病启动了若干研究计划，发布了特定领域的共识文件；企业也进行了若干研究布局；监管机构发布了代谢系统疾病疗法研发的指导意见，并批准了新型治疗药物。

---

[1] UK GOV. Non-tech summaries 2015: projects on metabolism disorders[EB/OL]. [2021-02-26]. https://www.gov.uk/government/publications/non-tech-summaries-2015-projects-on-metabolism-disorders.

1. 科技项目启动

EIT Health 在瑞典斯德哥尔摩启动了一项为期 5 年的健康促进计划[1]，支持该地区的 2 型糖尿病高风险人群保持健康，同时推进医疗支付方式的改革。该项目组招募了 925 位 2 型糖尿病高风险参与者，要求其在 5 年内使用 Health Integrator 公司开发的数字健康平台和应用程序，购买预防保健服务和产品。若参与者在 5 年内患有 2 型糖尿病，保险公司将承担部分费用；若最终参与者的糖尿病风险低于预期，保险公司将为受试者提供 10% 的健康投资回报。项目组预测，短期内该模式可以帮助高风险参与者改善健康状况；长期将帮助高风险参与者改变生活习惯并预防 2 型糖尿病和其他慢性病（以下简称慢病）。

为了推动罕见糖尿病研究，NIH 资助了罕见和非典型糖尿病网络（Raeand Atypical Diabetes Network，RADIANT）的建设[2]，在美国 20 家研究机构的共同努力下，发现了罕见的糖尿病新形式，研究出其发病原因和致病机理。RADIANT 计划筛查约 2000 名患未知或非典型糖尿病患者，通过问卷调查、身体检查、基因测序、血液样本和其他测试来收集参与者的详细健康信息，建立全面的遗传、临床，以及科学界和医疗界先前无法识别的罕见糖尿病相关数据库。

企业通过与政府机构开展合作项目，推动慢病（尤其是糖尿病等）的长期管理技术和体系研发。赛诺菲中国在上海第三届中国国际进口博览会上宣布与上海浦东软件园创业投资管理有限公司达成战略合作，将在浦东软件园孵化空间落地赛诺菲慢病管理创新项目，探索业界领先的慢病全病程管理创新模式[3]。除着眼于运用创新技术解决慢病患者的疾病治疗和管理挑战外，赛诺菲也将探索慢病的支付模式创新，打造更加完善的慢病全病程管理服务平台。该项目落地浦东软件园后，赛诺菲将与中国保险科技百强企业智算科技联手合作，一方面借力赛诺菲在糖尿病领域近百年的管理经验和全球资源，另一方面深度融合智算科技在大数据分析及疾病管理支付方式领域的优势，共同探索慢病一体化管理与支付创新商业模式。未来，赛诺菲将进一步依托该慢病管理创新项目，与跨领域的战略合作伙伴深入合作，为患者和医保机构、保险机构提供专业、个性化的综合管理解决方案，帮助政府控制医疗支出，用智能化的手段变革多种慢病的诊疗和护理方式。

2. 专家共识发布

糖尿病诊疗的研发重点开始向精准医学转移，美国糖尿病协会（American Diabetes

[1] EIT HEALTH. EIT Health drives plan to pay for health, not illness[EB/OL]. [2021-02-26]. https://eithealth.eu/news-article/eit-health-drives-plan-to-pay-for-health-not-illness/.

[2] NIH. NIH funds first nationwide network to study rare forms of diabetes[EB/OL]. [2020-10-02]. https://www.nih.gov/news-events/news-releases/nih-funds-first-nationwide-network-study-rare-forms-diabetes.

[3] 顾凡. 赛诺菲慢病管理创新项目落地浦东软件园 [EB/OL]. [2020-11-10]. http://finance.china.com.cn/industry/medicine/20201108/5426870.shtml.

Association，ADA）和欧洲糖尿病研究协会（European Association for the Study of Diabetes，EASD）联合发布《糖尿病精准医学共识报告》（*Precision Medicine in Diabetes: A Consensus Report*）[1]，指出了在全球范围内发展糖尿病药物的实施机会，介绍了糖尿病精准医学的可行和有效案例，讨论了全球范围内糖尿病精确诊断的主要障碍。与常规的医学实践相比，精准医学的根本变革在于描述和理解人类遗传突变的能力，具体体现在：评估个体的遗传和代谢状态，利用数据判断疾病类别，针对特定病理情况定制科学的预防和治疗策略。一些研究突破为糖尿病治疗带来了希望：单基因缺陷的糖尿病可以被识别并通过靶向疗法获得有效干预；胰岛自身抵抗的生物标志物和基因组风险已经能够确定，促进了免疫干预和预先监测；已鉴别影响 2 型糖尿病（Type 2 Diabetes，T2D）风险的多种生物标志物和遗传变异，揭示了以前未关注的生物通路；T2D 已被证明是多种条件和过程异常的复杂结果，根据疾病过程定义亚组，能够预判有极端风险的患者群体；现有工具、资源和数据能够确定影响药物反应的生物学和生活方式 / 环境因子，衡量临床结果。《糖尿病精准医学共识报告》提出并解释了精准诊断（Precision Diagnosis）、精准处方（Precision Therapeutics）、精准预防（Precision Prevention）、精准治疗（Precision Treatment）、精准预后（Precision Prognostics）精准监测（Precision Monitoring）等概念，要求通过整合多维数据，解释个体差异，优化糖尿病的诊断、预测、预防或治疗，其与标准医学方法的主要区别体现在使用复杂的数据来描述个体的健康状况、偏好、预后和潜在的治疗反应。

3. 监管指南发布

为指导血糖控制新药研究，美国 FDA 于 2020 年 3 月 9 日发布《2 型糖尿病：评估改善血糖控制新药的安全性》（*Type2 Diabetes Mellitus: Evaluating the Safety of New Drugs for Improving Glycemic Control*）[2]，计划替代 2008 年 12 月发布的指导意见，强调在批准抗糖尿病药物之前评估新药可能带来的缺血性心血管安全性。FDA 认为，糖尿病新药评估不仅要考虑缺血性心血管疾病，还应包括更广泛的受试者，如年龄较大的和患有慢性肾脏疾病的受试者，这些受试者更容易出现药物相关的不良反应。

4. 新型药物批准

在新药研发方面，2 型糖尿病治疗药物领域出现巨大突破。诺和诺德公司（Novo

[1] CHUNG WK, ERION K, FLOREZ JC, et al.Precision Medicine in Diabetes: A Consensus Report From the American Diabetes Association(ADA)and the European Association for the Study of Diabetes(EASD)[J]. Diabetes Care, 2020, 43(7):1617-1635.

[2] FDA. Type 2 Diabetes Mellitus: Evaluating the Safety of New Drugs for Improving Glycemic Control Guidance for Industry[EB/OL]. [2020-03-12]. https://www.fda.gov/regulatory-information/search-fda-guidance-documents/type-2-diabetes-mellitus-evaluating-safety-new-drugs-improving-glycemic-control-guidance-industry.

Nordisk）的口服司美鲁肽（Rybelsus）[1] 获欧盟委员会批准上市，用于控制 T2D 成年患者的血糖。作为饮食和运动的辅助手段，此授权适用于所有 27 个欧盟成员国和英国。Rybelsus 是第一个也是唯一一个口服的胰高血糖素样肽-1（OralGlucagon-Like-Peptide-1，GLP-1）受体激动剂，曾于 2019 年 9 月获得美国 FDA 批准上市。10 个 PIONEER 临床试验结果显示，与西他列汀（Sitagliptin）、依帕格列净（Empagliflozin）和利拉鲁肽（Liraglutide）比较，Rybelsus 能够显著降低糖化血红蛋白（HbAlc），并且帮助患者最多减轻 4.3 千克的体重。

7.2.1.3 国际重要研究机构研究计划及学科布局

随着近年来各国在重要科学规划及研究计划中对代谢科学发展的重视，生命科学及其相关领域内国际重要研究机构纷纷将代谢科学作为与人类健康相关的营养、疾病、食品等领域的研究基础，制定发展战略、研究计划并加以重点布局。

各国重要研究机构近年来通过制定研究规划和计划、调整学科布局等方式，已将代谢学科发展定位在机构学科发展的重要位置。在研究计划和布局调整中各重要研究机构有关代谢研究的定位和阐释也显示了未来开展代谢研究和应用可能的方向：①探究能对全身内分泌平衡产生重大影响的激素和代谢信号，从而研究代谢系统疾病的新疗法；②解释人类疾病的代谢基础，从而获得更好的治疗或干预措施；③确定新的治疗靶点，作为开发肥胖和肥胖相关疾病新疗法的第一步；④支持在代谢研究重要领域开展新的研究和协调活动并促进研究的转化，以惠及当前和未来的人口；⑤研究探讨关于代谢控制的基础研究成果对食品功能的发展和使用；⑥研究将会对改善人类健康、环境和经济产生重大和持久的影响。

总体上看，国际重要研究机构科研主要布局在两个方面：一方面布局在营养代谢的基础机理研究，以科学营养和代谢平衡来提升健康水平，预防疾病的发生；另一方面布局在代谢系统疾病的病理研究与治疗，特别是与严重威胁人类健康的重大代谢相关的疾病。

1. 国际重要研究机构制订研究计划

1）美国哈佛 - 麻省理工学院 Broad 研究所

美国哈佛 - 麻省理工学院 Broad 研究所将代谢作为其 4 个学科布局之一，并制订了 Broad 代谢计划（Broad Metabolism Program，BMP）[2]。其目标是开创新的方法，

---

[1] NOVO NORDISK A/S.Rybelsusd (oral semaglutide) approved for the treatment of adults with type 2 diabetes in the EU[EB/OL]. [2020-04-04]. https://www.globenewswire.com/news-release/2020/04/04/2011789/0/en/rybelsus-oral-semaglutide-approved-for-the-treatment-of-adults-with-type-2-diabetes-in-the-EU.html.

[2] BROAD INSTITUTE.SCIENTIFIC AREAS-METABOLISM[EB/OL]. [2021-02-24]. https://www.broadinstitute.org/metabolism.

系统地研究新陈代谢，并利用由此产生的发现来解释人类疾病的代谢基础，从而获得更好的治疗或干预措施。重点领域包括：①2 型糖尿病，肥胖症及其并发症；②罕见的代谢系统疾病；③代谢回路。

2）英国剑桥代谢网络

英国剑桥代谢网络 [3]（Cambridge Metabolic Network）是剑桥大学七大战略研究网络之一，该网络旨在通过建立一个研究人员的多学科社区，为新陈代谢的研究提供新的见解；支持在新陈代谢研究重要领域开展新的研究和协调活动，并促进研究的转化，以惠及当前和未来的人口。

3）美国国立卫生研究院国家糖尿病、消化和肾脏疾病研究所

美国国立卫生研究院国家糖尿病、消化和肾脏疾病研究所（National Institute of Diabetes and Digestive and Kidney Diseases，NIDDK）[4]2011—2020 年每年获得近 20 亿美元的财政预算用于支持糖尿病和其他内分泌代谢疾病、消化系统疾病、营养失调、肥胖、肾病、泌尿系统疾病与血液病相关的研究、培训、交流和科普。2020 年，NIDDK 制订了以下广泛主题作为研究规划的拟订方向：

（1）增进对健康和疾病的生物途径和环境因素的了解。

（2）针对不同人群推进预防、治疗和治愈的关键临床研究和试验。

（3）推进有关在各种环境和人群中识别、调整、扩大和整合基于证据的干预策略的传播和实施研究。

（4）促进参与者的参与——包括使患者和其他参与者成为研究的真正合作伙伴。

（5）推进研究培训和职业发展，以培养有才华的多样化生物医学研究人员。

（6）促进研究、合作伙伴关系和其他关键工作中的创新、严谨和可重复性，高效管理公共资源。

4）加拿大营养、代谢和糖尿病研究所

在加拿大营养、代谢和糖尿病研究所（The Institute of Nutrition, Metabolism and Diabetes，INMD）最新的战略研究计划 [5] 中，更新了 3 个战略研究重点：①食品与健康；②环境、基因和慢性病；③肥胖和健康体重：寻求解决方案，其中都将代谢作为开展研究的基础。

---

[3] CAMBRIDGE METABOLIC NETWORK.About the Metabolic Network[EB/OL]. [2021-02-24]. http://www.metabolism.cam.ac.uk/about-us/.

[4] NIDDK.Planning Process for the NIDDK Strategic Plan[EB/OL]. [2021-02-24]. https://www.niddk.nih.gov/about-niddk/strategic-plans-reports/planning-process-for-niddk-strategic-plan.

[5] INMD.INMD Strategic research priorities[EB/OL]. [2021-02-24]. https://cihr-irsc.gc.ca/e/27308.html.

2. 国际重要研究机构调整学科布局，开展代谢研究

1）马普代谢研究所

马普代谢研究所（Max Planck Institute for Metabolism Research）由原马普神经科学研究所更名而来，其核心研究课题[1]是能量稳态及其神经元控制。其总体研究目标是确定能量和葡萄糖体内平衡中的生理调节原理，以及改变疾病中能量和葡萄糖体内平衡的遗传和环境因素。通过实现这一目标，最终确定新的治疗靶点，作为开发肥胖和肥胖相关疾病新疗法的第一步。

2）加利福尼亚大学圣地亚哥分校昼夜节律生物学中心

加利福尼亚大学圣地亚哥分校于 2010 年设立昼夜节律生物学中心[2]（Center for Circadian Biology，CCB）以推动生物钟前沿研究，其提出对植物、动物和人类的生活节奏、昼夜影响的研究将会对改善人类健康、环境和经济产生重大和持久的影响。昼夜节律性对多细胞生物体的生理组织具有深远的影响，CCB 重视对生物钟进行新陈代谢和生理学的探索。

3）哈佛大学 Sabri Ülker 中心 /Hotamışlıgil 实验室

哈佛大学于 2014 年成立 Sabri Ülker 中心 /Hotamışlıgil 实验室[3]，并设立免疫代谢反应、应激和代谢疾病研究组，主要研究造成代谢性炎症响应的分子机制，以及体内新陈代谢平衡和疾病相关性。通过研究主要的细胞类型和器官，如动物脂肪、肝脏组织和胰腺等的验证和代谢途径等，巨噬细胞等免疫细胞，以及脂肪细胞、肝细胞和 β 细胞等代谢细胞，探究能对全身内分泌平衡产生重大影响的激素和代谢信号，从而研究代谢系统疾病的新疗法。

4）东京大学农学生命研究科食品生化学研究室

东京大学农学生命研究科食品生化学研究室[4]把研究重点放在了关于代谢控制的基础研究上，对食品功能的发展和使用进行研究探讨。其在实验室对不同培养细胞进行基因水平的分析，进行复杂生物反应机制的分子细胞生物学研究，并且进行代谢控制的动物实验研究。其主要研究主题包括：①控制脂质代谢的转录因子的研究；②骨骼肌代谢调控的研究；③脂肪细胞的分子细胞生物学分析和抗肥胖。

[1] MAX PLANCK INSTITUTE FOR METABOLISM RESEARCH.Core research topic:Energy homeostasis and its neuronal control[EB/OL]. [2021-02-24]. http://www.sf.mpg.de/research/groups.
[2] CCB.Metabolism and Physiology[EB/OL]. [2021-02-24]. http://ccb.ucsd.edu/research/metabolism-physiology.html.
[3] SABRİ ÜLKER CENTER HOTAMIŞLIGIL LAB.research[EB/OL]. [2021-02-24]. https://www.hsph.harvard.edu/gsh-lab/research/.
[4] 东京大学大学院（日）农学生命科学研究科 应用生命化学专攻 食品生化学研究室 . 研究内容一览 [EB/OL]. [2021-02-24]. http://park.itc.u-tokyo.ac.jp/food-biochem/index.html.

5）波士顿儿童医院

波士顿儿童医院[1]代谢研究人员正在开展几种代谢系统疾病的基础研究与临床治疗的探索，对半乳糖血症进行基因水平的研究以了解其发病机理；苯丙酮尿症（PKU）和溶酶体贮积病的研究已经处于临床药物测试阶段；研究某些代谢系统疾病（如母体PKU、母体高胱氨酸尿症、母体组氨酸血症、母体胱硫醚血症）对婴儿发育的影响，为针对这些疾病所引发出生缺陷的新疗法铺平道路。

7.2.2 代谢领域多维学科趋势分析

《科学》杂志在创刊 125 周年之际，公布了 125 个最具挑战性的科学问题[2]，发表在 2016 年 7 月 1 日出版的专辑上，其中与生命科学相关的科学问题占 46%，这些科学问题将是今后 1/4 个世纪时间内，生命科学领域科学家们致力于研究的目标，也是代谢领域科学家们研究的重点。当然，在过去的 5 年中世界代谢领域的科研人员已经意识到代谢研究的重要性，开展了相关研究并发表了大量的科研成果论文，为未来代谢科学向纵深发展奠定了坚实的基础。

7.2.2.1 数据来源

本节采用科睿唯安公司 InCites™ 数据库为数据来源与分析工具，检索日期为2021 年 2 月 24 日，文献类型为 Article+Review，年份限定为 2011—2020 年，通过"代谢"主题词，限定选择"Web of Science"学科分类体系为生物生化学、病理生理学、营养饮食学。

7.2.2.2 代谢领域全球发文量

2011—2020 年，以"代谢"为主题的全球 SCI 发文量总计 211708 篇，其中近 5年（2016—2020 年）发文量为 120819 篇，占历年所有发文量的 57.07%。从历年发文量看，2011—2020 年的"代谢"研究呈不断上升趋势，近 5 年的发文量上升较快，2020 年已达到 29453 篇（见图 7.6）。

7.2.2.3 代谢领域全球发文国家 / 地区

2011—2020 年"代谢"研究领域 SCI 论文年均发文量达 1 万篇以上，按国家统计，美国论文产出位居世界第一，为 62024 篇，其次为中国 37596 篇，德国、英国分列发文量第三、第四位，分别为 16467 篇和 15591 篇（见图 7.7）。

[1] BOSTON CHILDREN'S HOSPITAL.Metabolism Program | Research and Innovation[EB/OL]. [2021-02-24]. http://www.childrenshospital.org/centers-and-services/programs/f-_-n/metabolism-program/research-and-innovation.

[2] SCIENCE 杂志社 .SCIENCE 公布 125 个科学前沿问题 [J]. 视野 , 2016, 000(20):54-55.

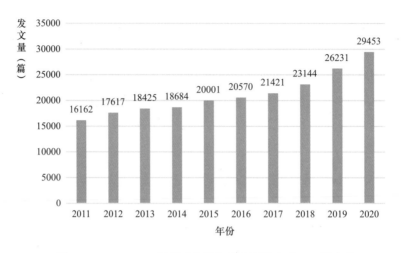

图 7.6　2011—2020 年以"代谢"为主题的全球 SCI 发文量

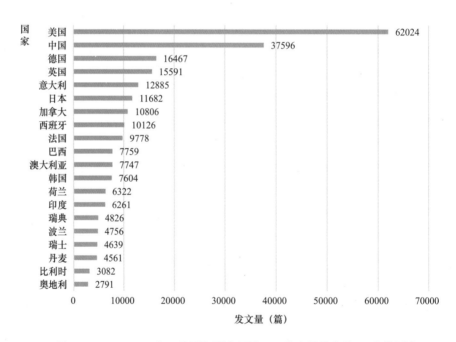

图 7.7　2011—2020 年"代谢"研究领域 SCI 发文量排名前 20 位的国家

7.2.2.4　代谢领域全球发文机构

从 2011—2020 年 SCI 发文量排名前 20 位的机构来看，35% 的机构来自美国，其他机构分别属于法国、中国、西班牙、英国、丹麦等多个国家。其中，美国的加利福尼亚大学系统及哈佛大学居第一、第二位，发文量远超其他国家的研究机构；法国国家健康与医学研究院、法国国家科学研究中心居第三、第四位；中国科学院居第五位，发文量为 3763 篇；上海交通大学发文量为 1872 篇，排名第十八位（见图 7.8）。

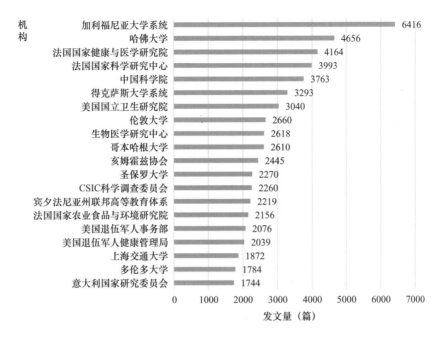

图 7.8 2011—2020 年"代谢"研究领域 SCI 发文量排名前 20 位的机构

7.2.2.5 代谢领域全球发文基金

从 2011—2020 年 SCI 发文的全球基金资助分布看，美国对"代谢"领域的研究资助力度最大，美国国立卫生研究院资助发文量排名第一位，为 36687 篇；中国国家自然科学基金委员会资助发文量排名第二位，为 20598 篇；欧盟委员会资助发文量排名第三位，为 15565 篇；还有大量美国国立卫生研究院所属研究所的相关资助，日本文部科学省、日本科学促进会、英国研究创新协会、日本科学研究补助金、德国研究基金会等对"代谢"领域也有较大资助。

由表 7.11 统计数据分析可知，2011—2020 年世界范围内代谢科学的发展呈现快速上升的趋势，其中以美国研究机构为代表的学科研究力量实力雄厚，中国研究机构表现优秀，整体实力位居世界第二；在机构排名中，中国科学院和上海交通大学进入国际排名前 20 位。由此看来，我国的科研人员已经意识到代谢科学的发展将是未来生命科学研究的重要方向，在过去的 10 年中紧跟学科发展方向并发表了相关研究成果，在该学科领域奠定了相关基础，拥有继续发展的潜能。

表 7.11 2011—2020 年"代谢"研究领域全球基金资助的 SCI 发文量

序号	基金资助机构	资助发文量（篇）
1	美国国立卫生研究院	36687
2	中国国家自然科学基金委员会	20598
3	欧盟委员会	15565

（续表）

序号	基金资助机构	资助发文量（篇）
4	美国 NIH 国立糖尿病消化与肾病研究所	11553
5	美国 NIH 国立综合医学研究所	7473
6	日本文部科学省	7267
7	美国 NIH 国立癌症研究所	6558
8	美国 NIH 国立心、肺、血液病研究所	6549
9	日本科学促进会	6288
10	英国研究创新协会	6019
11	日本科学研究补助金	5281
12	德国研究基金会	5252
13	美国国家科学基金会	4415
14	英国医学研究委员会	3928
15	巴西国家科学技术发展委员会	3820
16	加拿大卫生研究院	3474
17	美国 NIH 国立老龄研究所	3406
18	加拿大自然科学与工程研究委员会	3256
19	美国 NIH 国立研究资源中心	3254
20	巴西政府高层次人才促进计划	2768

7.2.2.6 代谢领域全球发文内容

对 2011—2020 年受同行高度关注的领域高被引文献进行分析，总结出全球代谢调控研究的若干重点子领域。

其中，细胞代谢在肿瘤发生、疾病发展中的作用引起了广泛关注，在 Hanahan, Douglas[1] 等阐述的肿瘤的 10 个特征中，糖代谢的"重编程"是癌细胞的一个显著特征。mTOR、AMPK 在糖类调控、机体代谢中的作用也是持续研究热点，Saxton, Robert A 等 [2] 全面讨论了 mTOR 的功能及 mTOR 信号网络异常是如何导致人类疾病的，以及针对 mTOR 的治疗方法。AMPK 作为能量感受器，可作为多种药物的作用靶点，可能对肿瘤、肥胖等代谢系统疾病具有潜在的治疗作用。Sébastien Herzig 等 [3] 对 AMPK 适应应激状态并协调自噬及线粒体自噬的多种生物学功能进

[1] HANAHAN D, WEINBERG R A.Hallmarks of Cancer: The Next Generation[J]. Cell, 2011, 144(5):646-674.

[2] SAXTON R A, SABATINI D M.mTOR Signaling in Growth, Metabolism, and Disease[J]. Cell, 2017, 68(6):960-976.

[3] HERZIG S, SHAW R J.AMPK: guardian of metabolism and mitochondrial homeostasis[J]. Nature Reviews Molecular Cell Biology, 2018, 19(2):121-135.

行了总结。

同时，饮食、肠道菌群在代谢健康中的作用越来越受重视，真菌参与代谢、疾病调节的相关机制和代谢标志物等逐渐成研究热点，Fiers, WD 等 [1] 研究了胃肠道和营养真菌群落的初始、成熟和饮食调节，以及它们对人类代谢系统疾病的影响。Koeth, Robert A 等 [2] 研究人员发现富含肉毒碱食物会促进细菌生长进而产生更多的 TMAO，并能够在多方面改变胆固醇代谢，解释了 TMAO 促进动脉粥样硬化的机制。

糖尿病及其并发症的发病机制和治疗研究也是该领域的绝对热点。随着 2 型糖尿病的发病率呈暴发趋势，探索 2 型糖尿病胰岛素分泌和胰岛素敏感性的调控机制成为该领域的重大问题。例如，Pernicova Ida 和 Korbonits Marta 探究了二甲双胍对胰岛素敏感性调节的作用机制 [3]；Szendroedi Julia 等人对线粒体在胰岛素抵抗与 2 型糖尿病中的作用展开研究 [4]。在糖尿病治疗药物的研发方面，研究人员尤为关注 GLP-1 的功能和作用机理。例如，Meier Juris J 对于 GLP-1 受体激动剂用于个体化治疗 2 型糖尿病的效果进行了探索 [5]。

此外，肥胖及脂肪组织分泌因子的机制研究也是代谢调控研究的重点。脂肪组织作为重要的内分泌器官，其分泌的脂肪因子在能量平衡调控和肥胖的发生发展中发挥非常重要的作用，在这些因子中，关于瘦素、脂联素的研究备受关注。Blueher Matthias 和 Mantzoros Christos S 对脂肪组织分泌的激素，尤其是瘦素的相关研究数据及可能的作用机制进行了综述 [6]。SainzNeiraSainz、BarrenetxeJaione 等人从瘦素的中枢与外周作用着手研究瘦素抵抗与饮食诱导之间的关系 [7]。

除了糖尿病与肥胖，代谢紊乱所导致的其他相关疾病如阿尔兹海默病等神经退行性疾病、肿瘤、心血管疾病、衰老等机制的研究也在代谢调控领域有着重要的位置。例如，Yan Michael H、Wang Xinglong 等人研究了线粒体缺陷和氧化应激在阿尔茨海默病和帕金森病中的表现 [8]。Faubert Brandon、Boily Gino 等人证明 AMPK 是一种瓦

[1] FIERS W D, LEONARDI I, ILIEV I D.From Birth and Throughout Life: Fungal Microbiota in Nutrition andMetabolic Health[J]. Annual Review of Nutrition, 2020, 40(1):323-343.

[2] KOETH R A, WANG Z, LEVISON B S, et al.Intestinal microbiota metabolism of L-carnitine, a nutrient in red meat, promotes atherosclerosis[J]. Nature Medicine, 2013, 19(5):576-585.

[3] PERNICOVA I, KORBONITS M.Metformin-mode of action and clinical implications for diabetes and cancer[J]. Nature Reviews Endocrinology, 2014, 10(3):143-156.

[4] SZENDROEDI J, PHIELIX E, RODEN M.The role of mitochondria in insulin resistance and type 2 diabetes mellitus[J]. Nature Reviews Endocrinology, 2012, 8(2):92-103.

[5] MEIER JJ.GLP-1 receptor agonists for individualized treatment of type 2 diabetes mellitus[J]. Nature Reviews Endocrinology, 2012, 8(12):728-742.

[6] BLUHER M, MANTZOROS C S.Fromleptin to other adipokines in health and disease: Facts and expectations at the beginning of the 21st century[J]. Metabolism-Clinical and Experimental, 2015, 64(1):131-145.

[7] SAINZ N, BARRENETXE J, MORENO-ALIAGA M J.Leptin resistance and diet-induced obesity: central and peripheral actions of leptin[J]. Metabolism-Clinical and Experimental, 2015, 64(1):35-46.

[8] YAN M H, WANG X L, ZHU X W.Mitochondrial defects and oxidative stress in Alzheimer disease and Parkinson disease[J]. Free Radical Biology and Medicine, 2013, 62:90-101.

伯格效应的负调控因子，可以抑制体内肿瘤的生长[1]。这些文章在近 5 年都有着极高的关注度。纵观这些研究领域，与代谢调控相关的代谢网络运行机制的探讨、疾病发病机制仍是人们重点探索的领域，希望借此找到新的健康管理方法与疾病治疗手段，随着生物医学领域新技术体系的建立与交叉融合，从整体角度全面分析机体的代谢及其调控过程已成为该领域发展的趋势。

7.3 小结

1. 营养与代谢领域全球学科发展态势

（1）营养与膳食研究正越来越多地受到世界各国的重视，很多国家都制定了适合自己国情的营养膳食指南，其核心目标是帮助人们建立健康的饮食模式，提升全民健康水平。美国的《美国国家营养学研究路线图 2016—2021》是一个涉及面很广的营养学研究规划，突出了基础研究与应用的结合，强调跨领域多学科的协同合作，非常值得我国参考与借鉴。

（2）从营养与膳食学科领域发文量的年度分布来看，近 10 年（2011—2020 年）来，全球营养与膳食学科领域的发文量呈现曲线上升趋势，美国论文产出位居世界第一，其次为中国、英国。就营养与膳食学科的具体研究机构而言，其研究机构主要集中在各国 / 地区的大学及国立科研机构，其中欧美机构占据绝大部分，但中国的科研机构也具有一定的影响力。

（3）对 2011—2020 年代谢科学的研究论文统计数据进行分析可知，世界范围内代谢科学的发展呈现快速上升的趋势，其中以美国研究机构为代表的学科研究力量实力雄厚，中国研究机构表现优秀，整体实力位居世界第二。

（4）在国际代谢科学发展的进程中，各国重要研究机构近年来通过制定研究规划和计划、调整学科布局等方式，已将代谢学科发展定位在机构学科发展的重要位置。总体上看，国际重要研究机构科研主要布局在两个方面：一方面布局在营养代谢的基础机理研究，以科学营养和代谢平衡来提升健康水平，预防疾病的发生；另一方面布局在代谢系统疾病的病理研究与治疗，特别是与严重威胁人类健康的重大代谢相关的疾病。

2. 营养与代谢领域各国学科发展态势

（1）以美国研究机构为代表的学科研究力量实力雄厚，美国国立卫生研究院自 2016 年美国发布营养学研究路线图后，便成立营养研究工作小组，负责制订未来 10

---

[1] FAUBERT B, BOILY G, IZREIG S.AMPK Is a Negative Regulator of the Warburg Effect and Suppresses Tumor Growth In Vivo[J]. Cell Metabolism, 2012, 17(1):113-124.

年的营养研究战略计划。2020 年 5 月 27 日,《美国国立卫生研究院 2020—2030 年营养研究战略计划》出台,希望通过这一战略性的科学指导方针,从根本上改变营养科学研究;与此同时,美国农业部和卫生与公共服务部共同成立了膳食指南咨询委员会,主要任务是针对特定营养和公众健康问题进行科学证据评估,在制定新一版美国膳食指南时,为联邦政府提供独立的、基于科学的建议。2020 年 7 月,该委员会发布《2020 年美国膳食指南咨询委员会科学报告》(*Scientific Report of the 2020 Dietary Guidelines Advisory Committee*),报告美国 2020—2025 版膳食指南中各类问题的科学证据的评估结果;2020 年 12 月 29 日,膳食指南咨询委员会还发布了《美国居民膳食指南(2020—2025)》,该指南每 5 年修订一次。

此外,2020 年 8 月,美国国家科学院、工程院和医学院发布了题为《面向 2030 年以后的消费者食品数据系统》(*A Consumer Food Data System for 2030 and Beyond*)的报告,对美国农业部经济研究局的消费者食品数据系统进行审查,为该系统未来 10 年的发展提供指导,对提高消费者食品数据系统价值以双提升支撑优先政策问题研究的能力给出了建议。

在代谢系统疾病研究计划方面,美国 NIH 资助了罕见和非典型糖尿病网络的建设;美国糖尿病协会和欧洲糖尿病研究协会联合发布《糖尿病精准医学共识报告》(*Precision Medicine in Diabetes:A Consensus Report*),指出在全球范围内发展糖尿病药物的实施机会,以及糖尿病精准医学的可行和有效的案例。

(2)欧盟委员会于 2016 年启动"食品 2030"项目,旨在围绕食品和营养安全开展针对研究与创新的政策研究,为促进食品系统和营养相关的科研和产业发展提供指导。2020 年 3 月 4 日,欧盟委员会"生物经济与食品系统"研究与创新小组举办了主题为"2030 年食品路线:未来向可持续、健康、安全和包容性食品体系转变的研发需求"的研讨会,旨在确定未来食品体系和营养转化相关的研究与创新发展目标、优先行动及实现路径,以期为欧盟委员会未来政策规划的制定提供参考。

(3)中国对于人体营养的研究还处于起步阶段,但对营养膳食及代谢领域的研究已经越来越重视,2021 年 2 月中国发布《中国居民膳食指南科学研究报告(2021)》,聚焦我国居民营养与健康状况的主要关键问题,以膳食营养和生活方式与健康的科学研究结果为证据,为膳食指南修订提供了重要参考和科学依据;同时,中国政府积极与企业开展合作项目,推动慢病(尤其是糖尿病等)的长期管理技术和体系研发。赛诺菲中国宣布与上海浦东软件园创业投资管理有限公司达成战略合作,将在浦东软件园孵化空间落地赛诺菲慢病管理创新项目,探索业界领先的慢病全病程管理创新模式。

3. 巩固基础研究实力，促进跨学科协同合作

营养与膳食是关系到社稷民生的重要课题，而营养与代谢密不可分，越来越多的科研人员已经意识到营养与代谢学科的发展将是未来生命科学研究的重要方向。科研人员在过去的 5 年中紧跟学科发展方向并发表了相关研究成果，在相关学科领域奠定了一定基础，拥有继续发展的潜能。促进跨学科协同合作，系统性、网络化地对营养与代谢相关的许多未解之谜进行集成式的重点研究，将有利于聚焦学科前沿，把握生命科学的内涵和核心驱动力。

4. 布局前沿热点学科，不断提高国际影响力

各国重要研究机构近年来通过制定研究规划和计划、调整学科布局等方式，已将营养与代谢学科发展定位在机构学科发展的重要位置。对于中国科研人员来说，需要获得更多的学科发展资助，以加强针对前沿热点学科的相关研究，从而在未来营养与代谢学科发展中取得领先优势，并在世界科学舞台占领重要位置，实现从跟跑向领跑位置的转变。

5. 加强基础研究与应用的结合

为了促进人民营养健康，提高人民生活质量，需要将营养与代谢学科领域基础研究的成果转化成可操作的膳食指南和产业化的营养食品。理论研究要为产品创新、慢病的预防提供理论基础，为制定我国食物与营养健康科技创新发展战略框架与重点任务提出相关政策建议，从而加快营养健康产业发展。基础研究与大众产业化对接等方面仍存在诸多科学与技术瓶颈问题亟待解决。

致谢　中国科学院上海营养与健康研究所林旭研究员对本章提出了宝贵的意见和建议，谨致谢忱。
执笔人：中国科学院上海生命科学信息中心，中国科学院上海营养与健康研究所
　　　　沈东婧、江晓波、周成效、姚远、李莎、许咏丽

第 8 章

有机生物电子及传感器研发态势分析

　　有机电子学是一个跨学科的领域，主要研究基于 π 共轭有机体系的有机电子材料与器件 [1]。这些材料与器件由共轭分子和聚合物构成，具有离域 π 电子，因此具有半导电性。通过添加可氧化或还原 π 共轭结构的化学物质，可以将这些材料的 p 型或 n 型掺杂为高导电态，达到提高其导电能力的目的 [2]。由于其导电性，有机电子材料被广泛应用在有机传感器、有机电致发光二极管、有机薄膜晶体管、有机太阳能电池、有机光耦合器、有机微机电系统、有机激光器及光电探测等领域。

　　近些年，随着生物电子学的发展，有机电子材料在生物电子领域的应用受到人们关注，主要集中在生物传感、生物影像、生物治疗三大方面 [3]。2007 年，Berggren 和 Richter-Dahlfors 提出了"有机生物电子学"一词 [1]。有机生物电子学主要开展有机电子器件的发展和研究及其在生物医学领域的应用研究。基于 π 共轭的有机体系通常以聚合物的形式与生命系统进行电子耦合，由其构成的器件可以以特定的化学方式调节生命体细胞、组织和器官的生理过程 [4]。同时，其也可以选择性地感知、记录和监测生物系统的信号和生理状态，并将相关生物信号转换为电子读数，以便进一步处理和决策。相较于传统的生物界面电子材料（无机电子材料、水凝胶等），有机电子材料具有良好的机械柔性与良好的生物相容性，可有效减少生物组织和电子植入物界面之间的炎症反应 [5,6]。此外，有机半导体 / 导体可以促进电子和离子电荷传递，从而为生物

[1] BERGGREN M, RICHTER-DAHLFORS A. Organic bioelectronics[J]. Advanced Materials, 2007, 19: 3201-3213.

[2] RIVNAY J, OWENS R M, Malliaras G G. The rise of organic bioelectronics[J]. Chemistry of Materials, 2014, 26: 679-685.

[3] 范曲立，黄维，刘兴奋 . 有机光电子材料在生物医学中的应用 [M]. 北京：科学出版社，2019.

[4] OHAYON D, INAL S. Organic bioelectronics: from functional materials to next-generation devices and power sources[J]. Advanced Materials, 2020, 32: 2001439.

[5] HARRIS A R, WALLACE G G. Organic electrodes and communications with excitable cells. advanced functional materials[J]. Advanced Functional Materials, 2018, 28: 1700587.

[6] RIVNAY J, INAL S, COLLINS B A, et al. Structural control of mixed ionic and electronic transport in conducting polymers[J]. Nature Communications, 2016, 7: 11287.

和非生物世界之间的电荷传输提供理想的界面。例如，在生物体电子接口方面，导电聚合物涂层改善了电极－组织界面的电学性能和生物相容性，有效提高了电阻抗，从而获得更好的记录和更高的信噪比；在药物输送方面，基于聚合物的电刺激释放化学物质，可以有效传递神经递质，从而成功改变神经行为；在生物传感方面，基于有机半导体构建的生物传感器，兼具灵敏度与柔性，使得细胞代谢的体内监测和疾病的早期检测成为可能。

对有机生物电子及传感器研究领域的发展趋势、研究热点进行探讨和分析，将促进有机生物电子学及传感器相关学科的发展，有效推动新一代有机生物电子材料及器件的开发及其在生物医学领域应用方面的发展。

本章围绕有机生物电子及传感器研究领域基金资助、核心期刊论文，以及专利技术进行数据采集，采用文献计量学方法，结合情报分析工具，对研究领域基金项目投入，以及产出的论文与专利成果进行分析，以期从情报分析和客观事实的视角，揭示有机生物电子及传感器领域的基础研究能力和发展态势。

8.1 基于机器学习的文献数据分类方法

8.1.1 数据来源及检索策略

科睿唯安的 Web of Science™ 是全球获取学术信息的重要数据库，基于严格的选刊程序及客观的计量方法，收录各学科领域最具权威性和影响力的学术期刊，建立了世界上影响力最大、最权威的引文索引数据库。

（1）数据来源：Web of Science™ 核心合集之 Science Citation Index Expanded（SCIE，1900 年至今）和 Derwent Innovations Index（DII，1963 年至今）。

（2）时间跨度：1900—2020 年。

（3）检索策略：在主题中采用①有机电子：conjugated molecule OR organic semiconductor OR small molecule OR polymer 等同义词和国际专利分类号，分别在 SCIE 和 DII 数据库中进行检索；②生物电子及传感器：bioelectronics OR sensor OR biosensor OR implantable sensor OR pressure/DNA/cell/drug/degradable/ sensor OR drug deliver 分别与 conjugated molecule OR organic semiconductor OR small molecule OR polymer 等同义词和国际专利分类号，分别在 SCIE 和 DII 数据库中进行检索。构建有机电子和生物电子及传感器的检索策略，结合专家判读和机器学习分类构建精准分析数据集。

（4）检索时间：2021 年 2 月 24 日。

（5）论文类型：Article+Review+Letter。

8.1.2 机器学习分类

本研究基于有监督、无监督机器学习算法，对有机生物电子及传感器领域的论文、专利数据进行分类，其步骤包括如下几个方面。

1. 人工标引

通过领域专家判读，对有机生物电子及传感器领域的论文和专利数据抽样进行人工标引，抽样比例为 10%。论文和专利的总标引数据为 1645 篇。以人工标引的数据为训练集，采用无监督学习的分类方法对所有数据进行机器分类与精炼。

2．文本表示

文本表示是将文本转换成向量或矩阵，以便机器处理。经典的处理方法是将原始文本（如全文、自然段、自然语言）转换成文本向量。例如，DII 专利的原始文本具有一些深度标记的特征，包括"题目""摘要""用途""新颖性""技术特征"等字段。其中，"用途"和"新颖性"更为准确地表述了专利技术的应用对象和技术特征。为了准确地表达专利技术，摒弃多余文本，优先选择"题目""用途""新颖性"字段文本，如果这些字段为空，再选择"摘要"字段作为挖掘的文本。

3．文本预处理与分词

在文本分词之前先构建一个专业领域的领域词典，通过文本的统计分析和清洗，形成分词叙词表。该词典和叙词表都能更方便和准确地用于分类之前的分词操作。此外，在分词之前还采用词干化再还原的方法，即先用 NLTK 中的 SnowballStemmer 工具对所有词进行 stem 处理，最终获得词库构建向量空间模型（VSM）。VSM 是目前应用最广泛、性能最好的主题表示方法之一。在向量空间模型中，在特征选择和计算方面采用 TF-IDF 算法将词频转化为词的权重，其间采用停词表进行停词。VSM 构建和 TF-IDF 算法来自基于 Python 平台的 SKlearn 库。

4．机器学习分类算法

1）支持向量机（SVM）

支持向量机（SVM）是一种判别式的机器学习方法，普遍认为具有较高的准确性。SVM 的核心思想是构建超平面，将训练数据划分成正、负两部分。这个超平面可以是多维空间下的超平面，与超平面最近的用于区分两大类的向量，叫做支持向量。

SVM 的关键在于核函数，采用不同的核函数将构造出不同的 SVM 算法。选用适当的核函数，可以得到高维空间的分类函数，同时避免低维空间向量集映射到高维空间时计算复杂度的增加。

SVM的学习问题可以转化为如下对偶问题：

$$\max_{\alpha} \ W(\alpha) = \sum_{i=1}^{m} \alpha_i - \frac{1}{2} \sum_{i,j=1}^{m} y^{(i)} y^{(j)} \alpha_i \alpha_j (x^{(i)}, x^{(j)})$$

$$\text{s.t.} 0 \leqslant \alpha_i \leqslant C, i = 1, \cdots, m$$

$$\sum_{i=1}^{m} \alpha_i y^{(i)} = 0$$

2）随机森林（Random Forest，RF）算法

随机森林是一个包含多个决策树的分类器，可以对样本进行训练并预测，其最早由Leo Breiman和Adele Cutler提出。

随机森林的基本思想是通过集成学习对多棵决策树进行集成。它是将很多决策树的结果综合而成的结果，具有如下优势：①高准确率；②能够有效地运行在大数据集上；③无须降维便能处理高维特征的输入数据；④能够评估各个特征在分类问题上的重要性；⑤能够获取到内部生成误差的一种无偏估计。

3）神经网络（Neural Network，NN）算法

神经网络是近些年非常热门的研究领域。在文本分类领域，神经网络算法很早就得到了应用和探索。在本章中采用的分类器是多层感知神经网络分类器（Multi-layer Perceptron Neural Network Classifier）。

针对筛选出的论文和专利文献，采用无监督学习分类的方式，对专利文献进行主题聚类。其中，期刊论文采用VOSviewer软件的方法直接聚类，专利采用k-means方法进行聚类，再用可视化软件进行可视化分析。

5. 机器学习分类结果

1）论文数据的筛选结果

根据前文的检索式，共检索出论文8938篇，通过支持向量机、随机森林、神经网络3种算法的机器学习分类，其准确率都超过了80%，但是3种算法在召回率方面差异较大。因神经网络算法在准确率和召回率上都超过了80%，最终采用了神经网络算法的结果（见表8.1）。通过专家的进一步核查，也认为其较为准确地区分出了专家在标引数据时所采用的标准。

通过训练好的神经网络算法模型，对所有的论文文献进行分类，最终筛选出相关论文文献共6338篇。论文文献的分类结果可视化如图8.1所示。

表 8.1 监督学习算法对有机生物电子及传感器研究领域论文的分类结果

	支持向量机 （SVM）	随机森林 （RF）	神经网络 （NN）
准确率	84.8%	80.5%	81.5%
召回率	66.4%	74.3%	80.4%

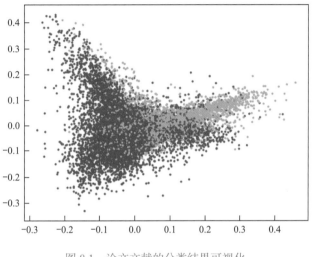

图 8.1 论文文献的分类结果可视化

注：该图为 8938 篇论文文本的 PCA 降维可视化结果，红色点为专家标准下的生物有机电子文献，黄色点为筛选的论文。

2）专利数据的筛选结果

根据前文的检索式，共检索出专利文献 7539 篇，通过支持向量机、随机森林、神经网络 3 种算法的机器学习分类，其准确率、召回率都超过了 70%（见表 8.2）。经专家核验，认为准确率相比期刊论文更低的原因与学科交叉有重要关系，文献涉及分子生物学、物理学、材料学、化学、电子学等多种学科间交叉，并且专利文本中的器件、设备等对其的影响也较大。相对而言，神经网络算法更准确，故采用神经网络算法的结果。经专家再次核查，也认为其较为准确地区分出了专家在标引数据时所采用的标准。

表 8.2 监督学习算法对有机生物电子及传感器研究领域专利的分类结果

	支持向量机 （SVM）	随机森林 （RF）	神经网络 （NN）
准确率	76.1%	72.4%	75.8%
召回率	65.4%	72.1%	74.5%

通过训练好的神经网络算法模型，对所有的专利文献进行分类，筛选出最终相关

专利文献共 2024 篇（占比约为 27%，该比例与专家标引文献比例接近）。专利文献的分类结果可视化如图 8.2 所示。

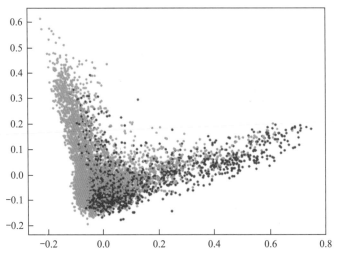

图 8.2　专利文献的分类结果可视化

注：该图为 7539 篇专利文本的 PCA 降维可视化结果，红色点为专家标准下的生物有机电子专利文献 2024 篇（占比约为 27%），黄色点为其他相关文献。

8.1.3　情报分析工具

针对筛选出的论文和专利文献，采用科睿唯安的 Derwent Data Analyzer（DDA）、Derwent Innovation，荷兰莱顿大学的 VOSviewer 知识图谱可视化软件，科思特尔的 Orbit 专利信息检索与分析数据库，以及 Excel 进行数据处理与分析。

8.2　有机生物电子及传感器研究领域基金资助分析

8.2.1　NIH 基金资助

2001—2020 年，美国国立卫生研究院（NIH）所属国立生物医学影像学与生物工程学研究所、国立综合医学研究所、国立癌症研究所等机构对有机生物电子及传感器研究领域资助项目共计 2463 项，资助总金额达 81661.84 万美元。

从 NIH 资助有机生物电子及传感器研究领域的项目数量和资助金额变化情况可以看出：年资助数量范围为 70 ～ 180 项，其中 2020 年资助项目数量为 178 项，达到峰值；资助金额范围为 1500 万 ～ 8100 万美元，其中 2020 年资助金额为 8076.34 万美元，达到峰值（见图 8.3）。

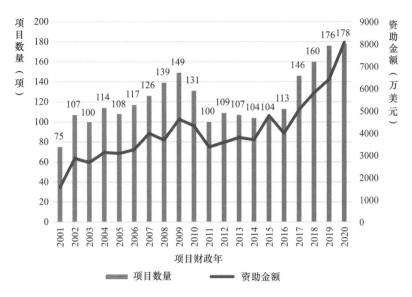

图 8.3　有机生物电子及传感器研究领域 NIH 基金资助趋势

共有 486 家研究机构接受了来自 NIH 对有机生物电子及传感器研究领域的资助。受资助金额超过 1000 万美元的机构有 12 家，分别是加利福尼亚大学洛杉矶分校、斯坦福大学、加利福尼亚大学圣地亚哥分校、耶鲁大学、北卡罗来纳大学教堂山分校、麻省理工学院、塔夫茨大学（美德福德）、斯克利普斯研究所、密歇根大学安娜堡分校、杜克大学、加利福尼亚大学旧金山分校和宾夕法尼亚大学。受资助金额居前 3 位的加利福尼亚大学洛杉矶分校、斯坦福大学、加利福尼亚大学圣地亚哥分校的受资助金额分别为：3516.66 万美元、2232.55 万美元、1911.88 万美元，以较大幅度领先于其他机构（见表 8.3）。

表 8.3　有机生物电子及传感器研究领域 NIH 基金受资助机构（排名前 12 位）

序号	受资助机构	受资助金额（万美元）
1	加利福尼亚大学洛杉矶分校	3516.66
2	斯坦福大学	2232.55
3	加利福尼亚大学圣地亚哥分校	1911.88
4	耶鲁大学	1539.91
5	北卡罗来纳大学教堂山分校	1400.89
6	麻省理工学院	1270.58
7	塔夫茨大学（美德福德）	1203.35
8	斯克利普斯研究所	1164.82
9	密歇根大学安娜堡分校	1162.6

（续表）

序号	受资助机构	受资助金额（万美元）
10	杜克大学	1079.34
11	加利福尼亚大学旧金山分校	1058.35
12	宾夕法尼亚大学	1019.03

8.2.2　NSFC 基金资助

2001—2020 年，中国国家自然科学基金委员会（NSFC）所属化学科学部、工程与材料科学部、信息科学部、生命科学部和医学科学部等机构对有机生物电子及传感器研究领域资助项目共计 543 项，资助总金额达 26123.50 万元。

从 NSFC 资助有机生物电子及传感器研究领域的项目数量和资助金额变化情况可以看出：2010 年之前，年资助项目数量较少，低于 30 项；2011—2018 年，年资助项目数量有所增长，范围为 30～70 项；2019 年和 2020 年资助项目数量有较大回落，低于 20 项。其中 2013 年资助项目数量为 69 项，达到峰值。2001—2009 年年资助金额低于 800 万元，2010—2018 年年资助金额范围为 1000 万～4300 万元，2019 年和 2020 年年资助经费有所回落，低于 800 万元。其中，2013 年资助金额为 4254 万元，达到峰值（见图 8.4）。

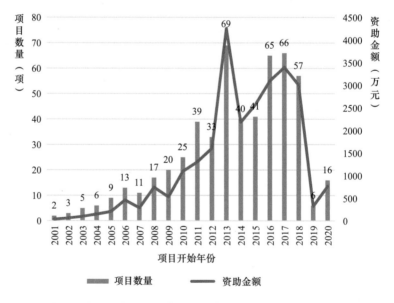

图 8.4　有机生物电子及传感器研究领域 NSFC 基金资助趋势

共有 178 家研究机构接受了来自 NSFC 对有机生物电子及传感器研究领域的资助。受资助金额超过 500 万元的有 10 家机构，分别是中国科学院化学研究所、清华大学、中国科学院长春应用化学研究所、华南理工大学、复旦大学、苏州大学、南京大学、中国科学技术大学、浙江大学和四川大学。受资助金额居前 3 位的中国科学院化学研究所、清华大学和中国科学院长春应用化学研究所的受资助金额分别为：1547.10 万元、971.00 万元和 855.00 万元。其中，中国科学院化学研究所以较大幅度领先于其他机构（见表 8.4）。

表 8.4 有机生物电子及传感器研究领域 NSFC 基金受资助机构（排名前 10 位）

序号	受资助机构	受资助金额（万元）
1	中国科学院化学研究所	1547.10
2	清华大学	971.00
3	中国科学院长春应用化学研究所	855.00
4	华南理工大学	781.67
5	复旦大学	781.50
6	苏州大学	693.00
7	南京大学	677.00
8	中国科学技术大学	599.00
9	浙江大学	577.00
10	四川大学	546.00

8.3 有机生物电子及传感器领域研究论文分析

8.3.1 论文产出趋势及影响

从 SCIE 检索结果看，有机生物电子及传感器领域研究始于 20 世纪 80 年代，1984 年，《铁电材料》期刊上最早发表了该领域的 2 篇研究论文，分别是美国国家标准与技术研究院发表的 *Transduction Phenomena in Ferroelectric Polymers and Their Role in Biomedical Applications*，以及意大利米兰理工大学发表的 *Multisensor Piezoelectric Polymer Insole for Pedobarography*。1988 年，中国科学院长春应用化学所分别在《化学通讯》和《分析师》期刊上发表了 *A New Kind of Chemical Sensor Based on a Conducting Polymer Film* 和 *Chloride Chemical Sensor Based on an Organic Conducting Polypyrrole Polymer*。

全球有机生物电子及传感器研究领域的发展历程可分为 3 个阶段：一是 1984—2004 年，全球在该领域的研究发展相对缓慢，年发文量未超过 100 篇；二是 2005—2015 年，2005 年的发文量突破 105 篇后，全球在该领域的研究进入稳步增长阶段；三是 2016—2020 年，全球在该领域的研究呈现快速增长趋势，2016 年的发文量达到 452 篇，2020 年的发文量为 833 篇，达历史峰值，这 5 年的发文量占总论文量的比例为 50.47%（见图 8.5）。

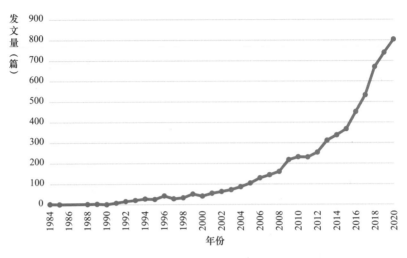

图 8.5　有机生物电子及传感器研究领域全球论文产出趋势

　　年度论文被引次数是论文被使用和受重视程度的一个衡量指标，在一定程度上可以反映研究领域在学术交流中的地位和影响力。有机生物电子及传感器研究领域全球论文年度被引次数从 1994 年的 152 次逐年增加，2008 年达到 5027 次后，全球论文被引次数迅猛增长，2013 年突破 11455 次，2020 年更是达到 39655 次，这也说明有机生物电子及传感器研究领域的整体影响力呈现日趋增强的趋势（见图 8.6）。

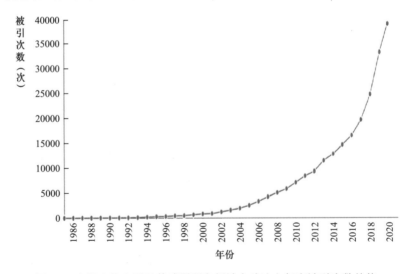

图 8.6　有机生物电子及传感器研究领域全球论文年度被引次数趋势

8.3.2　主要国家 / 地区分布及合作

　　对有机生物电子及传感器研究领域的国家论文产出分布进行分析发现，全球有 86 个国家开展了相关研究，论文产出排名前 10 位的国家分别为：中国、美国、韩国、印度、英国、意大利、德国、澳大利亚、法国、日本，这 10 个国家发文量占总论文量的 87.13%（见图 8.7）。

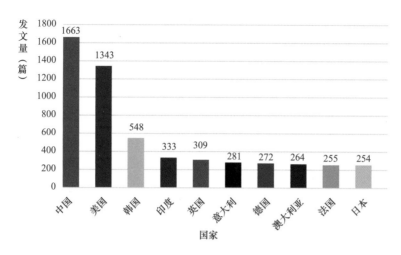

图 8.7 有机生物电子及传感器研究领域全球排名前 10 位的国家论文产出分布

在发文量排名前 10 位的国家中，从篇均被引频次指标看，排名前 5 位的国家是美国、日本、法国、英国和澳大利亚；从总被引次数指标看，排名前 5 位的国家是美国、中国、韩国、英国和日本。综合可知，美国和英国在该领域的发文量和质量均较好，中国和韩国的发文量和总被引次数领先，篇均被引频次明显偏低，整体发文质量应加强（见表 8.5）。

表 8.5 有机生物电子及传感器研究领域全球排名前 10 位的国家 / 地区论文产出及影响

国家 / 地区	发文量（篇）	总被引		篇均被引	
		次数（次）	排序	频次（次 / 篇）	排序
全球	6338	308259	—	48.64	—
中国	1663	52757	2	31.72	9
美国	1343	89184	1	66.41	1
韩国	548	18130	3	33.08	8
印度	333	9029	10	27.11	10
英国	309	12036	4	38.95	4
意大利	281	9475	9	33.72	7
德国	272	9842	8	36.18	6
澳大利亚	264	9914	7	37.55	5
法国	255	10733	6	42.09	3
日本	254	11059	5	43.54	2

从有机生物电子及传感器研究领域排名前 10 位的国家年度论文产出趋势可以看出：20 世纪 90 年代后，各国在有机生物电子及传感器领域的研究稳步增长，近年来上升趋势迅猛的有美国、中国和韩国（见图 8.8）。

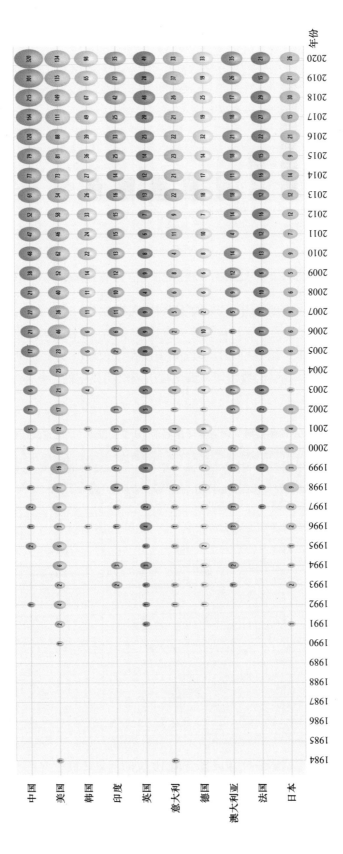

图 8.8 有机生物电子及传感器研究领域排名前 10 位的国家年度论文产出趋势

选取发文量排名前 10 位的国家，分析其相互间的合作发文情况可知，发文量排名前
10 位的国家开展了广泛且密切的合作，每个国家均与其他 9 个国家开展了合作，合作方
式有两两合作和多国合作模式。国家间合作发文量 100 篇以上的有美国、中国、英国和
韩国;合作发文占比超过 30% 的有英国、澳大利亚、日本、美国、法国和德国（见表 8.6）。

表 8.6　有机生物电子及传感器研究领域国家合作发文统计

序号	国家	发文量（篇）	非合作发文量（篇）	合作发文量（篇）	合作发文占比（%）
1	中国	1663	1304	359	21.59
2	美国	1343	892	451	33.58
3	韩国	548	411	137	25.00
4	印度	333	274	59	17.72
5	英国	309	170	139	44.98
6	意大利	281	198	83	29.54
7	德国	272	190	82	30.15
8	澳大利亚	264	170	94	35.61
9	法国	255	170	85	33.33
10	日本	254	168	86	33.86

发文量排名前 3 位的国家合作情况为：中国与美国、新加坡、加拿大和日本合作
最为密切，美国与中国、韩国、英国和法国合作最为密切，韩国与美国、中国、日本
和英国合作最为密切（见图 8.9）。

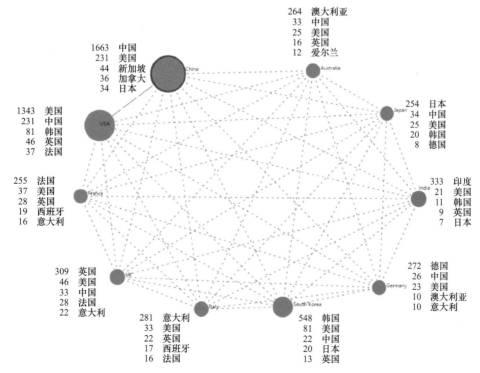

图 8.9　有机生物电子及传感器研究领域排名前 10 位的国家合作关系

8.3.3 主要研究机构分布及合作

对有机生物电子及传感器研究领域的全球研究机构进行筛选分析发现，发文量排名前 10 位的研究机构分别是澳大利亚伍伦贡大学、中国科学院化学研究所、韩国首尔大学、美国麻省理工学院和斯坦福大学、中国四川大学、美国密歇根大学、瑞典林雪平大学、中国清华大学和新加坡南洋理工大学。其中，美国有 3 所大学，中国有 1 家研究机构和 2 所大学，澳大利亚、韩国、瑞典和新加坡各有 1 所大学（见表 8.7）。

表 8.7　有机生物电子及传感器研究领域全球排名前 10 位的机构论文产出及影响力

序号	机构	发文量（篇）	总被引		篇均被引	
			次数（次）	排序	频次（次 / 篇）	排序
1	伍伦贡大学	107	4655	4	43.50	7
2	中国科学院化学研究所	75	3087	6	41.16	9
3	首尔大学	73	3390	5	46.44	5
4	麻省理工学院	69	8160	3	118.26	3
5	斯坦福大学	69	9947	1	144.16	1
6	四川大学	68	2366	10	34.79	10
7	密歇根大学	65	8289	2	127.52	2
8	林雪平大学	63	3042	7	48.29	4
9	清华大学	60	2576	9	42.93	8
10	南洋理工大学	59	2611	8	44.25	6

在发文量排名前 10 位的机构中，从篇均被引频次指标看，排名前 5 位的机构是美国斯坦福大学、密歇根大学、麻省理工学院，瑞典林雪平大学和新加坡南洋理工大学；从总被引次数指标看，排名前 5 位的机构是美国斯坦福大学、密歇根大学、麻省理工学院，澳大利亚伍伦贡大学和韩国首尔大学。

从有机生物电子及传感器研究领域排名前 10 位的机构年度论文产出趋势可以看出：密歇根大学、麻省理工学院、伍伦贡大学较早开始相关研究；约 2000 年以前，发展相对缓慢；2000 年以后，各机构在该领域的研究呈稳定增长态势；近年来上升趋势较快的有中国科学院化学研究所、首尔大学、四川大学、清华大学和南洋理工大学（见图 8.10）。

选取发文量排名前 10 位的机构，分析其相互间的合作发文情况可知，发文量排名前 10 位的机构中，有 9 家机构开展了较广泛的合作，合作方式以两两合作为主，合作不限于本国机构。伍伦贡大学未与其他 9 家机构合作（见图 8.11）。

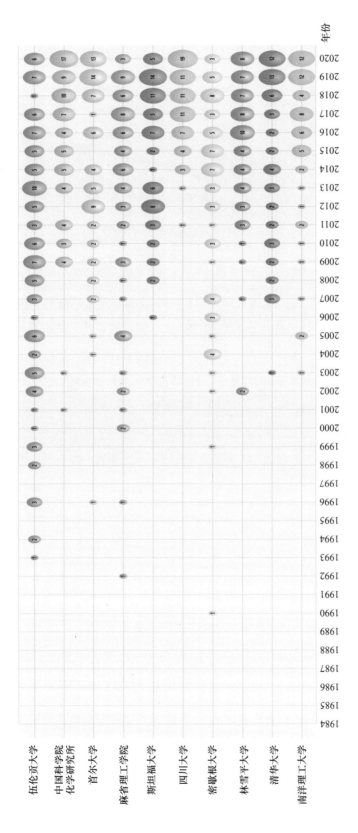

图 8.10 有机生物电子及传感器研究领域排名前 10 位的机构年度论文产出趋势

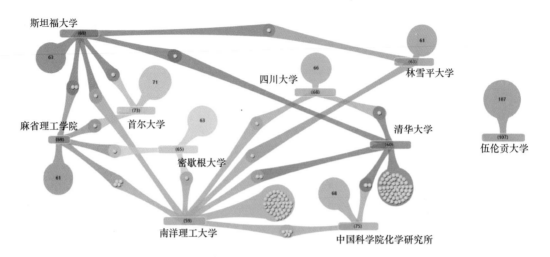

图 8.11　有机生物电子及传感器研究领域全球排名前 10 位的机构合作关系

机构间合作发文量 7 篇以上的有南洋理工大学、麻省理工学院和中国科学院化学研究所；合作发文占比不低于 10% 的有南洋理工大学、麻省理工学院和清华大学（见表 8.8）。

表 8.8　有机生物电子及传感器研究领域排名前 10 位的机构合作发文统计

序号	机构	发文量（篇）	非合作发文量（篇）	合作发文量（篇）	合作发文占比（%）
1	伍伦贡大学	107	107	0	0.00
2	中国科学院化学研究所	75	68	7	9.33
3	首尔大学	73	71	2	2.74
4	麻省理工学院	69	61	8	11.59
5	斯坦福大学	69	63	6	8.70
6	四川大学	68	66	2	2.94
7	密歇根大学	65	63	2	3.08
8	林雪平大学	63	61	2	3.17
9	清华大学	60	54	6	10.00
10	南洋理工大学	59	44	15	25.42

发文量排名前 3 位的机构合作情况为：伍伦贡大学未与其他 9 家机构合作，中国科学院化学研究所与南洋理工大学和清华大学合作密切，首尔大学与麻省理工学院和斯坦福大学有合作。

8.3.4 主要国家和机构研究主题分析

有机生物电子及传感器研究领域排名前 10 位的主题词分别是：导电聚合物、生物传感器、聚吡咯、聚苯胺、碳纳米管、传感器、导电性、气体传感器、静电纺丝和聚乙烯二氧噻吩。该领域排名前 10 位的主题词的国家分布如图 8.12 所示，排名前 10 位的国家的研究机构和主题词如表 8.9 所示。

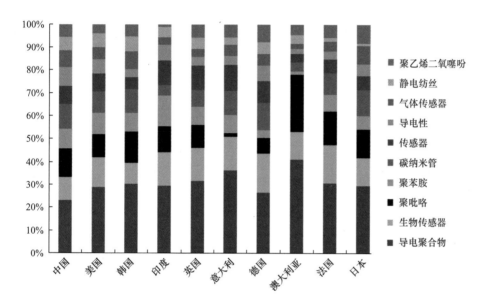

图 8.12　有机生物电子及传感器研究领域排名前 10 位的主题词的国家分布

表 8.9　有机生物电子及传感器研究领域排名前 10 位的国家的研究机构及主题词

国家	排名最靠前的机构	排名最靠前的领域主题词	近期领域主题词
中国	中国科学院化学研究所 [75]； 四川大学 [68]； 清华大学 [60]	conducting polymers [142]； polypyrrole [76]； carbon nanotubes [66]	Thermoelectric [7]； sensors and actuators [6]； Temperature sensor [6]； Strain [5]； flexible zinc-air batteries [4]； ambipolar transistor [3]； crosslinking [3]； Mussel-inspired [3]； Sodium alginate [3]； stretchable sensors [3]

（续表）

国家	排名最靠前的机构	排名最靠前的领域主题词	近期领域主题词
美国	斯坦福大学 [69]； 麻省理工学院 [69]； 密歇根大学 [65]	conducting polymers [141]； biosensor [63]； polypyrrole [48]	Electrically controlled drug release [2]； bioreactor [3]； bone scaffold [2]； microscopy [2]； reactive vapor deposition [3]； biotechnology [2]； Brain computer interface [2]； conducting polymer vapor sensors [2]； conductive sensor [2]； DNA sequencing [2]
韩国	首尔大学 [73]； 浦项科技大学 [47]； 汉阳大学 [39]	conducting polymers [69]； polypyrrole [31]； carbon nanotubes [23]	Self-healing [4]； 4-ethylenedioxythiophene) [2]； cellulose acetate [2]； Conductive polymer ecofriendly [2]； Electrochemical sensing [2]； Fused deposition modeling [2]； healthcare monitoring [2]； organic electrochemical transistors (OECTs) [2]； real-time monitoring [2]； stretchable electrode [2]
印度	贝拿勒斯印度教大学 [19]； 印度理工学院 [13]； 德里大学 [11]； 巴巴原子研究中心 [11]； 印度国家物理实验室 [11]	conducting polymers [52]； biosensor [26]； polyaniline [24]	conductive hydrogel [2]； ionic liquids (ILs) [2]； nerve injury [2]； scaffold [2]； Self-healing [2]； surface modification [2]
英国	伦敦帝国理工学院 [38]； 伦敦玛丽女王大学 [24]； 曼彻斯特大学 [16]； 华威大学 [16]	conducting polymers [44]； biosensor [20]； electronic nose (ENose/e-nose) [16]	multi-walled carbon nanotube (MWCNT/MWNT) [3]； stretchable electronics [3]； blends [2]； Gold nanoparticles [2]； nylon [2]； polymer nanocomposites [2]； real-time monitoring [2]； Structural health monitoring (SHM) [2]； Supercapacitor [2]

（续表）

国家	排名最靠前的机构	排名最靠前的领域主题词	近期领域主题词
意大利	意大利技术研究院 [42]； 巴里大学 [17]； 意大利国家研究委员会 [15]	conducting polymers [45]； biosensor [18]； PEDOT:PSS [18]	biomaterials [3]； astrocytes [2]； biodegradable [2]； conductive polymer nanocomposites [2]； electrochemical sensor [2]； Gold nanoparticles [2]； stretchable electronics [2]
德国	德国德累斯顿莱布尼茨聚合物研究所 [16]； 德国马普高分子研究所 [14]； 德累斯顿工业大学 [10]； 雷根斯堡大学 [10]	conducting polymers [31]； biosensor [20]； carbon nanotubes [14]	organic electrochemical transistors (OECTs) [3]； poly(vinylidene fluoride) [3]； 3D cell culture [2]； computer modeling [2]； mechanical properties [2]； phototransistor [2]； scaffold [2]
澳大利亚	伍伦贡大学 [106]； 新南威尔士大学 [30]； 皇家墨尔本理工大学 [16]	conducting polymers [54]； polypyrrole [33]； biosensor [16]	epoxy [2]； flexible electronics [2]； organic electronics [2]； polyimide [2]； semiconductors [2]； stem cells [2]
法国	法国国立圣艾蒂安高等矿业学校 [38]	conducting polymers [42]； biosensor [23]； polypyrrole [20]	non-destructive testing [2]； real-time monitoring [2]
日本	新潟大学 [8]； 日本理化学研究所 [8]； 长冈技术科学大学生物工程系 [8]	conducting polymers [29]； biosensor [12]； polypyrrole [12]	nanocellulose [2]； nanowires [2]； organic [2]； Strain sensor [2]

8.3.5　领域研究者与研究主题变化

由 1984—2020 年有机生物电子及传感器研究领域研究人员和研究主题变化趋势看，研究领域自 2000 年开始持续有新的研究人员和新的研究主题词进入，并呈现逐年快速增长趋势，说明有机生物电子及传感器研究领域呈现蓬勃发展趋势，是热门研究领域（见图 8.13 和图 8.14）。

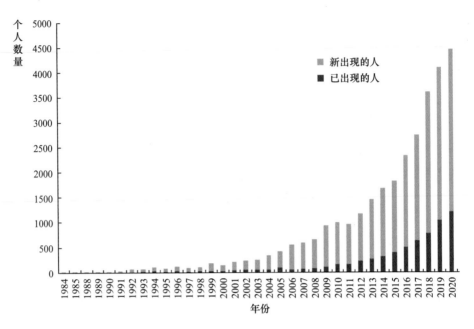

图 8.13　有机生物电子及传感器研究领域研究人员变化趋势

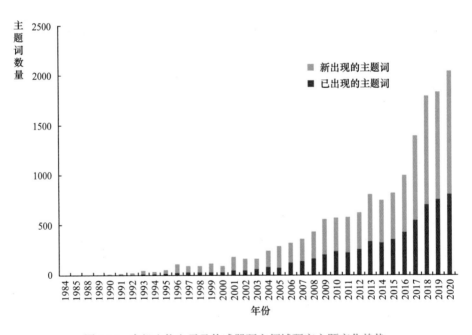

图 8.14　有机生物电子及传感器研究领域研究主题变化趋势

8.3.6　主要研究方向分析

　　根据 Web of Science 学科分类来看，有机生物电子及传感器研究主要分布在多学科材料科学、应用物理、分析化学、纳米科学纳米技术、多学科化学、聚合物科学、电化学、物理化学、仪器仪表和凝聚态物理等学科方向，其中多学科材料科学领域的发文量高达 2014 篇，占总发文量的 31.78%；应用物理领域的发文量为 1203 篇，占总发文量的 18.98%；然后是分析化学（1168 篇）和纳米科学纳米科技（1135 篇），如表 8.10 和图 8.15 所示。

表 8.10　有机生物电子及传感器研究领域排名前 10 位的学科方向

序号	学科方向	发文量（篇）	百分比（%）
1	多学科材料科学	2014	31.78
2	应用物理	1203	18.98
3	分析化学	1168	18.43
4	纳米科学纳米技术	1135	17.91
5	多学科化学	1109	17.50
6	聚合物科学	918	14.48
7	电化学	847	13.36
8	物理化学	826	13.03
9	仪器仪表	787	12.42
10	凝聚态物理	625	9.86

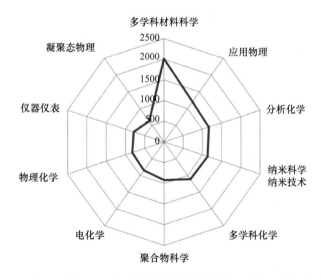

图 8.15　有机生物电子及传感器研究领域排名前 10 位的学科方向分布

8.3.7　主要核心期刊分析

有机生物电子及传感器研究领域发文量排名前 10 位的核心期刊发文分布如图 8.16

所示。发文量最多的 3 个期刊为：《传感器和执行器 B 化学》《ACS 应用材料与界面》和《先进功能材料》；发文影响因子最高的 3 个期刊为：《先进材料》《先进功能材料》和《ACS 应用材料与界面》（见表 8.11）。

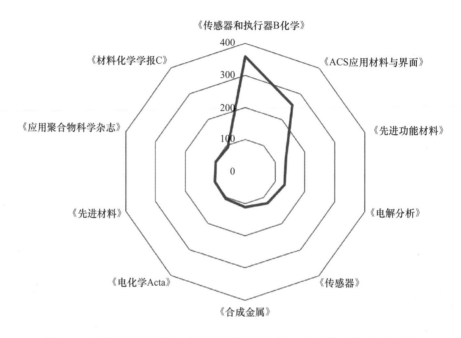

图 8.16　有机生物电子及传感器研究领域排名前 10 位的核心期刊发文分布

表 8.11　有机生物电子及传感器研究领域发文量排名前 10 位的核心期刊

序号	期刊名称	发文量（篇）	期刊 2020 年影响因子	百分比（%）
1	《传感器和执行器 B 化学》	359	7.460	5.66
2	《ACS 应用材料与界面》	257	9.229	4.05
3	《先进功能材料》	136	18.808	2.15
4	《电解分析》	132	3.223	2.08
5	《传感器》	121	3.576	1.91
6	《合成金属》	111	3.266	1.75
7	《电化学 Acta》	105	6.901	1.66
8	《先进材料》	100	30.849	1.58
9	《应用聚合物科学杂志》	98	3.125	1.55
10	《材料化学学报 C》	94	7.393	1.48

8.3.8 主要国际会议分析

表 8.12 显示了有机生物电子及传感器研究领域发文量 5 篇及以上的主要国际会议。发文量最多的 3 个国际会议为：Eurosensors、International Meeting on Chemical Sensors（IMCS）和 International Conference on Science and Technology of Synthetic Metals（ICSM）。

表 8.12　有机生物电子及传感器研究领域发文量 5 篇及以上的主要国际会议

序号	会议名称	发文量（篇）
1	Eurosensors	25
2	International Meeting on Chemical Sensors（IMCS）	17
3	International Conference on Science and Technology of Synthetic Metals（ICSM）	15
4	European-Materials-Research-Society Meeting（E-MRS）	9
5	International Conference on Electroanalysis（ESEAC）	9
6	European Conference on Solid-State Transducers	6
7	International Conference on Electrochemical Sensors	6
8	ASME Conference on Smart Materials, Adaptive Structures and Intelligent Systems	5
9	European Conference on ElectroAnalysis（ESEAC）	5
10	International Conference on Micro- and Nano-Engineering（MNE）	5
11	International Conference on Nanoscience and Nanotechnology	5

8.3.9 研究热点分析

基于 SCI 论文，利用情报分析工具 DDA，通过人工解读对相同主题进行清洗加工，将高频主题词按照物质与材料、技术和方法、性质与性能、器件与设备 4 个主题进行分类，得到有机生物电子及传感器研究领域高频主题词，如表 8.13 所示。

表 8.13　有机生物电子及传感器研究领域高频主题词

主题分类	高频关键词	词频（次）	高频关键词	词频（次）
物质与材料	Conducting Polymers（Cps）	875	Thin Films	55
	Polypyrrole（Ppy）	351	Conductive Hydrogel	52
	Polyaniline	257	Chitosan	51
	Carbon Nanotubes（Cnts）	233	Nanostructures	51
	PEDOT	142	Bioelectronics	48
	Polymers	139	Graphene	47
	Nanocomposites	123	Molecularly Imprinted Polymer（MIP）	45

（续表）

主题分类	高频关键词	词频（次）	高频关键词	词频（次）
物质与材料	PEDOT:PSS	110	Conductive Polymer Composites（Cpcs）	43
	Hydrogel	106	Ionic Liquids（Ils）	43
	Organic Semiconductor（OSC）	101	Gold Nanoparticles	42
	Composite Materials	86	Glucose	40
	Nanofibers	79	Organic Electronics	38
	Conjugated Polymers	77	Dopamine	37
	Polymer Composites	76	Deoxyribonucleic Acid（DNA）	34
	Biomaterials	75	Nanowires	34
	Nanoparticles	68	Carbon Black（CB）	33
	Glucose Oxidase	66	Nanomaterials	31
	Flexible Electronics	61	Polycaprolactone（PCL）	30
	Multi-Walled Carbon Nanotube（MWCNT/MWNT）	61	Polyurethane	30
技术和方法	Electrospinning	151	Electrochemical Impedance Spectroscopy（EIS）	51
	Tissue Engineering	133	3D Printing	48
	Electrochemical Polymerization	127	Structural Health Monitoring（SHM）	41
	Drug Delivery	73	Self-Assembly	38
	Electrochemistry	63	Ink Jet Printing	31
	Electrical Stimulation	54	—	
性质与性能	Electrical Conductivity	168	Flexible	43
	Biocompatibility	103	Piezoresistivity	43
	Mechanical Properties	61	Self-Healing	34
	Electrical Properties	58	Biodegradable	32
器件与设备	Biosensor	367	Bioelectronics	48
	Sensors	230	Amperometric Biosensor	44
	Gas Sensor	157	Organic Thin-Film Transistor（OTFT）	41
	Tissue Engineering	133	DNA Sensor	38
	Organic Field-Effect Transistors（Ofets）	96	Wearable Electronics	38
	Strain Sensor	89	Organic Electronics	38
	Chemical Sensor	85	Electrochemical Biosensors	37
	Electronic Nose（Enose/E-Nose）	64	Potentiometry	37

（续表）

主题分类	高频关键词	词频（次）	高频关键词	词频（次）
器件与设备	Glucose Sensor	62	Supercapacitor	37
	Electrochemical Sensor	61	Field-Effect Transistor（FET）	36
	Pressure Sensor	61	Sensor Array	34
	Flexible Electronics	61	Immunosensor	31
	Scaffold	53	Stretchable Electronics	31
	Organic Electrochemical Transistors（Oects）	48	Electrodes	30
	Phototransistor	48	—	

对论文产出前 10 位的国家的研究主题进行分析，以了解各国的研究布局。各国对 4 个主题均有涉及，且各国的研究布局相近。其中，各国研究集中在物质与材料、器件与设备 2 个主题，而技术和方法、性质与性能占比较少（见图 8.17）。

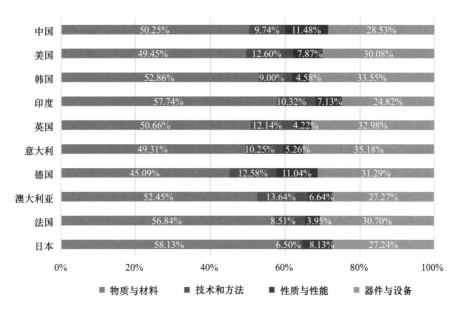

图 8.17 有机生物电子及传感器研究领域全球排名前 10 位的国家研究主题分布

对论文产出排名前 10 位的机构的研究主题进行分析，以了解各机构的研究布局。排名前 10 位的机构对 4 个主题均有涉及，研究集中在物质与材料、器件与设备 2 个主题（见图 8.18）。

利用分析工具，对研究领域论文作者关键词中出现的高频词作共现聚类，通过人工解读对相同主题进行清洗、合并等加工，有机生物电子及传感器研究领域聚类共形成了 43 个研究热点主题（见图 8.19）。其中，圆圈越大，代表关键词出现词频越高，不同颜色代表不同类别。

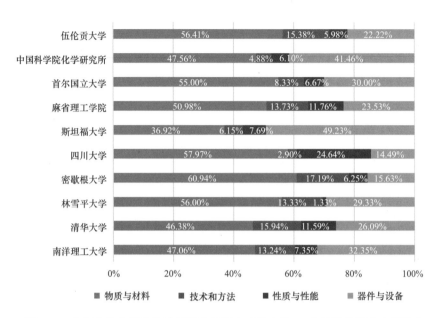

图 8.18　有机生物电子及传感器研究领域全球排名前 10 位的机构研究主题分布

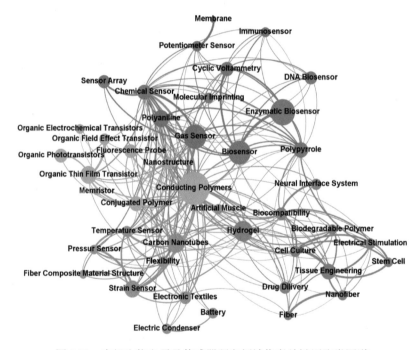

图 8.19　有机生物电子及传感器研究领域作者关键词聚类图谱

1. 有机电子材料及器件

（1）蓝色聚类热点主题包括导电聚合物、共轭聚合物、有机薄膜晶体管、荧光探针、有机光电晶体管等。

（2）深绿色聚类热点主题包括气体传感器、化学传感器、传感器阵列、聚苯胺等。

（3）浅绿色聚类热点主题包括碳纳米管、应变传感器、温度传感器、压力传感器、柔性、电子纺织物等。

2．生物电子及生物传感器

（1）橙色聚类热点主题包括酶生物传感器、生物传感器、DNA 传感器、分子印迹、聚吡咯等。

（2）紫色聚类热点主题包括水凝胶、组织工程、药物输送、神经界面系统、生物相容性、生物降解聚合物、纳米纤维等。

8.3.10　高频主题词年度变化趋势

将有机生物电子及传感器研究领域的词频排名前 10 位的主题词进行时间序列分析，以了解该领域内主题研究的发展趋势。

1992—2020 年，排名前 10 位技术的年度累加词频呈波动增长趋势。其中，2010 年累加词频迎来一次小高峰，达 166 次；2020 年累加词频达峰值，为 302 次。导电聚合物这一主题关键词在 2019 年的词频达 74 次，为单项主题关键词年度词频最高者（见图 8.20）。

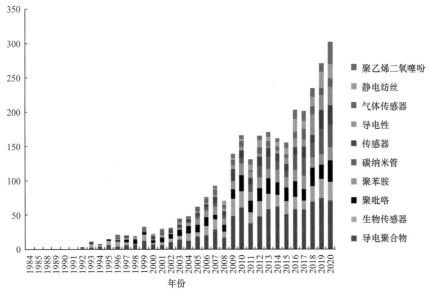

图 8.20　有机生物电子及传感器研究领域关键技术年度变化趋势

排名前 10 位的关键主题的研究始于 1992 年，在 1992—2020 年呈稳定发展趋势。近年来上升趋势迅猛的有导电聚合物、生物传感器和聚吡咯。导电聚合物、生物传感器相关主题的研究时间最长，覆盖 1992—2020 年。碳纳米管、静电纺丝和聚乙烯二氧噻吩相关主题的研究时间相对较短，始于 2004 年及之后（见图 8.21）。

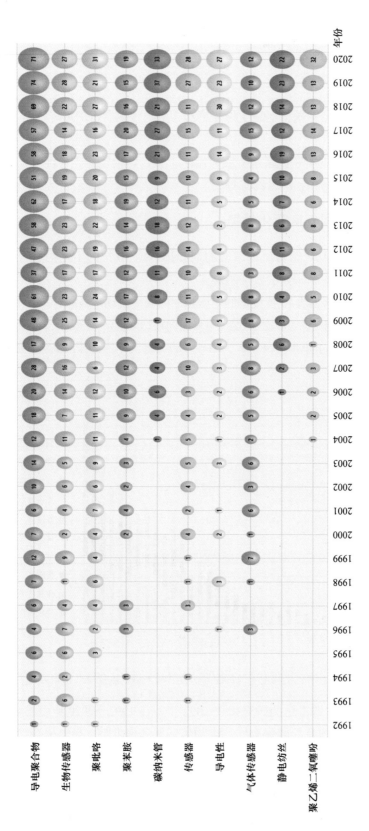

图 8.21　有机生物电子及传感器研究领域关键技术时间分布趋势

8.3.11　被引论文分析

有机生物电子及传感器研究领域前 10 篇高影响力论文（SCIE 高被引论文）情况如表 8.14 所示。

表 8.14　有机生物电子及传感器研究领域前 10 篇高影响力论文

（SCIE 高被引论文）情况

序号	题目	第一作者	来源期刊	引用次数（次）	国家
1	*Conjugated polymer-based chemical sensors*	McQuade, DT	《化学评论》	3269	美国
2	*Electrochemical glucose biosensors*	Wang, J	《化学评论》	2308	美国
3	*Polyaniline nanofibers: Facile synthesis and chemical sensors*	Huang, JX	《美国化学学会杂志》	1489	美国
4	*A large-area, flexible pressure sensor matrix with organic field-effect transistors for artificial skin applications*	Someya, T	《美国科学院院报》	1377	日本
5	*Flexible polymer transistors with high pressure sensitivity for application in electronic skin and health monitoring*	Schwartz, G	《自然－通讯》	1169	美国
6	*A porous silicon-based optical interferometric biosensor*	Lin, VSY	《科学》	1101	美国
7	*Conformable, flexible, large-area networks of pressure and thermal sensors with organic transistor active matrixes*	Someya, T	《美国科学院院报》	1017	日本
8	*Cross-reactive chemical sensor arrays*	Albert, KJ	《化学评论》	1014	美国
9	*Conducting polymers in electronic chemical sensors*	Janata, J	《自然－材料》	977	美国
10	*DNA biosensors and microarrays*	Sassolas, A	《化学评论》	959	法国

8.4　有机生物电子及传感器技术专利分析

8.4.1　专利申请趋势

按全球有机生物电子及传感器的专利申请年统计，该领域早在 20 世纪 80 年代就有相关的专利申请，但一直到 90 年代其专利申请量都比较少，年申请量未超过 50 件。2000 年之后专利增长比较明显，2004 年专利申请量达 110 件，2017 年专利申请量达 210 件。2016—2020 年的专利总量占该领域专利总量的 46.29%。

中国在该领域的相关专利申请 2000 年以后才持续出现，2010 年之前，发展非常缓慢，相关专利年申请量未超过 10 件。2011 年以后，专利申请量逐渐增加，2018 年专利申请量达 103 件。2016—2020 年的专利总量占中国在该领域专利总量的 73.51%。

从申请趋势看，中国在该领域的专利申请在 2014—2020 年的变化趋势与国际专利申请趋势大致相同。2017 年至今，中国在该领域的专利申请量占国际该领域专利总量保持在 40% 以上。在有机生物电子及传感器相关技术研发中，中国正发挥着越来越重要的作用（见图 8.22）。

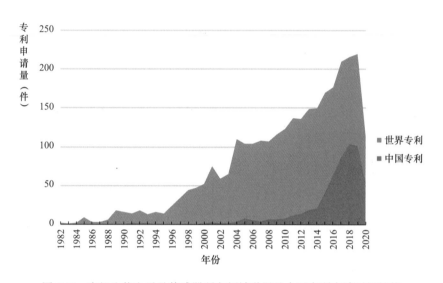

图 8.22 有机生物电子及传感器研究领域世界及中国专利申请时间趋势

8.4.2 专利技术生命周期

从有机生物电子及传感器研究领域专利的技术生命周期看，2000 年以前处于萌芽期，专利申请量和专利权人数量均较少。从 2001 年开始，专利申请量和专利权人数量明显增多，2004 年专利申请量突破 100 件，2017 年专利申请量突破 200 件，整体来看，有机生物电子及传感器研究领域专利技术尚处于技术成长期（见图 8.23）。

8.4.3 专利法律状态

专利的法律状态在侵权诉讼、产品引进、产品出口、技术转让、企业并购、新产品开发、新项目申报等方面都有重要作用。根据分析结果可知，有机生物电子及传感器研究领域的专利中，占比较多的是部分进入指定国家（13.87%）、授权（11.11%）、PCT 有效期满（10.48%）、有效（8.40%）、授权后放弃（7.94%）、失效（7.06%）和实质审查（5.39%），如图 8.24 所示。

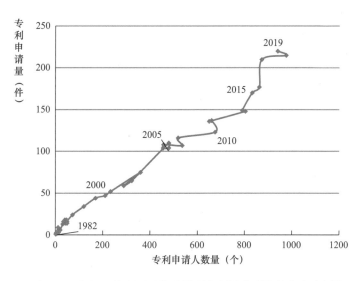

图 8.23　有机生物电子及传感器研究领域专利的技术生命周期

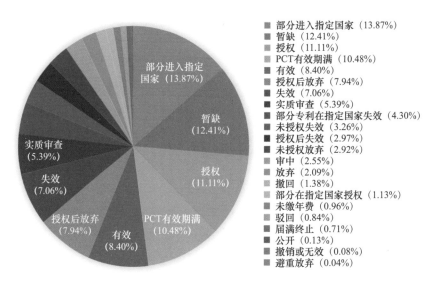

图 8.24　有机生物电子及传感器研究领域专利法律状态

8.4.4　专利申请国家 / 地区分布

最早优先权国家 / 地区在一定程度上反映相关技术的来源国家 / 地区,从有机生物电子及传感器专利技术的来源国家 / 地区分析来看,持有专利技术来源排名前 3 位的是美国、日本和中国,专利占比分别为 30.85%、17.69% 和 17.28%。

专利公开国家 / 地区在一定程度上反映技术最终流入的市场,从有机生物电子及传感器专利技术的市场分布来看,最受重视的专利市场主要分布于美国、日本和中国,同时通过世界知识产权组织申请(PCT 申请)的专利占比为 16.05%,说明有机生物电子及传感器专利技术注重全球布局（见图 8.25）。

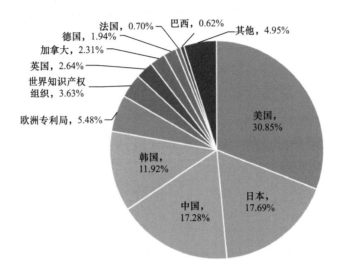

（a）专利技术最早优先权国家/地区分布

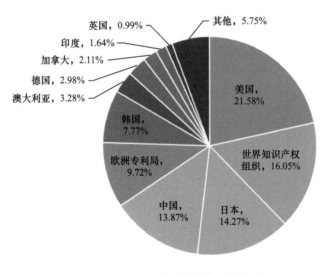

（b）专利技术受理地分布

图 8.25　专利技术最早优先权国家 / 地区分布与专利技术受理国家 / 地区分布

8.4.5　专利权人分析

有机生物电子及传感器专利技术排名前 10 位的专利权人分别是：默克专利股份有限公司、住友化学、加利福尼亚大学、富士胶片、麻省理工学院、索尼集团、三星电子、东曹公司、东丽公司、杜邦集团。从机构的国家分布来看，日本的机构有 5 家，具有明显优势，美国的机构有 3 家，德国和韩国的机构各 1 家。其中，德国的默克专利股份有限公司专利数量位居第一，较大幅度领先于其他机构。这 10 家机构中，8 家为公司，仅 2 家机构为高校（加利福尼亚大学和麻省理工学院），如图 8.26 所示。

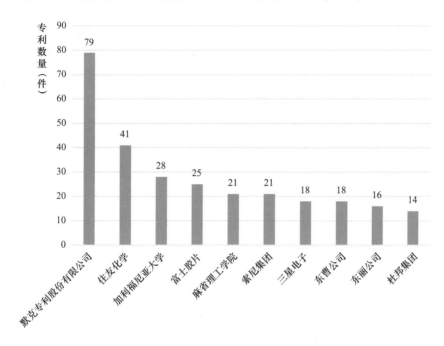

图 8.26　有机生物电子及传感器研究领域排名前 10 位的专利权人分析

2001—2020 年，排名前 10 位的专利权人的专利年申请量较少，呈波动趋势。默克专利股份有限公司的专利申请变化趋势较为明显，2011 年以后，专利年申请量突破 10 件，2013 年的专利申请量最多，达 20 件。住友化学的专利年申请量徘徊在 8 件左右，其专利申请量在 2008 年、2010—2011 年、2017—2019 年较多（见图 8.27）。

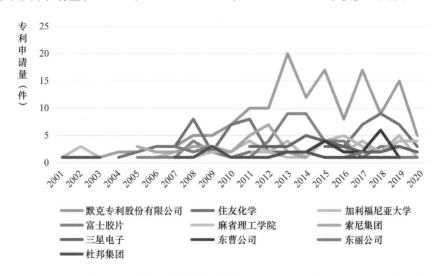

图 8.27　有机生物电子及传感器研究领域排名前 10 位的专利权人专利申请趋势

8.4.6 专利技术构成

对有机生物电子及传感器领域技术的国际专利分类号及相关技术内容进行分析，从专利申请量排名前 10 位的 IPC 技术可以看出，相关研发主要集中在有源部分含有机材料的固态器件这一技术领域，包括其制备材料、制备工艺与制备设备等，这类器件以电容器/电阻器、有机薄膜晶体管的研发为主（见表 8.15）。

表 8.15　有机生物电子及传感器研究领域排名前 10 位的 IPC 技术

序号	IPC	专利申请量（件）	含义
1	H01L-051/05	256	一类电容器或电阻器，需同时符合如下 3 个条件：①有源部分包含有机材料；②有电位跃变势垒或表面势垒；③专门适用于整流、放大、振荡或切换的电容器/电阻器
2	H01L-051/00	211	固态器件或其制造/处理工艺方法与设备，固态器件需是有源部分含有机材料的固态器件，工艺方法或设备指专门制造/处理这类器件或其部件的工艺方法或设备
3	H01L-029/786	194	一类有机薄膜晶体管，专门适用于可进行整流、放大、振荡或切换且有电位跃变势垒或表面势垒的半导体器件
4	H01L-051/30	181	材料的选择，这些材料用于制备同时符合如下 3 个条件的电容器/电阻器：①有源部分包含有机材料；②有电位跃变势垒或表面势垒；③专门适用于整流、放大、振荡或切换的电容器/电阻器
5	C08G-061/12	128	分子主链上含有碳原子以外的原子的高分子化合物，且该类高分子化合物基于在高分子主链中形成碳-碳键合反应合成制得
6	H01L-051/50	116	有源部分含有机材料且专门用于光发射用途的固态器件
7	G01N-027/327	110	一类生物化学电极，用于采用电、电化学或磁方法对材料进行测试或分析时使用
8	H01L-051/42	106	有源部分含有机材料的固态器件，且专门适用于如下用途：①感应红外辐射、光、短波辐射或微粒辐射；②将前述辐射进行电能转换，或通过这些辐射进行电能控制
9	H01L-051/40	103	用于制造/处理有源部分含有机材料的固态器件或其部件的方法和设备
10	A61B-005/00	85	用于诊断目的的测量与人的辨识

将专利申请量排名前 10 位的 IPC 技术按照时间序列分析可以看出：排名前 10 位的 IPC 技术始于 1985 年，约从 2004 年开始进入快速发展阶段。相关技术专利申请量的峰值集中在 2011—2017 年。对特定生物化学电极（G01N-027/327）的研发开始得最早，早在 1985 年就有相关专利申请。用于制造/处理有源部分含有机材料的固态器件或其部件的方法和设备（H01L-051/42）这一技术出现得最晚，2004 年才有相关专利申请（见图 8.28）。

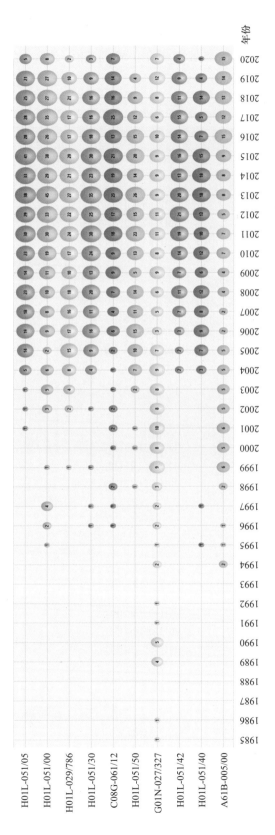

图 8.28　有机生物电子及传感器研究领域排名前 10 位的专利 IPC 技术时间演化趋势

8.4.7　主要国家 / 地区所属机构专利构成分布

有机生物电子及传感器研究领域排名前 10 位的国家 / 地区中的研究机构专利技术主题如表 8.16 所示。

表 8.16　有机生物电子及传感器研究领域排名前 10 位的国家 / 地区的研究机构专利技术主题

国家 / 地区	排名最靠前的机构	排名最靠前的技术主题词	近期技术主题词
美国	加利福尼亚大学 [28]； 麻省理工学院 [21]； 杜邦集团 [14]	A61B-005/00 [51]； G01N-027/327 [49]； H01L-051/00 [47]	C08G-018/76 [3]； C09D-007/40 [3]； B01J-013/00 [2]； C08G-018/00 [2]； C08G-018/32 [2]； C08G-018/72 [2]； C09D-005/02 [2]； D06M-011/74 [2]
日本	住友化学 [33]； 富士胶片 [24]； 索尼集团 [19]	H01L-029/786 [142]； H01L-051/05 [137]； H01L-051/30 [105]	C08G-077/28 [3]； C08L-033/04 [3]； C08L-083/08 [3]； H01B-001/02 [2]
中国	清华大学 [10]；	H01L-051/00 [40]； H01L-051/05 [32]； H01L-051/42 [25]	C08F-222/38 [6]； C08J-003/075 [6]； C08F-220/56 [5]； G01N-027/48 [5]； A61K-009/51 [3]； A61K-047/36 [3]； A61N-001/36 [3]； B65D-090/10 [3]； B65D-090/50 [3]； C08F-251/02 [3]
韩国	三星电子 [17]； 韩国科学技术院 [11]	H01L-051/00 [81]； H01L-051/05 [75]； H01L-051/30 [61]	C08L-089/00 [2]； D02G-003/38 [2]； D02G-003/44 [2]； H01B-007/06 [2]； H01G-011/40 [2]； H01L-041/45 [2]； H02N-001/04 [2]； H05K-003/40 [2]
欧洲专利局	默克专利股份有限公司 [68]； 天光材料科技股份有限公司 [9]； 蒂尔尼·史蒂文 [6]	H01L-051/00 [72]； H01L-051/05 [51]； C08G-061/12 [44]	—

（续表）

国家 / 地区	排名最靠前的机构	排名最靠前的技术主题词	近期技术主题词
世界知识产权组织	富士胶片 [4]； 东京大学 [3]； 新加坡科技研究局 [3]； 麻省理工学院 [3]	C12Q-001/68 [8]； H01L-051/00 [8]； C12M-001/34 [7]；	H01L-051/00 [2]
英国	剑桥显示技术公司 [8]； AromaScan 公司 [7]	G01N-027/12 [13]； H01L-051/30 [8]； H01L-051/00 [7]	G01L-001/14 [2]； G01L-001/20 [2]
加拿大	多伦多综合医院 [2]；	C12Q-001/00 [8]； G01N-027/416 [7]； A61B-005/00 [7]	—
德国	西门子股份公司 [6]； 弗劳恩霍夫生产技术和应用材料研究所 [4]； 博世公司 [3]； 英飞凌科技公司 [3]	G01N-027/30 [6]； C12Q-001/00 [5]； G01N-027/414 [4]； G01N-033/50 [4]	—
法国	法国原子能总署 [6]； 法国国家科学研究中心 [8]	G01N-027/327 [5]； C12Q-001/68 [4]； C12Q-001/00 [2]； G01N-033/00 [2]； B05D-005/00 [2]； C08G-073/06 [2]； A61K-008/02 [2]； H01L-021/00 [2]； G01N-033/543 [2]； B05D-005/12 [2]	—

分析排名前 10 位的国家 / 地区的技术构成分布可知：①从国家 / 地区层面看，专利申请量排名前 10 位的国家中，德国与法国对排名前 10 位的 IPC 技术种类涉略较少，其他国家 / 地区对 IPC 技术种类涉略均较多，几乎全部覆盖排名前 10 位的 IPC 技术种类。②从技术层面看，研究较多的是 H01L-051/05、H01L-051/00、A61B-005/00 所代表的技术。③从技术布局看，中国和英国的技术研发分布相对均匀；法国的技术研发集中在 G01N-027/327 所代表的技术，如图 8.29 所示。

分析专利申请量排名前 10 位的专利权人的技术构成分布可知：①从专利权人层面看，排名前 10 位的专利权人对排名前 10 位的 IPC 技术涉略较多的是默克专利股份有限公司、住友化学、富士胶片、麻省理工学院和三星电子，而涉略最少的是东丽公司。②从技术层面看，研究较多的是 H01L-051/05、H01L-051/00、G01N-027/327、A61B-005/00 所代表的技术。③从技术布局看，默克专利股份有限公司和住友化学的布局分布相对均匀；东丽公司的研究集中在 H01L-051/42 所代表的技术；杜邦集团的研究集中在 H01L-051/50 所代表的技术（见图 8.30）。

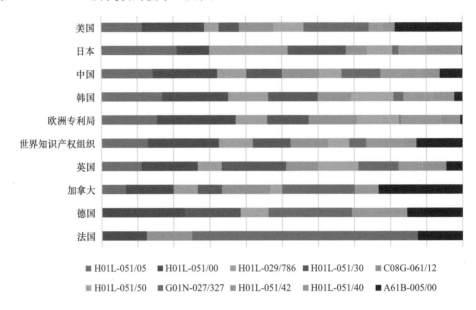

图 8.29　有机生物电子及传感器研究领域排名前 10 位的国家 / 地区技术构成分布

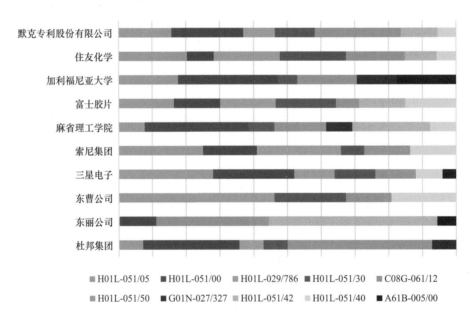

图 8.30　有机生物电子及传感器研究领域排名前 10 位的专利权人技术构成分布

8.4.8　专利布局热点分析

采用 Orbit 工具按照专利数量与保护国对专利技术主题进行分析，以直观了解有机生物电子及传感器领域的技术方向。有机生物电子及传感器研究领域全球专利技术热点主题分布如图 8.31 所示。

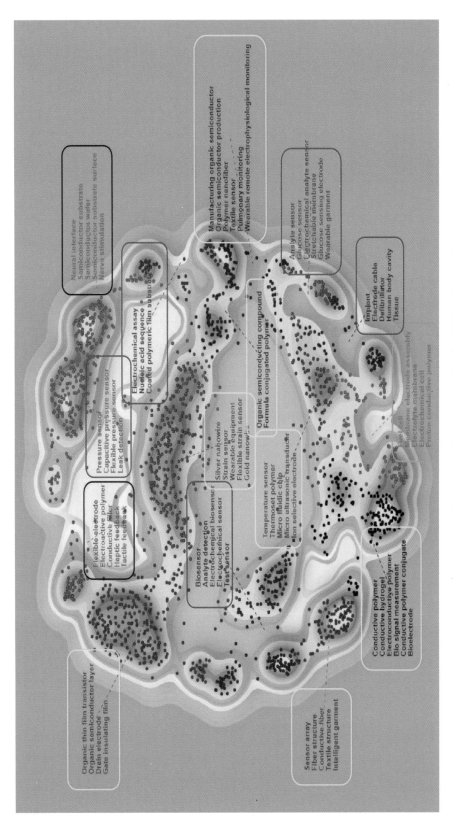

图 8.31 有机生物电子及传感器研究领域全球专利技术热点主题分布

（1）有机电子材料及器件（黄色方框）：热点主题包括有机薄膜晶体管、导电聚合物、导电水凝胶、共轭聚合物、压力传感器、温度传感器、传感器阵列、可穿戴设备等。

（2）生物电子及生物传感器（红色方框）：热点主题包括生物传感、分析检测、电化学生物传感器、葡萄糖传感器、可穿戴外衣、柔性压力传感、核酸序列、移植等。

（3）健康监测（黑色方框）：热点主题包括柔性电极、密闭性检查、触觉反馈、神经界面、神经刺激、半导体衬底表面等。

（4）动力设备与装置（绿色方框）：热点主题包括燃料电池、自组装膜电极、电解质膜、电化学电池、质子导电聚合物等。

8.4.9　高被引核心专利分析

从高被引专利来看，排名前 10 位专利的被引次数都大于 300 次，从最早优先权来看，均是来自美国的机构或个人。其中，被引次数最高的是 HELLER A（个人）和雅培公司（ABBOTT LAB）等一起申请的用于糖尿病血糖监测的生物传感器电极，被引次数排名第二的也是来自相同专利权人的用于测定葡萄糖的电化学传感器，这两项专利的被引次数都超过 1000 次。排名第三的是美国 MINIMED INC 的医用可植入式传感器，被引次数为 650 次；排名第四的是 GOOD SAMARITAN HOSPITAL & MEDICAL CENT 的可植入的血液成分浓度监测系统，被引次数为 562 次；排名第五的是 THERASENSE INC（ABBO）的葡萄糖、乳酸等电化学传感器，被引次数为 538 次（见表 8.17）。

表 8.17　全球有机生物电子及传感器研究领域排名前 10 位的高被引专利技术

序号	专利号	专利名称	专利权人	国家*	被引次数（次）
1	WO9606947-A1	*Electrode for use in bio-sensor for monitoring glucose in diabetes - comprises non-corroding, conducting wire coated with insulating polymer, recess forming channel in coating and multilayered polymeric compsn*	HELLER A 和 ABBOTT LAB 等	美国	1359
2	WO9945387-A2	*Electrochemical sensor to determine level of analyte such as glucose*	HELLER A 和 ABBOTT LAB 等	美国	1069
3	WO200158348-A2	*Implantable sensor for medical application, has one electrode formed from one or more conductive layers of substrate comprising several notches*	MINIMED INC	美国	650
4	US6212416-B1	*System for monitoring analyte, especially glucose, concentrations in blood comprises organization of implantable sensors, each including anode and cathode covered by semi-permeable membrane*	GOOD SAMARITAN HOSPITAL & MEDICAL CENT	美国	562

（续表）

序号	专利号	专利名称	专利权人	国家 *	被引次数（次）
5	US2003042137-A1	*Membrane used in electrochemical sensor e.g. amperometric biosensors, glucose sensors and lactate sensors, comprises crosslinker and quaternary nitrogen containing polymer*	THERASENSE INC（ABBO）（被 ABBOTT LAB 收购）	美国	538
6	WO9109304-A	*Improved electrochemical sensor electrode - comprising electronic conductor coated with matrix contg. per:fluorosulphonic acid ionomer selected enzyme, e.g. glucose oxidase*	US DEPT ENERGY	美国	369
7	WO200136014-A2	*Monitoring performance of patient's heart, uses pressure sensor implanted in cardiac cavity and blood-flow sensor in artery, with transmission system to relay data outside patient's body*	REMON MEDICAL TECHNOLOGIES LTD	美国	328
8	WO9856854-A1	*Nano-structured filler for e.g. medical implants and electrochemical devices - has small domain size to change properties e.g. electrical, magnetic, optical, thermal and biomedical properties*	NANOMATERIALS RES CORP 等	美国	326
9	WO9964657-A2	*Fabric with integrated flexible information infrastructure for military, medical, firefighting, driving, sports, mountaineering and space applications*	GEORGIA TECH RES CORP 等	美国	324
10	GB2335278-A	*Determining the concentration of analytes in biological systems, in particular, the measurement of blood glucose concentrations in the management of Diabetes*	CYGNUS INC 等	美国	319

注：* 为最早优先权国家。

8.5　小结

本章基于基金、论文与专利数据，分析了有机生物电子及传感器研究领域的基础研究能力和发展态势。

1. 基金

2001—2020 年，NIH 对有机生物电子及传感器研究领域资助金额与项目数量呈波动上升趋势。其中，资助项目共计 2463 项，资助总金额达 81661.84 万美元。共有 486

家研究机构接受了来自 NIH 对该领域的资助。资助经费超过 1000 万美元的有 12 家机构，由此可见，NIH 对单个机构的资助力度相对较大。

2001—2020 年，NSFC 对有机生物电子及传感器研究领域资助项目共计 543 项，资助总金额达 26123.50 万元。整体来讲，资助金额与项目数量均经历先波动上升后波动下降两个阶段，均于 2013 年达到峰值。该年资助项目数量为 69 项，资助金额为 4254 万元。此后，资助项目数量与金额均有所回落。资助金额超过 500 万元的有 10 家机构。整体而言，单个机构资助力度相对较小。

对比 NIH 与 NSFC 对有机生物电子及传感器研究领域的资助情况发现，NIH 资助总额相对较多，对单个机构的资助力度相对较大，而 NSFC 的资助总额相对较少，对单个机构的资助力度相对较小。

2. 论文

基于 8.4 节的综合分析可知，有机生物电子及传感器领域研究出现较早，始于 20 世纪 80 年代。2016 年以前，全球在该领域发文量呈稳步增长趋势，但发展相对缓慢。2016 年以后，全球在该领域的研究进入快速增长阶段。分析论文的年度被引次数可知，该领域年度被引次数自 1994 年逐年增加，于 2013 年进入了快速增长阶段。综合可知，发文趋势与年度被引次数均说明该领域进入了快速发展阶段。分析主要研究国家发文量及其合作情况发现，中国和美国的发文量最多，以较大优势领先于其他国家。发文量排名前 10 位的国家开展了广泛且密切的合作。在主要研究机构的国家分布及合作情况方面，发文量排名前 10 位的机构中，以中国和美国的机构占主导，大部分机构开展了广泛的国内外合作，但合作力度相对较弱。该研究领域自 2000 年开始持续有新的研究人员和新的研究主题词进入，并呈现逐年快速增长趋势。

有机生物电子及传感器领域的研究主要集中在多学科材料科学、应用物理、分析化学、纳米科学纳米技术、多学科化学、聚合物科学、电化学、物理化学、仪器仪表和凝聚态物理学科方向。基于 SCI 论文，将研究主题词清洗加工后，分为物质与材料、技术和方法、性质与性能、器件与设备 4 个主题类别。具体来讲，高频研究主题集中在导电聚合物、生物传感器、聚吡咯、聚苯胺、碳纳米管、传感器、导电性、气体传感器、静电纺丝和聚乙烯二氧噻吩主题领域。进一步地，基于主题分类对发文量排名前 10 位的国家和机构的研究布局进行了分析，发现排名前 10 位的国家对 4 个主题均有涉及，布局相近，研究集中在物质与材料、器件与设备 2 个主题。排名前 10 位的机构对 4 个主题均有涉及，研究集中在物质与材料、器件与设备 2 个主题。

整体而言，有机生物电子及传感器研究领域的影响力呈现日趋增强的趋势，中国和美国在该领域处于主导地位，有较强竞争力。该领域的研究集中在对物质与材料、器件与设备的研究，对技术和方法、性质与性能的关注相对较少。近些年，研究热点集中在导电聚合物、生物传感器和聚吡咯 3 个主题领域。

3. 专利

基于 8.5 节的专利分析可知，全球关于有机生物电子及传感器研究领域的专利申请始于 20 世纪 80 年代，早期发展相对缓慢，2000 年之后专利年申请量增长比较明显，2016—2020 年的专利总量占该领域专利总量的 46.29%。中国在该领域的相关专利申请出现在 2000 年以后，2010 年之前，发展非常缓慢，2011 年以后，专利年申请量逐渐增加，2016—2020 年的专利总量占中国在该领域专利总量的 73.51%。由中国与国际的申请趋势分析结果可知，2014 年以后，中国与国际专利申请趋势大致相同。2017 年至今，中国在该领域的专利申请量占国际该领域专利总量保持在 40% 以上。

基于分析结果可知，现阶段的有机生物电子及传感器技术研发处于成长期，专利法律状态集中在部分进入指定国家（13.87%）、授权（11.11%）、PCT 有效期满（10.48%）、有效（8.40%）、授权后放弃（7.94%）、失效（7.06%）和实质审查（5.39%）状态。基于专利技术的来源国家 / 地区分析可知，持有专利技术来源排名前 3 位的是美国、日本和中国，专利占比分别为 30.85%、17.69% 和 17.28%。基于专利技术的市场分布分析可知，专利市场集中于美国、日本和中国，同时注重 PCT 专利申请。专利申请量排名前 10 位的专利权人分别是默克专利股份有限公司、住友化学、加利福尼亚大学、富士胶片、麻省理工学院、索尼集团、三星电子、东曹公司、东丽公司与杜邦集团。这 10 家机构以日本的机构为主导，机构属性以公司为主。从 IPC 分析结果可知，该领域技术研发主要集中在有源部分含有机材料的固态器件这一技术领域，包括其制备材料、制备工艺与制备设备等，这类器件以电容器 / 电阻器、有机薄膜晶体管的研发为主。

基于对排名前 10 位的国家 / 地区的技术布局分析结果可知，整体而言，各国所涉略的技术种类相对较广，研究集中在对特定电容器或电阻器、固态器件或其制造 / 处理工艺方法与设备的研发。其中，中国和英国的技术研发分布相对均匀。基于对排名前 10 位的专利权人的技术布局分析结果可知，技术研发集中在对特定电容器或电阻器、固态器件或其制造 / 处理工艺方法与设备的研发。默克专利股份有限公司、住友化学、富士胶片、麻省理工学院和三星电子的技术研发种类较多。默克专利股份有限公司和住友化学的布局分布相对均匀。基于专利地图分析的技术主题结果可知，该领域技术热点主题集中在有机电子材料及器件、生物电子及生物传感器、健康监测、动力设备与装置 4 个领域。

整体而言，全球关于有机生物电子及传感器研究领域的技术研发处于成长期，相关技术研发已积累一定基础，并有较大上升潜力。美国、日本和中国在该领域具有较大优势。中国关于有机生物电子及传感器研究领域的技术研发在国际上的竞争力处于上升期，但相对弱于美国和日本。中国在该领域具备国际领先水平的专利权人相对较少。

致谢　中国科学院化学研究所狄重安研究员对本章提出了宝贵的意见和建议，谨致谢忱。

执笔人：中国科学院文献情报中心、中国科学院大学，吴鸣

中国科学院文献情报中心，徐扬、陈芳

第 9 章

生物能源态势分析

本章通过调研美国、欧盟、英国、日本等国家和地区的生物能源战略，分析全球生物能源研发布局和研发重点，并基于论文数据对全球生物能源研究的时空分布特征、国家竞争格局、主要研发机构、主要研究热点进行了深入分析。期望通过数据分析揭示生物能源发展态势，为我国生物能源研究和产业发展提供参考。

通过分析主要国家生物能源发展战略发现，美国通过建立"生物能源研究中心"促进产、学、研发展，并通过美国农业部和美国能源部联合开展"生物质研究和发展计划""生物能源作物原料基因组学"等一揽子计划，以促进美国生物能源产、学、研一体化进程。欧盟先后通过"地平线 2020"计划、"可持续工业"（SPIRE）计划、"生物基产业联合企业"（BBIJU）计划、"欧洲生物能源产业计划"发展可持续性与竞争性的生物基产业。英国通过加强生物技术研究推动生物能源研究从应用研究转向基础研究。日本则将下一代生物质能利用技术开发和生物质能区域独立系统示范列为生物能源领域重大技术开发任务。通过分析各国战略计划发现，全球生物能源研究的重点主要集中在作物基因组学、合成生物学、高效和低成本的生物质转化方法、生物质能源与其他可再生能源联合利用技术研究等。

基于论文数据的分析发现，无论是从生物能源整体发文情况，还是从纤维素乙醇、微藻能源、生物柴油等细分研究方向的发文情况来看，我国在生物能源领域的研究已经进入世界前列，论文总量和论文影响力均已进入世界前列，其中我国生物柴油和纤维素乙醇的论文总量超过美国，排名居全球首位，但论文影响力与美国相比还有较大差距。

9.1 全球主要国家生物能源战略

9.1.1 美国

1. 建设生物能源研究中心，聚焦产、学、研一体化

为了支持生物能源的产、学、研发展，美国能源部（DOE）于 2007 年资助 3.75

亿美元组建了 3 座生物能源产、学、研联合研究机构，分别是威斯康星大学麦迪逊分校与密歇根州立大学领导的大湖生物能源研究中心，橡树岭国家实验室领导的能源创新中心，劳伦斯伯克利国家实验室领导的联合生物能源研究所。2017 年新增伊利诺伊大学厄本那香槟分校领导的先进生物质能源和生物产品创新中心。4 个研究中心重点聚焦生物燃料和纤维素乙醇的基础研究，包括研究培育下一代能源作物、新型降解酶与微生物及先进生物质转化方法等。未来，4 个研究中心的重点研究方向还将从生物燃料扩展到生物基化学品的开发上 [1]。

2. 聚焦生物基产业全链条，降低生物燃料成本

2014 年 9 月，美国国防部为 Emerald 生物燃料公司、Fulcrum 生物能源公司和 Red Rock 生物公司提供了 2.1 亿美元的资助，目标是建立包括原料生产、综合生物炼制转化设施、燃料混掺、运输和物流的全产业链。2014 年 11 月，美国能源部提出到 2017 年实现至少一种先进生物燃料技术路线规模商业化，包括可持续、高质量的生物质原料供应系统，高效热化学和生物化学转化技术研发，生物精炼技术工业规模应用示范等 [2]。

美国农业部和美国能源部联合开展生物质研究和发展计划（BRDI），该计划将开发经济、环保、可持续的生物质资源，推动可再生燃料和生物基产品发展。2015 年，该计划投资预算为 870 万美元，具体研究主题包括原料开发、生物燃料和生物基产品开发。

2016 年 12 月，美国能源部公布了 6 个"生物燃料、生物产品和生物能源的试点、示范规模制造项目"，涉及资金支持 1290 万美元。该项目要求被资助方共享至少 50% 的成本，用以发展和运行示范规模综合生物精炼工厂，制造纤维素乙醇或其他高级生物燃料、生物产品、可兼容既有石化精炼系统的中间体，促进生物能源产业融入成熟的能源产业链。

2017 年 9 月，美国能源部生物能源技术办公室和美国农业部国家粮食与农业研究所（NIFA）宣布，共同资助 1500 万美元用于开展集成生物精炼（IBR）优化项目，旨在提高生物燃料和生物基产品的生产效率，降低投资资本和运营费用。该项目关注三大技术主题：①污泥和固体废弃物对生物燃料开发的影响；②生物精炼废料向高价值化学品的转化；③固体材料的分析模型和反应器进料系统开发。

2019 年 5 月，美国能源部宣布投入 7900 万美元支持生物能源研究项目，推进生物燃料、生物基产品和生物发电站的技术突破，降低生物燃料价格、减少生物能源成

---

[1] U.S. Department of Energy. DOE Bioenergy Research Centers [EB/OL].[2021-03-01]. http://genomicscience.energy.gov/centers/.

[2] U.S. Department of Energy. Bioenergy Technologies Office Multi-Year Program Plan：November 2014 Update [EB/OL].[2021-03-01].https://www.energy.gov/sites/prod/files/2015/01/f19/mypp_beto_november_2014_0.pdf.

本，以及从生物质或废料资源中获取高价值产品[1]。此次资助项目的主题领域包括：藻类培育过程的改良，生物质成分变化和原料转化界面，高效的木材加热器，碳氢化合物生物燃料技术的系统研究，生物质衍生喷气燃料混合物的优化，利用城市和郊区废物获得可再生能源，先进的生物工艺和灵活的生物铸造厂（BioFoundry），循环碳经济中的塑料，厌氧发酵技术的改进，减少生物能源中的水、能源消耗和排放。

2020 年 7 月，美国能源部宣布在未来 5 年资助 9700 万美元支持 33 个生物能源技术研发项目，主要聚焦七大领域[2]，包括：生物燃料和生物基产品放大生产的工艺研究，生物质废弃物转化为能源，藻类生物基产品和空气二氧化碳直接捕集技术，生物质循环利用推动自然环境修复，高效木质加热器，利用城市生物废弃物发电和转化为高价值产品，二氧化碳电催化还原等。

2020 年 8 月，美国能源部生物能源技术办公室（BETO）发布了《实现低成本生物燃料的综合战略》，提出降低生物燃料成本的 5 个关键战略[3]，包括：开发原子水平的生物炼油厂以提升原料利用率，强化工艺设计以降低投入和运营成本，充分利用现有基础设施和设备，利用废物和低品质原料降低原料成本，开发高价值生物衍生燃料和化学品。

3. 强化生物育种和基因组研究，保障生物能源原料供给

2016 年 4 月，美国 BETO 推出"先进藻类系统研究与开发"计划，以突出藻类生物燃料供应链的重要性。该计划的内容包括：新的藻类农场设计方案，技术目标是通过开放池培养系统来降低藻类生物质生产成本；附着生长系统和封闭光生物反应器等藻类培养系统的研发。该计划的目标是提升藻类产量，降低藻类生物燃料成本，实现年产可再生柴油、汽油和航空燃料数十亿加仑。

2016 年 6 月，美国能源部先进能源研究计划署（ARPA-E）宣布，将在 2 项主题计划下共投资 5500 万美元资助研发高效热电联产和能源作物培育，其中包括"生物能源作物育种"计划及藻类生物燃料与生物基产品研究。

2017 年 4 月，美国国立食品与农业研究院（National Institute of Food and Agriculture，NIFA）宣布投入 960 万美元支持新的农作物、树木、农林业废弃材料等可再生资源生物基产品和生物材料的开发。2017 财年该计划支持的优先领域包括：

---

[1] U.S. Department of Energy. DOE Announces $79 Million for Bioenergy Research and Development [EB/OL].[2021-03-01]. https：//www.energy.gov/articles/doe-announces-79-million-bioenergy-research-and-development.

[2] U.S. Department of Energy. Department of Energy Announces $97 Million for Bioenergy Research and Development [EB/OL]. [2021-03-01]. https：//www.energy.gov/articles/department-energy-announces-97-million-bioenergy-research-and-development;http：//www.casisd.cn/zkcg/ydkb/kjqykb/2020/kjqykb_202010/202012/t20201216_5821740.html.

[3] U.S. Department of Energy. Integrated Strategies to Enable Lower-Cost Biofuels [EB/OL]. [2021-03-01]. https：//www.energy.gov/eere/bioenergy/downloads/integrated-strategies-enable-lower-cost-biofuels.

①由生物质原料制成的木质素或纳米纤维素联产品（Co-Products）；②生物质原料基因开发和评估。

2017年9月，美国能源部先进能源研究计划署宣布在"藻类生物燃料"（MARINER）主题研究计划下资助2200万美元开发和利用高效的工具和技术（如计算机建模、水环境监测、先进海藻育种、基因工程等），推进藻类生物学研究突破，提高藻类生物质的生产率，增强藻类制取生物燃料技术，以尽快实现藻类生物燃料的规模化生产。

2019年8月，美国能源部先后宣布将为植物和微生物基因组研究项目、植物和微生物成像新方法项目提供资助，共计7750万美元，以推动生物能源和生物产品的开发[1]。

2020年1月，美国能源部宣布将在未来5年资助7500万美元，支持开发适应恶劣环境和变化的可持续生物能源作物。本次资助主要聚焦两大主题领域：生物能源作物产量的分子机制研究，微生物和微生物群落增强植物产量和活力的系统生物学研究[2]。

9.1.2 欧盟

欧盟生物基产业科技发展已经进入了一个全新的阶段，重点研发领域从过去的以生物燃料为主，拓展到生物基原料、生物基材料和生物基化学品等多个方向，其研发重点也已经从原来的基础研究转变为近市场的技术开发与应用。

1. "地平线2020"计划

2014年，欧盟开始实施"地平线2020"计划以支持欧盟各国开展大量科技创新和工业示范项目，该计划不仅是欧盟第七科研框架计划（FP7）的延续，更首次将欧盟的所有科研和创新资金汇集在一个灵活的框架下，统一了欧盟科研框架计划、"欧盟竞争与创新"（CIP）计划、欧洲创新与技术研究院（EIT）等，主要包括基础研究（预算246亿欧元）、产业应用技术研发（预算179亿欧元）和社会挑战应对（预算317亿欧元）三大项目类型。社会挑战应对部分旨在解决欧洲人共同关注的重大社会挑战，主要涉及人口健康、农业与生物经济、能源、交通、气候变化、资源利用和社会福祉六大领域的挑战。其中，农业与生物经济领域的挑战应对规划包括发展可持续性与竞争性的生物基产业。

[1] U.S. Department of Energy. Genomics-Based Research Will Help Develop Crops for Bioenergy [EB/OL]. [2021-03-01]. https：//www.energy.gov/articles/department-energy-announces-64-million-research-plants-and-microbes?tdsourcetag=s_pcqq_aiomsg.

[2] U.S. Department of Energy. Department of Energy to Provide $75 Million for Bioenergy Crops Research [EB/OL]. [2021-03-01]. https：//www.energy.gov/articles/department-energy-provide-75-million-bioenergy-crops-research.

从 2015 年 5 月 1 日起，欧盟"地平线 2020"计划的一项新生物技术项目 2G BIOPIC 正式启动，该项目计划投入 3500 多万欧元，其中欧盟承担近 2000 万欧元，项目为期 3 年。2G BIOPIC 项目提出的创新专利概念包括：①清洁分解木质纤维素生物质，将其组分转化为高价值产品的新方法；②优化过程条件，避免多糖产品的降解和受抑制，在保障乙醇高产的同时，减少酶和酵母的使用；③运用高产品系的酶和酵母相结合的技术，使生物质中超过 90% 的 C5 和 C6 糖分得以发酵。

2. "可持续工业"（SPIRE）计划

2015 年 3 月，欧盟决定通过 SPIRE 计划向白色生物技术（工业生物技术）研发项目 PRODIAS 注资 1000 万欧元，预计该项目的总投入将达到 1400 万欧元。PRODIAS 项目将由世界著名的化工企业巴斯夫（BASF）牵头，法国嘉吉（Cargill）欧布尔丹公司、德国凯撒斯劳滕大学、英国帝国理工学院、瑞典 Alfa Laval 公司、荷兰 GEA Messo PT 公司、荷兰 Xendo 公司、芬兰 UPM 公司和德国 Enviplan 公司 8 家跨生物基产业技术机构，以及从事可再生资源、化学、加工工程、设备供应研究的大学和企业共同参与。

PRODIAS 的宗旨是开发和实施在生产过程中可再生原料专用的低成本分离和纯化技术。其研发重点包括：可用于白色生物技术产品的分离技术，具备可选择性和低能耗等优点的创新混合系统，通过优化生物反应器（发酵）和提升下游生产加工效率的生物催化过程以节约原材料的创新方法。其具体研发目标包括：①成本低廉和可再生专用的分离技术、单项技术或混合技术的创新工具箱；②用于技术研发的新型或改良的仪器和设备；③用于快速选择合理技术的集成设计方法。其关键研发任务包括：①优化和改进单项技术或设备；②调整上游工艺以提升下游加工效率；③开发结合互补单项技术的设备，以满足降低成本和提高效能的要求；④工业环境中的技术示范；⑤识别技术设计和操作所需的关键物理性质数据的过程特点；⑥开发包括算法程序在内的综合设计方法。

3. 生物基产业联合经营（BBI JU）计划

生物基产业联盟自 2014 年以来与欧盟建立合作伙伴关系，以生物基产业联合经营（BBI JU）计划通过支持创新的生物示范工程和旗舰项目促进欧洲生物经济起步。BBI JU 计划是目前欧盟最大的生物基专项计划，其 2014—2020 年的投资预算高达 37 亿欧元。它包含了生物基产业从初始产品到消费市场的所有价值链，其目标是弥补从技术开发到市场的创新空白，实现生物基产业在欧洲的可持续发展。BBI JU 计划的核心是先进的生物炼制技术，以及将可再生资源转化为生物基化学品、材料和燃料的创新技术，目的是达成以下 3 个方面的关键建设目标：①为高效、可持续、低碳经济提供更多的原材料，通过开发具有竞争力的生物基产品来提升农村及其他地区的就业率，包括以生物质为原料的化工、新材料和新消费品示范技术，以降低欧洲对化石燃料的进口；②开发覆盖从生物质供应到生物精炼工厂、生物基材料、化学品和燃料等消费品的整个价值链的商业模型和综合经济体，包括创造新的跨领域和跨产业的集群；③建立应用生物基材料、化学品和燃料技术的商业模型，示范性能与成本具备与化石能源竞争的旗舰生物精炼工厂。

4. 欧洲生物能源产业计划

欧洲生物能源产业计划旨在消除生物能源未来发展技术经济障碍，加速商业部署，确保到 2020 年生物能源在欧盟能源结构中的占比达到 14%。该计划 2010—2020 年预估公私投资总额达到 90 亿欧元。

2016 年，欧盟委员会公开了纤维素乙醇项目 SUNLIQUID 的情况。该项目旨在建设欧洲首座商业规模第二代生物燃料精炼厂，总投资约 2.24 亿欧元，资助期限为 2014—2018 年。该项目由德国 Clariant Produkte 公司牵头，涵盖从原料收集到产品市场化的全价值链。Clariant Produkte 公司利用其开发的 sunliquid® 工艺于 2009 年在慕尼黑投产了一个中试厂，于 2012 年投产了一个年产 1000 吨纤维素乙醇的示范规模精炼厂，谷类茎秆、玉米秸秆、甘蔗渣和其他木质纤维素原料用料约 4500 吨 / 年。

2019 年 3 月 21 日，欧洲能源研究联盟（EERA）发布《生物能源战略研究与创新议程》，确定了 2030 年及以后的欧洲生物能源研究创新的优先事项，旨在最大限度地发挥生物能源在能源脱碳中的作用，加速推进战略能源技术规划（SET-Plan）实施，促进能源系统转型[1]。该议程共提出 5 个优先开展的研究领域子计划：①生物质可持续生产。研究重点是最大限度地扩大生物质转化工厂的生物质资源来源，提供安全和灵活的供应，提升原料质量，降低环境影响和原料成本。②生物质热化学转化制备生物燃料和生物基产品。研究重点是提高效率、降低温室气体排放和成本，重点关注开发一次热化学转化工艺、下游加工工艺及先进生物燃料和中间体价值链。③生物质生化转化制备生物燃料和生物基产品。研究重点是生产先进生物燃料的生化及化学工艺和技术，以及从木质纤维素生物质中生产沼气、合成气、氢气等生物基产品。④固定式生物能源利用。⑤生物能源的可持续性、技术经济分析和公众生物能源知识普及。

9.1.3 英国

为了加快可再生能源的发展速度，英国政府加大了投资力度。英国贸工部"新能

---

[1] European energy research alliance bioenergy joint programme（EERA bioenergy jp）. Strategic Research and Innovation Agenda [EB/OL].[2021-03-01]. https：//www.energy.gov/articles/department-energy-provide-75-million-bioenergy-crops-research.

源和可再生能源项目"（New and Renewable Energy Programme）每年投资 250 万英镑，以建立以能源作物和农林废弃物为原料的燃料供应体系，同时贸工部的"生物能源资金拨款计划"（Bioenergy Capital Grants Scheme）筹集 6600 万英镑巨资支持生物质热电项目、能源作物发电和小规模生物质热电联供项目。除政府项目之外，英国研究理事会提出了投资 2800 万英镑的"面向可持续能源经济"（Towards a Sustainable Energy Economy，TESC）计划，其中 1350 万英镑用于建设英国能源研究中心。英国工程与物理科学研究理事会与其他研究理事会共同提出 SPERGEN 计划，其中 290 万英镑用于支持生物质和生物能源项目。生物能源研发的巨大投入促进了英国生物质发电和生物燃料生产的快速发展，英国生物燃料公司在 Seal Sands 建成欧盟最大的生物柴油厂，年产量达到 25 万吨。2014 年，绿能公司（Greenergy）在 Humberside 启动建造一家产量 10 万吨 / 年的生物柴油工厂，英国糖果公司（British Sugar）在 Somerset 建设用干草制备生物乙醇的工厂。来自工业界的旺盛需求反过来也推动着生物能源的研发，并吸引包括壳牌石油公司（Shell）、英国石油公司（BP）在内的企业巨头积极参与生物能源的研发工作。

前期英国生物能源研发基本上以接近商业的应用研究为主，而相关的基础研究偏弱，近年来，生物技术与生物科学研究理事会决定将研究的重点转向光合作用中碳固定与分离的机理及生物质加工的热能提取效率。英国生物技术和生物科学研究理事会在其 2006—2020 年战略规划中明确将工业生物技术与生物能源作为优先研究领域：①确认能够提高植物微生物制造能源效率的表型特征，包括能源捕获、吸收、分离及转化为生物质或生物燃料。包括在现有的目标有机物或以前利用过的物种中确认出有用的特性，并开发出能生产生物质 / 生物燃料的物种的新目标。②增强对与能源转化相关的分子机制的理解。③提高对能源转化效率的基础生物学的研究。④开展植物或微生物代谢工程研究，提高现有或新的生物燃料资源的产量。

2019 年 1 月，英国皇家生物学会发布关于植物学新机遇的报告《增长的未来》[1]，该报告指出植物学在应对未来挑战和促进经济增长方面的巨大潜力，识别出植物学在 4 个重要领域的新机遇和需采取的优先行动，并对英国培育和发展植物学提出了若干建议。其中包括开发用于生物能源、生物修复、生物基产品和新型高值产品的高级作物，以利用可再生的植物衍生替代品来解决化石燃料依赖、气候变化、土地退化、卫生挑战及塑料和其他污染等问题。

9.1.4 日本

2002 年 12 月 27 日，日本政府内阁会议通过了由 6 个相关省府——农林水产省、

---

[1] Royal Society of Biology Plant Science Group. Growing the Future [EB/OL].[2021-03-01]. https：//www.rsb.org.uk/ images/UKPSF_Growing_the_future.pdf.

内阁府、文部科学省、经济产业省、国土交通省、环境省联合提出的"日本生物质能源综合战略",构筑了日本综合性灵活利用生物质能源作为能源或产品,实现可持续性的资源循环利用型社会的蓝图。日本生物质能源综合战略以 2010 年为期,主要在生物质方面制定了具体目标:

(1)开发可直接燃烧等含水率低的生物质转换成能源的设备技术,具体实现日处理量 20 吨的生物质转换设备能源变换效率为 20% 的电力或 80% 的热量;日处理量 100 吨的生物质转换设备能源变换效率为 30% 的电力。

(2)开发沼气厌氧发酵等含水率高的生物质转换成能源的技术,具体实现日处理量 5 吨的生物质转换设备能源变换效率为 10% 的电力或 40% 的热量。

(3)开发生物质制作产品的技术,和现在已经由生物质制成的塑料产品一起,加强生物质在木质素、纤维素等方面的应用,制作出可用的新产品 10 种以上。

日本新能源与产业技术综合开发机构(NEDO)是日本能源科技创新最重要的资助机构,其利用弹性预算与管理体系,为实现政府中期科技计划和目标而设立国家层面的研发项目,支持发展和扩大利用新能源与节能技术,实现能源稳定供应。NEDO 在生物能源领域部署的技术开发重大任务包括下一代生物质能利用技术开发和生物质能区域独立系统示范等 [1]。

2018 年 8 月,NEDO 宣布在"区域性生物质利用系统实证研究计划"框架下资助 23 亿日元,用于支持新遴选的三大主题研究项目,旨在针对拥有不同生物质资源(木质纤维素、高湿生物质、城市废弃物和干湿混合废弃物)的地区发展具有区域特色的生物质利用系统(如供热、发电、热电联产系统等),以扩大生物质能源在日本能源系统中的占比,应对气候和能源挑战,同时创造新的就业岗位、促进经济增长。"区域性生物质能系统实证研究计划"由 NEDO 于 2014 年推出,为期 7 年(2014—2020 年),旨在发展具有生物质资源区域分布特色的生物质能源利用系统,扩大生物能源的部署规模,创造新经济产业,在减少排放的同时保障能源安全。

9.2 生物能源产业发展现状

9.2.1 生物能源市场

REN21 发布的《再生能源 2020 全球现状报告》(*Renewables 2020 Global Status Report*)数据显示,生物燃料和生物能源发电产业快速发展(见图 9.1 和图 9.2)。2019 年,全球生物燃料(燃料乙醇、生物柴油、氢化植物油 / 脂肪酸)产量快速增长,增

---

[1] New Energy and Industrial Technology Development Organization(NEDO). エネルギー [EB/OL].[2021-03-01]. https://www.nedo.go.jp/activities/introduction8_01.html.

长率为 5%，2019 年全年产量为 1610 亿升，其中燃料乙醇产量为 1137 亿升，生物柴油产量为 474 亿升。全球生物能源发电总量在 2019 年增加了约 9%，达到 591 兆瓦时。

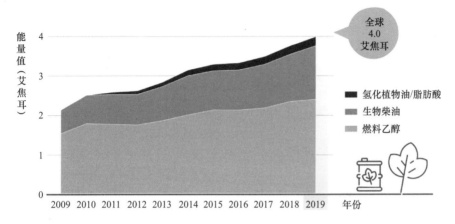

图 9.1 2009—2019 年全球生物燃料产量变化

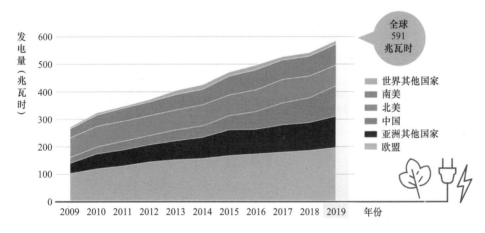

图 9.2 全球 2009—2019 年生物能源发电量变化

9.2.2 主要发达国家生物能源研发投入

图 9.3 为 1974—2019 年 IEA 成员国在生物能源领域研发经费投入情况，2009 年的研发经费投入最高，随后呈现下降的趋势，2019 年研发经费投入总额为 6.31 亿美元。从研发经费的投入情况看，美国、加拿大、日本、法国为开展生物能源相关研究较多的国家（见图 9.4）。虽然美国自 2009 年以后研发经费投入逐渐减少，但其投入的研发经费仍然最多，远远多于其他 IEA 成员国。2019 年，美国仍然是生物能源领域研发经费投入最多的国家，研发经费达到 2.4 亿美元。

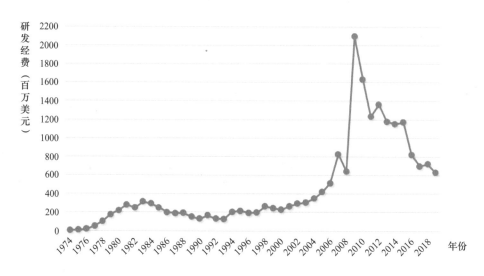

图 9.3　1974—2019 年 IEA 成员国在生物能源领域研发经费投入情况

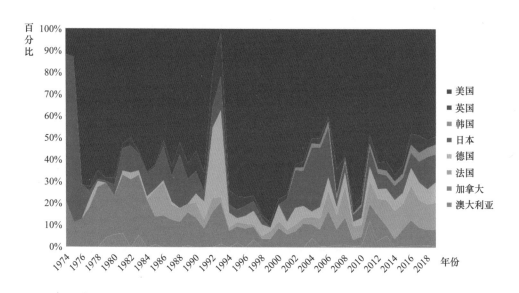

图 9.4　IEA 主要国家在生物能源领域研发经费投入情况

9.2.3　主要国家 / 地区生物燃料产量现状

REN21 发布的可再生能源 2020 全球现状报告数据显示，美国、巴西、欧盟生物燃料产量占全球的 75%（见图 9.5），但近年来这一数字呈现降低的趋势。表 9.1 中的数据显示，2019 年中国燃料乙醇产量为 40 亿升，生物柴油产量为 6 亿升，生物燃料产量相比 2018 年增长了 7 亿升。

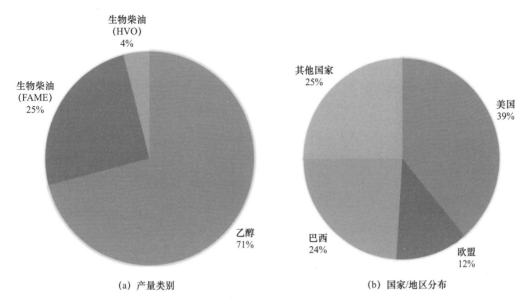

图 9.5　2019 年生物燃料产量类别及国家 / 地区分布

表 9.1　2019 年生物燃料国家 / 地区分布

单位：亿升

国家 / 地区	燃料乙醇	生物柴油（FAME）	生物柴油（HVO）	相比 2018 年产量变化
美国	597	40	25	−17
巴西	353	59	25	29
印度尼西亚	0	79	0	39
中国	40	6	0	7
德国	8	38	0	0
法国	9	28	2	−3
阿根廷	11	25	0	−2
泰国	16	17	0	3
西班牙	5	20	0	1
荷兰	4	10	11	1
加拿大	20	3	0	3
印度	21	2	0	5
马来西亚	0	16	0	7
波兰	2	10	0	1
意大利	0	8	2	2
欧盟	47	124	29	−1
全球	1137	409	65	78

9.3 生物能源领域研究论文分析

由于数据库收录的生物能源 SCI 论文数据量过大，本节内容只检索了 2010—2020 年的生物能源相关的 SCI 论文，并对该部分 SCI 数据进行了统计分析。

9.3.1 主要国家分布

从发文国家的对比情况看，中国 2010—2020 年在生物能源领域的发文量达 37457 篇，总被引次数为 770093 次，篇均被引频次为 20.6 次 / 篇、H 指数为 210，论文产出规模领先全球，但影响力次于美国排名第二。美国发文量为 33898 篇，总被引次数为 1048318 次，H 指数达 303，影响力排名全球首位（见表 9.2）。从各国年度发文情况看，中国在 2016 年发表的生物能源论文数量超过美国，并在 2018 年逐渐拉开差距（见图 9.6）。

表 9.2　生物能源领域各国发文情况对比

国家	发文量（篇）	总被引次数（次）	篇均被引频次（次 / 篇）	论文被引百分比	H 指数
中国	37457	770093	20.6	89.7%	210
美国	33898	1048318	30.9	89.4%	303
印度	11821	243057	20.6	89.1%	150
巴西	8991	135953	15.1	87.7%	108
德国	8433	238195	28.3	91.5%	175
西班牙	7324	189359	25.9	92.9%	139
英国	6856	209737	30.6	91.9%	163
日本	6533	147382	22.6	90.6%	133
意大利	6326	157301	24.9	92.4%	132
加拿大	6255	159554	25.5	92.0%	141

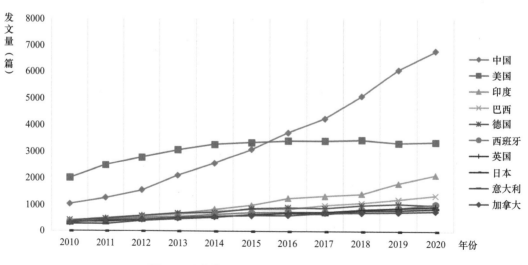

图 9.6　生物能源领域主要国家年度发文情况

9.3.2 研究机构比对

从发文机构情况看，全球主要的生物能源研究机构包括中国科学院、美国能源部、法国国家科学研究中心、加利福尼亚大学、美国农业部、印度理工学院、中国科学院大学、印度科学与工业研究理事会、西班牙高等科学研究理事会、圣保罗大学。其中，中国科学院发文量为 6729 篇，排名全球首位，从 H 指数看，美国能源部的论文影响力较大（见表 9.3 和图 9.7）。

表 9.3　生物能源主要发文机构对比

机构	发文量（篇）	总被引次数（次）	篇均被引频次（次／篇）	论文被引百分比	H 指数
中国科学院	6729	176443	26.2	91.9%	140
美国能源部	4537	180578	39.8	89.4%	172
法国国家科学研究中心	3312	95217	28.8	93.1%	119
加利福尼亚大学	3017	129015	42.8	91.8%	154
美国农业部	2371	66261	28.0	91.7%	107
印度理工学院	2302	55079	23.9	91.0%	89
中国科学院大学	2266	53112	23.4	91.5%	93
印度科学与工业研究理事会	1868	47171	25.3	93.9%	86
西班牙高等科学研究理事会	1681	51547	30.7	94.3%	93
圣保罗大学	1661	30336	18.3	90.8%	67

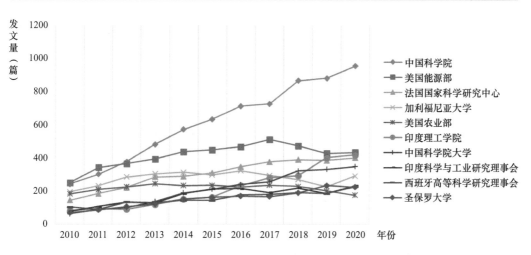

图 9.7　生物能源主要研究机构发文趋势

9.3.3 研究热点分析

从论文关键词聚类看，全球生物能源研究热点主要为纤维素乙醇、微藻生物能源、生物柴油、生物气等（见图 9.8），IEA 也给出了目前生物能源领域的关键研发问题，如表 9.4 所示。

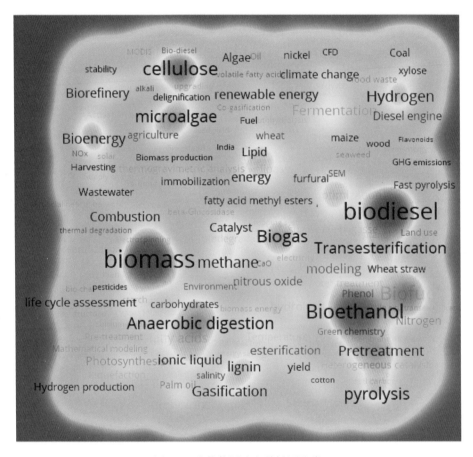

图 9.8　生物能源论文关键词聚类

表 9.4　IEA 给出的生物能源领域的关键研发问题

技术	关键研发问题
纤维素乙醇	• 微生物和酶的改进
	• 使用 C5 糖，用于发酵或联产其他产品
	• 使用木质素作为增值的能源载体或物质原料
HVO	• 原料灵活性
	• 使用可再生氢改善温室气体平衡

（续表）

技术	关键研发问题
生物合成柴油	• 催化剂长寿和稳健性
	• 降低合成气清理成本
	• 有效利用低温热源
其他生物质基柴油和煤油燃料	• 试点和示范工厂中可靠和强大的转换工艺
藻类生物能源	• 节约能源和成本的种植、收获和油料提取
	• 营养和水循环
	• 增值联产品流
生物合成气	• 原料灵活性
	• 合成气生产和清洁
热解油	• 催化剂改善，展示油随着时间推移的稳定性
	• 升级到可替代的生物燃料

9.4　纤维素乙醇方向研究论文分析

本节论文数据来自 Web of Science 平台的 SCIE 及 CPCI-S（ISTP）数据库，时间范围涵盖 2001—2020 年。

9.4.1　论文产出趋势

如图 9.9 所示，从 2007 年开始，纤维素乙醇发文量开始出现快速增长，至 2013 年发文量达到 956 篇，此后纤维素乙醇年度发文量趋于稳定，维持在 900 篇左右，2020 年发文量最多，达到 986 篇。根据调研，2006 年 6 月，美国能源部发布了《纤维素乙醇研究路线图》，明确提出了 3 个 5 年阶段纤维素乙醇燃料技术发展的战略规划，宣布将在研发投入、政策支持和与私人部门合作 3 个方面采取措施，全面推动纤维素乙醇技术发展及其商业化。自此，美国开始重点研发下一代先进生物燃料。2007 年 12 月美国通过的《能源独立与安全法 2007》强制规定，到 2022 年可再生燃料产量要达到 360 亿加仑，其中的 60% 来自纤维素乙醇等先进生物燃料。2008 年 10 月，美国能源部和农业部联合推出了《国家生物能源行动计划 2008》，能源部计划 2009 年划拨 10 亿美元研发纤维素类生物燃料。2009 年，美国又加大了对生物燃料的支持力度，出台了《美国复兴与再投资法案》，意图使美国可再生能源增加 1 倍，通过新能源产业革命振兴美国经济。美国的一系列举措促使其纤维素乙醇领域相关科研水平快速发展。

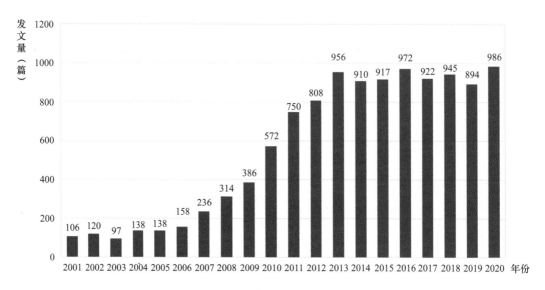

图 9.9　纤维素乙醇年度发文趋势

9.4.2　主要国家分布

如图 9.10 所示，纤维素乙醇的主要研究国家是中国和美国，两个国家的发文量远多于其他国家。印度、日本、巴西、韩国、加拿大、西班牙、瑞典、法国的发文量进入全球排名前 10 位。虽然我国在发文量上排名全球首位，但从论文影响力来看，我国相比美国，在论文总被引次数、篇均被引频次、论文被引百分比、H 指数等指标上均差距明显（见表 9.5）。

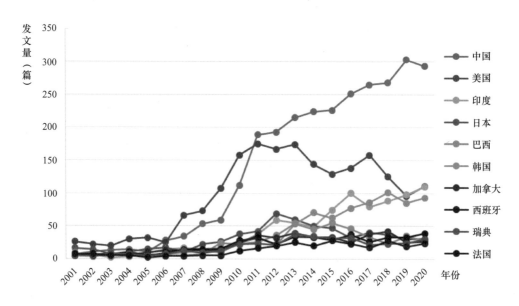

图 9.10　纤维素乙醇主要国家发文趋势

表 9.5 纤维素乙醇主要国家发文情况对比

国家	发文量（篇）	总被引次数（次）	篇均被引频次（次/篇）	论文被引百分比	H 指数
中国	2769	58931	21.28	87.6%	99
美国	1976	103687	52.47	94.9%	140
印度	863	25856	29.96	93.2%	70
日本	615	17428	28.34	92.0%	64
巴西	765	16045	20.97	91.9%	58
韩国	477	12466	26.13	94.3%	59
加拿大	434	20584	47.43	95.2%	68
西班牙	428	15046	35.15	94.9%	57
瑞典	369	19567	53.03	95.9%	67
法国	276	8063	29.21	95.3%	45

9.4.3 主要研究机构比对

从主要机构发文情况看，美国能源部、中国科学院、华南理工大学、美国农业部、圣保罗大学、北京林业大学、加利福尼亚大学、丹麦技术大学、印度科学与工业研究理事会、印度理工学院发文量排名全球前 10 位。其中，美国能源部无论是发文量还是总被引次数、H 指数等论文影响力指标均排名全球首位，显示了美国能源部在该领域的优势地位。中国科学院以 357 篇发文量排名全球第二位，但是从被引指标反映出的论文影响力相比美国能源部、美国农业部、加利福尼亚大学等机构存在较大差距（见表 9.6）。

表 9.6 主要机构发文情况对比

机构	发文量（篇）	篇均被引频次（次/篇）	总被引次数（次）	论文被引百分比	H 指数
美国能源部	371	61.05	22648	97.3%	73
中国科学院	357	26.73	9541	93.8%	54
华南理工大学	287	27.3	7836	96.6%	50
美国农业部	270	58.25	15728	98.1%	69
圣保罗大学	239	26.61	6360	92.0%	39
北京林业大学	203	24.09	4891	98.3%	38
加利福尼亚大学	161	74.7	12026	98.1%	54
丹麦技术大学	152	62.41	9486	96.6%	49
印度科学与工业研究理事会	147	52.76	7755	94.6%	42
印度理工学院	139	32.06	4456	92.6%	28

9.4.4　主要研究方向分析

对发表论文的研究方向进行统计分析，从结果可以看出，除能源与燃料方向外，纤维素乙醇的论文主要集中于生物工程学和应用微生物学，其次为工程、化学、农业科学和材料科学领域（见图 9.11）。对论文的研究领域进行共现分析后可以看出，农业科学、生物工程学和应用微生物、能源与燃料 3 个学科的交叉最多（见图 9.12 和图 9.13）。从中国与美国的研究方向对比看，中国在材料科学、工程、化学领域的发文量大幅领先美国，研究更为多样化（见图 9.14）。

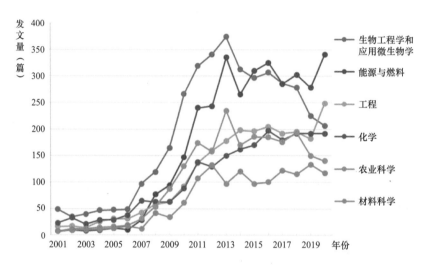

图 9.11　纤维素乙醇论文主要研究方向变化趋势

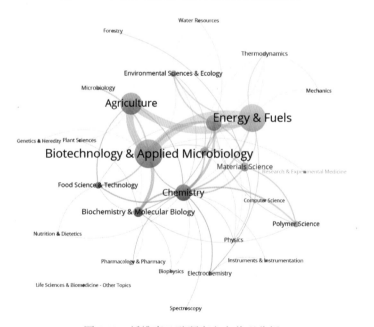

图 9.12　纤维素乙醇研究方向共现分析

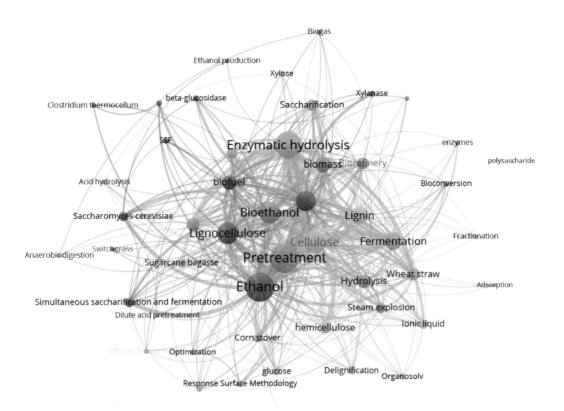

图 9.13　纤维素乙醇主要关键词共现分析

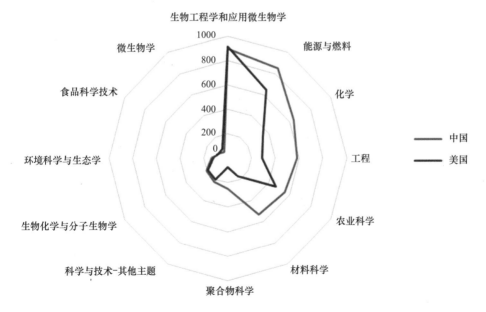

图 9.14　中国和美国纤维素乙醇论文所属研究方向对比

9.4.5　国家与机构合作分析

通过对论文合作国家进行共现分析后发现，美国与中国、印度、丹麦、加拿大、芬兰均开展了密切的合作，我国的主要合作国家为美国、英国、日本、加拿大等国家（见图 9.15）。

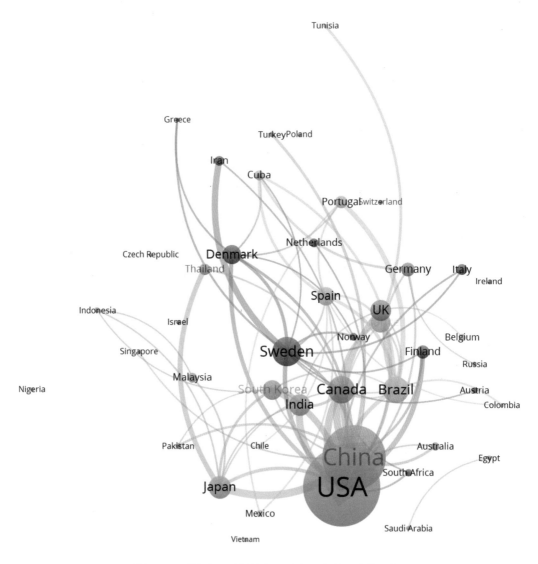

图 9.15　纤维素乙醇领域主要研究国家科研合作网络

从机构合作分析来看，橡树岭国家实验室（Oak Ridge National Laboratory）、密歇根州立大学、美国可再生能源国家实验室、加利福尼亚大学河滨分校、威斯康星大学为主要合作节点。中国的机构中，华南理工大学与北京林业大学开展了密切合作（见图 9.16）。

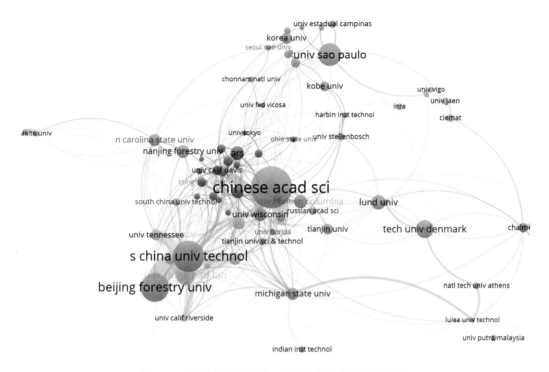

图 9.16 纤维素乙醇领域主要研究机构科研合作网络

9.5 微藻生物能源方向研究论文分析

本节论文数据来自 Web of Science 平台的 SCIE 及 CPCI-S（ISTP）数据库，时间范围涵盖 2001—2020 年。

9.5.1 论文产出趋势

图 9.17 为微藻生物能源年度发文趋势，从图 9.17 中可以看出，发文量从 2009 年开始快速增长，至 2020 年发文量达到 2166 篇。2009 年前后，世界各国均加大了对于微藻生物能源研究的政策和经费投入，在很大程度上促进了微藻生物能源领域的科研产出。例如，美国在 2007 年通过美国能源部启动微型曼哈顿计划，计划在 2010 年实现微藻制备生物柴油工业化。2008 年启动 JP-8 喷漆燃料替代品计划，2009 年发布微藻生物燃料技术路线图，2010 年 1 月美国能源部公布了一个 4400 万美元的微藻生物能源研究和示范项目，该项目由美国国家先进生物燃料及制品联盟（NAABB）联合其他研究机构实施。2010 年 6 月，美国能源部宣布投资 2400 万美元给 3 个研究机构用于研究处理微藻生物能源商业化的主要障碍。2000 年，日本启动地球研究更新计划技术，投资 25 亿美元计划在 2010 年实现微藻将二氧化碳转化成乙醇。2008 年，英国耗

资 2600 万英镑启动藻类生物燃料计划。

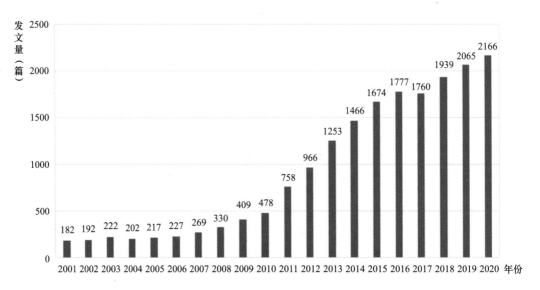

图 9.17　微藻生物能源年度发文趋势

9.5.2　主要国家分布

表 9.7 为微藻生物能源主要国家发文情况对比。可以看出，美国和中国发文量排名全球前两位，分别发文 3456 篇和 3389 篇，且大幅领先其他国家，其中美国以 153 的 H 指数排名全球首位，显示出美国在全球微藻生物能源的研究处于领先地位。从篇均被引频次来看，中国论文的篇均被引频次较荷兰、英国、美国、澳大利亚、德国、法国等国家存在较大差距，说明我国虽然在论文规模上排名全球前列，但是论文影响力仍存在不足。

表 9.7　微藻生物能源主要国家发文情况对比

国家	发文量（篇）	总被引次数（次）	篇均被引频次（次/篇）	论文被引百分比	H 指数
美国	3456	130694	37.82	92.0%	153
中国	3389	77815	22.96	91.6%	107
印度	1323	29092	21.99	90.6%	76
法国	1077	38126	35.4	95.9%	89
德国	1042	37441	35.93	95.4%	87
西班牙	1009	30977	30.7	94.7%	83
韩国	993	22214	22.37	90.5%	67
澳大利亚	982	37135	37.82	95.3%	87

（续表）

国家	发文量（篇）	总被引次数（次）	篇均被引频次（次 / 篇）	论文被引百分比	H 指数
日本	840	18352	21.85	88.2%	62
英国	768	31666	41.23	90.5%	81
意大利	753	22652	30.08	93.4%	64
加拿大	737	25925	35.18	94.8%	74
巴西	696	12020	17.27	89.8%	50
荷兰	492	21810	44.33	96.0%	75

图 9.18 为微藻生物能源主要国家发文趋势，从图 9.18 中可以看出，近年来各国在微藻生物能源领域的研究论文呈现增长趋势，说明微藻生物能源研究受到了各国的重视。虽然我国在该领域的研究起步较美国稍晚，但是我国在该领域的发文量增长速度较快，论文年度发文量已于 2016 年超过美国，且近几年与美国差距逐渐增大，目前仍然处于上升阶段。

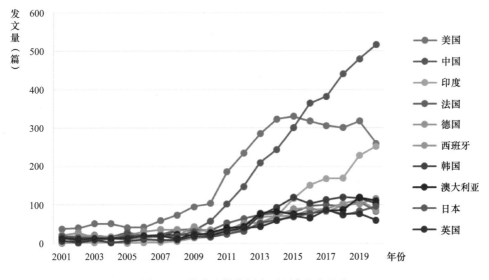

图 9.18　微藻生物能源主要国家发文趋势

9.5.3　主要研究机构比对

表 9.8 为微藻生物能源主要机构发文情况对比，从表 9.8 中可以看出，中国科学院和法国国家科学研究中心发文量排名全球前两位，且与其他机构拉开差距。中国科学院发文量为 826 篇，居全球首位，但影响力不及法国国家科学研究中心，篇均被引频次较低。

表 9.8　微藻生物能源主要机构发文情况对比

机构	发文量 （篇）	篇均被引频次 （次 / 篇）	总被引次数 （次）	论文被引百分比	H 指数
中国科学院	826	25.65	21186	92.3%	69
法国国家科学研究中心	732	36.04	26383	95.9%	78
加利福尼亚大学	353	45.05	15902	95.9%	66
美国能源部	321	59.22	19009	93.5%	65
德国亥姆霍兹联合会	309	45.15	13952	96.7%	59
索邦大学	244	46.3	11296	96.7%	55
印度理工学院	361	21.34	7705	95.4%	45
韩国科学技术院	237	22.66	5371	96.1%	40
印度科学与工业研究理事会	232	31.31	7264	93.9%	44
瓦格宁根大学	221	51.23	11322	96.2%	55

9.5.4　主要研究方向分析

生物工程学和应用微生物学是微藻生物能源领域论文的热门方向，近 5 年（2015—2020 年）来环境科学与生态学方向逐渐受到关注，发文量增速较快（见图 9.19）。论文研究方向的共现分析表明，生物工程学和应用微生物学、能源与燃料、农业科学 3 个学科的交叉最多（见图 9.20 和图 9.21）。

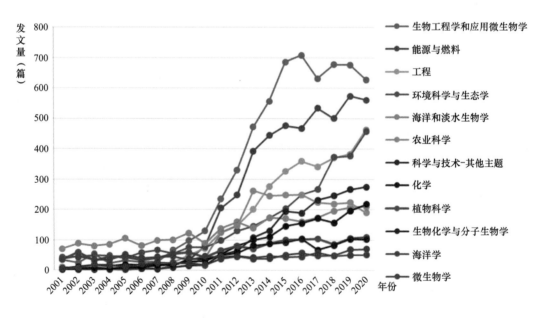

图 9.19　微藻生物能源领域论文主要研究方向变化趋势

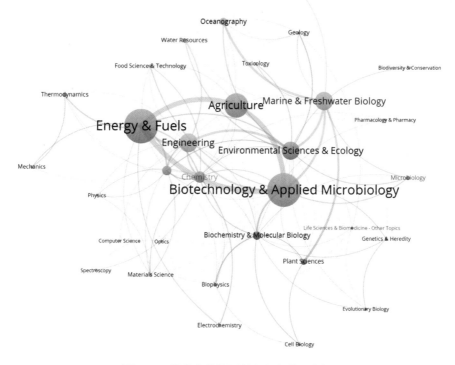

图 9.20　微藻生物能源研究方向共现分析

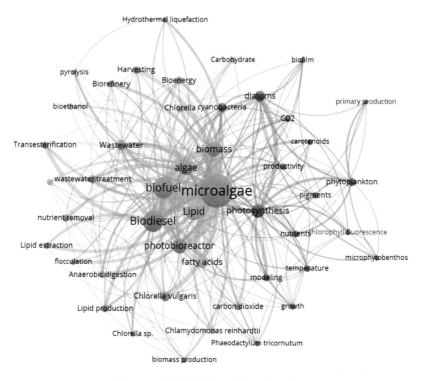

图 9.21　微藻生物能源关键词共现分析

从各国研究方向对比来看，主要国家的学科类型各具特色。例如，中国在能源与燃料、生物工程学和应用微生物学、农业科学、工程、化学等研究方向的发文量多于美国，而美国在环境科学与生态学、海洋和淡水生物学、植物科学、海洋学、微生物学等研究方向的发文量多于我国。法国和德国的研究方向相似，偏重于生物工程学和应用微生物学、海洋和淡水生物学、环境科学与生态学、植物科学的研究，英国相对于法国、德国则偏重于能源与燃料的研究（见图 9.22 和图 9.23）。

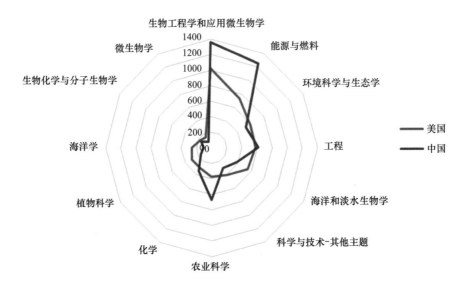

图 9.22　中国与美国微藻生物能源研究方向对比

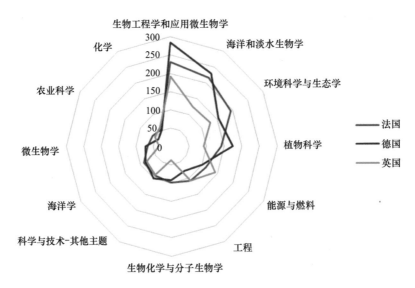

图 9.23　法国、德国、英国微藻生物能源研究方向对比

9.5.5　国家与机构合作分析

从国家科研合作来看，美国是微藻生物能源研究的核心，与中国、英国、加拿大、法国、澳大利亚、日本、韩国均开展了密切合作。德国与西班牙、荷兰、法国合作紧密。中国与美国的合作密切，同时中国还与日本、澳大利亚、加拿大开展了较为紧密的合作（见图 9.24）。

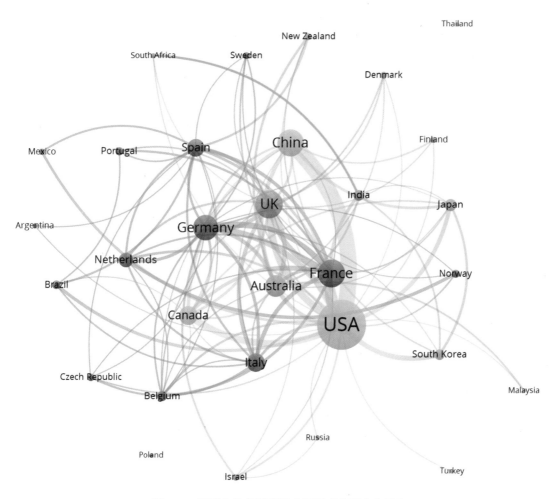

图 9.24　微藻生物能源领域主要国家科研合作网络

从机构的合作情况来看，法国国家科学研究中心（CNRS）、中国科学院、厦门大学成为合作较为活跃的机构。中国科学院主要与亚利桑那州立大学、马里兰大学开展了密切合作，厦门大学与莫纳什大学开展了密切合作，清华大学与东京大学开展了科研合作（见图 9.25）。

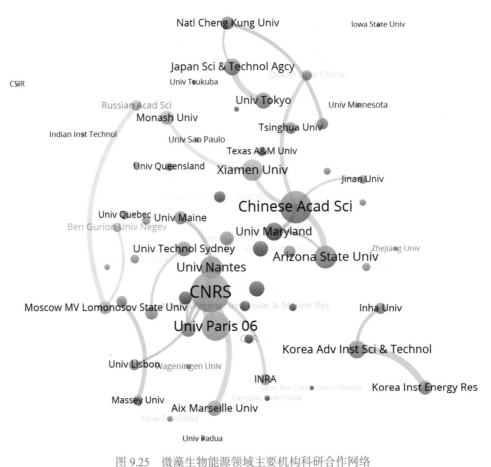

图 9.25　微藻生物能源领域主要机构科研合作网络

9.6　生物柴油方向研究论文分析

本节论文数据来自 Web of Science 平台的 SCIE 及 CPCI-S（ISTP）数据库，时间范围涵盖 2001—2020 年。

9.6.1　论文产出趋势

图 9.26 为生物柴油年度发文趋势，从图 9.26 中可以看出，自 2007 年开始，生物柴油相关研究发文量快速增长，2017 年超过 3600 篇，此后进入平稳发展期。2007 年，国际油价不断高涨，许多国家开始大力支持生物质能、太阳能、水能、风能和地热能等可再生能源发展。以美国为例，美国能源部 2007 年耗资 3.75 亿美元组建 3 座生物能源产学研联合研究机构（大湖生物能源研究中心、橡树岭国家实验室能源创新中心、劳伦斯伯克利国家实验室联合生物能源研究所），开展生物燃料和纤维素乙醇等基础研

究。同年，美国煤和生物质制液体燃料启动，支持煤液化研究，主要分为煤 / 生物质原料与气化、先进燃料合成两个主题，强调煤与生物质掺混燃料、费托合成间接液化的研究，年均投入经费 500 万美元左右。

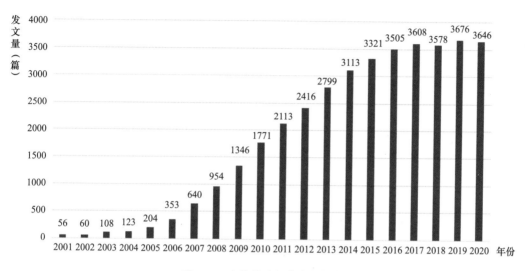

图 9.26　生物柴油年度发文趋势

9.6.2　主要国家分布

对发文国家进行统计分析发现，中国发文量为 6100 篇，印度发文量为 5129 篇，排名前两位。从 H 指数看，美国的论文影响力排名全球首位，中国排名第二位，由此可见，中国生物柴油研究已经进入世界前列。除中国和印度外，美国、巴西和马来西亚也表现抢眼，发文量进入全球前 5 位（见表 9.9）。从年度变化情况来看，中国、印度在生物柴油领域的发文量增长速度最快，中国的年度发文量在 2013 年超过美国，但 2020 年被印度反超，而美国在最近几年的发文量呈现下降趋势，相继被中国、印度、巴西赶超（见图 9.27）。

表 9.9　生物柴油主要国家发文情况

国家	发文量（篇）	总被引次数（次）	篇均被引频次（次 / 篇）	论文被引百分比	H 指数
中国	6100	148109	24.28	87.9%	142
印度	5129	122069	23.8	86.4%	131
美国	4825	176256	36.53	85.5%	173
巴西	3877	65972	17.02	88.3%	90
马来西亚	2224	64920	29.18	86.2%	114
西班牙	1574	51657	32.82	93.1%	96

（续表）

国家	发文量（篇）	总被引次数（次）	篇均被引频次（次/篇）	论文被引百分比	H指数
韩国	1364	32292	23.67	91.0%	79
土耳其	1152	45474	39.47	89.8%	100
日本	1068	34318	32.13	89.9%	87
英国	1052	33709	32.04	90.2%	84

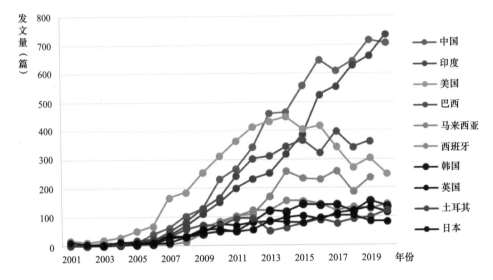

图 9.27　生物柴油主要国家发文趋势

9.6.3　主要研究机构比对

　　从机构发文量来看，印度理工学院、中国科学院、美国国家技术学院、马来亚大学、印度科学与工业研究理事会排名前 5 位。在论文影响力方面，印度理工学院、中国科学院、美国农业部、美国能源部、法国国家科学研究中心、印度科学与工业研究理事会的 H 指数均在 64 及以上，是该领域最具影响力的科研机构，美国农业部的篇均被引频次排名第一（见表 9.10）。

表 9.10　生物柴油主要机构发文情况

机构	发文量（篇）	篇均被引频次（次/篇）	总被引次数（次）	论文被引百分比	H指数
印度理工学院	974	37.18	36217	88.7%	82
中国科学院	873	29.73	25952	91.6%	78
美国国家技术学院	642	19.3	12392	84.9%	53
马来亚大学	565	44.06	24896	92.9%	38

（续表）

机构	发文量（篇）	篇均被引频次（次/篇）	总被引次数（次）	论文被引百分比	H 指数
印度科学与工业研究理事会	544	29.68	16145	93.4%	64
美国农业部	383	53.78	20597	89.0%	72
法国国家科学研究中心	379	32.5	12319	100.0%	66
圣保罗大学	375	16.12	6046	91.5%	38
坎皮纳斯州立大学	375	17.38	6517	89.1%	40
美国能源部	366	48.89	17925	88.5%	68

9.6.4 国家与机构合作分析

对科研合作进行可视化分析后发现，美国为科研合作最为活跃的国家。中美之间的合作最多。除美国外，中国、巴西、马来西亚在国际科研合作中扮演重要角色（见图 9.28）。从机构的科研合作可视化分析结果来看，全球科研合作主要划分为 4 个合作群体，分别为以中国科学院为中心的合作群体、以马来亚大学为中心的合作群体、以巴西圣保罗大学为中心的合作群体、以宾州大学为中心的合作群体。

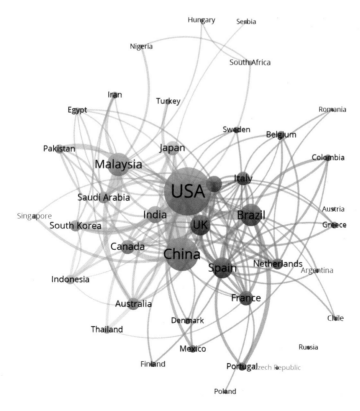

图 9.28 生物柴油主要国家科研合作网络

9.6.5 主要研究方向分析

从发文的研究方向来看，能源与燃料、工程学科方向发文量同曲线增长，发文量居前两位，其次为化学、生物工程学和应用微生物学。近年来呈现增长趋势的研究方向有能源与燃料、化学等学科（见图 9.29）。生物柴油领域论文所属研究方向共现分析表明，仍然是能源与燃料、农业科学、生物工程学和应用微生物学 3 个学科的交叉最多（见图 9.30）。关键词聚类显示，生物柴油主要研究集中在酯交换反应、脂肪酸、排放、废弃油脂、多相催化等方面（见图 9.31）。

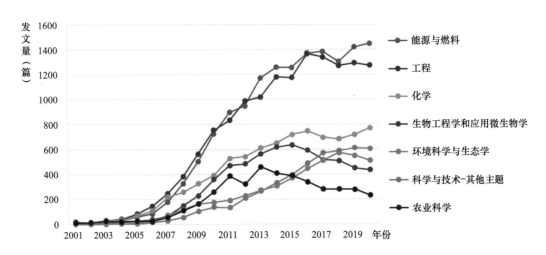

图 9.29　生物柴油论文所属研究方向年度变化趋势

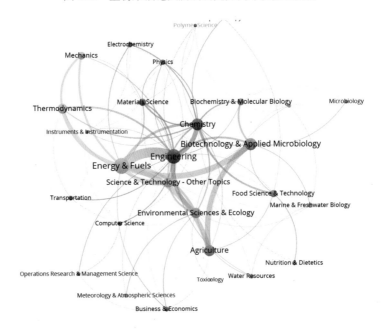

图 9.30　生物柴油论文所属研究方向共现分析

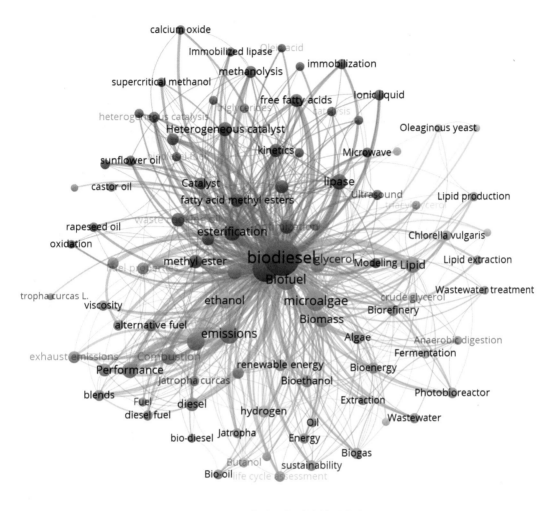

图 9.31　生物柴油领域关键词聚类

9.7　木质纤维素制烷烃和芳烃方向研究论文分析

9.7.1　论文产出趋势

从年度发文变化趋势来看，木质纤维素制烷烃和芳烃领域的发文量自 2007 年开始快速增长，但相比纤维素乙醇、微藻生物能源、生物柴油的增长速度较为温和，每年的增长量最多不超过 200 篇（见图 9.32）。

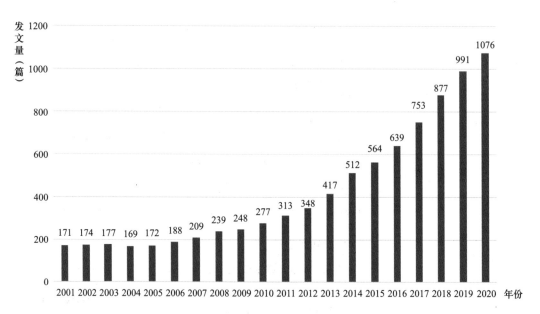

图 9.32 木质纤维素制烷烃和芳烃研究年度发文趋势

9.7.2　主要国家分布

从国家分布来看，中国和美国发文量均超过 1700 篇，其中中国发文量达 2625 篇，遥遥领先于其他国家，其次为美国、日本、德国、印度和西班牙。从论文影响力来看，美国 H 指数达 126，总被引次数达 80110 次，均大幅领先。中国 H 指数为 96，排名第二位，德国、荷兰的篇均被引频次均超过 50 次 / 篇，研究论文水平质量较高（见表 9.11）。

表 9.11　木质纤维素制烷烃和芳烃主要国家发文情况

国家	发文量（篇）	总被引次数（次）	篇均被引频次（次 / 篇）	论文被引百分比	H 指数
中国	2625	55805	21.26	89.1%	96
美国	1770	80110	45.26	93.9%	126
日本	570	15492	27.18	91.1%	62
德国	533	27908	52.36	94.7%	81
印度	419	10216	24.38	89.1%	50
西班牙	387	15569	40.23	95.9%	62
加拿大	368	11387	30.94	94.0%	54
法国	351	14543	41.43	94.5%	54
韩国	296	6050	20.44	95.0%	38
意大利	293	8733	29.81	91.2%	47
英国	287	11530	40.15	93.0%	54
荷兰	238	12783	53.71	95.9%	57

（续表）

国家	发文量（篇）	总被引次数（次）	篇均被引频次（次/篇）	论文被引百分比	H 指数
瑞典	236	7892	33.44	95.4%	41
巴西	228	5253	23.04	90.7%	40
澳大利亚	189	7207	38.13	94.6%	40
俄罗斯	172	1552	9.02	73.6%	22
芬兰	167	6354	38.05	92.8%	39

从主要国家发文趋势来看，论文整体发展态势良好。中国在木质纤维素制烷烃和芳烃研究领域的发文量从 2014 年开始与美国逐渐拉开差距，目前仍呈现快速增长趋势，说明木质纤维素制烷烃和芳烃是我国目前生物能源领域的研究热点（见图 9.33）。

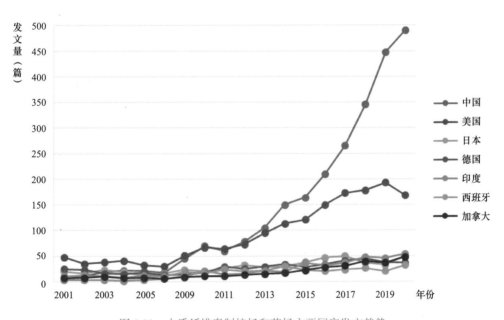

图 9.33　木质纤维素制烷烃和芳烃主要国家发文趋势

9.7.3　主要研究机构比对

从机构分布来看，中国科学院、美国能源部、法国国家科学研究中心、西班牙高等科学研究理事会、华南理工大学为发文量排名前 5 位的机构。中国科学院发文量达到 614 篇，H 指数为 64，均排名全球第一位。华南理工大学和浙江大学的发文量分别排名第五位和第八位，但是总体来看，篇均被引频次、H 指数较低，论文影响力较国外著名科研机构还有一定差距（见表 9.12）。

表 9.12　木质纤维素制烷烃和芳烃主要机构发文情况

机构	发文量（篇）	篇均被引频次（次/篇）	总被引次数（次）	论文被引百分比	H指数
中国科学院	614	27.25	16732	92.5%	64
美国能源部	330	46.86	15465	88.5%	62
法国国家科学研究中心	219	43.96	9628	94.5%	51
西班牙高等科学研究理事会	185	42.49	7860	98.4%	47
华南理工大学	157	22.75	3571	92.4%	33
加利福尼亚大学	140	60.59	8483	84.3%	43
美国农业部	136	54.7	7467	91.2%	43
浙江大学	129	23.24	2998	93.8%	30
威斯康星大学	109	57.55	6273	87.2%	39
俄罗斯科学院	103	10.42	1073	71.8%	17

9.7.4　国家与机构合作分析

从国家合作来看，美国、中国、德国为全球开展木质纤维素制烷烃和芳烃科研国际合作最为活跃的国家。中国与美国、日本、英国、加拿大合作密切，日本与东南亚国家合作密切（见图 9.34）。

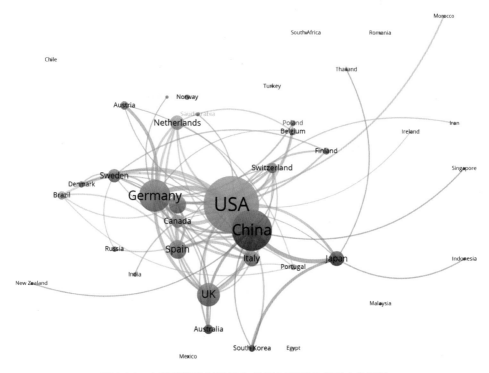

图 9.34　木质纤维素制烷烃和芳烃主要国家科研合作网络

　　从机构合作来看，主要形成了以中国科学院为中心的合作团队；以美国威斯康星大学、加利福尼亚大学伯克利分校、美国能源部国家实验室（可再生能源国家实验室、橡树岭国家实验室）为中心的合作团体；以德国拜罗伊特大学、哈勒维腾贝格大学、慕尼黑理工大学为中心的研究团队。韩国的机构主要以国家内部的合作研究为主（见图 9.35）。

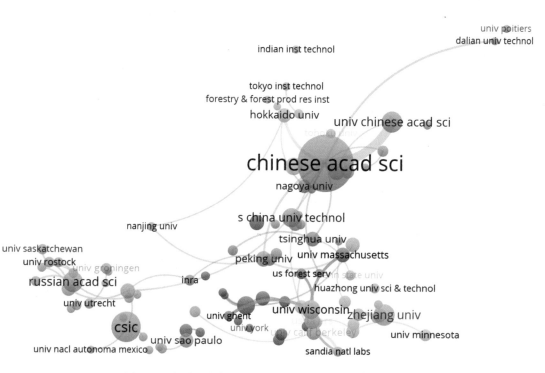

图 9.35　木质纤维素制烷烃和芳烃主要机构科研合作网络

9.7.5　主要研究方向分析

　　化学、工程、能源与燃料为木质纤维素制烷烃和芳烃的主要研究方向（见图 9.36）。从木质纤维素制烷烃和芳烃论文研究方向共现分析来看，化学领域为最热门研究方向，化学、工程学、能源与燃料 3 个学科的联系较多（见图 9.37）。关键词聚类表明，木质纤维素制烷烃和芳烃论文主要聚焦在木质素和纤维素的热裂解等方面（见图 9.38）。

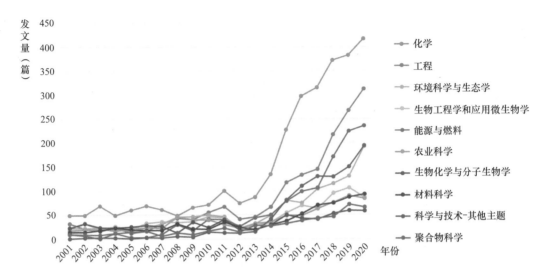

图 9.36　木质纤维素制烷烃和芳烃论文主要研究方向变化趋势

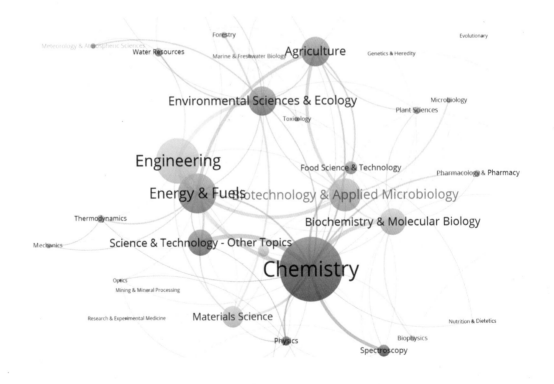

图 9.37　木质纤维素制烷烃和芳烃论文所属研究方向共现分析

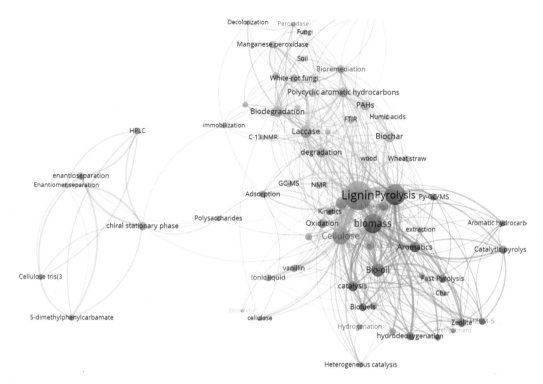

图 9.38　木质纤维素制烷烃和芳烃领域研究关键词聚类

9.8　小结

（1）通过分析主要国家生物能源发展战略发现，全球生物能源研究的重点主要集中在作物基因组学、合成生物学、高效和低成本的生物质转化方法、生物质能源与其他可再生能源联合利用技术研究等方面。

（2）2019 年，美国、巴西、欧盟生物燃料产量占全球的 75%，但近年来这一数字呈现降低的趋势。中国燃料乙醇产量为 40 亿升，生物柴油为 6 亿升，相比 2018 年增长了 7 亿升，但市场份额仍较低。

（3）无论是从生物能源整体发文情况，还是从纤维素乙醇、微藻生物能源、生物柴油等细分子领域的发文情况来看，我国在生物能源领域的研究已经进入世界前列，但论文规模和论文影响力仍需加强。

（4）我国生物能源发文量排名全球前列，但在生物燃料市场上，美国、巴西、欧盟占据了全球 75% 的市场份额，由此可见，我国生物质能源研究成果较多，但在成果转化促进产业发展方面相对不足。

（5）我国木质纤维素制芳烃和烷烃发文量呈上升态势，木质纤维素制烷烃和芳烃成为我国目前生物能源领域的热点研究方向。

致谢 中国科学院文献情报中心吴鸣研究馆员，中国科学院广州能源研究所马隆龙研究员、孙永明研究员、苏秋成研究员、林丽珊和李家成等对本章提出了宝贵的意见，谨致谢忱。

执笔人：中国科学院武汉文献情报中心
　　　　赵晏强、任毅、袁洁、熊萍

第 10 章

计算光学成像研究热点与市场前景分析

计算光学成像（Computational Optical Sensing and Imaging，COSI）作为一个新的学科范畴，是国际上相关研究领域在近 25 年左右（1995—2020 年）才较为明确界定的一个概念，但它已经成为国际性研究热点和迅猛发展的学科之一。作为一门兼具十分强烈的应用性和非常直接的基础科学性的学科，其发展与多学科越来越交叉融合化，与全球科技的信息化、网络化、数字化、智能化的国际科技发展背景高度融合，顺应了时代的科技发展潮流和逻辑，代表了相关领域学科的发展方向和应用科技的研发趋势，逐渐影响和转变了近 25 年以来传感与成像相关应用科技的研发思维和产品系统的开发思想，形成了军用和民用多个领域应用的革命性发展，也必将随着时代的科技发展进一步趋向深化和成熟，形成新的应用图景并可能在极大程度上改变人们对现有的传感与成像的认识，改变未来传感与成像应用的科技面貌。目前，由于其发展的高科技竞争性和应用的战略重要性，计算光学成像已经成为国家战略性高科技的主要领域范畴之一，与众多的重大应用领域发展直接关联，具备了使能和赋能高科技（Enabling Hi-Tech）的重要基础特性。

为了体现这一学科的重要性，2017 年 9 月 19—20 日在北京召开的香山科学会议主题正是"计算光学成像科学基础研究：机遇和挑战"。这次会议的目标正是厘清这一学科的发展内涵和前沿趋势，明确相关的学科认识，促进国家科技发展决策对于相关学科的准确判断，帮助形成近期和中远期国家对于相关科技发展的策略性思维。本章内容正是在这次会议上给出的主题学科战略分析与决策推动的主题分析，在广泛调研和深度分析相关科技发展的文献情报和市场信息的基础上所撰写的。本章相关内容既为参会的科研工作者、教学者、决策管理者乃至企业研发人员提供了全面而准确的学科综述分析和参考，又为今后相关的学科发展做出了一个兼具深度和历史的研判和前瞻。

时至今日，时间又已经过去近 5 年。在此期间，国际上相关学科又有了进一步的新进展和动向，虽然不多，但仍然出现一些值得肯定的进程。为了学科调研的严谨性，本章在原有基础上适当补充增加了一些新的内容，特别是针对学科相关的理论框架和技术发展脉络在全局性上有了更深入的剖析，且将趋势分析直接对准到最新的当前国际发展。不过，本章总体上增加的篇幅不大，这一方面反映了近期相关学科的变化较为平缓；另一方面也主要是为了保持当初香山会议原有的基本情况，所以对补充内容在篇幅上刻意进行了一定的控制。例如，其中的大数据分析仍然维持在基于2017年的数据结果。

10.1 计算光学成像研究发展概况

10.1.1 学科概念与科学基础简述

计算光学成像是集光学、机器视觉、信号与图像处理、传感技术、算法理论、人工智能、智能硬件与设备、量子科技等多个学科理论和技术于一体的面向传感和成像目标实现的新兴交叉科学技术研究领域，其早期理论基础仅限于光学与光谱的传感与成像规律和过程科技，但发展至今，当前构成学科理论基础的内容则包含了所列举的多个学科甚至更多学科的交叉融合发展，并在融合发展中不再仅是各学科理论基础的简单相加，而是逐渐出现了学科自身特有的理论体系初步框架，融合创新特征明显，发展成效显著，并在目前处于高速的深化发展阶段。同时，在应用角度它还逐渐与地球物理、大气科学、航天科技、生命科学、海洋科学及军事科技等许多应用领域科学基础实现了发展的更为深度的互动促进性，实现了互相促进的融合发展，从使能和赋能技术的角度带来了相关应用的更进一步的发展，而且有些发展是前所未有的。

传感与成像作为人类认识世界并对客观对象进行感知然后实现互动的主要信息获取方式，是人类永远追求进步的科技话题。光学传感与成像技术是其中最为重要的分支领域。随着光子科技时代的到来和作用的凸显，它在各种传感与成像技术中更成为时代发展的主流技术，其应用已遍及几乎所有高科技应用领域，尤其在探索奥秘、发现并记录各类微观与宏观层次的现象与图景方面，包括生命科学、医疗诊断、航空航天、遥感测绘、国防军事、国土安全等，无论是在军用领域还是在民用领域，都正在更大地发挥关键作用，更加促进形成了巨大的发展潜力和前景，而且在当前还代表着技术的更新换代趋势。

光学传感与成像作为获取客体光学信息的最主要方式之一，其目标是基于客观对象本质的图像与光学信息特征，采取以光学为主的手段和载体，以合理的成本、有效的方式和技术，在各种条件和环境下，获得客观对象尽可能多的信息和像质，即实现客观对象图景的真实、准确和高效的传感和成像。这一学科发展的追求目标始终是获得更好的成像质量、性能和效率等。传统的传感和成像可用"所见即所得"的光学成像原理来简单予以描述；传统意义上，像质主要包括分辨率、视场和焦深3个要素，但传统的光学方法和技术所达到的水平尽管也具有不凡的成就，却仍不能满足不断发展的现有需求。随着人类科技的不断进步和发展，相关的新方法和新技术不断涌现，新颖的光学检测原理、先进的传感器芯片和电子电路设计、新的光学成像方法、图像重建数学算法逐渐与传统光学成像技术相结合，不仅提高了图像和感知的分辨率等关键性能指标，而且在应用目标和系统的总体性能、技术效率和成本等方面均取得了相当有益的进步。特别是，最近的约 25 年（1995—2021 年）时间中，计算光学成像得以出现并取得了新颖范畴逻辑的拓展和发展。光学成像（也包括光学传感）经历了从经验到科学、技术逐步拓展的演化历程，这一演化历程通常可以描述为一个所谓的"四阶段历程"，即几何光学、信息光学、数字化技术科技、计算光学成像 4 个阶段（有人称之为"四代技术"）。也有人认为，计算光学成像应该被认为是光学成像技术所经历的第三阶段进化[1]。

综合当前的发展态势，计算光学成像已经逐渐"脱胎换骨"，特别是在新的发展中具备了"综合集成"的新颖而完整的概念和内涵，有了自身新的系统性设计和配置的要求，因此更成为一个独具发展前景的新颖性和综合性兼具的发展学科，且还将进一步实现与更多学科的交叉融合发展，形成更为综合性和特有的学科理论基础，可谓是一个"新型学科的大熔炉和变化神器"。这一特征是很鲜明的，就像许多学科在其重要发展期都有类似的"快速扩容"特征，对于学科本身有着学科内涵性的大幅拓展与增加一样。

10.1.1.1　学科发展历史简要回顾

从历史发展来看，光学成像可以追溯到春秋战国时期墨子利用小孔实现倒影成像，这一发展过程已经具有超过千年的时长，但可谓漫长而朴素。从文艺复兴时期至 19 世纪，大量的光学元器件的发明和制作，使得光学成像系统的性能得到大大提高，这是第一阶段的进化。19 世纪，光化学的发展促进了胶片的发明，使得光学影像的记录成为可能，进而推动了光学成像系统的第二阶段的进化。随后，直至 20 世纪 80 年代，CCD 等半导体传感器的发明，使得光学影像的记录从模拟向数字方式转变；计算机的发明和算法的发展，又将其推进到能够对数字化的光学影像进行处理，推动了光学成像的第三阶段的进化。大约在 20 多年前，源自美国军事研究实验室的 Athale 等人要把光学成像、数字处理等集成在一个平台上以提高效率和降低成本的原始动机，直接促进了计算光学成像的孕育和发展，并使其近几年在世界范围内成为一个热点研究领域。

抛开学科发展本身的内在逻辑，计算光学成像的发展动力主要来源于美国军方对高性能光学成像技术的主要需求，即高分辨率、宽视场、大焦深。同时，也要归功于这一阶段国际科技发展形成的全球高科技竞争所引发的全球环境科学、航空航天探

---

[1] D. J. Brady, Optical Imaging and Spectroscopy, Wiley, 2009.

测等应用需求的日益增长，所以说是应用需求直接推动了这一学科的飞跃发展。在此过程中，除满足获得更为复原与重建的信号和图像的要求外，还特别要求在各种恶劣环境条件下和特殊应用场合时能够使信号和成像更为有效，如在极暗条件下也希望获得理想的成像结果。这就对传统光学成像的原理和局限性提出了许多颠覆性要求。正是这样一种在应用系统和设备仪器中实现颠覆性发展的要求，研究人员才不断探索在传统的科技方法中结合新兴的多种其他学科科技，形成了光学传感与成像的"外生性""交叉性""结合性"和"融合性"超越发展，使这一学科的本来面目和学科内容发生了意想不到却合乎科学逻辑的革命性变化。

20 世纪 90 年代中期，美国军事研究实验室的 J.N.Mait、海军研究办公室的 R.A.Athale（当初也在军事研究实验室工作）和 MITRE 公司的 G.W.Euliss（当初在乔治马森大学工作）共同提出了"计算光学成像"的学科概念，其核心概念就是将计算方法作为一个重要的控制变量引入和应用于传统的光学传感与成像方式之中，还建议用这个称呼来描述和统筹相关的研究和开发，并于 1999 年在美国军方的支持下举办了首场研讨会，初步定义了计算光学成像的学科范畴和内涵、内容与技术路线。当然，他们首先深入探讨的是能否有可能发展出一些有利于军事目的的计算光学成像技术和领域。但随后 20 余年的发展证明，计算光学成像技术辐射的领域确实已不仅仅局限在军事应用，还外延至生命科学、遥感、非直视成像、光学精密测量等领域。所以，在这一演化过程中，计算光学成像由非密切相关性的科技集成性研究内容，逐渐向新时期的综合性专门领域甚至趋于专门学科的概念而存在的方向发展。正是这种带有应用和交叉融合的早期萌发认识促成了后来的学科概念的出现。

2001 年，由于计算光学成像相关研究的规模不断扩大和研究进展急剧增速，在 J.N.Mait 等 3 位发起者极具号召力的推动下，美国光学学会（OSA）首次举办了 Computational Optical Sensing and Imaging（COSI）主题会议，还进一步明确会议每年度举办一次（至今仍每年举办一次）。同时，OSA 也进一步致力于促进这一学科与其他领域形成交叉，如其逐步也举办了 COSI 与其他学科交叉的国际系列会议，包括与自适应光学系列会议、光学遥感系列会议、成像系统与测试系列会议、信息光子学系列会议、信号复原与重建系列会议等会议的内容上部分实现重叠覆盖，由此在国际范围内逐渐拓展和扩大了这一新颖学科的地位和影响。

伴随着科研进程，国际上许多国家（尤其是美国）都在军事应用领域和民用科技范畴建立了专门的学科领域来部署并实现了相关应用科研和产品的大力推进和开发；国际上许多大型高科技公司也将其作为产品研发主方向，不断实现新的应用成果和新品研发。例如，美国、英国、德国等国先后部署了相关研究计划，美国国防部下属的 DARPA 先后启动了 AWARE、KECoM、EXTREME 等项目，包括对 COSI 所涉及的新型光学系统建模与设计、硬件体系架构等进行研究，多年来已经取得了一系列重大进展。

特别要强调的是，在整个发展过程中，美国 DARPA 及海、陆、空三军在该领域进行了大量持续和高强度的官方资助，这在全世界是最多的，规模和连续性从领域的角度来看也并不多见，不仅在合成孔径成像、鬼成像、图像盲复原、压缩传感等方面形成了大量论文研究成果，更直接实现了美国在相关应用的大规模进步和成功，使其占据了国际相关领域的制高点和领先地位。COSI 的 3 位发起者后面都变动了其服务的军事实验室，这种服务隶属关系的变动本身就说明了官方给出了极为重要的支持。

值得一提的是，在近 20 年里，研究界对于 COSI 的学科名称和内涵几经修订，最终才形成了当前较为确定的学科概念和名称。而在所有的发展历程背后，更值得一提的是，人们有关传感与成像的物理思想和思维方式逐渐发生了革命性的变化，通过将计算作为一个重要控制变量范畴引入整个系统的设计参数之中，开启了新时期的传感和成像的科学思维图景，促进了新一代前沿光学传感与成像技术在广泛的国防军事、国土安全、生命科学、遥感测绘、光学精密测量等领域应用的新思维、新视野、新模式和新的潜在发展可能。

较为遗憾的是，直到近年，COSI 的学科概念和研究方向才逐渐引起我国相关领域研究人员的关注和兴趣。然而，一旦启动，我国在理论上、工程上和应用上就逐渐出现了火热的高速发展和研究推进。只是，直到现在，我国还没有统一明确这一专业学科名称，其学科范畴和领域发展认知都还需要大幅度的深化，所以可以考虑尽快明确和建立其学科的概念和地位。

在我国科技管理框架中，尽管近年来在多个重大科研领域，包括多个国家重大专项中均部署有与该领域相关的科技研发任务，在国家自然科学基金体系中也已多年有与该领域相关的资助，但是还没有实现以专门的学科和领域来定义和推进相关的工作。

10.1.1.2　学科内容和内涵演变简要回顾

作为简要综述，这里不以具体的技术内容方式，而以 OSA 的 COSI 国际系列会议的主要研讨主题的部分历年变化来予以分析。实际上，这样更能反映这一学科自出现以来其内容的覆盖面和演变过程。

自 COSI 的学科概念被提出以来，其学科内容就一直处于演变之中，每年都有新的内容被增加和融合。近 10 年（2005—2021 年）来，为了统一认识，作为总的议题框架和学科内涵，COSI 明确用下列文本来概述会议的主题内容范畴："COSI encompasses the latest advances in computational imaging research. Representative topics include compressive sensing, tomographic imaging, light-field sensing, digital holography, SAR, phase retrieval, computational spectroscopy, blind deconvolution and phase diversity, point-spread function engineering and digital/optical super resolution."可以看出，这实际上已经明确框定了其内容的基本覆盖范畴。

不过，尽管有了较为明确的名称和定义，这一新兴学科的多学科融合与交叉性仍在随着各种科技的不断演变而继续增加，COSI 在进一步显现着与更多学科和技术的融合与创新。以下简单说明该学科科技内容的拓展历程。

首先，我们以 5 个典型年份（2007 年、2012 年、2015 年、2017 年、2020 年）的会议分会场议题来比较分析已经发生的和即将发生的变化，如表 10.1～表 10.3 所示。

表 10.1　2007 年 COSI 会议分会场议题与 2012 年 COSI 会议分会场议题对比 [1]

2007 年 COSI 会议分会场议题	2012 年 COSI 会议分会场议题
CMA-Multiaperture	CM2B-Computational High Depth-of-Field Imaging
CMB-Optical Hardware	CM3B-Optical Coding and Microscopy
CMC-Spectroscopy and Sensing	CM4B-Compressive & Spectral Imaging
CMD-Information and Optics	CTu1B-Aperture Synthesis, Fourier Optics, Coherence
CTuA-Task Specific Sensing	CTu2B-Image Restoration
CTuB-Computational Imaging	CTu3B-Compressive Imaging
CtuC-Mathematical Methods	CTu4B-Computational Imaging
JMA-Joint Plenary Session	CW2C-COSI Postdeadline Paper Session
PtuA-COSI/SRS Postdeadline Session	JM1A-Opening General Session
	JTu5A-Joint Poster Session
	JW1A-Resolution Limits & Spectral Imaging
	JW3A-Computational Imaging Sessions

表 10.2　2015 年 COSI 会议分会场议题与 2017 年 COSI 会议分会场议题对比 [1]

2015 年 COSI 会议分会场议题	2017 年 COSI 会议分会场议题
CM4E-COSI:Computational Photography and Displays	CM2B-Computational Imaging-Old and New
CT2E-COSI:3D Imaging II	CM3B-Thick Objects and Turbid Media
CT3F-COSI:HIPOS I	CM4B-Scattering Surfaces
CT4F-COSI:Single-pixel Imaging	CTh1B-Compressive Sensing
CTh1E-COSI:Phase Imaging II	CTh2B-Compressive Sensing and Ghost Imaging
CTh2E-COSI:Compressed Sensing II	CTh3B-Microscopy
CTh3E-COSI:HIPOS II	CTh4B-Phase Contrast and OCT
CW2F-COSI:Compressed Sensing I	CTu1B-Correlation and Phase Imaging
CW4E-COSI:Phase Imaging I	CTu2B-Digital Holography
JT1A-Joint Opening Plenary	CTu3B-Lensless Imaging

---

[1] 美国光学学会的 COSI 系列会议门户网站，汇集了所有年度会议的情况和资料。https://www.osapublishing.org/conference.cfm?meetingid=15。

（续表）

2015 年 COSI 会议分会场议题	2017 年 COSI 会议分会场议题
JT5A-Joint Poster Session	CTu3B-Hot Topics
JTH3A-Joint IS and COSI:Light Field Imaging I	CW1B-Novel Computational Imaging
JTH4A-Joint and COSI:Light Field Imaging	CW2B-X-Ray
JW1A-Joint Plenary	CW3B-Ptychography
JW2A-Joint and COSI:Super-resolution I	CW4B-Super Resolution
JW2D-Joint LS&C and AIO Session	JTu1F-AR/VR(3D/IS Joint Session)
JW3A-Joint IS and COSI:Super-resolution II	JTu2A-Keynote Address(Joint AIO/IS)
JW4F-Joint Session with AO and PcDVT	JTu5A-Poster Session

表 10.3　2020 年 COSI 会议分会场议题的所有分支内容版块 [1]

CF1C-Wavefront Engineering and Optical Processing
CF2C-Ptychography, Phase Retrieval, Lensless Imaging
CF3C-Biomedical Imaging
CF4C-Microscopy and Polarimetry
CTh3C-Unconventional Imaging
CTh4C-Image Science Methods and Analysis(COSI-MATH Session)
CTh5C-Non-Line-of-Sight Imaging
CTu3A-Imaging in Scattering Media I
CTu5A-Imaging in Scattering Media II
CW1B-Super-resolution
CW3B-Pupil Engineering
CW4B-Compressive Imaging
JF1E-Biophotonics I (Joint COSI and IS)
JF2F-Infrared, Spectral, Polarization Imaging (Joint COSI and IS)
JF4E-Biophotonics II (Joint COSI and IS)
JTh2A-Joint Poster Session III
JTu2A-Joint Poster Session I
JTu4A-Holography Methods for Imaging (Joint COSI and DH)
JW2A-Joint Poster Session II
JW4A-Design and Optimization in 3D Sensing and Imaging systems (Joint COSI and 3D)

---

[1] 美国光学学会的 COSI 系列会议门户网站，汇集了所有年度会议的情况和资料。https://www.osapublishing.org/
conference.cfm?meetingid=15。

（续表）

JW4D-Computational Imaging (Joint COSI and IS)
JW5A-Joint Sensing Imaging PDP Session I
JW5B-Joint Sensing Imaging PDP Session II
JW5C-Joint Sensing Imaging PDP Session III

对比所选出的历届会议的主流议题内容，不难看出以下几个明显的变化：一是内容模块逐年增多，子领域细分越来越多；二是交叉内容越来越多；三是几乎每年都有新的主题名词出现，表明由于交叉所形成的新融合性内容的不断出现和创新，诞生出越来越多的新型规律或技术方式，在科学和技术性角度不断出现新的方向和应用方法，甚至也出现了新的应用途径。这种简单的对比实际上反映出 COSI 每年都经历着新颖内容的递进。

其次，因为 2017 年出现的新概念相对较多，我们就以 2017 年 COSI 会议研讨子领域主题（Topic Categories）对比最初情况来说明近 20 年来计算光学成像已达成的学科创新发展。最初，COSI 只是简单地将图像计算方式引入光学探测结果的后期处理以形成最终图像，属于十分简单的结合方式。而 2017 年的 COSI 已经有了"天壤之别"，其会议所列研讨主题如下：

- Wavefront coding
- Light-field sensing
- Compressive sensing
- Tomographic imaging
- Structured illumination
- Digital holography
- Synthetic aperture imaging
- Interfereometric imaging measurements and reconstruction
- Phase retrieval
- Lensless imaging
- Computational spectroscopy and spectral imaging
- Ghost imaging
- Blind deconvolution and phase diversity
- Point- spread function engineering
- Digital/optical super-resolution
- Unusual form-factor cameras
- Spectral unmixing
- Signal detection and estimation

- Stable inversion of ill-posed problems
- Development of image quality metrics and analysis techniques

事实上，2020 年出现的新概念相对不多，但如果我们列出 2020 年的所有主题，将会看到 COSI 所覆盖的内容范畴已经是一个庞大的名词和概念包集。因此，从历年所列主题的变化中，我们清晰地看到：①有些主题最初连概念都几乎不存在，如鬼成像技术、无透镜成像、计算光谱学与光谱成像、相位重建等，现在却正在成为热门的新兴内容，而且鬼成像等融合量子成像技术的方法和内容现在都已展现出强大的发展前景，变得越来越重要。②有关原理和理论性的基础研究越来越多和深入，显而易见地反映了学科融合后其科学基础并不是简单的学科相加，而是具有融合性的升华发展，新的基础科学规律的认识和探索逐步被启发，越来越反映出多个学科融合发展后，形成了新型的光学传感和成像思想，而这在今后更需要加强探索。③在整合的系统科学的基础上，应用系统和方法的工程设计性研究，以及由此所促生的有关新型传感和成像系统的设计和制造方法的探索变得越来越多，使得由此设计新型的工作模式、工作架构、工作逻辑和工作结果的应用系统的可能性越来越大，未来潜在的应用系统将继续从当前的格局发展到更为先进和更为科学、合理的整体性系统，革命性变化的结果会越来越突出。

基于以上内容的不断演化的趋势，可以设想，未来的传感和成像设备与器材将可能与今天我们所熟知的器材设备完全不同，如未来的相机就可能完全不再是今天的镜头加 CCD 记录方式的架构；未来这类设备和器材所达到的功能和性能，成像的清晰度和信息还原能力也更可能接近理想的极限，设备的体积、大小、重量、功耗、工作环境条件要求也完全不是今天所想象的概念，如全暗环境下我们不会像今天采用长时间大光圈来成像或者传感以获取足够强并可用的信号。

究其根本原因，将计算作为一种基本的控制变量加入原本以光学和电子学为主的系统中，不仅极大地增加了变量的维度和可以调控的系统复杂度，而且计算本身就是一个聚集了计算机学科等有史以来的丰富发展成果的范畴，这样就将原本仅以光学为主的技术设计体系拓展到了更为宏大的一个巨体系。同时，不断诞生和发展的多种新兴学科和技术领域也被融合到原本单一薄弱的纯光学传感和成像科技、计算机图像学、计算机算法等之中，实现了真正的"学科熔炼"，许多原本相互不一定关联的学科或者技术领域在交叉融合后实现了新的发展，诞生出了符合学科发展需要、不断提升学科科技含量的新型技术和方法，反过来促进了光学传感与成像的学科科学基础的深化和拓展，其科学基础内涵的深化则又进一步促进了技术和应用的外延性发展。

10.1.1.3 主要应用方向与应用发展现状简述

COSI 学科的一个显著特征就是与应用的直接关联性和应用对学科发展的直接驱动引领。因为这个特征，COSI 学科在领域范围内的研究和已经出现的应用的科学性、技术成功性和特征都是更多地直接以应用的成功来予以验证的。事实上，这样一种周期循环式的发展也体现了现代科技发展的快速更迭性，往往在一个很短的时间内新的发展就层出不穷。快速的变化发展也是我们必须特别关注的一个重要特征。

从科学和技术本身的角度，人类需要在更为真实、准确、及时和完整的角度对宏观和微观世界有进一步的了解和认识，如显微镜看得更小更细致、望远镜看得更远更真实、探测器看得更准更便捷，这当然需要具有更高水平和更好使用操作性能的 COSI 手段和工具，进一步促进人类认识世界本原。这些也都是 COSI 发展的原动力，其科学意义和研究意义重大。

从分类角度，我们可对 COSI 有多种应用区分方式。例如，可以从军用和民用的角度区分，也可以从应用领域如生命科学、宇宙学、地球物理、航测遥感等角度区分。

首先，从最初美国提出概念到现在，COSI 的应用方向重点首推军事和国防竞争科技应用方面。军用科技的基本要求实际上就是当前最为先进和管用的概念，这表明 COSI 是为最先进的技术而生的。前述已提到美国 DARPA 的长期重点关注方式，其最为凸显的是对新时期战略竞争手段和信息获取的关注，包括太空竞争、现代海陆空战备竞争等方面都需要更好的地图，对环境条件变化、自然气候变化、静态和动态军事部署、光电对抗和飞行体跟踪等方面的信息更为准确和及时的了解与跟踪，对隐藏在表面现象和场景背后的真实情况和信息的获取和识别等。一般而言，这种应用的尺度和规模，可达数百千米至数万千米的范畴。

其次，当前空间、地球和海洋等在民用科技领域也呈现出对具备 COSI 技术能力的应用系统的需求，因为 COSI 系统可以实现更完整准确获取信息后的更为准确和科学的决策，从而更好地满足民用安全、应对自然灾害、提升资源使用效率的直接要求，这种应用的尺度和规模一般也偏重宏观，可达数百千米至数万千米的范畴。

再次，在人类的生命健康、环境维护和民生幸福应用中，在生命科学（如新型高效分子细胞级成像系统）、环境科学、生物生态、医疗健康、民用电子消费品（如手机成像系统）等领域也需要不断发展更高水平传感、探测和监控设备仪器、手段方法。这种应用的尺度和规模偏重微观，一般在微米甚至纳米量级，而且总体上还处于高水平发展的起步阶段，属于偏新兴的发展范畴。

从总体上说，从应用的宏观到微观尺度，COSI 的重要性都已经在国际竞争的角度处于战略性竞争高科技的范畴，现在人们都用一个说法来描述 COSI，那就是"时代最为先进和管用的科技"。

从经济学和可持续发展的角度，人们当然还希望 COSI 作为技术手段可以具有更低成本、便捷、高性能比、能耗小等特征，这也是应用驱动 COSI 前行的发展方向。当前有许多应用就属于这种范畴，即发展更高性价比、更低能耗和更高效率的应用系统，实现已有相应应用系统的更新换代。

在应用中，COSI 系统目前已经形成主要以应用目标为中心来选择和设计技术路

线、决定性能参数要求和功能实现要求为准则的发展态势。最近的应用发展都是基于
这一理念和准则来研究和试验传统技术方案与新技术思路的结合，开发具有新的功能
和性能、可在不同环境条件与要求下实现更好传感与成像结果的系统或者方法。所以，
一开始就必须清楚和确定最终的应用需要完成什么样的目标、具有什么样的要求、在
什么样的环境和条件之下，之后才是选择开发技术路径、设计系统方案和结构等。

10.1.1.4 学科科学基础发展问题分析

从 COSI 的科学基础角度来分析其发展现状和趋势是认识和预见其今后发展的
关键。

从最初的理解和表面层次来看，计算光学成像就是在获得原始的成像（Raw
Image）后用计算的方式来改善成像的最终效果。然而，从近 20 年的演变，以及从方
法论的角度来看，却远非如此，其中存在着更高层次的发展思维。追溯学科发展历史，
在过程中有几种发展路径或脉络曾经在历史上并存并在后期逐步交融。这些发展路径
或脉络大致可分为 5 种。

第一种是一开始就是纯光学技术路径发展传感与成像的研究者们所经历的过程，
他们通过不断地改善光学元器件和系统的设计、制造，以及通过电子学和光电子学进
步对成像传感器单元等进行改良，特别是基于几何光学设计改进来深化发展，最典型
的是光学镜头的设计和改良，包括组合不同曲率的镜片等方式来实现畸变等多种像差
的消除或者改善；同时采用更好的 CCD 器件等来改善记录过程，包括提高消除噪声的
水平、增强动态范围、提升获取速率等。早期这些改善有很大进展，但随着几何光学
方式和电子学器件的接近极限，研发者开始追求其他技术的加入来实现更好结果的可
能。这种途径以光学技术和光学人员为核心。

第二种是从不涉及光学技术，单纯从物理上研究光学成像的提升，包括从傅里叶
光学变换、光学传递函数等角度来分析和实现改良，其中最重要的是以物理场的变化
规律和物理光学的规律来深化研究，到后期逐渐演化至与光学技术融合实现，如采用
相位板等物理光学元件等。在这一路径中，人们自然将设计和制造物理光学元器件的
过程与计算方式慢慢实现了融合，但其特点仍然局限在成像过程本身中的计算处理和
优化设计。这一路径在突破几何光学极限乃至光学成像局限方面有一定的成效。

第三种是所谓的全要素成像路径。最初，该领域的研究一直沿着强度成像的路径
发展，但是慢慢发现其巨大的局限性；后来逐渐考虑在相位、光谱等要素方面的传感
和成像研究，也逐渐实现了更多技术的交叉融合，包括在电子技术、CCD 技术和图像
要素数字计算处理等方面。这一路径严格意义上可和第二种路径合二为一，但是其侧
重点稍有不同，历史上的演变也各自稍有独立性。这一路径在各种不同应用场合实现
了较多能力的拓展和突破，对于传统技术方式有着较大的提升。

第四种则是纯粹由图像和信息处理界的研究者们所演化的路径。这种路径主要来

自计算机图形学和算法科学的发展，后期逐渐向光学迁移和融合，实现了对光学研究界的影响和促进。这一路径一开始与光学并没有任何关联，也不针对光学成像过程，仅从计算的角度对图像进行分析和处理，通过对图像信息中的规律和科学予以研究，发现了很多从各参数要素、时空信息、过程方式信息及编码解码方式对信息和图像可能的"计算"处理方法，反过来逐渐形成了指导和引导光学研究界进一步获取图像改善的发展方向，其中包括在图像获取中创新、设计和实现具有其他各种非直接获取信息或者非全要素获取信息的方式。例如，压缩成像就是较为单纯地从图像处理规律中发展出的一种可用来简化设计光学系统但却不一定降低成像和传感性能的技术，其影响目前仍在进一步加强。这一路径中尤为重要的是各种新型算法的实现和创新，还有后来由算法引发的硬件设计、硬软件结合可能性与配置重构性。例如，图像处理单元（GPU）、现场可编程门阵列（FPGA）等硬件或芯片的发展，结合软件驱动能力的发展等。在图像成像过程的后道过程研究中反过来形成对前道过程的影响，是这一路径最大的发展特征。

第五种方式是加入量子科学思想后的量子成像路径，发展时间稍晚于前 4 种路径。大体上是受量子科学思维影响，人们在传感与成像中开始不再以获得强度的平均值而以强度的涨落、相关来确定最终的信息，形成了后期的量子成像、关联成像等技术方法，包括鬼成像、多种散射信号成像技术或方法等。事实上，在这样的成像过程中，不仅有很多新兴的方式出现，而且因为其中会用到不同的编码和解码方式，所以慢慢形成了越来越有特点的技术路径。这一路径的出现，不仅在很多方面突破了原有传统技术的物理极限，而且更多地启发和形成了人们在如何更好地实现传感和成像的思维上的突破，使得许多原本不可能想到和实现的新方式得以出现，也对今后的发展提供了很大的启发空间和想象空间。例如，在不完全满足传统理想成像条件下依靠部分信息来实现有效成像；压缩感知和成像带来部分技术要求的降低和性能的提升；鬼成像技术、基于量子科技的成像技术、单光子成像技术等也不断得到发展并展现出光明的发展前景。

在这几种路径所蕴含的思维和最终实现融合的逻辑的启示下，我们可以对 COSI 的物理基础认识实现再度的升华。归结其背后所涵盖的技术特征和物理思想，这样一个演变发展过程实际上也代表着光学传感与成像从简单到复杂，从单一到复合，从被动到主动，从原始到先进的过程。从 2020 年左右开始，COSI 脱离了最初朴素的物理成像思想和方法（"物→传感与成像系统→像或特征信息"的单向固有逻辑思想），实现了超越传统技术的令人叹为观止的成就，实现了基于计算的感知成像，扩展了成像的要素维度，显著提升了成像综合性能，实现了在传统理论框架下不可成的像，从而成就了在众多涉及成像的科学领域均有着不可估量应用前景的发展态势。可以说，计算光学成像的这一发展历程集中反映了其与各时代世界科技的逐步高科技化、相互依赖和交互融合的同步发展趋势，是一个突出的现代高科技融合发展学科典型。尤其是第五种路径，使 COSI 完全出现了传统传感与成像技术中不可能具有的能力和特性。也正是这些原本没有关联的内容或者方法，使得 COSI 脱离传统技术的线性增长发展，转而在发展中具有了崭新的内容和思想，打消了许多人对其类似"新瓶装旧酒"的质疑，也将这一学科的未来前景推向了一个新的科学高度。

我们可以跳出传统的认识框架来更深刻地理解 COSI 这样一种发展态势。从方法论甚至哲学的高度来讲，就像 COSI 的 3 位主要创始人在 2017 年 COSI 年会的综述文章中所提出的，如果我们用全新的思维方式来看待传感与成像，可以将其当成一个从对客观对象端编码到对结果信息图像端解码的过程。这一过程可以分为几个大的框架环节，如图 10.1 和图 10.2 所示。图 10.1 给出了传统信号思维方式下的 COSI 传感与成像过程的框架环节示意。图 10.2 则给出了在新的信息编码变换思维下的 COSI 传感与成像过程的框架环节示意，图中的上下部分对比性地给出了传统方式和加入计算思维后的新型方式之间的不同。这反映出随着近年来对于 COSI 的越来越深入的理论研究的推进，这样的一个编码过程又逐渐进入了一种全新的可改变原有环节模块分工的模式。图 10.2 的下半部分进一步示意给出了全新可能的框架环节的功能分工配置，这其中的关键是，通过将计算模块环节的能力拓展延伸到光学模块环节的内部，使光学部分不再仅仅具有传输信息的功能，这样光学环节就可以根据计算环节的要求进行新的可能设计，从而使传统的光学设计方式实现根本性的转变，使整个系统发生嵌入性的融合设计转变。这也就使得原来的光学环节与计算环节相互分开并分别承担前后道任务的格局实现了关键的改变，使得原本局限于光学设计的较为传统模式的方法论获得了大幅度的拓展可能，结果就使得 COSI 获得了相比传统传感与成像系统的大幅度增强性提升。这里补充说明一点，该功能配置的论文[1]的作者 Jun Tanida 教授

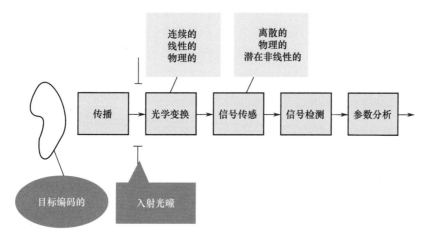

图 10.1　传统信号思维方式下的 COSI 传感与成像过程的框架环节示意

[1] TANIDA J, Computational imaging demands a redefinition of optical computing[J]. Japanese Journal of Applied Physics, 2018, 57: 09SA01.

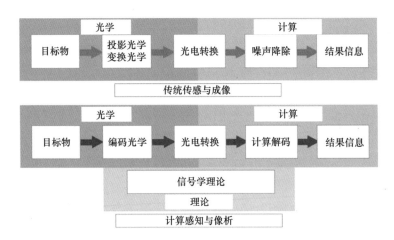

图 10.2 在新的信息编码变换思维下的 COSI 传感与成像过程的框架环节示意

注：本图上下部分对比性地给出了传统方式和加入计算思维后的新型方式之间的不同。

是现任日本光学学会主席，他长期在 COSI 领域从事研究工作，是当前 COSI 领域的国际权威专家之一。该论文虽然简短，但是却清晰地归纳和概括了 COSI 学科发展的特点和较多的前瞻性预测，是一篇综述或总结 COSI 发展的重要文献。

从基础原理上讲，在这样的理解方式下，光学传感与成像几乎有了全新的含义和科学意义，不再仅是一个单纯的从左到右的思维逻辑，而是一个具有多个模块要素、各要素间可以科学决策和配置使用、最终应该按照系统科学来决定各要素模块的权重和路径、各要素模块间具有不同的影响关联性的系统工程。系统工程的关键核心就是需要在系统层面展开更为复杂而科学的设计。

作为一个可被设计应用的系统，我们可以这样来简单思考问题：原本，光学成像与传感系统的可设计配置的变量只包括光学参数与变量（例如，波长、焦深、视场、孔径、通道、元件类型、元件结构等）、电子学成像记录参数与变量（像素、单元数、光电转换参数与极限限制要求），最多总共也就不到 10 个可改变和调控配置的参数而已，受光学和电子学原理极限性的影响因素也十分明确而显著；而现在，COSI 系统下可设计配置的变量就增加了计算的参数与变化因素（算法、计算参量、计算方法等），而计算的增加又使光学和电子学领域可用来进行设计的参数与变量分别增加了数个，尤其是光学可设计性大大增加，原本不可能用于此处的光学元件、用法、结构和方案都成为新的设计可能，所以现在的系统设计可选项、可配置组合的方式实际上增加到了一个前所未有的规模。除此基本的变化外，最为关键的是其中有些设计可以从根本上将光学设计和电子成像设备的极限予以避免或消除（例如，可以不再使用透镜，这就使得像差因素基本被避免了。很多的干涉与衍射效应也可以得到避免或缓解，很多的电子通量不足的成像因素也可以得到消除等），这些都使 COSI 具备了未来传感与成像向更高的水准和极限发展的可能性，其功能将大大增加，性能和使用环境要求的缓解程度也将大大增强。

根据上述分析，一个 COSI 系统依据的不再只是个单模块本身所依据的科学基础和技术方法，而是需要将各个模块背后的多个学科的科学基础与技术方法进行整合和融合，并在创新形成新的综合性科学的基础上来分析和思考其定位、作用、功能和设计。最终系统科学就上升到顶层思维，决定了计算光学成像学科最终的发展方向和未来的发展可能。这种转变是以前的传统思维不可想象的，就像以前认为根本不可能有无透镜相机的认识那样。在这样的概念下，我们可以预期，未来的传感与成像器材设备和仪器系统将发生革命性的变化，未来的应用能力和实际对应用领域的促进也必将形成全新的面貌与格局。

10.1.2 学科未来发展趋势预判和洞见

将前述的系统工程思维予以展开讨论，我们就很容易明确，今天的计算光学成像学科范畴所包含的内容和方式已经远非最初学科发展所能想象。既然这已经可以用来理解和描述当前 COSI 学科的发展态势，那么也完全可以用来对其今后的学科发展实现趋势预判和洞见。

下面我们根据这一发展思维提出以下值得思考并研究的发展趋势可能性的问题（仅列出部分）。这些问题既带有基础科学性，又带有技术发展性，还考虑了工程设计性。我们以列表的形式给出（问题所列的先后顺序不完全与问题的重要性相对应），如表 10.4 所示。

表 10.4 COSI 学科未来发展趋势问题集

编号	趋势性问题
1	COSI 还有什么样的理论发展可能、空间和内容
2	COSI 理论上存在什么样的发展极限
3	还有什么其他领域的技术可能与 COSI 进一步实现融合
4	COSI 还有与什么学科的交叉结合发展可能
5	COSI 内部过程各模块元素具有什么样的优化配置规律
6	COSI 从系统工程角度应该具有什么样的设计规律和判断标准
7	前端照明、光学、信息感应接收、后期计算处理各自还可能有什么发展？各自还有多大的存在必要
8	COSI 系统今后遵循的设计思维和基本流程应该怎样
9	前端照明、光学、信息感应接收、后期计算处理与算法各阶段在整体系统中应该占有何种权重和比例，设计中更应倾向于较多使用哪种技术或者环节？
10	光学本身在其中是否应该仍占核心权重
11	未来技术融合中 COSI 还可能诞生什么新技术方案或思想，就像鬼成像
12	未来我们应该用一套什么样的参数和标准来描述成像和成像系统的性能

（续表）

编号	趋势性问题
13	COSI 系统最终可用能效和成本指标来做系统最高设计准则吗
14	如何在 COSI 系统设计中权衡性能参数要求和工程实用性能（如体积、重量、接口、变通灵活性等）
15	鬼成像等各种新型技术方法还有什么样的提升发展可能
16	多种新型技术方法之间存在什么样的优劣性和不同
17	传感与成像要获得足够的输出端信息量射，最终可以只需要输入端具有什么样的最低信息完整度或者环境条件
18	量子科技将继续深化 COSI 学科的发展吗
19	COSI 应用还有哪些拓展可能？最终可将应用推进到什么样的技术水准和高度
20	系统化后 COSI 系统可对现有发展中的要求光学、电子学达到更高极限才可能实现传感与成像系统的进一步提升的局面会形成什么样的要求简化和释放
21	今后 COSI 系统的单元零部件和基础模块具有怎样的面貌？需要什么样的设计和生产标准？具有怎样的生产流程和要求
22	计算光学成像系统究竟和传统的系统有什么不一样？将来可能还有什么不一样
23	如何更好地认识和总结 COSI 与传统传感与成像技术的区别和进步

简单地归纳，COSI 学科将有 3 个主要的发展趋势：一是原有各单个子学科技术继续提升发展，如更好的光学制造、光学元件、电子学单元、传感器单元、计算单元；二是交叉融合中继续出现新的突破性方法和技术，包括现有新型传感和成像技术的继续演化提升，如鬼成像、单光子成像、复合孔径成像等；三是在系统级的总体设计中有关系统内多技术多要素模块的科学配置设计、制造、应用的提升，并在其中逐渐发现系统的优化设计规律，最终达成简化却优化的高性能、低成本、适合应用对象场合条件的最佳应用系统，并有可能达成模块化、可组装化、可替换性的应用系统规范、设计生产标准乃至应用规范标准。毫无疑问，第 3 个趋势是最为关键的，也是学科自身发展最重要的支撑。

在这样的 3 个趋势下，随着科技的进一步发展，COSI 所对应的信息转换模型将成为从开始获取信息到最后的信息应用这一科技应用任务的核心，而应用最终的目标就定位在从需要的目标信息应用反过来决定信息获取设备的设计和制造（研制）。这一认识应该在我国科技决策中引起足够关注。

具体地，目前来看，在不同空间尺度的应用发展要求下，我们可以将 COSI 的发展需求分为两个大的范畴：一个是宏观尺度范畴，包括航空航天、军事国防、遥感探测等应用内容；另一个是微观尺度范畴，包括生命科学、医疗健康、生物环境、消费电子产品等应用内容。针对不同的应用需求，COSI 的发展将具有更好地采用系统工程设计不同的但却各自针对目标优化的 COSI 系统的可能。另外，COSI 的发展在时间等尺度应用上也仍具有更大的发展思维和可能。其中可能的发展需求包括：高速成像、阵列成像、多孔径、超小型的高性能成像器件或者单元、相位校正和波长带宽等参数的极限拓展、噪声参数的更科学应对等；在整体目标和结果上达成突破极限但却寻找到了更简单的思路与方法；在光学参数间组合、在不同学科技术间组合，实现在仅有部分信息下却可重建完整信息或更完整信息；用低档传感器替代获得高档传感器性能结果、用弱信号获得高性能结果等。

2018 年以来，国际上"计算光学成像"的新出现研究热点包括："微透镜阵列成像""图像盲复原""层析成像""高动态范围（HDR）影像""高光谱成像""混合光谱分解""3D 成像""鬼成像""图像重建""色调映射""光场相机""相位恢复""光学超分辨率"等。尤其是"高光谱成像"（Hyperspectral Imaging）、"混合光谱分解"（Spectral Unmixing）一直保持增长态势。"高动态范围影像"（High Dynamic Range Imaging）、"鬼成像"（Ghost Imaging）、"微透镜阵列成像"（Integral Imaging）已经具有一定发展历程但仍处于热点发展状态；"光场相机"（Light Field Camera）和"叠层衍射成像技术"（Ptychography）从 2014 年至 2015 年开始有较快的增长趋势。这些热点方向很可能是未来本领域发展的重要方向，需要引起我国研究界的重点关注，尤其是"鬼成像""复杂信道成像"等前沿热门方向需要给予重视。

10.1.3　我国科研决策发展建议

2017 年，计算光学成像领域举办了我国最高规格的学术研讨会——香山科学会议，无疑对我国科技界进一步探索 COSI 相关科学前沿，促进以知识创新为主要目标的高层次、跨学科的科技发展具有重大利好。可以说，自该会议召开以来，相关的发展明显处于持续的推进中。

然而，总体来看，我国在 COSI 相关领域的研究虽日渐受到重视，但要充分发挥相关技术在国家安全、科学研究和智能制造等领域中的应用潜能，仍有一些重大挑战性科学问题亟待进一步解决，这些问题的解决不仅关乎战略高科技竞争的长远发展，更直接关系到近期我国许多重大相关项目研发的目标确定、策略设定、技术的发展突破可能，也从根本上关系到国家资助方式与资助强度的设置。

为促进我国计算光学成像（COSI）学科的科学发展，我们建议：一是要针对关键科学问题及其在包括国家安全、科学研究和智能制造等领域的重要应用进行深入研讨。二是从基础科学的角度进一步加强学科理论建设的研究，立足于 COSI 学科是一个系统科学工程的基本思想，深化部署和研究我国从单元器件到系统技术的整体框架、研究系统和应用制造系统，以及试验应用体系，提早谋划，实现我国自有发展思路和框架，建立国家相关发展技术规范和标准，从根本上解决我国长期跟踪国外发展思路、局部虽有领先突破但总体相对落后的发展格局，进一步掌握我国战略性竞争高科技发展的主动权和实现领先的发展时序。三是提出相应的思路和方案，以战略眼光预估其发展趋势，制定发展路线图，促进计算光学成像的新方法、新技术与传统光学成像技术的融合性提升发展，同时也在计算光学成像中的数学和支撑技术等问题方面取得实质性的战略发展思路方面的深化成果。

10.2 计算光学成像研究论文分析

本节检索本领域研究相关文献，进行多角度分析，以窥见本领域研究的发展趋势及研究热点。

本节所选数据来自科睿唯安公司（Clarivate Analytics，原汤森路透知识产权与科技事业部）发行的 Web of Science（WOS）数据库中的 Science Citation Index Expanded（SCI-E）数据库和 Conference Proceedings Citation Index-Science 数据库；检索策略为：（主题=("computational imaging" or "computational photography" or "computational microscopy" or "Computational Optical Sens*" or "Computational Optical Imaging" or "Computational optic*" or "Computational illumination" or "Epsilon Photography" or "Computational Cameras" or "plenoptic camera" or "Integral imaging" or "Integral photography") or 主题=(("imaging through turbulent" or "imaging through scattering" or "imaging around the corner" or "Wave-front coding" or "Wavefront coding" or "Light field sens*" or "Compressive optical sensing" or "Structured illumination imaging" or "Tomographic imaging" or "Synthetic aperture imaging" or "Interfereometric imaging measurements" or "Interfereometric imaging reconstruction" or "Lensless imaging" or "Computational spectroscopy" or "Computational spectral imaging" or "Ghost imaging" or "two-photon optical imaging" or "2-PHOTON optical imaging" or "coincidence imaging" or "correlated-photon imaging" or "quantum imaging" or "Blind deconvolution" or "Point-spread function engineering" or "Digital super-resolution" or "computational super-resolution" or "computational optical super-resolution" or "Unusual form-factor cameras" or "Spectral unmixing" or "in-camera computation of digital panoramas" or "light field camera*" or "High-dynamic-range imag*" or "Tone-Mapping" or "Coded aperture imaging" or "coded exposure imaging" or "Coded aperture patterns" or "binary image sensor" or "extended Depth-of-Field" or "depth-of-field extension" or "extended Irisand Depth-of-Field" or EDOF or "ptychography") and ("imaging" or "computational" or "Algorithm*"))) not 主题=(microwave or ultrasound or ultrasonic or "PET" or "Positron emission tomography" or "SPECT" or "ECT" or "emission computed tomography" or "two-photon fluorescence" or "fluorescent probe" or "two-photon excitation" or "stimulated emission depletion" or molecule or "scanning electron" or "surface plas*" or magnet* or "lithography" or earth* or

"DYNAMIC POSITRON EMISSION TOMOGRAPHIC" or sonar or seismic or "nuclear medicine" or neutron or "Radio Tomographic"）；文献类型包括 Article、Proceedings Paper 和 Review；检索日期为 2017 年 8 月。分析工具为：SCI 数据库结果分析功能与引用分析功能，以及 TDA 分析软件等。

本次检索共计得到 10199 篇论文，经人工筛选，共得到本领域研究论文 9213 篇，发表时间为 1925—2017 年，作为本次学科发展数据分析的研究对象。

10.2.1　论文产出趋势

1925 年至今，对于"计算光学成像"的研究整体呈不断增长态势。其论文最早是 1925 年发表的 *Contribution to the production of integral photography*，主要涉及微透镜阵列成像装置的制造。1925—2016 年计算光学成像 SCI 发文量变化情况如图 10.3 所示。

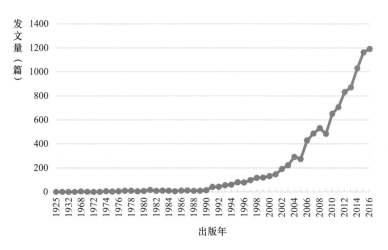

图 10.3　1925—2016 年计算光学成像 SCI 发文量变化情况

从图 10.3 中可以看出，1925—2016 年，全球计算光学成像研究大致可以分为两个阶段：第一个阶段是计算光学成像研究的萌芽期，时间范围大致为 1925—1990 年，该阶段陆续有学者开始在该领域进行研究，但是研究人员总体数量和发文量都较少；第二个阶段是计算光学成像研究的发展阶段，时间范围大致为 1991—2016 年，伴随着 1991 年发文量出现突然跃升后，全球研究人员开始逐步进入该领域进行研究，发文量开始快速增多。特别是 2006—2016 年，该领域研究人员开始大量增加，如图 10.4 所示，新的研究人员大量出现于本领域的工作中，发文量开始迅速增长，表明世界范围内计算光学成像已成为热点研究领域。

需要说明的是，由于受到检索时间节点和数据库收录数据滞后性因素的影响，2017 年的发文量尚未具有全年统计结果，所以图中并未列入。

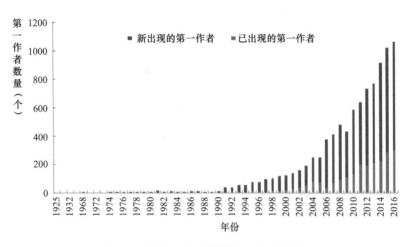

图 10.4　计算光学成像研究人员时间演变

10.2.2　研究热点分析

本节通过对论文关键词、高被引论文等内容的分析，对计算光学成像领域论文研究热点进行分析。

10.2.2.1　热点研究主题

关键词是一篇文献的核心内容和高度概括与凝练，高频次出现的关键词可以从一定程度上反映出研究领域的重要主题。本节通过对"计算光学成像"研究文献中的关键词进行统计分析，从关键词使用频次、时间变化趋势方面分析研究热点主题及其变化。

由于该研究领域中仅有 62% 的文章提供了关键词，为避免可能出现的偏差，本节将 TDA 分析软件提供的 Combined Keywords+Phrases 字段进行人工合并后，作为计算光学成像关键词进行研究热点主题分析。

对"计算光学成像"研究文献中的关键词进行统计分析，排名前 20 位的学科主题高频关键词如表 10.5 所示。从表 10.5 中可以看出，"微透镜阵列成像""图像盲复原""层析成像""高动态范围（HDR）影像""高光谱成像""混合光谱分解""3D 成像""鬼成像""图像重建""色调映射""光场相机""相位恢复""光学超分辨率"等，是本领域研究比较关注的热点主题。

继续对本领域进入发展期以来（1992 年以后）以上研究热点关键词的年度分布进行分析，发现关键词"高光谱成像"（Hyperspectral Imaging）在 2012 年研究数量忽然增多，并持续至 2016 年一直保持增长，与此同时，"混合光谱分解"（Spectral Unmixing）自 2012 年开始数量大幅增加。"高动态范围影像"（High Dynamic Range Imaging）2006 年数量忽然增多，之后各年度数量变化不大；"鬼成像"（Ghost

Imaging）关键词 1995 年开始出现，2010 年开始数量逐渐增多；关键词"微透镜阵列成像"（Integral Imaging）从 2002 年开始持续受到研究人员的关注，与此密切相关的"光场相机"（Light Field Camera）则从 2014 年开始研究数量出现突然增长；关键词"叠层衍射成像技术"（Ptychography）从 2015 年后数量有较快的增长趋势。这些关键词突增现象表明，以上主题的研究很可能是未来本领域发展的重要方向。图 10.5 给出了本领域的 SCI 论文研究热点关键词年度分布。

表 10.5 计算光学成像 SCI 论文排名前 20 位的学科主题高频关键词

序号	频次	关键词	序号	频次	关键词
1	1001	Integral Imaging	11	302	Light Field Camera
2	939	Blind Image Deconvolution	12	277	Phase Retrieval
3	927	Tomography Imaging	13	255	Optical Super-resolution
4	730	High Dynamic Range (HDR) Imaging	14	227	Ptychography
5	695	Hyperspectral Imaging	15	221	Extended Depth
6	676	Spectral Unmixing	16	198	Synthetic Aperture Imaging
7	577	3D Images	17	194	Wavefront Coding
8	516	Ghost Imaging	18	188	Point Spread Function
9	361	Image Reconstruction	19	167	Coded Aperture
10	304	Tone Mapping	20	166	Compressive Sensing

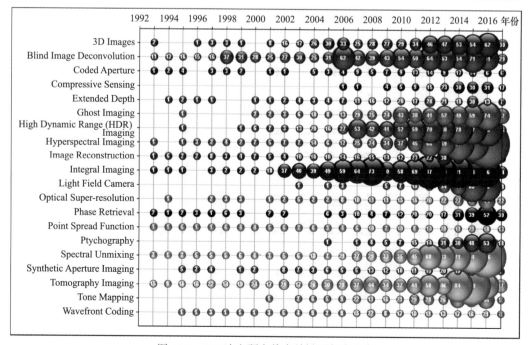

图 10.5 SCI 论文研究热点关键词年度分布

10.2.2.2 高影响力论文

论文被引次数是研究成果的影响力即受关注程度的重要标识。1971—2017 年本领域被引次数最高的 10 篇论文如表 10.6 所示。被引次数最高的论文 *An Information Maximization Approach to Blind Separation and Blind Deconvolution* 发表于 1995 年，作者是加利福尼亚大学圣地亚哥分校的 BELL, AJ。

表 10.6　1971—2017 年本领域被引次数最高的 10 篇论文

1. 标题：*An Information Maximization Approach to Blind Separation and Blind Deconvolution*
作者：BELL, AJ; SEJNOWSKI, TJ
来源出版物：*Neural Computation*; 卷：7; 期：6; 页：1129-1159; DOI: 10.1162/neco.1995.7.6.1129; 出版年：1995
被引频次合计：4787
地址：Univ Calif San Diego,Dept Biol,La Jolla,CA 92093.
通讯作者地址：BELL, AJ（通讯作者）,Salk Inst Biol Studies,Computat Neurobiol Lab,Howard Hughes Med Inst,10010 N Torrey Pines Rd,La Jolla,CA 92037 USA.

2. 标题：*Spectral unmixing*
作者：Keshava, N; Mustard, JF
来源出版物：*IEEE Signal Processing Magazine*; 卷：19; 期：1; 页：44-57; DOI: 10.1109/79.974727; 出版年：2002
被引频次合计：1066
地址：Brown Univ, Providence, RI 02912 USA.

3. 标题：*Optical Imaging By Means of 2-Photon Quantum Entanglement*
作者：PITTMAN, TB; SHIH, YH; STREKALOV, DV; SERGIENKO, AV
来源出版物：*Physical Review A*; 卷：52; 期：5; 页：R3429-R3432; DOI: 10.1103/PhysRevA.52.R3429; 出版年：1995
被引频次合计：748
通讯作者地址：Univ Maryland Baltimore Cty, Dept Phys, Baltimore, MD 21228 USA.

4. 标题：*Extended Depth of Field Through Wave-Front Coding*
作者：DOWSKI, ER; CATHEY, WT
来源出版物：*Applied Optics*; 卷：34; 期：11; 页：1859-1866; 出版年：1995
被引频次合计：645
通讯作者地址：DOWSKI, ER（通讯作者）,Univ Colorado,Dept Elect Engn,Imaging Syst Lab, Boulder, CO 80309 USA.

5. 标题：*Accurate image reconstruction from few-views and limited-angle data in divergent-beam CT*
作者：Sidky, EY; Kao, CM; Pan, XH
来源出版物：*Journal of X-ray Science and Technology*; 卷：14; 期：2; 页：119-139; 出版年：2006
被引频次合计：528
地址：Univ Chicago, Dept Radiol, Chicago, IL 60637 USA.
通讯作者地址：Sidky, EY（通讯作者）,Univ Chicago, Dept Radiol, 5841 S Maryland Ave, Chicago, IL 60637 USA.

（续表）

---

6. 标题：*Recent advances in terahertz imaging*

作者：Mittleman, DM; Gupta, M; Neelamani, R; Baraniuk, RG; Rudd, JV; Koch, M

来源出版物：*Applied Physics B-lasers and Optics*; 卷：68; 期：6; 页：1085-1094; DOI: 10.1007/s003400050750; 出版年：1999

被引频次合计：508

地址：Rice Univ, Dept Elect & Comp Engn, Houston, TX 77005 USA. Picometrix Inc, Ann Arbor, MI 48113 USA. Tech Univ Braunschweig, Inst Hochfrequenztech, D-38106 Braunschweig, Germany.

通讯作者地址：Mittleman, DM（通讯作者）,Rice Univ, Dept Elect & Comp Engn, MS-366,6100 Main St, Houston, TX 77005 USA.

---

7. 标题：*Coded Aperture Imaging With Uniformly Redundant Arrays*

作者：FENIMORE, EE; CANNON, TM

来源出版物：*Applied Optics*; 卷：17; 期：3; 页：337-347; DOI: 10.1364/AO.17.000337; 出版年：1978

被引频次合计：482

通讯作者地址：FENIMORE, EE（通讯作者）,Univ Calif,Los Alamos Sci Lab,Los Alamos,NM 87545, USA.

---

8. 标题：*Total variation blind deconvolution*

作者：Chan, TF (Chan, TF); Wong, CK (Wong, CK)

来源出版物：*IEEE Transactions on Image Processing*; 卷：7; 期：3; 页：370-375; DOI: 10.1109/83.661187; 出版年：1998

被引频次合计：523

地址：Univ Calif Los Angeles, Dept Math, Los Angeles, CA 90095 USA.

通讯作者地址：Chan, TF（通讯作者）,Univ Calif Los Angeles, Dept Math, Los Angele, CA 90095 USA.

---

9. 标题：*Optical coherence tomography using a frequency-tunable optical source*

作者：Chinn, SR (Chinn, SR); Swanson, EA (Swanson, EA); Fujimoto, JG (Fujimoto, JG)

来源出版物：*Optics Letters*; 卷：22; 期：5; 页：340-342; DOI: 10.1364/OL.22.000340; 出版年：1997

被引频次合计：417

地址：MIT,Dept Elect & Comp Engn,Cambridge,MA 02139.

通讯作者地址：Chinn, SR（通讯作者）,MIT,Lincoln Lab,244 Wood St,Lexington,MA 02173, USA.

---

10. 标题：*Hard-x-ray lensless imaging of extended objects*

作者：Rodenburg, JM (Rodenburg, . M.); Hurst, AC (Hurst, A. C.); Cullis, AG (Cullis, A. G.); Dobson, BR (Dobson, B. R.); Pfeiffer, F (Pfeiffer, F.); Bunk, O (Bunk, O.); David, C (David, C.); Jefimovs, K (Jefimovs, K.); Johnson, I (Johnson, I.)

来源出版物：*Physical Review Letters*; 卷：98; 期：3; 文献号：034801; DOI: 10.1103/PhysRevLett.98.034801; 出版年：2007

被引频次合计：398

地　址：Univ Sheffield, Dept Elect & Elect Engn, Sheffield S1 3JD, S Yorkshire, England. CCLRC, Daresbury Lab, Warrington WA4 4AD, Cheshire, England. Paul Scherrer Inst, C-5232 Villigen, Switzerland.

通讯作者地址：Rodenburg, JM（通讯作者）,Univ Sheffield, Dept Elect & Elect Engn, Sheffield S1 3JD, S Yorkshire, England.

　　此外，ESI 高被引论文是指 2006—2016 年内发表的 SCI 论文且被引次数排在相应学科领域全球前 1% 以内，能够反映近期的热点研究内容的论文。计算光学成像领域发表于 2006—2016 年的 ESI 高被引论文前 5 篇文章如表 10.7 所示。

表 10.7　计算光学成像领域发表于 2006—2016 年的 ESI 高被引论文前 5 篇文章

1.　标题：*High-resolution three-dimensional structural microscopy by single-angle Bragg ptychography*

作者：Hruszkewycz, SO; Allain, M; Holt, MV; Murray, CE; Holt, JR; Fuoss, PH; Chamard, V

来源出版物：*Nature Materials*; 卷：16; 期：2; 页：244-251; DOI: 10.1038/NMAT4798; 出版年：2017

被引频次合计：6

地址：[Hruszkewycz, S. O.; Fuoss, P. H.] Argonne Natl Lab, Div Mat Sci, 9700 S Cass Ave, Argonne, IL 60439 USA. [Allain, M.; Chamard, V.] Aix Marseille Univ, CNRS, Cent Marseille, Inst Fresnel, F-13013 Marseille, France. [Holt, J. R.] Argonne Natl Lab, Ctr Nanoscale Mat, 9700 S Cass Ave, Argonne, IL 60439 USA. [Murray, C. E.] IBM TJ Watson Res Ctr, Yorktown Hts, NY 10598 USA. [Holt, J. R.] IBM Semicond Res & Dev Ctr, Hopewell Jct, NY 12533 USA.

通讯作者地址：Hruszkewycz, SO（通讯作者）,Argonne Natl Lab, Div Mat Sci, 9700 S Cass Ave, Argonne, IL 60439 USA.

2.　标题：*Ghost imaging in the time domain*

作者：Ryczkowski, P; Barbier, M; Friberg, AT; Dudley, JM; Genty, G

来源出版物：*Nature Photonics*; 卷：10; 期：3; 页：167-+; DOI: 10.1038/NPHOTON.2015.274; 出版年：MAR 2016

被引频次合计：23

地　址：[Ryczkowski, Piotr; Barbier, Margaux; Genty, Goery] Tampere Univ Technol, Opt Lab, POB 692, FI-33101 Tampere, Finland. [Friberg, Ari T.] Univ Eastern Finland, Dept Phys & Math, POB 111, FI-80101 Joensuu, Finland. [Dudley, John M.] Univ Franche Comte, CNRS, Inst FEMTO ST, UMR 6174, F-25030 Besancon, France.

通讯作者地址：Genty, G（通讯作者）,Tampere Univ Technol, Opt Lab, POB 692, FI-33101 Tampere, Finland.

3.　标题：*Extended-resolution structured illumination imaging of endocytic and cytoskeletal dynamics*

作者：Li, D; Shao, L; Chen, BC; Zhang, X; Zhang, MS; Moses, B; Milkie, DE; Beach, JR; Hammer, JA; Pasham, M; Kirchhausen, T; Baird, MA; Davidson, MW; Xu, PY; Betzig, E

来源出版物：*Science*; 卷：349; 期：6251; 文献号：aab3500; DOI: 10.1126/science.aab3500; 出版年：2015

被引频次合计：109

地　址：[Li, Dong; Shao, Lin; Chen, Bi-Chang; Betzig, Eric] Howard Hughes Med Inst, Ashburn, VA 20147 USA. [Zhang, Xi; Zhang, Mingshu; Xu, Pingyong] Chinese Acad Sci, Key Lab RNA Biol, Beijing 100101, Peoples R China. [Zhang, Xi; Zhang, Mingshu; Xu, Pingyong] Chinese Acad Sci, Beijing Key Lab Noncoding RNA, Inst Biophys, Beijing 100101, Peoples R China. [Zhang, Xi] Cent China Normal Univ, Coll Life Sci, Wuhan 430079, Hubei, Peoples R China. [Moses, Brian; Milkie, Daniel E.] Coleman Technol, Newtown Sq, PA 19073 USA. [Beach, Jordan R.; Hammer, John A., III; Baird, Michelle A.] NHLBI, Cell Biol & Physiol Ctr, NIH, Bethesda, MD 20892 USA. [Pasham, Mithun; Kirchhausen, Tomas] Harvard Univ, Sch Med, Dept Cell Biol & Pediat, Boston, MA 02115 USA. [Pasham, Mithun; Kirchhausen, Tomas] Boston Childrens Hosp, Program Cellular & Mol Med, Boston, MA 02115 USA. [Baird, Michelle A.; Davidson, Michael W.] Florida State Univ, Natl High Magnet Field Lab, Tallahassee, FL 32310 USA. [Baird, Michelle A.; Davidson, Michael W.] Florida State Univ, Dept Biol Sci, Tallahassee, FL 32310 USA.

通讯作者地址：Betzig, E（通讯作者）,Howard Hughes Med Inst, Janelia Res Campus, Ashburn, VA 20147 USA.

（续表）

4. 标题： *3D intensity and phase imaging from light field measurements in an LED array microscope*	

作者：Tian, L; Waller, L

来源出版物：*Optica*; 卷：2; 期：2; 页：104-111; DOI: 10.1364/OPTICA.2.000104; 出版年：2015

被引频次合计：60

地址：[Tian, Lei; Waller, Laura] Univ Calif Berkeley, Dept Elect Engn & Comp Sci, Berkeley, CA 94720 USA.

通讯作者地址：Tian, L（通讯作者）,Univ Calif Berkeley, Dept Elect Engn & Comp Sci, Berkeley, CA 94720 USA.

5. 标题： *Non-invasive single-shot imaging through scattering layers and around corners via speckle correlations*

作者：Katz, O; Heidmann, P; Fink, M; Gigan, S

来源出版物：*Nature Photonics*; 卷：8; 期：10; 页：784-790; DOI: 10.1038/NPHOTON.2014.189; 出版年：2014

被引频次合计：105

地　址：[Katz, Ori; Heidmann, Pierre; Fink, Mathias; Gigan, Sylvain] ESPCI ParisTech, Inst Langevin, UMR7587, F-75005 Paris, France.　[Katz, Ori; Heidmann, Pierre; Fink, Mathias; Gigan, Sylvain] CNRS, INSERM ERL U979, F-75005 Paris, France.　[Katz, Ori; Gigan, Sylvain] Univ Paris 06, Ecole Normale Super, Lab Kastler Brossel, Coll France,CNRS, F-75005 Paris, France.

通讯作者地址：Katz, O（通讯作者）,ESPCI ParisTech, Inst Langevin, UMR7587, 1 Rue Jussieu, F-75005 Paris, France.

10.2.3　主要国家分布

本节通过对计算光学成像领域主要研究国家[1]分布、时间变化趋势进行分析，以反映各国在该领域的研究实力。

本领域主要研究国家的发文情况如表 10.8 所示，这里仅给出发文量排名前 19 位的国家。美国在本领域的研究最多，共发表了 2449 篇论文，遥遥领先于其他国家。中国排名第二位，发文量为 1681 篇。

表 10.8　各国在"计算光学成像"研究领域发文情况（排名前 19 位）

序号	发文量（篇）	国家	序号	发文量（篇）	国家
1	2449	美国	11	133	瑞士
2	1681	中国	12	129	以色列
3	627	韩国	13	116	印度
4	520	日本	14	103	澳大利亚
5	420	英国	15	67	荷兰
6	400	德国	16	63	新加坡
7	340	法国	17	61	比利时
8	288	西班牙	18	59	伊朗
9	248	意大利	19	55	巴西
10	215	加拿大		—	

---

[1] 本节中涉及的国家指第一作者所在国家。

为了更清楚地了解各国家研究的发展情况，对研究最多的前 10 个国家的本领域论文年度分布进行了分析，图 10.6 给出了这 10 个国家在科学引文索引（SCI）中论文按年度的变化分布。从图 10.6 中可以看出，中国虽然研究起步较晚，但 2011 年后研究论文产出的增长速度最快，目前已跃居全球第二位。

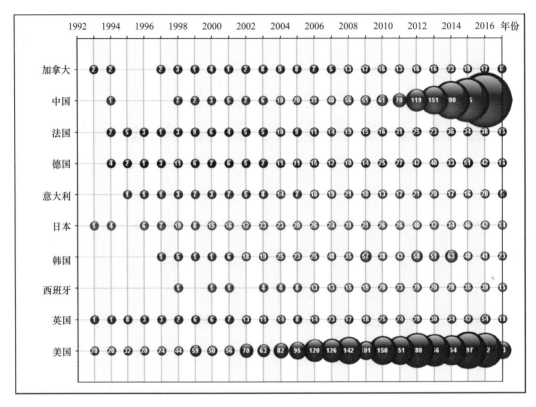

图 10.6　计算光学成像科学引文索引（SCI）论文研究国家年度分布

10.2.4　基金资助分析

本次检索得到的论文成果，共计有 3330 篇受到基金资助，约占总量的 36%。资助成果最多的机构包括中国国家自然科学基金委员会、美国国家科学基金会、美国健康研究所、中国 973 项目等。值得注意的是，美国海、陆、空三军及美国国防部下属的 DARPA 在该领域进行了大量资助，获得了大量论文研究成果。表 10.9 给出了相关的基金资助机构的排名，这里仅列出资助发文量大于 50 篇的机构。

表 10.9　基金资助机构排名（发文量 >50 篇）

	发文量（篇）	基金委员会
1	807	中国国家自然科学基金委员会（NSFC）
2	238	美国国家科学基金会（NSF）

（续表）

	发文量（篇）	基金委员会
3	186	美国健康研究所（NIH）
4	148	中国国家自然科学基金委员会（973 项目专项）
5	138	中国科技部（863 计划）
6	108	欧盟科技发展委员会
7	100	美国空军
8	98	英国工程与自然研究理事会（EPSRC）
9	96	美国能源部
10	92	美国陆军
11	89	中国教育部（中央高校基本科研业务费专项资金）
12	88	美国 DARPA
13	66	欧洲研究理事会（ERC）
14	62	美国海军
15	56	德国研究基金会（DFG）

通过资助基金来源性质，将计算光学成像领域划分为民用领域和国防领域[1]两个方面，分别对其进行论文主题词统计，并绘制主题词云图[2]。民用领域和国防领域的高频主题词云图分别如图 10.7 和图 10.8 所示。从两幅图的对比可以看出，在民用领

图 10.7　民用领域高频主题词云图 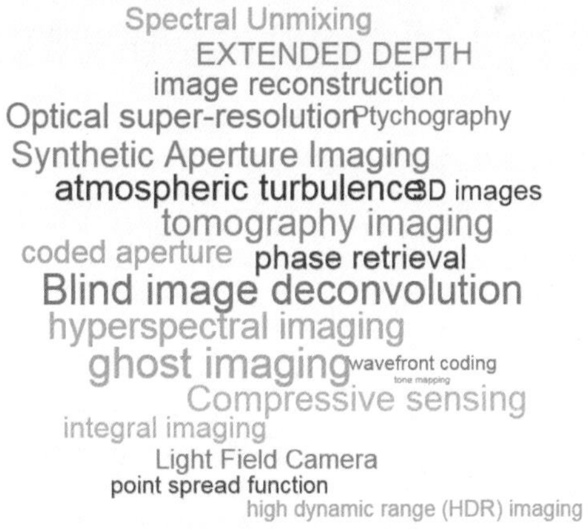　　　图 10.8　国防领域高频主题词云图

[1] 本章中所指的国防领域，是指由国家军事机构提供的研究经费所发布的论文，如在美国空军，美国 DARPA 等机构提供的研究经费的资助下所发表的论文。民用领域是指除国家军事机构以外，在其他来源的研究经费资助下所发表的论文，如在中国国家自然科学基金委员会、973 项目等经费资助下所发表的论文。

[2] "主题词云图"就是对出现频率较高的"主题词"予以视觉上的突出，形成"主题词云层"，从而过滤掉大量的文本信息，使浏览者只要一眼扫过文本就可以领略研究的大致重点。

域，研究论文的主题较为分散，主要集中在微透镜阵列成像、高光谱成像、图像盲复原、高动态范围影像等方面；在国防领域，研究论文的研究主题相对集中，主要集中在合成孔径成像、鬼成像、图像盲复原、压缩传感等方面。

10.2.5 国家与机构合作分析

本节通过对计算光学成像领域国家和机构合作两个层面的分析，反映该领域的科研竞争力与合作情况。

10.2.5.1 国家竞争与合作分析

由国家间的合作关联程度，可以了解到整个领域各个国家之间合作的关系，根据各国家与外部合作的强度，也可以了解该国家在本领域内的科研竞争力。

通过本领域研究发文量排名前30位的国家之间的合作关联分析发现，美国为本领域内合作最为活跃的国家。另外，中国与美国的合作度很强，而与其他国家的合作则较少。

10.2.5.2 科研机构竞争分析

与国家竞争关系分析目的相同，本节对科研机构[1]的竞争关系也进行了分析，以期了解各机构的科研竞争力。

这里统计出在本领域发文量排名前50位的机构，并进行分析。表10.10给出了主要科学引文索引（SCI）发文国家中的主要研究机构（排名前50位）。

表10.10　主要科学引文索引（SCI）发文国家中的主要研究机构（排名前50位）

序号	发文量（篇）	机构名称	序号	发文量（篇）	机构名称
1	305	中国科学院	11	55	西安电子科技大学
2	142	康涅狄格州立大学	12	54	埃斯特雷马杜拉大学
3	137	首尔国立大学	13	53	加利福尼亚大学伯克利分校
4	82	麻省理工学院	14	53	东京大学
5	67	清华大学	15	51	南京科技大学
6	66	加利福尼亚大学洛杉矶分校	16	51	四川大学
7	63	亚利桑那大学	17	50	哈尔滨工业大学
8	61	光云大学	18	48	斯坦福大学
9	59	浙江大学	19	47	忠北大学
10	57	瓦伦西亚大学	20	47	上海交通大学

---

[1] 本节中涉及的科研机构指第一作者发文机构。

（续表）

序号	发文量（篇）	机构名称	序号	发文量（篇）	机构名称
21	47	华盛顿大学	36	34	伦敦大学学院
22	45	北京航空航天大学	37	34	中国科技大学
23	45	韩国高等科技研究院	38	33	哈佛大学
24	44	伊利诺伊大学	39	31	赫瑞－瓦特大学
25	42	国防科技大学	40	31	日本 NHK 广播公司
26	42	大阪大学	41	31	釜庆大学
27	42	罗切斯特大学	42	31	科罗拉多大学
28	41	北京工业大学	43	31	格拉斯哥大学
29	41	哥伦比亚大学	44	31	谢菲尔德大学
30	40	班固列纳大学	45	31	武汉大学
31	40	瑞士联邦理工学院洛桑分校	46	30	西北工业大学
32	40	密歇根大学	47	30	佛罗里达大学
33	39	马里兰大学	48	30	美国空军
34	38	杜克大学	49	30	延世大学
35	35	华中科技大学	50	29	加利福尼亚理工学院

为了更清楚地了解各机构研究的发展情况，对研究最多的前 10 个机构的论文年度分布进行了分析，如图 10.9 所示。从图 10.9 中可以看出，中国科学院虽然研究起步较晚，但 2010 年后研究论文产出呈现爆发式增长，目前已跃居全球第一位。

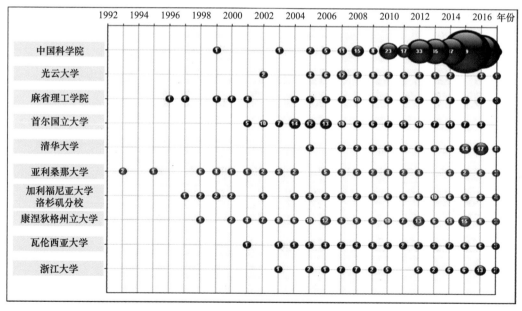

图 10.9　计算光学成像主要机构发表科学引文索引（SCI）论文年度分布

通过绘制论文产出数量排名前3位的研究机构SCI发文高频主题词云图可以看出，中国科学院的论文研究主题较为宽泛，各类研究内容均有所涉及；康涅狄格州立大学的论文研究主题主要集中在图像融合、三维成像、光学超分辨率等方面；首尔国立大学的论文研究主题则主要集中在图像融合、三维成像、成像观察角等方面。另外，还对麻省理工学院和加利福尼亚大学洛杉矶分校的论文产出情况进行了分析，麻省理工学院的论文研究主题主要集中在鬼成像、数字全息、信噪比等方面；而加利福尼亚大学洛杉矶分校的论文研究主题则主要集中在光学超分辨率、数字全息、图像盲复原等方面（见图10.10）。

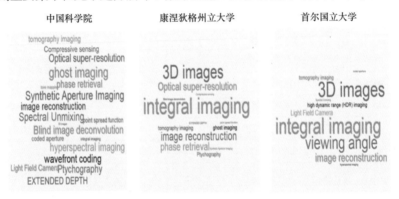

图10.10　计算光学成像排名前3位的研究机构SCI发文高频主题词云图

10.2.6　鬼成像和复杂信道成像研究方向分析

10.2.6.1　鬼成像研究方向

1995年至今，"鬼成像"的研究整体呈迅速增长的态势。图10.11给出了鬼成像科学引文索引（SCI）发文量年度变化情况。其中最早的论文是1995年发表的 *Optical Imaging By Means of 2-Photon Quantum Entanglement*，在这篇论文中美国马里兰大学史砚华小组利用自发参量下转换产生的纠缠光子对，首次在实验上观察到鬼成像。

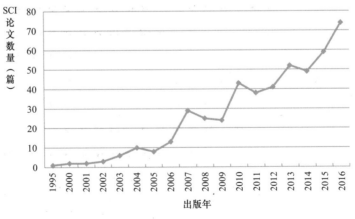

图10.11　鬼成像科学引文索引（SCI）发文量年度变化情况

按照国家划分，中国在本领域的研究最多，共发表了 230 篇论文。其次是美国、意大利、英国和日本。表 10.11 给出了各国家在"鬼成像"研究领域的发文量情况（发文量≥ 10 篇）。

表 10.11　各国家在"鬼成像"研究领域的发文量情况（发文量≥ 10 篇）

序号	发文量（篇）	国家
1	230	中国
2	98	美国
3	42	意大利
4	26	英国
5	11	日本
6	10	法国

本次检索得到的论文成果，共计有 305 篇受到基金资助，约占鬼成像研究领域发文总量的 59%。该领域资助成果最多的机构是中国国家自然科学基金委员会，共计资助了 164 篇论文的研究工作。值得注意的是，美国陆军及美国国防部下属的 DARPA 在该领域进行了大量资助，获得了大量论文研究成果。本领域的基金资助机构排名如表 10.12 所示。

表 10.12　鬼成像领域基金资助机构排名（发文量 >10 篇）

序号	发文量（篇）	基金资助机构
1	164	中国国家自然科学基金委员会（NSFC）
2	41	中国科技部（863 计划）
3	29	中国国家自然科学基金委员会（973 项目专项）
4	20	美国陆军
5	17	美国 DARPA
6	12	中国教育部（博士后科学基金）
7	11	中国教育部（中央高校基本科研业务费专项资金）

10.2.6.2　复杂信道成像研究方向

从 1973 年到现在，"复杂信道成像"的研究保持了较为稳定的增长态势。图 10.12 给出了这一领域的 SCI 发文量年度变化情况。可以看出，2011 年后，该领域呈现快速增长的态势。

本领域主要研究中，按国家分布看，美国在本领域的研究最多，共发表了 243 篇论文，遥遥领先于其他国家。其次是中国、法国、英国和澳大利亚。中国排名第二位，共产出论文 65 篇。表 10.13 给出了各国家在"复杂信道成像"研究领域的发文量情况（发文量 >10 篇）。

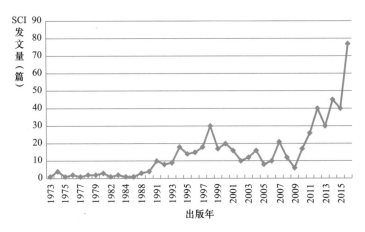

图 10.12　复杂信道成像 SCI 发文量年度变化情况

表 10.13　各国家在"复杂信道成像"研究领域的发文量情况（发文量 >10 篇）

序号	发文量（篇）	国家
1	243	美国
2	65	中国
3	39	法国
4	27	英国
5	19	澳大利亚
6	17	以色列
7	17	意大利
8	15	俄罗斯
9	14	德国
10	13	日本
11	12	韩国
12	11	印度

　　本次检索得到的论文成果，共计有 172 篇受到基金资助，约占复杂信道成像领域发文总量的 28%。资助成果最多的机构包括中国国家自然科学基金委员会、美国国家科学基金会、美国空军和欧洲研究理事会等。国内在该领域约有 53% 的研究受到了中国国家自然科学基金委员会的资助。值得注意的是，美国空军在该领域进行了较多的资助。表 10.14 给出了复杂信道成像领域基金资助机构排名（发文量 >10 篇）。

表 10.14　复杂信道成像领域基金资助机构排名（发文量 >10 篇）

序号	发文量（篇）	基金资助机构
1	35	中国国家自然科学基金委员会（NSFC）
2	16	美国空军
3	22	美国国家科学基金会（NSF）
4	13	欧洲研究理事会（ERC）

10.3　计算光学成像技术专利布局分析

通过检索 Web of Science（WOS）数据库中的 Derwent Innovations Index（DII）数据库，利用 TDA、TI、Incopat 等分析软件和平台分析全球计算光学成像的专利申请趋势、相关技术领域布局、主要目标市场和专利权人等，进而揭示该领域的专利市场发展态势。

检索时间范围：计算光学成像领域 1995—2017 年 8 月的专利申请情况。

检索日期：2017 年 8 月。

检索式：

#1　TS=(("computational" NEAR/3 (imaging or photography or microscopy or "Optical Sens*" or illumination or Cameras)) or "Computational optic*" or "Epsilon Photography" or "plenoptic camera" or "Integral imaging" or "Integral photography")

#2　TS=(("Computational spectroscopy" or "Computational spectral imaging" or "Ghost imaging" or "coincidence imaging" or "correlated-photon imaging" or "quantum imaging" or "Blind deconvolution" or "Point-spread function engineering" or "Digital super-resolution" or "computational super-resolution" or "computational optical super-resolution" or "Unusual form-factor cameras" or "Spectral unmixing" or "in-camera computation of digital panoramas" or "light field camera*" or "High-dynamic-range imag*" or "Tone-Mapping" or "Coded aperture imaging" or "coded exposure imaging" or "Coded aperture patterns" or "binary image sensor" or "extended Depth-of-Field" or "depth-of-field extension" or "extended Irisand Depth-of-Field" or EDOF or "ptychography") and ("imaging" or "computational" or "Algorithm*")) not TS=(microwave or ultrasound or "PET" or "Positron emission tomography" or "SPECT" or "ECT" or "emission computed tomography" or "two-photon fluorescence" or "fluorescent probe" or "two-photon excitation" or "stimulated emission depletion" or in-vivo or molecule or "scanning electron" or "surface plas*" or magnet* or "lithography" or earth* or "DYNAMIC POSITRON EMISSION TOMOGRAPHIC" or sonar or ultrasonic)

#3   TS=(("imaging through turbulent" or "imaging through scattering" or "imaging around the corner" or "Wave-front coding" or "Wavefront coding" or "Light field sens*" or "Compressive optical sensing" or "Structured illumination imaging" or "Digital holography" or "Tomographic imaging" or "Synthetic aperture imaging" or "Interfereometric imaging measurements" or "Interfereometric imaging reconstruction" or "Lensless imaging") and ("imaging" or "computational" or "Algorithm*")) not TS=(microwave or ultrasound or "PET" or "Positron emission tomography" or "SPECT" or "ECT" or "emission computed tomography" or "two-photon fluorescence" or "fluorescent probe" or "two-photon excitation" or "stimulated emission depletion" or in-vivo or molecule or "scanning electron" or "surface plas*" or magnet* or "lithography" or radiation or earth* or "DYNAMIC POSITRON EMISSION TOMOGRAPHIC" or sonar or ultrasonic)

#4   #1 or #2 or #3

本次检索共计得到 2012 项专利。经人工筛选，共得到本领域专利 1457 项，申请时间为 1973—2017 年，作为本次大数据分析的研究对象。

10.3.1   专利申请趋势

通过统计各最早优先权年的专利申请量，对计算光学成像领域专利申请趋势进行简要分析。

通过对 DII 数据库中该领域的专利申请进行分析可知，2000 年以前，该领域专利数量很少；自 2004 年开始，该领域的专利数量开始增加，研究热度持续攀升，2013 年为峰值年，专利数量达到 170 项。此后的 2014 年，专利数量出现小幅回落（见图 10.13）。2015—2016 年的专利数量受到专利公开延迟及数据库收录滞后性等因素的影响，其专利数量并不能反映当年专利申请的实际情况。

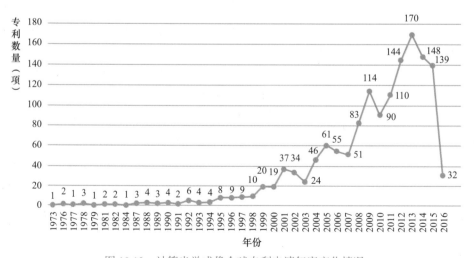

图 10.13   计算光学成像全球专利申请年度变化情况

10.3.2 专利布局热点分析

10.3.2.1 专利技术总体概况

专利地图是指对各种与专利相关的资料讯息,以统计分析方法,加以缜密及精细剖析整理制成各种可分析解读的图表讯息,使其具有类似地图指向功能,进而为研发和竞争方向的制定提供依据。

利用 Thomson Innovation 平台的 Thememap 功能,对计算光学成像专利技术的研发布局进行了分析(见图 10.14)。图中主要采用等高线图作为全图绘制的基准。被分析的数据样本中的专利文献内容相近的文献在图中的距离也相近,最终形成山峰,图中不同山峰区域内表示某一特定技术主题中聚集的相应的专利群。同一区域的文献数量与地图中山峰的高度相对应。文献内容越相似,文献点在图中的位置就越近。等高线表明了相关文献的密度:最高峰的高点区域包含的文献最多,低点区域包含的文献相对较少。峰间距离越近,表明所包含的专利内容相似性越近;反之,则越远。

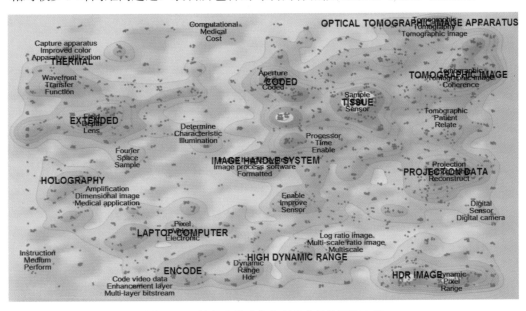

图 10.14 计算光学成像专利技术总体研发布局

从图 10.14 中可以看出,计算光学成像专利的热点技术领域集中在高动态范围影像、光学断层成像和景深延拓 3 个方面。

10.3.2.2 主要 IPC 技术领域分析

从计算光学成像专利申请量排名前 10 位的专利技术领域(基于计算光学成像国际专利 IPC 技术布局,见表 10.15)及其年度申请趋势情况(从图 10.15 所示计算光学成像 IPC 技术分类年代变化中分析得出)来看,计算光学成像专利技术中以下 4 个方向

的专利数量增长较快：①摄像机及控制摄像机的装置，主要分类号包括 H04N-005/225
和 H04N-005/232；②图像增强或复原，分类号为 G06T-005/00；③补偿物体亮度变化
的电路，分类号为 H04N-005/235；④图像分析，分类号为 G06T-007/00。因此，这 4
个方向是本领域专利申请的热点主题，有望成为未来市场竞争热点。

表 10.15　计算光学成像国际专利 IPC 技术布局

IPC	技术含义	专利数量（项）	核心机构
H04N-005/232	控制摄像机的装置	204	佳能 [40]； DXO LABS [13]； 索尼 [13]
H04N-005/225	摄像机	194	佳能 [39]； 索尼 [9]； DXO LABS [8]； OMNIVISION CDM OPTICS INC [8]
G06T-005/00	图像增强或复原	137	佳能 [9]； 苹果 [7]； DXO LABS [5]； 松下 [5]； DOLBY LAB LICENSING CORP [5]； 飞利浦 [5]
H04N-005/235	补偿物体亮度变化的电路	135	佳能 [11]； 索尼 [10]； OMNIVISION CDM OPTICS INC [9]
G06K-009/00	用于识别图形	134	飞利浦 [12]； GE [11]； 苹果 [9]
A61B-006/03	用电子计算机处理的层析 X 射线摄影机	118	GE [36]； 飞利浦 [15]； 西门子 [14]
G06T-007/00	图像分析	92	飞利浦 [8]； 佳能 [6]； RICOH KK [3]； 高通 [3]； 惠普 [3]； HOFFMANN LA ROCHE & CO AG F [3]； INTEL [3]
A61B-006/00	用于放射诊断的仪器	91	GE [19]； 飞利浦 [9]； 东芝 [7]
G01N-021/17	入射光根据所测试的材料性质而改变的系统	88	佳能 [49]； 日本富士 [15]
G01B-009/02	全息照相技术	80	佳能 [36]； 日本富士 [14]

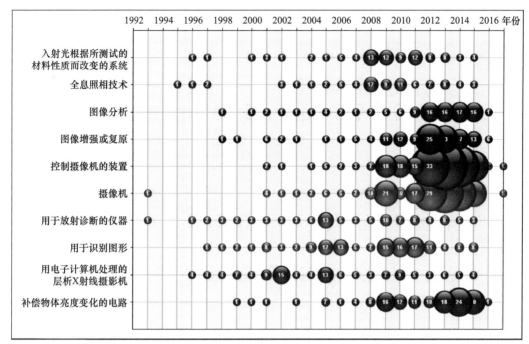

图 10.15　计算光学成像 IPC 技术分类年代变化

10.3.2.3　高价值专利分析

利用 DII 分析平台，通过专利被引次数对高价值专利进行展示，从一个方面反映该领域的核心专利技术。表 10.16 给出了国际相关专利的分布情况。

表 10.16　国际相关专利的分布情况

---

1. Patent Number(s): US6236709-B1

Title: *Tomographic imaging system, for real time detection of target object in moving package, analyzes computed tomography data output signals that are output by detectors, to identify target object*

Patent Assignee(s): ENSCO INC

施引专利：106

---

2. Patent Number(s): DE19719462-A1; AT9600846-A; JP10099337-A; US5877856-A; JP3868057-B2; DE19719462-B4

Title: *Contrast increasing method for coherence tomographic imaging - involves using destructive interference of light bundles in tomographic interferometer*

Patent Assignee(s): ZEISS JENA GMBH CARL (JENA-C); FERCHER A F (FERC-Individual); ZEISS JENA GMBH CARL (JENA-C); ZEISS JENA GMBH CARL (JENA-C)

施引专利：98

---

3. Patent Number(s): WO200299511-A1; US2002195538-A1; US6525302-B2; EP1397719-A1; AU2002235390-A1

Title: *Wave-front coding phase contrast imaging system for imaging of transparent, reflective or other objects varying in thickness or refractive index*

Patent Assignee(s): CDM OPTICS INC; DOWSK E R; COGSWELL C J; UNIV COLORADO

施引专利：94

（续表）

4. Patent Number(s): WO2003021333-A1; US2003063384-A1; EP1425624-A1; AU2002306950-A1; US6842297-B2; JP2005502084-W; CN1575431-A; IN200400440-P4; CN1304881-C; CN101038375-A; EP1425624-B1; DE60226750-E; IN231129-B; JP4975239-B2; CN101038375-B

Title: *Wavefront coding system alters optical transfer function to reduce sensitivity to focus related aberrations*

Patent Assignee(s): CDM OPTICS INC; DOWSKI E R; UNIV COLORADO; UNIV ILLINOIS FOUND

施引专利：**89**

---

5. Patent Number(s): WO2003052465-A2; US2003142877-A1; AU2002357321-A1; EP1468314-A2; JP2005513833-W; US6927922-B2; US2005275953-A1; AU2002357321-A8; JP4249627-B2; US7554750-B2; WO2003052465-A3; EP1468314-A4

Title: *Object imaging system for a smart camera includes image capturing and processing system*

Patent Assignee(s): UNIV ROCHESTER; GEORGE N; CHI W

施引专利：**81**

---

6. Patent Number(s): WO200079784-A1; EP1186163-A1; JP2003524316-W; US2004239798-A1; US6864916-B1; JP2010110004-A; JP4494690-B2; JP2011030261-A; JP4657365-B2; US7924321-B2; US2011157419-A1; JP5519460-B2; EP1186163-B1; US8934029-B2; US2015116539-A1; US9363447-B2

Title: *Imaging system has image processor with normalizer for mapping pixel values by function of exposure values of light sensing elements to derive normalized pixel values*

Patent Assignee(s): UNIV COLUMBIA NEW YORK; NAYAR S K; MITSUNAGA T; SONY CORP

施引专利：**75**

---

7. Patent Number(s): US8345144-B1

Title: *Camera i.e. radiance camera, for capturing flat image used in High Dynamic Range imaging, has modulating element affecting property of light differently than other modulating element to modulate light property in separate micro-images*

Patent Assignee(s): ADOBE SYSTEMS INC

施引专利：**66**

---

8. Patent Number(s): US2006050409-A1; WO2006028527-A2; EP1789830-A2; AU2005283143-A1; CN101048691-A; US7336430-B2; KR2007057231-A; JP2008511859-W; SG142313-A1; CN100594398-C; IL181671-A; WO2006028527-A3; SG130301-A1; SG130301-B; SG142313-B

Title: *Integrated computational imaging system for producing images having extended depth of field has digital processing subsystem that deblurs intermediate image produced by multifocal imaging subsystem and calculates recovered image*

Patent Assignee(s): AUTOMATIC RECOGNITION & CONTROL INC

施引专利：**66**

---

9. Patent Number(s): US2006034003-A1; WO2006018834-A1; US7061693-B2; EP1779152-A1; IN200700357-P3; CN101014884-A; KR2007073745-A; JP2008510198-W; CN101014884-B; EP2302421-A1; RU2436135-C2; KR1165051-B1; JP5036540-B2; SG129858-A1; SG129858-B; IN268668-B

Title: *Imaging arrangement e.g. for camera has phase only non-diffractive binary mask which is arranged with imaging lens in specified pattern by spaced-apart optically transparent features which are determined by effective aperture*

Patent Assignee(s): XCEED IMAGING LTD

施引专利：**60**

（续表）

10. **Patent Number(s):** US2002075990-A1; WO200256055-A2; US6737652-B2; WO200256055-A3
Title: *Coded aperture imaging method for nuclear medicine applications, involves using one mask pattern with decoding array that is negative of decoding array of other pattern*
Patent Assignee(s): MASSACHUSETTS INST TECHNOLOGY
施引专利 : 56

10.3.3　市场竞争分析

本节通过对"计算光学成像"专利受理国、专利权机构、技术转让等情况进行统计分析，反映该领域的市场发展状况。

10.3.3.1　主要专利技术来源国家 / 地区 / 国际组织

对专利最早优先权国家 / 地区分布进行分析，可以反映该领域专利技术来源国家 / 地区 / 国际组织及其申请变化趋势，进而从一定程度上反映各国家 / 地区 / 国际组织市场发展趋势情况。

图 10.16 给出了计算光学成像专利技术来源国家 / 地区 / 国际组织分布，可以看出，"计算光学成像"相关专利最早优先权国家数量最多的前 10 位国家 / 地区 / 国际组织（专利受理机构）依次是：美国、日本、中国、欧专局、德国、法国、英国、韩国、世界专利组织。从优先权专利数量大致可以看出，这些国家 / 地区 / 国际组织是计算光学成像相关专利的主要技术来源国家。

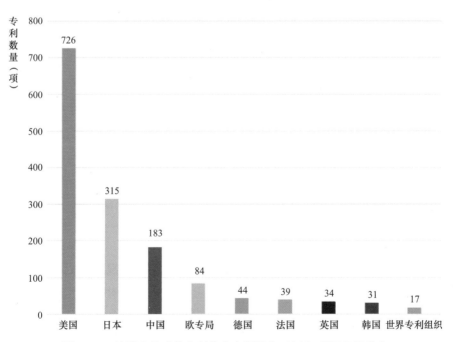

图 10.16　计算光学成像专利技术来源国家 / 地区 / 国际组织分布

图 10.17 给出了计算光学成像排名前 5 位的专利最早优先权国家 / 国际组织专利数量变化趋势。从图 10.17 中可以看出，美国、日本和中国自 2008 年开始都在不断加强在该领域的专利申请。其中，日本的专利数量在 2008 年出现突然跃升，此后一直到 2013 年均保持稳定增长态势。值得注意的是，欧专局 2015 年专利数量出现跃升，预计欧洲市场将是下一个目标市场。

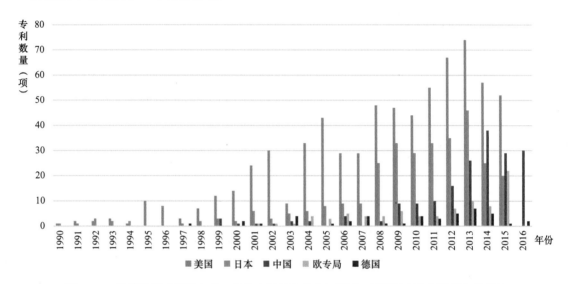

图 10.17　计算光学成像排名前 5 位的专利最早优先权国家 / 国际组织专利数量变化趋势

10.3.3.2　主要竞争机构

通过对专利权人进行统计分析，能够反映该领域主要市场竞争机构的发展情况。

计算光学成像排名前 10 位的专利权人如图 10.18 所示。由图 10.18 可知，全球计算光学成像专利权人中，各类数字影像设备企业占据主导优势，这说明计算光学成像技术在医疗数字影像和消费电子等领域的应用正不断向广度和深度方面推进，大规模商业化应用即将到来。同时，由图 10.19 可知，日本佳能公司在 2008—2013 年突然在该领域加大专利布局力度，年均申请专利 20 项。2013—2015 年，高通公司开始在该领域加大专利布局力度。

10.3.3.3　专利转让情况

通过 Incopat 数据库分析专利技术转让、授权等市场行为，可以反映该领域的市场应用前景。表 10.17 给出了计算光学成像专利转让 / 许可的情况。

由于美国专利制度的原因，大量美国专利会由发明人申请后，再转让给申请人所在公司。因此，为了更好地反映计算光学成像专利市场中的企业行为，本节的专利转让分析将排除这部分美国专利。

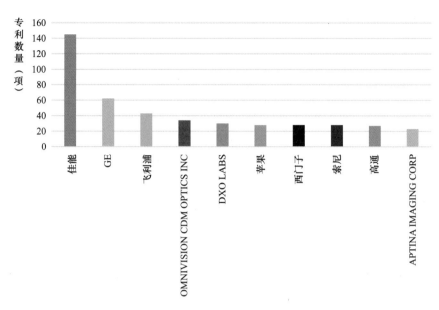

图 10.18 计算光学成像排名前 10 位的专利权人

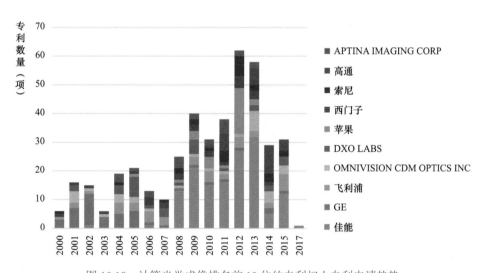

图 10.19 计算光学成像排名前 10 位的专利权人专利申请趋势

表 10.17 计算光学成像专利转让 / 许可情况

标题	申请年（年）	转让人 / 许可人	受让人 / 被许可人
LED/OLED array approach to integrated display, focusing lensless light-field camera, and touch-screen user interface devices and associated processors	2017	LUDWIG, LESTER F	NRI R&D PATENT LICENSING, LLC

（续表）

标题	申请年（年）	转让人/许可人	受让人/被许可人
《一种基于单光场相机多重视角的虚拟现实三维数据采集方法》	2016	李思嘉	上海尧光信息科技有限公司
《一种基于单光场相机多重聚焦的虚拟现实三维数据采集方法》	2016	李思嘉	上海尧光信息科技有限公司
《一种基于单光场相机的目标物三维重构方法》	2016	李思嘉	上海尧光信息科技有限公司
《一种实时图像处理方法》	2015	艾韬	深圳市易瞳科技有限公司
《光学层析成像装置》	2012	国立京都大学；住友电气工业株式会社	京都未来医疗器械公司；国立京都大学
Gesture based control using three-dimensional information extracted over an extended depth of field	2015	JOHN S, UNDERKOFFLE R.	OBLONG INDUSTRIES, INC.
《一种实时图像处理电路》	2015	艾韬	深圳市易瞳科技有限公司
System, method and computer-accessible medium for depth of field imaging for three-dimentional sensing utilizing a spatial light modulator microscope arrangement	2014	COLUMBIA UNIV NEW YORK MORNINGSIDE	NATIONAL INSTITU-TES OF HEALTH (NIH), U.S. DEPT. OF HEALTH AND HUMAN SERVICES (DHHS), U.S. GOVERNMENT
Lensless imaging camera performing image formation in software employing micro-optic elements creating overlap of light from distant sources over multiple photosensor elements	2013	LUDWIG, LESTER F	NRI R&D PATENT LICENSING, LLC
Lensless imaging camera performing image formation in software and employing micro-optic elements that impose light diffractions	2013	LUDWIG, LESTER F	NRI R&D PATENT LICENSING, LLC
《宽视场超高分辨率成像系统》	2012	北京泰邦天地科技有限公司；泰邦泰平科技（北京）有限公司	北京小元科技有限公司；泰邦泰平科技（北京）有限公司
《一种抑制气动光学效应的成像方法和系统》	2009	北京泰邦天地科技有限公司	北京小元科技有限公司
《彩色图像的颜色数据管理方法》	2012	北京泰邦天地科技有限公司；泰邦泰平科技（北京）有限公司	北京小元科技有限公司；泰邦泰平科技（北京）有限公司

（续表）

标题	申请年 （年）	转让人 / 许可人	受让人 / 被许可人
《基于 HGICl 颜色空间的颜色处理方法》	2012	北京泰邦天地科技有限公司；泰邦泰平科技（北京）有限公司	北京小元科技有限公司；泰邦泰平科技（北京）有限公司
《高动态范围、可视动态范围和宽色域视频的分层压缩》	2010	杜比实验室特许公司	东莞市德吉特影音技术有限公司
Method for dynamic range editing	2013	KOKEMOHR, NILS; NIK SOFTWARE, INC.	GOOGLE INC.; NIK SOFTWARE, INC.
Extended depth-of-field surveillance imaging system	2010	MATHIEU, GILLES	FM-ASSETS PTY LTD.
《提供非单调的波前相位轮廓和扩展景深的圆对称的非球面光学器件》	2009	全视 CDM 光学有限公司	全视技术有限公司
《Camare360 手机摄影平台及瞬间处理方法》	2010	徐灏	成都品果科技有限公司
Centralized image reconstruction for tomographic imaging techniques in medical engineering	2010	CANSTEIN, CHRISTIAN	SIEMENS AKTIENG ESELLSCHAFT
Zoom camera module	2010	KWON, YOUNGMAN	LG INNOTEK CO., LTD.
《波前编码成像系统的优化图像处理》	2003	全视 CDM 光学有限公司	全视技术有限公司
Optical imaging system with an extended depth-of-field and method for designing an optical imaging system	2009	MAROM, EMANUEL; BEN-ELIEZER, EYAL; KONFORTI, NAIM; MILGROM, BENJAMIN	RAMOT AT TEL AVIV UNIVERSITY LTD.
X-ray micro-tomography system optimized for high resolution, throughput, image quality	2008	XRADIA, INC.	CARL ZEISS X-RAY MICROSCOPY, INC.
《采用非线性和 / 或空间变化图像处理的光学成像系统与方法》	2007	全视 CDM 光学有限公司	全视技术有限公司
《低高度成像系统及相关方法》	2005	全视 CDM 光学有限公司	全视技术有限公司
X-Ray Micro-Tomography System Optimized for High Resolution, Throughput, Image Quality	2008	XRADIA, INC.	CARL ZEISS X-RAY MICROSCOPY, INC.
X-ray micro-tomography system optimized for high resolution, throughput, image quality	2007	XRADIA, INC.	CARL ZEISS X-RAY MICROSCOPY, INC.
Coded aperture imaging photopolarimetry	2007	BRADY, DAVID J. DAVID	DUKE UNIVERSITY
《低高度成像系统及相关方法》	2005	全视 CDM 光学有限公司	全视技术有限公司

（续表）

标题	申请年（年）	转让人 / 许可人	受让人 / 被许可人
Concurrent process for blind deconvolution of digital signals	2007	ARANTES, DALTON SOARES; DE CASTRO, MARIA CRISTINA FELIPPETTO; DE CASTRO, FERNANDO CESAR COMPARSI	UNLAO BRASLLEIRA DE EDUCACAO E ASSISTENCIA; UNLAO BRASLLEIRA DE EDUCACAO E. ASSISTENCIA
X-Ray Micro-Tomography System Optimized for High Resolution, Throughput, Image Quality	2007	XRADIA, INC.	CARL ZEISS X-RAY MICROSCOPY, INC.
Electronically modulated dynamic optical phantoms for biomedical imaging	2006	BARBOUR, RANDALL L	RESEARCH FOUNDATION OF STATE UNIVERSITY OF NEW YORK, THE
Optical mask for all-optical extended depth-of-field for imaging systems under incoherent illumination	2005	KONFORTI, NAIM; MAROM, EMANUEL; ZALEVSKY, ZEEV; BEN-ELIEZER, EYAL	RAMOT AT TEL AVIV UNIVERSITY LTD.
Method and system for temporal spectral imaging	2005	BARBOUR, RANDALL L	NIRX MEDICAL TECHNOLOGIES, L.L.C.

截至 2017 年 8 月，计算光学成像领域发生专利转让 / 许可 36 项。其中，国外企业间专利转让 25 项，国内专利转让 11 项。因此，国内市场将是该领域的未来热点竞争市场。

10.4　小结

作为一个多学科交叉融合的学科领域，COSI 仅在 20 年的时间内就发展成长为目前国际热点和具备潜在巨大发展前景的新兴学科。计算光学成像无论从科学基础，还是从技术发展走向，都已经显现出相比传统光学传感与成像技术的巨大跨越式发展。它不是一个简单的多学科相加的学科，而是经历了巨大的融合创新过程，它不仅集成了当前国际多个最新科技领域的发展成果，而且将传统光学传感和成像的科技内容本身实现了大幅的拓展、升级和转变。针对 COSI 学科目前的应用态势和未来的应用前景，我们必须高度重视，尽可能加强前瞻性部署和切实推进。

最为重要的是，一个 COSI 系统依据的不再只是个单模块本身所依据的科学基础和技术方法，而是需要将各个模块背后的多个学科的科学基础与技术方法进行整合和融合，并在创新形成新的综合性科学的基础上分析和思考其定位、作用、功能和设计。最终系统科学就上升到顶层思维，决定了计算光学成像学科最终的发展方向和未来的发展可能。

我们还必须看到，科技发展的逻辑本身在学科全交叉的概念下，将体现出科技本身更为深刻复杂和综合融合的态势，这就启示我们以全新的科技思维和认识方式来看待和洞察今后的科技发展。同时，我们也必须牢记，任何技术方面的进步和创新，无不来自科学本身的源头创新发展，而科学本身的全学科交叉融合正是带来源头创新的丰富源泉，传统的单一学科思维必须要谨慎对待。

致谢 中国科学院上海光机所韩申生研究员、司徒国海研究员，对本章提出了宝贵的意见和建议，谨致谢忱。
执笔人：中国科学院上海光学精密机械研究所，向世清
        中国科学院成都文献情报中心，梁田

第 11 章
CHAPTER 11

深地科学研究态势分析

习近平总书记在 2016 年全国科技创新大会、两院院士大会、中国科协第九次全国代表大会上明确指出，"向地球深部进军是我们必须解决的战略科技问题"。《"十三五"国家科技创新规划》对地球深部探测研究也有明确的表述。这表明党和国家对地球深部探测研究高度重视，并指明了方向。地球深部过程是地球深部探测研究的重要内容，是地球内部壳－幔物质与能量交换、物质运动行为、轨迹及其动力学响应[1]。深地科学研究能帮助人类解决目前所面临的重要生存发展问题。深地空间资源开发利用已经成为人类活动的未来发展趋势，也是人类可持续发展的主要途径。

本章通过文献调研和计量分析等手段，对深地科学领域重大国际计划、相关项目资助战略、领域研究动态、研究前沿热点、国家地区分布、机构产出对比及主要机构概况等进行了调研与分析。结果表明，世界主要发达国家对深地科学很重视，早就制订了深地科学研究相关的计划，并且实施了一系列项目资助政策。深地科学与地球宜居性密切相关，"地球内部的运动及其对地表的影响""岩石圈不同层次探测和大数据驱动下的地球深部探测""深地生物圈与地球相互作用""关键元素的分布与循环""地球内外流体运动对人类环境的影响"等方面是该领域当前重要的研究前沿方向；当前深地科学主要研究力量和研究产出集中在美国和中国。中国在该领域研究产出份额快速增长，高水平成果数量已居领先地位，总体成果影响力也接近最先进水平。

11.1 深地科学重大计划与项目规划

11.1.1 国际重大计划与进展

世界主要国家均对深地过程与地球宜居性研究给予高度重视，开展了广泛研究，

---

[1] 莫宣学. 寻找战略新区须深入理解地球深部过程——谈地球深部探测研究与解决国家重大资源战略问题的关系 [EB/OL].[2020-06-20]. http://www.cgs.gov.cn/xwl/ddyw/201703/t20170327_425517.html.

并制订了相应计划，国际深地科学领域重大研究计划如表 11.1 所示。

表 11.1 国际深地科学领域重大研究计划

名称	时间（年）	经费投入与来源	内容 / 目的	进展
美国莫霍面钻探计划（Mohole Drilling Project）[1]	1961—1966	4000 万美元，美国国家科学基金会（NSF）	对通过海底岩石物理参数突变确定的地质边界进行钻探	世界上第一个科学钻探计划。第一口科学钻孔于 1961 年在地拉霍亚海岸附近施工，在水深 948 米的海底向下钻进了 315 米
深海钻探计划（Deep Sea Drilling Project，DSDP）	1968—1983	1260 万美元，美国国家科学基金会（NSF）	是地球科学历史上规模最大、影响最深的国际合作研究计划	1968—1983 年，完成了 1112 个钻孔，钻取了 9.7×10^5 米洋底岩芯。1975 年，苏联、联邦德国、英国、日本等也加入了该计划。该计划证实了海底扩张与洋壳生长、俯冲增生和构造侵蚀作用；揭示了中生代以来的板块运动史，创立了古海洋学；发现了海底矿产资源
大洋钻探计划（Ocean Drilling Program，ODP）	1985—2003	—	旨在探索和研究海底的组成和结构	截至 2002 年 6 月，该计划共接受来自 40 多个国家的近 2700 名科学家上船考察，钻取的岩芯累计长达 215 千米，钻探最深达海底以下 2111 米，钻探最大的水深达 5980 米，共在全球各大洋钻近 3000 口。该计划揭示了洋壳结构和海底高原的形成，证实了气候演变的轨道周期和地球环境的突变事件，分析了汇聚大陆边缘深部流体的作用，发现了海底深部生物圈和天然气水合物
综合大洋钻探计划（Integrated Ocean Drilling Program，IODP）	2003—2013	—	计划打穿大洋壳，揭示地震机理，查明深海海底的深部生物圈和天然气水合物，理解极端气候和快速气候变化的过程	钻探范围扩大到全球所有海区（包括陆架浅海和极地海区），领域从地球科学扩大到生命科学，手段从钻探扩大到海底深部观测网和井下实验
国际大洋发现计划（International Ocean Discovery Program，IODP）	2013—2023	—	以探索深部和了解整个地球系统为目标，以预测海洋和气候的未来为己任，着重应对海底井下观测、海底微生物检测培育、钻穿地壳探索上地幔等新挑战	该计划通过对海洋的研究认识地球生命起源，探索地质演化历史和过程，理解地球圈层间的相互作用。在中国南海已经实施 3 次钻探计划

---

[1] 贾凌霄，马冰，田黔宁，等 . 中美地球深部探测工作进展与对比 [J]. 地质通报，2020，39(4):582-597.

（续表）

名称	时间（年）	经费投入与来源	内容 / 目的	进展
大陆科学钻探研究	1970—1994	—	获得完整的地壳剖面，至少要在 6 个地区打科学超深孔	完成 12262 米深度的科学钻孔——科拉超深钻孔。科拉超深钻改变了地球物理探测解释的许多深部现象，否定了中、上地壳间的物理界面——康氏面
美国大陆反射地震探测计划 COCORP（The Consortium for Continental Reflection Profiling）[1-2]	1974	美国国家科学基金会（NSF）		美国第一个地球深部探测计划，成为深部探测最成功的范例。开辟了深反射地震深部探测的新方法，将探测深度和精度达到前所未有的程度，首次揭示出北美地壳精细结构，确定了阿帕拉契亚造山带大规模推覆构造，在落基山等造山带下发现一系列油田
美国大陆科学钻探计划	1979	美国国家科学院	研究内容包括地热体系的演变和地球化学的研究、控制火山爆发的机理、陆壳的年龄和组织结构、断层构造、原生盆形构造的演变、矿物沉积的由来、调节全球环境变化的地质指标和大型陨石着陆的特性等	1984 年起，由 23 所大学组成了"陆壳深部观测与取样组织"，在美国大陆布置了 29 口科学深井。该计划实施的多为 3500 米以浅的浅钻或中深钻井
英国反射地震计划（The British Institutions Reflection Profiling Syndicate，BIRPS）	1981	—	探测范围覆盖了英伦三岛及附近大陆架，揭示了这一地区地壳和地幔的结构特征	截至 2010 年，已完成了 20000 千米深地震剖面，覆盖了英伦三岛及大陆架，为北海油田的发现奠定了深部基础
欧洲地球探测计划（EUROPROBE）	1981—2001	—	旨在实施新一代的重大项目，更好地了解地壳和地幔的构造演化，以及一直以来控制整个演化的动力过程	地质学家对欧洲的主要地质结构进行了系统的研究，加深了人们对欧洲大陆深部构造和地质学过程的认识，同时也极大地促进了科学研究的跨国界合作

[1] OLIVER J, COOK F, BROWN L. Cocorp and the continental crust[J]. Journal of Geophysical Research, 1983, 88(B4):3329-3347.

[2] 贾凌霄，马冰，田黔宁，等 . 中美地球深部探测工作进展与对比 [J]. 地质通报，2020，39(4):582-597.

（续表）

名称	时间 （年）	经费投入与来源	内容 / 目的	进展
法国深部地质计划（GPF）[1]	1981—1993	—	调查花岗岩的背斜层、地球化学的有关方面及矿床的成因；勘探目前基岩范围内的地热温泉的泉底；研究调查地磁	—
法国 ECORS[2]	1983	—	利用地震法获取地壳的连续地震剖面，用于研究和解释法国的许多重大地质问题	采用垂直反射地震和折射地震与广角反射地震相结合及陆上地震和海上地震相结合的方法，研制出新的接收方法和设备
加拿大岩石圈探测计划（LITHOPROBE）	1984—2003	—	研究北美大陆北半部的大陆演化，研究地幔岩石圈的新方法和若干有关岩石圈变形的数字化模型及对岩石圈探测项目的综合	该计划证实了 30 亿年前即发生与板块构造有关的作用[3]，对古老岩石圈板块碰撞和新地壳形成过程进行了重大修正，揭示了若干大型矿集区的深部控矿构造的反射影像
德国大陆反射地震计划（DEKORP）	1984—1999	—	目的是探测下地壳和华力西造山带结构，通过接收、处理和解释地球物理数据，取得了对欧洲深部地质结构的新认识	DEKORP 计划不仅参与德国大陆科学钻选址（KTB）、探测华力西造山带结构，而且参与了乌拉尔造山带、南美安第斯造山带和阿尔卑斯碰撞造山带等一系列全球深部探测行动
联邦德国大陆深钻计划（KTB）[4,5]	1985—1994	6 亿西德马克	调查与评价深部大陆地壳的物理与化学条件，了解大陆地壳的结构、成分、动力学、演化及正在进行的过程与古过程，重点研究大陆中—下地壳	德国第一个大规模地学研究计划。该计划证实了深部的温度变化和热转移，查明了深达 6000 多米的地壳热结构；修正了深部地球物理探测资料，查明了地球物理结构性质和非均一性；发现了地壳中流体的来源、成分和运动规律；测出深达 6000 米的应力分布资料；发现莫霍面以下还存在地球磁场

[1] 黎明，洪伟 . 法国深部地质学计划（GPF）——桑塞尔（Sancerre）南部钻探和地磁调查规划 [J]. 地球科学信息，1987(5):18-24.
[2] 鲍道崇 . 法国的地壳探测计划 [J]. 中国地质，1984(8):29.
[3] 董树文，李廷栋 . SinoProb——中国深部探测实验 [J]. 地质学报，2009(7):895-909.
[4] 高山 . 探测地壳深部的信息——联邦德国大陆超深钻计划（KTB）简介 [J]. 地质科技情报，1989(1):51-57.
[5] 张金昌，谢文卫 . 科学超深井钻探技术国内外现状 [J]. 地质学报，2010，84(6):887-894.

（续表）

名称	时间（年）	经费投入与来源	内容 / 目的	进展
意大利地壳探测计划（CROsta Profonda: deep crust）	20 世纪 80 年代	意大利国家研究委员会（CNR）资助	主要目标是通过深地震反射技术研究意大利主要造山带的地壳结构及动力学演化过程	计划分两个阶段，第一阶段为 1985—1988 年，主要任务是开展阿尔卑斯地区深地壳反射剖面的数据采集与研究；第二阶段为 1989—1997 年，完成了近 10000 千米的反射地震剖面，形成了覆盖意大利半岛及周边海域的地震剖面网
瑞士地壳探测计划（NRP20）	1986—1993	瑞士国家科学基金会	主要通过地球物理和地质联合的方法探测瑞士阿尔卑斯山脉的深部结构，部署了覆盖前陆、造山带和后陆的纵横探测网	通过研究岩石圈－软流圈相位速度，合理解释了瑞士阿尔卑斯山的构造演化
俄罗斯深部探测计划	1990	—	—	截至 2005 年年初共实施科学深钻 11 口，2005 施工深孔有 3 个。开展了与区域地质调查和成矿预测研究相关的科学－方法技术的信息－分析系统研究，部署了岩石圈深部构造、典型的古老板块结构和显生宙褶皱研究
澳大利亚四维地球动力学计划（ARCRC）	1993—2000	澳大利亚联邦政府与矿产资源和能源勘探工业	应用数字模拟技术模拟矿床形成的地球动力学过程——地球动力学模拟，使用数字模拟技术对单一地质过程进行模拟	—
北格陵兰冰上岩芯钻探计划（NGRIP）[1]	1995—2004	—	目的是研究最近 120 ～ 130 千年以来的古气候	该计划在 2004 年 8 月宣告结束。完钻深度 3091 米，创造了格陵兰冰盖区钻探的纪录。在格陵兰冰盖下发现了蓄水盆地和排水系统
"Deep Mine" 研究计划[2]	1998—2002	1380 万美元	旨在解决 3000 ～ 5000 米深度的金矿安全、经济开采所需解决的一些关键问题	—

[1] П, Г, Талаллй, 朱佛宏（编译）. 格陵兰冰上最深钻孔成果 [J]. 海洋地质前沿：2006，22(11):29-30.

[2] SIMRAC. SIMRAC Final Project Reports[R]. Safety in Mines Research Advisory Committee, Department of Minerals and Energy, South Africa, 2001.

（续表）

名称	时间（年）	经费投入与来源	内容 / 目的	进展
澳大利亚玻璃地球计划（GLASS-EARTH Australia）	2000—2003	澳大利亚联邦科学与工业研究院	拟通过航空综合地球物理探测、2D ～ 3D 深地震反射、钻探技术和计算机模拟技术，使澳大利亚大陆 1000 米内的地壳及控制它的地质过程成为"透明"，以增强发现巨型矿床的能力	提出有效的区域选择准则，发展了这方面的地质概念；提供辨识含矿区域和定位矿床的革命性新技术；提供探测澳大利亚风化层的专有概念与技术
美国地球透镜计划（Earth Scope）[1,2]	2003—2018	200 亿美元，美国国家科学基金会（NSF）	综合多学科的理论与方法，建立一个能够明显提高对北美大陆构造和活动构造的观测能力的多目标设备和观测台站网络	美国继 COCORP 之后的第二轮地球探测计划，是当今全球最大、最前端的地球深部探测与观测计划。全部的地球探测数据（岩芯样品除外）都是通过地球探测网络数据平台对外提供的，据统计每年大约提供 300000 个数据请求服务，累计提供了超过 11GB 的地球探测数据[3]
MAREANO 计划	2005	—	主要研究区域包括陆架、陆坡及深海区域，还包括陆架边缘峡谷和水下滑坡等极限环境区	对 90000 平方千米的海床面积进行了调查研究和资料收集，主要是水深地形探测和沉积物组分、生境、群落生境及生物多样性的调查
澳大利亚地球探测计划（AuScope）	2006	—	在全球尺度上，从时空及从表层到深部，建立国际水平的表征澳洲大陆的结构和演化的研究构架，从而更好地了解它们对自然资源、灾害和环境的影响	—
地球深部碳观测计划（Deep Carbon Observatory, DCO）[4]	2009—2020	6500 万美元，美国 Sloan 基金会	旨在研究深部碳库、碳通量、深部生命、深部能源和碳的物理化学	—

[1] 刘刚，董树文，陈宣华，等 . EarthScope——美国地球探测计划及最新进展 [J]. 地质学报，2010，84(6):909-926.

[2] EarthScope[EB/OL].[2020-06-30].https://www.earthscope.org/about.html?lang=en-adv.

[3] 杨景宁 . 美国地球透镜计划的成就与挑战 [J]. 国际地震动态，2010(11):1-7.

[4] Deep Carbon Observatory:a decade of discovery 2019[EB/OL].[2020-06-30]. https://deepcarbon.net.

（续表）

名称	时间 （年）	经费投入与来源	内容 / 目的	进展
挥发份、地球动力学和固体地球控制宜居地球计划（Volatiles, Geodynamics & Solid Earth Controls on the Habitable Planet）[1]	2014—2020	800 万英镑，英国自然环境研究理事会（NERC）	侧重于挥发物和地球深部过程、板块构造、火山作用的研究	—
地学棱镜：裂谷与俯冲边缘的地球动力学过程计划（GeoPRISMS）[2,3]	2011—2021	美国国家科学基金会（NSF）	包含 2 个涉及面非常广的综合性计划：俯冲循环和变形计划，以及裂谷形成和演化计划	—
地球微生物组计划（Earth Microbiome Project，EMP）[4,5]	2010 年启动，持续至今	—	旨在通过对全球典型的环境样本进行宏基因组测序，致力于建立一个用以解决地球生态系统基础问题的集成样本、基因和蛋白质的数据库	截至 2014 年 8 月，项目已经有超过 200 个合作者提供数据，样本覆盖超过 40 种不同的生态环境
地球深部探测：澳大利亚资源发现和利用的未来计划（UNCOVER）	2010	—	"1+4"设想：构建 1 个新的勘查地学研究网络，启动 4 项致力于研究矿床成因、分布和提高发现率的重大行动	—
澳大利亚 EFTF（Exploring for the Future）计划[6]	2016	—	致力于发掘澳大利亚的资源潜力，收集关于地下潜在矿产资源、能源和地下水资源的数据与信息	2020 年 6 月，澳大利亚政府再拨款 1.25 亿美元，将整个计划由澳大利亚北部扩展到整个澳大利亚

[1] Volatiles, Geodynamics & Solid Earth Controls on the Habitable Planet[EB/OL].[2020-06-30]. https://nerc.ukri.org/research/funded/programmes/volatiles.

[2] 赵纪东 . GeoPRISMS 执行计划简介 [J]. 国际地震动态，2014(3):1-3.

[3] GeoPRISMS[EB/OL].[2020-06-30].http://geoprisms.org.

[4] Gilbert J A , Meyer F , Jansson J , et al. The Earth Microbiome Project: Meeting report of the "1st EMP meeting on sample selection and acquisition" at Argonne National Laboratory October 6th 2010[J]. Standards in Genomic Sciences, 2010, 3(3):249-253.

[5] Stulberg E , Fravel D , Proctor L M , et al. An assessment of US microbiome research[J]. Nature Microbiology, 2016, 1(1):15015.

[6] Geoscience Australia[EB/OL].[2020-06-30].http://www.ga.gov.au/eftf.

（续表）

名称	时间（年）	经费投入与来源	内容 / 目的	进展
超深采矿联盟（Ultra-Deep Mining Network，UDMN）[1]	2015—2019	4600 万美元	旨在解决地表以下深度达 2500 米处采矿所涉及的 4 个主要战略主题：减少应力灾害、减少能耗、提升矿石运输与生产能力、改进工人安全性	—

11.1.2　主要国家 / 地区项目资助 [2]

11.1.2.1　美国

深层地球系统科学领域的项目资助主要方向包括大陆动力学、岩石构造地球化学、矿床学、地球物理学等研究领域。在这 4 个研究领域中，2004—2013 年，岩石构造地球化学领域项目申请数和批准数均是最多的，大陆动力学和地球物理学领域项目申请数量居中，矿床学领域项目申请数量相对较少（见表 11.2）。

表 11.2　2004—2013 年深层地球系统科学研究领域项目资助情况

年份	大陆动力学			岩石构造地球化学			矿床学			地球物理学		
	申请数（项）	批准数（项）	资助率	申请数（项）	批准数（项）	资助率	申请数（项）	批准数（项）	资助率	申请数（项）	批准数（项）	资助率
2004	439	118	26.88%	530	162	30.57%	—	—	—	280	96	34.29%
2005	188	63	33.51%	525	145	27.62%	206	40	19.42%	303	97	32.01%
2006	169	68	40.24%	425	124	29.18%	228	53	23.25%	260	83	31.92%
2007	162	53	32.72%	421	136	32.30%	274	62	22.63%	258	75	29.07%
2008	193	52	26.94%	414	131	31.64%	252	57	22.62%	230	86	37.39%
2009	155	75	48.39%	342	158	46.20%	201	62	30.85%	247	115	46.56%
2010	172	69	40.12%	406	147	36.21%	327	69	21.10%	238	99	41.60%
2011	225	69	30.67%	357	134	37.54%	277	48	17.33%	182	83	45.60%
2012	226	73	32.30%	357	113	31.65%	274	39	14.23%	194	81	41.75%
2013	163	44	26.99%	362	117	32.32%	345	80	23.19%	182	68	37.36%

资料来源：美国国家科学基金会（NSF）官网。

[1] Ultra-Deep Mining Network. The business of mining deep: below 2.5 kms[EB/OL]. [2016-09-20]. https://www.miningdeep.ca/.

[2] 张志强，郑军卫，王雪梅. 地球科学资助战略与发展态势 [M]. 北京：科学出版社，2015.

从项目资助率来看（见图 11.1），前述 4 个研究领域项目总体资助率变化范围为 14%～65%，其中大陆动力学研究领域的资助率变动最大，其他 3 个领域表现相对稳定。大洋钻探计划的资助率较高，除 2005 年资助率在 18% 之外，其他年份资助率均在 30% 以上，2004 年资助率高达 66%。

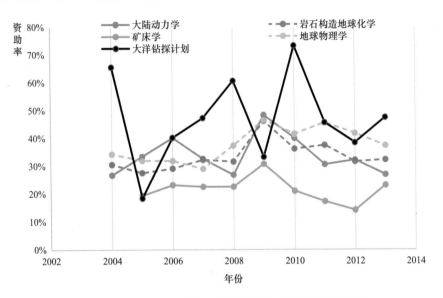

图 11.1　2004—2013 年深地科学领域项目资助率变化趋势

11.1.2.2　欧洲

2004—2014 年，欧洲科学基金会（ESF）在地球科学领域资助的 105 项项目中，深地科学领域占 20 项，如表 11.3 所示。其中，优先研究领域包括火山、地震、欧洲的地质演化等。特别是 2004—2007 年，ESF 在地球科学领域仅有 3 项欧洲青年研究者奖，其中两项属于深地科学领域。

表 11.3　ESF 2004—2014 年深地科学领域项目资助情况

序号	项目名称	起始年份	项目类型
1	火山喷发动力学测量与建模	2011	研究网络项目
2	地震动力学的持续挑战：多尺度系统的观测和建模新方法	2011	学术会议项目
3	理解极端地质灾害：灾害风险管理循环的科学	2011	学术会议项目
4	地时：欧洲的贡献	2010	研究网络项目
5	海底古地震：找寻全新世大地震	2010	学术会议项目
6	定义大陆岩石圈与软流圈的边界	2009	探索性研讨会
7	欧洲的 4D 地形演变：抬升、下沉和海平面变化	2008	欧洲合作项目

（续表）

序号	项目名称	起始年份	项目类型
8	地震动力学的新挑战：多尺度系统的观测与建模	2008	学术会议项目
9	地时：整合欧洲的贡献——中生代和新生代的高精度年代学与天文校准	2007	探索性研讨会
10	新型能源，新兴景观：改写过去，构建未来	2007	探索性研讨会
11	火山活动、火山灾害与火山有关的矿产资源的新视角	2007	探索性研讨会
12	海洋岩芯研究	2007	欧洲合作项目
13	欧洲矿物科学计划	2006	欧洲合作项目
14	板块汇聚边缘与地震成因：通过统计数据和模拟确定大地震的危险性	2006	欧洲青年研究者奖
15	满月模型：月球内部和早期地球的起源与演化的新约束	2006	欧洲青年研究者奖
16	海洋钻探研究研讨会	2006	研究网络项目
17	太古宙环境研究：早期生命的栖息地	2005	研究网络项目
18	非硫化锌铅矿：欧洲矿床的成因模式与勘探	2005	探索性研讨会
19	第一大科学：1800—2000 年欧洲地质图	2005	探索性研讨会
20	地球、环境、生物和考古科学的同位素微量取样	2004	探索性研讨会

11.1.2.3　英国[1]

对英国自然研究理事会（NERC）网站公布的 690 个资助主题按 2004—2014 年资助总项目数量和资助总额进行排名，选取资助项目数量超过 100 项的前 49 个资助主题进行分析。2004—2014 年，NERC 对深地科学领域的优先主题资助情况如表 11.4 所示。从表 11.4 中可以看出，NERC 在深地科学领域对"生物地球化学循环"主题资助项目数量最多且资助金额最大，平均每年资助大约 100 个项目，每年资助金额为 300 万～ 1000 万英镑不等。资助项目数量排名第二和第三的主题分别为"沉积物 / 沉积过程"和"地质灾害"，资助金额排名第二和第三的主题分别为"冰川与冰冻圈系统"和"地幔和核心过程"。

表 11.4　NERC 2004—2014 年深地科学领域优先主题资助情况

领域	资助项目数量（项）	资助金额（英镑）
生物地球化学循环	1255	74878326
冰川与冰冻圈系统	404	29243320

[1] 张志强，郑军卫，王雪梅 . 地球科学资助战略与发展态势 [M]. 北京：科学出版社，2015.

（续表）

领域	资助项目数量（项）	资助金额（英镑）
地幔和核心过程	283	28440759
沉积物/沉积过程	549	24096819
地球物质的属性	343	23679208
地质灾害	434	21370519
大地地质构造过程	341	18022998
火山过程	336	17969355
第四纪学	412	16789509
地球资源	323	15924250
地球和环境	143	9529084

11.1.2.4 澳大利亚

根据澳大利亚研究理事会（ARC）资助项目情况，结合其研究领域分类，将深层地球系统科学分为地球化学、地球物理学、地质学和其他深层地球科学 4 类。2002—2014 年，ARC 资助的深层地球系统科学领域的总经费为 2.64 亿澳元，占地球科学领域总经费的 39.70%。其中，资助经费比例最高的是地质学（48.41%），其次是地球化学（30.27%）。由此可见，地质学和地球化学是深层地球系统科学研究领域的优先研究领域。

11.1.3 主要国家战略规划

11.1.3.1 美国

2001 年，美国国家科学研究理事会（NRC）发布《地球科学基础研究的机遇》，提出未来 10 年球科学研究前沿将出现以下领域：关键带研究、地球生物学、地球和行星物质、大陆调查、地球深部研究、行星科学。

2012 年，NRC 发布《地球科学新的研究机遇》。该报告指出，未来 10 年地球科学领域的研究基于包括从地表到地球内部运动过程的研究，以及海洋在气学、生物学、工程学、社会学、行为学等领域的跨学科研究，涵盖以下 7 个研究主题：①早期地球；②热化学内在动力及挥发物分布；③断裂及变形过程；④气候、地表过程、地质构造和深部地球过程之间的相互作用；⑤生命、环境和气候间的协同演化；⑥耦合水文地貌－生态系统对自然界与人类活动变化的响应；⑦陆地生物地球化学和水循环相互作用。

2020 年，NRC 发布地球科学十年战略规划——《时域地球——美国国家科学基金会地球科学十年愿景（2020—2030）》（*A Vision for NSF Earth Sciences 2020-2030: Earth in Time*），提出了美国国家科学基金会地球科学未来 10 年的 12 个优先科学问题（见表11.5），并提出了配套的研究基础设施和设备、信息化建设和人力资源基础架构等方面的建议。

表 11.5　NSF 地球科学未来 10 年的 12 个优先科学问题

优先科学问题	具体内容
地球内部磁场是如何产生的	理解是什么在时间尺度之上驱动着地磁场变化，又是什么控制了地磁场的变化速度，这两者对于理解从地球内部到大气层的相互作用，以及受地磁场影响的人类活动至关重要
板块构造是在什么时候、因为什么、如何开始的	板块构造运动产生并改变了大陆、海洋和大气层，但对于板块构造何时在地球上产生、为什么在地球上而不是在其他行星体上出现、板块构造是如何随着时间的推移而发展，仍然缺乏基本的认识
关键元素在地球上是如何分布和循环的	地质过程中必不可少的关键元素（Critical Elements）循环为生命创造了适宜的条件，并提供了现代文明所需的物质，但关于这些元素如何在地球内部跨越一系列空间和时间尺度进行迁移的基本问题仍然需要研究
什么是地震	地震破裂是复杂的，地球的变形发生的速度和方式各不相同，使得地球科学家们需要重新思考地震的本质和驱动地震的动力
是什么引起了火山活动	火山爆发对人类、大气、水圈和地球本身都有重大影响，因此迫切地需要对火山活动的起因进行基础研究，了解岩浆是如何在世界各地的不同环境中形成、上升和喷发的，以及这些系统在整个地质时期中是如何运作的
地形变化的前因后果是什么	跨越了地质时间尺度和人类时间尺度的地形测量新技术，使解决地球深部和表层与重大社会挑战关联的科学问题成为可能。这些社会挑战包括地质灾害、自然资源、气候变化
地球关键带如何影响气候	陆地的活性表层影响着水分、地下水、能量、陆地与大气间的气体交换，因此它对气候的影响是理解地球系统，以及地球系统在全球变化下已经发生和将要发生反应的关键因素
对于气候系统的动力学，地球的过去揭示了什么	地球历史上长期和快速的环境变化证据提供了与现代变化进行比较的关键基线，有助于阐明地球系统的动力学，提供气候变化的幅度和速率，并在预测未来地球圈层变化方面发挥关键作用
地球的水循环是如何变化的	了解当前和未来的水循环变化，需要掌握水－陆系统的基本知识，以及水循环如何与其他物理、生物和化学过程相互作用
生物地球化学循环是如何演化的	要在时间尺度上量化生物在岩矿的形成和风化、碳循环、空气成分中的影响，就需要对生物地球化学循环有更深入的了解
地质过程如何影响生物多样性	地球上生物的多样性是这个星球的主要特征，但我们还不完全知道生物的多样性是如何形成的。我们需要了解这种多样性如何及为何会随着时间、环境和地理而变化，包括像物种灭绝这样的重大事件
如何通过地球科学研究来降低地质灾害的风险和损失	对地质灾害的预测和定量认识对于减少风险和影响、拯救生命和基础设施至关重要

未来对地球及其组成物质的观测将比以往任何时候都更加依赖新兴技术、数据分析和科研基础设施。针对未来可能的新举措,《时域地球——美国国家科学基金会地球科学十年愿景(2020—2030)》提出了如下建议:①美国国家科学基金会地球科学处(EAR)应该资助一个国家地质年代学联盟;② EAR 应该资助一个大型的多砧冲压机设备;③ EAR 应该资助一个近地表地球物理研究中心;④ EAR 应该支持"板块俯冲造成的潜在威胁研究计划"(SZ4D)中的长期研究项目,其中包括响应火山爆发的社区协同网络(CONVERSE);⑤ EAR 应该鼓励研究机构进一步探索大陆关键带方面的研究计划;⑥ EAR 应该鼓励研究群体进一步探索大陆科学钻探计划;⑦ EAR 应该协调组建一个研究工作组,以建立相应的机制,对现有和未来的实物样本进行存档和管理,并为相关工作岗位提供资金支持。

11.1.3.2　英国

2009 年,英国地质调查局(BGS)制定《英国地质调查局 2009—2014 年战略规划》。其中与深地科学领域相关的内容主要包括:实施一个由英国地质调查局和自然环境研究理事会研发的地球地质过程观测网络工程;为英国及周边国家的大陆架开发高分辨率的英国地质调查局海底模型,为北海开发提供基础科学数据[1]。

英国自然环境研究理事会(NERC)致力于了解地球的演变,揭示全球面临的环境挑战。为了实现长期目标,NERC 的 2019 年度执行计划确定了 8 个优先研究与创新主题。其中属于深地科学领域的项目有 2 项,资助总额为 1420 万英镑。

11.1.3.3　澳大利亚 [2]

2003 年 10 月,澳大利亚科学院地球科学委员会颁布《国家地球科学战略规划:地球科学——发掘我们的未来》。

该战略规划提出了澳大利亚地球科学未来 5 年的研究机遇、战略目标和关键因素。该战略规划的目标是构建一个充满活力、世界领先的地球科学研究团体。

通过对澳大利亚地球科学领域的战略规划的分析,发现由于澳大利亚独特的地质和地理特征及资源特点,能源和矿产资源的开发利用一直是澳大利亚地球科学领域关注的重点;澳大利亚重视对地学设施和设备的资助,强调新技术和技能的开发应用;澳大利亚重视对地球科学数据的获取,澳大利亚地球科学数据立方体项目(Australian Geoscience Data Cube Project)就是一个很好的例子。

[1] NERC Delivery Plan 2019[EB/OL].[2020-06-30]. https://www.ukri.org/files/about/dps/nerc-dp-2019.
[2] 张志强,郑军卫,王雪梅.地球科学资助战略与发展态势 [M].北京:科学出版社,2015.

11.2 深地科学研究方向动态

11.2.1 地球系统科学 [1]

地球系统科学的概念最早由美国国家航空航天局（NASA）于 1983 年提出。其主要研究内容已由当初的全球环境变化发展为对整个地球行为及所有层圈间相互作用的探索。

2015 年 12 月，澳大利亚国立大学研究小组宣布成功获得地球地幔底部的完整图像，将对有关深部地幔的动力学特征和地核的地磁发生机制研究产生重要的推动作用。2016 年 4 月，美国卡内基科学研究所研究人员公布了地核中高压条件下与铁的化学组成有关的一些出人意料的研究发现，并据此推断碳和氢并不是地核中主要的轻元素。9 月，美国哥伦比亚大学对取自南太平洋岛屿和印度洋岛屿的玄武岩橄榄石斑晶的一项联合研究表明，玄武岩来自深部地幔含碳质橄榄岩，提出了地幔组分来源的新机理——富含碳酸岩的洋壳与地幔相互作用并被储存于深部地幔，颠覆了学术界现有对壳幔循环的认识。英国牛津大学与德国拜罗伊特大学等研究发现，地表下 550 千米的地方存在高度氧化的铁，这一发现令科学家们震惊，他们怀疑是熔融的碳酸盐导致铁的氧化，进而推测碳循环可以深入地幔。美国华盛顿卡内基研究所等基于夏威夷的火山热点的钨和氙同位素地球化学研究表明，地球的地核与地幔的分离是一个无序的过程。

板块构造理论是地球科学研究的重要内容和热点领域。传统观点认为，克拉通作为地球表面的最古老陆块具有极强的稳定性，但 2018 年 2 月由美国伊利诺伊大学和意大利帕多瓦大学等公布的一项研究显示，在南美洲和非洲大陆的克拉通会由于底部冷地幔的原因使岩石圈的浮力发生变化，从而影响克拉通的稳定性。2018 年 3 月，澳大利亚国立大学和英国伦敦大学学院的合作研究首次证实地壳板块运移的关键在于构造板块基底发生部分熔融而非地幔水的存在，为揭示地壳板块的真正运移机理提供了重要线索，颠覆了已有的认识。

11.2.2 地球深部探测

国际地球科学界认为只有通过钻探直接观察和研究地壳内部正在活跃进行的物理、化学和生物的作用、特征及其过程，才能取得对地球科学真实的、精细的认识，提高

---

[1] 国际地球科学研究的前沿及发展态势 [EB/OL].[2020-06-30]. http://www.zgkyb.com/observation/20190326_55836. htm.

探测的可靠性。深部探测已经成为地球科学发展的最新前沿之一[1-3]。

1. 美国大陆反射地震探测计划

美国大陆反射地震探测计划（COCORP）是美国于 20 世纪 70 年代末用多道地震反射剖面技术系统探测大陆地壳结构的计划。COCORP 将石油勘探的近垂直反射地震技术发展到穿透地壳甚至岩石圈的深地震反射技术，在深度和精度上达到了前所未有的程度，开辟了探测地球深部的新纪元。COCORP 在美国 30 个州采集了 11000 千米长的反射剖面。其中最著名的探测结果有：发现阿帕拉契亚大规模、低角度冲断层；确认了拉拉米基底抬升的逆冲机制；描绘了大陆 MOHO 的变化特征，包括后造山再均衡的新证据及多起成因，以及作为构造拆离面的可能作用；新生代裂谷下的岩浆"亮斑"；盆岭省东部的地壳规模的拆离断层；填出美国内陆隐伏前寒武系层序；确定隐伏克拉通典型的元古宙构造－地壳剪切带等。COCORP 的成功带动了 20 多个国家的深地震探测计划。康纳尔大学科学家在世界范围内参与了一系列深地震探测行动，包括喜马拉雅 / 西藏碰撞造山带的 INDEPTH 计划、俄罗斯乌拉尔山的 URSEIS 探测计划和南美洲安第斯山脉的 ANDES 计划等。美国反射地震剖面至今已经完成了 60000 千米，覆盖了美国大陆所有构造单元和盆地，甚至南极。

2. 美国地球透镜计划（Earth Scope）

2001 年，美国国家科学基金会（NSF）、美国地质调查局（USGS）和美国国家航空航天局（NASA）联合发起一项开创性的地球探测计划——地球透镜计划，该计划的目标是建立一个多目标设备和观测台站网络，明显提高对北美大陆构造和活动构造的观测能力。

2003 年，该计划获美国国会批准实施，项目投入约为 200 亿美元。该计划是当今全球最大、最前端的地球深部探测与观测计划。由圣安德烈斯断裂深部观测站（SAFOD）、美国地震阵列（USArrary）、板块边界观测站（PBO）、合成孔径干涉雷达（InSAR）4 个部分组成。该计划已经部署了数千种地震、GPS 和其他地球物理仪器来开展研究。

3. 圣安德烈斯断裂深部观测站

圣安德烈斯断裂深部观测站（SAFOD）利用钻孔数据获取圣安德烈斯断层构造变形资料，利用采集的断裂带样品，测定断裂带的各种性质，监测深部蠕动和地震活

[1] 董树文，李廷栋，高锐，等 . 地球深部探测国际发展与我国现状综述 [J]. 地质学报，2010，84(6):743-770.

[2] 董树文，李廷栋，SinoProbe 团队 . 深部探测技术与实验研究 (SinoProbe)[J]. 地球学报，2011, 32(z1) :1-23.

[3] DONG S, WILLEMANN R, WIERSBERG T, et al. Recent Advances in Deep Exploration: Report on the International Symposium on Deep Exploration into the Lithosphere[J]. Neurocomputing, 2012, 35(2):353-355.

动断裂带。钻孔最终选择在帕克菲尔德，该场地已经进行过深入的地质和地球物理研究，此处断层的蠕动速率为 2.54 厘米 / 年，钻孔内安装的金属套管的变形可显示出蠕动发生的位置。2002 年完成了一个垂直深度为 2200 米的导向钻孔；2007 年完成了主钻孔，深度约为 4000 米；2008 年完成了长期观测设备的安装。USGS 研究人员表示，SAFOD 最大的成果是穿透了圣安德烈斯断裂带的蠕变部分，并取得了在断层两侧岩石发生强烈变形的地带的岩芯，这也是人类首次钻至活动板块边界断层内孕震区深度。

4. 美国地震阵列

美国地震阵列（USArrary）利用地震学和辅助的地球物理技术系统地勾画出美国甚至可能延伸至加拿大、墨西哥及大陆架下面的大陆岩石圈和上地幔，并显著提高美国及毗邻地区地下大陆岩石圈和深部地幔的地震图像的分辨率，了解大陆生成如何开始、北美大陆如何演化、矿床在哪里形成和如何形成，以及地震、火山等地质灾害受什么控制等问题。

5. 板块边界观测站

板块边界观测站（PBO）利用 GPS 和应变仪台阵勾画美国西海岸形变。该大地测量网从太平洋沿岸延伸到落基山脉的东缘，从阿拉斯加延伸到墨西哥。板块边界观测站由 2 套互补性强、时间分辨率高的仪器系统组成，一是分布在 1000 个点上的 GPS 系统；二是分布在 200 个点上的超低噪声应变测量仪。间距 100 ～ 200 千米的 GPS 网络，将分布于活动火山及活动地震断层带上的约 20 个密集网连接成一个整体，覆盖整个美国。这些 GPS 接收器可以追踪到毫米级的地表变形，通过观察大地震发生后的数年甚至数十年变形速率的变化，可以研究地壳和地幔的流变学、板块边界变形的模式和驱动力、偶尔发生的震动和滑动现象，通过这些研究使美国站在地震学和构造学领域的最前沿。美国西部地区正在将 400 个 GPS 接收器的实时传输数据用作地震早期预警系统的关键部分。

6. 加拿大岩石圈探测计划

加拿大岩石圈探测计划（LITHOPROBE）[1] 是加拿大国家级的多学科合作的地球科学研究项目，是为了综合了解北美大陆北半部的大陆演化而设立的项目。该项目源于 1984 年，是在高等院校和加拿大地质调查局的基础地球科学家的努力下启动的。该项目总结了一套有关加拿大本土上大陆演化和发展的崭新观点。

加拿大岩石圈探测计划在执行过程中伴有一系列的发现和进展，科学家在应用地震反射技术获得结晶岩石的高质量图像、结构几何学和其他信息方面是世界领先的，

---

[1] 董树文，李廷栋，高锐，等 . 地球深部探测国际发展与我国现状综述 [J]. 地质学报，2010，84(6):743-770.

并从多方面取得意想不到的收获：①矿集区探测：证实了地震技术方法的价值，使许多公司和省政府地质调查局提供现金增加区域研究并进行高分辨率测量；②岩石圈变形机制：随着计算和数字模型的最新进展，现有工具可以预测地壳对于时间的变形。

7. 澳大利亚玻璃地球计划

2000—2003年，澳大利亚联邦科学与工业研究院勘探与开发部提出了一项国家创新计划——澳大利亚玻璃地球计划（Glass-Earth），拟通过航空综合地球物理探测、2D-3D深地震反射、钻探技术和计算机模拟技术，使澳大利亚大陆1000米内的地壳及控制它的地质过程"透明"，以增强发现巨型矿床的能力。

玻璃地球计划包括以下几个具体项目：新一代探测技术，风化层和基岩深部地质过程研究，空间信息管理、集成和解释技术，区域成矿预测模型和概念模型。玻璃地球计划投资建立了两个合作研究中心——成矿预测与景观演化和矿产勘查。与玻璃地球计划直接关联的技术研发和项目包括航空重力梯度测量、先进的磁测量技术、矿物填图技术、电磁模拟技术、2D和3D地震探测技术、成矿过程、先进的钻探技术、风化层和环境地球科学、虚拟现实技术、计算地球科学。该计划于2003年终止。

8. 澳大利亚地球探测计划

2006年2月28日，澳大利亚教育科学和培训部长宣布了"澳大利亚大陆结构与演化"（AuScope）战略研究计划的启动，通告了澳大利亚为了更深入发展其研究能力而做出的战略投资决定。澳大利亚大陆结构与演化是新一轮的澳大利亚地球探测计划的目标：在全球尺度上，建立国际水平的表征澳大利亚大陆的结构和演化的研究构架，从而更好地了解它们对自然资源、灾害和环境的影响，致力于澳大利亚社会未来的繁荣、安全和可持续环境。AuScope设有4个关键技术内容：地震和非地震地球物理成像、地球化学分析、地球物理建模和全国地理空间参考系统。

9. 中国地球深部探测（SinoProbe）

2008年，我国开始实施"深部探测技术与实验研究专项"，为期5年，这是我国实施的规模最大的地球深部探测计划。该项目共分为9个子专题，旨在通过地质学、地球化学和地球物理学的方法，对我国境内的重大科学问题、矿产油气资源聚集区及重大地质灾害区进行示范性研究。该项目共集了国内118个机构、1600多位科学家和技术专家，研究范围遍及全国。

2011年，中国地球深部探测已全面展开，包括国家深部探测专项——罗布莎科学钻探实验、山东莱阳、云南腾冲等地的7个钻探项目正在进行中。同时，地球深部探测计划的另一个实验项目——深地震反射剖面探测也在西藏阿里进行。这种探测是用地下爆破的方法，通过追踪反射信号，探明数十千米地下的结构，用科学家的话说就是给地球深层做一个 CT。

2016 年，国土资源部印发《国土资源"十三五"科技创新发展规划》，指出在"十三五"期间，我国将向地球深部资源勘探进军，全面实施深地探测、深海探测、深空对地观测战略，争取 2030 年成为地球深部探测领域的"领跑者"。

11.2.3 地球超深钻探

1. 大洋钻探 [1,2]

1960 年开始的美国的"莫霍计划"，试图从深海底打穿地壳，穿越地壳和地幔之间的"莫霍面"，由于技术尚未成熟，该计划于 1966 年被撤销。1968 年，美国开始了"深海钻探计划"（DSDP），实际上就是将钻探玄武岩的"莫霍计划"改为钻探其上的沉积岩。DSDP 在 1968—1983 年间共钻探了 624 个站位，取芯约 95000 米，第一个航次就在墨西哥湾 1000 多米水深下发现了石盐层，而石盐层底下的石油正是今天的勘探对象；第三个航次在大西洋发现海底地壳的年龄从洋中脊向外变老，从而证明了板块理论的海底扩张假说。深海钻探的成功引起了各国的注意，1975 年苏联、英国、德国、日本和法国先后加入美国的计划，使得深海钻探进入"大洋钻探国际阶段"（IPOD），并成为举世瞩目的国际计划。

国际大洋发现计划（IODP，2013—2023 年）及其前身综合大洋钻探计划（IODP，2003—2013 年）、大洋钻探计划（ODP，1985—2003 年）和深海钻探计划（DSDP，1968—1983 年）是 20 世纪至今地球科学领域规模最大、历时最久的大型国际合作研究计划，也是引领当代国际深海探索的科技平台。这些计划所取得的科学成果验证了板块构造理论，揭示了气候演变的规律，建立了两个不同端元的大陆边缘，带来了地球科学各领域的重大突破。IODP 已经发展到北美、西欧、亚洲、南美和大洋洲总共 23 个成员国，包括美国、日本、欧洲 16 国和加拿大、中国、巴西、印度、韩国、澳大利亚和新西兰等，年度预算接近 1.5 亿美元。

2013 年 10 月启动的"国际大洋发现计划"不再单纯以钻探为限制，更加强调科学新意，突出社会需求，以探索深部、了解整个地球系统为目标，以预测未来为己任，展示了海洋科学乃至地球科学最前沿的探索前景。

2020 年 4 月，在多轮成员国反复研讨的基础上，IODP 制定了《2050 年科学框架：科学大洋钻探探索地球》[3] 的白皮书征求意见稿，2020 年 9 月正式发布。

[1] 汪品先 . 大洋钻探与中国的海洋地质 [J]. 海洋地质与第四纪地质，2019，39(1):7-14.
[2] 孙珍，林间，汪品先，等 . 国际大洋发现计划 IODP367/368/368X 航次推动南海国际化海洋科考成果 [J]. 热带海洋学报，2020，39(6):18-29.
[3] The International Ocean Discovery Program (IODP)[EB/OL]. [2020-06-30]. http://www.iodp.org/scientificpublications.

中国于 1998 年加入 ODP，通过国际评估，1999 年获得了在南海首次实施大洋钻探的机会。2004 年，中国加入综合大洋钻探计划。2013 年 10 月，中国加入国际大洋发现计划，并大幅提高资助强度，年付会费 300 万美元。2016 年，中国提交的主题为"检验大陆裂解期间岩石圈的减薄过程：在南海张裂陆缘钻探"的钻探建议书通过审批，批准为 IODP367 和 368 两个航次，其科学目标就是揭示南海前半生由陆地变为海洋的张裂历史。IODP367/368/368X 航次首次获得了南海新生代陆海变迁的全部沉积纪录，并在 U1500、U1501、U1502、U1504 分别钻遇了不同类型的基底岩石，包括大约 45 米的前新生代沉积岩、前新生代基性－超基性变质岩、破裂最早期蚀变玄武岩、早期洋盆新鲜玄武岩，为研究陆地向海洋演变、提出新的陆缘破裂类型提供了第一手的岩石学和地球化学证据。

2. 大陆超深钻探[1]

苏联科拉 SG-3 超深钻。科拉超深井于 1970 年纪念列宁 100 周年诞辰时开钻。在地质科考队确定了钻井位置之后，1970 年 5 月 24 日钻井启动。直到 7000 米深钻井过程都相对平稳，钻过坚硬的花岗岩。在这个深度之后钻头进入了较为不坚硬的层状岩石。1979 年 6 月，钻井破了之前由美国俄克拉荷马州 Berthar Rogers 超深井保持的 9583 米的纪录。1983 年钻至 12066 米后钻井暂停了，1984 年 9 月 27 日钻井继续，1990 年将至时，新的旁支钻达 12262 米深。

联邦德国大陆深钻（KTB）计划。KTB 计划于 1977 年提出，经过 10 年的考察、论证、选址，1985 年 KTB 计划开始实施。与科拉超深井不同，KTB 计划有两个钻孔——先导孔和主孔。先导孔率先钻进 4000 米，为主孔积累了经验，并替主孔采集了 4000 米以内的岩芯，减轻了主孔的负担，使得主孔最终钻进 9101 米。1987 年 9 月 18 日至 1989 年 4 月 4 日完成先导孔（4000 米）施工；1990 年 10 月 6 日至 1994 年 10 月 12 日完成主孔（9101 米）施工。尽管在深度上 KTB 计划没有超过科拉超深钻井，但却建立了世界最先进的深井长期观测系统。

国际大陆科学钻探计划。20 世纪 90 年代初，由德国牵头，在国际地学界的支持下，28 个国家的 250 位专家出席并制订了国际大陆科学钻探计划（ICDP），1996 年 2 月 26 日，中国、德国、美国三国正式签署备忘录，成为首批成员国，正式启动 ICDP。德国自然科学基金会、联合国教科文组织地学部、大洋科学钻探计划作为联系成员，墨西哥、希腊、俄罗斯、法国、英国、加拿大、日本、欧洲科学基金会作为成员国（组织），计划每年投资 70 万美元，目前 ICDP 已有 21 个成员国。

我国作为首批成员国之一，先后主持了中国大陆科学钻探工程与青海湖国际环境

---

[1] 深入地下的伟大工程：大陆超深钻探计划 [EB/OL]. [2020-06-30]. https://www.mining120.com/tech/show-htm-itemid-105184.html.

钻探项目。中国大陆科学钻探工程是继苏联和德国之后第三个超过 5000 米的科学深钻，也是全世界穿过造山带最深部位的科学深钻，该工程建成了亚洲第一个深部地质作用长期观测实验基地，也是亚洲第一个大陆科学钻探和地球物理遥测数据信息库，亚洲第一个研究地幔物质的标本岩芯馆和配套实验室，使我国超高压变质带和地幔物质研究达到国际领先水平。青海湖国际环境钻探项目是 ICDP 项目之一，也是中国环境科学钻探计划的重要组成部分，是我国唯一的以环境变化研究为主的大型现代湖泊钻探项目。该项目的目的是获取高精度的东亚古环境记录，研究区域的气候、生态和构造演变及其与其他区域和全球古气候变化的关系，通过钻孔数据取得了喜人的研究成果。

11.2.4　深部生物圈

地球深部碳观测计划（DCO）[1]。DCO 由美国前矿物协会主席 Robert Hazen 博士和卡耐基地球物理研究所所长 Russell Hemley 院士发起，于 2010 年在 Sloan 基金会 5000 万美元的先期支持下在美国启动，办事处设立在华盛顿特区的卡耐基研究院。该计划对深部的定义是：从二氧化碳的临界压力所对应的深度（约 73 大气压、地表以下 500 米）到地核（约 6370 千米）。DCO 的研究方向包括 4 个：极端物理和化学、深部碳、深部生命、碳储库和通量，致力于整合转化我们对于地球碳循环的理解。

该计划自 2009 年发起，到 2019 年已有来自 55 个国家的 1200 多名科学家参与[2]，共发表论文 1400 余篇。

深地生物圈[3,4]。发现地壳深处存在生命迹象最早可追溯至 20 世纪 20 年代。当时的石油勘探者注意到，油田周围的地下水中含有硫化氢和碳酸氢岩——两者都是由细菌产生的。20 世纪 80 年代，微生物学家开始计算"深海钻探项目"（Deep Sea Drilling Project）带回的岩芯中的微生物，所得数据令他们十分惊诧，即大洋"深部生物圈"的发现。近年来，深部生物圈的发现与探索已经成为地质学和生物学领域研究前沿之一。

11.2.5　领域前沿方向

2008 年 3 月，美国国家研究理事会（NRC）发布了《地球的起源和演化——变化行星的研究问题》，提出了 21 世纪固体地球科学的 10 个重大科学问题。

（1）地球和其他行星的起源。

[1] Deep Carbon Observatory[EB/OL]. [2020-06-30].https://deepcarbon.net/.
[2] Deep Carbon Observatory:a decade of discovery 2019[EB/OL]. [2020-06-30]. https://deepcarbon.net.
[3] These microbial communities have learned to live at Earth's most extreme reaches [J].Nature, 2020, doi: 10.1038/d41586-020-00697-y
[4] 王凤平，陈云如 . 深部生物圈研究进展与展望 [J]. 地球科学进展，2017，32(12):1277-1286.

（2）地球"黑暗时期"（地球诞生后的最初 5 亿年）的演化历史。

（3）生命的起源。

（4）地球内部的运动及其对地表的影响。

（5）地球的板块构造与大陆。

（6）地球的物质特征与地球过程的控制。

（7）气候变化的原因与幅度。

（8）生命－地球的相互作用与影响。

（9）地震、火山喷发等灾害及其后果的预测。

（10）地球内外流体运动对人类环境的影响。

通过对战略计划的分析，总结出深地科学领域的前沿方向如下：

（1）地球内部的运动及其对地表的影响。地球的宜居性并非与生俱来，地球早期大撞击事件使得岩浆洋覆盖全球，原始大气圈的组成以甲烷、氨气等还原性气体为主。那么，地球如何演变出生命宜居的环境？如何拥有强大的自我调节 / 修复功能以维持宜居环境的相对稳定？如何形成人类赖以生存的资源和能源？这些问题涉及层圈间的相互作用，是地球系统科学研究实现突破的关键科学问题。

（2）岩石圈不同层次探测和大数据驱动下的地球深部探测 [1,2]。①要了解地球结构与组成，要建立地球动力学，实现成矿理论的创新，要查明油气藏与矿产资源的赋存规律和地质灾害发生机制，必须从深部地质着手，对整个岩石圈进行不同层次探测。② 1999 年，澳大利亚首次提出了"玻璃地球"的概念，希望做到使澳大利亚大陆地表以下 1000 米以浅变得透明。"玻璃地球"的实施可以充分发挥三维地质信息化的优势，让地球像玻璃一样透明，可以一眼就能发现地下的构造、岩层、矿产甚至灾害。

（3）深地生物圈与地球相互作用。目前，深部生物圈研究面临的困难与挑战主要包括：在生物量、多样性及年产率、主要代谢机制、生物地球化学循环过程、采样装备与原位观察模拟、样品的采集与保存、数据共享等方面还面临许多挑战；对深地生命的起源、生存方式、繁殖和进化，以及能量代谢、物质循环等根本问题还知之甚微；将小范围尺度的深部微生物学研究与大范围尺度的生物地球化学过程进行耦合研究等。

深地生物圈研究的前沿问题主要包括 [3]：①决定深部生命分布、生命－非生命边界转换的主要环境因子是什么？是什么机制？②深部生命的生物地球化学功能和机制是什么？对地球元素循环的贡献有多少？③深部生命生存代谢、适应和演化的机制是什么？病毒是否是推动深部生态系统演化的主要或关键因子？④深部生态系统与上层

[1] 大成编客，"玻璃地球"离我们有多远？ [EB/OL]. [2020-06-30]. https://bianke.cnki.net/Home/Corpus/9366.html.

[2] 董树文，李廷栋，高锐，等 . 地球深部探测国际发展与我国现状综述 [J]. 地质学报，2010，84(6):743-770.

[3] 王风平，陈云如 . 深部生物圈研究进展与展望 [J]. 地球科学进展，2017，32(12):1277-1286.

生态系统的相互联系与影响的内在关系是什么？具体的机制是什么？⑤地球环境变化是否 / 如何与深部生命相互影响？深部生命是否记载了古气候变化的历史？如何解读并帮助回望地球历史并预测未来？

（4）关键元素的分布与循环：地质过程中必不可少的关键元素循环为生命创造了适宜的条件，并提供了现代文明所需的物质，但关于这些元素如何在地球内部跨越一系列空间和时间尺度进行迁移的基本问题仍然需要研究。

（5）地球内外流体运动对人类环境的影响。地质科学历来与矿物、石油、地热和地下水等自然资源的评价和发现密切相关。地质学关注侵蚀和构造作用对地形演化的影响，并且地质学在评价人类活动对河流及其流域盆地的物理特征和这些物理特征间关系、洪水和滑坡风险及生态系统健康等影响方面的兴趣也在不断增强。

11.3 深地科学研究论文分析

本节以"深地""深部资源""深部结构""深部过程""岩石圈"和"地幔"等为主题词，在 Web of Science 数据库中以"地球化学地球物理"和"地质学"等学科方向为范围进行检索，以获取的相关成果数据作为分析基础。基本检索策略如下：TS=("deep earth" or lithospher* or "deep resource*" or "deep structure" or "deep process" or mantle)；文献类型：Article 或 Review 或 Proceedings Paper；Web of Science 类别：Geochemistry Geophysics 或 Geosciences Multidisciplinary；时间跨度：1900—2020 年。索引：SCI-Expanded。最终获取数据 6 万余条，具备统计分析基础。

11.3.1 论文产出趋势

深地科学研究目前处于较快增长阶段。从历年深地科学 SCI 论文产出趋势来看，深地科学研究 SCI 论文产出可追溯到 1920 年。1990 年之前的近 70 年中，该领域的研究成果较为有限；1991 年是个转折点，领域研究成果开始快速跃升至 1000 篇以上。之后至今的 30 年中，研究产出保持增长态势（见图 11.2）。

事实上，对岩石圈的研究在国际上始终是一个热点，1980 年开始的国际岩石圈计划（ICL），致力于阐明地球岩石圈的性质、动力学、成因和演化。新的岩石圈研究计划已从 1990 年开始执行。同年，美国国家科学基金会地球科学部决定 1990—2020 年历时 30 年实施"大陆动力学计划"。这些重大计划助推了深地科学的快速发展。《中华人民共和国国民经济和社会发展第十三个五年规划纲要》提出，加强深海、深地、深空、深蓝等领域的战略高技术部署，这也为深地科学的进一步纵深发展提供了机遇。

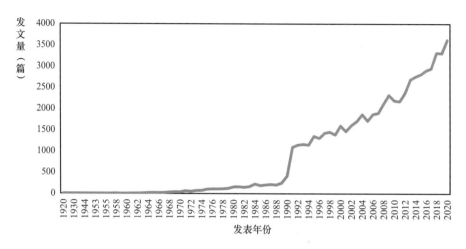

图 11.2　深地科学领域 SCI 论文产出趋势

11.3.2　研究热点分析

通过 VOSviewer 分析工具将近 10 年（2011—2020 年）该领域 SCI 论文作者关键词进行清洗聚类。聚类结果显示（见图 11.3），该领域研究主题可分为 4 个类："地幔、俯冲带及其相关物理化学过程"相关主题，"地幔柱、克拉通及其同位素地球化学"相关主题，"地壳、构造板块"相关主题，"地震"相关主题。

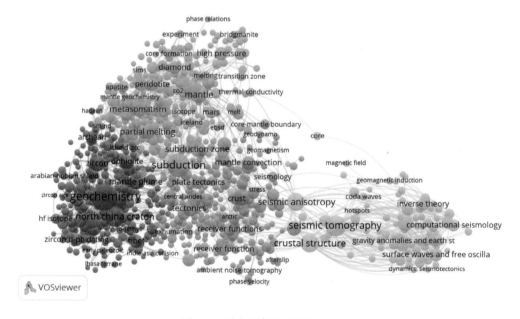

图 11.3　该领域研究主题聚类

时序图描述了相关主题的活跃年份趋势，从中可以对该领域当前活跃主题有一个概貌认识。比如，"地震层析成像""面波与地球自由震荡""地幔交代作用"等均是最近较为活跃的研究主题（见图 11.4）。

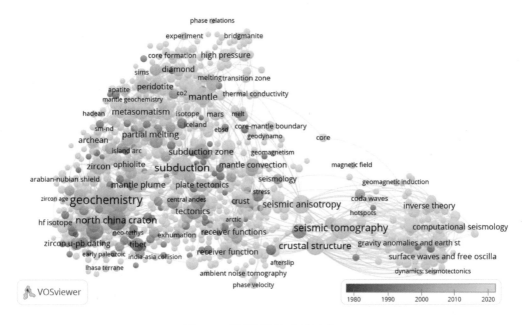

图 11.4　该领域研究主题时序

有研究人员阐述了深地科学研究的 3 个层次，即深地地质结构探测、深地行为规律研究及深地环境利用与资源开发，并提出了深地科学若干重要的研究方向[1]，即原位保真取芯技术，深地非常规岩石力学行为，深地结构与开采的透明推演理论与技术，深地地震学与地球物理学，深地微生物学，深部资源开发与能源储存，深地地下水赋存、运移及水质变化，地下生态圈及地下空间生态、能量循环系统等（见表 11.6）。

表 11.6　深地科学的若干重要研究方向

序号	重要方向	说明
1	原位保真取芯技术	需要探索形状低扰动和压力低改变的原位保真取芯技术，包括：①深部保真原位取芯原理、技术与装备研发，形成一整套深部岩体原位高保真取芯技术与工艺。②深部原位保真测试原理、技术与配套装备研发。在实现原位高保真取芯的基础上，发展原位环境岩石试件测试分析的原理与技术。最大程度地保证岩芯取芯的保真性及岩石相关试验的原位性，突破原位监测与反馈技术难题
2	深地非常规岩石力学行为	需构建适用于深部环境的岩石力学模型与理论。深部环境致使岩体具有强流变的力学非线性、非可逆特征。胡克定律、宏观唯象弹塑性理论将难以适用，甚至将被颠覆。深部岩土工程实践已大大超前于力学基础理论研究，深地岩石力学体系尚未建立，深部岩体力学机理和行为还缺乏足够认知

[1] 谢和平，高峰，鞠杨，等 . 深地科学领域的若干颠覆性技术构想和研究方向 [J]. 工程科学与技术，2017, 49(1): 1-8.

（续表）

序号	重要方向	说明
3	深地结构与开采的透明推演理论与技术	需要实现深地复杂结构的透明化，建立深部岩体结构、采动应力场、裂隙场、渗流场的可视化理论与技术，提出深地资源开采过程和灾害防控的可视化推演技术。深部资源开采过程中，深地结构及开采引发的地质结构变化、采动应力场、能量场及岩体非连续变形破坏"看不见、摸不着"，给准确把握深部资源开采中的基础科学规律及有效预警深部开采灾害带来诸多困难，已经成为困扰深地资源开发与空间利用的关键难题
4	深地地震学与地球物理学	建立地下实验室，为地震监测与预警提供了新平台。建立地下实验室将为探索深地原位节理岩体应力波传播与衰减规律、深地动力学基本理论及地震孕育演化发生的机理及规律提供全新的研究平台和发展契机
5	深地微生物学	极端环境微生物是解决地球生命起源、寻找外太空生命的钥匙。深部生物圈处于极端特殊的条件下，在生物技术上的价值不可估量，可向人类提供现在完全不了解的基因库，对于推动生物科学发展、探索新的可开发生物资源有着重要意义
6	深部资源开发与能源储存	需要研究建立深部资源开发与能源储存理论和技术体系。中国当前煤炭开采深度为 1500 米，深部开发将成为必然。深部开采条件的未知性和复杂性所带来的挑战前所未有，开发难度和灾害事故数量随开发深度急剧增大。如何安全可靠地开展深部能源储存，需寻求理论和技术的重大突破
7	深地地下水赋存、运移及水质变化	开展深地层中微生物对生源物质的响应研究，对于探索极限条件下生态系统稳定性有重大意义。在深地层的能源、矿物开发中，钻开地层过程中不可避免地要使用工作液。对于深地层而言，这些外来的液体中所含有的聚合物、无机盐等，会改变原地下水的水质，可能引起地层垢的形成，导致地层渗透率的变化，改变深地层中物质输运的途径和路线。回注废水中的污染物，特别是有机污染物在深地层中的扩散输移转化规律和机理也是一个重大科学难题
8	地下生态圈及地下空间生态、能量循环系统	构建新型地下生态宜居城市必须解决两大技术难题：一是地下生态圈如何建立；二是地下城市能量系统如何循环。因此，需要探索如阳光模拟、空气恒温与循环、水净化、生态植被、地下生态景观等深地生态问题，需要探索深地地热资源利用、地下水库储能与发电、深地核电站及深地废料无害化处理等能量循环问题，实现深地生态圈和生态城市的自适应、自平衡

11.3.3 主要国家分布

从历年和近 10 年研究论文产出来看，深地科学研究主要集中在美国，中国、法国、德国、英国、澳大利亚、俄罗斯、日本和加拿大等依次居后（见图 11.5）。近 10 年的数据显示，中国在该领域产出已接近美国，居第二位。

从近 10 年论文占历年论文的比例来看，中国该领域近 10 年产出占比达到 74%，明显高于其他国家。其他国家中，澳大利亚和德国近 10 年论文比例在 50% 左右，美国、法国、英国则相对偏低，在 40% 左右。中国在该领域近 10 年的研究产出数量是最为突出的。

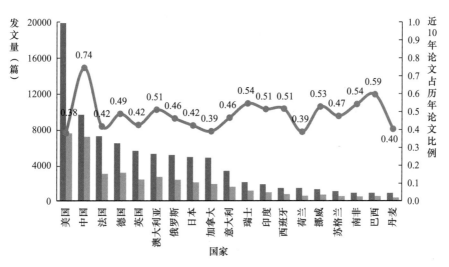

图 11.5　该领域主要国家论文产出

从份额变化能直观地看出该领域研究产出的此消彼长的态势（见图 11.6）。排名前 20 位的国家中，中国、德国、澳大利亚及其他 12 个国家近 10 年论文份额出现增加，美国等 7 个国家的份额相对减少。中国份额增长最为明显，显示中国近 10 年在该领域研究的蓬勃发展态势。在排名靠前的国家中，德国、澳大利亚、俄罗斯等近 10 年论文份额也有不同程度的增加。

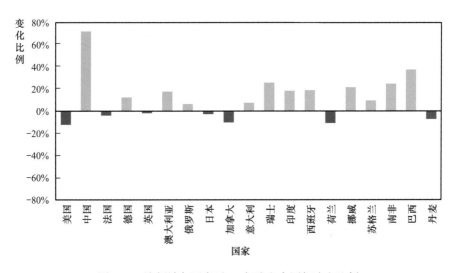

图 11.6　该领域各国家近 10 年论文占历年论文比例

论文被引情况能从一定程度上反映研究产出的影响力。从该领域排名前 15 位的国家近 10 年论文他引次数与篇均被引频次情况看，美国该领域成果他引次数领先优势显著，中国居第二位，德国、法国、澳大利亚、英国也相对居前；在篇均被引频次方面，澳大利亚、英国等较突出，美国在高论文基数的同时篇均被引频次也超过 20 次 / 篇，显示出其产出的高影响力。中国在该领域研究成果的篇均被引频次为 18 次 / 篇，与德国接近。从总体上看，中国在该领域的产出已具有较好的影响力，与发达国家仅有微小差距（见图 11.7）。

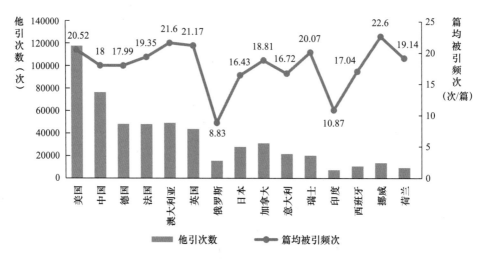

图 11.7　该领域排名前 15 位的国家近 10 年论文他引次数与篇均被引频次情况

高被引论文能够反映领域研究的优秀成果情况。从高被引论文数来看，中国在该领域产出 102 篇高被引论文，居首位；美国产出 89 篇高被引论文，居第二位；澳大利、英国、法国等国家依次居后。中国在该领域研究的优秀成果数量已经在世界领先（见图 11.8）。

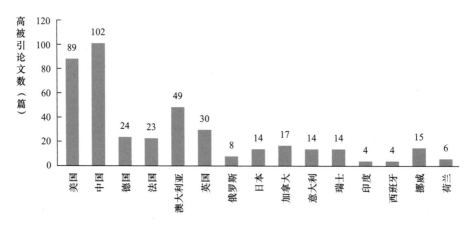

图 11.8　该领域排名前 15 位的国家近 10 年高被引论文情况

H 指数也能反映出该领域研究成果产出的总体水平。美国该领域 H 指数为 120，领先其他国家；中国该领域 H 指数为 113，居第二位；澳大利亚、德国、法国等依次居后（见图 11.9）。结合前述高被引论文数据可以看出，中国和美国在该领域优秀成果居领先地位。

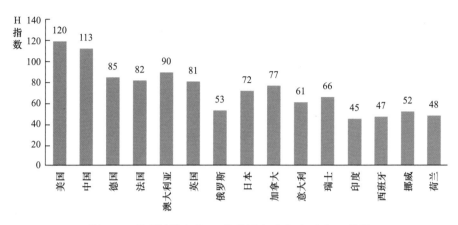

图 11.9　该领域排名前 15 位的国家近 10 年论文 H 指数

11.3.4　主要研究机构分析

从历年和近 10 年研究论文产出机构来看，深地科学研究主要集中在中国科学院、法国国家科学中心（CNRS）、俄罗斯科学院、亥姆霍兹联合会等机构。从历年研究论文产出机构来看，俄罗斯科学院在该领域论文成果最多，法国国家科学中心、中国科学院、加利福尼亚大学系统依次居后；从近 10 年研究论文产出机构来看，中国科学院产出最多，法国国家科学中心其次。作为中国科学院下属的研究机构，中国科学院地质与地球物理研究所、广州地球化学研究所表现突出，在研究体量不占优势的情况下，领域论文成果产出依然居全球机构前列，显示了突出的研究实力。排名前 25 位的机构中还有中国地质大学、中国地质科学院、中国地震局、北京大学和中国科学技术大学等来自中国的研究机构，可以看出中国机构具备的强竞争力。

从排名前 25 位的机构近 10 年论文占历年论文比例来看，中国科学院大学占比最高，达到 91%，其后依次为中国地质大学（83%）、中国地质科学院（74%）、中国科学技术大学（74%）、北京大学（73%）、中国科学院（71%）、中国科学院广州地球化学研究所（70%）、中国科学院地质与地球物理研究所（69%）和中国地震局（69%）等，均为来自中国的机构，显示出中国机构在该领域的研究力量在增强，发展势头强劲。加利福尼亚大学系统（35%）、加利福尼亚理工学院（35%）、巴黎大学（37%）、东京大学（37%）等机构则表现相对缓慢的发展势头（见图 11.10）。

此外，还可以进一步从份额变化看出该领域研究机构产出的消长态势。总体而言，排名前 25 位的机构中，多数机构近 10 年产出份额出现增加，从一定程度上出反映研究产出在进一步集中；中国科学院大学份额增加比例最大（111%），中国地质大学

（91%）、中国科学技术大学（71%）、中国地质科学院（70%）、北京大学（69%）、中国科学院（64%）、中国科学院广州地球化学研究所（63%）、中国科学院地质与地球物理所（59%）等机构依次居后，均出现较大幅度增加。这些机构均来自中国，反映出中国机构在该领域发展势头强劲。

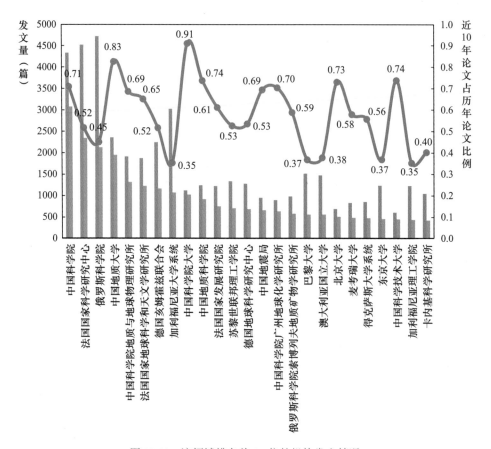

图 11.10　该领域排名前 25 位的机构发文情况

　　加利福尼亚理工学院（−19%）、加利福尼亚大学系统（−18%）、巴黎大学（−15%）、东京大学（−15%）、澳大利亚国立大学（−13%）等机构份额则相对减少，与国内机构的增长形成明显对比，说明中国机构在该领域的研究力量已具备国际竞争力（见图 11.11）。

　　从该领域排名前 25 位的机构近 10 年论文他引次数与篇均被引频次情况看，中国科学院该领域成果他引次数领先优势显著；法国国家科学中心居第二位，中国地质大学、中国科学院地质与地球物理研究所、加利福尼亚大学系统、中国地质科学院也相对居前；在篇均被引频次方面，加利福尼亚理工学院、中国科学院地质与地球物理所、中国地质科学院、中国科学院广州地球化学研究所等机构相对突出，篇均被引频次在 22 次 / 篇以上，显示出产出的高影响力（见图 11.12）。

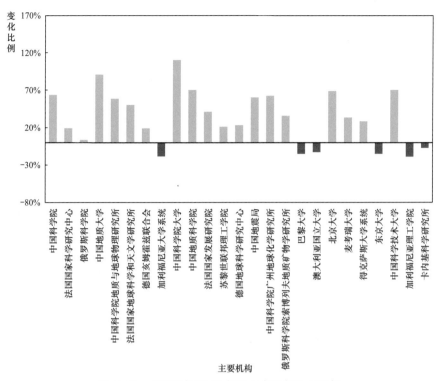

图 11.11　主要机构近 10 年论文占历年论文比例

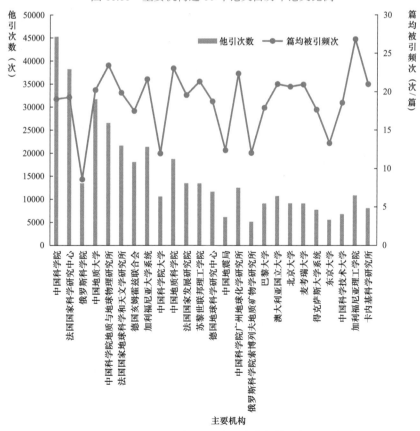

图 11.12　主要机构近 10 年论文他引次数与篇均被引频次情况

从主要机构高被引论文产出来看，中国地质大学在该领域产出 45 篇高被引论文，居首位；中国科学院以 37 篇居第二位；中国地质科学院（22 篇）、中国科学院地质与地球物理研究所（20 篇）、法国国家科学中心（20 篇）、加利福尼亚理工学院（13 篇）等依次居后（见图 11.13）。中国研究机构在该领域研究的优秀成果数量已经在世界领先。

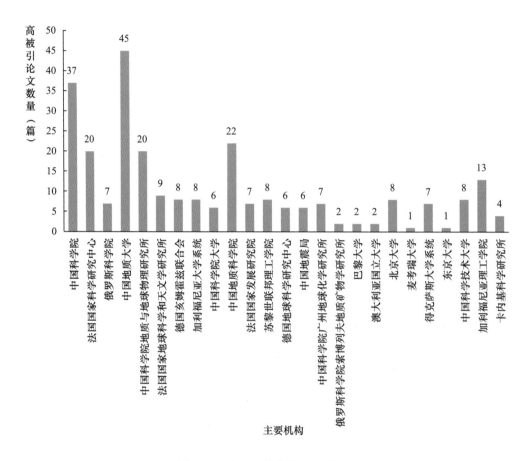

图 11.13　主要机构高被引论文情况

主要机构近 10 年论文 H 指数显示，中国科学院在该领域 H 指数为 88，领先其他机构；中国地质大学在该领域 H 指数为 81，居第二位；法国国家科学中心（76）、中国科学院地质与地球物理所（75）、中国地质科学院（68）、加利福尼亚大学系统（64）、中国科学院广州地球化学研究所（62）等依次居后（见图 11.14）。中国机构在该领域优秀成果表现突出，显示出很强的竞争力。

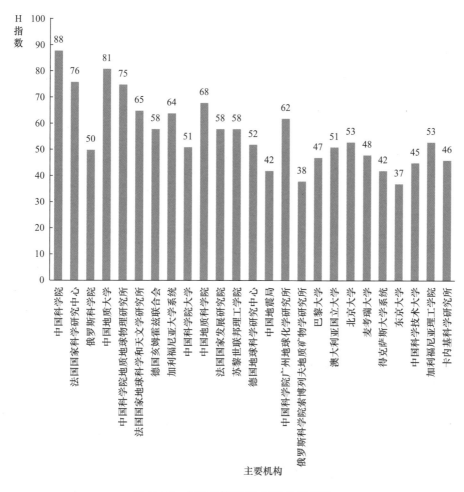

图 11.14　主要机构近 10 年论文 H 指数

11.3.5　主要研究机构概况

基于近 10 年论文成果数量获得的主要研究机构如表 11.7 所示。

表 11.7　基于近 10 年论文成果数量获得的主要研究机构

国别	机构	代表下属机构或院系
中国	中国科学院	地质与地球物理研究所，广州地球化学研究所
	中国地质科学院	地质研究所
	中国地质大学	地球科学学院（武汉），地球科学与资源学院（北京）
	中国地震局	地质研究所，地壳应力研究所，地球物理研究所
	北京大学	地球与空间科学学院
	中国科学技术大学	地球与空间科学学院

（续表）

国别	机构	代表下属机构或院系
法国	法国国家科学研究中心	国家宇宙科学研究所（INSU）
	巴黎大学	巴黎地球物理研究所（IPGP）
俄罗斯	俄罗斯科学院	地质研究所，前寒武纪地质年代学研究所，索波列夫地质矿物学研究所
德国	亥姆霍兹联合会	波茨坦德国地学研究中心
美国	加利福尼亚大学系统	地球与空间科学系（伯克利分校），斯克利普斯海洋研究所（圣地亚哥分校），地球与行星科学系（圣克鲁兹分校）
	得克萨斯大学系统	杰克逊地球科学学院（奥斯汀分校）
	加利福尼亚理工学院	地质学与行星科学学院
	卡内基科学研究院	地磁学系
瑞士	苏黎世联邦理工学院	地球科学系
澳大利亚	澳大利亚国立大学	地球科学研究院
	麦考瑞大学	地球与行星地质学系
日本	东京大学	地震研究所

1. 中国科学院地质与地球物理研究所

中国科学院地质与地球物理研究所在 1999 年 6 月由中国科学院地质研究所和中国科学院地球物理研究所整合而成。该研究所现有在岗人员 780 人，其中具有高级专业技术职务人员 324 人，中国科学院院士 15 人，中国工程院院士 1 人，国家杰出青年基金获得者 38 人，国家重点基础研究发展计划首席科学家 7 人，国家自然科学基金委创新研究群体 7 个。2009 年获中组部授予"海外高层次人才创新创业基地"，2014 年获科技部授予"创新人才培养示范基地"。该研究所是我国最早确定的硕士、博士研究生培养基地和博士后流动站单位，是中国科学院首批博士生重点培养基地，现有研究生 699 人（含留学生 19 人），博士后 176 人。

该研究所建有岩石圈演化国家重点实验室，以及地球与行星物理、页岩气与地质工程、矿产资源研究、油气资源研究、新生代地质与环境 5 个中国科学院重点实验室和深部资源探测先导技术与装备研发中心。

2. 中国科学院广州地球化学研究所

中国科学院广州地球化学研究所的前身为中国科学院地球化学研究所广州分部。1987 年，中国科学院地球化学研究所整建制与原中国科学院广州地质新技术研究所合并，成立中国科学院地球化学研究所广州分部。1994 年开始采用现名。该研究所现有有机地球化学、同位素地球化学 2 个国家重点实验室，边缘海与大洋地质、矿物学与成矿学 2 个中国科学院重点实验室，资源环境利用与保护、矿物物理与矿物材料研究开发 2 个广东省重点实验室。

中国科学院广州地球化学研究所共有在编职工 300 人，其中科技人员 183 人、科技支撑人员 77 人，包括中国科学院院士 2 人、俄罗斯科学院外籍院士 1 人、973 顾问与咨询委员会委员 1 人、正高级专业技术人员 71 人、副高级专业技术人员 100 人。共有"现有关键技术人才" 3 人；"百千万人才工程"国家级人选 6 人，中组部"万人计划科技创新领军人才" 7 人，中组部"万人计划科技创新青年拔尖人才" 2 人；国家基金委创新研究群体 4 个、国家杰出青年科学基金获得者 17 人、国家优秀青年科学基金获得者 7 人；广东省特支计划入选者 24 人、广东省杰出青年科学基金获得者 4 人。

3. 中国地质科学院地质研究所

中国地质科学院地质研究所成立于 1956 年 4 月，隶属于国土资源部中国地质调查局。该研究所共有科研人员 207 人，其中中国科学院院士 6 人，正高级职称人员 63 人，副高级职称人员 63 人，中级职称人员 68 人，初级职称人员 7 人。其中，有博士学位人员 174 人，硕士学位人员 31 人。在科研队伍中，中青年研究人员占主体，另外聘有客座研究员 41 人。该研究所目前拥有一批国内外优秀的年轻学科带头人，有 4 人获何梁何利奖，8 人获李四光地质科学奖，3 人获有特殊贡献中青年专家奖，6 人入选"百千万人才工程"，5 人获国家杰出青年科学基金，12 人获中国地质学会青年地质科技奖。

该研究所的首批国家科技基础条件平台——北京离子探针中心，已成为国家重大科技资源向全社会开放共享的典范。该研究所还拥有 4 个国土资源部重点实验室（大陆构造与动力学重点实验室、同位素地质重点实验室、地层与古生物重点实验室、深部探测与地球动力学重点实验室），4 个中国地质调查局业务中心（三维地质调查研究中心、全国地质编图中心、地层古生物研究中心、大陆动力学研究中心），2 个野外基地（东海长期观测基地、汶川科学深钻基地），以及国际大陆科学钻探中国委员会等 7 家专业委员会的挂靠单位。

4. 中国地质大学

中国地质大学的深地科学主要研究单元是地球科学学院，其前身是 1952 年以北京大学、清华大学、北洋大学和唐山铁道学院的地质系为基础组建的北京地质学院矿产地质与普查勘探系，1995 年由地质系、地球化学系和地质力学教研室组建而成。许多知名学者，如李四光、袁复礼、张席禔、王炳璋教授，冯景兰、尹赞勋、王嘉荫、张炳熹、王鸿祯、杨遵仪、袁见齐、池际尚、郝诒纯、马杏垣、刘宝珺、丁国瑜、杨起、赵鹏大、殷鸿福、於崇文、张本仁、金振民、莫宣学、高山等院士在此任教。该学院拥有以中国科学院院士（6 人）、国家杰出青年科学基金获得者为代表的高层次人才近

40 人，博士生导师 50 人、教授 60 人、副教授 46 人。中国地质大学拥有地质过程与矿产资源国家重点实验室、生物地质与环境地质国家重点实验室、教育部长江三峡库区地质灾害研究中心等科研平台。

5. 中国地震局地质研究所

中国地震局地质研究所的前身是 1950—1951 年组建的原中国科学院地质研究所。该研究所是一个包括地质学、地球物理学、地球化学等多学科的综合性地球科学研究机构，是国内唯一以研究新构造运动和现今地球动力作用为主的国家级研究所。

中国地震局地质研究所共有中国科学院院士 4 人、中国工程院院士 1 人，获得全国劳动模范先进工作者称号 2 人，国家杰出青年科学基金获得者 2 人，国家优秀青年科学基金获得者 1 人，5 人入选"百千万人才工程"、3 人入选"万人计划"。8 位科学家被评为国家有突出贡献的中青年科技专家，45 位专家享受国务院政府特殊津贴，4 位科学家荣获"李四光地质科学奖"。该研究所设有地震动力学国家重点实验室和活动构造与火山中国地震局重点实验室，拥有设备齐全的科学实验、科学探测系统和大规模并行计算系统。

6. 中国科学技术大学

中国科学技术大学深地科学研究单元为地球和空间科学学院，该学院成立于 2001 年 12 月，现有教授 67 人，副教授 24 人，其中中国科学院院士 3 人，"大师讲席"教授 4 人，国家杰出青年科学基金获得者 12 人，教育部"长江学者"特聘教授 2 名，中国科学院"百人计划"教授 7 人，"百千万人才工程"国家级人选 4 名，省级教学名师 2 人。

该学院拥有高水平的研究平台。其中，有 1 个国家级观测研究平台——蒙城"国家野外地球物理观测研究站"，有 2 个中国科学院重点实验室——"壳幔物质与环境实验室"和"近地空间环境实验室"，1 个省级重点实验室——"安徽省全球变化与极地环境重点实验室"。

7. 北京大学

北京大学的深地科学研究单元主要集中在地球与空间科学学院。该学院于 2001 年 10 月 26 日正式成立，共有中国科学院院士 6 人，教授 51 人，国家杰出青年科学基金获得者 9 人，入选"百人计划"7 人，国家重点基础研究发展计划首席科学家 3 人，北京市教学名师 1 人、副教授 37 人 / 副研究员 1 人、讲师 4 人；设有国家理科基础科学人才培养基地 1 个（地质学），国家基金委创新群体 3 个，国家重点学科 3 个（构造地质学、固体地球物理学、地理信息系统），教育部重点实验室 1 个（造山带与地壳演化重点实验室），北京市重点实验室 1 个（空间信息集成与 3S 工程应用），北京市重点学科 1 个（空间物理学）。

8. 法国国家科学研究中心

法国国家科学研究中心（CNRS）成立于 1939 年，是一所隶属于法国高等教育与研究部门的公立科研机构，是欧洲最大的基础科学研究机构，同时也是世界顶尖的科学研究机构之一。CNRS 下设 4 个专题研究部：数学、信息、物理及地球与宇宙部，化学部，生命科学部和人文与社会科学部；2 个横向研究部：环境与可持续发展部，工程部；2 个国家研究院：国家核物理与粒子物理研究院，国家宇宙科学研究院（INSU）。

CNRS 下属 1200 多个科研机构，90% 以上是"混合研究单位"，尤其是与高等院校的联合，其中 40 个实验室对外开放，30 个科研团体与国际具有紧密联系，并建有15 个国际联合实验室。CNRS 目前共有在职员工 32000 名，其中有 11600 名研究员，14400 名工程师、技术员和行政人员。CNRS 年度预算约为 33 亿欧元，其预算来自法国政府和 CNRS 自身科研活动带来的利润（大约为 6.07 亿欧元）。

9. 俄罗斯科学院

俄罗斯科学院于 1724 年在圣彼得堡成立。1917 年后，科学院成为国家科学组织，并于 1925 年更名为苏联科学院。1991 年苏联解体，苏联科学院重新更名为俄罗斯科学院，是俄罗斯联邦的最高学术机构，是主导俄罗斯全国自然科学和社会科学基础研究的中心。俄罗斯科学院已有 19 位学者先后获得诺贝尔奖，其中属于自然科学领域的有 11 位。该院拥有 18 个学部（含地球科学部）、3 个分院（远东分院、西伯利亚分院和乌拉尔分院）、15 个地区性科学中心，共有 432 个科研机构和 116 所科研服务与社会服务机构[1]。俄罗斯科学院共有员工近 10 万人，占全俄罗斯的约 14%；科研人员近5 万人，包括 340 多名院士及超过 250 名外籍院士。

俄罗斯科学院地质研究所为俄罗斯科学院在深地科学领域的代表性研究所。该研究所成立于 1930 年[2]，属于俄罗斯国家级科研机构，已成为地球科学研究领域的权威机构。该研究所主要致力于地质构造、地层和岩性等基础性问题研究。

10. 德国亥姆霍兹联合会德国地学研究中心

德国亥姆霍兹联合会即德国亥姆霍兹联合会、亥姆霍兹学会，原名"大科学中心联合会"，是德国最大的科研团体。该联合会拥有 19 个国家科研中心（国家实验室）、员工总数达到 31745 名、年度科研经费为 34 亿欧元。该联合会的政府拨款比例是联邦

[1] 刘宇. 俄罗斯科学院现状及改革前景概述 [J]. 全球科技经济瞭望，2014，29(11):52-59.
[2] 俄罗斯科学院地质研究所 [EB/OL]. [2020-06-30]. http://www.ginras.ru.

政府占 90%，所在地州政府提供 10%；而且政府资金占到全部年度经费的 70% 左右。

德国亥姆霍兹联合会德国地学研究中心（GFZ）是亥姆霍兹联合会深地科学研究的代表性机构，主要从事测地学、地球物理学、地质学和矿物学及地球化学等方面的研究。GFZ 现有员工 1291 人，其中科技行政人员 901 人，助理人员、学生助理和（带薪）实习生 127 人，以及客座人员（主要是科学家）263 人。其年度经费 9500 万欧元，其中，6500 万欧元的机构资金由联邦政府（90%）和勃兰登堡州（10%）提供，3000 万欧元来自第三方资金 [1]。GFZ 的研究主要集中在大地测量学、地球物理学、地质学、矿物学、地球化学、物理学、地貌学、地球生物科学、数学和工程等领域，并建立了全球独一无二的模块化地球科学基础设施（MESI）。

11. 加利福尼亚大学系统

加利福尼亚大学系统包括加利福尼亚州的 10 所高校，在深地科学领域研究突出。其中比较典型的有加利福尼亚大学伯克利分校、圣地亚哥分校、圣克鲁兹分校等。

加利福尼亚大学伯克利分校是世界著名的研究型大学和顶尖的公立大学，在学术界享有盛誉。截至 2019 年，该校校友、教授及研究人员中共有 107 位诺贝尔奖得主、14 位菲尔兹奖得主和 25 位图灵奖得主。该校地球与行星科学系可以追溯到建校的 1868 年，1963 年更名为"地质与地球物理学系"，2001 年再次更改为"地球与行星科学系"。

该系研究方向包括 [2] 地震的起源、火山活动、地球气候的变化及全球变化对社会的影响。该系的教职员工、学生和研究人员跨越学科界限，了解大气、海洋、陆地表面、深部内部、生物圈及它们之间的耦合。该系拥有伯克利地震实验室、伯克利地质年代学中心、同位素地球化学中心、稳定同位素地球化学中心等研究平台。

加利福尼亚大学圣地亚哥分校正式成立于 1960 年，是生物学、海洋科学、地球科学、心理学、政治学、经济学等领域的世界级学术重地。截至 2018 年，该校校友、教授及研究人员中，共有 27 位诺贝尔奖得主、3 位菲尔兹奖得主、8 位美国国家科学奖章得主、8 位麦克阿瑟奖得主和 2 位普利策奖得主。在现任的教职员中，有 29 位美国国家工程院院士、70 位美国国家科学院院士、45 位美国国家医学院院士，以及 110 位美国艺术与科学院院士。

该校深地科学研究单元主要为斯克利普斯海洋研究所，成立于 1903 年，是世界上最重要的全球地球科学研究和教育中心之一 [3]。斯克利普斯海洋研究所每年的运营预算为 2.44 亿美元，包括 1.8 亿美元的赞助研究，由世界一流的研究人员和教授组成，

[1] The Helmholtz Centre Potsdam - GFZ German Research Centre for Geosciences[EB/OL]. [2020-06-30]. https://www.gfz-potsdam.de/en/about-us/organisation/facts-and-figures.

[2] Earth & Planetary Science,University of California, Berkeley[EB/OL].[2020-06-30]. http://eps.berkeley.edu.

[3] Scripps Institution of Oceanography, UC San diego[EB/OL].[2020-06-30]. https://scripps.ucsd.edu/about

其中包括诺贝尔奖获得者和美国国家科学院和国家工程院的成员。

加利福尼亚大学圣克鲁兹分校（UCSC）现已发展为世界著名的研究型大学。截至 2021 年，UCSC 的教授包括 10 名美国国家科学院院士，23 名美国艺术与科学院研究员，34 名美国科学促进会研究员。

该校深地科学研究单元为地球与行星科学系[1]。该系目前有 23 名教师和 9 名研究人员，其中包括 4 名美国国家科学院院士，许多人因其世界一流的学术研究和教学而获奖。该系研究领域涉及水文地质、构造、结构地质、地貌学、古生物学、生物地球化学、气候研究、环境变化、古海洋学、地震学、矿物和岩石物理学、板块运动、大气科学、冰川学和行星物理学等领域。

12. 得克萨斯大学奥斯汀分校

得克萨斯大学奥斯汀分校是得克萨斯大学系统的旗舰校区，是美国最负盛名的"公立常春藤"最初 8 所院校之一，产生了 13 位诺贝尔奖、2 位图灵奖、18 位普利策奖得主。该校还拥有 35 位美国国家科学院院士、52 位美国艺术与科学院院士、57 位美国国家工程院院士。

该校的杰克逊地球科学学院[2]是美国最古老的地球科学系之一，可以追溯到 1888 年成立的地质学系，但直到 2005 年 9 月 1 日才成为大学的一个单独的学院，其每年的科研经费预算高达 5400 万美元。该学院还有 2 个世界著名的研究单元，即地球物理研究所和经济地质局。截至 2018 年，该学院拥有近 5000 名校友、413 名研究生和本科生、54 名教职员工、90 名研究科学家、110 名研究人员和博士后科学家及 140 名支撑人员。

13. 加利福尼亚理工学院

加利福尼亚理工学院创立于 1891 年，是世界顶尖的私立研究型大学。全校学生仅 2000 人左右，是一所典型的精英学府。截至 2019 年 10 月，该校共有 74 位校友、教授及研究人员曾获得诺贝尔奖，其中包括 22 位校友。加利福尼亚理工学院还产生了 6 位图灵奖得主和 4 位菲尔兹奖得主。

该校的地质与行星科学系有 6 个部门，各有自己的研究重点，包括环境科学与工程、地球生物学、地球化学、地质学、地球物理学及行星科学。截至 2020 年 6 月，该系有科研人员 45 人，其中包括美国国家科学院院士 5 人、美国艺术与科学院院士 3 人。该系有博士后 76 人、研究生 126 人、本科生 11 人。加利福尼亚理工学院的地震

[1] EARTH & PLANETARY SCIENCES, UC Santa Cruz[EB/OL]. [2020-06-30]. https://eps.ucsc.edu/
[2] The Jackson School of Geosciences, University of Texas at Austin[EB/OL]. [2020-06-30]. http://www.jsg.utexas.edu/research/

实验室是地质和行星科学部（GPS）的分支机构，成立于 1921 年。地震实验室因其卓越的地球物理研究和学术成就而受到国际认可，并拥有地震台网、高性能计算和矿物物理方面的一流设施。

14．卡耐基研究院

卡耐基研究院总部位于华盛顿特区，是一个独立的非营利机构，包括西海岸和东海岸的 5 个科学部门。这些科学部门都有自己的科学主管，负责日常运营。它们分别是：位于华盛顿特区的地球与行星实验室，位于马里兰州巴尔的摩市胚胎学系，位于加利福尼亚州斯坦福市的全球生态学系，位于加利福尼亚州帕萨迪纳市的天文台，位于加利福尼亚州斯坦福市的植物生物学系。

该院共有研究人员约 80 人，他们均是天文学、地球与行星科学、遗传与发育生物学、全球生态学等领域的佼佼者。

15．苏黎世联邦理工学院

苏黎世联邦理工学院是闻名全球的研究型大学。苏黎世理工学院校友中，有包括爱因斯坦在内的 32 名诺贝尔奖得主、4 名菲尔兹奖得主、1 名图灵奖得主。

该学院的地球科学系成立于 1979 年，截至 2020 年 6 月有 30 多个教授[1]。该学院设有多个先进实验室，如地质系设有岩石物理与力学实验室、稳定同位素实验室、放射性碳测定实验室、裂变径迹实验室、沉积实验室、湖沼学实验室、岩土力学实验室、水化学实验室、原位滑坡实验室等。

16．澳大利亚国立大学

澳大利亚国立大学坐落于澳大利亚首都堪培拉，是一所世界著名的公立研究型大学。该大学始建于 1946 年，已拥有 7 位诺贝尔奖得主。

该大学理学院的地球科学研究所（RSES）起源于地球物理系，它是物理科学研究所的原始系。该研究所拥有一系列一流的研究实施，包括澳大利亚国家地震成像资源（ANSIR）、数据可视化实验室、实验岩石学实验室、地球物理流体动力学（GFD）实验室、地震台、稳定同位素实验室等。

17．麦考瑞大学

麦考瑞大学始建于 1964 年，是位于澳大利亚新南威尔士州悉尼市的一所公立研究型大学。该大学深地科学研究目前主要在地球与环境科学系，由地球与行星科学系和

---

[1] ETH Zürich, Dep. Erdwissenschaften[EB/OL]. [2020-06-30]. https://erdw.ethz.ch/.

环境科学系合并而来[1]。该系建有 ARC 地核地壳流体系统卓越中心（CCFS）和 ARC
国家大陆地球化学演化和成矿中心（GEMOC）。该系 2019 年年度经费超过 1100 万
美元。

CCFS 研究分为 3 个主题：早期地球——了解地球的形成，早期分化及流体的作用；
地球的演化——开发新的概念模型来跟踪地球从地壳到核心的动态演化；今日地球——
开发和应用新的地球物理和地球动力学建模方法，以更好地描绘地球过程。GEMOC
研究计划着重于地幔在以下 4 个方面的地质过程中的作用：岩石圈测绘、大地构造学、
地壳生成过程及成矿。

18. 东京大学

东京大学是一所本部位于日本东京都文京区的著名国立综合性大学，是世界著名
研究型大学，于 1877 年由"东京开成学校"与"东京医学校"在明治维新期间合并改
制而成。截至 2021 年，东京大学共培养了包括 12 名诺贝尔奖得主、6 名沃尔夫奖得
主、1 名菲尔兹奖得主、16 位日本首相、21 位（帝国）国会议长在内的一大批学术名家、
工商巨子、政界精英。

该校设有地球化学研究中心、地球行星物理学、地球行星环境学、地震研究所、
地壳化学实验室等专业或单元。该校地震研究所于 1925 年成立，任务是科学阐明地震
和火山现象，减少地震和火山造成的灾难。该校科研人员在地震和火山现象方面进行
了全面研究，而且还研究了以地球为根的内部动力学。该校地震研究所约有 80 名教职
员工。

11.4 小结

本章通过内容调研，对目前深地科学领域重大国际计划、主要国家项目及其资助
情况、资助战略、领域相关动态和研究前沿进行了梳理归纳。基于 SCI 论文成果的分
析，对深地科学国际研究态势进行了定量揭示。通过调研和分析，可以获得以下主要
结论或判断：

（1）世界主要发达国家对深地科学均很重视，很早就制订了深地科学研究相关的
计划，并且实施了一系列项目资助政策。有关计划还拓展为多国参与的国际计划，聚
合了世界范围的智慧力量。中国对深地科学的重视前所未有，为实现领域突破性发展
提供了机遇。

（2）深地科学与地球宜居性密切相关，与多个学科方向相关联。"地球内部的运动

[1] Macquarie University[EB/OL]. [2020-06-30], https://www.mq.edu.au/about.

及其对地表的影响""岩石圈不同层次探测和大数据驱动下的地球深部探测""深地生物圈与地球相互作用""关键元素的分布与循环""地球内外流体运动对人类环境的影响"等方面是该领域当前重要的研究前沿方向。

（3）当前深地科学研究正处于快速发展阶段。一系列重大计划和战略部署助推了领域的快速发展，为深地科学的进一步纵深发展提供了机遇。

（4）当前研究热点涉及"地幔、俯冲带及其相关物理化学过程""地幔柱、克拉通及其同位素地球化学""地壳、构造板块"和"地震"等相关主题，"地震层析成像""面波与地球自由震荡""地幔交代作用"等是最近较为活跃的研究主题。

（5）当前深地科学主要研究力量和研究产出集中在美国和中国。中国在该领域研究产出份额快速增长，高水平成果数量已居世界领先地位，总体成果影响力也接近最先进水平。

（6）领域研究产出在向头部机构进一步集中。中国机构在该领域已具备较强竞争力。在成果份额增长、高水平成果数量、成果总体影响力等方面，中国机构已获领先优势，中国科学院、中国地质科学院和中国地质大学等表现尤为突出。

致谢　本章内容的撰写得到了中国科学院文献情报中心吴鸣研究馆员、中国科学院广州地球化学研究所科技处姜玉航、中国科学院武汉文献情报中心赵晏强等老师的有力支持，在此一并表示衷心的感谢！

执笔人：中国科学院武汉文献情报中心
　　　　　周伯柱、李娜娜

第 12 章

制造流程物理系统与智能化国际发展态势

12.1　国际信息物理系统发展概况

近年来，各国纷纷推出一系列重振制造业的重大举措，如美国"先进制造业国家战略计划""实施 21 世纪智能制造"，德国"工业 4.0"，实施智能制造战略是大力发展流程制造业的重大对策之一。

流程制造业是制造业的组成部分，目前还存在产能结构性过剩、能耗物耗较高、高端制造水平低、安全环保水平差距大等问题，迫切需要转型升级、提质增效。发展智能制造是流程制造业转型升级的主要路径，不仅有助于企业全面提高生产效率、改善产品品质，满足新常态下企业创新和升级的需求，还可以带动众多新技术、新产品、新装备快速发展，催生新应用、新业态和新模式，驱动新业务的快速成长，推动流程制造业实现质量变革、效率变革和动力变革，促进流程制造业迈向全球产业链中高端。

智能制造是指将物联网、大数据、云计算等新一代信息技术与设计、生产、管理、服务等制造活动的各个环节融合，具有信息深度自感知、智慧优化自决策、精准控制自执行等功能的先进制造过程、系统与模式的总称，以智能工厂为载体，以关键制造环节智能化为核心，以端到端数据流为基础、以网通互联为支撑。智能制造可有效缩短产品研制周期、提高生产效率、提升产品质量、降低资源能源消耗，对推动钢铁工业和石油化工等制造业转型升级具有重要意义。

信息物理系统（CPS）是实现流程制造业智能化的关键技术，因此，国内外对信息物理系统概念、特征和构建已开展了富有成果的相关研究和探讨。

信息物理系统的概念最早是由美国提出的 [1]，2006 年年底，美国国家科学基金会（NSF）宣布该系统为国家科研核心课题。信息物理系统被定义为由具备物理输入、输

---

[1]　殷瑞钰 . 冶金流程工程学 [M]. 2 版 . 北京：冶金工业出版社，2009.

出且可相互作用的"元件"组成的网络。通过集成先进的感知、计算、通信、控制等信息技术和自动控制技术，构建了物理空间与信息空间中人、机、物、环境、信息等要素相互映射、实时交互、高效协同的复杂系统，实现系统内资源配置和运行的按需响应、快速迭代、动态优化。CPS 概念图如图 12.1 所示[1]。

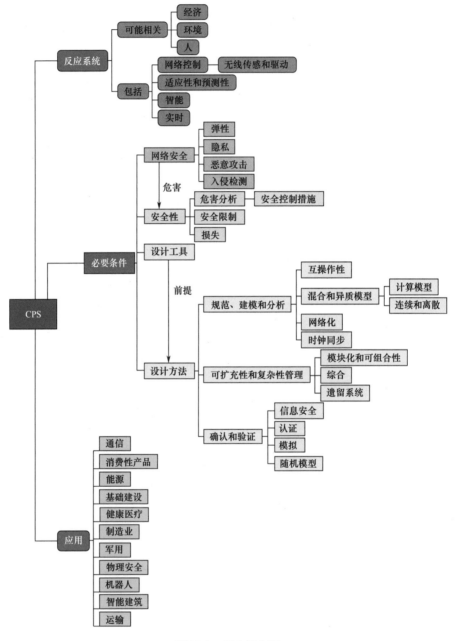

图 12.1　CPS 概念图

---

[1] https://ptolemy.berkeley.edu/projects/cps/.

德国"工业 4.0"战略的本质是以机械化、自动化和信息化为基础，建立智能化的新型生产模式与产业结构。德国工业 4.0 以信息物理系统为支撑环境，实现生产制造的网络化、智能化、柔性化和定制化，被各国视为推动经济增长、结构调整、产业转型升级的新引擎和新动力。钢铁制造流程是复杂的、动态的、整体性的工程系统，是多因子、多尺度、多单元、多层次整合集成而成的整体，具有涌现性而非简单加和性。工业 4.0 CPS 示意如图 12.2 所示。

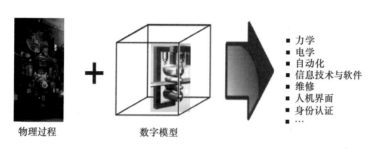

物理过程   数字模型

- 力学
- 电学
- 自动化
- 信息技术与软件
- 维修
- 人机界面
- 身份认证
- ⋯

图 12.2 工业 4.0 CPS 示意

2014 年，美国国家标准技术研究所（NIST）也成立了 CPS 公共工作组（CPS PWG），公开召集众多 CPS 专家来定义 CPS 的关键特征，从而更好地跨多个领域（主要包括智能制造、运输、能源和医疗保健）地管理、发展和实施 CPS。CPS PWG 的目标是建立对 CPS 及其基本概念和独特维度的共识，通过交流和跨部门整合研究，以及新技术的支持来促进 CPS 的发展。CPS PWG 成立了 5 个专家组，分别为词汇和参考架构（Vocabulary and Reference Architecture）、用例（Use Cases）、网络安全和隐私（Cybersecurity and Privacy）、时间和同步（Timing and Synchronization）、数据互操作性（Data Interoperability），并发布了《信息物理系统框架》，该框架分析了 CPS 的起源、应用、特点和相关标准，从概念、实现和运维 3 个视角给出了 CPS 在功能、商业、安全、数据、实时、生命周期等方面的特征。《信息物理系统框架》将随着时间进行修订扩展，介绍 CPS 的通用词汇、结构和分析方法，支持 CPS 概念化。《信息物理系统框架》将 CPS 定义为将计算、通信、感知、驱动与物理系统结合，以实现有时间要求的功能。它不同程度地与环境交互，包括与人进行互动。CPS 分为 3 个层次，分别为人机协同下的设备级、系统级、系统之系统（System of Systems，SOS）级，根据 3 个层次可清晰地看出 CPS 的演进发展方向，如图 12.3 所示。

欧盟钢铁工业集成智能制造路线图提出了 I²MSteel 的集成优化架构[1]。A. M. Meystel 和 J. S. Albus 等提出了由感知处理－对象模型－价值判值－行为生成基本单元构成的 NIST-RCS 递阶智能控制体系结构。中国信息物理系统发展论坛发布了《信息

[1] ESTEP. Integrated Intelligent Manufacturing (I2M). 2016[EB/OL]. [2020-09-25]. https://www.cetic. be/Integrated-Intelligent-Manufacturing-I2M-3177.

物理系统白皮书（2017）》；中国工程院发布的《面向新一代智能制造的人－信息－物理系统（HCPS）》提出了由相关的人、信息系统及物理系统有机组成的新一代智能制造 HCPS2.0 的范式。殷瑞钰院士对流程制造型制作流程物理系统和钢厂智能化进行过详细、系统的论述，提出构筑物质流、能量流、信息流三网相互融合、协同优化的系统架构 [1]。王国栋院士提出了信息物理系统是实现钢铁工业智能化的关键技术 [2]。柴天佑院士提出了由人机合作的智能优化决策系统和工业过程智能自主控制系统两层架构组成的新型流程企业智能优化制造架构 [3]。

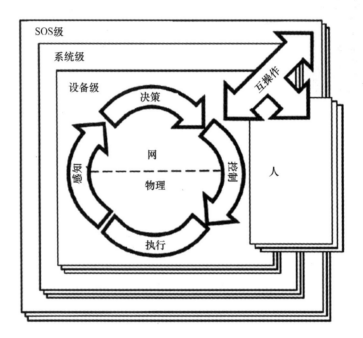

图 12.3　NIST 发布的 CPS 模型

　　由此可见，为了达成信息化和工业化融合，被称为"智能技术系统"的信息物理系统在国际上越来越受到重视，以最高质量、最快速度、最低成本建成基于工业互联网平台的信息物理系统，正成为钢铁和石化等流程型制造业实现绿色化、智能化和产品品牌化的可持续发展目标和战略举措。

[1] 殷瑞钰."流"、流程网络与耗散结构——关于流程制造型制造流程物理系统的认识 [J]. 中国科学：技术科学，2018, 48(2): 136-142.
[2] 王国栋. 信息物理系统是实现钢铁工业智能化的关键技术 [N]. 中国科学报，2018-9-17.
[3] 中国工程院院士柴天佑：工业物联网下产业升级，基础研究和工业应用必须协同 [EB/OL]. [2020-09-25]. https://baijiahao.baidu.com/s?id=1647795384633033065&wfr=spider&for=pc.

12.2 信息物理系统和智能制造项目资助布局

12.2.1 美国 NSF 对信息物理系统项目资助布局

2006 年，美国国家科学基金会（NSF）提出了信息物理系统（CPS）的概念，并将其作为 NSF 未来 10 ～ 20 年的重要研究课题。2007 年 7 月，美国总统科学技术顾问委员会（PCAST）在题为《挑战下的领先——全球竞争世界中的信息技术研发》的报告中列出了八大关键的信息技术，其中 CPS 居首位，其余分别为软件、数据、数据存储与数据流、网络、高端计算、网络与信息安全、人机界面与社会科学。经过 10 多年的发展，美国围绕 CPS 形成了多个创新点，包括 CPS 的基础研究（NSF，2006 年起）、行业应用（美国国防部高级研究计划局、美国交通部、美国能源部、Google、GE、Apple 等，2014 年）和标准体系（美国国家标准技术研究所，2014 年）三位一体的格局。下面针对 NSF 对 CPS 的资助情况进行分析。

通过对美国国家科学基金会官网及海研数据库中关于 CPS 项目的梳理分析，采用关键词有 cyber physical system 和 CPS，共检索到 1053 个项目，项目最早开始于 2006 年，具体每年的项目数量及项目总经费如表 12.1 所示。

表 12.1　NSF 对 CPS 资助项目情况

年份	项目数量（个）	项目总经费（美元）
2006	8	952834
2007	21	5252026
2008	27	6847211
2009	71	60511943
2010	60	41539413
2011	42	29031908
2012	56	37379649
2013	73	45731191
2014	47	21600016
2015	184	96386815
2016	105	47079677
2017	113	56929350
2018	70	27045542
2019	127	63173415
2020	34	15485260
2021	15	13196355

图 12.4 显示了 NSF 对 CPS 资助项目数量及经费年度分布。从图 12.4 中可以看出，2015 年，NSF 资助 CPS 相关的项目数量及经费是最多的。之后，项目数量及项目经费有所回落。截至 2020 年 9 月，已经结束的项目有 680 个，进行中的项目有 373 个。

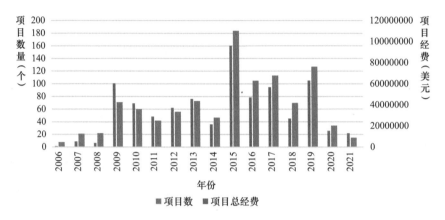

图 12.4　NSF 对 CPS 资助项目数量及经费年度分布

目前，NSF 资助 CPS 有关的项目总经费超过 5.67 亿美元，单个项目经费在 0.35 万～716.6 万美元，详细的区间分布如图 12.5 所示，可以看出，经费在 10 万～55 万美元的项目占比约为 60%。

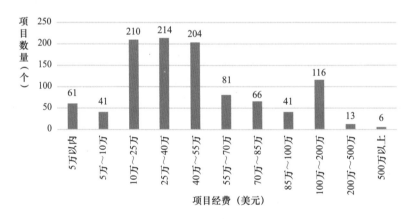

图 12.5　NSF 对 CPS 资助项目经费区间分布

对项目负责机构进行统计，发现基本都为大学和研究院所。表 12.2 列出了项目数量排名前 10 位的负责机构。

表 12.2　项目数量排名前 10 位的负责机构

负责机构	项目数量（个）
卡耐基梅隆大学	40
密歇根大学安娜堡分校	37

（续表）

负责机构	项目数量（个）
加利福尼亚大学伯克利分校	37
伊利诺伊大学香槟分校	36
范德堡大学	35
佐治亚理工研究公司	34
麻省理工学院	23
宾夕法尼亚大学	22
亚利桑那州立大学	21
华盛顿大学	21

　　NSF 资助项目的范围很广泛，包括基本理论、基础结构、网络基础、支持技术、相关会议、论坛及活动、应用等。其中，CPS 主要应用的领域有医疗设施和系统、工业自动化 & 过程控制、交通运输、通信系统、能源消耗与再生、基础设施、智能制造、国防系统、智能机器人、信息安全、环境保护等方面。表 12.3 列出了与智能制造相关度较高的项目详细信息。

表 12.3　与智能制造相关度较高的项目详细信息

项目名称	中文名称	时间	负责机构	经费（美元）	摘要
Software Defined Control for Smart Manufacturing Systems	智能制造系统的软件定义控制	2016-09-01—2021-08-31	密歇根大学安娜堡分校	2362392	软件定义控制（SDC）是一种用于控制制造系统的革命性的方法，它能够利用整个制造系统的全局视图，包括所有物理组件（机器、机器人和零件）及网络组件（逻辑控制器、RFID 阅读器和网络）。在本项目中，将使用网络和物理组件的模型来对制造系统的预期行为进行预测。一旦检测到故障，系统将为通过工厂的物理零件计算新路线，从而避开受影响的位置。这些新路线将直接下载到与机器和机器人通信的底层控制器，即使面对其他灾难性的故障，它们也可以保持生产运行（尽管生产水平将会降低）

项目名称	中文名称	时间	负责机构	经费（美元）	摘要
Enabling Robust, Secure and Efficient Knowledge of Time Across the System Stack	系统堆栈中的时间认知	2014-06-15—2021-05-31	加利福尼亚大学洛杉矶分校	1895256	新兴的 CPS 应用依赖精确的时间认知来推断位置和控制通信。本项目构建了一个系统堆栈（ROSELINE），使硬件时钟、操作系统、网络服务和应用程序能够以新的方式学习、维护和交换关于时间的信息，影响组件行为，并严格地适应动态时间质量的要求，实现运行条件的良性和对抗性变化。未来，受益于时间质量的应用领域包括智能电网、航空航天系统的网络化和协调控制、水下传感和工业自动化
Heterogeneous, Autonomic Wireless Control Networks for Scalable Cyber-Physical Systems	用于可扩展网络物理系统的异构自主无线控制网络	2009-09-01—2014-10-31	丹佛大学	1620059	本项目创建了一种由一类新的异构无线传感器－执行器－控制器平台组成的仪器，有助于对网络化信息物理系统进行广泛的实验研究。关键目标是在平台类别上实现硬件和软件接口的标准化，这些类别将支持时间和安全关键应用程序，还包括开发跨这些平台的标准化硬件和软件接口，以便节点可以是即插即用的，在运行时以参数化和编程方式进行，并保持作为控制和驱动的连接对象的及时性和可靠性。该项目提供一系列可互操作的控制节点，以开发从 MEMS/NEMS（微型/纳米机电系统）到宏观规模的应用，开发无线控制网络的构建块，应用于搜救、工业自动化、医疗设备等领域及车辆控制
Conquering MPSoC Complexity with Principles of a Self-Aware Information Processing Factory	用自感知信息处理工厂中 MPSoC 的复杂性	2017-10-01—2020-09-01	加利福尼亚大学欧文分校	900000	该项目将探索高效的自感知软硬件系统的方向，同时保证关键特性，如实时行为、弹性、安全性和能源效率。该项目研究了在动态和不可预见的变化面前实现自主的自我意识，这将对广泛的网络物理应用领域产生重大影响，这些领域严重依赖高性能、低功耗和可靠的计算。这些系统在克服医疗、安全、交通和工业自动化领域发挥着关键作用。该项目引入了自感知信息处理工厂（IPF）的概念，将自主多处理器片上系统（MPSoC）平台应用到信息物理系统和物联网（IoT）中。其目标是将自我意识/自组织涌现的情境灵活性与分层自顶向下控制的可预测性以整体多层方法协同地结合起来，类似于信息处理工厂

项目名称	中文名称	时间	负责机构	经费（美元）	摘要
MONA LISA - Monitoring and Assisting with Actions	蒙娜丽莎－监督和协助行动	2015-09-01—2018-08-31	马里兰大学	800000	该项目提出了一种新的认知网络物理系统架构，可以理解复杂的人类活动，并特别关注操纵活动。基于生物感知和控制的架构由 3 层组成。在底层是视觉过程，检测、识别和跟踪人类活动。中间层包含人类活动的符号模型，它通过语法描述将前一层识别出的信号成分组合成正在进行的活动的表示。在顶层是认知控制，它决定了场景的哪些部分将被处理，哪些算法将应用于何处。这种方法的可行性将通过开发一个名为蒙娜丽莎（MONA LISA）的智能制造系统来证明，蒙娜丽莎系统可以帮助人类完成装配任务。该系统将在人类执行装配任务时对其进行监控。它将识别装配操作并确定其是否正确，并将与人为可能的错误进行通信，提出继续操作的方法。该系统将具有先进的视觉感知能力；基于机器人学和人体研究的动作理解能力；语义和程序性的记忆和推理能力，以及一个连接高级推理和低级感知的控制模块，以实现与人体装配工的实时、反应性和主动性接触
An Integrated Simulation and Process Control Platform for Distributed Manufacturing Process Chains	分布式制造过程链集成仿真与过程控制平台	2016-12-01—2019-11-30	西北大学	701323	该研究将为分布式网络中的制造平台建立科学的技术基础，在快速的预测框架中，无缝、高效地将物理过程和数值模拟集成在一个分布式网络中。该平台被设想为一个多回路仿真和控制环境，由 4 个在不同时间尺度上运行的控制回路组成。其中两个控制回路在结构上与传统控制器相似，它们在硬件层起作用，专门用于相关过程变量的物理控制，而另两个控制回路则专门用于对所需部件属性进行基于软件层模型的评估。并且后两个控制回路能够指示硬件级控制器对其行为进行必要的更改，以达到分布式网络所需的属性。为了实现集成，将建立一个基于体素的几何模型，该模型由动态生成的分析信息、存储的实验信息和编码组成，并通过仿真和测量结果中与零件属性相关的底层数据结构驱动

（续表）

项目名称	中文名称	时间	负责机构	经费（美元）	摘要
Industry 4.0 Technicians in Advanced Manufacturing	工业 4.0 先进制造技术人员	2019-07-01—2022-06-30	佛罗里达州立学院	555507	该项目将有助于培养具有制造业新兴创新所需知识和技能的技术人员。该项目还将侧重于增加来自代表性不足群体的学生，这些学生注册并毕业于高级制造学位课程。因此，该项目旨在提高先进制造技术人员队伍的多样性。该项目的目标是：①修改两所大学的自动化、机器人学、机电一体化和工程技术副学位课程，纳入与工业 4.0 相关的概念；②使用最先进的设备创建一个模拟智能设施，学生可以在其中应用在课程中学到的知识，并使用真实场景提高他们的技能；③开发微型实验室和基于实验室的工具包，提供动手学习活动，让高中生和教师参与到新的先进制造技术和理念中。现有课程将被修改以嵌入与系统集成、数字制造、数据分析和网络安全相关的内容。课程的强化旨在提高学生对制造硬件、自动化过程和监控及相关软件应用程序之间的联系的理解
Cyber-Physical Sensing, Modeling, and Control with Augmented Reality for Smart Manufacturing Workforce Training and Operations Management	智能制造劳动力培训和运营管理的网络物理传感、建模和增强现实控制	2017-02-01—2020-01-31	密苏里大学	505287	本项目的目标是研究一套完整的网络物理系统方法和工具，以感知、理解、表征、建模和优化制造业工人的学习和操作，从而显著提高工人培训效率、行为操作管理的有效性和安全性。该项目还将建立数学模型，将制造过程编码在研究感知和分析框架中，表征工人－机器任务协调的效率，建立单个工人的学习曲线模型，研究基于多模态增强现实的各种可视化、制导、控制，以及提高工作效率和工人安全的干预方案，并对所研究的技术进行部署、测试和综合性能评估

（续表）

项目名称	中文名称	时间	负责机构	经费（美元）	摘要
Holistic Control and Management of Industrial Wireless Processes	工业无线过程的整体控制与管理	2016-10-01— 2019-09-01	华盛顿大学	500000	该项目基于工业过程控制器和无线传感器执行器网络（WSAN）管理器之间新的闭环交互，创建了设计和操作工业无线过程控制系统的整体方法。在这个新的闭环系统中，控制器使用工业过程的预测模型，估计并比较不同网络配置下的控制性能损失。WSAN 管理器负责估计其内部链路的质量，并调整网络配置以优化控制器性能
Enhancing Cybersecurity of Chemical Process Control Systems	加强化学过程控制系统中的网络安全	2019-10-01— 2022-09-01	韦恩州立大学	499968	该项目旨在发展高级控制算法，用于检测复杂的动态化学过程中存在的网络攻击并向相关人员发出警告。该项目还将寻求开发多种算法来增强下一代制造的安全性和效率，并探索网络攻击如何影响这些算法

其中，NSF 资助了加利福尼亚大学洛杉矶分校的 ROSELINE 项目 400 万美元的基金，该项目由工程与应用科学学院负责，并汇集了 5 所大学的专业研究人员，致力于提高计算机处理物理时间并与网络设备同步的准确性、效率和安全性，寻求开发新的硬件时钟、时间同步和操作系统，以及控制和传感算法，具体内容如图 12.6 所示。

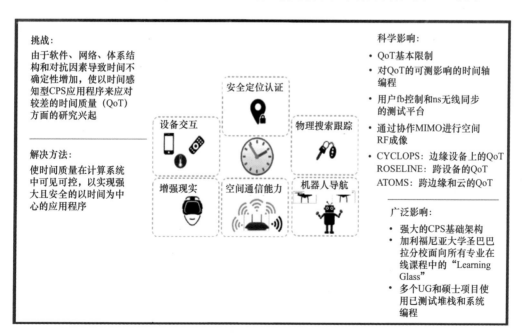

图 12.6　ROSELINE 项目

目前，大多数的计算系统是用相对简单和理想化的方式来管理时间的。例如，计算机中的软件几乎无法控制从底层硬件接收到的时间信息的质量，时钟也几乎不了解软件所需的时间质量且不具备任何适应时间的能力，这使得依赖时间的计算系统容易遭受干扰。ROSELINE 项目团队将重新思考和设计如何在计算系统的软件和硬件中处理时间来解决此问题。

ROSELINE 项目将把准确的定时信息驱动到软件系统中，实现对智能电网的强大分布式控制，以及对超低功率无线传感器等结构故障的精确定位。该项目将在许多领域产生广泛影响，包括智能电网、航空航天系统、精密制造、自动驾驶汽车、安全系统和基础设施监控等。

12.2.2 美国 NSF 对智能制造项目资助布局

智能制造模式指通过 20 世纪以来发展的 3D 打印技术、纳米技术、新能源、新材料技术、智能机器人、人工智能、大数据等新一代信息技术，集成发展传统制造技术产生的一种新型制造模式。智能制造在美国是先进制造业的重要组成部分，得到了美国政府及企业各层面的高度重视，美国国家科学基金会（NSF）、美国能源部等均是智能制造重要的支持力量，均资助和设立了众多研究项目来推动智能制造的发展。

下面针对 NSF 对智能制造领域的资助情况进行分析。通过 NSF 官网及海研项目数据库，检索 NSF 资助的智能制造相关项目，采用的关键词有 intelligent manufacturing、smart manufacturing、smart factory、advanced manufacturing、smart plant，共检索到 2750 条结果。NSF 对智能制造的资助项目情况如表 12.4 所示。

表 12.4 NSF 对智能制造的资助项目情况

年份	项目数量（个）	项目总经费（美元）
1983	1	20635
1984	1	73089
1985	3	6332974
1986	4	925709
1987	9	3027578
1988	10	41761221
1989	10	3267758
1990	8	807917
1991	7	1316443
1992	22	2720762
1993	24	8512152
1994	33	37359434

（续表）

年份	项目数量（个）	项目总经费（美元）
1995	25	7733697
1996	14	3457215
1997	28	4153790
1998	10	4662115
1999	9	1560366
2000	16	5709249
2001	14	3975106
2002	11	3696271
2003	16	3449683
2004	21	11189132
2005	14	6675470
2006	19	7260590
2007	16	11328149
2008	21	5995651
2009	22	11704719
2010	28	36573923
2011	45	35162799
2012	52	69522978
2013	94	78339846
2014	152	152200684
2015	225	133944049
2016	322	184229350
2017	300	140077203
2018	355	182696899
2019	374	170527683
2020	399	220840230
2021	16	13696315

NSF 资助智能制造相关项目年度分布趋势如图 12.7 所示，可以看出，自 2013 年起，NSF 年均资助的项目数量及经费均增加迅速。这可能和美国、德国等发达国家提出先进制造计划、工业互联网、工业 4.0 概念等相关。

对项目负责机构进行统计，发现同 CPS 项目相似，项目负责机构大多为大学和研究院所。表 12.5 列出了项目数量排名前 10 位的负责机构。

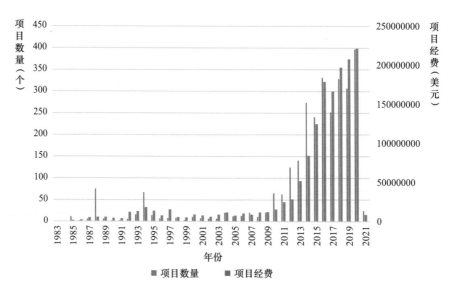

图 12.7　NSF 资助智能制造相关项目年度分布趋势

表 12.5　项目数量排名前 10 位的负责机构

负责机构	项目数量（个）
密歇根大学安娜堡分校	53
伊利诺伊大学香槟分校	51
普渡大学	43
威斯康星大学	43
佐治亚理工研究公司	42
匹兹堡大学	37
宾州州立大学	36
得州农工大学工程实验站	35
明尼苏达双城大学	35
佛罗里达大学	34

NSF 资助的智能制造相关的项目总经费超过 16 亿美元，单个项目经费范围在 0.17 万～ 2802.73 万美元，详细的区间分布如图 12.8 所示，可以看出，经费在 10 万～ 55 万美元之间的项目占比最多，约为 69%。

NSF 资助的智能制造相关的项目范围，除与建造相关的研究中心、举办论坛会议等之外，从技术应用方面，主要有信息物理系统、智能制造系统、先进测量与分析、先进传感器、复杂工艺控制、智能机床、机器人、增材制造、自适应制造等。

另外，2020 年 3 月底，NSF 启动了"未来制造业"项目征集，旨在通过支持基础研究来推动全新的或目前尚无法大规模推广的制造技术进入实用阶段。未来制造业项目拟定了 3 个研究方向：未来网络制造业研究、未来生态制造业研究和未来生物制造业研究；重点是实现全新的、可具有变革性的制造能力，并通过研究资助、种子资助和网络 3 种方式支持基础研究和教育工作。

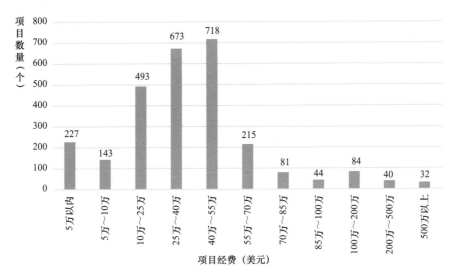

图 12.8　NSF 资助智能制造相关项目经费区间分布

其中，未来网络制造业研究方向将在计算和制造业的交叉领域挖掘研究机会，利用创新传感器和执行器的融合、通信、云和边缘计算、数据分析、计算模型、人工智能和机器学习等技术提高通用性和可靠性，同时减少制造过程和系统控制的成本。未来网络制造业研究的重点领域包括新一代智能系统、用于实时安全感测和机器学习的物流和网络、通过反馈实现过程参数控制的原位传感、制造商之间数据的安全可靠通信和共享方法、实时计量、质量控制和保证、不确定性量化、风险分析、网络控制方法及用于多目标优化的新技术等。

表 12.6 列出了与工业智能制造相关度较高的项目的详细信息。

表 12.6　与工业智能制造相关度较高的项目的详细信息

项目名称	中文名称	时间	负责机构	经费（美元）	摘要
Engineering Research Center for Intelligent Manufacturing Systems	智能制造系统工程研究中心	1988-02-01—1997-04-30	普渡大学	21717645	智能制造系统工程研究中心（INS）的基本目标是促进工程领域基础知识的发展，这将增强美国工业的国际竞争力，并且通过工程实践来培养工程师。该中心专注于离散产品的制造。该研究中心计划分为 7 个相关的重点领域：设计、计划和控制、处理、运输、通信、传感与装配

（续表）

项目名称	中文名称	时间	负责机构	经费（美元）	摘要
Engineering Research Center for Systems Research	系统研究的工程研究中心	1988-02-01—1996-10-31	马里兰大学帕克学院	19124166	该中心是马里兰大学和哈佛大学的工程研究中心，正在从事有关制造、通信和信号处理、化学过程系统、智能自动控制装置、专家系统和并行计算机系统方面的理论、实验研究及相关教育计划。该中心在智能自动控制装置领域已经开发出了基于优化的工程系统设计新方法
Technology-Human Integrated Knowledge Education and Research (THINKER)	技术—人类综合知识教育与研究（思考者）	1918-09-01—1923-08-31	克莱姆森大学	2993421	本项目旨在培养克莱姆森大学的硕士和博士学位的学生，培养内容将融合人为因素、机器人技术、认知科学、人工智能、系统工程、教育、制造和社会行为科学。这将通过设计和集成人类数字技术来实现，这些技术可以增强人类在制造环境中的身体和认知的交互能力
Smart Factories - An Intelligent Material Delivery System to Improve Human-Robot Workflow and Productivity in Assembly Manufacturing	智能工厂—提高装配制造中人—机器工作流程和生产率的配送系统	2017-01-15—2020-08-31	加利福尼亚大学圣地亚哥分校	1000000	本项目的研究目标是通过使用智能材料递送系统（IMDS）来提高装配制造中的人—机器工作流程和生产率，该系统将机器工作与手工工作过程紧密结合。本项目将通过创新、多学科的研究方法，极大地推动智能制造和以人为中心的机器人技术的发展
Simulation and Visualization Technologies for Innovative Industrial Solutions	创新工业解决方案的仿真和可视化技术	1919-09-01—1922-08-31	普渡大学	604681	普渡大学西北校区（PNW）的可视化与模拟创新中心（CIVS）将建立教师研究经验（RET）站点，解决劳动力发展和行业技能差距等问题。PNW 工程学院和行业合作者合作，使用尖端的仿真和可视化技术参与现代系统工程和智能制造研究。该研究将解决现实的工业问题，以提高能源效率、优化生产、预测机械故障并改善工业产品质量和安全性。印第安纳州的钢铁产量占美国全国的 25%，拟建厂区将影响与钢铁业紧密相关的区域劳动力和经济。RET 站点提供了 5 个研究项目，这些研究项目解决了钢铁行业中的实际工程/技术问题，并侧重于基于模型和传感器的制造方面的进步

（续表）

项目名称	中文名称	时间	负责机构	经费（美元）	摘要
Turbulent Flow Modeling of Gas Injection to Minimize Surface Defects in Continuous-Cast Steel	减少连铸钢表面缺陷的注气湍流模拟	1917-07-01— 1919-08-31	科罗拉多矿业大学	398000	在美国用于制造 96% 钢材的钢连铸中，结晶器内的多相流动问题是导致最终轧制钢产品中大部分严重缺陷的原因。该项目创建新的计算工具来研究带有惰性气体注入的熔融金属系统中的多相流动，并应用此工具来更好地理解和改进钢连铸，以最大限度地减少气泡、夹杂物的夹带，以及熔渣颗粒。该研究团队正在开发一个综合模型系统，以精确模拟气体流经喷嘴耐火材料、被动吸入低压区、喷射过程中气泡的形成、喷嘴和模具中的非定常多相流（从气泡流到段塞流，有或无电磁效应）。经过验证的模型将为缺陷的形成提供新的见解，并将提出和测试改进连铸机操作的方法

其中，工程研究中心（Engineering Research Center，ERC）是美国国家科学基金会工程部发展的机构，该机构由高校主导，其成立目的是将学术和工业工程应用融合，为工程专业的学生进入工程队伍做好准备。

普渡大学智能制造系统工程研究中心成立于 1985 年，其已经制定了明确的研究议程、教育计划和管理政策，并且建立了管理组织结构及紧密的行业合作。来自 13 个系的学生和教职员工直接参与工程研究中心的研究活动，已出版了超过 1000 多种出版物。普渡大学智能制造系统工程研究中心的目标是研究离散制造中的所有技术活动，包括从产品早期的设计到最终组装和完成。来自不同工程学科的知识的整合是整个研究和教育计划的共同主题。

12.2.3 案例

12.2.3.1 浦项钢铁（POSCO）智能工厂

POSCO 是世界上最大的钢铁制造商之一，总部在韩国。POSCO 打造智能化钢厂的思路以改进产品质量、提高生产效率为目的，将智能化应用在钢厂各连续生产工序之间，使其达到协同、交互和改进的效果。另外，POSCO 对智能工厂做出了新的定义：利用 ICT（信息通信技术）调查和分析生产工序，通过传感、分析并做出适当控制，从而降低成本、减少缺陷、缩短停机时间，进而优化生产模式。

在智能工厂建设方面，POSCO 采用"The Smarter POSCO mandate"（智能浦项）

模式，通过数字化和智能化释放潜在价值。其中，数字化包括存储、分析、利用和仿真各种数据，这些数据与人、产品、资产和操作过程等信息相关。智能化利用先进的机器学习技术，让机器可以理解、执行并改进运作模式。

2016 年，POSCO 开发出名为"PosFrame"的世界上第一个专门用于连续制造的智能工厂平台（见图 12.9）。不同于传统的数字化，PosFrame 平台不仅可以存储现场采集的各种数据，还可以对连续运行的各工序产生的数据进行有效管理，并通过准确的分析，提高生产效率，预测产品质量，查找产品缺陷，预防设备故障，优化现场生产环境，由此全面增强企业钢铁业务的综合竞争力。以查找产品缺陷为例，PosFrame平台可以通过人工智能技术和物联网传感器寻找钢铁生产过程中实时出现的细微问题，并及时对工艺进行改进，以提高产品质量和生产效率。

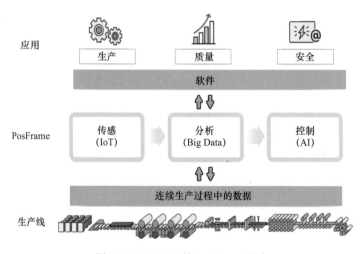

图 12.9　POSCO 的 PosFrame 平台

PosFrame 平台占地面积达 2550 平方米，共 3 层：1 层设有电器室、备用发电室和机械室等，安装了基础设施；2 层和 3 层安装了最新的 IT 设备和管控设施。PosFrame平台 24 小时运行。为了预防地震和火灾，POSCO 还对 IT 设备进行了保护，安装了可以抵抗 8.0 级以上地震的防护装置，并配备了先进的消防设施。以下是一些应用实例。

1．智能高炉

POSCO 从 2017 年开始开发智能高炉控制系统，利用深度学习、人工智能等技术实现自动化熔炼，将人工控制转为自动控制，还可以对炉况自动进行预测并采取措施，使炉况一直处于最佳状态（见图 12.10）。POSCO 智能高炉控制系统可以将煤炭、铁矿石的状态实时数据化，高炉的燃烧状态也可以通过高清摄像机进行判断和预测，高炉内部的铁水温度也由人工变成利用 IoT 传感器来实现实时数据化。POSCO 的 2 号高炉利用智能高炉控制系统，每天铁水生产量增加了 240 吨。2019 年 7 月，该智能高炉炼铁技术被韩国政府指定为国家核心技术。

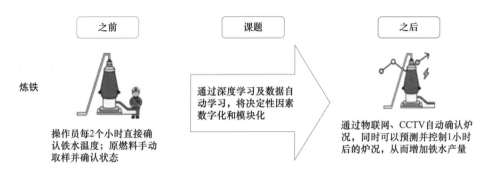

图 12.10 POSCO 智能高炉控制系统

2. 炼钢部 PTX 技术

2018 年 7 月，POSCO 炼钢部开发出了智能综合模型系统，该系统能够在最难控制的炼钢工艺上减少生产产品的浪费，在顾客需要的时候进行适时生产。炼钢部根据不同产品计算最具代表性的作业数值，导出 12.5 万个制作工艺的大数据，以此为基础开发出精确控制炼钢工艺中从转炉到铸造每个节点的时间、温度、成分的综合控制系统——PTX（Posco sTeelmaking eXpress）技术（见图 12.11）。PTX 将炼钢工艺划分为转炉、复合吹炼转炉炼钢、钢包炉精炼、循环法真空处理等步骤，这些步骤可以比喻成火车路线上的不同站点，PTX 可以预测每个"站点"的到达时间、温度、成分，使炼钢过程成为从发车到到达可以准时行驶的"炼钢列车"。所有钢铁部门都可以参与作业，从而最大限度地减少浪费、降低成本，并且提高准时率。特别是 PTX 的设计，可以对铁水的温度、成分、主要原料等多种输入条件进行实时人工智能化，可以对各步骤的目标温度进行预测和控制。在引进 PTX 前，炼钢部的炼钢工作温度控制率为 80%；在引入 PTX 后，炼铁部的炼钢工作温度控制率提高到 90%。

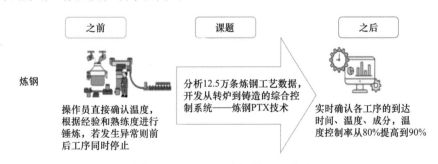

图 12.11 POSCO 炼钢部 PTX 技术

12.2.3.2 石化 CPS

石化行业具有物料物性复杂、工艺复杂度高且运行条件苛刻、装备复杂及安全环保约束条件严格等特点。根据埃森哲发布的报告，有 80% 的炼油厂报告指出数字化为它们的业务增加了约 5000 万美元的价值，另外有 75% 的炼油厂表示预计 2021—2023 年在数字化方面将增加更多的投入。炼油厂的数字化技术成熟度也正在增长（根据 2018 年的调查，有 48% 的炼油厂自认为拥有成熟或半成熟的数字技术部署，而 2017 年仅有 44%）。尽管如此，数字技术仍未得到广泛的应用，调查显示，炼油厂仍仅专注于先进过程控制、分析、物联网和网络安全工具等技术，而人工智能、区块链和机器人等新兴技术应用则相对较弱。

石化行业 CPS（见图 12.12）是智能石化工厂的核心，是指通过对工程设计、工艺、设备、安全环保、质量的各种静态和动态的数据进行计算、分析、优化和反馈，将传感器、智能硬件、控制系统、计算设施及信息终端连接成一个智能网络，为规划设计、施工、生产运行、经营管理等部门提供准确数据支持的管理环境，为计划排产、质量控制、过程监控的智能化协同优化提供必要条件，实现企业、员工、设备、服务之间的互联互通，并最大限度地开发、整合和利用各方面的信息资源。

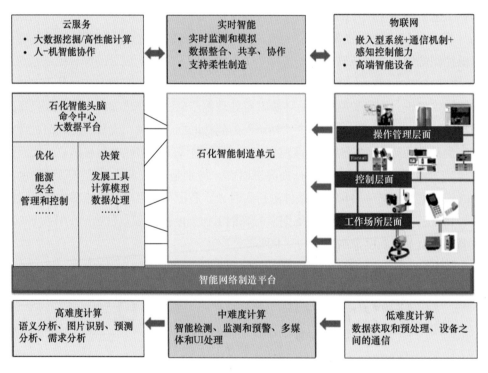

图 12.12　石化行业 CPS

石化行业 CPS 是一个在环境感知的基础上，深度融合了计算、通信、控制的可控、可信、可拓展的网络化物理设备系统，涉及以下两项关键技术及基于 CPS 的生产和管理解决思路：

（1）基于数字孪生的集散控制系统（DCS）设计方式。采用基于仿真模型的自动化系统设计方式,对生产现场的装备、电气、控制、热力学等因素进行建模仿真,以确保新的生产工艺与控制程序能在虚拟环境中进行测试和验证,最终降低实际生产运营风险。

(2)生产过程数字化。通过适用于石化行业的低功耗传感器技术和无线通信网络技术等,提升设备、生产过程的感知能力,建立物与物、人与物、人与人互联互通的集成统一工业物联网平台,提升生产过程各关键要素的实时感知和高效协同能力。

以下是一个应用实例。

瓦莱罗能源(Valero Energy)是北美最大的炼油商,总部在圣安东尼奥,其通过智能工厂解决方案,提高管控能力并发挥业务集成力,总资产在 10 年间从 50 亿美元增加到 1200 亿美元。

瓦莱罗能源基于 SAP MII 集成平台和 SOA 构架,采用服务总线的设计模式,集成数据采集和监视控制系统(SCADA)、集散控制系统(DCS)、生产信息化管理系统(MES)、统计过程控制(SPC)、统计质量控制(SQC)、实验室信息管理系统(LIMS)及维修管理系统等的数据源,并基于 ISA 95/88 标准,建立工厂模型,实现标准化管理,实时监测 2 万多个数据流的情况,并实时汇总处理工厂数据信息。

同时,瓦莱罗能源通过优化信息系统进行节能减排,对锅炉进行建模,采用面向方程式的仿真和优化软件工具,根据过程单元能源需求及设备或政策法规的限制,优化燃料采购、蒸汽和电力的应用,使锅炉热效率提高 0.6%,燃料气成本减少 1%,带来约 270 万美元 / 年的经济效益且每年可节省 1.2 亿~ 2 亿美元的成本。

12.3　钢铁技术路线图

12.3.1　国外钢铁技术路线图

12.3.1.1　美国

1. 美国钢铁协会公布钢铁技术路线图研究项目

美国能源部和美国钢铁协会完成了一项名为钢铁技术路线图研究项目(TRP)的成本分摊研究和开发计划[7]。TRP 项目从 1997 年 7 月 14 日持续到 2008 年 12 月 31 日。TRP 与其他政府项目的不同之处在于,政府和行业都提供了研究资金。

1)目标

TRP 项目的目标是节约能源、提升美国钢铁产业竞争力和改善环境。

2）资助研发项目资金来源的分配

TRP 项目历时 11 年，总计投入资金 3800 万美元，其中美国能源部投入了 2650 万美元，有 50 家工业参与者共同出资 1130 万美元，包括 350 万美元的现金和价值 780 万美元的技术服务费、装备使用费和人工成本。95% 的资金都投入给大学、私人研发实验室（机构）和国家实验室。TRP 项目总计包括 47 个研究项目，分布于 28 家研发机构。TRP 项目资金分配如表 12.7 所示。

表 12.7　TRP 项目资金分配 [1]

	资金占比（%）	合同数量（个）	资金额（百万美元）
私人研发实验室	43.3	11	16.5
大学	39.0	29	14.9
国家实验室	12.4	4	4.7
钢铁产业	5.0	3	1.9

3）重点研发项目

（1）炼铁技术：通过模型模拟和改进分析技术使高炉运转最佳化。

（2）消除二氧化碳产生和高炉炼铁替代新工艺：利用氢进行铁精矿悬浮还原、熔融氧化物电解炼铁法、PSH 炉技术。

（3）转炉和电炉技术：转炉和电炉二次燃烧最佳化、预测碳和温度的光学传感器、激光炉衬测厚仪。

4）效益

在降低能源强度方面，美国钢铁产业已经取得很大进步。事实上，自从 1990 年以来，美国钢铁产业的吨钢能源消耗已经下降了 30%。目前，美国钢铁产业是世界主要产钢国钢铁产业能源消耗和二氧化碳排放最低的。

在 TRP 项目中就有 3 个大幅降低能源消耗的新技术：PSH 炉技术、利用氢进行铁精矿悬浮还原、熔融氧化物电解炼铁法，不过，这些技术要转换成实用技术还需要 10 ～ 15 年，但其在大幅减排二氧化碳方面极具前途。

TRP 项目除有益于钢铁产业外，更多的效益是有益于钢材用户和美国经济。例如，当利用一些钢材时其消耗的能源和排放的二氧化碳要远大于钢材本身的生产过程，汽车就是一个最现实的实例。

TRP 项目除可以给美国钢铁产业带来许多未来可以看到的效益外，这些项目的研发还培养了许多人才，为美国钢铁产业未来发展打下了人才基础。最终，通过发放技

---

[1] American Iron and Steel Institute. AISI Technology Roadmap Research Program for the Steel Industry[EB/OL]. [2010-12-31]. https://www.steel.org/.

术许可，TRP 项目可以带来支持继续进行研发的资金，实现提高美国钢铁产业竞争力的目标，同时大幅节约能源和改善环境。

2. 美国国家标准与技术研究院发布《先进模拟和可视化钢铁优化技术路线图》

制造业是建模、仿真和可视化（Modeling, Simulation and Visualization，MSV）最重要的应用领域之一。MSV 可以有效地用于预测系统的性能和 / 或比较替代技术解决方案，从而实现优化的效率和可持续的实践。MSV 还可以提供有效的培训工具，增强工作场所的安全性，提高设备的可靠性，并教会工厂人员如何更有效地开展工作和做出关键决策。

在美国国家标准与技术研究院（NIST）的支持下，普渡大学西北分校和美国钢铁协会在 2014 年年末举办了两次研讨会，探讨 MSV 在钢铁行业面临的挑战和未来需求，并提出了《先进模拟和可视化钢铁优化技术路线图》。该技术路线图包含 8 个优先路线图重点领域（工作场所安全、能源效率、生产效率、可靠性和维护、环境影响、原材料、钢铁智能制造、员工发展），MSV 钢铁优化的主要目标如下 [1]。

（1）工作场所安全：将可预防的工作场所死亡减少到零，同时最大限度地减少非致命伤害和事故发生；基于对事故发生过程中发生的问题的观察，实现持续的安全学习过程。

（2）能源效率：通过新技术（例如，高炉低燃料费率运行）和优化能源资源的智能方法（长期目标），在 10 年内显著降低能源强度；优化整个工厂的电能输入；实现最大的内部发电；实现废气作为能源的最佳利用，包括高炉（BF）废气和其他废气；回收显热。

（3）生产效率：通过从头到尾的可视化显著减少周期性的生产时间，从而实现流程的精简；通过新技术或对现有技术的改进，最大限度地利用廉价且新近丰富的天然气；通过改进利用和回收利用，改善先进高强度钢的加工和开发；降低原材料成本。

（4）可靠性和维护：大幅减少停机时间和最小化生产安全中的不合格情况，在安全方面优先考虑零不合格；增加故障前的平均时间；从长远来看将计划外的故障天数减少到接近零。

（5）环境影响：通过减少产生量和改善选矿副产品，显著减少垃圾填埋需求，从而提高副产品利用率；通过更节能的工艺、工艺气体的回收和二氧化碳捕获工艺来减少二氧化碳排放；开发可以基于原材料组成和工艺参数排放的 CFD 工艺模型。

（6）原材料：通过提高工艺效率，最大限度地减少副产品的产生和选矿需求；开

---

[1] American Iron and Steel Institute. Technology Roadmap for Advanced Simulation and Visualization for Steel Optimization[EB/OL]. [2018-08]. https://www.steel.org/.

发先进的副产品选矿技术，以提高副产品的回收率和价值；开发相关技术，以减少搬运过程中的降解；开发优化工具，以优化工厂范围内原材料的使用和流动；开发工艺模型，将原料特性与工艺性能联系起来；开发光电传感（光学特性传感）。

（7）钢铁智能制造：实现允许迭代设计和操作洞察的高速模拟和可视化；通过有效的建模和模拟（包括集成工艺、改进结构性能和多尺度模型）改进和优化产品质量；实现具有广泛模拟功能的综合热轧精轧机，以改进和优化产品质量。

（8）员工发展：使钢铁行业员工对行业全流程建立内部联系，掌握全面的职业技能。

许多挑战阻碍了 MSV 在钢铁优化中的使用，主要挑战如下。

（1）有限的资源：有限的资源（人员、时间、金钱）可用于购买计算软件、硬件和基础设施，以及用于复杂 MSV 工具的培训。

（2）缺乏经过验证的价值主张：对于公司而言，很难在没有可观的回报和价值主张的情况下为先进的 MSV 分配资源并向高级 MSV 投入资金，特别是对于大量资本或运营投资而言。

（3）遗留文化问题：缺乏远见和信念，缺乏对计算工具及其有效性和实用性的认识。一种看法认为，模拟 / 可视化作为一种培训工具和非常具体的问题解决程序比解决广泛的技术挑战更有用。

（4）高级 IT 资源：没有对钢铁行业问题熟悉的高性能计算的代码开发人员。

为加快在钢铁行业广泛的公司和设施中开发和使用建模、模拟和可视化，NIST 确定了 18 个优先项目，如提高工作场所安全的虚拟安全培训、钢厂能效的优化、高炉三维综合 MSV 能力、优化高炉喷油方式、减少核心进程之间的能量损失、替代炼铁工艺的模拟和优化、低温铸钢洁净度实践的建模、优化的原料处理设计和实践等。

12.3.1.2　欧洲

1．欧洲钢铁制造业集成智能化生产路线图

欧盟提出了钢铁工业集成智能制造（见图 12.13）的概念，并于 2006 年发布了钢铁技术平台计划 ESTEP 2030（European Steel Technology Platform Vision 2030），提出钢铁工业智能制造技术重大研究项目[1]。该项目的优先研发领域包括高度自动化的生产链技术、全面过程控制技术和模拟仿真优化技术。通过新检测技术或改进物理模型，在线测量和控制机械性能；集成过程监控、控制和技术管理，实现钢铁生产多目标优

---

[1] HARALD P, COSTANZO P, STEPHANE M, et al. Roadmap of Integrated Intelligent Manufacturing in Steel Industry[EB/OL]. [2016-11]. https://www.eurofer.eu/.

化，包括生产率、资源效率和产品质量。

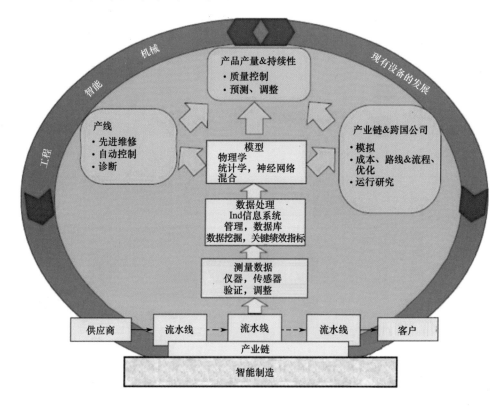

图 12.13　欧盟钢铁工业集成智能制造

欧盟 2012 年成立钢铁集成智能制造（Integrated Intelligent Manufacturing，I²M）小组，并于 2012 年、2014 年、2016 年召开 3 次讨论会，其愿景是以整体视角整合传感器、数据处理、模型和工艺知识，提升人与制造过程之间的交互能力。

2012—2015 年，欧盟启动了 I²MSteel（Integrated Intelligent Manufacturing for Steel Industries）项目，开发新的满足集成操作性、功能可扩展性、系统可移植性的集成智能制造的自动化和信息化架构，研究建立集成智能制造（I²M）的全厂或全公司自动化、信息化体系，实现全供应链的无缝 / 灵活的协作和信息交换。

上述架构三大支柱技术为高级任务智能体（产品跟踪、过程控制、过程计划、全过程质量控制、信息存储、物流等）、面向服务架构（Service Oriented Architecture，SOA）、制造链的语义描述。

I² MSteel 基本架构如图 12.14 所示，运行的解决方案具有通用的特质，即开发的智能体中定义的算法可以独立运用于真实工厂布局配置，而工厂布局配置信息存储在本体（ontology）中，通过 SMW（Semantic Media Wiki）管理，该配置信息与过程数据库的连接通过 SOA 完成，实现统一的工厂 IT 信息存取。

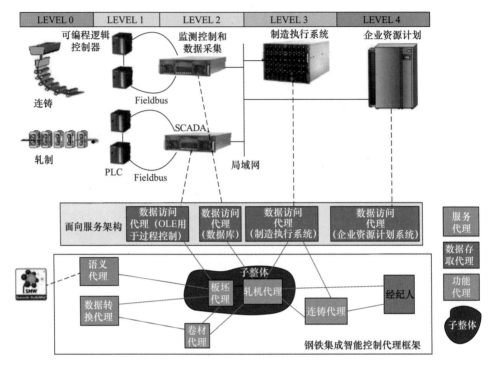

图 12.14　I²MSteel 基本架构

自主智能体之间可以独立地相互联系，也可以与其他智能体彼此相互合作。一个智能体可提供或请求一个特定的服务。在多智能体系统（MAS）中，引入所谓的经纪人机制。每个智能体都在经纪人那里登记，宣布它可以提供的服务。对应地，当一个智能体需要特定的服务时，它也联系这个经纪人，请经纪人给出能提供这一特定服务的智能体。总而言之，经纪人起着协同、居间调节的作用，管理智能体和它们的技术（服务）。

当智能体形成一个组以解决某一问题时，这组智能体叫做智能体结合体，如果智能体结合体是解决这一问题的唯一可能的用例，则结合体就变成了子整体，功能智能体的集合就组成了功能子整体。此外，为了解决多智能体交互活动中存在的一些问题，在多智能体框架中引入了市场的概念。

1）目标

（1）将愿景扩展到未来 20 年，代表着对技术未来前景充满信心。

（2）更新技术趋势，根据新条件推动钢铁制造业的发展，并以不断增加的灵活性有效地管理变更。

（3）结合 ICT（信息通信技术）的预期发展来定义 R&D（研究与开发）目标，旨在实现运营的全球优化，减少环境足迹的资源消耗。

2）关键技术

（1）物联网。

（2）大数据技术。

（3）信息物理系统。

（4）实时传感和联网。

（5）知识管理。

（6）钢铁制造业的"智能服务"。

（7）云计算。

2．欧洲氢能炼钢减排的技术路线

1）欧盟钢铁生产路线和减排前景

德国冶金技术协会钢铁研究所发布的一份欧洲钢铁研究报告指出，截至 2018 年年初，欧盟 28 国（当时英国尚未脱欧）主要有 2 条钢铁生产路线：高炉 / 碱性氧气炉（BF/BOF）路线和电弧炉（EAF）路线 [1]，如图 12.15 所示。高炉 / 碱性氧气炉路线以铁矿石为原材料，以碳为还原剂，并在过程中添加废钢来炼制钢铁。电弧炉路线则基于废钢和电能，利用电弧的热效应加热炉料进行炼钢。2016 年，欧盟 28 国的粗钢产量为 162 百万吨，其中 60.2% 为高炉 / 碱性氧气路线，39.2% 为电弧炉路线。

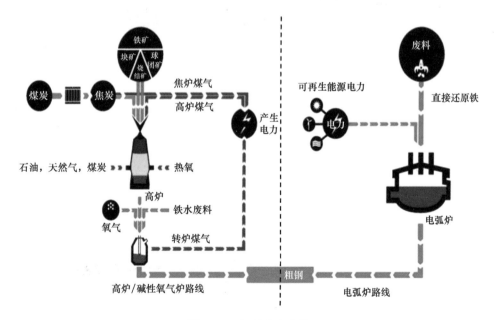

图 12.15　钢铁生产路线

[1] Domenico Rossetti di Valdalbero. European steel - The wind of change [EB/OL]. [2018-02]. https://www.researchate. net/publication/325474205.

（1）欧盟钢铁行业资源利用效率。

钢铁行业作为一个系统，其重要性大于它包含的单一元素的总和，因此其资源效率是钢铁行业的核心（见图 12.16）。欧盟的钢铁行业主要通过技术开发来提高资源效率，在每个过程、流程链及产品上做优化和创新。例如，在钢铁生产过程中通过工艺的优化和回收使用废钢来节约资源。矿渣可以用作建筑材料和水泥。对于其他副产品和耦合产品，可做进一步的工艺气体和能源回收。在钢铁应用领域，优化钢/新钢种会进一步减少排放。废弃钢通过回收利用重新进入钢铁的生产流程，从而构成一个完整的钢铁行业循环。与此同时，欧盟钢铁行业注重改进过程控制，包括建立动态过程模型、基于计算机的控制、建立数字化过程等。

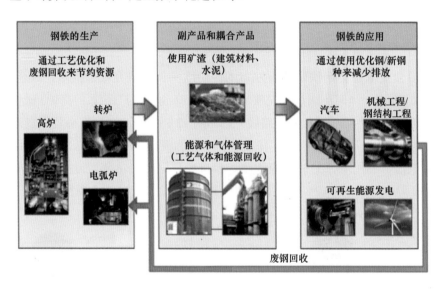

图 12.16　资源效率是欧盟钢铁行业的核心

欧盟钢铁行业通过技术的优化和创新，实现了很高的资源效率（见图 12.17）。但

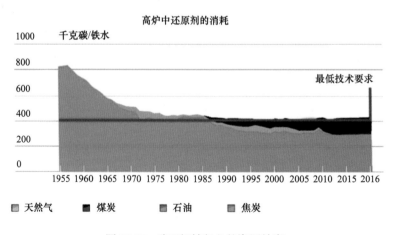

图 12.17　欧盟钢铁行业的资源效率

是值得注意的是，随着技术的进步，当前高炉练钢的流程已经接近热力学极限，其产生的二氧化碳已经降低到了技术最小值。因此，能源效率的进一步提高和二氧化碳排放的减少需要突破性技术。

（2）钢铁行业未来能源需求影响因素主要来自能源和气候政策、全球低碳发展目标、市场发展情况、原材料和能源供应水平、技术研发趋势等多方面。

2）欧盟钢铁行业减排技术路线

欧盟 28 国探讨了钢铁行业减少碳排放的技术路线，其中包括循环经济、智能用碳（SCU）技术及避免直接碳排放（CDA）技术。循环经济旨在加强钢铁及其副产品的回收利用，提高资源利用效率。

智能用碳技术包括生产过程与碳捕集与封存（CCS）技术、碳捕集与利用（CCU）技术的结合。

避免直接碳排放技术则是在炼钢过程中使用可再生能源电力生产的氢气代替高炉中的焦炭，即直接还原过程。

降低钢铁部分二氧化碳排放的技术途径如图 12.18 所示。

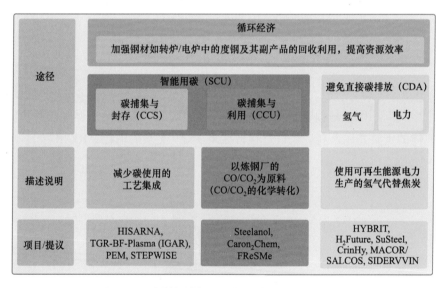

图 12.18　降低钢铁部分二氧化碳排放的技术途径

碳捕集与封存技术指的是将二氧化碳收集起来，输送到封存地点，避免直接排放到大气中。

碳捕集与利用技术则是利用分离出的二氧化碳制造有用的产品。现在 CCU 技术包括将二氧化碳用于碳酸饮料制作，利用二氧化碳生产肥料，制造干冰及灭火器等。但这些 CCU 技术只是暂时避免了二氧化碳的排放，并不能根本缓解气候变化。

（1）HIsarna 项目。

HIsarna 项目是基于生产过程加入碳捕集与封存环节设立的，该项目采用的是一种工艺流程集成化技术，富有创新性的炼钢技术可以直接从铁矿粉与煤炭粉中生产铁水，从而不受焦炭的制造与矿石的集聚的限制。该项目可使用非焦煤和较低质量的铁矿粉，HIsarna 项目技术路线如图 12.19 所示。

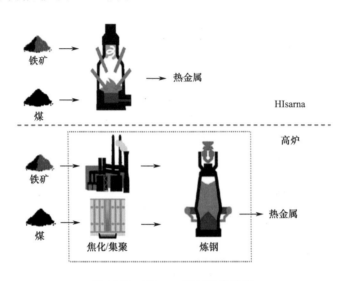

图 12.19　HIsarna 项目技术路线

（2）IGAR 项目。

IGAR 项目使用钢铁厂内部产生的气体，使用等离子炬和反应器加热和重整气体，钢铁厂气体的重整并注入高炉风口过程旨在减少煤 / 焦炭的消耗。IGAR 项目示意图如图 12.20 所示。

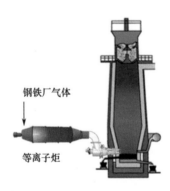

图 12.20　IGAR 项目示意图

（3）碳捕集与利用。

碳捕集与利用过程需要氢气和由可再生能源产生的电力，炼钢厂气体中的一氧化碳或二氧化碳作为化学工业的原料生产燃料、肥料和其他有价值的产品，如图 12.21

所示。碳捕集与利用过程体现了钢铁部门与化学部门、电力部门和氢气供应商的良好共生关系。欧盟钢铁行业减排技术路线中碳捕集与利用涉及项目包括 Steelanol、Carbon2Chem、FreSME。

图 12.21 碳捕集与利用

（4）氢基直接还原。

氢基直接还原技术在基础炼钢中使用氢气代替焦炭，且需要使用绿氢（由再生能源发电通过水电解产生的氢气），如图 12.22 所示。鉴于目前使用绿氢的经济性较差，可选择一个折中的方案：使用天然气，直到有足够的无碳电力可用，此举体现了钢铁行业与电力行业和氢气供应商的良好共生关系。欧盟钢铁行业减排技术路线中氢基直接还原涉及项目包括 MACOR / SALCOS、HYBRIT、H_2Steel（H_2Future、SuSteel）。

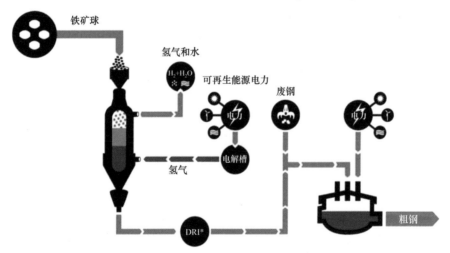

图 12.22 氢基直接还原

（5）SIDERWIN 项目。

SIDERWIN 项目是"地平线 2020"计划和 SPIRE 倡议下的欧洲项目，基于完全电力化的钢铁生产路线，用电直接替代碳以减少铁矿石的使用，如图 12.23 所示。SIDERWIN 项目涉及的技术包括矿石提纯、碱性电解池和电炉熔化。同样，该项目需要无碳电力，这也体现了钢铁行业与电力行业的良好共生关系。

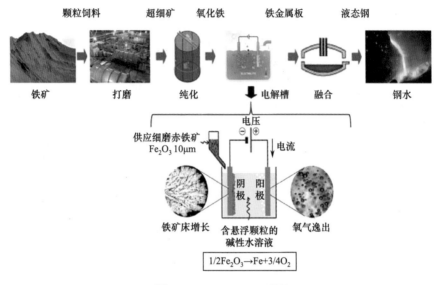

图 12.23　SIDERWIN 项目

（6）碳捕集与封存。

碳捕集与封存可与不同的技术结合使用，这甚至将增加该行业的二氧化碳减排潜力，但碳捕集与封存仍需要具有可行性并获得社会的认可。碳捕集与封存如图 12.24 所示。

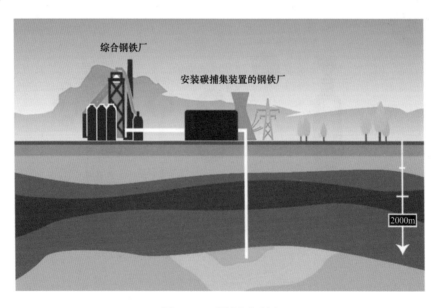

图 12.24　碳捕集与封存

3. 欧洲钢铁低碳技术路线图 2050

欧盟的最终目标是：相较 1990 年的排放值，2050 年实现温室气体减排 80%～90%[1]。欧盟各行业的减排计划如表 12.8 所示。

表 12.8 欧盟各行业的减排计划

行业	到 2030 年	到 2050 年
电力	34%～40%	93%～99%
住宅与服务业	37%～53%	88%～91%
工业	34%～40%	83%～87%
农业	36%～37%	42%～49%

欧洲钢铁低碳技术路线图 2050 能够推动欧洲钢铁行业二氧化碳减排进程的措施主要包括：

（1）未来将提高废钢的利用率，并且会提升第二类炼钢法［电弧炉冶炼废钢、铸铁、PRI（HBI）等含铁料工艺］的比重，对钢铁行业二氧化碳的减排做出贡献。

（2）持续的电力部门碳减排将会对二氧化碳的排放做出重要贡献，同时会使伴随着第二类炼钢法［电弧炉冶炼废钢、铸铁、PRI（HBI）等含铁料工艺］的应用增加。

（3）增量技术在一个相对适中的程度可以为减排做出贡献，尤其是在高炉－转炉（BF-BoF）工艺条件下。

（4）实现更高要求的二氧化碳减排目标，需要在第一类炼钢法（将铁矿石还原成粗钢的工艺包括高炉－转炉工艺、熔融还原和直接还原工艺）方面进行技术改进，如借助直接还原或改造现有的高炉，进行炉顶煤气回收；BF-TGR 改造相对于 DRI-EAF 工艺而言，在经济上更为可行。

（5）将上述技术与碳捕集与封存技术相结合，可以使钢铁行业单位碳排放量进一步降低，与 2010 年相比，到 2050 年将减少约 60%。

4. 欧洲钢铁低碳技术路线图：通向碳中和的欧洲钢铁行业的途径

欧洲钢铁低碳技术路线图在欧洲钢铁行业的低碳转型中取得了成功。该路线图中列出了一些关键要素，这些要素将使欧洲钢铁行业的低碳化或碳中和成为可能[2]：

（1）通过适当的新技术途径，到 2050 年，欧洲钢铁行业可以在 80%～90% 的范围内实现碳减排。

[1] European Commission. The European Steel Association. A steel roadmap for a low carbon Europe 2050 [EB/OL]. [2011-03-08]. https://www.eurofer.eu/.

[2] The European Steel Association. Low Carbon Roadmap Pathways to a CO_2 neutral European Steel Industry [EB/OL]. [2019-11-01]. https://www.eurofer.eu/.

（2）由于使用新技术和更多新能源带来的成本增加，到2050年，每吨钢的总生产成本将上升35%～100%。

（3）到2050年，额外的能源需求将约为400TW·h的无二氧化碳电力，约为该行业目前购买量的7倍。

12.3.1.3 国际能源署

钢铁生产的能源消耗占工业能源消耗的约五分之一，钢铁生产的工业排放物占所有工业排放物的约四分之一，如图12.25所示。

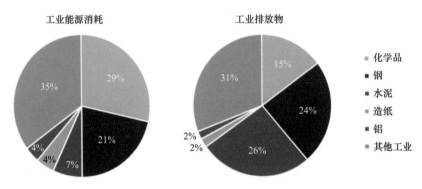

注：数据为2017年估计数，工业排放包括工艺排放。

图12.25 全球工业能源消耗及工业排放物结构

1. 钢铁可持续生产的扶持战略[1]

钢铁可持续生产的扶持战略如图12.26所示，其中可持续转型的目标是：环境可持续性、能源安全、成本最低的过渡路径、钢铁和其他行业之间的协同效应。

2. 探索可替代的低二氧化碳钢技术

常见的低二氧化碳钢技术及应用实例如图12.27和图12.28所示，主要的低二氧化碳钢技术可以分为以下几种。

（1）升级减少冶炼：通过纯氧操作，最大限度地提高废气中的二氧化碳含量，促进二氧化碳的捕集。

（2）氧高炉和炉顶煤气回收：通过用氧气代替高炉内的空气并回收炉顶煤气，提高炉顶煤气的二氧化碳含量，降低焦炭的需求量。

---

[1] JEAN T G. A Steel Roadmap for a Low Carbon Europe 2050[EB/OL]. [2013-10-07]. https://iea.blob.core.windows.net/assets/imports/events/205/NEWSteelRoadmappresentation_IEA_20131007.pdf.

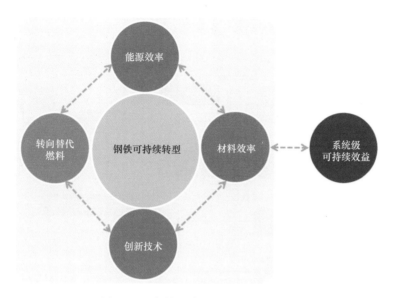

图 12.26 钢铁可持续生产的扶持战略

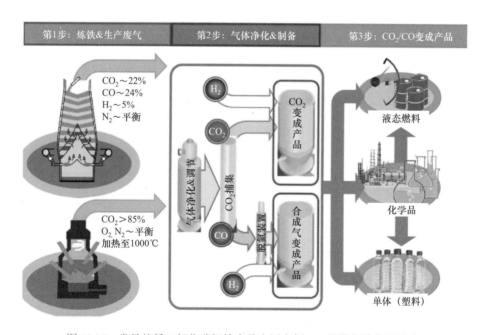

图 12.27 常见的低二氧化碳钢技术及应用实例——塔塔钢铁车间示意

（3）升级的直接还原炼铁工艺（基于天然气）：在二氧化碳捕集后利用井内废气作为还原剂。

（4）焦炉煤气重整：通过重整焦油，提高焦炉煤气中的氢气浓度，降低净能源消耗。焦炉煤气中的氢气通过与氧高炉的结合，可以增加二氧化碳的捕集。

（5）可再生电力制氢用于直接还原炼铁生产。

（6）直接用电减少了对铁矿石再生发电的依赖。

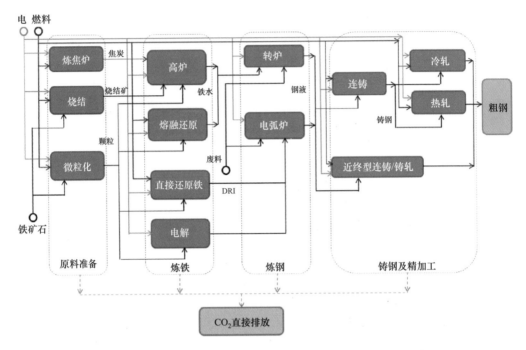

图 12.28　常见的低二氧化碳钢技术及应用实例——核心钢铁模型结构

12.3.1.4　世界钢铁协会

1. 减缓气候变化

1）二氧化碳突破性技术开发情况

钢铁行业及钢铁产品都是气候变化解决方案中不可或缺的组成部分，为使二氧化碳减排水平达到《巴黎协定》制定的目标，钢铁生产企业仍需开发新的突破性减排技术。

为了大幅减少钢铁生产过程中二氧化碳的整体排放量，突破性技术的开发至关重要。目前，数个有发展前景的项目正在世界各地开展。有些项目还处于早期研发阶段，但也有些项目已经进入试点或示范阶段。这些项目所采用的方法不同，但目标一致，可汇总成如下几类[1]，如图 12.29 所示。

- 氢还原技术：采用氢气替代焦炭作为还原气体来还原铁矿石，由此产生排放的是水而不是二氧化碳。
- 碳捕集与封存：产生的干净、浓缩的二氧化碳气流可以被捕集与封存。这个工

---

[1] 世界钢铁协会. 通过技术转让和研究应对气候变化 [EB/OL]. [2019-06]. https://www.worldsteel.org/.

艺过程包括利用碳捕集技术对钢厂进行改造，发展运输网络及进入储存地点的通道。对于钢铁行业而言，碳捕集与封存技术尚未成熟，该技术的最终实施将需要政府和公众的支持。

- 碳捕集与利用：利用现有工艺产生的共生产品的气体成分作为化学工业生产的燃料或原料。
- 生物质作为还原剂：可部分利用生物质替代煤炭，如木炭。
- 电解技术：利用电力来还原铁矿石。

图 12.29　实现炼钢脱碳的 3 类低碳生产技术

2）"能效升级"项目：提高能源效率

在开发突破性技术的同时，占全球粗钢产量 80% 以上的世界钢铁协会会员，一直积极寻求各种解决办法以提高能源效率及优化产品设计。2019 年，为推进上述目标的进一步实施，世界钢铁协会会员同意启动名为"能效升级"的行业级改进项目，鼓励和协助全体会员达到钢铁行业领先企业的能源效率水平。该项目涵盖原料、能源输入、工艺收得率及设备维护多个流程，通过改进流程可使钢厂的能源效率达到钢铁行业领先企业的效率水平。

根据优秀企业的先进做法，世界钢铁协会制定了"四步走"的审核流程，如图 12.30 所示，利用以下 4 个关键性指标，供所有厂区经营者参照执行。

（1）原料优化选采与使用：铁矿石与炼焦煤的品位对于能源强度和二氧化碳排放具有直接影响。通过从源头选矿和选煤、改用低碳或含氢燃料及增加碱性氧气转炉的废钢利用率等措施，将显著提高生产效率。

（2）提高能源效率，减少废弃物：提高能源效率是改善资源利用效率的关键，这里列举几个经过测试和证明有效的改进措施，如从固体和气体流中回收热量或能源、干熄焦、热电联产机组、节电措施（旨在自给自足）等。

（3）提高工艺收得率：工艺收得率的提高将使钢铁生产过程中的产量增加，并降低能源强度和原料的使用量。

（4）提高工艺可靠性：加强钢厂的设备维护，确保设备运行可靠性，以减少质量和工艺时间损失，从而降低每吨钢材的能耗。

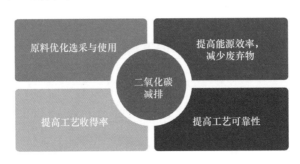

图 12.30　提高能源效率的"四步走"审核流程

2．智能制造（Smart Manufacturing）

智能制造不单是指智能化的生产线，而是指在全供应链上，无论是从横向还是纵向来看，利用原料、制造及销售产品的方式都发生了革命性的转变——以顾客的需求为中心。

这一转变不仅仅是一个生产环节上的改变，还涉及供应链上多方之间的信任和数据安全问题。钢铁行业应对这一趋势有态度积极的实例，尤其是在业务单元的垂直整合上，其将智能工厂各生产环节连接在一起，下面是几个例子。

1）物流

（1）通过 GPS、RFID、LiFi 实时跟踪供应链和订单（室内和室外准确定位）。

（2）在制品、易耗品及库存的动态管理。

2）产品质量系统

（1）为当地工艺控制进行材料及表面特征模型化，以优化产品质量。

（2）通过利用计算机辅助质量控制系统对热轧钢卷进行 100% 测试、检查及仓储数据管理，以减少因索赔及潜在质量问题而增加的额外成本。

（3）在产品线上对钢卷进行改道生产及智能升级，以更好地符合用户的订单需求，减少退货并提高工艺收得率。

（4）对钢卷单元的加工数据做运营研究（大数据分析），了解瑕疵及工艺效率。

（5）在轧钢及精整作业线通过人工智能（BIOMIMIC+ 并行处理）了解工艺参数，

并实时进行动态生产线计划调整。

3）预见性的维护

（1）通过故障预先报警开展预见性的设备维护，延长设备的运行时间。

（2）通过使用智能眼镜，维护团队可以进行远程维护。

4）工艺控制和安全生产

（1）利用声波、激光和雷达可视化动态实时分析和控制高炉工艺参数。

（2）传感器探测有害的杂散气体、噪声和温度，并通知操作人员有哪些威胁。

（3）从加料到出钢，对转炉进行先进、全面的自动化控制。

（4）通过设备互联平台，工艺专家可以查看每个高炉设备的实时情况并与其他人员相互协作。

（5）使用无人驾驶飞机技术检查人难以到达的区域，调查和规划采矿作业。

12.3.1.5 钢铁行业对德国"工业 4.0"的解读：钢铁 4.0

在智能制造体系方面，德国提出了工业 4.0 参考架构模型 RAMI 4.0。德国工业 4.0 在德国工程院、弗劳恩霍夫协会等德国学术界和产业界的建议和推动下形成，由德国联邦教研部与联邦经济和能源部联合支持，在 2013 年 4 月的汉诺威工业博览会上正式推出并逐步上升为国家战略。其目的是提高德国工业的竞争力，在新一轮工业革命中占领先机。2015 年 3 月，德国正式提出了工业 4.0 参考架构模型（Reference Architecture Model Industrie 4.0，RAMI 4.0）。RAMI 4.0 从全生命周期和价值流、层次结构和类别 3 个维度，分别对工业 4.0 进行多角度的描述[1]，如图 12.31 所示。

第一个维度是信息物理系统的核心功能，以各类别的功能来进行体现。具体来看，资产层是指机器、设备、零部件及人等生产环节的每个单元；集成层是指一些传感器和控制实体等；通信层是指专业的网络架构等；信息层是指对数据的处理与分析过程；功能层是指企业运营管理的集成化平台；业务层是指各类商业模式、业务流程、任务下发等，体现的是制造企业的各类业务活动。

第二个维度是层次结构，是在 IEC 62264 企业系统层级架构的标准基础之上（该标准基于 ISA-95 模型，界定了企业控制系统、管理系统等各层级的集成化标准），补充了产品的内容，并由个体工厂拓展至"互联世界"，从而体现工业 4.0 针对产品服务和企业协同的要求。

第三个维度是全生命周期和价值流。第三个维度基于 IEC 62890 生命周期管理标准，描述了以零部件、机器和工厂为典型代表的工业要素从虚拟原型到实物的全过程。

---

[1] Harald Peters. Application of Industry 4.0 concepts at steel production from an applied research perspective [EB/OL]. [2016-08-31]. https://tc.ifac-control.org/6/2/files/symposia/vienna-2016/mmm2016_keynotes_peters.

具体体现为 3 个方面：一是将上述全过程划分为模拟原型和实物制造两个阶段。二是突出零部件、机器和工厂等各类工业生产部分都要有虚拟和现实两个过程，体现了全要素"数字孪生"特征。三是在价值链构建过程中，工业生产要素之间依托数字系统紧密联系，实现工业生产环节的链接。

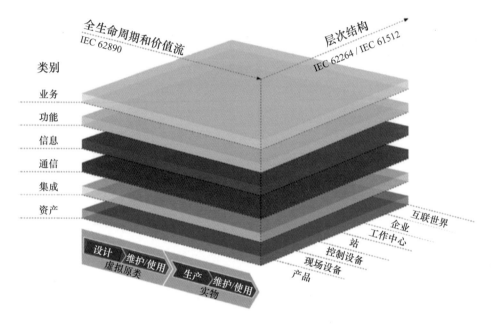

图 12.31　德国 RAMI 4.0 的 3 个维度

目前公布的 RAMI 4.0 已经覆盖有关工业网络通信、信息数据、价值链、企业分层等领域。对现有标准的采用将有助于提升参考架构的通用性，从而能够更广泛地指导不同行业企业开展工业 4.0 实践。

1.　钢铁行业对"工业 4.0"的解读：钢铁 4.0

钢铁 4.0 要求钢铁企业利用大数据技术来模拟学习，实现过程自动控制、智能工厂监控和在线决策，如图 12.32 所示。

钢铁 4.0 要求钢铁行业从横向整合上下游行业的数据，从原料、制造、运输、交易到制造产品，上下游行业的所有数据都整合到一个系统中，从而支撑钢铁工厂的整个流程的工作，如图 12.33 所示。

端到端就是围绕产品全生命周期，流程从一个端头（点）到另外一个端头（点），中间是连贯的，不会出现局部流程、片段流程，没有断点。从企业层面来看，ERP 系统、PDM 系统、组织、设备、生产线、供应商、经销商、用户、产品使用现场等围绕整个产品生命周期的价值链上的管理和服务都是整个 CPS 网络需要连接的端头。端到端工程如图 12.34 和图 12.35 所示。

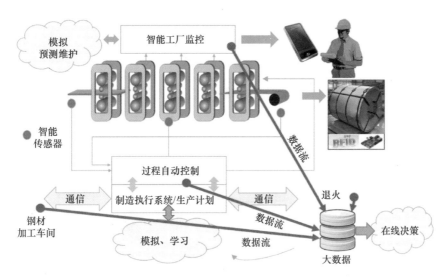

图 12.32　钢铁工业中的 CPS

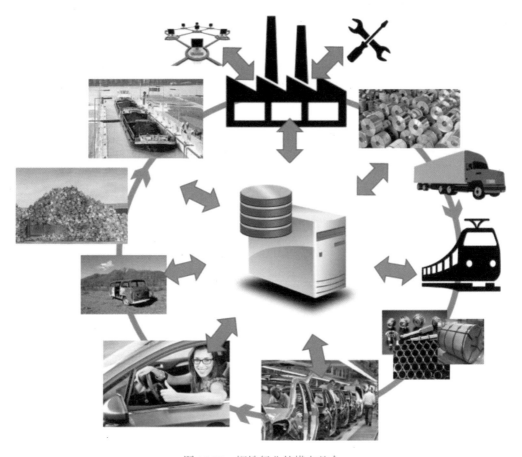

图 12.33　钢铁行业的横向整合

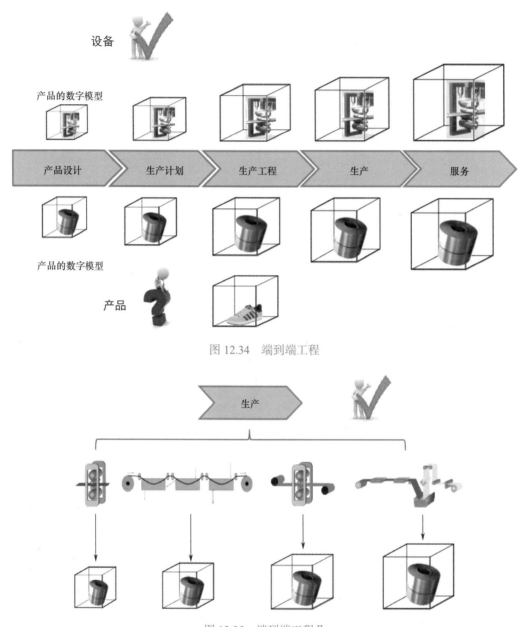

图 12.34　端到端工程

图 12.35　端到端工程 II

　　充分挖掘和利用钢铁行业的大数据也是实现钢铁 4.0 的一个要求。例如，可以利用产品表面检查数据等，通过计算机系统对产品缺陷、工艺参数实现自动修正。

　　2. 必要的前提条件

　　要实现钢铁 4.0，首先必须做到对产品进行标识，用 RFID、二维码等技术，对产品进行独特身份的标识，实现物理位置定位、制造流程工序定位、实时追踪等功能。钢铁行业的大数据 / 智能数据如图 12.36 所示。

大数据分析

图 12.36　钢铁行业的大数据 / 智能数据

注：Surface inspection data：表面检查数据。

　　为了达到对产品进行标识的目的，必须开发和大规模推广智能传感器的使用，如声音、温度、电流传感器等。

　　流程链中的语义建模技术也是实现钢铁 4.0 的关键技术，通过在位置、地址、生产现场、测量方法、储存方式等语义词之间加入语义关联，来反映流程链中各工艺之间的关系。

3. 全过程自动化和优化

　　钢铁 4.0 的另一个重要特征就是全过程的自动化和优化，通过监控时间和温度，在线观测温度变化，实现对温度损失和温度增益的预测，从而对生产流程中各工序实现自动优化调整（见图 12.37）。

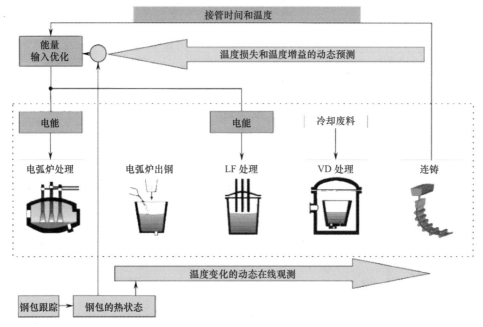

图 12.37　全过程温度控制

通过对热连轧机、选择性冷却装置、卷取机、快速盘管冷却系统、展卷机等的智能控制实现材料性能的全程控制（见图 12.38）。

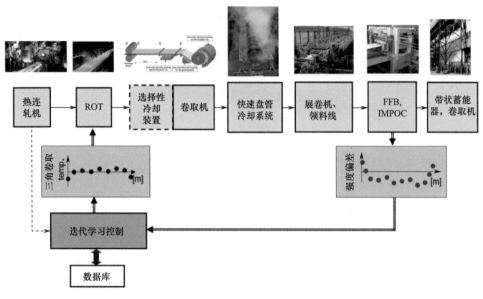

图 12.38　材料性能的全程控制

收集质量数据、过程数据，对比质量标准，实现自动质量控制。收集客户申请订单信息，自动安排生产计划（见图 12.39）。

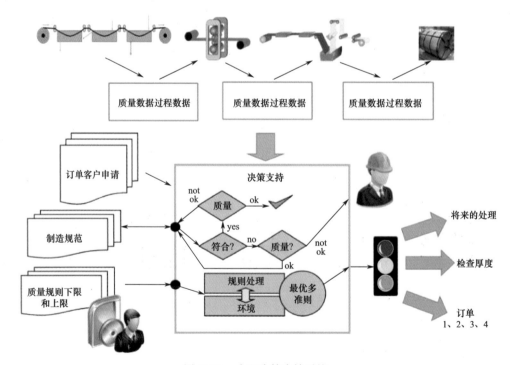

图 12.39　全程决策支持系统

4. 密集的数据使用 / 数据开发

利用 SQL、Oracle 等数据库语言技术，通过分析厚度、平整度、速度、温度、涂层、带钢张力、宽度、速度，基于不同事件的表面缺陷、内部缺陷及手册数据来提供技术解决方案（见图 12.40）。

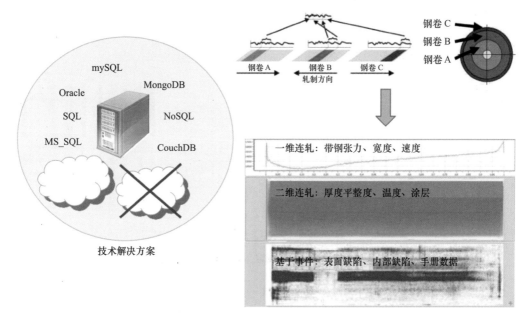

图 12.40　数据存储 / 处理

不同类型的数据，可以在 CPS 中发挥的作用也不一样，通过将现有流程中的任意数据与数据库中的数据快速匹配搜索，可以知道以前发生过类似流程；通过数据挖掘可以知道产生缺陷的原因；通过数据预测分析，可以对产品的质量进行预测和控制。

根据密集数据绘制的曲线，也能通过搜索匹配，与过去生产过程中出现的曲线进行相似性对比，从而用这种大数据集的多维快速搜索来发现相似的流程（见图 12.41）。

通常这些密集数据来源于流程中的所有生产及测试数据，可以用于表面缺陷和材料谱系校正（见图 12.42）。

5. 自组织

通过不同代理协同分析处理数据，连接公司的不同生产地点的板坯堆场、卷料场、热连轧机、转底炉，实现自组织生产作业（相关案例见图 12.43）。

软件代理可以自组织对产品没达到质量标准的原因进行分析，对产品质量进行预测，并且可以在虚拟市场上提出自己的需求，并对标卖家产品性能，进行谈判购买。

自组织生产也是钢铁 4.0 的一个特征。例如，生产线通过扫描二维码，选择对应带有处理时间的时间戳的坯料，通过温度模拟，设置恰当温度，进行酸洗线酸洗（见图 12.44）。

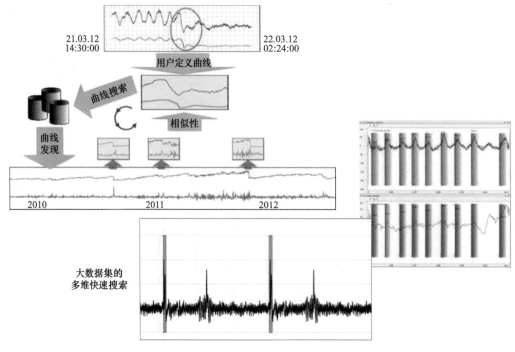

图 12.41　大数据集：识别过程情况

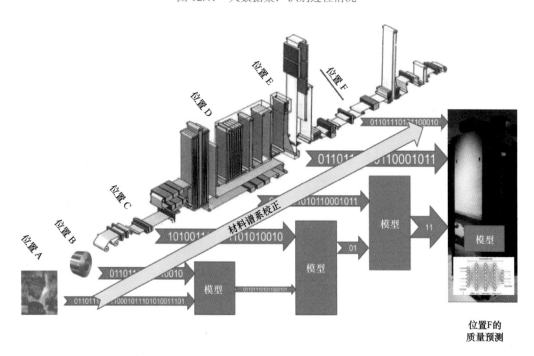

图 12.42　流技术带来的大数据

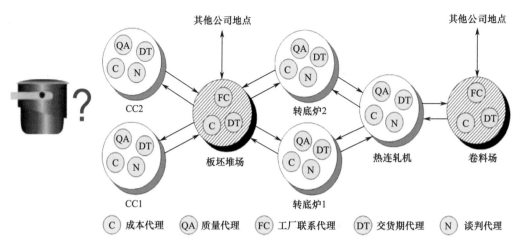

图 12.43　分散式生产计划

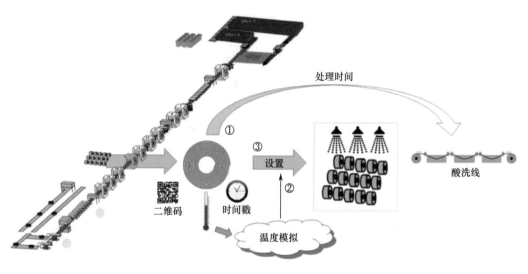

图 12.44　自组织生产

12.3.1.6　清洁钢铁伙伴路线图

清洁钢铁伙伴路线图是根据欧盟的目标和政策制定的，以在 2050 年前实现气候中和－欧洲绿色协议、全民清洁星球战略和《巴黎协定》的要求。因此，它将为应对气候变化做出贡献，并在 2050 年之前实现气候中和，实现无毒环境零污染的宏伟目标，以及使用数字技术作为推动力和新形式的协作的循环经济。钢铁制造商致力于减少排放，从而为实现欧盟气候目标做出贡献。

清洁钢铁伙伴关系培育了长期愿景，支持欧洲领导者将钢铁行业转变为气候中和行业。与 1990 年的水平相比，钢铁行业已为减少二氧化碳排放设定了以下愿景：开发到 2030 年将钢铁生产的二氧化碳排放量减少 50% 的技术；开发可部署的技术，到 2050 年可减少 80% ～ 95% 的二氧化碳排放，最终实现气候中和。

钢铁行业到目前为止所做的脱碳努力还需要加强，并通过新的清洁钢铁研发和创新（Research, Development and Innovation，R&D&I）战略将其目前的进展整合到一个统一而连贯的框架中。支持实现清洁钢铁伙伴关系目标的 R&D&I 活动可以分为两个不同的层次 [1]：

（1）6 个领域的干预措施，包括不同的技术途径（及其组合），以实现欧盟钢铁行业的脱碳，氢气和 / 或电力将被考虑在炼钢中取代化石碳。如果使用化石碳，二氧化碳排放将被捕集和处理，以供利用或储存。此外，还将探索更高水平的循环性，如重点关注钢铁的回收、残渣的使用或回收，以及资源效率。

（2）12 个技术组成部分，可以单独参与相关领域，也可以联合起来提高钢铁生产的二氧化碳减排水平。

清洁钢铁伙伴关系提出了一个三步 R&D&I 的方法，以加速钢铁行业的碳减排：

（1）第一阶段的目标是开展"立即"减少二氧化碳机会的项目。

（2）第二阶段的重点是那些可能不会立即在现有基础上实施但是可以快速向改进的方向发展的项目。

（3）第三阶段着眼于那些可以通过突破性技术发展"变革"钢铁行业，并需要对新工艺进行大量资本投资的项目。

清洁钢铁伙伴关系的目标和影响与"地平线欧洲"计划的目标一致，并将在不同领域产生一系列成果：

- 减少二氧化碳排放。与 1990 年的水平相比，到 2030 年，钢铁行业将能够开发、升级和推出新技术，这些技术可以将欧盟钢铁生产的二氧化碳排放量减少 50%。
- 工业和欧盟竞争力。对脱碳技术部署的支持将使欧盟在钢铁行业保持全球领先地位，并加强其基于知识的竞争优势。
- 资源效率。清洁钢铁伙伴关系能够促进废钢和副产品应用方面的技术进步，从而更好、更广泛地利用这些资源。
- 工作和技能。清洁钢铁伙伴关系将支持保留钢铁制造价值链中的高质量工作岗位。

清洁钢铁伙伴计划目标树如图 12.45 所示，直观地表示了不同目标级别之间的联系。

---

[1] European Commission. Clean Steel Partnership Roadmap [EB/OL]. [2020-07-05]. https://www.estep.eu/assets/Uploads/ec-rtd-he-partnerships-for-clean-steel-low-carbon-steelmaking.pdf.

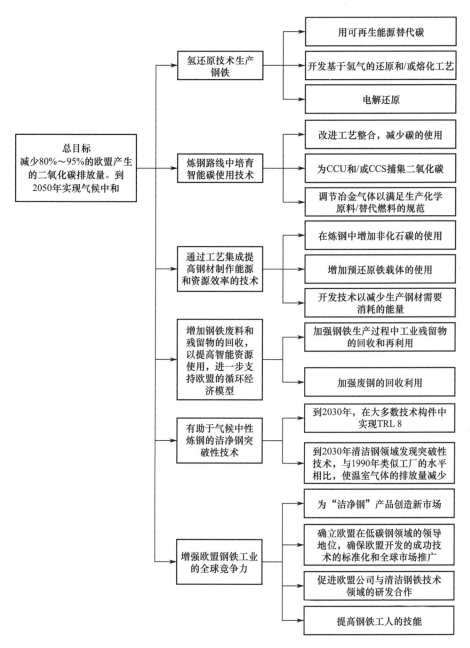

图 12.45 清洁钢铁伙伴计划目标树

12.3.2 国内钢铁技术路线图

钢铁行业是我国的支柱产业之一，中国钢铁工业碳排放量占全国碳排放总量的 15% 左右，是我国碳排放量最高的制造业行业。据不完全统计，采用高炉工艺生产吨钢的二氧化碳排放量为 2.5 吨，采用转炉工艺生产吨钢的二氧化碳排放量为 2.2 吨左

583

右，采用电炉工艺生产吨钢的二氧化碳排放量也达到 0.5 吨。

因此，中国迫切需要加速推进钢铁等重点行业以低的资源能源消耗和环境生态负荷，以高的流程效率和劳动生产率向社会提供足够数量且质量优良的高性能钢铁产品，满足社会发展、国家安全、人民生活的需求。

12.3.2.1　面向新一代智能制造的人 – 信息系统 – 物理系统（HCPS）

HCPS 基本单元是人 – 信息系统 – 物理系统之间实时交互的系统。通过人机交互、数据中心、数字孪生的支撑，形成状态感知 – 实时分析 – 科学决策 – 精准控制的闭环循环和迭代优化，以安全、可靠、高效和实时的方式驱动管控对象，实现既定目标，如图 12.46 所示 [1]。

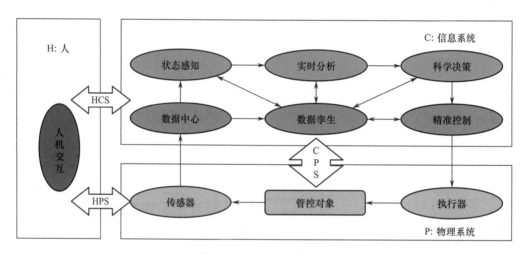

图 12.46　HCPS 基本单元

基于 HCPS 基本单元，考虑物理系统和人的不同层次，以及对应信息系统的不同功能，钢铁工业 HCPS 架构可分为工序级、产线级和企业级，形成多级嵌套结构。

工序级 HCPS 的物理实体为炼铁、炼钢和轧钢等冶金工序，人为操作人员，数字孪生为工程模型，数据中心汇集过程数据，信息系统为控制系统——完成过程预报、工况判断、优化设定和自动控制功能，如图 12.47 所示。

工序级 HCPS 以现有的 PCS、PLC 和基础自动化系统为基础，主要功能是执行系统下达的执行指令，对工艺装备进行精准控制，同时负责数据采集与数据推送、装备间数据交互与通信等功能。HCPS 应具有状态感知能力、控制执行能力、数据计算能力、自主决策能力及数据通信能力。目前，钢铁企业已广泛应用不同类型的 PCS 和 PLC 系统，实现了底层的自动化控制，但是缺乏自主感知、自主优化和自主控制能力。各工序中经过工业验证后的数字孪生模型可以嵌入 HCPS 中，提升自学习、自适

---

[1] 中国金属学会智能制造标准化技术委员会, 钢铁工业智能制造体系架构白皮书（2019 版）。

应、自决策、自控制能力。

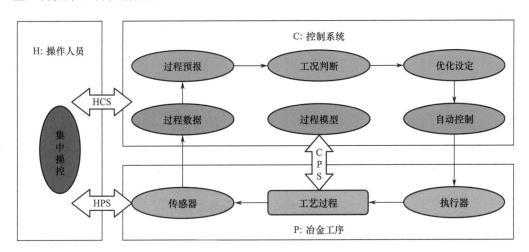

图 12.47 工序级 HCPS

产线级 HCPS 的物理实体为炼铁、炼钢和轧钢组合的长流程，以及炼钢和轧钢组合的短流程，人为生产指挥人员，数字孪生为流程仿真，数据中心汇集全产线数据，信息虚体为执行系统——完成生产监控、生产判断、计划优化和动态调度，如图12.48所示。

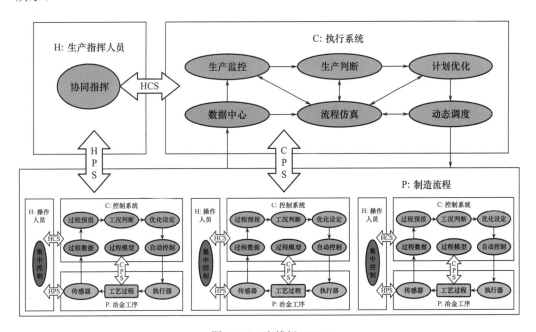

图 12.48 产线级 HCPS

产线级 HCPS 在现有 MES 和 PCS 的基础上，通过内部的宽带高速互联网、现场总线、无线网络，实现不同工序间生产计划、工艺数据、质量数据、检测数据、物料数据、装备数据、能源需求数据的互联互通，实现点到点的数据集成。建立全流程数字化制造系统，通过钢铁智能制造过程的数字孪生模型，实现信息空间与物理空间的整体协同与优化。数字化制造系统通过数据挖掘技术与人工智能方法，建立各工序精准的数字孪生模型，实现生产计划、产品质量、生产成本、产线绩效的在线协同优化。

企业级 HCPS 的物理实体为由供应商、多生产基地（产线）和用户构成的供应链（或价值链），人为经营管理人员，数字孪生为市场模拟，数据中心汇集全供应链数据，信息虚体为经营管理系统——完成市场信息收集、市场态势研判、供应链协同优化和企业资源配置功能，如图 12.49 所示。

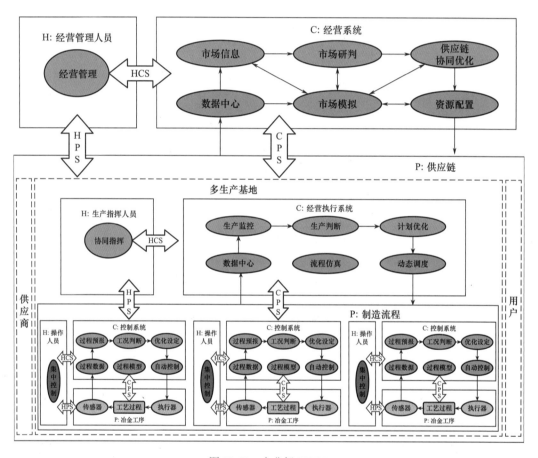

图 12.49　企业级 HCPS

企业级 HCPS 围绕产品全生命周期的核心信息和数据，通过数据集成与融合平台，运用大数据分析技术，为企业在运管过程的精益决策提供信息集成和决策支持。通过数据挖掘与决策支持平台，实现制造过程中战略发展规划、市场需求分析、经营决策分析、企业资源规划、产品研发计划、产品质量管理、客户关系管理、供应链管理等环节的协同优化，实现产品与服务过程的全要素、全价值链、全流程、全生命周期的整体协同与优化。

将上述各级 HCPS 进行综合集成，可得到钢铁工业智能制造 HCPS 架构，由物理系统、信息系统、数据中心、数字孪生和人机交互 5 个部分构成，如图 12.50 所示。

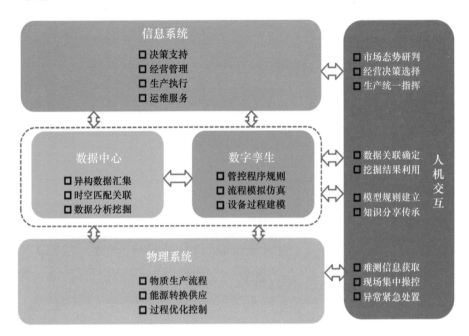

图 12.50　钢铁工业智能制造 HCPS 架构

其中，物理系统对应产线级 HCPS 的物理实体，是钢铁工业智能制造 HCPS 的根基。信息系统对应产线级 HCPS 的执行系统和企业级 HCPS 的经营系统，是钢铁工业智能制造 HCPS 的灵魂。数据中心是工序级 HCPS、产线级 HCPS 和企业级 HCPS 数据中心的集成，是实现人－信息系统－物理系统信息交互的纽带。数字孪生是工序级 HCPS 过程模型、产线级 HCPS 流程仿真和企业级 HCPS 市场模拟的集成，是钢铁工业智能制造 HCPS 的核心。人机交互是各类人员发挥主观能动性的主要形式，人员包括工序级 HCPS 操作人员、产线级 HCPS 生产指挥人员和企业级 HCPS 经营管理人员。

12.3.2.2　钢铁工业智能制造的集成优化

钢铁工业智能制造的目的，是围绕钢铁流程"钢铁产品制造、能源高效转换、废弃物消纳处理与再资源化"3 个功能，提升"他组织力"，进行结构优化与程序优化，实现全流程动态有序、协同连续运行和多目标整体优化，如图 12.51 所示 [1]。

钢铁工业智能制造的主要内容为物质流网络、能量流网络、信息流网络三网优化及协同运行。

物质流网络优化的方向是动态有序、协同连续，主要内容包括 3 个层次：炼铁、

---

[1] 孙彦广. 钢铁工业智能制造的集成优化 [J]. 科技导报，2018，36(21):30-37.

炼钢、轧钢等各工序优化，炼铁与炼钢、炼钢与连铸、连铸与轧钢之间界面优化，全流程物流网络优化等。

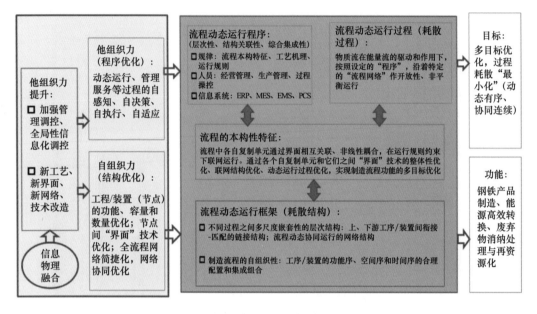

图 12.51   钢铁工业智能化的结构优化和程序优化

能量流网络优化的方向是动态平衡、能质匹配，主要内容包括余热余能高效回收利用、多能源介质之间高效转化、能源管网适当缓冲能力、减少能流网络损耗。

信息流网络优化的方向是自感知、自决策、自执行，主要内容包括在线检测、工业互联、数据集成、数字模型、优化设定和精准控制，实现全流程质量管控、一体化计划调度、物质能量协同优化、多工序优化控制等。

12.3.2.3   宝钢股份智能制造

宝钢股份目前具有宝山、青山、湛江、梅山等制造基地，宝山基地是国际上产品种类和制造规模最大的钢铁制造单元之一。图 12.52 是宝钢股份智能制造分层次示意。

宝钢股份力图通过不断完善检测、控制与决策等计算机系统，开展运营的辅助智能决策模型与系统、制造的智能优化计划、产品的质量大数据监管技术的研制，通过机器人和高度的自动化技术等的实施，实现企业效益不断增加、产品质量稳定、成本不断下降的目的，最终增强企业竞争力。

图 12.53 和图 12.54 分别为宝武集团信息化架构示意和宝钢股份多层架构与部分内容关系示意。

宝钢股份智能制造的根本目的是紧紧围绕企业降本增效。具体实施过程既注重顶层和体系的设计，又重视应用基础技术的自主研发积累，还重视人才培养和现场工程师的转型增能，做到了多方面的平衡发展。宝钢股份智能化工作有以下特征：

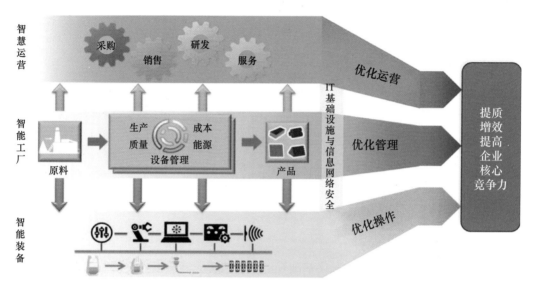

图 12.52　宝钢股份智能制造分层次示意

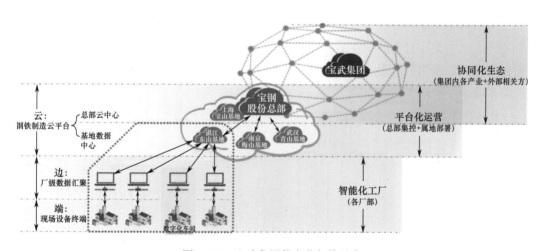

图 12.53　宝武集团信息化架构示意

（1）注重实施新技术对价值和减员增效的引导与评估。

（2）系统和新技术研制要有利于未来一个中心加多个制造基地的模式形成。

（3）注重通过试点来带动面上的实施，以避免走弯路。

（4）坚持自主研发复杂智能优化、工业大数据应用等新技术，以研发先行的模式推进智能化。

（5）宝钢股份各基地自动化、信息化基础不一，落地的项目和技术也会不同，不搞"一刀切"。

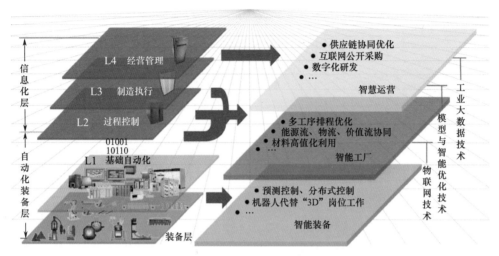

图 12.54　宝钢股份多层架构与部分内容关系示意

（6）宝山基地自动化、信息化基础好，该基地智能制造工作坚持以信息化领域人工智能和大数据应用为优先切入点，数十年来在智能排程、生产平衡、库存优化、质量管理智能技术、供应链协同、工艺参数数字化等多方面取得了较好成果，经济效益和劳动效率方面价值明显。

（7）自主设计对现场工程师的智能化、编程技术、数据建模等技术的培训。自主研发钢铁行业适用的多用户远程数据分析与建模工具系统，为宝钢股份大众创新奠定扎实基础。

图 12.55 为宝钢股份智能制造取得进展或已经开始研发的工作示意。

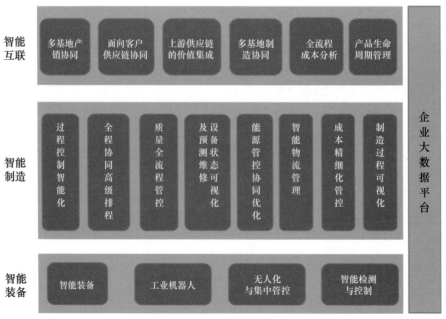

图 12.55　宝钢股份智能制造取得进展或已经开始研发的工作示意

图 12.56 为基础技术层、同类模型层与业务应用层关系示意，宝钢股份在该领域体现了研发先行的布局和一定优势，为智能制造特别是智能决策技术的应用方向选择奠定了较为扎实的基础。毋庸置疑，宝钢股份智能制造还有很多艰巨任务，包括工业大数据系统顶层设计、多基地合同协调优化、预测式制造、复杂物流智能平衡、多基地物流与供应链设计等十分复杂的问题。

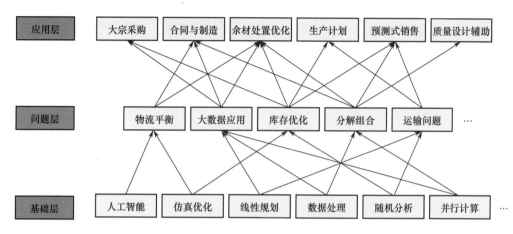

图 12.56　基础技术层、同类模型层与业务应用层关系示意

截至 2020 年，宝山基地已完成的工作成果较多，举两个例子如下：

（1）以 1580 热轧国家示范项目为导向，开展了智能车间的全方位智能制造技术研发。该项目按照"作业无人化、全面在线检测、新一代控制模型、设备状态监控与诊断、产线能效优化、质量一贯管控、一体化协同计划、可视化虚拟工厂"等智能化标准要求，实施了行车无人化改造、智能检测与诊断、感知－控制－决策一体化工艺模型、智能设备、智能节能、热轧尺寸、温度、断面类质量自动判定、磨辊间自动化改造、热轧生产动态排程、可视化仿真平台、数字化工厂等项目。通过智能车间试点示范建设，1580 热轧产线实现了质量工序能耗、内部质量损失分别下降 5.5%、10%，劳动效率提升 11%；同时，突破了一批钢铁智能制造核心共性技术和车间级智能制造实践方法，形成了热轧智能车间标准（框架模型），为钢铁车间级智能制造升级提供了可推广、可复制的经验。

（2）在制造管理领域，以提升柔性制造能力为切入点，就新一代碳钢板材全产线（含炼钢、连铸、热轧、冷轧等）智能排程、库存智能自动处置、质量余材优化系统、原料码头传送自动决策、后加工多级库存协同与生产智能排程等开展了一系列研发和应用工作，取得了巨大的生产效率提升和生产过程的优化，大幅提高了产线的柔性制造能力，大大减少了部分岗位的工作负荷，若干技术初步达到了无人智能决策水平，实现了知识自动化技术在钢铁业的应用。以连铸智能排程为例，中间包利用率明显提升、调宽次数减少、劳动效率提升 10 倍以上。

12.3.2.4　山钢集团日照公司智能制造

山钢集团日照公司钢铁精品基地项目是我国钢铁产业结构调整试点工作的重要组成部分，是山东钢铁集团优化布局、提升档次、转变发展方式的核心工程，其产品定位为高端汽车用钢、家电用钢、建筑用钢、热镀锌产品等。

山钢集团日照公司开展了"管理流程创造暨信息化顶层设计咨询服务"（BPC）项目。按照智能、高效、绿色、高端的理念建设，体现了超前性，具备了主动性。顶层设计中提出了"智能制造梦工厂"总体目标，具体目标包括：订单交货准确度达 96%，产品库存时间缩短为 5 日之内，达到人均年产钢 1650 吨的生产率，一天内解决客户质量方面的投诉等。山钢集团日照公司钢铁精品基地在智能制造的道路上进行了有益的尝试。

山钢集团日照公司信息系统架构借鉴 POSCO ICT 管理流程创造暨信息化项目的顶层设计成果，采用钢铁行业经典的五层架构体系进行构建，分为企业战略层、生产经营层、制造执行层、过程管理层和控制感知层。

1．企业战略层

企业战略层为公司战略服务，其中包含 BI 系统、预算管理系统、待办、移动互联及公司内外部门户网站系统等。其主要职能包括：执行和分解公司战略目标；执行公司制定的年度预算指标；通过大数据仓库、数据分析等手段，为公司决策提供参考和数据支撑；统一待办服务，为公司管控和决策提供系统支持；内外部网站为公司提供企业文化的展示平台和对外交流的窗口。

2．生产经营层

生产经营层是公司物流、信息流和资金流三流合一的集中体现，市场营销为公司生产经营活动提供系统平台。日照公司将市场系统独立出来，并具有行业特色的接单排产功能，解决了长期困扰钢铁企业"厚三薄四"还是"厚四薄三"的问题，真正做到了以销定产。将 ERP 系统进行瘦身，分为采购管理、设备管理、财务管理、人事管理及主数据管理，使 ERP 系统通用、简洁。物流、研发、安全、环境、健康管理及知识管理等专业管理系统，相对独立又互为支撑，共同搭建生产经营管理平台。共赢协同服务平台系统为内部系统向外部系统延伸的窗口，可以实现内外部信息共享和上下游产业的协同。

3．制造执行层

制造执行层以制造执行系统为代表，是公司生产活动的核心信息系统。从 L4 级系统接收生产订单并执行生产计划，下达作业指令到 L2 级系统，日照公司建设了完善的全流程制造执行系统，涵盖公司生产的所有工序。铁钢包智能调度系统（LMS）作为连接铁前制造执行系统及钢后制造执行系统的纽带，实现了高炉至炼钢物流和信息流的无缝衔接。检化验、智慧计量、能源系统作为制造执行系统的有效补充，实现了对生产要素的全方位管理。设备管理系统（PMS）作为 ERP 系统中生产设备全生命周期管理（EAM）模块的支撑系统，可实现对公司重要设备的全生命周期管理。

4．过程管理层

过程管理层主要由专家系统和控制模型组成，集过程控制理论和行业经验于一体，为钢铁制造技术的核心所在。日照公司配备了全流程的模型和专家控制系统，并与制造执行系统紧密结合，是钢铁工业智能制造的主要载体。

5．控制感知层

控制感知层由两个子系统组成，分别是由传统 PLC 及 DCS 组成的 L1 级系统和由传感器及执行机构组成的 L0 级系统，这两个子系统构成了整个钢铁信息化系统的基本神经元。控制感知层是整个系统框架的基石，此层的健壮与否将直接影响整个系统的执行效率和数据准确性。

此外，山钢集团日照公司在 L2 ～ L3 级之间及 L3 以上系统之间构建了以 U-CUBE 和 ESB 为主的数据交换平台，用以实现不同信息系统之间的数据交互，做到统一管理和监控，避免了传统系统架构中网状的数据交互模式，做到统一的数据传输管理和监控，也便于新建系统与已投用系统的快速链接。山钢集团日照公司信息系统框架如图 12.57 所示。

12.4 钢铁冶金信息物理系统及智能化研究应用论文分析

12.4.1 数据来源

Scopus 数据库提供了全球钢铁行业顶级期刊和会议及会议论文的文摘数据，行业顶级期刊包括《材料学报》《钢铁冶炼》《材料科学》《先进材料》《国际钢铁研究》《材料加工技术杂志》《日本金属学会志》等 100 余本；顶级会议包括日本春秋大会、AIST、METAL、EMC、TMS、MST、ICSTI 等在内的不少于 50 个会议。因此，下面在 Scopus 中检索钢铁制造领域相关文献，并利用 VOSviewer 进行聚类热点主题分析。

基于 Scopus 数据库，采用（钢铁制造及冶金相关关键词）AND（物理系统和智能化相关关键词）的策略，通过检索式 TITLE-ABS- KEY(("iron and steel" OR steelmak* OR "steel making" OR "Ladle Metallurgy" OR "Metal Refineries" OR "Metal Refining"

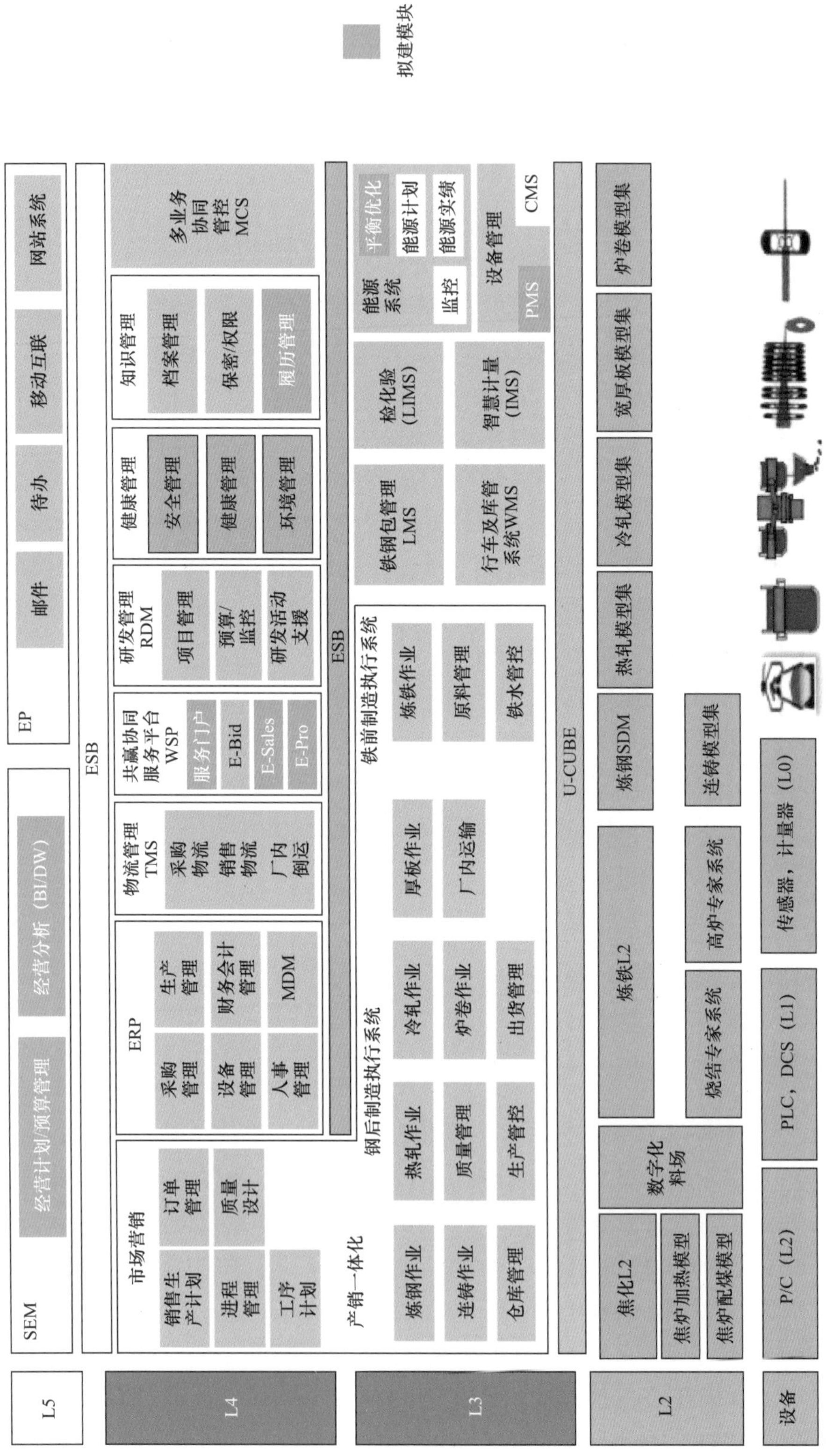

图 12.57　山钢集团日照公司信息系统框架

OR "Continuous Casting" OR "Metal Casting" OR "cast strip" OR "strip cast" OR "strip caster" OR "strip casting" OR (steel* AND (product* OR tapp* OR blow* OR cast* OR manufactur* OR roll* OR metallurg* OR furnace* OR desilici* OR dephosphori* OR desulfur* OR degas* OR converter OR refin* OR ladle OR LF OR RH OR VOD OR AOD OR VD OR slag* OR tundish OR BOF)) OR (("hot metal" OR "molten iron" OR "liquid iron" OR "melted iron") AND (desilici* OR dephosphori* OR desulfur* OR converter OR process OR treatment))) AND (((smart OR intelligen*) W/10 (manufactur* OR plant* OR industr* OR process* OR factory OR factories)) OR (*physical W/3 system*) OR (cyber W/3 system*) OR (digit* W/3 system*))),检索出在钢铁或冶金工业领域中与智能制造相关的文献共 1466 篇。

12.4.2 研究态势分析

基于 Scopus 数据库论文发文量统计,对全球钢铁冶金智能制造领域各年度论文发表情况进行分析,得到全球钢铁冶金智能制造领域各年度发文量情况如图 12.58 所示。可以看出,自 2005 年起,全球相关论文开始呈现波动式上涨态势。

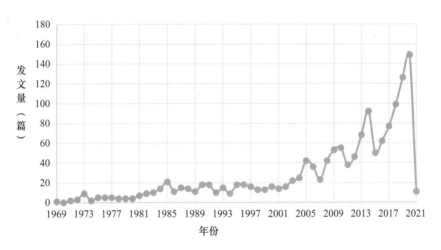

图 12.58 全球钢铁冶金智能制造领域各年度发文量情况

图 12.59 展示了全球钢铁冶金智能制造领域发文量排名前 10 位的国家,可以看出,中国、美国和德国居前 3 位,特别是中国的发文量远远超出其他国家,表明我国对于钢铁冶金智能制造领域的研究在国际上具有一定的地位。

表 12.9 列出了全球钢铁冶金智能制造领域发文量排名前 10 位的机构,前 4 位均为中国的高校或研究机构,且东北大学的发文量远远超过其他机构。另外,国外发文量排名前 10 位的机构均为企业,分别为日本 JFE 钢铁公司、德国西马克集团、英国普锐特冶金技术公司。

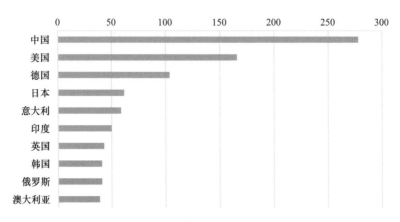

图 12.59　全球钢铁冶金智能制造领域发文量排名前 10 位的国家（篇）

表 12.9　全球钢铁冶金智能制造领域发文量排名前 10 位的机构

机构	发文量（篇）
东北大学	44
北京科技大学	26
中国教育部	17
华中科技大学	12
普锐特冶金技术公司	11
德国西马克集团	11
中南大学	10
JFE 钢铁公司	10
重庆大学	9
哈尔滨工业大学	9

12.4.3　研究热点主题分析

通过 VOSviewer 进行聚类热点主题分析，通过共词分析得出该领域词频排名前 10 位的关键词如表 12.10 所示。可以看出，钢铁冶金智能制造领域相关的热点主题主要有炼钢、过程控制、质量控制、优化、神经网络、人工智能、数字控制系统等。

表 12.10　该领域词频排名前 10 位的关键词

关键词	词频（次）
Steelmaking，炼钢	182
Process control，过程控制	124
Optimization，优化	77

（续表）

关键词	词频（次）
Neural network，神经网络	67
Intelligent manufacturing，智能制造	65
Mathematical models，数学模型	64
Artificial intelligence，人工智能	64
Quality control，质量控制	61
Automation，自动化	56
Digital control systems，数字控制系统	56

同时，通过 VOSviewer 共词分析得出的聚类可视化——钢铁冶金智能制造领域论文研究热点主题分布（见图 12.60），可以看到高炉（blast furnaces）、连铸（continuous casting）、加热炉（furnaces）、热轧（hot rolling）等"黑箱"关键词，这些都是在钢铁工业中作为全流程主体，并且这些反应器的内部信息都无法获取。钢铁工业的智能制造通过采集大量的数据，利用大数据、物联网、云计算、人工智能等信息技术，对生产过程中物理系统内部无法测量的物理参数进行数字感知，由物理实体向虚拟数字转变和发展，从而克服"黑箱"障碍，进行智能决策和控制。这是智能控制的核心环节，也是钢铁智能制造的特点和难点。

图 12.60　钢铁冶金智能制造领域论文研究热点主题分布

另外，从图 12.60 中的热词聚类可以看出，绿色部分主要是材料、性能等方面的关键词，红色部分是物联网、神经网络等信息化相关的关键词，蓝色部分为工艺、控制方面的关键词。这些热点与钢铁行业智能制造想要实现的一些目标相吻合，如建立钢铁工艺质量大数据平台，实现数据自动流动；可以在线实时感知和精准预报材料的性能和表面等相关关键工艺质量参数；优化工艺参数和制备工序流程等。

下面分别选取作为钢铁制造中重要的生产工序——炼钢（steelmaking）和连铸（continuous casting）进行聚类热点主题分析，如图 12.61 和图 12.62 所示。在炼钢、连铸生产过程中，受到原料成分、运行工况、设备状态等多种不确定因素的干扰，运行过程表现为动态变化的特点，若工作人员处理不当，这些动态变化很容易造成能耗的增加或出现铸坯质量问题。生产调度和操作人员也无法提前预知各种动态不确定扰动（如废钢成分波动等），难以实现生产流程运行状态优化。因此，融合控制系统反馈信息，采用人工智能、CPS 等数字信息化方法，建立钢铁全流程质量检测及工艺动态运行优化系统成为研究热点。

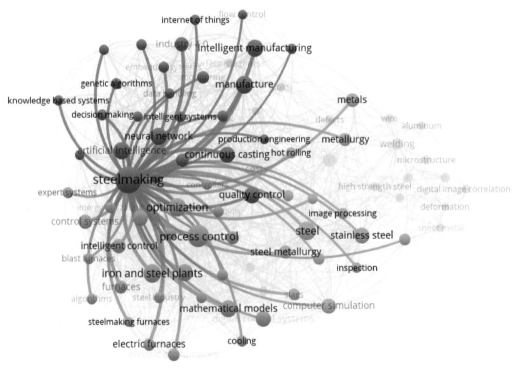

图 12.61　炼钢论文研究热点主题分布

从图 12.61 和图 12.62 中也可以看出，过程控制（process control）、质量控制（quality control）、控制系统（control systems）、智能制造（intelligent manufacturing）、智能系统（intelligent systems）和优化（optimization）等都是炼钢和连铸论文研究关注的热点主题。

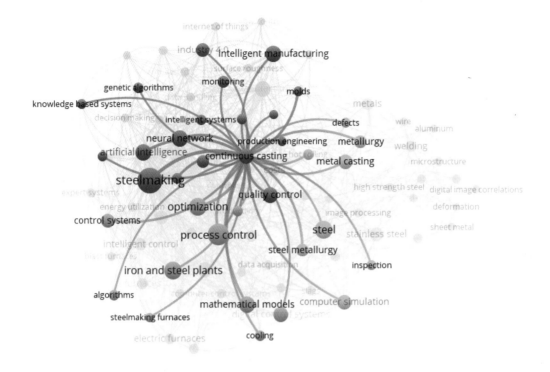

图 12.62　连铸论文研究热点主题分布

12.5　小结

　　发展智能制造是流程制造业转型升级的主要路径，被称为"智能技术系统"的信息物理系统则是实现流程制造业智能化的关键技术。信息物理系统最早由美国于 2006 年提出，随着各国加快推进信息化和工业化的深度融合，信息物理系统在国际上受到了越来越多的关注。

　　美国政府和企业高度重视信息物理系统和智能制造的研究发展。其中，美国国家科学基金会是该领域重要的支持力量，其资助和设立了众多研究项目来推动信息物理系统和智能制造的发展。目前，美国国家科学基金会已资助信息物理系统相关的项目总经费超过 5.67 亿美元，智能制造相关的项目总经费超过 16 亿美元。

　　钢铁行业是典型的流程工业，也是智能化需求最强的行业。美国、欧洲及中国等国家和地区正着力研究和发展钢铁行业智能化的生产路线。

　　本章对钢铁冶金信息物理系统及智能化领域的相关论文进行了分析，自 2005 年起，全球相关论文的发文量呈现波动式上涨态势。其中，发文量排名前 3 位的国家为中国、美国和德国，表明这 3 个国家在钢铁冶金智能制造领域的研究在国际上具有一定的地位。另外，通过热词聚类分析可以看出，该领域热点主要围绕材料与性能、神经网络和物联网等信息化、工艺和控制三大方面，具体的热点主题有炼钢、过程控制、质量控制、优化、神经网络、人工智能、数字控制系统等。

目前，国内外对信息物理系统的研究和探讨已经取得了突破性进展。钢铁等流程型制造业也将建成基于工业互联网平台的信息物理系统作为实现绿色化、智能化和产品品牌化的可持续发展目标和战略举措。

致谢　本章在需求调研和研究与撰写过程中，得到了钢铁研究院殷瑞钰院士、干勇院士和王国栋院士，以及上官方钦、肖丽俊和王凤辉老师们的指导和有力支持，提供了许多建设性意见和建议，在此表示衷心的感谢！

执笔人：中国科学院文献情报中心，吴鸣

冶金工业信息标准研究院，李春萌、曾尚武、徐亮

中国化工信息中心有限公司，鲁瑛、于宸